普通高等教育“十一五”国家级规划教材

高等院校力学教材

张兆顺　崔桂香　编著

流体力学

（第3版）

清华大学出版社
北京

内容提要

本书是为工程力学专业本科专业基础课程“流体力学”编写的教材，也可作为大学工科相关专业和研究生学习流体力学的教材和参考书. 内容包括流体力学的基本概念、原理、应用和一部分重要的近代流体力学知识. 全书共分10章，第1～4章是流体力学的基本原理，包括流体的物理性质、流体运动学、流体动力学的基本原理、理想流体动力学；第5、6章是理想不可压缩流体动力学的主要应用，包括理想不可压缩流体的二维无旋和有旋流动、水波动力学；第7章着重介绍气体动力学基础；第8～10章是粘性流体动力学，包括粘性流体力学基础、湍流和边界层理论基础. 书中每章列举丰富的例题和提供大量的习题，书后给出部分习题的答案. 认真学完本书后，读者将具备进一步学习流体力学专门知识或着手研究和解决工程及自然界流动问题的扎实基础.

本书是2006年版《流体力学》(第2版)的修订版，内容有更新和修改.

图书在版编目(CIP)数据

流体力学/张兆顺，崔桂香编著. —3版. —北京：清华大学出版社，2015(2025.3重印)
(高等院校力学教材)
ISBN 978-7-302-39785-4

Ⅰ. ①流… Ⅱ. ①张… ②崔… Ⅲ. ①流体力学－高等学校－教材 Ⅳ. ①O35

中国版本图书馆CIP数据核字(2015)第077173号

责任编辑：石 磊 赵从棉
封面设计：傅瑞学
责任校对：赵丽敏
责任印制：刘海龙

出版发行：清华大学出版社
网 址：https://www.tup.com.cn, https://www.wqxuetang.com
地 址：北京清华大学学研大厦A座 **邮 编**：100084
社 总 机：010-83470000 **邮 购**：010-62786544
投稿与读者服务：010-62776969，c-service@tup.tsinghua.edu.cn
质量反馈：010-62772015，zhiliang@tup.tsinghua.edu.cn
印 装 者：三河市君旺印务有限公司
经 销：全国新华书店
开 本：170mm×240mm **印 张**：28 **字 数**：556千字
版 次：1999年2月第1版 2015年7月第3版 **印 次**：2025年3月第13次印刷
定 价：80.00元

产品编号：051285-05

第3版前言

本书自问世以来，被很多高等院校师生所采用，修订后的第2版又印刷6次，发行1.4万余册.

为了进一步提高可读性，增加启发性；满足读者和任课教师对流体力学概念与基本原理“加深理解，拓展思维，引领创新”的需要，本书进行了以下修改和补充：

(1) 每章习题后增加了少量“思考题”，以引导学生思考和讨论，加深理解，拓展思维；

(2) 修改了部分书中附图以改善视觉效果；

(3) 第2章2.6节补充了“Föpple定理”，以便更好地理解绕流问题中旋涡生成的运动学机制；

(4) 订正了原书中书写和印刷错误.

再次感谢广大读者在使用本教材过程中提出的宝贵意见和建议.

作　者

2015年4月于清华园

第 2 版前言

本书第 1 版深得读者的厚爱，已印刷 5 次，发行 1 万余册. 为了更好地满足广大读者的需要，我们对原书作了修订. 根据作者和同事们使用本教材的经验，在保留原书风格的基础上，我们对原书作了如下的删节和补充.

(1) 尽量删节理想流体动力学中已经较少应用的内容.

(2) 增加粘性流体力学的内容，把原有的粘性流体力学基础扩展为两章. 粘性流体力学基础中增加润滑问题的近似解法；把边界层理论基础单设一章，并增加可压缩边界层的分析方法和特性.

(3) 原书涡及涡动力学一章的内容，略加删节后，合并到运动学和理想流体动力学.

(4) 增加部分习题答案.

(5) 订正了第 1 版正文和附录中的书写与印刷错误.

作者对广大教师和学生在使用本教材过程中提出的宝贵意见深表感谢.

作　者

2006 年 5 月于北京清华园

第1版前言

本书是为工程力学专业大学本科专业基础课程“流体力学”编写的教材，也可作为大学工科专业和研究生学习流体力学的参考书.

本书是在作者多年讲授流体力学课程的讲稿基础上编写而成的. 根据作者的教学经验，流体力学作为一门专业基础课或技术基础课，必须要求学生对基本概念和原理理解得十分准确和透彻；另一方面，要求学生学会应用流体力学理论的基本方法. 本书力求能够满足上述要求，在本书前几章讲述基本原理时，对重要概念和定理都列举示范例题，这些例题可以在课堂讲授，也可以要求学生自学. 俗话说，熟能生巧，经过反复练习以后，就能将理论运用自如. 流体力学是一门应用很广的基础课，自学或初学的读者往往忽视基本理论的学习和运用理论的熟练程度，急于想去解决复杂的实际问题，这样常常事倍功半. 所以，我们建议初学流体力学的学生或自学的读者循序渐进，扎扎实实掌握原理，认认真真练习，才能较快入门.

随着近代科学技术突飞猛进的发展，流体力学学科本身也在不断发展. 在处理新旧知识的更新方面，我们保留了流体力学的基本概念和原理部分，并尽量用现代观念和方法来叙述. 近代流体力学需要解决的问题越来越复杂，不论是几何外形或流动中包含的物理、化学过程都越来越复杂. 但是，不论运动怎样复杂，它的基本规律是共同的. 例如，流体运动的分析，控制流动的质量、动量和能量的输运方程是一样的. 对于这一部分内容不仅保留，还应当反复练习. 对于概念的叙述和表达，我们尽量采用已经比较成熟的近代数学方法. 例如，全书用向量和张量的表达式描述流体运动学和动力学. 在流体力学的解题方法方面，本书保留和发展了经典流体力学中对于流动模型的简化和流动问题的准确数学提法，这些方法对于用数值计算方法解决日益增多的复杂流动问题仍然是基本的和重要的，例如，边界层模型、理想流体运动模型；线性化方法和近代摄动法.至于经典流体力学中一些已经不常用的方法则予以删除.本书是流体力学的入门课程,不包括流体力学全部专门知识.学完本书以后,有些学生将进一步修习流体力学的专门课程,有的读者将以本课程知识为基础,通过参阅专门的书刊和文献,着手解决实际流动问题.无论对于哪一种读者,本书将为他们铺平顺利过渡的道路.

全书的编排如下.第1～4章是流体力学的基本原理,所有学习流体力学的学生都必须准确和完整地掌握.第5～8章是流体力学原理在各方面的应用,这一部分可以根据专业的性质,有选择地重点讲授.例如,以水动力学为主的专业,可以对气体力学部分有重点地宣讲,以空气动力学为主的专业可以对水动力学部分有重点地讲授.第9章湍流和第10章涡动力学是近代流体力学中发展较快的部分,凡是有学时的专业,我们建议安排学习这两章的基本内容.

本书第1,2,3,6,9,10章由张兆顺撰写,第4,5,7,8章和附录以及全部习题由崔桂香撰写,全部内容都经两人反复讨论和修改后定稿.清华大学工程力学系流体力学教研组的部分教师和学生曾对书稿提出过宝贵的意见,张晓航同学描绘本书部分插图,作者对他们表示深切的感谢.

作　者

1998年7月于北京清华园

目　录

第 1 章 流体的物理性质

流体力学研究液体和气体的宏观运动以及它们与周围物体的相互作用，如力的作用和传热等.研究流体的宏观运动必须首先了解流体的宏观性质.

1.1 流体的连续介质模型

流体力学研究流体的宏观运动，它是在远远大于分子运动尺度的范围里考察流体运动，而不考虑个别流体分子的行为，因此我们可以把流体视为连续介质，它具有以下性质：

(1) 流体是连续分布的物质，它可以无限分割为具有均布质量的宏观微元体；

(2) 不发生化学反应和离解等非平衡热力学过程的运动流体中，微元体内流体状态服从热力学关系；

(3) 除了特殊面(例如，激波)外，流体的力学和热力学状态参数在时空中是连续分布的，并且通常认为是无限可微的.

连续介质是一种力学模型，它适用于所考察的流体运动尺度 L(如管道流动中管道的直径，机翼绕流中机翼的长度等)远远大于流体分子运动平均自由程 l 的情况，即

$$\frac{L}{l} \gg 1 \tag{1.1}$$

物质分子运动理论指出，尺度远远大于分子运动平均自由程的闭系统是热力学平衡体，它的统计特性，也就是宏观物理性质与个别分子行为无关. 举例来说，在常温常压下空气分子运动平均自由程约为几十纳米(10^{-8} m)量级，这时我们即使用微米(10^{-6} m)尺度的测针来量度流体特性，测得的仍是巨量分子运动的统计平均量，即宏观属性. 也就是说即使在这么小的尺度上来观察流体运动，还可以把流体视作连续介质. 在外层空间中航天器运动的情况恰好相反，在那里气体十分稀薄，分子运动的平均自由程高达几米以上，如航天器的尺度为几十米，它周围的气体运动就不能采用连续介质模型. 不满足$\frac{L}{l}\gg 1$的气体运动属于稀薄气体动力学，它不在本书范围内.

把流体无限分割为具有均布质量的微元，它是研究流体运动的最小单元，称之为**流体微团**，它是流体力学中最基本的概念. 流体微团具有如下性质：

流体微团的体积 δV 相对于被考察的流体运动尺度 L 应有

$$\frac{\delta V}{L^3} \ll 1$$

而微团相对于分子运动平均自由程尺度 l，应有

$$\frac{\delta V}{l^3} \gg 1$$

形象地说流体微团是宏观上无限小，微观上无限大的一个质量体. 为了更好地理解宏观微团概念，下面考察流体中的质量分布. 假设用不同尺度的立方“采样”盒子来测量流体质量密度. 设 s 为采样盒子边长，M_s 为采样盒子中的流体质量，则采样盒子中的流体密度为

$$\rho_s = \frac{M_s}{s^3}$$

当采样盒子尺度 s 为分子运动尺度时(图 1.1 中 $s\sim l$)，分子的随机行为使盒子中流体总质量 M_s 为不确定值，因此盒子中的质量密度随 s 变化极不规则；当采样盒子的尺度是宏观上无限小，微观上无限大时，即 $L\gg s\gg l$，个别分子行为不影响质量密度的度量，另一方面采样尺度相对于流场尺度是无限小，所以宏观的不均匀性在这一尺度范围可以忽略不计，这时盒中流体有一确定的均匀密度值

$$\rho = \left(\frac{\delta m}{\delta V}\right), \quad L^3 \gg \delta V \gg l^3 \tag{1.2}$$

当采样盒子尺度与流场尺度相当时($s\sim L$)，宏观不均匀性逐渐显示出来，从而使质量密度随量度的尺度有规则地变化，如图 1.1 所示.

微团具有宏观无限小体积，因而可以用时空中一个点标记它，非均匀连续介质的当地物性可以用时空变量$(\boldsymbol{x},t)$的函数来描述. 例如气体中密度分布 $\rho=\rho(\boldsymbol{x},t)$，温度分布 $T=T(\boldsymbol{x},t)$等. 微团的体积或它的表面积在宏观上都是无限小的，但发生在体积内或表面上的物理过程都属于宏观的力学和热力学过程. 当不需要考虑微团的体

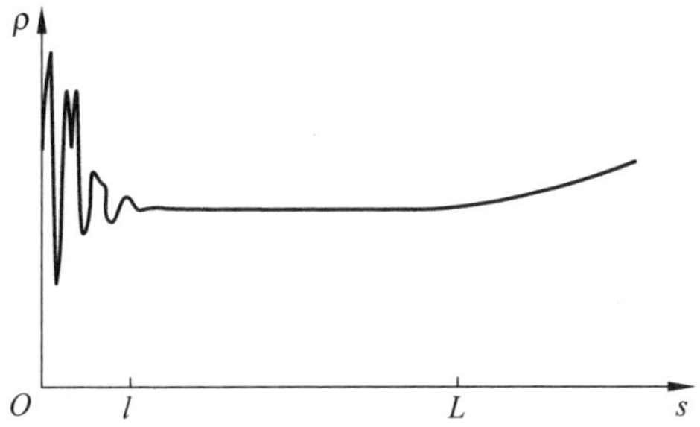

图 1.1 质量密度的分布

积和变形，只研究它的位移和各物理状态时，可以把它视作没有体积的质点，这时称流体微团为**流体质点**.

1.2 作用在流体上的体积力和表面力

在流体中任取一个微团，其上受到两种外力：第一种外力作用在微团内均布质量的质心上，这种力通常和微团的体积成正比，称为**体积力**；第二种外力是周围流体或物体作用在流体微团表面上的力，它和力的作用面大小成正比，称为**表面力**. 下面分别讨论这两种力的性质.

1. 体积力和体积力强度

在地球引力场中流体微团受到的引力 $\delta\boldsymbol{G}$ 与它的质量 δm 成正比：

$$\delta\boldsymbol{G} = \boldsymbol{g}\delta m \tag{1.3}$$

式中 $\boldsymbol{g}$ 是重力加速度. 由于微团的质量 δm 和它的体积 δV 成正比（$\delta m=\rho\delta V$），因此引力 $\delta\boldsymbol{G}$ 也和微团的体积成正比，它是体积力：

$$\delta\boldsymbol{G} = \rho\boldsymbol{g}\delta V \tag{1.4}$$

除了引力外，还有其他形式的体积力. 例如：带电质点在静电场中运动时，静电力也是一种体积力，设流体微团的电荷密度为 $q(\mathrm{C/m^3})$，则在静电场 $\boldsymbol{E}$ 中，该微团受到的静电力为

$$\delta\boldsymbol{F} = q\boldsymbol{E}\delta V \tag{1.5}$$

微团单位体积上作用的体积力称为体积力强度，它的数学表达式为

$$\boldsymbol{f}_V = \lim_{\delta V\to 0}\frac{\delta\boldsymbol{F}}{\delta V} \tag{1.6}$$

上述例子中引力的体积力强度为 $\rho\boldsymbol{g}$，静电力的体积力强度为 $q\boldsymbol{E}$.

有限体积流体上所受体积力的合力以及体积力相对于某参考点的合力矩可以用

求和方法计算.

体积力的合力：

$$F = \int_V f_V \mathrm{d}V \tag{1.7}$$

体积力的合力矩：

$$L = \int_V r \times f_V \mathrm{d}V \tag{1.8}$$

r 为任意一流体微团相对于参考点的向径.

2. 表面力和应力

任取一有限体积的流体，它的表面上受到周围流体或物体的接触力，这种力分布于有限体的表面，称为**表面力**，并示于图 1.2.

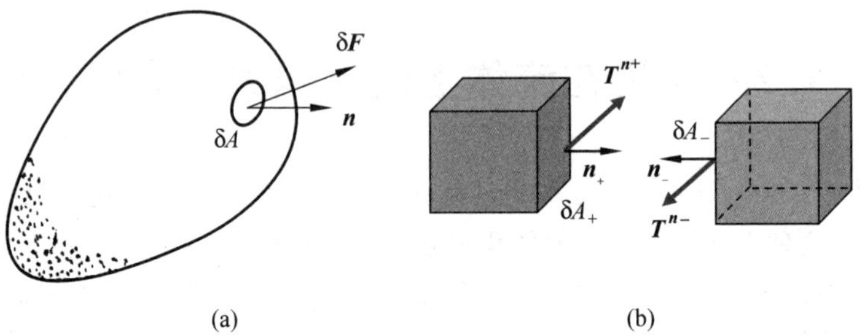

图 1.2　流体中表面力的示意图

(a) 有限体上的表面力；(b) 微元体上的表面力

有限体的微元面积 δA 上单位面积的表面力称为表面力的局部强度，又称为**应力**，定义如下：

$$T_n = \lim_{\delta A \to 0} \frac{\delta F}{\delta A} \tag{1.9}$$

式中 δF 是面积 δA 上的作用力；T_n 表示应力向量，下标 n 表示表面力作用面 δA 的法线方向.

需要强调指出，应力和它的作用面方向有关. 一般情况下，流体内部同一空间点而不同方向的作用面上，流体所受应力是不等的，所以必须标注应力作用面的法向量. 约定作用面的法向量以指向域外为正，例如图 1.2(b)中，δA_+ 面的法向量为 n_{A_+}，作用于其上的应力为 $T_{n_{A_+}}$，相邻面 δA_- 的法向量为 n_{A_-}，其上应力符号写作 $T_{n_{A_-}}$.

应力 T_n 是向量，一般情况下，它并不垂直于它的作用面，所以可将它分解为垂直于作用面的分量 T_{nn} 和平行于作用面的两个相互垂直分量 T_{ns} 和 T_{nt}. 约定(n,t,s)组成右手直角坐标系. 根据上述约定，应力分量第一个下标符号表示应力作用面的法向量，第二个下标表示应力分量的方向.

定义 1.1 应力向量在作用面法线方向的分量称为正应力.

根据应力分量的约定,正值的正应力指向作用面外,是拉力;而负值的正应力指向作用面内,因而是压力.

定义 1.2 应力向量在作用面切向的分量称为切应力,也称剪应力.

应力具有以下性质:

(1) 相邻两微元面上的表面力是作用力与反作用力,因此它们大小相等方向相反(见图 1.2),令 $\boldsymbol{n}_{A_+}=\boldsymbol{n}$,则 $\boldsymbol{n}_{A_-}=-\boldsymbol{n}$,并将应力写作 $\boldsymbol{T}_{n_{A_+}}=\boldsymbol{T}_n$,$\boldsymbol{T}_{n_{A_-}}=\boldsymbol{T}_{-n}$,则有

$$\boldsymbol{T}_{-n}=\lim_{\delta A\to 0}\frac{-\delta\boldsymbol{F}}{\delta A}=-\boldsymbol{T}_n \tag{1.10}$$

(2) 相邻微元面上的正应力和切应力值都相等.

在 δA_+ 面上的正应力 T_{nn} 等于

$$T_{nn}=\boldsymbol{T}_n\cdot\boldsymbol{n} \tag{1.11}$$

相邻面 δA_- 上正应力为 $T_{-n-n}=\boldsymbol{T}_{-n}\cdot(-\boldsymbol{n})$,由式(1.10),我们很容易证明相邻面上的正应力相等:

$$T_{-n-n}=\boldsymbol{T}_{-n}\cdot(-\boldsymbol{n})=-\boldsymbol{T}_n\cdot(-\boldsymbol{n})=\boldsymbol{T}_n\cdot\boldsymbol{n}=T_{nn} \tag{1.12}$$

在 δA_+ 面上的剪应力等于

$$\begin{cases}T_{nt}=\boldsymbol{T}_n\cdot\boldsymbol{t}\\ T_{ns}=\boldsymbol{T}_n\cdot\boldsymbol{s}\end{cases} \tag{1.13}$$

在相邻面 δA_- 上相应的切应力分量为 T_{-n-t},T_{-n-s},很容易证明,两相邻面上的切应力分量也相等,即

$$\begin{cases}T_{-n-t}=\boldsymbol{T}_{-n}\cdot(-\boldsymbol{t})=-\boldsymbol{T}_n\cdot(-\boldsymbol{t})=\boldsymbol{T}_n\cdot\boldsymbol{t}=T_{nt}\\ T_{-n-s}=\boldsymbol{T}_{-n}\cdot(-\boldsymbol{s})=-\boldsymbol{T}_n\cdot(-\boldsymbol{s})=\boldsymbol{T}_n\cdot\boldsymbol{s}=T_{ns}\end{cases} \tag{1.14}$$

3. 一点的应力张量及其性质

通过同一点不同面上的应力一般不相等,但是我们将证明:只要知道通过一点三个互相垂直坐标面上的应力值,就可以确定该点任意方向面上的应力.下面证明这一性质.为了论述简明起见,在点 O 处取一直角四面体(图 1.3),其中三个面为坐标面,任意倾斜面具有法向量 $\boldsymbol{n}$ 和面积 δA_n.

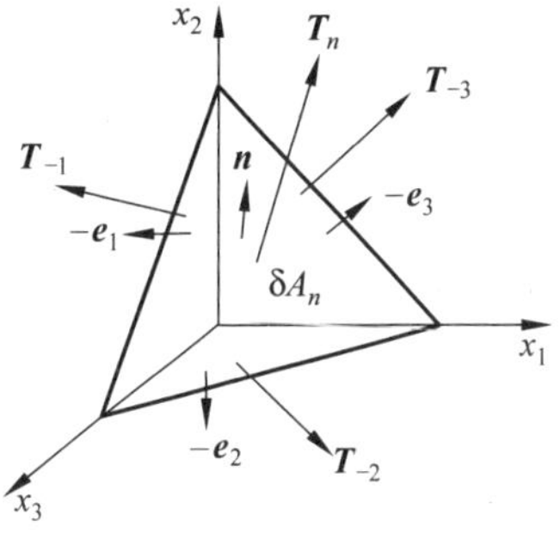

图 1.3 一点的应力状态

图 1.3 中四面体四个面上的法向量分别为 $\boldsymbol{n}$,$-\boldsymbol{e}_1$,$-\boldsymbol{e}_2$,$-\boldsymbol{e}_3$;作用的应力分别为 $\boldsymbol{T}_n$,$\boldsymbol{T}_{-1}$,$\boldsymbol{T}_{-2}$,$\boldsymbol{T}_{-3}$;直角四面体的四个表面积分别为 δA_n,δA_1,δA_2,δA_3;根据面积投影定理,$\delta A_i(i=1,2,3)$与 δA_n 的关系为

$$\delta A_i = \delta A_n n_i \tag{1.15}$$

现在我们来建立该微元四面体的力学平衡式，假定微元体处于体积力强度 $\rho \boldsymbol{f}$ 的外力场中，则按牛顿定律 $\boldsymbol{F}=m\boldsymbol{a}$ ($m=\rho\delta V$ 是微元体的质量，$\boldsymbol{a}$ 是微团加速度)，四面体的平衡方程应为

$$\rho \boldsymbol{a}\delta V = \rho \boldsymbol{f}\delta V + \boldsymbol{T}_n\delta A_n + \boldsymbol{T}_{-1}\delta A_1 + \boldsymbol{T}_{-2}\delta A_2 + \boldsymbol{T}_{-3}\delta A_3$$

式中 δV 是微元体的体积. 方程左端为微元体的质量和加速度的乘积，右端第一项是作用在四面体上的体积力的合力，右端后四项是作用在四面体表面上的表面力的合力. 将等式两边同除以 δA_n，则明显有

$$\lim_{\delta A_n \to 0} \frac{\delta V}{\delta A_n} = 0$$

此外由式(1.15)：$\dfrac{\delta A_i}{\delta A_n}=n_i$，因而有

$$\boldsymbol{T}_n + \boldsymbol{T}_{-1}n_1 + \boldsymbol{T}_{-2}n_2 + \boldsymbol{T}_{-3}n_3 = \boldsymbol{0}$$

注意到相邻面上应力关系式(1.10)：$\boldsymbol{T}_{-i}=-\boldsymbol{T}_i$，上式可写作

$$\boldsymbol{T}_n = \boldsymbol{T}_1 n_1 + \boldsymbol{T}_2 n_2 + \boldsymbol{T}_3 n_3 = \boldsymbol{T}_i n_i \tag{1.16}$$

该式说明过一点任意面(它的法向量为 $\boldsymbol{n}=n_i\boldsymbol{e}_i$)上的应力由通过该点三个相互垂直面上的应力按式(1.16)确定. 也就是说，只要知道一点的三个应力($\boldsymbol{T}_1,\boldsymbol{T}_2,\boldsymbol{T}_3$)，则任意面上的应力可以计算出来. 因此称($\boldsymbol{T}_1,\boldsymbol{T}_2,\boldsymbol{T}_3$)为一点的**应力状态**.

众所周知，一个向量可以分解为三个分量，因此每个应力向量$\{\boldsymbol{T}_i\}$都可以分解为三个分量如下：

$$\begin{cases} \boldsymbol{T}_1 = T_{11}\boldsymbol{e}_1 + T_{12}\boldsymbol{e}_2 + T_{13}\boldsymbol{e}_3 \\ \boldsymbol{T}_2 = T_{21}\boldsymbol{e}_1 + T_{22}\boldsymbol{e}_2 + T_{23}\boldsymbol{e}_3 \\ \boldsymbol{T}_3 = T_{31}\boldsymbol{e}_1 + T_{32}\boldsymbol{e}_2 + T_{33}\boldsymbol{e}_3 \end{cases} \tag{1.17}$$

于是一点应力状态还可以用九个代数值组成的方阵表示：

$$[T_{ij}] = \begin{bmatrix} T_{11} & T_{12} & T_{13} \\ T_{21} & T_{22} & T_{23} \\ T_{31} & T_{32} & T_{33} \end{bmatrix} \tag{1.18a}$$

应用应力状态的公式(1.17)，任意面上的应力可写作

$$\boldsymbol{T}_n = \boldsymbol{T}_i n_i = T_{ij} n_i \boldsymbol{e}_j \tag{1.18b}$$

利用张量识别定理(见附录)可以证明一点应力状态是张量，因而 T_{ij} 称为应力张量的分量.

4. 应力张量的对称性

由微团的力矩平衡原理，可以进一步证明，九个应力分量不是相互独立的，而有以下的对称关系式

$$T_{ij} = T_{ji} \tag{1.19}$$

即应力分量的方阵是对称方阵，或应力张量是对称张量.

证明 根据动量矩定理：**有限质量体的动量矩增长率应等于作用在该质量体上的外力矩之和.** 在流体中取任意一有限体积流体，作用在该有限体表面 Σ 上的外力矩为

$$\boldsymbol{L}_{\Sigma} = \oint\!\!\!\oint_{\Sigma} \boldsymbol{r} \times \boldsymbol{T}_n \mathrm{d}A = \oint\!\!\!\oint_{\Sigma} \boldsymbol{r} \times \boldsymbol{T}_i n_i \mathrm{d}A$$

体积力矩为

$$\boldsymbol{L}_V = \iiint_V \rho(\boldsymbol{r} \times \boldsymbol{f}) \mathrm{d}V$$

有限体的动量矩用 $\boldsymbol{K}$ 表示，它的增长率等于

$$\frac{\mathrm{d}\boldsymbol{K}}{\mathrm{d}t} = \iiint_V \rho(\boldsymbol{r} \times \boldsymbol{a}) \mathrm{d}V$$

根据动量矩原理 $\frac{\mathrm{d}\boldsymbol{K}}{\mathrm{d}t} = \boldsymbol{L}_{\Sigma} + \boldsymbol{L}_V$，应有

$$\iiint_V \rho(\boldsymbol{r} \times \boldsymbol{a}) \mathrm{d}V = \oint\!\!\!\oint_{\Sigma} \boldsymbol{r} \times \boldsymbol{T}_i n_i \mathrm{d}A + \iiint_V \rho \boldsymbol{r} \times \boldsymbol{f} \mathrm{d}V$$

式中面积分可以用高斯公式(见附录)转换成体积分

$$\oint\!\!\!\oint_{\Sigma} (\boldsymbol{r} \times \boldsymbol{T}_i) n_i \mathrm{d}A = \iiint_V \frac{\partial}{\partial x_i}(\boldsymbol{r} \times \boldsymbol{T}_i) \mathrm{d}V$$

体积分公式中被积函数可以进一步简化为

$$\frac{\partial}{\partial x_i}(\boldsymbol{r} \times \boldsymbol{T}_i) = \frac{\partial \boldsymbol{r}}{\partial x_i} \times \boldsymbol{T}_i + \boldsymbol{r} \times \frac{\partial \boldsymbol{T}_i}{\partial x_i}$$

向量 $\boldsymbol{r} = x_1 \boldsymbol{e}_1 + x_2 \boldsymbol{e}_2 + x_3 \boldsymbol{e}_3 = x_i \boldsymbol{e}_i$，故被积函数为

$$\frac{\partial}{\partial x_i}(\boldsymbol{r} \times \boldsymbol{T}_i) = \boldsymbol{e}_i \times \boldsymbol{T}_i + \boldsymbol{r} \times \frac{\partial \boldsymbol{T}_i}{\partial x_i}$$

将它代入动量矩定理表达式后，得

$$\iiint_V \left(\boldsymbol{e}_i \times \boldsymbol{T}_i + \boldsymbol{r} \times \frac{\partial \boldsymbol{T}_i}{\partial x_i} + \rho \boldsymbol{r} \times \boldsymbol{f} - \rho \boldsymbol{r} \times \boldsymbol{a} \right) \mathrm{d}V = \boldsymbol{0}$$

将有限体体积无限缩小，这时被积函数中位置向量 $|\boldsymbol{r}| \to 0$，因而被积函数中后三项较第一项小一量级，当取极限 $V \to 0$ 时，后三项可略去不计. 于是微团的动量矩定理表达式简化为

$$\boldsymbol{e}_i \times \boldsymbol{T}_i = \boldsymbol{0} \tag{1.20}$$

用应力张量的分量表示式(1.17)，式(1.20)可简化为

$$\boldsymbol{e}_i \times \boldsymbol{T}_i = \boldsymbol{e}_i \times T_{ij} \boldsymbol{e}_j = T_{ij} (\boldsymbol{e}_i \times \boldsymbol{e}_j)$$

在向量运算中(见附录)有以下公式

$$\boldsymbol{e}_i \times \boldsymbol{e}_j = -\boldsymbol{e}_j \times \boldsymbol{e}_i = \boldsymbol{e}_k$$

代入前面公式，得

$$\boldsymbol{e}_i \times \boldsymbol{T}_i = T_{ij}(\boldsymbol{e}_i \times \boldsymbol{e}_j) = T_{ij}\boldsymbol{e}_k - T_{ji}\boldsymbol{e}_k = \boldsymbol{0}$$

于是有

$$T_{ij} - T_{ji} = 0$$

就证明了应力张量的对称性

$$T_{ij} = T_{ji}$$

应力张量的对称性说明，连续介质中一点应力张量只有六个独立分量.

5. 理想流体的应力张量

一般来说运动流体中的应力状态有六个分量，一种最简单的流体模型称为**理想流体**，这种流体中任意一点应力状态是各向同性张量，即理想流体中任意一点的应力张量可表示为

$$T_{ij} = -p\delta_{ij} \tag{1.21}$$

其中 p 是标量且通常大于零，负号表示正应力作用方向与作用面的外法线方向相反，δ_{ij} 是单位张量，即

$$\begin{cases} \delta_{ij} = 0, & i \neq j \\ \delta_{ij} = 1, & i = j \end{cases} \tag{1.22}$$

式(1.21)表明，理想流体中任意面上只有正应力，并且是压强 p，即任意面上的正应力 $T_{nn} = -p$. 很容易由式(1.22)导出上述结论. 由式(1.18b)，任意面上的应力可写作

$$\boldsymbol{T}_n = \boldsymbol{T}_i n_i = T_{ij}\boldsymbol{e}_j n_i$$

因 $T_{ij} = -p\delta_{ij}$，故 $T_{ij}\boldsymbol{e}_j = -p\delta_{ij}\boldsymbol{e}_j = -p\boldsymbol{e}_i$，于是任意面上应力

$$\boldsymbol{T}_n = -p\boldsymbol{e}_i n_i = -p\boldsymbol{n} \tag{1.23}$$

上式表明任意面上的应力为正应力，同时说明任意面上的应力分量都等于 $-p$，即理想流体微团表面承受均匀分布的压强.

1.3 流体的粘性和压缩性

流体和固体的基本区别是它的易流性. 固体在剪切力作用下发生剪切变形后可以达到新的静平衡状态，而静止流体不能承受剪切力，任何微小的剪切力都能驱动流体使之持续的流动. 也就是说，静止流体中的应力只有压强，而当流体运动时，流体微团的表面除了压强外还有剪应力. 流体运动时，微团之间具有抵抗相互滑移运动的属性称为流体的粘性.

最常见的流体，如空气和水，它们的粘性具有以下性质. 在厚度为 δy 的薄层流体运动中，如上下速度差等于 δu 时，则作用在流体薄层面上的剪应力与 δu 成正比、与薄层厚度 δy 成反比，即有

$$\tau_{xy} \propto \frac{\delta u}{\delta y} \tag{1.24}$$

具有以上性质的流体称为牛顿流体. 式(1.24)也可写作

$$\tau_{xy} = \mu \frac{\delta u}{\delta y} \tag{1.25}$$

式中 μ 称作动力粘性系数，它的单位是泊，量纲是 $kg \cdot m^{-1} \cdot s^{-1}$. 有时还用动力粘性系数除以密度，称作运动粘性系数，用 ν 表示：

$$\nu = \frac{\mu}{\rho} \tag{1.26}$$

式中 ν 的量纲是 $m^2 s^{-1}$. 流体的粘性和温度有关，附表 1 和附表 2 收录了常见流体的粘性系数.

根据是否考虑流体的粘性，把流体动力学分为两大类，理想流体动力学和粘性流体动力学. 是否应当考虑粘性，不仅由粘性系数决定，还和流动的速度 U 和尺度 L 有关. 常用雷诺数 $Re=\dfrac{UL}{\nu}$ 衡量流动过程中粘性作用的大小；如 $Re \ll 1$，则认为粘性主宰流动. 本书将在第 4 章、第 5 章讲述理想流体运动；第 8 章详细介绍粘性流体的运动.

由于压强变化而引起流体密度的变化称为**压缩性**. 气体和液体的压缩性有明显区别. 气体的密度通常随压强的增高而增大，随温度的升高而减小，具有明显的可压缩性，它可用热力学状态方程表示：

$$p = p(\rho, T) \tag{1.27}$$

式中 T 为绝对温度. 常见的气体大多数服从完全气体状态方程：

$$p = R\rho T \tag{1.28}$$

式中 R 为气体常数. 一般来说液体密度几乎不随压强变化，但当温度增加时，密度稍有减小：

$$\rho = \rho_0 [1 - \beta(T - T_0)] \tag{1.29}$$

式中 β 称为膨胀系数，它表示单位温升时液体密度的相对变化率，通常 $\beta \sim 10^{-3} K^{-1}$. 流体力学中，按运动中流体密度的相对变化率的大小把流动分为可压缩流和不可压缩流两大类. 气体一般视作可压缩的，但是在后面第 7 章中我们将论述：当气体速度远远小于当地声速时(用 c 表示声速)，气体密度的相对变化率十分微小，几乎可以忽略不计，这时可以把这种低速气体流动作为不可压缩流体处理. 就是说，气体流动的压缩性可以用它的流速和当地声速之比来衡量，$u/c = Ma$ 称为马赫数. $Ma \ll 1$ 的气体流动可以近似为不可压缩流动，否则为可压缩流动. 液体的体积相对变化率很小，

因此通常认为是不可压缩的，但是在水下强爆炸的情况中，压强及其变化率都很大，这时水的密度变化率很可观，必须考虑水的压缩性.本书大部分内容讨论不可压缩流体运动，第 7 章专门介绍可压缩流体运动.

1.4 流体的界面现象和性质

流体和固体或流体和另一互不掺混流体交界面处的力学和热力学现象称为界面现象，界面上流体具有以下性质.

1. 流-固界面上流体温度和速度的连续性

讨论流体的宏观运动，界面上任意微元面积在宏观上无限小，在微观上远远大于分子运动尺度，因此宏观的微元界面两侧的流体应处于热力学平衡状态，即界面两侧的流体分子运动处于统计平衡态，如果不考虑界面上的表面张力，微元界面两侧的流体速度和温度相等，应力向量大小相等、方向相反或应力分量相等：

$$T_n = T_{-n} \tag{1.30}$$

$$\boldsymbol{V}_n = \boldsymbol{V}_{-n} \tag{1.31}$$

$$\boldsymbol{T}_n = -\boldsymbol{T}_{-n} \tag{1.32a}$$

$$T_{nn} = T_{-n-n}, \quad T_{nt} = T_{-n-t}, \quad T_{ns} = T_{-n-s} \tag{1.32b}$$

在理想流体近似中，不计粘性，流动界面上不存在剪应力，也就是说界面上允许流体有任意相对滑移，这时界面条件(1.31)，(1.32)应修正为

$$\boldsymbol{V}_{+n} \cdot \boldsymbol{n} = \boldsymbol{V}_{-n} \cdot \boldsymbol{n} \tag{1.33}$$

$$p_{+n} = p_{-n} \tag{1.34}$$

式(1.33)的边界条件表明理想流体在物体表面或在互不掺混的理想流体界面上流体可以滑移，但不能相互侵入或穿透，故条件(1.33)称为理想流体界面上的不可穿透条件.

2. 互不掺混流体界面上的表面张力和界面上的应力平衡条件

自然界许多流动现象中有气、液或液、液共存状态，例如：液滴在气流中运动，气泡在液流中运动，以及油滴在水流中的运动等.这时必须考虑气、液或液、液界面上的力平衡条件.在没有外力场作用下空气中平衡的液滴总是呈圆球形，这表明在热力学平衡时液体表面像一张紧的薄膜包裹着液滴.如果用类似应力分析的方法(参见图 1.4)，把界面分割成两部分，则在分割线上必有某种张力使界面处于平衡，称这种张力为表面张力.单位长度的表面张力称为表面张力系数，并用 γ 表示.表面张力系数和界面两侧的介质有关，例如水银与空气界面上的表面张力系数大于水与空气界

面上的表面张力系数. 通常表面张力系数还随温度升高而减小.

下面导出液-液或气-液界面上的应力关系. 表面张力位于界面的切平面内并和分割线垂直，规定界面的法向量指向凸面外法线方向，从张力方向俯视割线时，割线以逆时针方向为正，则在微元弧上表面张力 $\delta\Gamma$ 可表示为

$$\delta\boldsymbol{\Gamma} = \gamma\boldsymbol{n}\times \mathrm{d}\boldsymbol{x} \tag{1.35}$$

式中 $\mathrm{d}\boldsymbol{x}$ 是微元弧长的位移向量. 任取一微元曲面，并将坐标设在曲面的顶点，同时假定微元曲面的边界周线为平面曲线且平行于 x-y 平面(图 1.4)，则微元曲面的方程可写作：

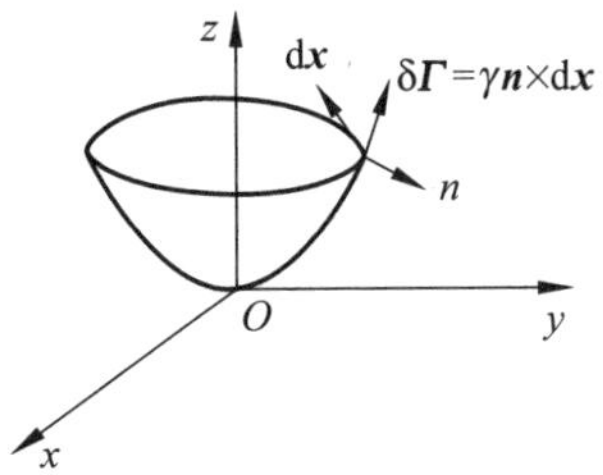

图 1.4 推导液体界面应力条件用图

$$z = \zeta(x,y) \tag{1.36}$$

在设定的坐标系中，该微元曲面有以下性质：

$$\zeta(0,0) = 0 \tag{1.37}$$

$$\frac{\partial\zeta}{\partial x}(0,0) = \frac{\partial\zeta}{\partial y}(0,0) = 0 \tag{1.38}$$

凸面的外法线向量为

$$\boldsymbol{n} = \frac{\dfrac{\partial\zeta}{\partial x}\boldsymbol{i} + \dfrac{\partial\zeta}{\partial y}\boldsymbol{j} - \boldsymbol{k}}{\sqrt{1+\left(\dfrac{\partial\zeta}{\partial x}\right)^2+\left(\dfrac{\partial\zeta}{\partial y}\right)^2}}$$

在微元面的原点附近 $\dfrac{\partial\zeta}{\partial x}\approx\dfrac{\partial\zeta}{\partial y}\approx 0$，故它的法向量

$$\boldsymbol{n} = \frac{\partial\zeta}{\partial x}\boldsymbol{i} + \frac{\partial\zeta}{\partial y}\boldsymbol{j} - \boldsymbol{k} + \text{高阶小量}$$

于是表面张力的合力

$$\begin{aligned}\boldsymbol{\Gamma} &= \oint\delta\boldsymbol{\Gamma} = \oint\gamma\boldsymbol{n}\times\mathrm{d}\boldsymbol{x} = \gamma\oint\left(\frac{\partial\zeta}{\partial x}\boldsymbol{i} + \frac{\partial\zeta}{\partial y}\boldsymbol{j} - \boldsymbol{k}\right)\times(\boldsymbol{i}\mathrm{d}x + \boldsymbol{j}\mathrm{d}y)\\ &= \gamma\oint\left(\frac{\partial\zeta}{\partial x}\mathrm{d}y - \frac{\partial\zeta}{\partial y}\mathrm{d}x\right)\boldsymbol{k}\end{aligned}$$

利用斯托克斯回路积分公式，上式可写成面积分

$$\boldsymbol{\Gamma} = \gamma\left(\frac{\partial^2\zeta}{\partial x^2} + \frac{\partial^2\zeta}{\partial y^2}\right)_0\delta A\boldsymbol{k} \tag{1.39}$$

δA 是微元周线 l 的平面面积. 根据曲面理论，x-z、y-z 平面内曲线的曲率分别为

$$\frac{1}{R_1}=\frac{\dfrac{\partial^2\zeta}{\partial x^2}}{\left[1+\left(\dfrac{\partial\zeta}{\partial x}\right)^2\right]^{3/2}},\quad \frac{1}{R_2}=\frac{\dfrac{\partial^2\zeta}{\partial y^2}}{\left[1+\left(\dfrac{\partial\zeta}{\partial y}\right)^2\right]^{3/2}}$$

由于微元面的原点上：$\dfrac{\partial\zeta}{\partial x}=0,\dfrac{\partial\zeta}{\partial y}=0$，故在原点上

$$\frac{1}{R_1}=\left(\frac{\partial^2\zeta}{\partial x^2}\right)_0,\quad \frac{1}{R_2}=\left(\frac{\partial^2\zeta}{\partial y^2}\right)_0$$

于是表面张力的合力为

$$\boldsymbol{\Gamma}=\gamma\left(\frac{1}{R_1}+\frac{1}{R_2}\right)\delta A\boldsymbol{k} \tag{1.40}$$

另一方面，界面两侧的正应力合力为(见图 1.4)

$$[(\boldsymbol{T}_{nn})_- -(\boldsymbol{T}_{nn})_+]\delta A\boldsymbol{k}$$

此处下标"+"表示在凸面一侧的正应力，下标"−"表示在凹面一侧的正应力. 由于界面厚度为零，它本身的惯性质量也等于零. 由力平衡关系可导出：

$$(T_{nn})_- -(T_{nn})_+ +\gamma\left(\frac{1}{R_1}+\frac{1}{R_2}\right)=0 \tag{1.41}$$

在理想流体中

$$T_{nn}=-p$$

于是有

$$\Delta p=p_- -p_+=\gamma\left(\frac{1}{R_1}+\frac{1}{R_2}\right) \tag{1.42}$$

式中 p_+ 是界面的凸面一侧的压强，p_- 是界面的凹面一侧的压强. 由上面导出的公式可见，球形气泡内外存在压差，当气泡平衡时，气泡内的压强大于气泡外的液体压强，而且气泡越小，内外压差越大. 在平衡的液滴内外也有同样的情况.

例 1.1 在水中球形气泡的直径为 2cm，已知 20℃水在空气中的表面张力系数为 7.28×10^{-2}N/m，求气泡内外的压差.

解 利用式(1.42)，气泡内压强比气泡外压强大，

$$\Delta p=\frac{2\gamma}{R}=\frac{2\times7.28\times10^{-2}}{1\times10^{-2}}\approx14(\mathrm{N/m^2})$$

3. 流体界面在固壁上的接触角

当流场中有三种互不侵入的介质共存时，三种介质间界面交于一曲线. 如果其中一个界面为固壁，则称该交线为接触线. 任意流体的界面上有表面张力 γ_{ij}，如图 1.5 所示. 当流体处于平衡状态时，在界面的交线或接触线上三个表面张力应满足杨氏方程，即有

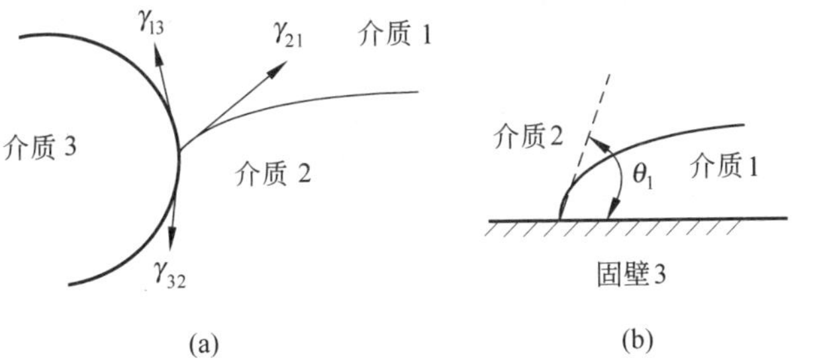

图 1.5 接触线上力的平衡和接触角

$$\gamma_{32} = \gamma_{31} + \gamma_{21}\cos\theta \tag{1.43}$$

在接触线上流体界面和固壁面的夹角称作接触角.接触角的定义是接触线上流体界面的法线和固壁面的法线的夹角,规定法线的方向如下:在流体界面上法线指向被考察的流体一侧;在固壁上法线指向固壁内侧.例如图 1.5 中介质 1 和固壁的接触角为 θ_1,介质 2 和固壁的接触角则为 $\pi-\theta_1$.接触角的大小取决于固壁材料与流体的性质.例如当介质 2 为空气、介质 1 为水、固壁是玻璃时,水和玻璃的接触角 $\theta<90°$.而当介质 2 为空气、介质 1 为水银时,水银和玻璃的接触角 $\theta>90°$,约为 150°.接触角越小该液体在固壁上越是容易湿润.如接触角 $\theta=0°$,称液体和固壁是完全浸润的;接触角 $\theta=180°$的液-固之间称作非浸润的.由于气、液、固三种界面之间的液体浸润作用,在垂直细管中可见到液体高于或低于周围连通的液面,这种现象称为毛细现象.图 1.6(a)是玻璃管中水或酒精的毛细现象,图(b)是玻璃管中水银的毛细现象,前者属于易浸润,后者为不易浸润.

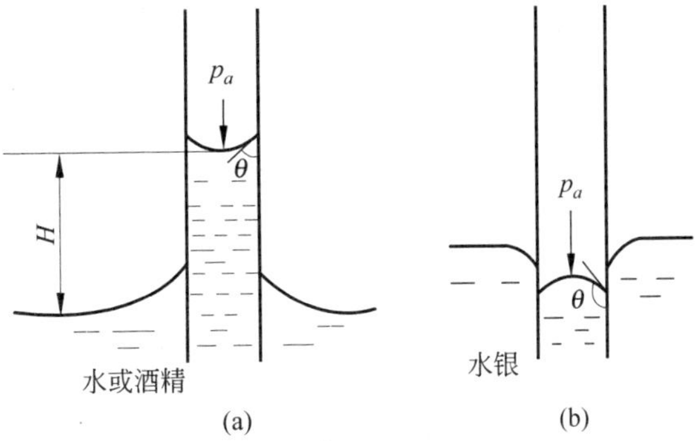

图 1.6 毛细现象

利用界面上表面张力的平衡关系式,可以计算毛细现象中液面升起(负值为下降)高度.

例 1.2 设有细管直径为 d,已知细管内液体的表面张力系数为 γ,液体界面和管壁的接触角为 θ,求管内液体在静止时的液面升高(参见图 1.6(a)).

解 根据表面张力原理，假设细管中液面为球面，该球面曲率半径为(凹面曲率半径为正，见图1.5)

$$R=\frac{d}{2\cos\theta}$$

液面开放一侧为大气压，内侧压力按表面张力公式为

$$p_{-}=p_{a}-\frac{2\gamma}{R}=p_{a}-\frac{4\gamma\cos\theta}{d}$$

另一方面，在静止液体中，有压强公式

$$p_{-}=p_{a}-\rho gH$$

H 为液柱高，消去 p_a 后得

$$H=\frac{4\gamma\cos\theta}{\rho gd}$$

如果 $\theta<90°$，细管的液面升高，$\theta>90°$，细管的液面下降. 上述分析说明，当细玻璃管插入易浸润流体时，在玻璃管内液面升高；与之相反，玻璃管插入不易浸润流体时，玻璃管中液面下降.

例1.3 直径为1cm的玻璃管垂直插入水中，已知水气界面的表面张力系数 $\gamma=7.28\times10^{-2}$ N/m，水气界面和干净玻璃管的接触角为0°. 求液面毛细现象引起的水位升高.

解 利用上题公式 $H=\dfrac{4\gamma\cos\theta}{\rho gd}$，已知水的密度 $\rho=1000\text{kg/m}^3$，得水在玻璃管中的毛细现象引起的升高为

$$H=\frac{4\times7.28\times10^{-2}\cos0°}{1000\times9.81\times1\times10^{-2}}\approx0.3(\text{cm})$$

习 题

1.1 能把流体看作连续介质的条件是什么？设稀薄气体的分子自由程是几米的数量级，问人造卫星在飞离大气层进入稀薄气体层时，连续介质假设是否成立？

1.2 有一氢气球在30km高空处膨胀为直径20m的气球，该处大气压为1100N/m²，温度为零下40℃. 如不考虑气球蒙布中的应力，问该气球在地面时具有多大的体积？地面气压和温度分别为101.3kN/m² 和15℃. 又如已知氢气的气体常数 $R=4120$J/(kg·K)，问气球中氢气的质量有多少？

1.3 两块相距很小的垂直平板，其距离为 r，插在密度为 ρ 的液体中，由于表面张力引起毛细现象. 如表面张力系数为 γ，接触角为 α，试推导由于毛细现象引起液柱升高或下降的表达式.

1.4　为了防止水银蒸发，在水银槽中放一层水，用一根直径为 6mm 的玻璃管插入后，又向玻璃管中加一点水，如图 1.7 所示. 今读得 $h_1=30.5\text{mm}$、$h_2=3.6\text{mm}$. 已知水银比重为 13.56，空气与水的表面张力系数 $\gamma_1=0.073\text{N/m}$，空气、水和玻璃管的接触角 $\theta_1=0°$，水银、水和玻璃管的接触角 $\theta_2=140°$，求水与水银的表面张力系数 γ_2 为多少？

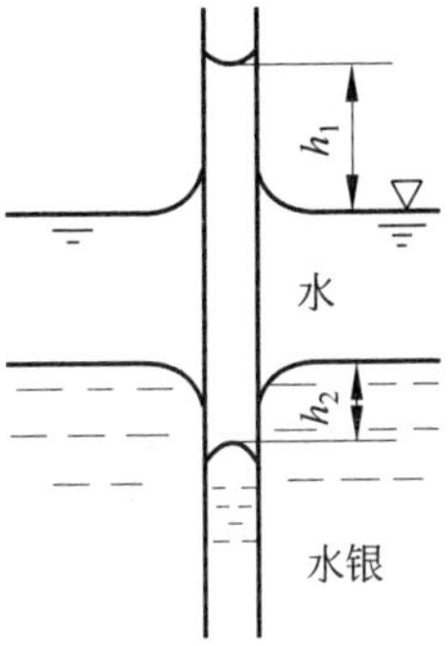

图 1.7　题 1.4 示意图

1.5　大气中有一股圆柱形水束射流，直径为 4mm，如水与大气的表面张力系数 $\gamma=0.073\text{N/m}$，问水束中的水压比大气压大多少？

1.6　两个半径分别为 a_1 和 a_2 的球形肥皂泡合在一起，证明合成后的肥皂泡的半径由下列方程确定：

$$p_a r^3 + 4\gamma r^2 = p_a(a_1^3 + a_2^3) + 4\gamma(a_1^2 + a_2^2)$$

式中 p_a 为大气压力，γ 为空气与肥皂水的表面张力系数.

1.7　内径为 10mm 的开口玻璃管插入温度为 20℃ 的水中，已知水与玻璃的接触角 $\alpha=10°$，求水在管中上升的高度.

思　考　题

S1.1　是否存在应力张量不对称的流体？如果存在，这种流体具有什么特性？

S1.2　连续介质模型和稀薄气体模型的差别是什么？选择模型的依据是什么？

S1.3　静止水中小气泡呈圆球形，运动水流中气泡是否保持圆球形？为什么？

S1.4　粘性流体运动和理想流体运动的主要差别是什么？依据什么选用模型？

第 2 章 流体运动学

本章运用分析和几何描述方法来研究流体一般运动的性质，即流体运动学. 至于产生流动的动力学原因将在后续各章讨论.

2.1 描述流体运动的两种方法

前面已经有了流体的连续介质模型和微团概念，流体的运动是无穷多微团的运动，要建立分析方法来精细地刻画流动过程中微团集合的运动状态. 流体力学中有两种描述无穷多连续分布微团运动的方法. 第一种方法是最常用的场描述方法，这种方法的基本思想是：在任意指定的时间逐点描述当地的运动特征量(如速度，加速度)及其他的物理量分布(如压力，密度等). 这种方法称为**欧拉**描述法. 第二种方法是跟踪质点的描述法，这种方法的基本思想是：从某个时刻开始跟踪每一个质点，记录这些质点的位置、速度、加速度和物理参数的变化，这种方法是离散质点运动描述方法在流体力学中的推广，称为**拉格朗日**描述法. 下面建立这两种描述方法的分析公式，并加以比较.

1．欧拉描述法

欧拉描述法：在选定的时空坐标系$\{\boldsymbol{x},t\}$中考察流动过程中力学和其他物理参量的分布. 时空坐标$\{\boldsymbol{x},t\}$是自变量，称作**欧拉变量**；当地的物理参量：如流动速度

$\boldsymbol{U}$,温度 T,压强 p 等表示为欧拉变量的函数,即

$$\boldsymbol{U}=\boldsymbol{U}(\boldsymbol{x},t),\quad T=T(\boldsymbol{x},t),\quad p=p(\boldsymbol{x},t) \tag{2.1}$$

欧拉方法是一种场的描述法,式(2.1)常称为流场中的速度分布,温度分布和压强分布等,或简称速度场、温度场和压强场.

2. 拉格朗日描述法

拉格朗日描述法是跟踪质点来描述它们的力学和其他物理状态.实现这种方法的关键是建立识别质点的方法.最方便的方法是用每个质点在初始时刻的坐标作为它们的"标记",然后跟踪每个质点,在它们的运动轨迹上考察它们的物理状态.连续介质可分割成无限多连绵一片的质点,因此连续介质质点的初始时刻坐标 $\boldsymbol{A}(a_1,a_2,a_3)$在考察的区域内是连续分布的.质点的初始时刻坐标 $\boldsymbol{A}$ 和时间变量 t 是拉格朗日法的自变量,称为**拉格朗日**变量.流体质点的位移 $\boldsymbol{x}$,温度 T 和压强 p 等是拉格朗日变量的函数,即

$$\boldsymbol{x}=\boldsymbol{x}(\boldsymbol{A},t),\quad T=T(\boldsymbol{A},t),\quad p=p(\boldsymbol{A},t) \tag{2.2}$$

拉格朗日描述法中的位移函数 $\boldsymbol{x}=\boldsymbol{x}(\boldsymbol{A},t)$,也就是质点的轨迹,有以下两个基本性质.

(1) 在初始时刻 $t=0$ 时,$\boldsymbol{x}=\boldsymbol{A}$,即

$$\boldsymbol{x}(\boldsymbol{A},0)=\boldsymbol{A} \tag{2.3}$$

(2) 在任何时刻,质点位置变量 $\boldsymbol{x}$ 与该质点初始时刻的位置变量 $\boldsymbol{A}$ 是一一对应的连续函数.

性质(1)是拉格朗日变量 $\boldsymbol{A}$ 的定义,性质(2)是连续介质的属性.由于变量 $\boldsymbol{x}$ 和变量 $\boldsymbol{A}$ 是一一对应的连续函数,根据数学分析中的隐函数定理,$\boldsymbol{x}=\boldsymbol{x}(\boldsymbol{A},t)$必存在反演

$$\boldsymbol{A}=\boldsymbol{A}(\boldsymbol{x},t) \tag{2.4}$$

反演式 $\boldsymbol{A}=\boldsymbol{A}(\boldsymbol{x},t)$的意义是:在 t 时刻位于 $\boldsymbol{x}$ 的质点可由式(2.4)追溯到它的初始位置 $\boldsymbol{A}$.就是说式(2.4)可将描述质点的欧拉变量$\{\boldsymbol{x},t\}$转换成拉格朗日变量$\{\boldsymbol{A},t\}$,而式(2.2)中的第一式是将描述质点的拉格朗日变量转换成的欧拉变量.图2.1示意欧拉变量$\{\boldsymbol{x},t\}$和拉格朗日变量$\{\boldsymbol{A},t\}$的转换.

3. 欧拉描述式和拉格朗日表达式的互换

流动过程的物理量演化既可用欧拉方法表达也可以用拉格朗日方法表达,它们之间可以互相转换.

(1) 拉格朗日描述式变换成欧拉描述式(L-E 变换)

L-E 变换就是把物理量在时空中演化的拉格朗日描述式替换成欧拉描述式.设已知拉格朗日的位移表达式:

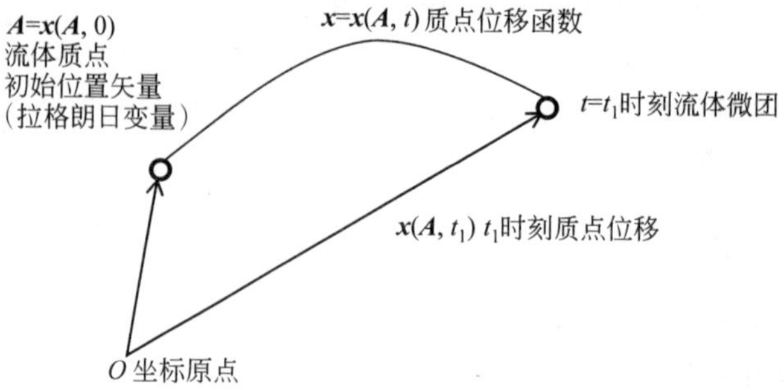

图 2.1　欧拉变量和拉格朗日变量转换示意图

$$\boldsymbol{x} = \boldsymbol{x}(\boldsymbol{A}, t)$$

和压强、密度表达式

$$p = p(\boldsymbol{A}, t), \quad \rho = \rho(\boldsymbol{A}, t)$$

要求把 p,ρ 的拉格朗日表达式转换成欧拉表达式. 拉格朗日位移 $\boldsymbol{x}=\boldsymbol{x}(\boldsymbol{A},t)$有唯一的反演式: $\boldsymbol{A}=\boldsymbol{A}(\boldsymbol{x},t)$(式(2.4)),将它代入压强或密度的拉格朗日表达式,就可以得到相应变量的欧拉表达式,例如,压强的拉格朗日表达式为 $p=p(\boldsymbol{A},t)$,将式(2.4)代入,

$$p = p_{\mathrm{L}}(\boldsymbol{A}, t) = p_{\mathrm{L}}[\boldsymbol{A}(\boldsymbol{x}, t), t] = p_{\mathrm{E}}(\boldsymbol{x}, t)$$

得到压强的欧拉表达式. 这里,为了明确起见,把拉格朗日描述式记以下标 L,欧拉描述式记以下标 E. 密度及其他物理参量的转换方法与此相同.

由拉格朗日位移表达式求得欧拉的速度场表达式,需要先求出速度的拉格朗日表达式,然后再用上面的方法做变量替换. 质点速度是质点的位移对时间的导数,对于指定质点,它的拉格朗日坐标 $\boldsymbol{A}$ 是常量,即质点标记不变,因此拉格朗日描述法中质点速度等于位移函数对时间求一阶偏导数,即

$$\boldsymbol{U} = \left[\frac{\partial \boldsymbol{x}(\boldsymbol{A}, t)}{\partial t}\right]_A = \boldsymbol{U}_{\mathrm{L}}(\boldsymbol{A}, t) \tag{2.5}$$

用式(2.4)$\boldsymbol{A}=\boldsymbol{A}(\boldsymbol{x},t)$替换式(2.5)中 $\boldsymbol{A}$,就得到速度场的欧拉描述式:

$$\boldsymbol{U} = \boldsymbol{U}_{\mathrm{L}}(\boldsymbol{A}, t) = \boldsymbol{U}_{\mathrm{L}}(\boldsymbol{A}(\boldsymbol{x}, t), t) = \boldsymbol{U}_{\mathrm{E}}(\boldsymbol{x}, t)$$

例 2.1　给定拉格朗日位移描述式:

$$x_1 = a_1 \exp\left(-\frac{2t}{k}\right), \quad x_2 = a_2 \exp\left(\frac{t}{k}\right), \quad x_3 = a_3 \exp\left(\frac{t}{k}\right)$$

求欧拉速度场. k 是常数,$\{a_i, t\}$是拉格朗日变量.

解　先求速度的拉格朗日表达式

$$U_1 = \left(\frac{\partial x_1}{\partial t}\right)_A = -\frac{2a_1}{k}\exp\left(-\frac{2t}{k}\right)$$

$$U_2 = \left(\frac{\partial x_2}{\partial t}\right)_A = \frac{a_2}{k}\exp\left(\frac{t}{k}\right)$$

$$U_3=\left(\frac{\partial x_3}{\partial t}\right)_A=\frac{a_3}{k}\exp\left(\frac{t}{k}\right)$$

然后由位移表达求反演，

$$a_1=x_1\exp\left(\frac{2t}{k}\right),\quad a_2=x_2\exp\left(-\frac{t}{k}\right),\quad a_3=x_3\exp\left(-\frac{t}{k}\right)$$

将 a_1,a_2,a_3 代入速度式，得速度场的欧拉表达式.

$$U_1=-\frac{2}{k}x_1,\quad U_2=\frac{1}{k}x_2,\quad U_3=\frac{1}{k}x_3$$

(2) 欧拉描述式转换成拉格朗日描述式(E-L 变换)

E-L 变换是把流场表达式中欧拉变量$(\boldsymbol{x},t)$用拉格朗日变量$(\boldsymbol{A},t)$替换，也就是首先需要求得质点的位移函数 $\boldsymbol{x}=\boldsymbol{x}(\boldsymbol{A},t)$. 设已知欧拉速度场表达式：$\boldsymbol{U}=\boldsymbol{U}_{\mathrm{E}}(\boldsymbol{x},t)$，我们要求它的拉格朗日表达式.

由于速度是质点位移向量对时间的一阶偏导数，在拉格朗日描述法中：$\boldsymbol{U}=\left(\frac{\partial\boldsymbol{x}}{\partial\boldsymbol{t}}\right)_A$，因此首先要从下式求出质点的位移函数：

$$\boldsymbol{U}=\left(\frac{\partial\boldsymbol{x}}{\partial t}\right)_A=\boldsymbol{U}_{\mathrm{E}}(\boldsymbol{x},t)\tag{2.6}$$

式(2.6)是关于质点位移 $\boldsymbol{x}(t)$的一阶常微分方程组，它的初始条件为

$$t=0:\ \boldsymbol{x}=\boldsymbol{A}\tag{2.7}$$

积分式(2.6)，得到质点位移的表达式：

$$\boldsymbol{x}=\boldsymbol{x}(\boldsymbol{A},t)$$

代入速度表达式，得到速度的拉格朗日描述式：

$$\boldsymbol{U}=\boldsymbol{U}_{\mathrm{E}}[\boldsymbol{x}(\boldsymbol{A},t),t]=\boldsymbol{U}_{\mathrm{L}}(\boldsymbol{A},t)$$

例 2.2 已知欧拉速度场：$U_1=x_1+t,U_2=x_2+t,U_3=0$，求质点位移和速度的拉格朗日表达式.

解 解常微分方程

$$U_1=\frac{\partial x_1}{\partial t}=x_1+t,\quad U_2=\frac{\partial x_2}{\partial t}=x_2+t,\quad U_3=\frac{\partial x_3}{\partial t}=0$$

初始条件为：$t=0,x_1=a_1,x_2=a_2,x_3=a_3$. 该微分方程的一般解为

$$x_1=c_1\exp(t)-t-1,\quad x_2=c_2\exp(t)-t-1,\quad x_3=c_3$$

将初始条件代入后可得积分常数 $c_1=a_1+1,c_2=a_2+1,c_3=a_3$，最后拉格朗日位移表达式为

$$x_1=(a_1+1)\exp(t)-t-1,\quad x_2=(a_2+1)\exp(t)-t-1,\quad x_3=a_3$$

将位移表达式代入速度场公式，得速度的拉格朗日描述式如下：

$$U_1=(a_1+1)\exp(t)-1,\quad U_2=(a_2+1)\exp(t)-1,\quad U_3=0$$

2.2 流场的几何描述

为了直观和形象地了解流动状态，可以用几何方法来描述流场，例如图2.2是气流绕机翼剖面(又称翼型)的流动.本来气体是透明的，无法辨认它的运动状态，在气流的上游注入几股有色的烟丝，烟丝被气流携带，它们的流速等于当时当地气体速度，如果用曝光很快的相机摄下烟丝的图像，它们就反映某一瞬间翼型周围气流运动的方向，这就是一种显示气流运动的方法，烟丝曲线称为气流的流线.

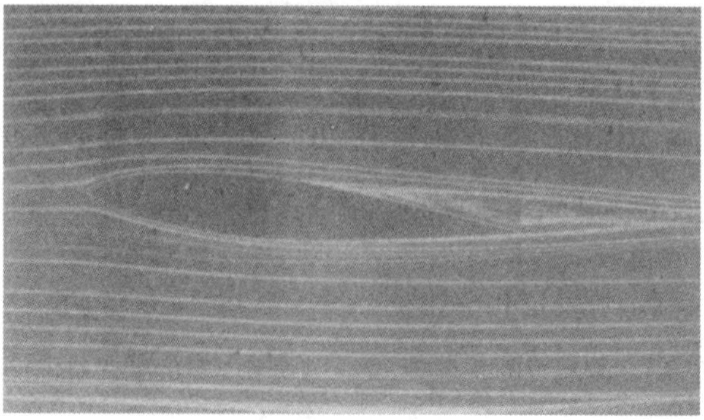

图2.2 绕翼型流线的烟丝显示图

下面给出流线的数学定义，并进一步分析它的性质.

1. 流线、流面和流管

定义2.1 流线是速度场的向量线.它是某一固定时刻的空间曲线，该曲线上任意一点的切向量与当地的速度向量重合.

根据定义，流线是在给定时间考察流动在空间的图像，它是一种欧拉速度场的描述方法.

设流线的参数方程为

$$\boldsymbol{x} = \boldsymbol{r}(s)$$

则流线任意点处切向量为 $\mathrm{d}\boldsymbol{r}$，流场当地速度为 $\boldsymbol{U}(\boldsymbol{x},t_0)$(欧拉表达式)，根据流线的定义，我们要求 $\mathrm{d}\boldsymbol{r} /\!/ \boldsymbol{U}(\boldsymbol{x},t_0)$，应用向量代数运算公式，流线上应满足

$$\mathrm{d}\boldsymbol{r} \times \boldsymbol{U} = \boldsymbol{0} \tag{2.8}$$

展开式(2.8)，并简化后可得

$$\frac{\mathrm{d}x_1}{U_1(x_1,x_2,x_3,t_0)} = \frac{\mathrm{d}x_2}{U_2(x_1,x_2,x_3,t_0)} = \frac{\mathrm{d}x_3}{U_3(x_1,x_2,x_3,t_0)} \tag{2.9}$$

给定流线的起始点：即 $s=0$ 时 $x_1=x_0, x_2=y_0, x_3=z_0$，积分式(2.9)就得到某时刻通过$(x_0, y_0, z_0)$的流线. 必须强调指出，流线是在固定时刻对流场的描述，流线方程中时间 t_0 是常参量. 也就是说，当需要考察某一时刻的流场时，就把该时刻 t_0 代入速度场表达式.

例 2.3 给定速度场：

$$u = x + t, \quad v = -y + t, \quad w = 0$$

求 $t=0$ 时，通过 $M(-1,-1,0)$点的流线.

解 流线的微分方程为

$$\frac{dx}{u} = \frac{dy}{v} = \frac{dz}{w}$$

因 $w=0$，故 $dz=0$，它的解是 $z=$常数，将初始值 $z_0=0$ 代入，得：$z=0$；这表明流线位于 $z=0$ 的坐标面上，由于 u, v 只和 x, y 有关，因此流线方程可直接积分，将 $t=0$ 代入速度表达式，得流线方程为

$$\frac{dx}{x} = \frac{dy}{-y}$$

积分后得

$$xy = \text{const.}$$

将起始点 $M(-1,-1,0)$代入积分式得：const. $=1$，该流线方程为

$$xy = 1, \quad z = 0$$

本例的结果是流场在 $t=0$ 时通过 $M(-1,-1,0)$的流线是平面双曲线.

为直观了解某一流动状态，我们不仅要看过某点的一条流线，还需要了解同一时刻通过若干点的流线(如图 2.2 所示的烟丝)，通过若干点的流线族称为流谱.

例 2.4 试求：任意时刻例 2.3 给定的速度场的流线谱.

解 求任意时刻的流线谱时，速度表达式中 t 作为参量，它在式(2.9)的积分中保持常数. 因 $w=0$，仍积分得 $z=$常数，由

$$\frac{dx}{x+t} = \frac{dy}{-y+t}$$

积分函数为

$$(x+t)(-y+t) = \text{const.}$$

通过以上积分式，可以考察不同时刻的流线谱.

(1) $t=0$ 时的流线谱：将 $t=0$ 代入积分式，得 $xy=$const.，它是一族双曲线. 其中通过 $M(-1,-1,0)$点的流线是 $xy=1$，它和例 2.3 结果相同. 给定不同的常数值，得到一族双曲线. 令 const. $=0$，可得 $t=0$ 时另外两条流线：$x=0(-\infty<y<\infty)$和 $y=0(-\infty<x<\infty)$，它们是退化的双曲线. $t=0$ 的流线谱示于图 2.3(a). $t=0$ 时的速度场是：$u=x, v=-y, w=0$，因此 $x>0$(第一、第四象限)处的流场速度 u 朝 x 轴正方向；$x<0$(第二、第三象限)处的流场速度 u 朝 x 轴的负方向. 而 $y>0$(第一、第二

象限)处的速度场 v 朝 y 轴负方向；$y<0$(第三、第四象限)处速度场 v 朝 y 轴正方向. 图 2.3(a)中给出了流线谱上的速度方向.

(2) $t=1$ 时的流线谱：将 $t=1$ 代入积分式，得 $(x+1)(y-1)=\text{const.}$，它仍是一族双曲线. 但是双曲线的中心移到 $(-1,1)$. 流线谱上仍标明速度方向. 对于例题给定的流场，不同时刻流线谱只是发生平移. 但是观察通过 $M(-1,-1,0)$ 点(图 2.3(a)、图 2.3(b)上+号)的流线时，可以发现：在 $t=0$ 时，通过该点的流线是双曲线；而 $t=1$ 时，通过该点的流线是向上的直线.

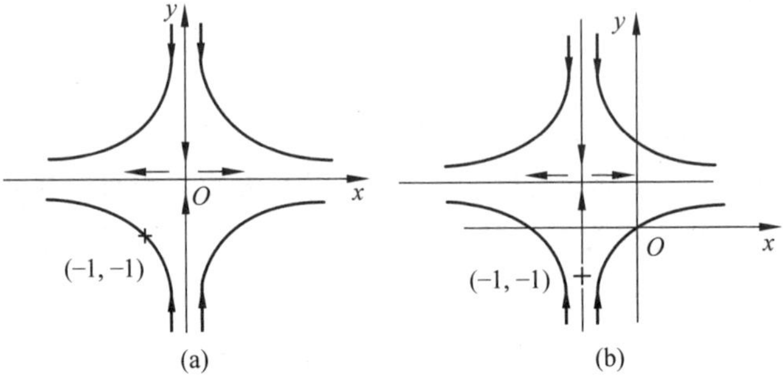

图 2.3 例 2.3 和例 2.4 的流线谱

(a) $t=0$；(b) $t=1$

从上面的实例中可以发现流线有以下性质.

第一，不同时刻通过同一点的流线可以不重合. 一般情况下，如果速度场与时间有关，则不同时刻、通过同一点的速度大小和方向都可能是不同的. 于是，从不同时刻、同一点出发的流线初始方向不同，这些流线当然不会重合. 例如例 2.2 中 $t=0$ 时通过 $(-1,-1,0)$ 的流线是双曲线；而 $t=1$ 时通过该点的流线是平行于 y 轴的直线. 根据以上分析，还可以推断：如果欧拉速度场和时间无关，那么任何时刻通过同一点的流线都将是相同的.

第二，流线是有走向的几何线，流线的走向由速度场确定，通常在流线上任取一点，用该点的速度方向标明流线的走向，如图 2.3 所示.

第三，一般情况下，同一时刻通过一点只有一根流线. 因为同一时刻，在空间一点上只有一个速度. 换句话说，一般情况下，同一时刻流场中的流线不能相交. 但是，在理论上有两种例外，①流场中速度等于零的点，因为速度等于零的点其速度方向是任意的，不同方向的流线都可以通过该点；②流场中速度为无限大的点，因为这种点上流体的速度方向也是不定的. 例如，例 2.4 中 $t=0$ 时刻有通过原点的两条相交直线；$t=1$ 时有通过 $(-1,1)$ 点的相交流线，但是相交点的速度等于零.

如果给定另一种速度场：

$$u=\frac{x}{x^2+y^2},\quad v=\frac{y}{x^2+y^2}$$

则不难求出它的流线谱，如图 2.4 所示，这时过原点(0,0,0)的流线相交，但是相交点的速度是无穷大. 数学分析上允许流场中有无限大的速度，但是物理上是不存在无限大速度的. 因此实际流场中发现流线相交时，相交点的速度一定等于零.

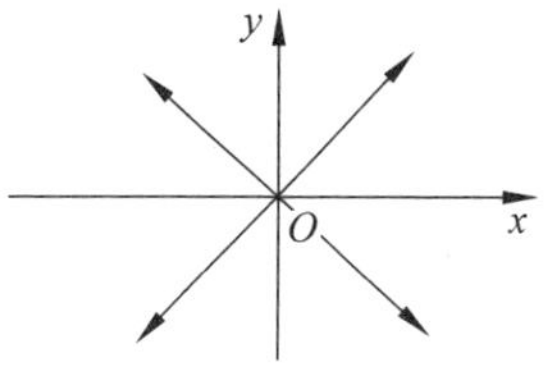

图 2.4 $u=\dfrac{x}{x^2+y^2}, v=\dfrac{y}{x^2+y^2}$ 过(0,0,0)点的流线

由流线概念可以扩充到流面和流管的概念. 通过不在同一流线上的若干点作流线，构成流面或流管.

定义 2.2 某一时刻通过给定曲线(该曲线不是流线)上每一点作流线所构成的曲面称为流面.

简言之，流面是由流线组成的空间曲面. 若给定的空间曲线为封闭曲线，则构成的流面是管状曲面，这种管状曲面的内域称为**流管**(图 2.5).

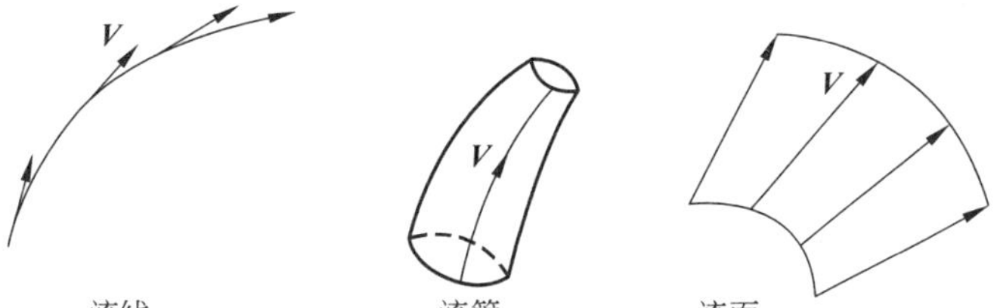

图 2.5 流线、流面和流管

流面由流线组成，因此流面上任意一点的法向量和当地的流场速度向量垂直，即在流面上有

$$(\boldsymbol{U}\cdot\boldsymbol{n})_{\text{流面}} = 0 \tag{2.10}$$

式中 $\boldsymbol{n}$ 为流面法线方向. 式(2.10)说明，流体不能穿过流面，也不能通过流管表面进入流管，所以流面如同刚性壁面一样，流体不能穿透它.

2. 迹线

定义 2.3 流体质点的运动轨迹称为迹线.

迹线是流体质点运动的几何描述，在拉格朗日表达式中位移函数就是质点群的轨迹族：

$$\boldsymbol{x} = \boldsymbol{x}(a,b,c,t)$$

给定拉格朗日坐标 $\boldsymbol{A}(a_1,a_2,a_3)$值就得到该质点的轨迹.

欧拉描述方法中流体质点轨迹需由速度场积分求出，如给定欧拉速度场 $\boldsymbol{U}(\boldsymbol{x},t)$，则轨迹方程为

$$\left(\frac{\partial \boldsymbol{x}}{\partial t}\right)_A = \boldsymbol{U}(\boldsymbol{x},t) \tag{2.11a}$$

或

$$\begin{cases} \left(\dfrac{\partial x_1}{\partial t}\right)_A = U_1(x_1,x_2,x_3,t) \\ \left(\dfrac{\partial x_2}{\partial t}\right)_A = U_2(x_1,x_2,x_3,t) \\ \left(\dfrac{\partial x_3}{\partial t}\right)_A = U_3(x_1,x_2,x_3,t) \end{cases} \tag{2.11b}$$

在迹线方程中,$\boldsymbol{x}$ 或(x_1,x_2,x_3)是质点的坐标,它是时间 t 的函数. 给定起始时刻 $t=0$ 时质点的坐标(a_1,a_2,a_3),积分式(2.11)就得到该质点的轨迹.

例 2.5 给定欧拉速度场:$U_1=x_1+t, U_2=-x_2+t, U_3=0$,求 $t=0$ 时位于 $M(-1,-1,0)$处的质点运动轨迹.

解 写出迹线方程(略去式(2.11b)下标 A)

$$U_1=\frac{\partial x_1}{\partial t}=x_1+t,\quad U_2=\frac{\partial x_2}{\partial t}=-x_2+t,\quad U_3=\frac{\partial x_3}{\partial t}=0$$

注意迹线方程中 t 是积分的自变量,x_i是 t 的函数,积分该方程后得

$$x_1=C_1\exp(t)-t-1,\quad x_2=C_2\exp(-t)+t-1,\quad x_3=C_3$$

将初始坐标代入后得:$C_1=C_2=C_3=0$,因此

$$x_1=-t-1,\quad x_2=t-1,\quad x_3=0$$

消去 x_1,x_2 方程中的 t,得

$$x_1+x_2=-2$$

将该轨迹绘于图 2.6. 注意例 2.5 的速度场和起始点与例 2.3 相同,在同一图上绘出图 2.3 中 $t=0$ 时过同一点的流线以作比较. 我们可以看到:通过一点的流线与迹线在起始点相切,而后开始分叉,就是说例 2.3 给定的速度场中通过同一点的流线和轨迹不重合. 这种情况在一般流场中是普遍的,本书将在下面详细讨论.

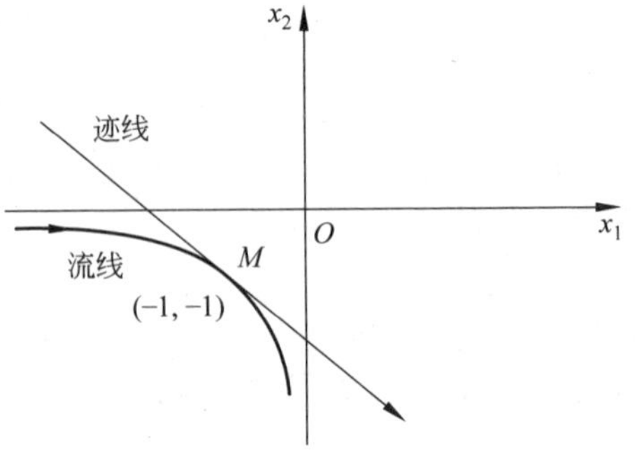

图 2.6 速度场 $U_1=x_1+t, U_2=-x_2+t, U_3=0$ 通过 $M(-1,-1,0)$的流线与迹线

综合以上分析,流线和迹线是描述流场的不同几何特性,它们的最基本差别是:

迹线是**同一质点**在**不同时刻**的**位移曲线**;

流线是**同一时刻**、**不同质点**连接起来的**速度场向量线**.

简言之,迹线是描述指定质点的运动过程,流线是描述给定瞬间的速度场状态.

3. 定常流场和非定常流场

定义 2.4 与时间无关的欧拉速度场称为定常流场,反之则称为非定常流场.

按照定义，定常速度场的表达式中不含欧拉变量 t，只有位置变量 $\boldsymbol{x}$，即

$$\boldsymbol{U}=\boldsymbol{U}(\boldsymbol{x})$$

定常流场与非定常流场是流体运动学中经常遇到的基本概念．最简单的定常流动例子是以恒定的压强差在管道中输送液体．如输送液体时压强差发生波动，则流动就不定常．一般来说非定常流动较定常流动复杂．流场是否定常还与观察者所在的坐标系有关，例如，在匀速水平飞行的飞弹中观察飞弹周围的气流，这时气流绕过飞弹是定常流场(图 2.7(a))，而从地面静止的观察者看到的飞弹周围流场是非定常流场(图 2.7(b))，他看到飞弹头部不断地把空气排开，而尾部有空气“吸入”．流线谱随着飞弹向前推进，是不定常的．

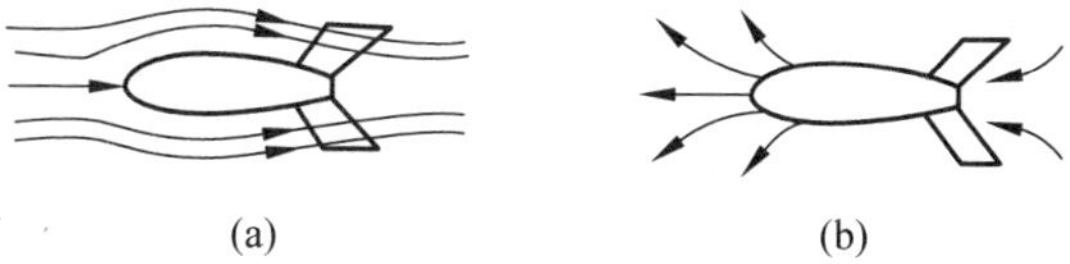

图 2.7 定常流场和非定常流场

(a) 定常流场；(b) 非定常流场

定常流场的流线和迹线有以下性质．

① 在定常流场中通过同一点的流线不随时间变化；

② 任意时刻通过同一空间点的迹线和流线重合．

可以由流线和迹线方程来证明上述性质．对于定常流动，速度场不含变量 t，故流线方程和迹线方程及相应起始条件分别为

流线：$\dfrac{\mathrm{d}\boldsymbol{x}}{\mathrm{d}s}=\boldsymbol{U}(\boldsymbol{x})$；$s=0$，$\boldsymbol{x}=\boldsymbol{A}$

迹线：$\left(\dfrac{\partial \boldsymbol{x}}{\partial t}\right)_A=\boldsymbol{U}(\boldsymbol{x})$；$t=0$，$\boldsymbol{x}=\boldsymbol{A}$

流线方程右端不含时间，因此流线方程的积分曲线 $\boldsymbol{x}=\boldsymbol{r}(s,\boldsymbol{A})$ 与时间无关，这就证实了定常流的第一个运动学性质．对于迹线来说，它的方程右端也不含时间 t，因此迹线上任意一点的切向量与当地流线的切向量处处重合，从而由同一点出发的迹线积分曲线也必定和流线重合，这就证明了定常流动的第二个运动学性质．从数学上来看，定常流动中流线和迹线有相同的常微分方程和初始条件(只是自变量用不同符号)，积分曲线当然重合．

一般情况下，非定常流场中流线谱随时间变化，而且通过同一点的流线和迹线不再重合，如例 2.5．但是，有个别的非定常运动，它们的流场速度方向不随时间变化，只有速度大小随时间变化，这时流线和迹线仍然可能重合．

4. 流体线与流体面及其保持性

在流体力学中常常还需要分析由相同质点组成的几何面，例如：液滴表面、气泡

表面以及水波与空气的界面等. 当流体运动时,这种界面也随着运动和变形,但界面始终是由给定流体质点组成.

定义 2.5 由同一组连续质点组成的几何曲线或曲面分别称为流体质线或流体质面,简称流体线或流体面.

由于流体的连续性质,流体线或流体面在运动过程中可以变形,但不能断裂,也就是质点间的相邻关系不能改变,这一性质称作流体面的保持性. 下面将导出流体面保持性的数学表达式. 设有一流体面,它的几何方程为

$$F(\boldsymbol{x},t) = 0 \tag{2.12}$$

我们将证明,流体面方程必须满足以下关系式:

$$\frac{\partial F}{\partial t} + \frac{\partial F}{\partial x_1}\frac{\delta x_1}{\delta t} + \frac{\partial F}{\partial x_2}\frac{\delta x_2}{\delta t} + \frac{\partial F}{\partial x_3}\frac{\delta x_3}{\delta t} = \frac{\partial F}{\partial t} + \boldsymbol{U}\cdot\nabla F = 0 \tag{2.13}$$

式中 $\boldsymbol{U}$ 是流体面上的流体质点速度. 式(2.13)证明如下. 设流体面上的一质点在 δt 时间内的位移为 $\delta\boldsymbol{x}$,因为该质点在流体面上,所以到达新的时空坐标 $(t+\delta t, \boldsymbol{x}+\delta\boldsymbol{x})$ 时,时空坐标仍然满足式(2.12),即

$$F(\boldsymbol{x}+\delta\boldsymbol{x}, t+\delta t) = 0$$

利用泰勒展开式

$$F(\boldsymbol{x}+\delta\boldsymbol{x}, t+\delta t) = F(\boldsymbol{x},t) + \frac{\partial F}{\partial t}\delta t + \frac{\partial F}{\partial x_1}\delta x_1 + \frac{\partial F}{\partial x_2}\delta x_2 + \frac{\partial F}{\partial x_3}\delta x_3 + O(\delta t^2,\ |\delta\boldsymbol{x}|^2, \delta t|\delta\boldsymbol{x}|)$$

式中 $F(\boldsymbol{x}+\delta\boldsymbol{x}, t+\delta t) = F(\boldsymbol{x},t) = 0$. 将上式除以 δt 并令 $\delta t \to 0$, $|\delta\boldsymbol{x}| \to 0$,得

$$\frac{\partial F}{\partial t} + \frac{\partial F}{\partial x_1}\frac{\delta x_1}{\delta t} + \frac{\partial F}{\partial x_2}\frac{\delta x_2}{\delta t} + \frac{\partial F}{\partial x_3}\frac{\delta x_3}{\delta t} = 0$$

因为 $(\delta x_1, \delta x_2, \delta x_3)$ 是质点的位移,故

$$\frac{\delta x_1}{\delta t} = U_1, \quad \frac{\delta x_2}{\delta t} = U_2, \quad \frac{\delta x_3}{\delta t} = U_3$$

它们是质点的速度,将它代入前式,得式(2.13),它是流体面保持性的数学表达式.

2.3 质点的加速度公式和质点导数

1. 质点加速度公式

质点加速度是质点速度向量随时间的变化率,在拉格朗日描述式中,位移函数 $\boldsymbol{x}(\boldsymbol{A},t)$ 本来就追踪质点,并以 $\boldsymbol{A}$ 识别某一质点,因此位移函数对时间 t 求二次偏导数,就得到质点 $\boldsymbol{A}$ 的加速度

$$\boldsymbol{a}=\left(\frac{\partial^2 \boldsymbol{x}}{\partial t^2}\right)_A \tag{2.14}$$

欧拉描述法给定速度场$\boldsymbol{U}(\boldsymbol{x},t)$，而不追踪质点，要由速度场计算$(\boldsymbol{x},t)$处的质点加速度时必须求出该质点在$\delta t$时间内的速度增量，然后求极值，即

$$\boldsymbol{a}=\lim_{\delta x\to 0,\delta t\to 0}\left[\frac{\boldsymbol{U}(\boldsymbol{x}+\delta\boldsymbol{x},t+\delta t)-\boldsymbol{U}(\boldsymbol{x},t)}{\delta t}\right]$$

式中$\delta\boldsymbol{x}$是质点在δt时间内的位移，将加速度计算公式的分子作泰勒展开，

$$\begin{aligned}\boldsymbol{U}(\boldsymbol{x}+\delta\boldsymbol{x},t+\delta t)-\boldsymbol{U}(\boldsymbol{x},t)&=\left(\frac{\partial\boldsymbol{U}}{\partial t}\right)_x\delta t+\left(\frac{\partial\boldsymbol{U}}{\partial x_1}\right)_t\delta x_1+\left(\frac{\partial\boldsymbol{U}}{\partial x_2}\right)_t\delta x_2\\&\quad+\left(\frac{\partial\boldsymbol{U}}{\partial x_3}\right)_t\delta x_3+O(\delta t^2,|\delta\boldsymbol{x}|^2,\delta t|\delta\boldsymbol{x}|)\end{aligned}$$

将它代入加速度公式，并略去高阶小量后得

$$\boldsymbol{a}=\frac{\partial\boldsymbol{U}}{\partial t}+\frac{\partial\boldsymbol{U}}{\partial x_1}\frac{\delta x_1}{\delta t}+\frac{\partial\boldsymbol{U}}{\partial x_2}\frac{\delta x_2}{\delta t}+\frac{\partial\boldsymbol{U}}{\partial x_3}\frac{\delta x_3}{\delta t}$$

注意到$\delta\boldsymbol{x}$是质点位移，因而

$$\lim_{\delta t\to 0}\frac{\delta x_1}{\delta t}=\boldsymbol{U}_1,\quad \lim_{\delta t\to 0}\frac{\delta x_2}{\delta t}=\boldsymbol{U}_2,\quad \lim_{\delta t\to 0}\frac{\delta x_3}{\delta t}=\boldsymbol{U}_3$$

于是，加速度公式为

$$\boldsymbol{a}=\frac{\partial\boldsymbol{U}}{\partial t}+U_1\frac{\partial\boldsymbol{U}}{\partial x_1}+U_2\frac{\partial\boldsymbol{U}}{\partial x_2}+U_3\frac{\partial\boldsymbol{U}}{\partial x_3} \tag{2.15}$$

利用向量算符$\boldsymbol{\nabla}=\boldsymbol{e}_1\frac{\partial}{\partial x_1}+\boldsymbol{e}_2\frac{\partial}{\partial x_2}+\boldsymbol{e}_3\frac{\partial}{\partial x_3}$，可得$\boldsymbol{U}\cdot\boldsymbol{\nabla}=U_1\frac{\partial}{\partial x_1}+U_2\frac{\partial}{\partial x_2}+U_3\frac{\partial}{\partial x_3}$，式(2.15)还可写作

$$\boldsymbol{a}=\frac{\partial\boldsymbol{U}}{\partial t}+(\boldsymbol{U}\cdot\boldsymbol{\nabla})\boldsymbol{U} \tag{2.16}$$

在直角坐标中加速度的分量式(用习惯的x,y,z符号)为

$$a_x=\frac{\partial u}{\partial t}+u\frac{\partial u}{\partial x}+v\frac{\partial u}{\partial y}+w\frac{\partial u}{\partial z} \tag{2.17a}$$

$$a_y=\frac{\partial v}{\partial t}+u\frac{\partial v}{\partial x}+v\frac{\partial v}{\partial y}+w\frac{\partial v}{\partial z} \tag{2.17b}$$

$$a_z=\frac{\partial w}{\partial t}+u\frac{\partial w}{\partial x}+v\frac{\partial w}{\partial y}+w\frac{\partial w}{\partial z} \tag{2.17c}$$

从加速度公式可以看出，用欧拉速度场计算质点运动速度随时间的变化率时，质点加速度由两部分组成：

(1) **局部导数**$\frac{\partial\boldsymbol{U}}{\partial t}$. 它是给定空间点上的速度随时间的变化率，这一部分是因流场的非定常性产生的；

(2) **对流导数或迁移导数**$(\boldsymbol{U}\cdot\boldsymbol{\nabla})\boldsymbol{U}$. 因为$\boldsymbol{U}\cdot\boldsymbol{\nabla}=U_s\frac{\partial}{\partial s}$($s$是速度方向)，它是沿

速度方向的导数，或给定瞬时的速度场流线方向的导数，这一部分是因速度场不均匀性产生的.

于是，可得如下结论：用欧拉法给出的速度场求加速度时，

质点加速度＝速度的局部导数＋速度的迁移导数

2. 质点导数

将推导加速度公式的方法推广到质点上任意物理量增长率的计算，就有质点导数的概念.

定义 2.6　质点携带的物理量随时间的变化率称为质点导数，并用$\frac{\mathrm{D}}{\mathrm{D}t}$表示.

不难得到，在欧拉描述法中任意物理量 Q 的质点导数等于

$$\frac{\mathrm{D}Q}{\mathrm{D}t}=\frac{\partial Q}{\partial t}+\boldsymbol{U}\cdot\nabla Q \tag{2.18}$$

上式证明如下：任意物理量的欧拉表达式为 $Q=Q(\boldsymbol{x},t)$，Q 可以是标量、向量或张量，它的质点导数等于：

$$\frac{\mathrm{D}Q}{\mathrm{D}t}=\lim_{\delta x\to 0,\delta t\to 0}\left[\frac{Q(\boldsymbol{x}+\delta\boldsymbol{x},t+\delta t)-Q(\boldsymbol{x},t)}{\delta t}\right]$$

利用泰勒展开

$$Q(\boldsymbol{x}+\delta\boldsymbol{x},t+\delta t)-Q(\boldsymbol{x},t)=\left(\frac{\partial Q}{\partial t}\right)_x\delta t+\delta\boldsymbol{x}\cdot\nabla Q+O(\delta t^2,|\delta\boldsymbol{x}|^2,\delta t|\delta\boldsymbol{x}|)$$

代入前面公式就得式(2.18). 质点导数公式对任意物理量都成立，因此可以将质点导数的运算用以下算符表示

$$\frac{\mathrm{D}}{\mathrm{D}t}=\frac{\partial}{\partial t}+\boldsymbol{U}\cdot\nabla=\frac{\partial}{\partial t}+U_1\frac{\partial}{\partial x_1}+U_2\frac{\partial}{\partial x_2}+U_3\frac{\partial}{\partial x_3}$$

在欧拉描述法中的质点导数可用文字表述如下：

物理量的质点导数＝物理量的局部导数＋物理量的对流导数.

在欧拉描述法中必须将质点导数$\frac{\mathrm{D}}{\mathrm{D}t}$和欧拉场量的局部导数$\frac{\partial}{\partial t}$明确区别开，虽然两者都是对时间导数的形式. 局部导数是物理量在欧拉变量 $\boldsymbol{x}=(x_1,x_2,x_3)$不变的条件下的时间增长率；而质点导数是物理量在质点运动轨迹上的时间增长率.

定常场中，物理量的欧拉表达式不含时间变量，因而局部导数等于零，但是质点导数可以不等于零，它等于对流导数. 就是说：**定常流场中物理量的质点导数等于物理量的对流导数.**

用欧拉法描述的具体流动现象中，局部导数是物理量在当地的变化率，例如某地气象温度的变化率，或河道某处的水位增长率等都属于局部导数. 如果要知道流动过程中物理量的质点导数，例如质点的密度或温度的变化率等，除了有该物理量的欧拉

表达式外，还必须知道速度场的欧拉表达式，分别计算出该物理量的局部导数和对流导数，然后用式(2.18)计算质点导数.

例 2.6 由气象观测站测得的大气温度和速度分布如下：

$$\boldsymbol{U} = U(y)\boldsymbol{e}_x, \quad T = T_0(x) + \alpha\exp(-\gamma t^2)$$

求在$(x_0, y_0, z_0; t_0)$处温度的质点导数.

解 由质点导数公式(2.18)得

$$\frac{\mathrm{D}T}{\mathrm{D}t} = \frac{\partial T}{\partial t} + u\frac{\partial T}{\partial x} + v\frac{\partial T}{\partial y} + w\frac{\partial T}{\partial z}$$

其中各导数等于

$$\frac{\partial T}{\partial t} = -2\alpha\gamma t\exp(-\gamma t^2), \quad \frac{\partial T}{\partial y} = \frac{\partial T}{\partial z} = 0, \quad \frac{\partial T}{\partial x} = T_0'(x)$$

$$\frac{\mathrm{D}T}{\mathrm{D}t} = -2\alpha\gamma t\exp(-\gamma t^2) + U(y)T_0'(x)$$

将$(x_0, y_0, z_0; t_0)$代入公式右边的各项，就可得该点温度的质点导数：

$$\frac{\mathrm{D}T}{\mathrm{D}t}(x_0, y_0, z_0; t_0) = -2\alpha\gamma t_0\exp(-\gamma t_0^2) + U(y_0)T_0'(x_0)$$

2.4 流体微团运动分析

连续介质受力后要发生变形，流体运动过程中，流场各个微团除了移动和转动外，将发生持续的变形，而流体微团的变形状态和它的应力状态密切联系，为此我们需要对流体微团变形过程做仔细的研究.

1. 柯西-亥姆霍兹(Cauchy-Helmholtz)流体微团速度分解定理

定理 2.1 流场$\boldsymbol{U}(x,t)$中微团上任意一点的运动可以分解为平动、转动和变形三部分之和.

证明 设有流场$\boldsymbol{U}(\boldsymbol{x},t)$，在时刻$t$任取一微团，微团上参考点$\boldsymbol{x}_0$处的速度为$\boldsymbol{U}_0 = \boldsymbol{U}(\boldsymbol{x}_0, t)$，我们来考察微团上同一时刻任意一点$\boldsymbol{x} = \boldsymbol{x}_0 + \delta\boldsymbol{x}$的速度$\boldsymbol{U}(\boldsymbol{x}_0 + \delta\boldsymbol{x}, t)$. 利用泰勒展开，有

$$\boldsymbol{U}(\boldsymbol{x}_0 + \delta\boldsymbol{x}, t) = \boldsymbol{U}(\boldsymbol{x}_0, t) + \frac{\partial \boldsymbol{U}}{\partial x_1}\delta x_1 + \frac{\partial \boldsymbol{U}}{\partial x_2}\delta x_2 + \frac{\partial \boldsymbol{U}}{\partial x_3}\delta x_3 + O(|\delta\boldsymbol{x}|^2)$$

略去高阶小量后，微团上任意点速度为

$$\boldsymbol{U}(\boldsymbol{x}, t) = \boldsymbol{U}_0 + \left(\frac{\partial \boldsymbol{U}}{\partial x_j}\right)_0 \delta x_j$$

进一步写成速度分量形式为

$$U_i(\boldsymbol{x},t) = U_{0i} + \left(\frac{\partial U_i}{\partial x_j}\right)_0 \delta x_j$$

利用张量识别定理(见附录)可以证明$\frac{\partial U_i}{\partial x_j}$是二阶张量(证明略),它可以进一步分解为一个对称张量和另一个反对称张量之和:

$$\frac{\partial U_i}{\partial x_j} = \frac{1}{2}\left(\frac{\partial U_i}{\partial x_j} + \frac{\partial U_j}{\partial x_i}\right) + \frac{1}{2}\left(\frac{\partial U_i}{\partial x_j} - \frac{\partial U_j}{\partial x_i}\right) \tag{2.19}$$

式 (2.19) 右端第一项用 S_{ij} 表示,它是对称张量,因为

$$S_{ij} = \frac{1}{2}\left(\frac{\partial U_i}{\partial x_j} + \frac{\partial U_j}{\partial x_i}\right) = \frac{1}{2}\left(\frac{\partial U_j}{\partial x_i} + \frac{\partial U_i}{\partial x_j}\right) = S_{ji} \tag{2.20a}$$

由于对称性,S_{ij} 只有六个独立分量.

式(2.20) 右端第二项用 Ω_{ij} 表示,它是反对称张量,因为

$$\Omega_{ij} = \frac{1}{2}\left(\frac{\partial U_i}{\partial x_j} - \frac{\partial U_j}{\partial x_i}\right) = -\frac{1}{2}\left(\frac{\partial U_j}{\partial x_i} - \frac{\partial U_i}{\partial x_j}\right) = -\Omega_{ji} \tag{2.20b}$$

由于反对称性,$\Omega_{ij} = -\Omega_{ji}$,因此 $\Omega_{\alpha\alpha} = 0$(不求和),就是说 Ω_{ij} 只有三个独立分量.

在直角坐标系中,S_{ij}、Ω_{ij} 的各个分量表示式如下:

$$S_{xx} = \frac{\partial u}{\partial x},\quad S_{yy} = \frac{\partial v}{\partial y},\quad S_{zz} = \frac{\partial w}{\partial z} \tag{2.21a}$$

$$\begin{cases} S_{xy} = S_{yx} = \dfrac{1}{2}\left(\dfrac{\partial u}{\partial y} + \dfrac{\partial v}{\partial x}\right) \\ S_{yz} = S_{zy} = \dfrac{1}{2}\left(\dfrac{\partial v}{\partial z} + \dfrac{\partial w}{\partial y}\right) \\ S_{zx} = S_{xz} = \dfrac{1}{2}\left(\dfrac{\partial w}{\partial x} + \dfrac{\partial u}{\partial z}\right) \end{cases} \tag{2.21b}$$

$$\Omega_{xx} = \Omega_{yy} = \Omega_{zz} = 0 \tag{2.22a}$$

$$\begin{cases} \Omega_{xy} = -\Omega_{yx} = \dfrac{1}{2}\left(\dfrac{\partial u}{\partial y} - \dfrac{\partial v}{\partial x}\right) \\ \Omega_{yz} = -\Omega_{zy} = \dfrac{1}{2}\left(\dfrac{\partial v}{\partial z} - \dfrac{\partial w}{\partial y}\right) \\ \Omega_{zx} = -\Omega_{xz} = \dfrac{1}{2}\left(\dfrac{\partial w}{\partial x} - \dfrac{\partial u}{\partial z}\right) \end{cases} \tag{2.22b}$$

在后面将证明 S_{ij} 的 6 个分量分别是流体微团的线变形率和角变形率;Ω_{ij} 的 3 个分量是流体微团的准刚体转动角速度的 3 个分量. 利用上述两个张量,流体微团上任意一点的速度可表示为

$$U_i = U_{i0} + (S_{ij})_0 \delta x_j + (\Omega_{ij})_0 \delta x_j \tag{2.23}$$

下面先证明 S_{ij} 的各个分量是流体微团的变形率,然后证明 Ω_{ij} 是微团的准刚体角速度. 完成以上证明后,定理 2.1 证毕.

2. 流体微团的变形率张量

为了使流体微团变形的分析直观和明了，在直角坐标系中来研究流体微团的运动. 在时刻 t，取一长方体流体微团，参考点在坐标原点，长方体 $OABC$ 在 δt 时刻后运动到 $O'A'B'C'$，它变形为近似平行六面体(参见图 2.8). 也就是说，微元长方体各边 OA,OB,OC 可能伸长或缩短，微元体的矩形表面 $OA\times OB$ 等可能因剪切而变为平行四边形 $O'A'\times O'B'$ 等. 下面将导出微元体变形的解析表达式.

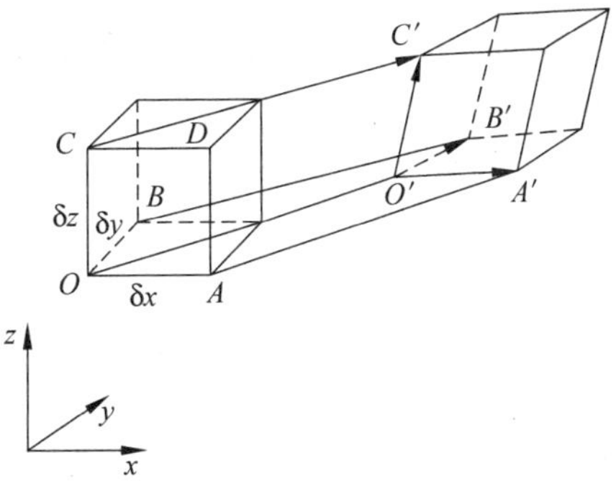

图 2.8 微团变形示意图

先导出微元体上各点(O,A,B,C)的位移$\overline{OO'}$，$\overline{AA'}$，$\overline{BB'}$，$\overline{CC'}$，以及$\overline{O'A'}$，$\overline{O'B'}$，$\overline{O'C'}$的微元向量表达式(参考图 2.8)，已知

$$\overrightarrow{OA}=\delta x\boldsymbol{e}_x,\quad \overrightarrow{OB}=\delta y\boldsymbol{e}_y,\quad \overrightarrow{OC}=\delta z\boldsymbol{e}_z \tag{2.24}$$

O,A,B,C 各点位移为

$$\overrightarrow{OO'}=\boldsymbol{U}_O\delta t,\quad \overrightarrow{AA'}=\boldsymbol{U}_A\delta t,\quad \overrightarrow{BB'}=\boldsymbol{U}_B\delta t,\quad \overrightarrow{CC'}=\boldsymbol{U}_C\delta t \tag{2.25}$$

A 点速度可用速度场公式求出(参见图 2.8)：

$$\boldsymbol{U}_A=\boldsymbol{U}(\boldsymbol{x}_0+\delta x\boldsymbol{e}_x,t)=\boldsymbol{U}_0+\left(\frac{\partial \boldsymbol{U}}{\partial x}\right)_0\delta x+O(\delta x^2)$$

同理 B,C 点的速度为

$$\boldsymbol{U}_B=\boldsymbol{U}_0+\left(\frac{\partial \boldsymbol{U}}{\partial y}\right)_0\delta y+O(\delta y^2),\quad \boldsymbol{U}_C=\boldsymbol{U}_0+\left(\frac{\partial \boldsymbol{U}}{\partial z}\right)_0\delta z+O(\delta z^2)$$

由向量几何关系式(见图 2.8)可求出向量$\overrightarrow{O'A'}$，$\overrightarrow{O'B'}$，$\overrightarrow{O'C'}$的表达式(均略去高阶小量，下同)，例如：

$$\overrightarrow{O'A'}=\overrightarrow{OA}+\overrightarrow{AA'}-\overrightarrow{OO'}=\delta x\boldsymbol{e}_x+\left[\boldsymbol{U}_0+\left(\frac{\partial \boldsymbol{U}}{\partial x}\right)_0\delta x\right]\delta t-\boldsymbol{U}_0\delta t$$

$$=\left[\left(\frac{\partial \boldsymbol{U}}{\partial x}\right)_0\delta t+\boldsymbol{e}_x\right]\delta x$$

将$\dfrac{\partial \boldsymbol{U}}{\partial x}=\dfrac{\partial u}{\partial x}\boldsymbol{e}_x+\dfrac{\partial v}{\partial x}\boldsymbol{e}_y+\dfrac{\partial w}{\partial x}\boldsymbol{e}_z$ 代入上式(为了简明起见取消下标 0)，得

$$\overrightarrow{O'A'}=\left(1+\frac{\partial u}{\partial x}\delta t\right)\delta x\boldsymbol{e}_x+\frac{\partial v}{\partial x}\delta t\delta x\boldsymbol{e}_y+\frac{\partial w}{\partial x}\delta t\delta x\boldsymbol{e}_z$$

同理可得

$$\overrightarrow{O'B'}=\frac{\partial u}{\partial y}\delta t\delta y\boldsymbol{e}_x+\left(1+\frac{\partial v}{\partial y}\delta t\right)\delta y\boldsymbol{e}_y+\frac{\partial w}{\partial y}\delta t\delta y\boldsymbol{e}_z$$

$$\overrightarrow{O'C'} = \frac{\partial u}{\partial z}\delta t\delta z\boldsymbol{e}_x + \frac{\partial v}{\partial z}\delta t\delta z\boldsymbol{e}_y + \left(1+\frac{\partial w}{\partial z}\delta t\right)\delta z\boldsymbol{e}_z$$

由以上位移公式可导出变形率公式.

(1) 线变形率

定义 2.7 单位时间内微元线段 δx_i 的相对伸长,称为线变形率,并用 $\dot{\varepsilon}_i$ 表示,下标 i 表示线段的方向.

x 方向微元线段的伸长率应为

$$\dot{\varepsilon}_x = \lim_{\delta t\to 0}\frac{|\overrightarrow{O'A'}| - |\overrightarrow{OA}|}{|\overrightarrow{OA}|\,\delta t} \tag{2.26}$$

已知 $|\overrightarrow{OA}| = \delta x$,由上面已导出的 $\overrightarrow{O'A'}$ 公式,不难得到

$$\begin{aligned}|\overrightarrow{O'A'}| &= \sqrt{\left(1+\frac{\partial u}{\partial x}\delta t\right)^2\delta x^2 + \left(\frac{\partial v}{\partial x}\right)^2\delta t^2\delta x^2 + \left(\frac{\partial w}{\partial x}\right)^2\delta t^2\delta x^2} \\ &= \delta x\sqrt{1+2\frac{\partial u}{\partial x}\delta t + \left[\left(\frac{\partial u}{\partial x}\right)^2+\left(\frac{\partial v}{\partial x}\right)^2+\left(\frac{\partial w}{\partial x}\right)^2\right]\delta t^2}\end{aligned}$$

利用二项式展开,上式等于

$$|\overrightarrow{O'A'}| = \delta x\left[1+\frac{\partial u}{\partial x}\delta t + O(\delta t)^2\right]$$

将它代入式(2.26),得

$$\dot{\varepsilon}_x = \frac{\partial u}{\partial x} \tag{2.27a}$$

同理可以证明

$$\dot{\varepsilon}_y = \frac{\partial v}{\partial y} \tag{2.27b}$$

$$\dot{\varepsilon}_z = \frac{\partial w}{\partial z} \tag{2.27c}$$

于是证明了直角坐标系中 S_{ij} 张量的对角线分量分别表示所在方向的线变形率.

(2) 角变形率

定义 2.8 微元平面上两垂直线段夹角在单位时间内减小量之半称为该面的角变形率,并用 $\dot{\gamma}_{ij}$ 表示,下标表示两线段所在平面. 例如 $\dot{\gamma}_{xy}$ 表示 x-y 平面上的角变形率.

按定义 x-y 平面上切变率 $\dot{\gamma}_{xy}$ 公式应是:

$$\dot{\gamma}_{xy} = \lim_{\delta t\to 0}\frac{\angle AOB - \angle A'O'B'}{2\delta t} \tag{2.28}$$

变形前的长方体流体微团中 $\angle AOB = \frac{\pi}{2}$,在 δt 时刻内 $\angle AOB - \angle A'O'B'$ 是小量,可以用它的正弦来量度,

$$\angle AOB - \angle A'O'B' \approx \sin(\angle AOB - \angle A'O'B')$$

$$=\sin\left(\frac{\pi}{2}-\angle A'O'B'\right)=\cos(\angle A'O'B')$$

应用两向量点积公式：$\boldsymbol{X}\cdot\boldsymbol{Y}=|\boldsymbol{X}|\,|\boldsymbol{Y}|\cos(\boldsymbol{X},\boldsymbol{Y})$，可得

$$\cos(\angle A'O'B')=\frac{\overrightarrow{O'A'}\cdot\overrightarrow{O'B'}}{|\overrightarrow{O'A'}|\,|\overrightarrow{O'B'}|}$$

前面已经导出

$$\overrightarrow{O'A'}=\left(1+\frac{\partial u}{\partial x}\delta t\right)\delta x\boldsymbol{e}_x+\frac{\partial v}{\partial x}\delta x\delta t\boldsymbol{e}_y+\frac{\partial w}{\partial x}\delta x\delta t\boldsymbol{e}_z$$

$$\overrightarrow{O'B'}=\frac{\partial u}{\partial y}\delta y\delta t\boldsymbol{e}_x+\left(1+\frac{\partial v}{\partial y}\delta t\right)\delta y\boldsymbol{e}_y+\frac{\partial w}{\partial y}\delta y\delta t\boldsymbol{e}_z$$

以上两向量的点积等于：

$$\overrightarrow{O'A'}\cdot\overrightarrow{O'B'}=\frac{\partial u}{\partial y}\delta t\delta x\delta y+\frac{\partial v}{\partial x}\delta t\delta x\delta y+O(\delta t^2\delta x\delta y)$$

$\overrightarrow{O'A'}$,$\overrightarrow{O'B'}$的模分别为

$$|\overrightarrow{O'A'}|=\left(1+\frac{\partial u}{\partial x}\delta t\right)\delta x+O(\delta t^2)$$

$$|\overrightarrow{O'B'}|=\left(1+\frac{\partial v}{\partial y}\delta t\right)\delta y+O(\delta t^2)$$

代入 $\cos(\angle A'O'B')$得

$$\sin(\angle AOB-\angle A'O'B')=\cos(\angle A'O'B')=\frac{\left(\frac{\partial u}{\partial y}+\frac{\partial v}{\partial x}\right)\delta t\delta x\delta y}{\delta x\delta y[1+O(\delta t)]}$$

$$=\left(\frac{\partial u}{\partial y}+\frac{\partial v}{\partial x}\right)\delta t+O(\delta t^2)$$

于是

$$\angle AOB-\angle A'O'B'=\left(\frac{\partial u}{\partial y}+\frac{\partial v}{\partial x}\right)\delta t+O(\delta t^2)$$

代入角变形率定义式，得

$$\dot{\gamma}_{xy}=\frac{1}{2}\left(\frac{\partial u}{\partial y}+\frac{\partial v}{\partial x}\right) \tag{2.29a}$$

同理可以证明

$$\dot{\gamma}_{yz}=\frac{1}{2}\left(\frac{\partial v}{\partial z}+\frac{\partial w}{\partial y}\right) \tag{2.29b}$$

$$\dot{\gamma}_{zx}=\frac{1}{2}\left(\frac{\partial w}{\partial x}+\frac{\partial u}{\partial z}\right) \tag{2.29c}$$

于是证明了，二阶对称张量的另外 3 个分量分别表示角变形率. 综合以上结果，对称张量 S_{ij} 的 6 个分量分别是微团的线变形率和角变形率：

$$S_{ij}=\begin{bmatrix}\dot{\varepsilon}_1 & \dot{\gamma}_{12} & \dot{\gamma}_{13}\\ \dot{\gamma}_{12} & \dot{\varepsilon}_2 & \dot{\gamma}_{23}\\ \dot{\gamma}_{13} & \dot{\gamma}_{23} & \dot{\varepsilon}_3\end{bmatrix} \tag{2.30}$$

因此速度梯度张量的对称部分 S_{ij} 又称变形率张量.

(3) 体积变化率

定义 2.9　流体微团的体积变化率是单位时间内流体微团体积的相对增长率，并用 $\dot{\varepsilon}$ 表示.

按定义

$$\dot{\varepsilon}=\lim_{\delta t\to 0}\frac{V(O'A'B'C')-V(OABC)}{V(OABC)\delta t} \tag{2.31}$$

可以证明体积变化率有以下公式：

$$\dot{\varepsilon}=\dot{\varepsilon}_x+\dot{\varepsilon}_y+\dot{\varepsilon}_z=S_{11}+S_{22}+S_{33}$$

或写成

$$\dot{\varepsilon}=S_{ii} \tag{2.32}$$

式(2.32)证明如下：由 3 个向量 $\boldsymbol{X},\boldsymbol{Y},\boldsymbol{Z}$ 组成的平行六面体的体积为

$$V=\boldsymbol{X}\cdot(\boldsymbol{Y}\times\boldsymbol{Z})=\begin{vmatrix}X_1 & X_2 & X_3\\ Y_1 & Y_2 & Y_3\\ Z_1 & Z_2 & Z_3\end{vmatrix}$$

于是体积 $V(OABC)=\overrightarrow{OA}\cdot(\overrightarrow{OB}\times\overrightarrow{OC})=\delta x\delta y\delta z$. 体积 $V(O'A'B'C')=\overrightarrow{O'A'}\cdot(\overrightarrow{O'B'}\times\overrightarrow{O'C'})$，将 $\overrightarrow{O'A'},\overrightarrow{O'B'},\overrightarrow{O'C'}$ 代入，得

$$\begin{aligned}\overrightarrow{O'A'}\cdot(\overrightarrow{O'B'}\times\overrightarrow{O'C'}) &= \begin{vmatrix}\left(1+\dfrac{\partial u}{\partial x}\delta t\right) & \dfrac{\partial v}{\partial x}\delta t & \dfrac{\partial w}{\partial x}\delta t\\ \dfrac{\partial u}{\partial y}\delta t & \left(1+\dfrac{\partial v}{\partial y}\delta t\right) & \dfrac{\partial w}{\partial y}\delta t\\ \dfrac{\partial u}{\partial z}\delta t & \dfrac{\partial v}{\partial z}\delta t & \left(1+\dfrac{\partial w}{\partial z}\delta t\right)\end{vmatrix}\delta x\delta y\delta z\\ &=\left[\left(1+\frac{\partial u}{\partial x}\delta t\right)\left(1+\frac{\partial v}{\partial y}\delta t\right)\left(1+\frac{\partial w}{\partial z}\delta t\right)+O(\delta t^2)\right]\delta x\delta y\delta z\\ &=\left[1+\left(\frac{\partial u}{\partial x}+\frac{\partial v}{\partial y}+\frac{\partial w}{\partial z}\right)\delta t\right]\delta x\delta y\delta z+O(\delta t^2)\delta x\delta y\delta z\end{aligned}$$

代入体积变化率定义得式(2.31)

$$\dot{\varepsilon}=\frac{\partial u}{\partial x}+\frac{\partial v}{\partial y}+\frac{\partial w}{\partial z}=S_{ii}$$

应用向量场散度公式 $\nabla\cdot\boldsymbol{a}=\dfrac{\partial a_i}{\partial x_i}$（见附录），直角坐标系中速度场的散度等于：

$$\nabla\cdot\boldsymbol{U}=\frac{\partial u}{\partial x}+\frac{\partial v}{\partial y}+\frac{\partial w}{\partial z}$$

因此体积变化率公式(2.32)又可写作：

$$\dot{\varepsilon} = \boldsymbol{\nabla} \cdot \boldsymbol{U} \tag{2.33}$$

式(2.32)和式(2.33)表明，微元体的体积增长率等于变形率张量对角线上 3 项之和(又称张量的迹)，也等于该点速度场散度，它是一个标量场.

当流体微团为不可压缩时，体积增长率等于零，也就是该点的速度场散度等于零.

从变形率张量中减去各向同性的体膨胀率称之为纯变形率张量：

$$S'_{ij} = S_{ij} - \frac{1}{3}\dot{\varepsilon}\delta_{ij}$$

在正交曲线坐标系中，沿曲线坐标的线变形率和坐标曲面上的角变形率的计算公式可用向量导数方法求出. 具体做法如下：首先将直角坐标系导出的变形率公式用一般向量运算表达为

$$S_{ij} = \frac{1}{2}\left(\frac{\partial u_i}{\partial x_j} + \frac{\partial u_j}{\partial x_i}\right) = \frac{1}{2}[(\boldsymbol{\nabla U}) + (\boldsymbol{\nabla U})^{\mathrm{T}}]_{ij} \tag{2.34}$$

式中$\boldsymbol{\nabla U} = \dfrac{\partial u_i}{\partial x_j}\boldsymbol{e}_i\boldsymbol{e}_j$，$(\boldsymbol{\nabla U})^{\mathrm{T}} = \dfrac{\partial u_j}{\partial x_i}\boldsymbol{e}_i\boldsymbol{e}_j$ 是速度梯度张量$\boldsymbol{\nabla U}$ 的转置张量. 因为张量表达式和坐标系无关，所以 $S_{ij} = [(\boldsymbol{\nabla U}) + (\boldsymbol{\nabla U})^{\mathrm{T}}]_{ij}/2$ 在任意正交坐标系中都成立. 第二步，将算符$\boldsymbol{\nabla}$ 和速度场 $\boldsymbol{U}$ 都用曲线坐标表示，然后按向量求导法则分别求出$(\boldsymbol{\nabla U})^{\mathrm{T}}$和$(\boldsymbol{\nabla U})$，代入式(2.34)就可得到曲线坐标系中的变形率公式. 下面举例说明运算过程.

例 2.7 给定平面流场的极坐标表达式：$v_r = u(r,\theta)$，$v_\theta = v(r,\theta)$，求流动平面上向径方向和圆周方向的线变形率，以及平面上的角变形率.

解 将速度和向量算符写成极坐标式：$\boldsymbol{U} = u\boldsymbol{e}_r + v\boldsymbol{e}_\theta$，$\boldsymbol{\nabla} = \boldsymbol{e}_r\dfrac{\partial}{\partial r} + \boldsymbol{e}_\theta\dfrac{\partial}{r\partial\theta}$，然后计算$\boldsymbol{\nabla U}$：

$$\begin{aligned}\boldsymbol{\nabla U} &= \left(\boldsymbol{e}_r\frac{\partial}{\partial r} + \boldsymbol{e}_\theta\frac{\partial}{r\partial\theta}\right)(u\boldsymbol{e}_r + v\boldsymbol{e}_\theta) = \boldsymbol{e}_r\frac{\partial}{\partial r}(u\boldsymbol{e}_r + v\boldsymbol{e}_\theta) + \boldsymbol{e}_\theta\frac{\partial}{r\partial\theta}(u\boldsymbol{e}_r + v\boldsymbol{e}_\theta) \\ &= \boldsymbol{e}_r\frac{\partial u}{\partial r}\boldsymbol{e}_r + \boldsymbol{e}_r u\frac{\partial \boldsymbol{e}_r}{\partial r} + \boldsymbol{e}_r\frac{\partial v}{\partial r}\boldsymbol{e}_\theta + \boldsymbol{e}_r v\frac{\partial \boldsymbol{e}_\theta}{\partial r} + \boldsymbol{e}_\theta\frac{\partial u}{r\partial\theta}\boldsymbol{e}_r + \boldsymbol{e}_\theta u\frac{\partial \boldsymbol{e}_r}{r\partial\theta} + \boldsymbol{e}_\theta\frac{\partial v}{r\partial\theta}\boldsymbol{e}_\theta + \boldsymbol{e}_\theta v\frac{\partial \boldsymbol{e}_\theta}{r\partial\theta}\end{aligned}$$

径向和周向单位向量的导数分别有公式(参见附录)：

$$\frac{\partial \boldsymbol{e}_r}{\partial r} = 0,\quad \frac{\partial \boldsymbol{e}_\theta}{\partial r} = 0,\quad \frac{\partial \boldsymbol{e}_r}{\partial\theta} = \boldsymbol{e}_\theta,\quad \frac{\partial \boldsymbol{e}_\theta}{\partial\theta} = -\boldsymbol{e}_r$$

于是有

$$\boldsymbol{\nabla U} = \begin{bmatrix} \dfrac{\partial u}{\partial r}\boldsymbol{e}_r\boldsymbol{e}_r & \dfrac{\partial v}{\partial r}\boldsymbol{e}_r\boldsymbol{e}_\theta \\ \left(\dfrac{\partial u}{r\partial\theta} - \dfrac{v}{r}\right)\boldsymbol{e}_\theta\boldsymbol{e}_r & \left(\dfrac{\partial v}{r\partial\theta} + \dfrac{u}{r}\right)\boldsymbol{e}_\theta\boldsymbol{e}_\theta \end{bmatrix} \text{以及}(\boldsymbol{\nabla U})^{\mathrm{T}} = \begin{bmatrix} \dfrac{\partial u}{\partial r}\boldsymbol{e}_r\boldsymbol{e}_r & \left(\dfrac{\partial u}{r\partial\theta} - \dfrac{v}{r}\right)\boldsymbol{e}_\theta\boldsymbol{e}_r \\ \dfrac{\partial v}{\partial r}\boldsymbol{e}_r\boldsymbol{e}_\theta & \left(\dfrac{\partial v}{r\partial\theta} + \dfrac{u}{r}\right)\boldsymbol{e}_\theta\boldsymbol{e}_\theta \end{bmatrix}$$

因而线变形率等于：

$$\dot{\varepsilon}_r = \frac{1}{2}(\nabla U + (\nabla U)^{\mathrm{T}})_{rr} = \frac{\partial u}{\partial r}, \quad \dot{\varepsilon}_\theta = \frac{1}{2}(\nabla U + (\nabla U)^{\mathrm{T}})_{\theta\theta} = \frac{\partial v}{r\partial\theta} + \frac{u}{r}$$

角变形率等于：

$$\dot{\gamma}_{r\theta} = \dot{\gamma}_{\theta r} = \frac{1}{2}(\nabla U + (\nabla U)^{\mathrm{T}})_{\theta r} = \frac{1}{2}\left(\frac{\partial u}{r\partial\theta} + \frac{\partial v}{\partial r} - \frac{v}{r}\right)$$

附录中给出了常用正交曲线坐标系中的变形率公式，读者可以选择几个公式作为向量运算的练习.

例 2.8 给定直角坐标系中速度场：$u=x^2y+y^2, v=x^2-xy^2, w=0$，求各变形率张量的分量，并判断该流场是否为不可压缩流场.

解 变形率张量为

$$\dot{\varepsilon}_x = \frac{\partial u}{\partial x} = 2xy, \quad \dot{\varepsilon}_y = \frac{\partial v}{\partial y} = -2xy, \quad \dot{\varepsilon}_z = \frac{\partial w}{\partial z} = 0$$

$$\dot{\gamma}_{xy} = \frac{1}{2}\left(\frac{\partial u}{\partial y} + \frac{\partial v}{\partial x}\right) = \frac{x^2-y^2}{2} + x + y$$

$$\dot{\gamma}_{yz} = \frac{1}{2}\left(\frac{\partial v}{\partial z} + \frac{\partial w}{\partial y}\right) = 0, \quad \dot{\gamma}_{zx} = \frac{1}{2}\left(\frac{\partial w}{\partial x} + \frac{\partial u}{\partial x}\right) = 0$$

计算散度$\nabla \cdot U$ 可判断是否为不可压缩流场，因有

$$\nabla \cdot U = \frac{\partial u}{\partial x} + \frac{\partial v}{\partial y} + \frac{\partial w}{\partial z} = \dot{\varepsilon}_x + \dot{\varepsilon}_y + \dot{\varepsilon}_z = 2xy - 2xy = 0$$

故该流场为不可压缩流场.

3. 流体微团的准刚体转动角速度

现在研究二阶反对称张量 Ω_{ij}. 可以证明反对称张量可以和一个向量对等. 例如，Ω_{ij} 的直角坐标表达式为

$$\Omega_{ij} = \begin{bmatrix} 0 & \frac{1}{2}\left(\frac{\partial u}{\partial y} - \frac{\partial v}{\partial x}\right) & \frac{1}{2}\left(\frac{\partial u}{\partial z} - \frac{\partial w}{\partial x}\right) \\ \frac{1}{2}\left(\frac{\partial v}{\partial x} - \frac{\partial u}{\partial y}\right) & 0 & \frac{1}{2}\left(\frac{\partial v}{\partial z} - \frac{\partial w}{\partial y}\right) \\ \frac{1}{2}\left(\frac{\partial w}{\partial x} - \frac{\partial u}{\partial z}\right) & \frac{1}{2}\left(\frac{\partial w}{\partial y} - \frac{\partial v}{\partial z}\right) & 0 \end{bmatrix} \tag{2.35}$$

另外，速度场旋度($\boldsymbol{\omega} = \nabla \times U$)在直角坐标系中的表达式为

$$\omega_x = \left(\frac{\partial w}{\partial y} - \frac{\partial v}{\partial z}\right), \quad \omega_y = \left(\frac{\partial u}{\partial z} - \frac{\partial w}{\partial x}\right), \quad \omega_z = \left(\frac{\partial v}{\partial x} - \frac{\partial u}{\partial y}\right) \tag{2.36}$$

和式(2.35)对比，可以将反对称张量表示为

$$2\Omega_{ij} = \begin{bmatrix} 0 & -\omega_z & \omega_y \\ \omega_z & 0 & -\omega_x \\ -\omega_y & \omega_x & 0 \end{bmatrix}$$

或可写成

$$2\Omega_{ij} = -\varepsilon_{ijk}\omega_k \tag{2.37}$$

式中 ε_{ijk} 是置换符号，这就证明了反对称张量 Ω_{ij} 和速度场旋度之半是等价的. 进一步考察反对称张量 Ω_{ij} 在流体微团速度分解中的贡献，将式(2.37)代入式(2.23)中的 $(\Omega_{ij})_0\delta x_j$，得

$$\Omega_{ij}\delta x_j = -\frac{\varepsilon_{ijk}\omega_k\delta x_j}{2} \tag{2.38}$$

利用向量叉积公式(见附录)：$(\boldsymbol{a}\times\boldsymbol{b})_i=\varepsilon_{ijk}a_jb_k$，式(2.38)可写作：

$$\Omega_{ij}\delta x_j = -\frac{\varepsilon_{ijk}\omega_k\delta x_j}{2} = \frac{(-\delta\boldsymbol{x}\times\boldsymbol{\omega})_i}{2} = \frac{(\boldsymbol{\omega}\times\delta\boldsymbol{x})_i}{2}$$

在刚体运动学中我们知道刚体以角速度 Ω_r 旋转时，刚体上任意点相对于参考点的线速度为 $(\Omega_r\times\delta\boldsymbol{r})_i=-\varepsilon_{ijk}\Omega_{rk}\delta x_j$. 对照式(2.38)，旋度之半相当于刚体角速度. 这就是说反对称张量 Ω_{ij} 在流体微团速度分解中的贡献和微团刚体转动相当. 定义 Ω_{ij} $\left(\text{也就是}\dfrac{\boldsymbol{\omega}}{2}\right)$为流体微团的**准刚体角速度**. 由于不均匀流场中流体不断变形，一般来说，在不均匀流场中微团的准刚体角速度的大小和方向随空间位置而改变. 不仅如此，在非定常流场中，准刚体角速度还随时间变化.

流体微团准刚体转动应理解为微团在当时当地绕微团中心的刚体转动，形象地说，流体微团的准刚体转动就像地球的自转一样，它是绕自身某一轴线转动. 流体微团作为一个实体还可绕某点作圆周运动，好比地球绕太阳的公转. 必须把微团的准刚体转动和质点的圆周运动区别开来. 下面举例来说明这一概念.

例 2.9 给定两个流场：(1)$u=-y, v=x, w=0$；(2)$u=-\dfrac{y}{x^2+y^2}, v=\dfrac{x}{x^2+y^2}$，$w=0$. 求这两个流场的迹线和准刚体角速度.

解 两流场都是平面定常流动，只须求 x-y 平面上的流线，它们同时也是迹线. 应用流线微分方程

$$\frac{\mathrm{d}x}{u} = \frac{\mathrm{d}y}{v}$$

将两速度场公式分别代入，得到相同的流线方程：

$$\frac{\mathrm{d}x}{-y} = \frac{\mathrm{d}y}{x}$$

积分后得

$$x^2 + y^2 = c$$

上式表明：两流场的流体微团迹线都是同心圆，即任一流体微团都作圆周运动.

利用准刚体角速度公式：

$$\omega_x = \frac{1}{2}\left(\frac{\partial w}{\partial y} - \frac{\partial v}{\partial z}\right), \quad \omega_y = \frac{1}{2}\left(\frac{\partial u}{\partial z} - \frac{\partial w}{\partial x}\right), \quad \omega_z = \frac{1}{2}\left(\frac{\partial v}{\partial x} - \frac{\partial u}{\partial y}\right)$$

对于流场(1)　　$u=-y, v=x, w=0, \omega_z=1, \omega_x=0, \omega_y=0$；

对于流场(2)　　$u=\dfrac{-y}{x^2+y^2}, v=\dfrac{x}{x^2+y^2}, w=0, \omega_z=0, \omega_x=0, \omega_y=0$.

以上分析表明：虽然两个流场的质点都作圆周运动，但是流场(1)中流体微团的准刚体转动角速度处处为 1，就是说流体微团在作圆周运动的同时还有自转；对于流场(2)，流体微团的准刚体转动角速度处处为零，也就是说流体微团作圆周运动而没有自转.

为了形象地解释这两个流场，可以把流体微团做上标记，以考察流体微团在运动过程中的“自转”，即准刚体转动，如图 2.9 所示. 对于流场(1)，流体微团作圆周运动的同时以刚体转动的方式绕微团中心转动(矩形的黑色标记随着微团转动)；流场(2)流体微团只有圆周平移运动，而自身没有转动(黑色标记没有转动).

为了更好地理解上面用分析方法导出的流体微团的角变形和旋转，在平面上考察一个微团的运动(图 2.10).

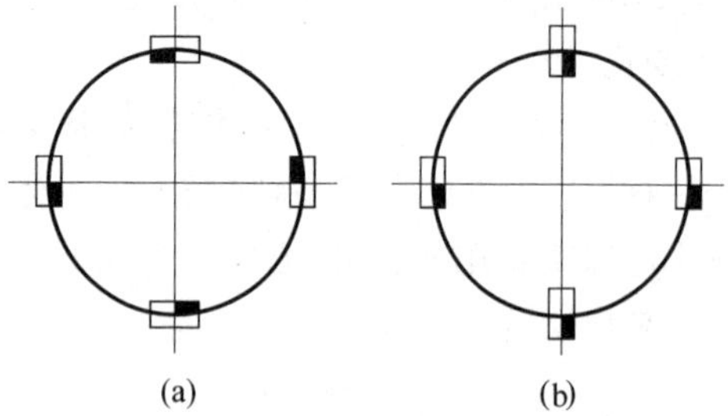

图 2.9　微团旋转和微团圆周运动示意图

(a) $u=-y, v=x$；(b) $u=\dfrac{-y}{x^2+y^2}, v=\dfrac{x}{x^2+y^2}$

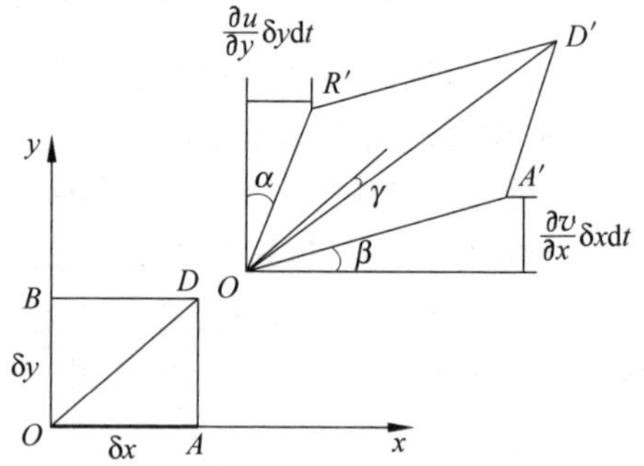

图 2.10　微团平面变形和旋转的示意图

在前面分析中已经导出，A'相对于O'的位移等于$\left(\dfrac{\partial v}{\partial x}\right)\delta x\mathrm{d}t$，因此 OA 边到 $O'A'$ 边的转角等于$\beta=\sin\beta=\left(\dfrac{\partial v}{\partial x}\right)\mathrm{d}t$，同理，$OB$ 到 $O'B'$的转角 $\alpha=\sin\alpha=\left(\dfrac{\partial u}{\partial y}\right)\mathrm{d}t$(注意 $\mathrm{d}t$ 是小量). 于是由$\angle AOB=\dfrac{\pi}{2}$变形到$\angle A'O'B'$时，其夹角减少了 $\alpha+\beta=\left(\dfrac{\partial u}{\partial y}+\dfrac{\partial v}{\partial x}\right)\mathrm{d}t$，它的一半就是角变形率 $S_{xy}=\dfrac{\dfrac{\partial u}{\partial y}+\dfrac{\partial v}{\partial x}}{2}$和 $\mathrm{d}t$ 的乘积. 再考察平面微团的对角线 AD 的转角 γ(以逆时针为正)，它应等于

$$\gamma=\frac{1}{2}(\beta-\alpha)=\frac{1}{2}\left(\frac{\partial v}{\partial x}-\frac{\partial u}{\partial y}\right)\mathrm{d}t=\frac{\omega_z}{2}\mathrm{d}t$$

也就是说，微团对角线的角速度等于微团准刚体角速度(旋度之半). 微团的另外两个

坐标面上的角变形率和角速度可以用同样的几何分析方法来考察.

最后回到式(2.24),已经证明了 S_{ij} 为流体微团的变形率张量,Ω_{ij} 为流体微团的准刚体角速度,于是完成柯西-亥姆霍兹定理的证明. 综合以上分析,速度分解定理可表述如下:

流体微团上任意点的运动=参考点的移动+体积膨胀运动+纯变形运动+准刚体转动

2.5 流场的旋度

1. 涡量场及其性质

定义 2.10 速度场的旋度$\nabla\times\boldsymbol{U}$ 称为涡量,并用$\boldsymbol{\omega}$ 表示.

根据前面式(2.36),流体微团的准刚体角速度是速度场的涡量之半,因此,速度场旋度的性质就是流体微团准刚体运动的性质.

(1) 涡量场的散度等于零

由向量运算公式,很容易证明

$$\nabla\cdot(\nabla\times\boldsymbol{U})=0$$

即

$$\nabla\cdot\boldsymbol{\omega}=0 \tag{2.39}$$

(2) 涡线、涡面、涡管

类似于流场的几何描述,涡量场也可以用涡线、涡面和涡管来描述.

定义 2.11 涡量场的向量线称为涡线.

类似于流线方程,涡线方程为(时间 t 为参量)

$$\frac{\mathrm{d}x}{\omega_x}=\frac{\mathrm{d}y}{\omega_y}=\frac{\mathrm{d}z}{\omega_z} \tag{2.40}$$

在给定时刻式(2.40)的积分曲线称为涡线. 涡线的切线和当地的涡量或准刚体角速度重合,所以涡线是流体微团准刚体转动方向的连线,形象地说,涡线像一根柔性轴把流体微团穿在一起.

类似于流面和流管,也常用涡面或涡管来描述涡量场.

定义 2.12 给定瞬间,通过某一曲线(本身不是涡线)的所有涡线构成的曲面称为涡面.

定义 2.13 管状涡面的内域称为涡管.

根据涡面的定义,涡面对于涡量具有不可穿透性,即在涡面上有

$$\boldsymbol{\omega}\cdot\boldsymbol{n}=0 \tag{2.41}$$

(3) 涡通量与涡管强度

给定空间曲面,则下列面积分称为涡通量

$$I = \iint_A \boldsymbol{\omega} \cdot \boldsymbol{n} \mathrm{d}A \tag{2.42}$$

$\boldsymbol{n}$ 是曲面 A 的外法线方向，$I>0$，涡通量是正值；$I<0$，涡通量是负值. 涡管截面上涡通量的绝对值 $|I|$ 称为涡管强度.

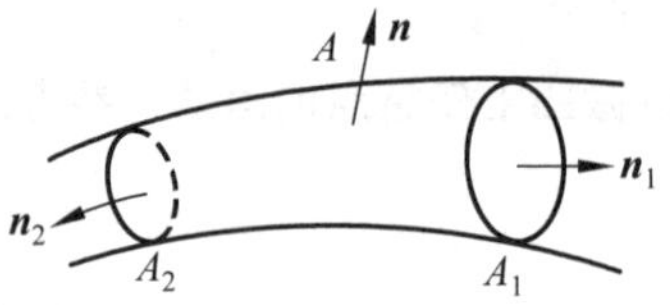

图 2.11 证明涡管强度守恒的示意图

定理 2.2（涡管强度守恒） 给定瞬间涡管任意截面上的涡管强度相等.

证明 在涡管上任取两个截面 A_1, A_2（图 2.11），由于涡量场散度等于零，在 A_1, A_2 和涡管表面 A 构成的内域有

$$\nabla \cdot \boldsymbol{\omega} = 0$$

从而有

$$\iiint_V \nabla \cdot \boldsymbol{\omega} \mathrm{d}V = 0$$

利用高斯公式

$$\iiint_V \nabla \cdot \boldsymbol{\omega} \mathrm{d}V = \oiint_{A_1+A_2+A} \boldsymbol{n} \cdot \boldsymbol{\omega} \mathrm{d}A$$

于是有

$$\iint_{A_1} \boldsymbol{n} \cdot \boldsymbol{\omega} \mathrm{d}A + \iint_{A_2} \boldsymbol{n} \cdot \boldsymbol{\omega} \mathrm{d}A + \iint_{A} \boldsymbol{n} \cdot \boldsymbol{\omega} \mathrm{d}A = 0$$

由涡管定义可知涡管侧面上 $\boldsymbol{n} \cdot \boldsymbol{\omega} = 0$，故有

$$\iint_{A_1} \boldsymbol{n} \cdot \boldsymbol{\omega} \mathrm{d}A = -\iint_{A_2} \boldsymbol{n} \cdot \boldsymbol{\omega} \mathrm{d}A$$

对上式两边分别取绝对值，证明了涡管任意截面上的涡管强度相等.

由涡管强度守恒定理可得出推论：**在流场中涡管不能消失**. 假定涡管截面在某处收缩到零，如图 2.12(a)，则由涡管强度守恒定理可以证明：该处的涡量必为无穷大，这在实际中是不存在的. 如果涡管在某截面处突然中断，即涡管存在一个端面，在

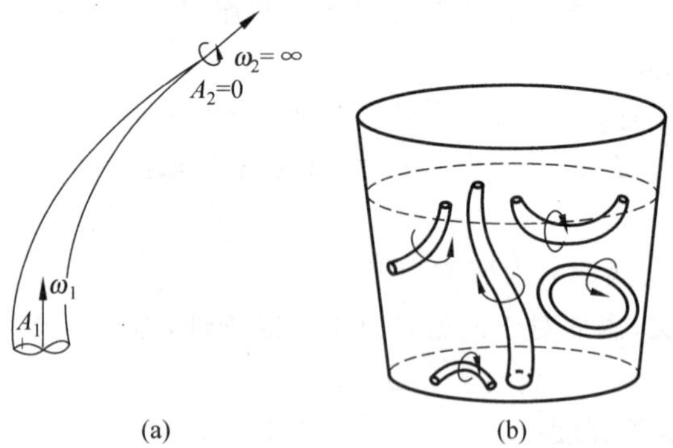

图 2.12 涡管可能存在的形式

该端面以外，涡量突然等于零.由涡管强度守恒定理可以证明，这种情况也是不可能的.我们可以围绕突然中断的涡管断面作一封闭曲面，则在该封闭曲面上只有涡通量进入，而无涡通量输出，这和涡量场的散度等于零相矛盾，是运动学上不允许的.涡量强度守恒定理说明：流场中涡管只能有以下三种形式(如图 2.12(b)所示).

(1) 涡管两端延伸到无限远；

(2) 涡管形成封闭涡环；

(3) 涡管中止于物面或其他界面上.

2. 速度环量

定义 2.14 在速度场中沿封闭周线的线积分$\oint_l \boldsymbol{U}\cdot \mathrm{d}\boldsymbol{x}$称为绕该周线的速度环量，记作$\Gamma_l$.

定理 2.3 速度环量等于张在封闭周线 l 上任意曲面的涡通量，其中曲面的法向量 $\boldsymbol{n}$ 由右手法则确定(右手四指沿周线方向，拇指指向法线方向).

证明 由向量场的斯托克斯公式(见附录)

$$\oint_l \boldsymbol{U}\cdot \mathrm{d}\boldsymbol{x}=\iint_A (\nabla\times\boldsymbol{U})\cdot \boldsymbol{n}\mathrm{d}A$$

而$\boldsymbol{\omega}=\nabla\times\boldsymbol{U}$，因而有

$$\oint_l \boldsymbol{U}\cdot \mathrm{d}\boldsymbol{x}=\iint_A \boldsymbol{\omega}\cdot \boldsymbol{n}\mathrm{d}A \tag{2.43}$$

等式左边是速度环量，右边是张在封闭曲线 l 上曲面的涡通量，于是证毕.

如果封闭周线围绕涡管侧面，则沿封闭周线的速度环量等于涡管涡通量，因此还可以用速度环量来量度或判断涡量场.例如流场**任意**周线上的速度环量都等于零，则应用速度环量定理，通过**任意**曲面上的涡通量等于零，也就是涡量处处等于零.

3. 无旋流动和速度势

定义 2.15 速度旋度处处为零的流场称为无旋流场.

就是说，如果全流场中

$$\nabla\times\boldsymbol{U}=\boldsymbol{0}$$

则称该速度场为无旋流动.

无旋流动的主要特性是速度场可以用一个标量函数的梯度表示，即无旋流动一定存在一势函数 $\Phi(x,y,z,t)$，它的梯度等于流场速度：

$$\boldsymbol{U}=\nabla\Phi \tag{2.44}$$

称 Φ 为速度势.用向量分析公式来证明这一性质，利用斯托克斯公式我们有

$$\oint_l \boldsymbol{U}\cdot \mathrm{d}\boldsymbol{x}=\iint_A \boldsymbol{\omega}\cdot \boldsymbol{n}\mathrm{d}A$$

由于流场中处处 $\omega=0$,因此绕任意周线 l,速度环量都等于零,即

$$\oint_l \boldsymbol{U}\cdot \mathrm{d}\boldsymbol{x}=0$$

因为封闭周线 l 是任意曲线,所以$\int \boldsymbol{U}\cdot\mathrm{d}\boldsymbol{x}$ 和积分路径无关. 也就是说,流场中任意两点间积分$\int_{x_1}^{x}\boldsymbol{U}\cdot\mathrm{d}\boldsymbol{x}$ 只是空间点 $\boldsymbol{x}$ 的函数,将该函数定义为势函数:

$$\Phi(\boldsymbol{x},t)=\int_{x_1}^{x}\boldsymbol{U}\cdot\mathrm{d}\boldsymbol{x} \tag{2.45}$$

把它写成全微分式

$$\mathrm{d}\Phi=U_1\mathrm{d}x_1+U_2\mathrm{d}x_2+U_3\mathrm{d}x_3$$

就可得

$$U_1=\frac{\partial\Phi}{\partial x_1},\quad U_2=\frac{\partial\Phi}{\partial x_2},\quad U_3=\frac{\partial\Phi}{\partial x_3}$$

于是证明了流体的无旋运动必存在速度势,并导出速度势和速度场之间的关系式(2.44)、式(2.45).

本书将在第 4 章详细讨论理想不可压缩流体的无旋流动.

2.6 给定流场的散度和旋度求速度场

从 2.5 节的微团运动分析知道,一点邻域内的运动由以下三项之和组成:①各向同性的体积膨胀率$\nabla\cdot\boldsymbol{U}=\dot{\varepsilon}$;②体积不变的纯变形率 S'_{ij};③准刚体角速度运动$\frac{\omega}{2}$. 从运动学角度来看,体膨胀率、纯变形率和准刚体角速度分别给出了速度场的信息. 在刚体运动学中,给定刚体的角速度就可以确定由刚体转动产生的各点线速度. 现在对流体运动提出一个类似的问题,给定流场的准刚体角速度场,它是否能唯一确定流体的速度场? 如果它不能唯一确定速度场,那么在什么条件下才能唯一确定速度场呢? 以下唯一性定理回答我们提出的问题.

1. 由速度场散度和旋度确定速度场的唯一性定理

定理 2.4 已知域内速度场的散度和旋度以及边界上的法向速度,则唯一确定域内速度场.

按定理的前提,域内 D 中给定体积膨胀率 $\theta(x_1,x_2,x_3)$ 和旋度 $\boldsymbol{\omega}(x_1,x_2,x_3)$,即

$$\nabla\cdot\boldsymbol{U}=\theta(x_1,x_2,x_3) \tag{2.46a}$$

$$\nabla\times\boldsymbol{U}=\boldsymbol{\omega}(x_1,x_2,x_3) \tag{2.46b}$$

在边界 Σ 上给定 $U_{bn}(x_1,x_2,x_3)$,即

$$\boldsymbol{U}\cdot\boldsymbol{n}\big|_{\Sigma}=U_{bn}(x_1,x_2,x_3) \tag{2.46c}$$

可以证明，在边界条件(2.46c)下方程(2.46a)和(2.46b)的解是唯一的.

证明 设有两个速度场 $\boldsymbol{U}_1,\boldsymbol{U}_2$ 同时满足域内方程和边界值. 现在要证明 $\boldsymbol{U}_1\equiv\boldsymbol{U}_2$. 因为方程和边界条件都是线性的，所以 $\boldsymbol{u}=\boldsymbol{U}_1-\boldsymbol{U}_2$ 满足以下方程和边界条件：

$$\nabla\cdot\boldsymbol{u}=0,\quad \nabla\times\boldsymbol{u}=\boldsymbol{0},\quad \boldsymbol{u}\cdot\boldsymbol{n}\big|_{\Sigma}=0 \tag{2.47}$$

$\boldsymbol{u}$ 的旋度等于零，因此存在速度势 $\boldsymbol{u}=\nabla\Phi$，代入散度公式得速度势满足拉普拉斯方程：

$$\Delta\Phi=0$$

及边界条件：$\boldsymbol{u}\cdot\boldsymbol{n}\big|_{\Sigma}=\dfrac{\partial\Phi}{\partial n}\Big|_{\Sigma}=0$. 因此求解 $\boldsymbol{u}=\boldsymbol{U}_1-\boldsymbol{U}_2$ 的边值问题(2.47)就是解满足第二类齐次边界条件的拉普拉斯方程，根据数学物理方程，它的解是常量，即 $\Phi=$ const.，因而

$$\boldsymbol{u}=\nabla\Phi=\boldsymbol{0}$$

也就是 $\boldsymbol{U}_1\equiv\boldsymbol{U}_2$，证毕.

上述唯一性定理说明，仅有域内速度场的旋度(或流体的准刚体角速度场)不能唯一确定流体速度场. 按照唯一性定理要求，必须给定域内的速度散度、旋度以及边界面上的法向速度才能唯一确定流体速度场.

由于散度方程、旋度方程(2.46a)，(2.46b)及边界条件(2.46c)都是线性的，可以将求解速度场的问题分解成三个部分求解. 令

$$\boldsymbol{U}=\boldsymbol{U}_e+\boldsymbol{U}_v+\boldsymbol{U}_p \tag{2.48}$$

(1) $\boldsymbol{U}_c$ 是无旋有散度速度场的一个特解，即它满足

$$\nabla\cdot\boldsymbol{U}_e=\theta,\quad \nabla\times\boldsymbol{U}_e=\boldsymbol{0} \tag{2.49}$$

(2) $\boldsymbol{U}_v$ 是有旋无散度速度场的一个特解，即它满足

$$\nabla\cdot\boldsymbol{U}_v=0,\quad \nabla\times\boldsymbol{U}_v=\boldsymbol{\Omega} \tag{2.50}$$

(3) $\boldsymbol{U}_p$ 是无旋无散度流场，并满足物面不可穿透边界条件的解，即

$$\nabla\cdot\boldsymbol{U}_p=0,\quad \nabla\times\boldsymbol{U}_p=\boldsymbol{0} \tag{2.51a}$$

$$\boldsymbol{U}_p\cdot\boldsymbol{n}\big|_{\Sigma}=U_{bn}-\boldsymbol{U}_e\cdot\boldsymbol{n}\big|_{\Sigma}-\boldsymbol{U}_v\cdot\boldsymbol{n}\big|_{\Sigma} \tag{2.51b}$$

利用式(2.49)、式(2.50)和式(2.51)，容易证明式 $\boldsymbol{U}=\boldsymbol{U}_e+\boldsymbol{U}_v+\boldsymbol{U}_p$ 是满足方程(2.46a)和(2.46b)及边界条件(2.46c)的解，而唯一性定理证明该解是唯一的. 下面我们给出以上第一和第二个问题的求解方法和结果.

2. 给定流场散度求速度场的特解

由式(2.49)确定的流场只有散度，而无旋度，因此速度场有势：$\boldsymbol{U}_e=\nabla\Phi_e$，将它代入散度方程 $\nabla\cdot\boldsymbol{U}_e=\theta$，速度势 Φ_e 满足如下的泊松方程：

$$\Delta\Phi_e=\theta(x_1,x_2,x_3)$$

在数学物理方程中已给出，泊松方程的一个特解是

$$\Phi_e(x_1,x_2,x_3)=-\frac{1}{4\pi}\iiint_D \frac{\theta(\xi,\eta,\zeta)}{R(x_1,x_2,x_3;\xi,\eta,\zeta)}\mathrm{d}\xi\mathrm{d}\eta\mathrm{d}\zeta \tag{2.52a}$$

式中(ξ,η,ζ)是积分域 D 内的积分变量，(x_1,x_2,x_3)是空间任意点的坐标，在积分号下(x_1,x_2,x_3)是常参量；$R=[(x_1-\xi)^2+(x_2-\eta)^2+(x_3-\zeta)^2]^{1/2}$是流场任意点$(x_1,x_2,x_3)$到$(\xi,\eta,\zeta)$之间的距离. 由速度势 Φ_e 计算 $\boldsymbol{U}_e$ 的公式为

$$\boldsymbol{U}_e=\nabla\Phi=\nabla\left(-\frac{1}{4\pi}\iiint_D\frac{\theta(\xi,\eta,\zeta)}{R}\mathrm{d}\xi\mathrm{d}\eta\mathrm{d}\zeta\right)=-\frac{1}{4\pi}\iiint_D\theta(\xi,\eta,\zeta)\,\nabla\frac{1}{R}\mathrm{d}\xi\mathrm{d}\eta\mathrm{d}\zeta$$

式中$\nabla=\boldsymbol{e}_1\dfrac{\partial}{\partial x_1}+\boldsymbol{e}_2\dfrac{\partial}{\partial x_2}+\boldsymbol{e}_3\dfrac{\partial}{\partial x_3}$，它是对变量 $\boldsymbol{x}=(x_1,x_2,x_3)$的向量导数，因此可移到积分号内. 由向量求导公式，$\nabla\left(\dfrac{1}{R}\right)=-\dfrac{\boldsymbol{R}}{R^3}$，因而得

$$\boldsymbol{U}_e=\frac{1}{4\pi}\iiint_D\theta(\xi,\eta,\zeta)\frac{\boldsymbol{R}}{R^3}\mathrm{d}\xi\mathrm{d}\eta\mathrm{d}\zeta \tag{2.52b}$$

式中 $\boldsymbol{R}=(x_1-\xi)\boldsymbol{e}_1+(x_2-\eta)\boldsymbol{e}_2+(x_3-\zeta)\boldsymbol{e}_3$.

例 2.10 设速度场散度 $\theta(\xi,\eta,\zeta)$是 δ 函数，即$\iiint_{D_0}\theta(\xi,\eta,\zeta)\mathrm{d}\xi\mathrm{d}\eta\mathrm{d}\zeta=1$，$D_0$ 是包含原点(0,0,0)的任意域；当$(\xi,\eta,\zeta)\neq(0,0,0)$时，$\theta(\xi,\eta,\zeta)=0$. 求该速度场散度产生的速度场.

解 将给定的速度场散度代入式(2.52)，积分式等于

$$\iiint_D\theta(\xi,\eta,\zeta)\frac{\boldsymbol{R}}{R^3}\mathrm{d}\xi\mathrm{d}\eta\mathrm{d}\zeta=\left(\frac{\boldsymbol{R}}{R^3}\right)_{\xi=0,\eta=0,\zeta=0}=\frac{x_1\boldsymbol{e}_1+x_2\boldsymbol{e}_2+x_3\boldsymbol{e}_3}{(x_1^2+x_2^2+x_3^2)^{\frac{3}{2}}}$$

速度场为

$$\boldsymbol{U}_e=\frac{1}{4\pi}\frac{\boldsymbol{R}}{R^3}$$

该例题是不可压缩流场的一个典型解. 除原点以外，该速度场处处散度为零，因此是不可压缩流场，但是在原点处有一个无限大的速度散度，也就是说在原点处有流体源源不断地流入流场，而流入的总流量是常量：$\iiint_{D_0}\theta(\xi,\eta,\zeta)\mathrm{d}\xi\mathrm{d}\eta\mathrm{d}\zeta=1$. 在流体力学中这一典型解称为点源，后面还会详细分析和应用点源流场的解.

3. 由速度场旋度求速度场特解

现在来求满足式(2.50)的速度场，该流场散度处处等于零，因此速度场可以表示为向量函数的旋度：

$$\boldsymbol{U}_v=\nabla\times\boldsymbol{A}$$

由于向量场旋度的散度等于零(参见附录)，以上给出的速度场满足$\nabla\cdot\boldsymbol{U}_v=0$，将 $\boldsymbol{U}_v=\nabla\times\boldsymbol{A}$ 代入旋度方程，得

$$\nabla\times\nabla\times\boldsymbol{A}=\boldsymbol{\omega}$$

利用向量算符运算等式(见附录)：$\nabla\times\nabla\times\boldsymbol{A}=\nabla(\nabla\cdot\boldsymbol{A})-\nabla\cdot\nabla\boldsymbol{A}$，我们选择这样的特解，要求$\nabla\cdot\boldsymbol{A}=0$，于是$\boldsymbol{U}_v$的特解方程为

$$\nabla\cdot\nabla\boldsymbol{A}=\nabla^2\boldsymbol{A}=-\boldsymbol{\omega},\quad \boldsymbol{U}_v=\nabla\times\boldsymbol{A}$$

求出以上方程的特解后，再来验证是否满足$\nabla\cdot\boldsymbol{A}=0$，如果这一条件满足，特解就求出了.

导出的向量场$\boldsymbol{A}$满足向量型的泊松方程，也就是说，它的每一个分量都满足泊松方程. 对每个旋度分量应用标量泊松方程解的公式(2.52a)，然后做向量和，就可得向量泊松方程的特解如下：

$$\boldsymbol{A}(x_1,x_2,x_3)=\frac{1}{4\pi}\iiint_D\frac{\boldsymbol{\omega}(\xi,\eta,\zeta)}{R(x_1,x_2,x_3;\xi,\eta,\zeta)}\mathrm{d}\xi\mathrm{d}\eta\mathrm{d}\zeta$$

对上式求旋度，得

$$\boldsymbol{U}_v=\nabla\times\boldsymbol{A}=\frac{1}{4\pi}\nabla\times\iiint_D\frac{\boldsymbol{\omega}(\xi,\eta,\zeta)}{(x_1,x_2,x_3;\xi,\eta,\zeta)}\mathrm{d}\xi\mathrm{d}\eta\mathrm{d}\zeta$$

$$=\frac{1}{4\pi}\iiint_D\nabla\times\frac{\boldsymbol{\omega}(\xi,\eta,\zeta)}{R}\mathrm{d}\xi\mathrm{d}\eta\mathrm{d}\zeta$$

利用向量运算公式$\nabla\times(\psi\boldsymbol{\chi})=\psi\nabla\times\boldsymbol{\chi}-\boldsymbol{\chi}\times\nabla\psi$(见附录)，注意到向量算符$\nabla$只对$\boldsymbol{x}=(x_1,x_2,x_3)$求导数，故$\nabla_x\times\boldsymbol{\omega}(\xi,\eta,\zeta)=\boldsymbol{0}$，积分号下的向量运算等于：

$$\nabla\times\frac{\boldsymbol{\omega}(\xi,\eta,\zeta)}{R}=-\boldsymbol{\omega}(\xi,\eta,\zeta)\times\nabla\frac{1}{R}=\frac{\boldsymbol{\omega}\times\boldsymbol{R}}{R^3}$$

最后，由旋度场产生的速度场公式为

$$\boldsymbol{U}_v=\frac{1}{4\pi}\iiint_D\frac{\boldsymbol{\omega}(\xi,\eta,\zeta)\times\boldsymbol{R}}{R^3}\mathrm{d}\xi\mathrm{d}\eta\mathrm{d}\zeta \tag{2.53}$$

上式是著名的毕奥-萨伐尔(Biot-Savart)公式，该式和由电流诱导磁场的公式相仿，因此，式(2.53)常称作涡诱导速度公式. 最后，需要验证已求出的$\boldsymbol{A}$是否满足给定的条件$\nabla\times\boldsymbol{A}=\boldsymbol{0}$.

令$\nabla'=\dfrac{\boldsymbol{e}_1\partial}{\partial\xi}+\dfrac{\boldsymbol{e}_2\partial}{\partial\eta}+\dfrac{\boldsymbol{e}_3\partial}{\partial\zeta}$，则对于$R=\sqrt{(x_1-\xi)^2+(x_2-\eta)^2+(x_3-\zeta)^2}$应有$\nabla\left(\dfrac{1}{R}\right)=-\nabla'\left(\dfrac{1}{R}\right)$. 将$\nabla\cdot\boldsymbol{A}$展开，并在运算过程中应用上述关系，就有

$$\nabla\cdot\boldsymbol{A}=\frac{1}{4\pi}\nabla\cdot\iiint_D\frac{\boldsymbol{\omega}'}{R}\mathrm{d}\xi\mathrm{d}\eta\mathrm{d}\zeta=\frac{1}{4\pi}\iiint_D\boldsymbol{\omega}'\cdot\nabla\frac{1}{R}\mathrm{d}\xi\mathrm{d}\eta\mathrm{d}\zeta=-\frac{1}{4\pi}\iiint_D\boldsymbol{\omega}'\cdot\nabla'\frac{1}{R}\mathrm{d}\xi\mathrm{d}\eta\mathrm{d}\zeta$$

$$=-\frac{1}{4\pi}\iiint_D\nabla'\cdot\left(\frac{\boldsymbol{\omega}'}{R}\right)\mathrm{d}\xi\mathrm{d}\eta\mathrm{d}\zeta+\frac{1}{4\pi}\iiint_D\frac{1}{R}\nabla'\cdot\boldsymbol{\omega}'\mathrm{d}\xi\mathrm{d}\eta\mathrm{d}\zeta$$

式中$\boldsymbol{\omega}'$是$\boldsymbol{\omega}(\xi,\eta,\zeta)$的简写. 因为旋度的散度等于零，上面公式的最后一项等于零. 第一个积分式可用高斯公式化成面积分：

$$\iiint_D \nabla' \cdot \frac{\boldsymbol{\omega}'}{R} \mathrm{d}\xi \mathrm{d}\eta \mathrm{d}\zeta = \iint_\Sigma \frac{\boldsymbol{\omega} \cdot \boldsymbol{n}}{R} \mathrm{d}A$$

于是

$$\nabla \cdot \boldsymbol{A} = -\frac{1}{4\pi} \iint_\Sigma \frac{\boldsymbol{\omega} \cdot \boldsymbol{n}}{R'} \mathrm{d}A$$

由上式可见，如果在求解域的边界上，处处满足$\boldsymbol{\omega} \cdot \boldsymbol{n}=0$，则在域内满足$\nabla \cdot \boldsymbol{A}=0$. 以下两种情况可以满足上述条件.

(1) 求解域边界是涡面，因为涡面上$\boldsymbol{\omega} \cdot \boldsymbol{n}=0$.

例如，无界域中孤立涡管周围的速度场，可用式(2.53)计算.

(2) 静止固壁的粘附边界. 因为静止固壁上速度等于零，从而固壁上任意封闭周线的速度环量也等于零：$\oint \boldsymbol{U} \cdot \mathrm{d}\boldsymbol{r} = 0$，再利用斯托克斯公式，在固壁上任意封闭曲线所张的表面 A 上有：$\iint_A \boldsymbol{\omega} \cdot \boldsymbol{n} \mathrm{d}A = \oint \boldsymbol{U} \cdot \mathrm{d}\boldsymbol{r} = 0$. 积分周线是任取的，因此在固壁表面处处满足$\boldsymbol{\omega} \cdot \boldsymbol{n}=0$.

所以，在静止固壁包围的有界域内，上述的涡诱导公式(2.52)也可以适用.

4. 满足固壁法向速度条件的无旋、无散度速度场的解

最后，我们简单地说明满足固壁法向速度条件的无旋、无散度速度场的解法，该问题的方程和边界条件为前面导出的式(2.51a)和式(2.51b)：

$$\nabla \cdot \boldsymbol{U}_p = 0, \quad \nabla \times \boldsymbol{U}_p = \boldsymbol{0}$$

$$\boldsymbol{U}_p \cdot \boldsymbol{n} |_\Sigma = U_{bn} - \boldsymbol{U}_e \cdot \boldsymbol{n} |_\Sigma - \boldsymbol{U}_v \cdot \boldsymbol{n} |_\Sigma$$

由于无旋速度场存在速度势 Φ，$\boldsymbol{U}_p = \nabla\Phi$，该速度场又要满足散度等于零，因此速度势必须满足拉普拉斯方程：

$$\Delta\Phi = 0$$

在所给边界条件下(2.51b)，该问题属于拉普拉斯方程的第2类边界条件问题，在数理方程中有详细讨论，本书将在第5章中作较详细的介绍.

5. 由涡量场求速度场的算例

(1) 直涡线的诱导速度场

设在无界流场中有一无限长的细直涡管，涡管强度为 Γ，求该涡管周围的诱导速度，参见图2.13(a).

利用毕奥-萨伐尔公式：

$$\boldsymbol{U}_v = \frac{1}{4\pi} \iiint_D \frac{\boldsymbol{\omega}(\xi, \eta, \zeta) \times \boldsymbol{R}}{R^3} \mathrm{d}\xi \mathrm{d}\eta \mathrm{d}\zeta$$

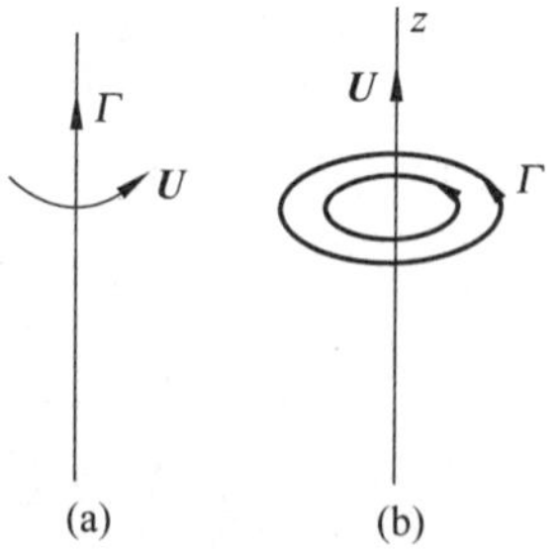

图　2.13

(a) 直涡管；(b) 圆涡管的诱导速度

设直角坐标的 z 轴和涡线一致，则 $\iint_a \boldsymbol{\omega}\mathrm{d}\xi\mathrm{d}\eta = \Gamma\boldsymbol{e}_3$，$\boldsymbol{R} = x_1\boldsymbol{e}_1 + x_2\boldsymbol{e}_2 + (x_3 - \zeta)\boldsymbol{e}_3$，因此涡诱导速度为

$$\boldsymbol{U}_v = \frac{1}{4\pi}\int_{-\infty}^{+\infty} \frac{\Gamma\boldsymbol{e}_3 \times \boldsymbol{R}}{R^3}\mathrm{d}\zeta = \frac{\Gamma}{4\pi}\int_{-\infty}^{+\infty} \frac{\boldsymbol{e}_3 \times \boldsymbol{R}}{R^3}\mathrm{d}\zeta$$

$$= \frac{\Gamma}{4\pi}\int_{-\infty}^{+\infty} \frac{x_1\boldsymbol{e}_2 - x_2\boldsymbol{e}_1}{[x_1^2 + x_2^2 + (x_3 - \zeta)^2]^{3/2}}\mathrm{d}\zeta$$

积分上式后，得

$$\boldsymbol{U}_v = \frac{\Gamma}{2\pi}\left(\frac{-x_2\boldsymbol{e}_1 + x_1\boldsymbol{e}_2}{x_1^2 + x_2^2}\right)$$

以上结果表明：无限长直涡线的诱导速度场是垂直于涡线的平面流场，流线是以涡线为轴心的圆周线(参见图 2.13(b)).

(2) 圆周涡线的诱导速度

设有涡量强度为 Γ 的平面圆涡线，半径为 R，求圆心处的涡诱导速度. 应用毕奥-萨伐尔公式，类似直涡线的计算，将体积分化为线积分，得

$$\boldsymbol{U}(0,0,0) = \frac{\Gamma}{4\pi}\oint_C \frac{\mathrm{d}\boldsymbol{l} \times \boldsymbol{R}}{R^3}$$

在圆涡线上：$\mathrm{d}\boldsymbol{l} = \boldsymbol{e}_\theta R\,\mathrm{d}\theta$，$\boldsymbol{R} = -R\boldsymbol{e}_r$，代入积分式，得

$$\boldsymbol{U}(0,0,0) = \frac{\Gamma\boldsymbol{e}_z}{4\pi}\int_0^{2\pi} \frac{\mathrm{d}\theta}{R} = \frac{\Gamma}{2R}\boldsymbol{e}_z$$

于是得到圆涡线的圆心处的诱导速度垂直于涡线平面(参见图 2.13(b)). 除圆心以外，平面圆周涡线诱导速度场的积分式不能用简单解析函数表示.

(3) 空间曲线涡附近的诱导速度

在非均匀流场中，常见曲涡管. 作为一种近似，研究一般空间曲线涡的诱导速度. 空间曲线上任意一点的几何特性，可以用它的切线和法平面(垂直于切线)来描述，在法平面上垂直于切线的有互相垂直两条法线，分别称为主法线和次法线. 空间曲线涡与直线涡一样在涡线的法平面内有一围绕涡线的渐近圆周运动，除此以外曲涡线还诱导次法线方向的速度，因此曲线涡不可能自身固定在流场中而要移动和变形，下面应用毕奥-萨伐尔公式对一般曲线涡某点邻域的速度场加以分析.

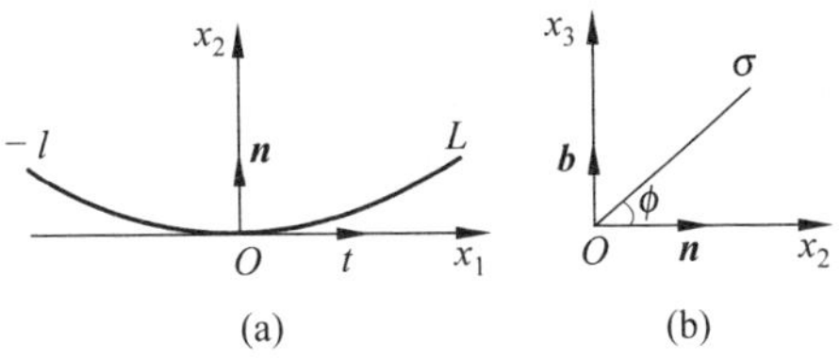

图 2.14 推导曲线涡诱导速度用图

设曲线涡上一点 O 处的切线方向为 $\boldsymbol{t}$，主法线方向为 $\boldsymbol{n}$，次法线方向为 $\boldsymbol{b}$. 在 O 点垂直于曲线的法平面上任一点的位置向量为(见图 2.14(b))：

$$\boldsymbol{x} = x_2\boldsymbol{n} + x_3\boldsymbol{b} = \sigma\cos\phi\boldsymbol{n} + \sigma\sin\phi\boldsymbol{b}$$

现在考察在 O 点邻域 $((-L, L)$ 和

$\sqrt{(x_2^2+x_3^2)}=\sigma\to 0$）曲线涡诱导流场的渐近性质. O 点附近弧段内涡线上的位置向量为

$$\boldsymbol{\zeta}=l\boldsymbol{t}+\frac{1}{2}cl^2\boldsymbol{n}$$

此处 c 为 O 点的曲率，l 为切线方向 $\boldsymbol{t}$ 的坐标量，因而 O 点附近，$\mathrm{d}\boldsymbol{x}=(\boldsymbol{t}+cl\boldsymbol{n})\mathrm{d}l$，从而

$$\frac{\boldsymbol{R}\times\mathrm{d}\boldsymbol{x}}{R^3}=\frac{(\boldsymbol{x}-\boldsymbol{\zeta})\times\mathrm{d}\boldsymbol{x}}{|\boldsymbol{x}-\boldsymbol{\zeta}|^3}=\frac{-x_3cl\boldsymbol{t}+x_3\boldsymbol{n}-\left(x_2+\frac{1}{2}cl^2\right)\boldsymbol{b}}{\left[x_3^2+x_2^2+l^2(1-x_2c)+\frac{1}{4}c^2l^4\right]^{3/2}}\delta l$$

在微元长度 $(-L,L)$ 上积分上式，分子上 $-x_3cl$ 的项关于 l 反对称，因此积分值等于零，即涡线没有切向的诱导速度. 于是，涡线对 O 点 $(0,\sigma\cos\phi,\sigma\sin\phi)$ 的诱导速度为

$$\frac{1}{4\pi}\int_{-L/\sigma}^{L/\sigma}\frac{(\boldsymbol{b}\cos\phi-\boldsymbol{n}\sin\phi)\sigma^{-1}+\frac{1}{2}cm^2\boldsymbol{b}}{\left[1+m^2(1-c\sigma\cos\phi)+\frac{1}{4}c^2\sigma^2m^4\right]^{3/2}}\mathrm{d}m$$

此处：$m=\frac{l}{\sigma}$，$\cos\phi=\frac{x_2}{\sigma}$，$\sin\phi=\frac{x_3}{\sigma}$，以上积分式（可应用积分公式表）在 $\sigma\to 0$ 时的渐近值为

$$\boldsymbol{U}_{\sigma\to 0}=\frac{\Gamma}{2\pi\sigma}(\boldsymbol{b}\cos\phi-\boldsymbol{n}\sin\phi)+\frac{\Gamma c}{2\pi}\boldsymbol{b}\ln\frac{L}{\sigma}+O(\sigma^0)\tag{2.54}$$

上式右边第一部分与直线涡周围产生的流体运动相同，流体质点围绕元涡管作圆周运动，并当 $\sigma\to 0$ 时有奇性；第二部分的诱导速度在次法线方向，并具有对数奇性，也就是说曲线涡本身在次法线方向诱导很大的移动速度. 以上分析表明，曲线涡本身不能在流场中保持静止，也不能保持它的几何形状，它在运动过程不断变形.

对于理想的线涡，在涡线上的诱导速度是无限大. 实际流体有粘性，曲涡线是有一定半径的曲涡管，涡管内涡量由零逐渐增加，因此不存在速度奇性. 如涡管截面很小，则曲线涡诱导速度公式(2.54)是很好近似.

对于平面圆周线涡环来说，涡线各点的曲率及次法线方向不变，$c=\frac{1}{R}$，$\boldsymbol{b}=\boldsymbol{i}$，因此整个涡环作平移运动，但它的移动速度远远大于涡环中心的速度. 如果把坐标系固定在涡环上，或者说，在随涡环一起移动的坐标架中观察绕涡环的流动，将得到如图 2.15 所示的流线谱.

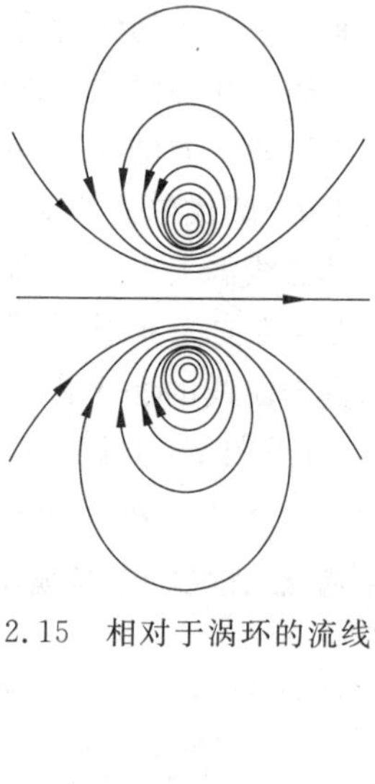
图 2.15　相对于涡环的流线谱

(4) 片涡

如果有旋流体质点集中在一个面上，涡量必沿该

面的切线方向，这种理想的旋涡称为片涡(也称涡片).

片涡可以看作为厚度极薄的涡层(图 2.16(a))，片涡的曲面可以用双参数方程表示：

$$\boldsymbol{x} = \boldsymbol{g}(l, m, t) \tag{2.55}$$

片涡的涡量用它面上的涡量强度表示：

$$\boldsymbol{\gamma} = \lim_{\substack{\varepsilon \to 0 \\ \Omega \to \infty}} \int_0^{\varepsilon} \boldsymbol{\omega} \mathrm{d}n \tag{2.56}$$

式中 $\boldsymbol{\gamma}$ 称为片涡的面强度，$\boldsymbol{\omega}$ 是片涡内的涡量分布，ε 是片涡的厚度.

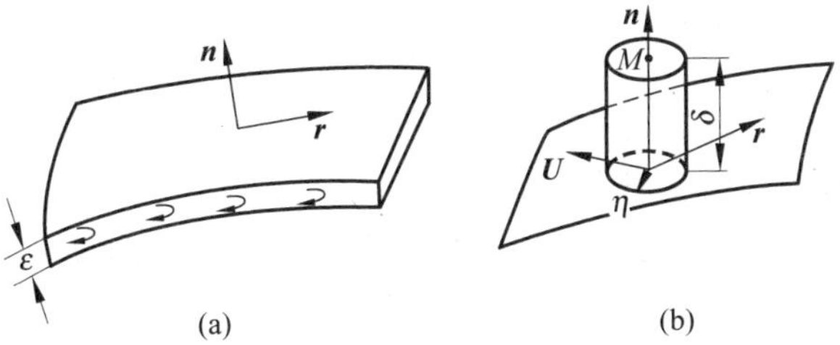

图 2.16 涡片示意图

片涡周围的诱导速度也可用毕奥-萨伐尔公式计算如下：

$$\boldsymbol{U} = -\frac{1}{4\pi}\int_V \frac{\boldsymbol{R} \times \boldsymbol{\omega} \,\mathrm{d}n\mathrm{d}A}{R^3} = -\frac{1}{4\pi}\int_A \frac{\boldsymbol{R} \times \boldsymbol{\gamma} \,\mathrm{d}A}{R^3} \tag{2.57}$$

片涡是一种切向速度的间断面. 为了说明这一点，可以在片涡上任选一点 O，并在该点作法向量 $\boldsymbol{n}$ 和切平面 T(图 2.16(b)). 在切平面上以 O 为圆心作半径为 η 的圆，并在法线方向取 δ 为高作一圆柱体，并考察柱顶点 M 处的速度 $\boldsymbol{U}_M$. 顶点 M 处 $\boldsymbol{x}=\delta\boldsymbol{n}$，涡面上 $\boldsymbol{\zeta}=\boldsymbol{r}$，故 $\boldsymbol{R}=\delta\boldsymbol{n}-\boldsymbol{r}$，$R=\sqrt{\delta^2+r^2}$，代入式 (2.57)，得

$$\begin{aligned}
\boldsymbol{U}_M &= -\frac{1}{4\pi}\int_0^{\eta}\int_0^{2\pi} \frac{\delta\boldsymbol{n} \times \boldsymbol{\gamma}\, r\,\mathrm{d}r\mathrm{d}\theta}{(\delta^2 + r^2)^{3/2}} + \frac{1}{4\pi}\int_0^{\eta}\int_0^{2\pi} \frac{\boldsymbol{r} \times \boldsymbol{\gamma}\, r\,\mathrm{d}r\mathrm{d}\theta}{(\delta^2 + r^2)^{3/2}} \\
&= -\frac{1}{4\pi}\int_0^{\eta}\int_0^{2\pi} \frac{\delta\boldsymbol{n} \times \boldsymbol{\gamma}\, r\,\mathrm{d}r\mathrm{d}\theta}{(\delta^2 + r^2)^{3/2}} + \frac{1}{4\pi}\int_0^{\eta}\int_0^{2\pi} \frac{|\,\boldsymbol{r}\,|\times|\,\boldsymbol{\gamma}\,|\ \sin\theta r\,\mathrm{d}r\mathrm{d}\theta}{(\delta^2 + r^2)^{3/2}}\boldsymbol{n} \\
&= \frac{-\boldsymbol{n} \times \boldsymbol{\gamma}}{2}\int_0^{\eta} \frac{\delta r\,\mathrm{d}r}{(\delta^2 + r^2)^{3/2}} = \frac{-\boldsymbol{n} \times \boldsymbol{\gamma}}{4}\int_0^{\eta} \frac{\mathrm{d}\left(\dfrac{r}{\delta}\right)^2}{\left(1 + \dfrac{r^2}{\delta^2}\right)^{3/2}} \\
&= \frac{1}{2}\boldsymbol{n} \times \boldsymbol{\gamma}\left(1 + \frac{r^2}{\delta^2}\right)^{-1/2}\Bigg|_0^{\eta} = -\frac{1}{2}\boldsymbol{n} \times \boldsymbol{\gamma}\left[1 - \left(1 + \frac{\eta^2}{\delta^2}\right)^{-1/2}\right]
\end{aligned}$$

注意积分式中 $\boldsymbol{r}$ 是切平面上的径向，η 是切平面上微圆的半径. 令 η 和 δ 同时趋于零，但是 $\delta/\eta \to 0$，得在涡片正法线方向一面的诱导速度

$$\boldsymbol{U}_+ = \lim_{\delta/\eta \to 0} \boldsymbol{U}_M = \frac{1}{2}\boldsymbol{\gamma} \times \boldsymbol{n} \tag{2.58}$$

同理涡片另一侧的诱导速度为

$$\boldsymbol{U}_{-}=-\frac{1}{2}\boldsymbol{\gamma}\times\boldsymbol{n} \tag{2.59}$$

由于$\boldsymbol{\gamma}$与涡片相切,$\boldsymbol{n}$与涡片垂直,故$\boldsymbol{U}_{+}$,$\boldsymbol{U}_{-}$与涡片相切,在涡片上切向速度的间断量

$$[\boldsymbol{U}]=\boldsymbol{U}_{+}-\boldsymbol{U}_{-}=\boldsymbol{\gamma}\times\boldsymbol{n} \tag{2.60}$$

取式(2.60)的绝对值,得:$|\boldsymbol{U}_{+}-\boldsymbol{U}_{-}|=\gamma$,也就是说:片涡强度等于涡片两侧的切向速度差.将式(2.60)两侧叉乘$\boldsymbol{n}$,得到用切向速度间断量来表示的片涡的面涡强度

$$\boldsymbol{\gamma}=-[\boldsymbol{U}]\times\boldsymbol{n} \tag{2.61}$$

6. Föpple定理和应用

涡量场中一些固有的运动学特性对于研究流体运动是很有用的.Föpple定理对于研究绕流物体的涡量场有很大帮助.

(1) Föpple定理:**在平移刚体运动的无界流场中,全场总涡量等于零.**

证明如下:根据涡量的定义,很容易导出以下等式:

$$\omega_i=\frac{\partial}{\partial x_j}x_i\omega_j \tag{2.62}$$

上式右边:$\frac{\partial}{\partial x_j}x_i\omega_j=\omega_j\frac{\partial x_i}{\partial x_j}+x_i\frac{\partial\omega_j}{\partial x_j}$,由于涡量场散度等于零,同时$\partial x_i/\partial x_j=\delta_{ij}$,等式右边简化为

$$\frac{\partial}{\partial x_j}x_i\omega_j=\omega_j\delta_{ij}=\omega_i$$

式(2.62)证毕.将式(2.62)在全场积分,并用高斯公式将体积分化为面积分得

$$\begin{aligned}\int_D\omega_i\mathrm{d}V&=\int_D\left(\frac{\partial}{\partial x_j}x_i\omega_j\right)\mathrm{d}V=\oiint_{\partial D}(x_i\omega_jn_j)\mathrm{d}A\\&=\oiint_{A_w}(x_i\omega_jn_j)\mathrm{d}A+\oiint_{A_\infty}(x_i\omega_jn_j)\mathrm{d}A\end{aligned} \tag{2.63}$$

∂D是全场积分的边界,第1个积分在绕流固壁上求和,因为平移运动壁面的法向涡量等于零(见前面3.(2)小节);第2个积分包含绕流物体的无穷大球体中求和,因为无穷远处$\omega\sim O(r^{-4})$也等于零,于是有

$$\int_D\omega_i\mathrm{d}V=0 \tag{2.64}$$

式(2.64)的意义是,由刚体平移运动产生的无界流场中,涡量的总量始终等于零,不随时间变化.如果说在某一区域中产生了正旋涡,则必在流场的另一处有总量相等的负旋涡.这是涡量运动学的性质,与流体性质无关,在理想流体、粘性流体、不可压缩流体和可压缩流体中都成立.

例如,流体绕圆柱或圆球流动的尾迹中常常出现一系列旋涡,而这些旋涡必定成

对出现，例如著名的卡门涡街（见图 2.17）. 另外，在绕机翼的有攻角流动中，机翼产生升力，用理想流体理论可以证明（详见第 5 章）围绕翼型的周线上必有环量，根据 Föpple 定理，在流场中必产生旋涡，其环量和绕物体环量方向相反，在空气动力学中，与绕物体环量方向相反的旋涡称为启动涡（见图 2.18）.

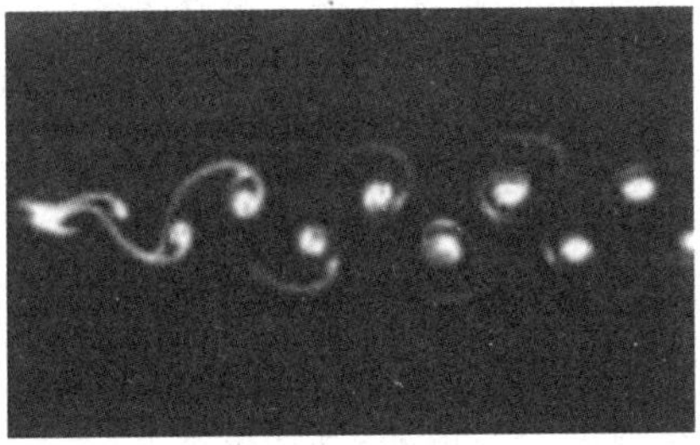

图 2.17　卡门涡街

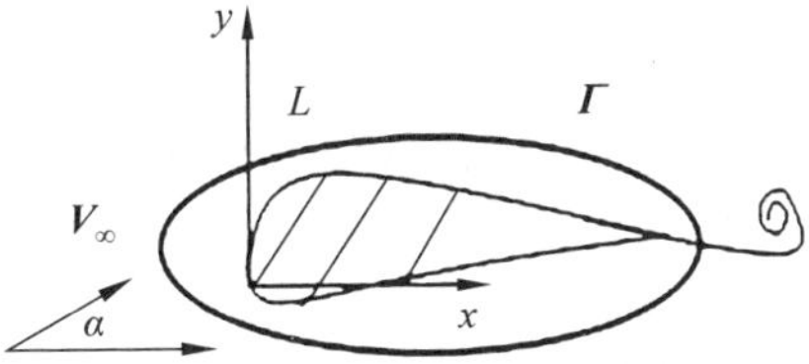

图 2.18　翼型环量和脱体涡

关于涡量的其他运动学性质，可参见涡动力学的专著.

习　题

2.1　已知拉格朗日速度分布 $u=-\beta(a\sin\beta t+b\cos\beta t)$，$v=\beta(a\cos\beta t-b\sin\beta t)$，$w=\alpha$. 如 $t=0$ 时 $x=a$，$y=b$，$z=c$，试用欧拉变量表示上述流场速度分布，并求流场加速度分布，式中 α,β,a,b,c 为常数.

2.2　给定速度场 $u=x+y$，$v=x-y$，$w=0$，且令 $t=0$ 时 $x=a$，$y=b$，$z=c$，求质点空间分布.

2.3　给定柱坐标中速度场的欧拉表达式：$U_r=\dfrac{t}{r}$，$U_\theta=\dfrac{1}{r}$，$U_z=0$，且令 $t=0$ 时 $r=a$，$\theta=b$，$z=c$，求质点分布及流场加速度的欧拉表达式.

2.4　已知平面速度场 $u=x+t$，$v=-y+t$，并令 $t=0$ 时 $x=a$，$y=b$，求：

(1) 流线方程及 $t=0$ 时过$(-1,-1)$点的流线；

(2) 迹线方程及 $t=0$ 时过$(-1,-1)$点的迹线；

(3) 用拉格朗日变量表示速度分布.

2.5 已知平面速度 $u=1+2t, v=3+4t$,求:

(1) 流线方程;

(2) $t=0$ 时,经过(0,0),(0,1),(0,−1)点的三条流线方程;

(3) $t=0$ 时,位置在(0,0)点的流体质点的迹线方程.

2.6 给定速度场 $u=-ky, v=kx, w=w_0$,求通过 $x=a, y=b, z=c$ 点的流线,式中 k, w_0 是常数.

2.7 推导下述平面流动的流线方程:$u=u_0, v=v_0\cos(kx-\alpha t)$,式中 v_0, k 和 α 均为常数.求 $t=0$ 时通过 $x=0, y=0$ 点的流线和迹线方程.当 $k, \alpha \to 0$ 时,比较这两条流线和迹线.

2.8 如果流体质点在圆锥面上运动,其速度为 $U_R=A, U_\theta=0, U_\phi=B\cos\phi$,其中 A, B 都是常数,求 $t=0$ 时通过 $R=a, \theta=b, \phi=c$ 点的迹线和流线,并用拉格朗日变量表示此速度场,R, θ, ϕ 分别是球坐标的向径、纬度角和经度角.

2.9 设 $\boldsymbol{U}\neq\boldsymbol{0}$,说明以下三种导数

$$\frac{D\boldsymbol{U}}{Dt}=\boldsymbol{0}, \quad \frac{\partial \boldsymbol{U}}{\partial t}=\boldsymbol{0}, \quad (\boldsymbol{U}\cdot\nabla)\boldsymbol{U}=0$$

的物理意义.

2.10 判断下列两个问题,并说明理由.

(1) 下述用拉格朗日变量表示的流体运动:

$$x=a+bt+\frac{1}{2}ct^2, \quad y=b+ct, \quad z=c$$

是否为定常流动?

(2) 在下述用平面极坐标系(r,θ)表示的速度场:

$$U_r=U_\infty\left(1-\frac{a^2}{r^2}\right)\cos\theta, \quad U_\theta=-U_\infty\left(1+\frac{a^2}{r^2}\right)\sin\theta$$

式中 U_∞ 和 a 都是常数,$r=a$ 是否为流线?

2.11 给定拉格朗日表达式的运动规律:

$$x=a\cos\left(\frac{t}{a^2+b^2}\right)-b\sin\left(\frac{t}{a^2+b^2}\right), \quad y=b\cos\left(\frac{t}{a^2+b^2}\right)+a\sin\left(\frac{t}{a^2+b^2}\right)$$

(1) 求 $t=0$ 时,通过点$(x=1, y=\sqrt{3})$的迹线方程和流线方程;

(2) 它是否是定常流动?

(3) 它是否是有旋流动?

2.12 若已知温度场 $T=\dfrac{A}{x^2+y^2+z^2}t^2$ 和速度分布 $u=xt, v=yt, w=zt$,现有一流体质点在该流场中运动,质点在 $t=0$ 时的位置为 $x=a, y=b, z=c$,试求该流体质点的温度随时间的变化关系,式中 A 为常数.

2.13　在球坐标和柱坐标中，试用欧拉变量表示常比热容完全气体的质点沿轨迹熵值不变的关系式. 已知熵 $s=c_V\ln\dfrac{p}{\rho^{\gamma}}+\text{const.}$.

2.14　给定拉格朗日位移表达式：$x=a\mathrm{e}^{-\frac{2t}{K}}$，$y=b\left(1+\dfrac{t}{K}\right)^2$，$z=c\mathrm{e}^{\frac{2t}{K}}\left(1+\dfrac{t}{K}\right)^{-2}$，式中 K 为常数($K\neq0$)，a，b，c 分别为 $t=0$ 时 x，y，z 的坐标值. 请判别：(1)该流场是否为定常流场？(2)是否不可压流场？(3)是否有旋流场？

2.15　给定拉格朗日位移表达式：$x=a\mathrm{e}^{-\frac{2t}{K}}$，$y=b\mathrm{e}^{\frac{t}{K}}$，$z=c\mathrm{e}^{\frac{t}{K}}$，式中 K 为常数，a，b，c 分别为 $t=0$ 时 x，y，z 的坐标值. 请判别：(1)该流场是否为定常流场？(2)是否不可压流场？(3)是否无旋流场？

2.16　给定柱坐标中速度场的欧拉表达式：

$$U_r=U_\infty\left(1-\frac{a^2}{r^2}\right)\cos\theta,\quad U_\varphi=-U_\infty\left(1+\frac{a^2}{r^2}\right)\sin\theta,\quad U_z=0$$

式中 U_∞ 和 a 为常数.

(1) 试证 $r=a$ 是流线；

(2) 求 $t=0$ 时位于 $\theta=\pi$，$r=b(b>a)$的流体质点到达 $\theta=\pi$，$r=a$ 需要的时间；

(3) 求 $t=0$ 时位于 $\theta=\dfrac{\pi}{2}$，$r=a$ 的流体质点到达 $\theta=0$，$r=a$ 所需要的时间.

2.17　求出下述问题的变形速率分量、涡量和体膨胀速率. 并说明运动是否有旋？流体是否不可压缩？

(1) 直角坐标系(x，y，z)内

$$u=U(h^2-y^2),\quad v=w=0$$

式中 h，U 均为常量.

(2) 柱坐标系(r，θ，z)内

$$U_z=U\left[\frac{a^2\ln(r/b)-b^2\ln(r/a)}{\ln(a/b)}-r^2\right],\quad U_\theta=U_r=0$$

式中 U，a，b 均为常量.

(3) 球坐标系(R，θ，ϕ)内

$$U_R=U_\infty\left[1-\left(\frac{a}{R}\right)^3\right]\cos\theta,\quad U_\theta=-U_\infty\left[1+\frac{1}{2}\left(\frac{a}{R}\right)^3\right]\sin\theta,\quad U_\phi=0$$

式中 U_∞，a 均为常量.

2.18　给定不定常流动速度场

$$U=U_0\left[1-\frac{2}{\sqrt{\pi}}\int_0^\eta \mathrm{e}^{-\eta^2}\mathrm{d}\eta,\right],\quad \eta=\frac{y}{2\sqrt{\nu t}}$$

$$V=0$$

式中 ν 为运动粘性系数(常数)，U_0 为常数，求涡量场.

2.19　给定速度场 $u=ax, v=ay, w=-2az$，式中 a 为常数.求：

(1) 线变形速率分量、角变形速率分量和体积膨胀率；

(2) 该流场是否是无旋流场？若无旋，写出它的速度势函数.

2.20　在欧拉描述的速度场 $\boldsymbol{U}=\boldsymbol{U}(x,y,z,t)$ 中，请证明：

(1) 变形率张量为零的有旋运动必为

$$\boldsymbol{U}=\boldsymbol{U}_0+\boldsymbol{\omega}\times\boldsymbol{r}$$

其中 $\boldsymbol{U}_0$，$\boldsymbol{\omega}$ 与向量 $\boldsymbol{r}(x,y,z)$ 无关；

(2) 除了均匀流场(即 $\boldsymbol{U}=$常向量)外，一切无旋流动的变形率张量都不等于零.

2.21　已知速度场为 $u=y+2z, v=z+2x, w=x+2y$，

(1) 求涡量及涡线方程；

(2) 求在 $x+y+z=1$ 平面上通过横截面积 $\mathrm{d}A=0.0001\mathrm{m}^2$ 的涡管强度；

(3) 求在 $z=0$ 平面上通过横截面积 $\mathrm{d}A=0.0001\mathrm{m}^2$ 的涡通量.

2.22　给定一个函数 $\Phi=U_\infty\left(r\cos\theta+\dfrac{1}{2}\ln r\right)$，$r,\theta$ 是平面极坐标，问：

(1) 这个函数能否作为一种二维不可压流动的速度势函数？

(2) 如能，求速度场；

(3) 计算 $r=\sqrt{2}, \theta=\dfrac{\pi}{4}$ 点沿流线方向的加速度分量.

2.23　对二维不可压缩流体运动($w=0$)，试证明

(1) 如运动为无旋，则必满足 $\nabla^2 u=0, \nabla^2 v=0$；

(2) 满足 $\nabla^2 u=0, \nabla^2 v=0$ 的流动不一定无旋.

2.24　给定柱坐标内流场速度势 $\Phi=U_\infty(t)\cos\theta(r+a^2/r)$，求流线方程，并求通过 $r=a, \theta=\pi/2$ 点的流线.

2.25　原静止不可压无界流场中，在位于 $z=0$ 平面上放置强度为 Γ 的 Π 形涡线(如图 2.19 所示)，求其速度场.

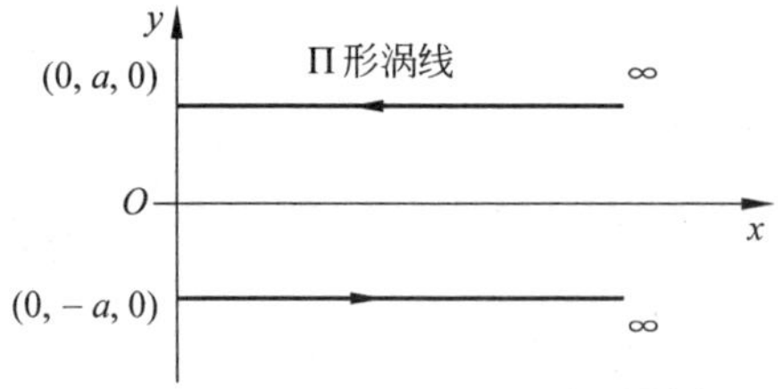

图 2.19　题 2.25 示意图

2.26　原静止无界无旋流场中，给定 $\nabla\cdot\boldsymbol{U}=q$，当 $a\leqslant r\leqslant b$ 时，$q=\text{const.}$；当 $r>b$ 或 $r<a$ 时，$q=0$.式中 a,b 为常数，r 为柱坐标系中的径向坐标，求速度场.

提示：在柱坐标中求解，并注意 $r=b$ 的圆周上速度连续.

2.27　相距为 h 的两个平面圆周线涡，圆周半径相同，均为 a，线涡强度也相同，均为 Γ，求线涡圆心处的诱导速度.

思　考　题

S2.1　为什么质点位置变量 $\boldsymbol{x}$ 是初始时刻位置变量 $\boldsymbol{A}$ 一一对应的连续函数？

S2.2　从消防喷嘴喷出的水柱表面是流体面(或称"流体质面")还是流面？流面是否可能同时是流体面？

S2.3　哪种运动中流体微团只有转动而无变形？哪种流体运动只有变形而无转动？是否存在既无变形又无旋转的流场？

S2.4　是否存在涡线和流线相互垂直的流动，试举例说明；是否存在流线和涡线平行的流动，试举例说明.

S2.5　在流场中孤立的曲线(面)涡管(涡管外涡量等于零)能否运动？孤立的直线涡管能否运动？为什么？在流场中孤立的曲面涡片(涡片外涡量等于零)能否运动？为什么？

第3章 流体动力学的基本原理

本章应用力学和热力学基本定律建立流体动力学的基本方程和定解条件，并根据流动的基本定律揭示流动过程的一些主要性质. 作为微分型基本方程应用的特例，本章最后讲述流体静力学的主要性质.

3.1 流体动力学的积分型方程

首先讨论有限体积的流体在运动过程中的动力学方程. 类似于流体运动学的两种描述方法，建立流体动力学方程也有两种方法，一种是追随流体质量体建立动力学方程；另一种是在固定的控制体内建立动力学方程. 这两种分析系统的主要区别在于质量体是不变的质点系（闭系统），而固定控制体是可变的质点系（开系统）. 下面先介绍这两种有限体系统的概念.

1. 质量体和控制体

定义 3.1 流场中封闭流体面 $\Sigma^*(t)$ 所包含的流体称为质量体.

质量体具有以下性质：

(1) 质量体随流体质点一起运动，所以它的边界面形状和体积都随时间变化；

(2) 质量体的边界面上没有质量输入或输出，所以质量体所包含的流体质量是不变的，它相当于热力学中的闭系统；

(3) 质量体的边界面上有力的相互作用;

(4) 质量体的边界面上可以有能量交换(热交换或外力做功).

例如空气中的液滴和液体中的气泡都是质量体.

定义 3.2 相对于某参照坐标系不随时间变化的封闭曲面中所包含的流体称为控制体.

控制体的性质是:

(1) 控制体的几何外形和体积都是不变的;

(2) 控制体的界面上可以有流体流入或流出,因此它相当于热力学中的开系统;

(3) 控制体的边界面上有力的相互作用;

(4) 控制体的边界面上可以有能量交换(热交换或外力做功).

例如,管道流动中由进出口限定的体积是控制体;又如,在涡轮机进出口所限定的体积也是一种控制体.

众所周知,经典的力学和热力学定理都是建立在闭系统上的,因此很容易在质量体上建立有限体的流体动力学方程. 但是质量体是变形系统,质量体上的动力学方程在实际应用时很不方便,为此需要有一种方法把建立在质量体上的动力学方程变换到控制体上去,以下两节将介绍这一方法. 为了明确区分这两种系统,质量体的体积和界面分别用 $D^*(t)$,$\Sigma^*(t)$表示,它们是时间的函数;控制体的体积和界面分别用 D,Σ 表示,它们不随时间变化.

2. 局部导数和随体导数

定义 3.3 控制体内某物理量总和随时间的增长率称为局部导数,用$\partial/\partial t$ 表示.

例如,控制体内的总质量 $M = \int_D \rho \mathrm{d}V$,它的局部导数:

$$\frac{\partial}{\partial t}\int_D \rho \mathrm{d}V = \int_D \frac{\partial \rho}{\partial t}\mathrm{d}V \tag{3.1}$$

因为 D 是控制体包围的内域,它和时间无关,因而局部导数和控制体上的积分运算可以交换.

定义 3.4 质量体内某物理量总和对时间的增长率称为随体导数,用 $\mathrm{D}/\mathrm{D}t$ 表示.

例如,质量体内的总质量 $M = \int_{D^*(t)} \rho \mathrm{d}V$,其随体导数为

$$\frac{\mathrm{D}M}{\mathrm{D}t} = \frac{\mathrm{D}}{\mathrm{D}t}\int_{D^*(t)} \rho \mathrm{d}V \tag{3.2}$$

因为质量体的积分域 $D^*(t)$是随时间变化的,所以随体导数不能和质量体上的积分运算交换,但是我们有以下的输运公式.

3. 输运公式

定理 3.1 任一瞬间,质量体内物理量的随体导数等于该瞬间形状、体积相同的

控制体内物理量的局部导数与通过该控制体表面的输运量之和.

定理的数学表达式为

$$\left[\frac{\mathrm{D}}{\mathrm{D}t}\int_{D^*(t)} Q\mathrm{d}V\right]_{t=t_0} = \int_D \frac{\partial Q}{\partial t}\mathrm{d}V + \oiint_{\Sigma} Q(\boldsymbol{U}\cdot\boldsymbol{n})\mathrm{d}A \tag{3.3}$$

这里 $D^*(t)$表示质量体,$D^*(t_0)$为 $t=t_0$ 时刻的质量体,它同时等于 $t=t_0$ 时取定的控制体体积 D;Σ 为控制体的边界面,Q 代表任意物理量,$\oiint_{\Sigma} Q(\boldsymbol{U}\cdot\boldsymbol{n})\mathrm{d}A$ 是物理量 Q 在 Σ 面上的输运量,又称物理量的通量.

证明 根据随体导数的定义,左边可写成

$$\left[\frac{\mathrm{D}}{\mathrm{D}t}\int_{D^*(t)} Q\mathrm{d}V\right]_{t=t_0} = \lim_{\delta t\to 0}\frac{1}{\delta t}\left[\int_{D^*(t_0+\delta t)} Q(\boldsymbol{x},t_0+\delta t)\mathrm{d}V - \int_{D^*(t_0)} Q(\boldsymbol{x},t_0)\mathrm{d}V\right]$$

$D^*(t_0+\delta t)$为时刻 $t_0+\delta t$ 质量体的体积,我们可以把它分解为(参见图 3.1)

$$D^*(t_0+\delta t) = D^*(t_0) + \delta D^* \tag{3.4}$$

$D^*(t_0)$是 t_0 时刻的质量体,δD^* 是质量体 $D^*(t_0+\delta t)$和 $D^*(t_0)$之差.根据质量体边界面运动情况,这部分质量体的体积可以为正值,也可以是负值.

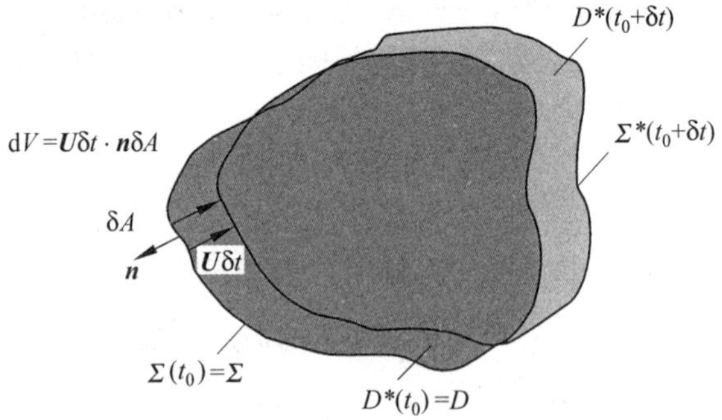

图 3.1 推导随体导数用图

利用式(3.4),$t_0+\delta t$ 时刻物理量的体积分公式可分解为两部分之和:

$$\int_{D^*(t_0+\delta t)} Q(\boldsymbol{x},t_0+\delta t)\mathrm{d}V = \int_{D^*(t_0)} Q(\boldsymbol{x},t_0+\delta t)\mathrm{d}V + \int_{\delta D^*} Q(\boldsymbol{x},t_0+\delta t)\mathrm{d}V$$

于是随体导数的公式可进一步写成

$$\left[\frac{\mathrm{D}}{\mathrm{D}t}\int_{D^*(t)} Q\mathrm{d}V\right] = \lim_{\delta t\to 0}\frac{1}{\delta t}\left[\int_{D^*(t_0)} Q(\boldsymbol{x},t_0+\delta t)\mathrm{d}V - \int_{D^*(t_0)} Q(\boldsymbol{x},t_0)\mathrm{d}V\right]$$

$$+\lim_{\delta t\to 0}\frac{1}{\delta t}\left[\int_{\delta D^*} Q(\boldsymbol{x},t_0+\delta t)\mathrm{d}V\right]$$

上式右边第一项是在指定域 $D^*(t_0)=D$ 上的局部导数,故该项可写成

$$\lim_{\delta t\to 0}\frac{1}{\delta t}\left[\int_{D^*(t_0)} Q(\boldsymbol{x},t_0+\delta t)\mathrm{d}V - \int_{D^*(t_0)} Q(\boldsymbol{x},t_0)\mathrm{d}V\right]$$

$$=\int_{D^*(t_0)}\frac{\partial Q}{\partial t}\mathrm{d}V=\int_D\frac{\partial Q}{\partial t}\mathrm{d}V$$

前式右边第 2 项可以化为面积分. 具体做法如下：将 δD^* 无限分割为以 $\Sigma(t_0)$面上的微元面积为底，以 $\Sigma(t_0)$上任意质点到 $\Sigma(t_0+\delta t)$面的位移为边的无穷多微元斜柱体. 由 $\Sigma(t_0)$上任意质点到 $\Sigma(t_0+\delta t)$面的位移等于 $\boldsymbol{U}\delta t$，因而斜柱体的体积应为

$$\mathrm{d}V=(\boldsymbol{U}\delta t)\cdot\boldsymbol{n}\mathrm{d}A$$

$\boldsymbol{n}$ 为微元面积的法向量. 应当注意到，如果 $\boldsymbol{U}\cdot\boldsymbol{n}>0$，这时 $\mathrm{d}V>0$，也就是 δD^* 中的正值的部分；反之 $\boldsymbol{U}\cdot\boldsymbol{n}<0$，则 $\mathrm{d}V<0$，它是原质量体的减小部分. 将 $\mathrm{d}V=(\boldsymbol{U}\delta t)\cdot\boldsymbol{n}\mathrm{d}A$ 代入前面随体导数的体积分式后，在 δD^* 域上体积分可写成

$$\lim_{\delta t\to 0}\left[\frac{1}{\delta t}\int_{\delta D^*}Q(\boldsymbol{x},t_0+\delta t)\mathrm{d}V\right]=\lim_{\delta t\to 0}\left[\frac{1}{\delta t}\oiint_{\Sigma^*(t_0)}Q(\boldsymbol{x},t_0+\delta t)(\boldsymbol{U}\cdot\boldsymbol{n})\mathrm{d}A\delta t\right]$$

$$=\oiint_{\Sigma^*(t_0)}Q(\boldsymbol{x},t_0)(\boldsymbol{U}\cdot\boldsymbol{n})\mathrm{d}A=\oiint_{\Sigma}Q(\boldsymbol{x},t_0)(\boldsymbol{U}\cdot\boldsymbol{n})\mathrm{d}A$$

这一项等于物理量 Q 在控制体界面上的输运量，即由流体运动携带出去的量. 我们约定指向控制体外的法向量为正，就是说正值的输运量($\boldsymbol{U}\cdot\boldsymbol{n}>0$)表示由控制体输出的物理量，负值的输运量($\boldsymbol{U}\cdot\boldsymbol{n}<0$)表示流入控制体的物理量，于是证明了质量体上随体导数的公式(3.3)，该式可概括表述为

随体导数＝局部导数＋控制体输出的输运量

下面先建立质量体上的动力学守恒方程，然后应用输运公式建立控制体上的动力学守恒方程.

4. 质量体上的动力学方程

应用力学和热力学定律，质量体上有以下基本方程.

(1) 质量守恒方程

质量体是闭系统，因而它的总质量不变，即

$$\frac{\mathrm{D}}{\mathrm{D}t}\int_{D^*(t)}\rho\mathrm{d}V=0 \tag{3.5}$$

(2) 动量方程

根据牛顿定律，质量体内动量增长率等于该瞬间作用在质量体上的外力之和. 将牛顿定律应用于流体的质量体，就有质量体上的动量方程：

质量体内动量增长率为

$$\frac{\mathrm{D}}{\mathrm{D}t}\int_{D^*(t)}\rho\boldsymbol{U}\mathrm{d}V$$

质量体内体积力之和为

$$\int_{D^*(t)}\rho\boldsymbol{f}\mathrm{d}V$$

质量体边界面上表面力之和为

$$\oiint_{\Sigma^*(t)} \boldsymbol{T}_n \mathrm{d}A$$

于是动量方程为

$$\frac{\mathrm{D}}{\mathrm{D}t}\int_{D^*(t)} \rho \boldsymbol{U} \mathrm{d}V = \int_{D^*(t)} \rho \boldsymbol{f} \mathrm{d}V + \oiint_{\Sigma^*(t)} \boldsymbol{T}_n \mathrm{d}A \tag{3.6}$$

(3) 动量矩方程

质点系动量矩定理可陈述如下：质点系的动量矩增长率等于该瞬间作用在质点系上外力矩之和. 应用质点系动量矩定理，类似式(3.6)的导出过程，可以导出质量体上的动量矩方程为

$$\frac{\mathrm{D}}{\mathrm{D}t}\int_{D^*(t)} \rho \boldsymbol{r} \times \boldsymbol{U} \mathrm{d}V = \int_{D^*(t)} \rho \boldsymbol{r} \times \boldsymbol{f} \mathrm{d}V + \oiint_{\Sigma^*(t)} \boldsymbol{r} \times \boldsymbol{T}_n \mathrm{d}A \tag{3.7}$$

式中 $\boldsymbol{r}$ 为流场中任意点到参考点的向径，上式左边是质量体中总动量矩的时间增长率，右边第一项是作用在质量体内体积力的合力矩，右边第二项是作用在质量体表面上的表面力的合力矩.

(4) 能量守恒方程

遵照热力学第一定律，质量体(闭系统)内总能量的增长率等于单位时间内的外力做功和输入质量体内的热量之和.

质量体的总能量等于动能和内能之和，故质量体内的总能量增长率应为

$$\frac{\mathrm{D}}{\mathrm{D}t}\int_{D^*(t)} \rho\left(e + \frac{|\boldsymbol{U}|^2}{2}\right) \mathrm{d}V$$

e 为流体单位质量的内能，它是热力学状态参数；$|\boldsymbol{U}|^2/2$ 是单位质量的动能. 外力做功和输入的热量有

体积力所做功率：$\int_{D^*(t)} \rho \boldsymbol{f} \cdot \boldsymbol{U} \mathrm{d}V$

表面力所做功率：$\oiint_{\Sigma^*(t)} \boldsymbol{T}_n \cdot \boldsymbol{U} \mathrm{d}A$

质量体内的生成热：$\int_{D^*(t)} \rho \dot{q} \mathrm{d}V$

边界面上因热传导输入的热量：$\oiint_{\Sigma^*(t)} \lambda \boldsymbol{n} \cdot \mathrm{grad} T \mathrm{d}A$

于是质量体的能量守恒方程为

$$\frac{\mathrm{D}}{\mathrm{D}t}\int_{D^*(t)} \rho\left(e + \frac{|\boldsymbol{U}|^2}{2}\right) \mathrm{d}V = \int_{D^*(t)} \rho \boldsymbol{f} \cdot \boldsymbol{U} \mathrm{d}V + \oiint_{\Sigma^*(t)} \boldsymbol{T}_n \cdot \boldsymbol{U} \mathrm{d}A + \int_{D^*(t)} \rho \dot{q} \mathrm{d}V + \oiint_{\Sigma^*(t)} \lambda \boldsymbol{n} \cdot \mathrm{grad} T \mathrm{d}A \tag{3.8}$$

式中 $\dot{q}$ 是流体微团单位质量在单位时间内的生成热，例如：有化学反应时的化学反应热等；λ 是傅里叶导热系数.

守恒方程组(3.5)～(3.8)的左边都是随体导数，利用输运公式(3.3)就可以把它们转化为控制体上的守恒方程，在实际使用时就方便得多了.

5. 控制体上的守恒方程

利用式(3.3)，用 t_0 时刻的局部导数及输运量来表示该时刻的随体导数.

质量体内的质量增长率

$$\frac{\mathrm{D}}{\mathrm{D}t}\int_{D^*}\rho\mathrm{d}V=\int_{D^*(t)}\frac{\partial\rho}{\partial t}\mathrm{d}V+\oiint_{\Sigma^*(t)}\rho(\boldsymbol{U}\cdot\boldsymbol{n})\mathrm{d}A \tag{3.9}$$

质量体上的动量增长率

$$\frac{\mathrm{D}}{\mathrm{D}t}\int_{D^*}\rho\boldsymbol{U}\mathrm{d}V=\int_{D^*(t)}\frac{\partial\rho\boldsymbol{U}}{\partial t}\mathrm{d}V+\oiint_{\Sigma^*(t)}\rho\boldsymbol{U}(\boldsymbol{U}\cdot\boldsymbol{n})\mathrm{d}A \tag{3.10}$$

质量体上的动量矩增长率

$$\frac{\mathrm{D}}{\mathrm{D}t}\int_{D^*}\rho\boldsymbol{r}\times\boldsymbol{U}\mathrm{d}V=\int_{D^*(t)}\frac{\partial}{\partial t}(\rho\boldsymbol{r}\times\boldsymbol{U})\mathrm{d}V+\oiint_{\Sigma^*(t)}\rho\boldsymbol{r}\times\boldsymbol{U}(\boldsymbol{U}\cdot\boldsymbol{n})\mathrm{d}A \tag{3.11}$$

质量体上的能量增长率

$$\begin{aligned}\frac{\mathrm{D}}{\mathrm{D}t}\int_{D^*}\rho\left(e+\frac{|\boldsymbol{U}|^2}{2}\right)\mathrm{d}V=&\int_{D^*(t)}\frac{\partial}{\partial t}\left[\rho\left(e+\frac{|\boldsymbol{U}|^2}{2}\right)\right]\mathrm{d}V\\&+\oiint_{\Sigma^*(t)}\rho\left(e+\frac{|\boldsymbol{U}|^2}{2}\right)(\boldsymbol{U}\cdot\boldsymbol{n})\mathrm{d}A\end{aligned} \tag{3.12}$$

将式(3.9)～式(3.12)代入式(3.5)～式(3.8)，并取控制体 $D=D^*(t)$，$\Sigma=\Sigma^*(t)$得到下列控制体上的守恒方程.

(1) 质量守恒方程

$$\int_D\frac{\partial\rho}{\partial t}\mathrm{d}V+\oiint_\Sigma\rho(\boldsymbol{U}\cdot\boldsymbol{n})\mathrm{d}A=0 \tag{3.13}$$

(2) 动量方程

$$\int_D\frac{\partial(\rho\boldsymbol{U})}{\partial t}\mathrm{d}V+\oiint_\Sigma\rho\boldsymbol{U}(\boldsymbol{U}\cdot\boldsymbol{n})\mathrm{d}A=\int_D\rho\boldsymbol{f}\mathrm{d}V+\oiint_\Sigma\boldsymbol{T}_n\mathrm{d}A \tag{3.14}$$

(3) 动量矩方程

$$\int_D\frac{\partial(\rho\boldsymbol{r}\times\boldsymbol{U})}{\partial t}\mathrm{d}V+\oiint_\Sigma\rho\boldsymbol{r}\times\boldsymbol{U}(\boldsymbol{U}\cdot\boldsymbol{n})\mathrm{d}A=\int_D\rho\boldsymbol{r}\times\boldsymbol{f}\mathrm{d}V+\oiint_\Sigma\boldsymbol{r}\times\boldsymbol{T}_n\mathrm{d}A \tag{3.15}$$

(4) 能量守恒方程

$$\int_D\frac{\partial}{\partial t}\left[\rho\left(e+\frac{|\boldsymbol{U}|^2}{2}\right)\right]\mathrm{d}V+\oiint_\Sigma\rho\left(e+\frac{|\boldsymbol{U}|^2}{2}\right)(\boldsymbol{U}\cdot\boldsymbol{n})\mathrm{d}A$$

$$= \int_D \rho \boldsymbol{f} \cdot \boldsymbol{U} \mathrm{d}V + \oiint_{\Sigma} \boldsymbol{T}_n \cdot \boldsymbol{U} \mathrm{d}A + \int_D \rho \dot{q} \mathrm{d}V + \oiint_{\Sigma} \lambda \frac{\partial T}{\partial n} \mathrm{d}A \tag{3.16}$$

6. 非惯性坐标系中的守恒方程

控制体方法通常应用于流体的定常流动，但是在不同参照坐标系统中流动的定常性是不同的，例如地球上的定常流动，在太阳系的参照坐标系中观察时是非定常的；又如：旋转的流体机械内部流动，对于固定在旋转叶轮的参照坐标系中考察是定常的；而从地面参照坐标来考察该流动是非定常的. 为了便于应用控制体守恒方程，如果在运动参照坐标系中流动是定常的，往往在运动参照坐标系中建立控制体，这时就需要导出运动参照坐标系中的守恒型方程.

根据质点运动学和动力学原理，在运动坐标系中质点相对运动的动力学方程中应当包含惯性力强度 $-\boldsymbol{a}$，它是相对于绝对坐标系的质点牵连加速度及质点科氏加速度之和的负值. 质点牵连加速度就是运动坐标系中对应点相对于绝对坐标系的加速度；科氏加速度等于质点相对速度和运动坐标系的旋转角速度的叉积. 即 $\boldsymbol{a}$ 的一般形式为

$$\boldsymbol{a} = \dot{\boldsymbol{V}}_0(t) + \dot{\boldsymbol{\omega}}(t) \times \boldsymbol{r} + \boldsymbol{\omega} \times (\boldsymbol{\omega} \times \boldsymbol{r}) + 2\boldsymbol{\omega} \times \boldsymbol{U} \tag{3.17}$$

式中 $\dot{\boldsymbol{V}}_0(t)$是运动坐标系原点的移动加速度，$\boldsymbol{\omega}$ 是运动坐标系相对于绝对坐标系的角速度，$\dot{\boldsymbol{\omega}}(t)$是角加速度. 因此$\boldsymbol{\omega}(t) \times \boldsymbol{r}$ 是切向加速度，$\boldsymbol{\omega} \times (\boldsymbol{\omega} \times \boldsymbol{r})$是向心加速度，式(3.17)右边前 3 项之和为牵连加速度；$\boldsymbol{U}$ 是运动坐标系中当地流体质点的相对运动速度，$2\boldsymbol{\omega} \times \boldsymbol{U}$ 是科氏加速度. 在控制体守恒方程(3.14)～(3.16)中将 $\boldsymbol{f}$ 换成 $\boldsymbol{f}-\boldsymbol{a}$ 就能得到非惯性坐标系中的积分型守恒方程. 后面 3.2 节中将用具体例题说明如何应用上述公式.

7. 理想流体管内一维流动的常用公式

流体的管内流动是最简单而又常见的流动. 在近似分析计算中，假定管内流动是单向、均匀的，即在管截面上流动速度是相等的，并都沿同一方向运动. 这种近似称为一维流动假定，这时管截面 A 是管流轴向坐标 x 的函数，截面上的流速 U，压强 p，密度 ρ 等物理量也只是轴向坐标 x 的函数. 下面应用控制体上理想流体流动的守恒方程导出几个常用的公式，具体应用在 3.2 节中介绍.

任取长度 $\mathrm{d}x$ 的管流，以它的入口、出口和管壁为控制体，如图 3.2 所示. 在该控制体上建立质量动量和能量的守恒方程.

(1) 管内定常流的质量守恒方程

定常流中局部导数为零，任意管截面上的质量流量相等，故质量守恒方程为

$$\oiint_{\Sigma} \rho (\boldsymbol{U} \cdot \boldsymbol{n}) \mathrm{d}A = 0 \tag{3.18}$$

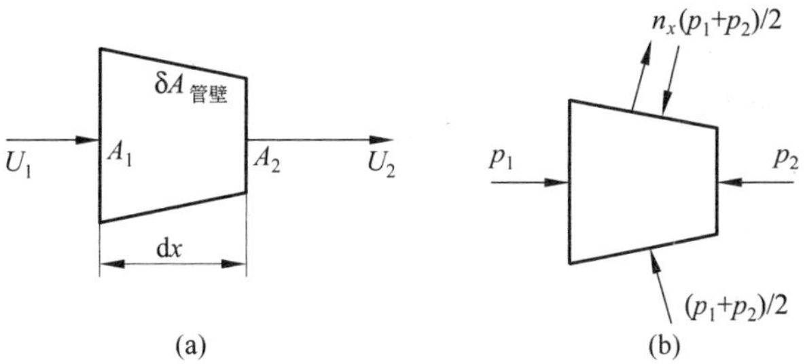

图 3.2 管内流动的控制体

(a) 控制体上的流动连续性；(b) 控制体上的受力

这里积分面积 Σ 包括：管的侧面 $\delta A_{管壁}$ 和进出口端面 A_1，A_2（图 3.2），于是式(3.18)可写作

$$\oiint_{A_{管壁}} \rho(\boldsymbol{U}\cdot\boldsymbol{n})\mathrm{d}A + \oiint_{A_1} \rho(\boldsymbol{U}\cdot\boldsymbol{n})\mathrm{d}A + \oiint_{A_2} \rho(\boldsymbol{U}\cdot\boldsymbol{n})\mathrm{d}A = 0$$

管壁侧面是不可穿透的，在该面上有 $\boldsymbol{U}\cdot\boldsymbol{n}=0$，故通过流管的质量守恒方程为

$$\oiint_{A_2} \rho(\boldsymbol{U}\cdot\boldsymbol{n})\mathrm{d}A = -\oiint_{A_1} \rho(\boldsymbol{U}\cdot\boldsymbol{n})\mathrm{d}A \tag{3.19a}$$

注意到 $\boldsymbol{n}$ 总是指向控制体外，故式(3.19a)表明：定常流由截面 A_1 流入(式中负号表示流入)的质量流量等于由截面 A_2 流出的质量流量.

对于均匀不可压缩流体，即 $\rho=\text{const.}$，可进一步导出

$$\oiint_{A_2} (\boldsymbol{U}\cdot\boldsymbol{n})\mathrm{d}A = -\oiint_{A_1} (\boldsymbol{U}\cdot\boldsymbol{n})\mathrm{d}A \tag{3.19b}$$

这里积分式表示单位时间通过管截面的流体体积，即体积流量. 因此，在不可压缩流体的管内流动中，任意管截面上体积流量相等.

在一维近似中可压缩流体定常管内流动的连续方程为

$$\rho_1 U_1 A_1 = \rho_2 U_2 A_2 = \rho(x)U(x)A(x) \tag{3.19c}$$

不可压缩流体管内流动的连续方程为

$$U_1 A_1 = U_2 A_2 = U(x)A(x) \tag{3.19d}$$

对于不可压缩流体的管内流动，控制体中的质量和体积是不变的，即控制体内质量的局部导数始终等于零，因此式(3.19d)也可以用于非定常不可压缩流体的管内流动. 不可压缩流体管内流动的连续方程的微分形式可写作

$$\mathrm{d}[U(x)A(x)] = 0 \tag{3.19e}$$

(2) 理想不可压缩流体在管内流动的动量守恒方程

由于管壁是不可穿透的，因此控制体内动量增长率包括：通过控制体的动量通量和单位时间控制体内的动量增量. 单位时间通过控制体的动量通量等于$(U_2U_2A_2-U_1U_1A_1)$，利用不可压缩流体的连续方程 $U_1A_1=U_2A_2$，通过控制体的动量通量可

表示为

$$\textbf{单位时间通过控制体的动量通量} = (U_2U_2A_2 - U_1U_1A_1) = AU\mathrm{d}U$$

控制体内的动量增长率很容易求出

$$\textbf{单位时间控制体内的动量增量} = \partial(\rho U\delta V)/\partial t$$

作用在控制体上的外力包括：压强合力和体积力的合力.

$$\textbf{控制体上压强的合力} = p_1A_1 - p_2A_2 - (p_1 + p_2)\delta A_{管壁} n_x /2$$

n_x是管壁面的单位法向量在 x 方向的投影，由图 3.2 容易导出 $\delta A_{管壁} n_x = (A_1 - A_2) = -\mathrm{d}A$，因此 $(p_1 + p_2)\delta A_{管壁} n_x/2 = p\mathrm{d}A$＋高阶小量，$p=(p_1+p_2)/2$，于是

$$\textbf{控制体上压强的合力} = p_1A_1 - p_2A_2 + p\mathrm{d}A = -\mathrm{d}(pA) + p\mathrm{d}A = -A\mathrm{d}p$$

控制体上体积力的合力很容易求出

$$\textbf{控制体上体积力的合力} = \rho f_x\delta V$$

根据控制体上的动量守恒方程：**控制体上的动量增长率和单位时间动量通量之和等于作用在控制体上的外力之和**，于是有

$$\partial(\rho U\delta V)/\partial t + \rho AU\mathrm{d}U = -A\mathrm{d}p + \rho f_x\delta V$$

控制体的体积 $\delta V = A\mathrm{d}x$＋高阶小量，上式可简化为

$$\frac{\partial U}{\partial t} + U\frac{\mathrm{d}U}{\mathrm{d}x} = -\frac{1}{\rho}\frac{\mathrm{d}p}{\mathrm{d}x} + f_x \tag{3.20}$$

在有势力场中，$f_x = -\partial\Pi/\partial x$，上式可简化为

$$\frac{\partial U}{\partial t} + \frac{\mathrm{d}}{\mathrm{d}x}\left(\frac{U^2}{2} + \frac{p}{\rho} + \Pi\right) = 0 \tag{3.21a}$$

不可压缩流体作定常($\partial U/\partial t = 0$)运动时，上式可以得到简单的积分公式

$$\frac{p}{\rho} + \frac{U^2}{2} + \Pi = \text{const.} \tag{3.21b}$$

式(3.21b)常称为伯努利公式，或伯努利积分.

由于定常流动的流管也是不可穿透的，因此式(3.21b)也适用于不可压缩理想流体定常运动的流管.

(3) 理想流体在势力场中作定常绝热管内流动时的能量方程

应用控制体上的能量守恒方程可以导出以下理想流体在势力场中作定常绝热管内流动时的能量方程

$$\frac{p}{\rho} + e + \frac{U^2}{2} + \Pi = C \tag{3.22a}$$

控制体上的能量守恒方程为

$$\oiint_{\Sigma}\rho\left(e + \frac{|\boldsymbol{U}|^2}{2}\right)(\boldsymbol{U}\cdot\boldsymbol{n})\mathrm{d}A = -\int_D\rho(\mathrm{grad}\Pi)\cdot\boldsymbol{U}\mathrm{d}V - \oiint_{\Sigma}p(\boldsymbol{n}\cdot\boldsymbol{U})\mathrm{d}A + \int_D\rho\dot{q}\mathrm{d}V$$

将能量方程应用到管流的控制体上，如图 3.2 所示，在管侧面 $\boldsymbol{U}\cdot\boldsymbol{n}=0$，因此能量输运量简化为

$$\oiint_{\Sigma} \rho\left(e+\frac{|\boldsymbol{U}|^2}{2}\right)(\boldsymbol{U}\cdot\boldsymbol{n})\mathrm{d}A=\rho_2\left(e_2+\frac{U_2^2}{2}\right)U_2A_2-\rho_1\left(e_1+\frac{U_1^2}{2}\right)U_1A_1$$

应用微元流管上的质量守恒方程(3.19a):$\rho_1U_1A_1=\rho_2U_2A_2$，上式可简化为

$$\oiint_{\Sigma} \rho\left(e+\frac{|\boldsymbol{U}|^2}{2}\right)(\boldsymbol{U}\cdot\boldsymbol{n})\mathrm{d}A=\left[\left(e_2+\frac{U_2^2}{2}\right)-\left(e_1+\frac{U_1^2}{2}\right)\right]\rho_1U_1A_1$$

对于压强做功项,也做同样的推导:

$$-\oiint_{\Sigma} p(\boldsymbol{U}\cdot\boldsymbol{n})\mathrm{d}A=p_1U_1A_1-p_2U_2A_2=\left(\frac{p_1}{\rho_1}-\frac{p_2}{\rho_2}\right)\rho_1U_1A_1$$

在势力场做功项 $-\int\rho(\mathrm{grad}\Pi)\cdot\boldsymbol{U}\mathrm{d}V$ 中，令体积元 $\mathrm{d}V=A\mathrm{d}x$,于是:

$$-\int_1^2\rho(\mathrm{grad}\Pi)\cdot\boldsymbol{U}\mathrm{d}V=-\int_1^2\rho(\mathrm{grad}\Pi)\cdot\boldsymbol{U}A\,\mathrm{d}x$$

$$=-\int_1^2(\rho UA)\frac{\partial\Pi}{\partial x}\mathrm{d}x=-\rho UA(\Pi_2-\Pi_1)$$

在绝热流动中 $\dot{q}=0$,将上面导出的能量方程的各项代回原方程,并应用质量守恒方程消去 ρUA,得沿管流的能量方程为

$$\frac{p}{\rho}+e+\frac{U^2}{2}+\Pi=C$$

于是证明了式(3.22a).在热力学中 $e+p/\rho=h$ 是单位质量的热焓,因此式(3.22a)的意义是:

理想流体的定常绝热管内流动中单位质量的焓、动能和势能之和是常数.

对于理想的完全气体,热焓等于比定压热容和绝对温度的乘积,即

$$h=c_pT$$

在忽略势能的条件下,理想完全气体的绝热管内定常流动的能量方程为

$$c_pT+\frac{U^2}{2}=\mathrm{const.} \tag{3.22b}$$

上式表明,理想完全气体的定常绝热流动中,速度增加,温度降低.由于定常流体运动的流管也是不可穿透的,因此式(3.22a),式(3.22b)也可以应用于理想完全气体定常绝热流动的流管.

3.2 伯努利公式的应用

(1) 理想不可压缩流体定常管内流动

前面已经导出不可压缩理想流体的管内定常流动的伯努利公式:

$$\frac{U^2}{2}+\frac{p}{\rho}+\Pi=\mathrm{const.}$$

它的物理意义简单明了：在没有外力的情况下，理想（无粘性）不可压缩流体的管内流动中，速度大的截面处，压强低；速度小的截面处，压强高. 还可以从能量守恒的角度理解伯努利公式，说明单位质量流体的动能（第一项）、势能（第三项）与压强除以密度之和在管道流动中是守恒的. 伯努利公式在工程计算中非常有用，下面举一些简单的例子予以说明.

例 3.1 盛液容器中小孔排液的计算.

设有盛液的巨大容器（如水库或储液罐），在液面下容器底部有一排液小孔，假定液体粘性可以忽略，已知液面上压强为 p_1，孔口外压强为 p_2，孔口面积为 a，计算小孔泻出的流量（图 3.3）.

解 在液面和孔口间利用不可压缩流体流动的连续性方程，则有

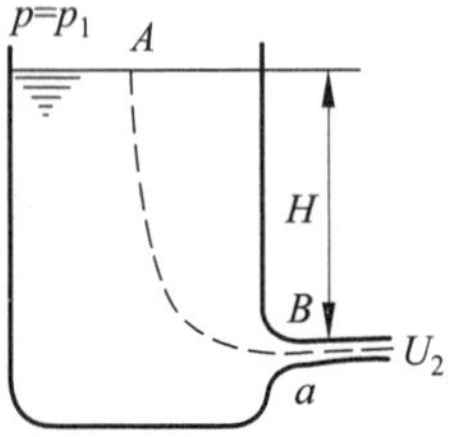

图 3.3 小孔出流

$$U_1 A = U_2 a$$

A 为容器中液面面积，因盛液容器很大，$a/A \ll 1$，因而 $U_1 \ll U_2$ 可以忽略不计，这表明容器液面几乎保持不变，因而可以把流动近似为定常的，应用定常理想不可压缩管内流动的伯努利公式：

$$\frac{p_1}{\rho_1} + \frac{U_1^2}{2} + \Pi_1 = \frac{p_2}{\rho_2} + \frac{U_2^2}{2} + \Pi_2$$

单位质量的势能差 $\Pi_1 - \Pi_2 = gH$，又有 $U_1 \ll U_2$，故

$$\frac{U_2^2}{2} = \frac{p_2 - p_1}{\rho_2} + gH$$

$$U_2 = \sqrt{2(p_2 - p_1)/\rho + 2gH}$$

孔口外压强和液面压强相等，$p_1 = p_2$，于是

$$U_2 = \sqrt{2gH}$$

上式表明，理想不可压缩流体在重力场作用下，在水面下 H 的小孔出流的速度等于同样高度下物体在真空中自由落体的速度. 小孔排出的体积流量为

$$Q = a\sqrt{2gH}$$

例 3.2 文丘利（Venturi）流量计.

这是连接在管路中测量不可压缩流体定常流动体积流量的一种常用仪器（图 3.4），当测定流动的进口与喉部压差和已知进口与喉部面积时，便可以计算通过文丘利管的流量.

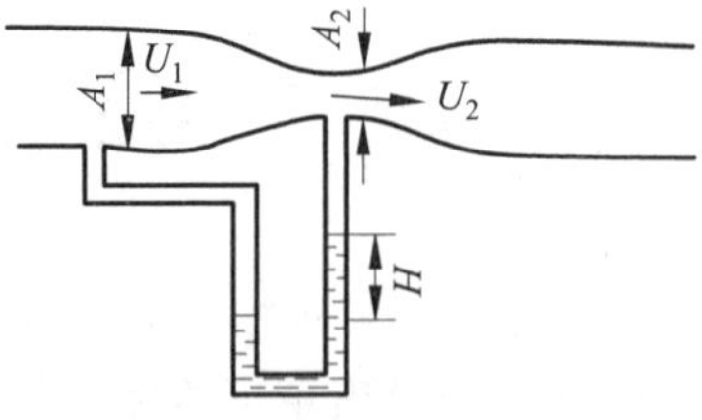

图 3.4 文丘利流量计示意图

解 流动是定常、理想和不可压缩的，假定在管流截面上流速均匀分布. 首先利用不可压缩

流体管流的连续方程

$$U_1A_1 = U_2A_2$$

另外有伯努利公式

$$\frac{p_1}{\rho_1} + \frac{U_1^2}{2} + \Pi_1 = \frac{p_2}{\rho_2} + \frac{U_2^2}{2} + \Pi_2$$

设文丘利管为水平放置，则 $\Pi_1 = \Pi_2$，于是有

$$\frac{U_2^2 - U_1^2}{2} = \frac{p_1 - p_2}{\rho}$$

将连续方程代入伯努利方程后有

$$\frac{U_2^2}{2} - \left(\frac{A_2}{A_1}\right)^2 \frac{U_2^2}{2} = \frac{p_1 - p_2}{\rho}$$

用 U 形管测量压差 $p_1 - p_2$，则

$$p_1 - p_2 = (\rho' - \rho)gH$$

式中 ρ 和 ρ' 分别为 U 形管两臂中液体的密度，于是

$$U_2 = \sqrt{\frac{2(\rho' - \rho)gH}{\rho\left[1 - \left(\frac{A_2}{A_1}\right)^2\right]}}$$

体积流量为

$$Q = A_2U_2 = A_2\sqrt{\frac{2(\rho' - \rho)gH}{\rho\left[1 - \left(\frac{A_2}{A_1}\right)^2\right]}}$$

上式是理想文丘利管的流量计算公式. 真实流体是有粘性的，并且流动在截面上是近似均匀的，因此实际文丘利管的流量公式需要修正，常用工程计算公式为

$$Q = \eta A_2\sqrt{\frac{2(\rho' - \rho)gH}{\rho\left[1 - \left(\frac{A_2}{A_1}\right)^2\right]}}$$

式中 η 为修正系数. 设计良好的文丘利管的流量系数 $\eta > 0.90$，作为工程应用来说，理想流体公式是相当好的.

例 3.3 利用水银 U 形管压强计，测得输水管路中文丘利管压差为 $H = 5\text{cm}$ 汞柱，并已知 $A_2/A_1 = 1/4$，$A_2 = 50\text{cm}^2$，计算通过文丘利管的喉部流速和流量，已知 $\eta = 0.92$.

解 利用例 3.2 的公式，已知 $\rho'/\rho = 13.6$

$$U_2 = \sqrt{\frac{2 \times 12.6 \times 9.81 \times 0.05}{1 - (0.25)^2}} = 3.63(\text{m/s})$$

$$Q = \eta A_2U_2 = 0.92 \times 0.0050 \times U_2 = 0.0167(\text{m}^3/\text{s})$$

(2) 理想不可压缩流体的管内非定常流动

例 3.4 U 形管中液面的震荡(图 3.5).

有一支垂直放置的等截面 U 形管内盛有不可压缩液体,由于晃动,U 形管两臂中初始液有高差 H. 由于液面高差,管内液体失去平衡,发生震荡,假定流体是理想的,U 形管液柱的总长度是 L,计算震荡的频率和液面的运动规律.

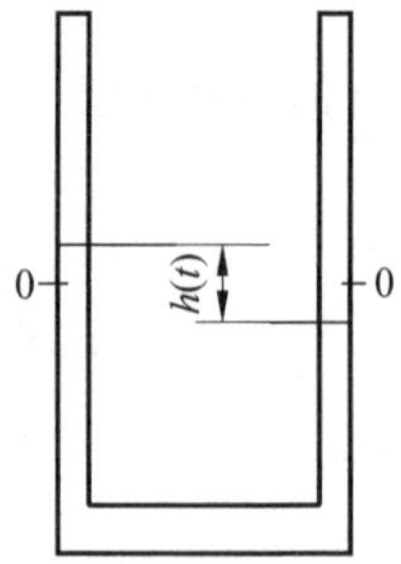

图 3.5 U 形管液面震荡
0—0 为平衡液面;
$h(t)$为液面高度差

解 在等截面 U 形管中,根据连续方程,速度 U 在液柱内是常数. 利用式(3.21a),沿液柱从高液面到低液面间积分,得

$$\int_0^L \frac{\partial U}{\partial t}\mathrm{d}x + \int_0^L \frac{\partial(p/\rho+\Pi)}{\partial x}\mathrm{d}x = 0$$

U 形管两边液面上压强都是大气压强,因此压强项的积分等于零. 积分式的结果是

$$\frac{\partial U}{\partial t}L + \Pi(L) - \Pi(0) = 0$$

$\Pi(L)-\Pi(0)=-gh$,故

$$\frac{\partial U}{\partial t}L - gh = 0$$

以平衡液面作为坐标面,左液面坐标是 $h/2$,右液面坐标是 $-h/2$. 震荡时,左液面下降,故

$$U = -\frac{1}{2}\frac{\mathrm{d}h}{\mathrm{d}t}$$

代入前面公式,得

$$\frac{\partial^2 h}{\partial t^2} + \frac{2g}{L}h = 0$$

以上常微分方程的解是

$$h = A\sin\omega t + B\cos\omega t$$

$\omega^2=2g/L$,震荡频率 $\omega=\sqrt{2g/L}$. 初始时刻 $t=0$:液柱处于静止状态,$h=H$,$\frac{\mathrm{d}h}{\mathrm{d}t}=U=0$,于是液面的运动方程为

$$h = H\cos\omega t$$

3.3 定常流控制体积分型守恒方程的应用

应用积分型守恒方程可以计算一些简单定常流动过程中流体作用在周围物体上的合力与合力矩. 因为定常流动中局部导数项等于零,方程中除质量力外其余各项都

是面积分，如果已知控制面上一部分流动参数就可以计算另一部分流动参数. 所以应用控制体上守恒方程求解实际问题时，应尽量把已知流动参数的面作为控制面的一部分，例如，通常取已知流体流入和流出的边界作为控制面的一部分，然后应用守恒方程来计算流体作用在其余控制面上的合力与合力矩.

1. 应用举例

例 3.5 理想不可压缩流体流过水平弯管的定常流动，计算流动过程中作用在弯管上的合力. 已知：弯管入口面积 A_1，出口截面积 A_2，入口流速 U_1 和压强 p_1，流体密度 ρ，弯管转角 α.

解 假定弯管进出口截面上速度和压强是均匀分布的. 首先取如图 3.6 所示的坐标系和控制体 $ABCD$，它包括：进口截面(AB)，管壁 A_w(包含 BC，DA 和上下底面)和出口截面(CD).

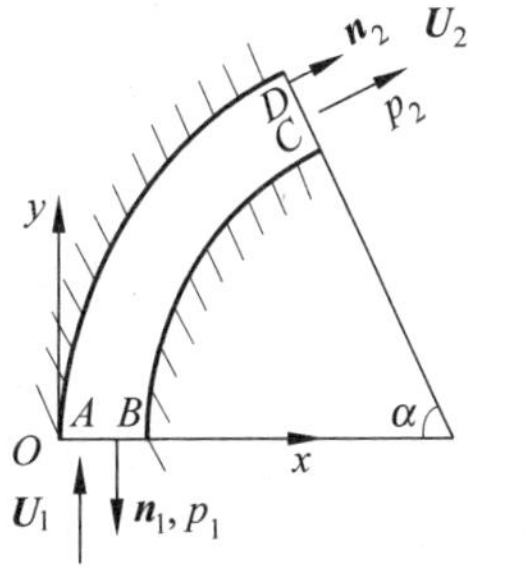

图 3.6 弯管流动示意图

要计算流体对管壁的作用力，应当利用动量方程. 将理想流体的应力张量 $\boldsymbol{T}_n=-p\boldsymbol{n}$ 代入控制体上的动量方程：

$$\oiint \rho\boldsymbol{U}(\boldsymbol{U}\cdot\boldsymbol{n})\mathrm{d}A=\int\rho\boldsymbol{f}\,\mathrm{d}V-\oiint p\boldsymbol{n}\,\mathrm{d}A$$

其中动量输运量

$$\oiint \rho\boldsymbol{U}(\boldsymbol{U}\cdot\boldsymbol{n})\mathrm{d}A=\iint_{AB}\rho\boldsymbol{U}_1(\boldsymbol{U}_1\cdot\boldsymbol{n}_1)\mathrm{d}A+\iint_{A_w}\rho\boldsymbol{U}(\boldsymbol{U}\cdot\boldsymbol{n})\mathrm{d}A+\iint_{CD}\rho\boldsymbol{U}_2(\boldsymbol{U}_2\cdot\boldsymbol{n}_2)\mathrm{d}A$$

应用连续方程 $U_2A_2=U_1A_1$，得 $U_2=U_1A_1/A_2$，从而进出口速度向量分别为

$$\boldsymbol{U}_2=\frac{U_1A_1}{A_2}\boldsymbol{n}_2,\quad \boldsymbol{U}_1=-U_1\boldsymbol{n}_1$$

在管壁面 A_w 上 $\boldsymbol{U}\cdot\boldsymbol{n}=0$，故控制体上动量的输运量为

$$\oiint \rho\boldsymbol{U}(\boldsymbol{U}\cdot\boldsymbol{n})\mathrm{d}A=-\rho\boldsymbol{U}_1U_1A_1+\rho\boldsymbol{U}_2U_2A_2=\rho U_1^2A_1\boldsymbol{n}_1+\rho U_2^2A_2\boldsymbol{n}_2$$

动量守恒方程中压强积分为

$$-\oiint_{\Sigma} p\boldsymbol{n}\,\mathrm{d}A=-\iint_{AB}p_1\boldsymbol{n}\mathrm{d}A-\iint_{A_w}p\boldsymbol{n}\,\mathrm{d}A-\iint_{CD}p_2\boldsymbol{n}\mathrm{d}A$$

式中 $-\iint_{A_w}p\boldsymbol{n}\,\mathrm{d}A$ 是管壁作用在流体上的合力，根据作用和反作用原理，它等于流体作用在管壁上力 $\boldsymbol{F}$ 的负值，即

$$-\iint_{A_w}p\boldsymbol{n}\,\mathrm{d}A=-\boldsymbol{F}$$

假定进出口截面上压强分布是均匀的,于是压强积分项

$$-\oiint_{\Sigma} p\boldsymbol{n}\,\mathrm{d}A = -p_1A_1\boldsymbol{n}_1 - p_2A_2\boldsymbol{n}_2 - \boldsymbol{F}$$

最后体积力 $\int \rho\boldsymbol{g}\,\mathrm{d}V = -\rho gV\boldsymbol{k}$,它是水平弯管内的水重.所有各项代入动量守恒方程后,得弯管上受到的流体作用力

$$\boldsymbol{F} = -\rho gV\boldsymbol{k} - (p_1+\rho U_1^2)A_1\boldsymbol{n}_1 - (p_2+\rho U_2^2)A_2\boldsymbol{n}_2$$

这表明弯管上受到一垂直力,它等于弯管内水的重力,另外有一水平力,它由流体流经弯管时动量变化和流入以及流出截面上的压强合力产生.对于不可压缩理想流体的定常流动,上式中 p_2 可用伯努利方程求出如下:

$$p_2 = p_1 + \frac{\rho}{2}(U_1^2 - U_2^2) = p_1 + \frac{\rho U_1^2}{2}\left[1 - \left(\frac{A_1}{A_2}\right)^2\right]$$

代入流体作用力公式就可得作用在管壁的合力.

若 $A_1=A_2$,由连续方程和伯努利公式可得:$U_1=U_2=U$ 和 $p_1=p_2$,流体作用力公式可简化为

$$\boldsymbol{F} = -(p_1A+\rho U^2A)\boldsymbol{n}_1 - (p_1A+\rho U^2A)\boldsymbol{n}_2 - \rho gV\boldsymbol{k}$$

对于图3.3的弯管,$\boldsymbol{n}_1=-\boldsymbol{j}$,$\boldsymbol{n}_2=\boldsymbol{i}\sin\alpha+\boldsymbol{j}\cos\alpha$,代入上式,得

$$\boldsymbol{F} = -(p_1A+\rho U^2A)\boldsymbol{i}\sin\alpha + (p_1A+\rho U^2A)(1-\cos\alpha)\boldsymbol{j} - \rho gV\boldsymbol{k}$$

例3.6 转角为90°的弯管,其直径为1m,通过的水流量为11500m³/h,求水流作用在弯管上的力(不计重力和压强合力).

解 应用例3.5中公式,$\rho=1000\text{kg/m}^3$,$A_1=A_2=A=\frac{\pi}{4}d^2=0.7854\text{m}^2$,$Q=11500/3600=3.194(\text{m}^3/\text{s})$,$U_1=U_2=U=Q/A=4.067\text{m/s}$,得

$$F_x = -12992\text{N},\quad F_y = 12992\text{N}$$

例3.7 有一股水平定常平面理想射流冲击固定平板(图3.7),已知射流速度为 $\boldsymbol{U}$、宽度为 d、密度为 ρ、环境压强为 p_a、平板的法向与射流交角为 α.求作用在单位厚度平板上的合力及合力作用点(不计质量力).

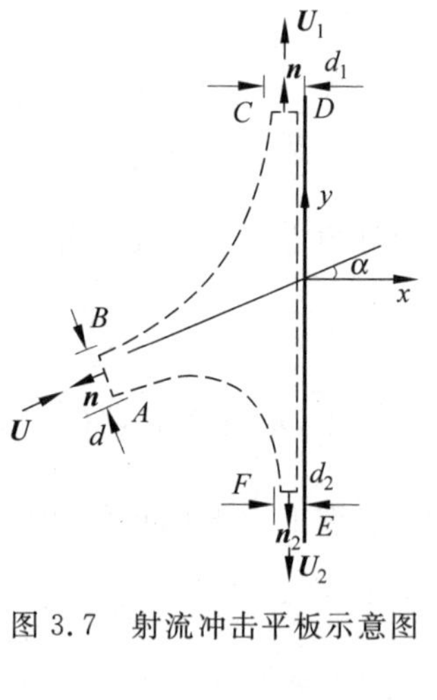

图3.7 射流冲击平板示意图

解 射流冲击平板后将分成两股,设下游两股流动的宽度分别为 d_1、d_2(见图3.7),假定入口射流速度分布和下游两股流动在足够远的出口处的速度分布都是均匀的.

首先取直角坐标系如图3.7所示.y 轴平行于平板壁面,坐标原点为进口射流和平壁面的交点.并取射流表面 BC,AF,进出口截面 AB,CD,FE 及板面 DE 间流场为控制体(图3.7中的虚线),在该控制体

上应用动量方程，令 $\boldsymbol{f}=\boldsymbol{0}$，得

$$\oiint_{\Sigma}\rho\boldsymbol{U}(\boldsymbol{U}\cdot\boldsymbol{n})\mathrm{d}A=-\oiint_{\Sigma}p\boldsymbol{n}\mathrm{d}A$$

动量输运量为

$$\oiint_{\Sigma}\rho\boldsymbol{U}(\boldsymbol{U}\cdot\boldsymbol{n})\mathrm{d}A=\iint_{AB}\rho\boldsymbol{U}(\boldsymbol{U}\cdot\boldsymbol{n})\mathrm{d}A+\iint_{BC+FA}\rho\boldsymbol{U}(\boldsymbol{U}\cdot\boldsymbol{n})\mathrm{d}A$$

$$+\iint_{CD}\rho\boldsymbol{U}_1(\boldsymbol{U}_1\cdot\boldsymbol{n})\mathrm{d}A+\iint_{EF}\rho\boldsymbol{U}_2(\boldsymbol{U}_2\cdot\boldsymbol{n})\mathrm{d}A$$

射流侧面是流面，因而 $BC+FA$ 面上 $\boldsymbol{U}\cdot\boldsymbol{n}=0$，在平板面上也有 $\boldsymbol{U}\cdot\boldsymbol{n}=0$. 平面流中取垂直图面方向为单位厚度，这时动量输运量为

$$\oiint_{\Sigma}\rho\boldsymbol{U}(\boldsymbol{U}\cdot\boldsymbol{n})\mathrm{d}A=-\rho\boldsymbol{U}\mid\boldsymbol{U}\mid d+\rho U_1^2d_1\boldsymbol{j}-\rho U_2^2d_2\boldsymbol{j}$$

$$=-\rho U^2d(\boldsymbol{i}\cos\alpha+\boldsymbol{j}\sin\alpha)+\rho U_1^2d_1\boldsymbol{j}-\rho U_2^2d_2\boldsymbol{j}$$

这里 U_1、U_2 为未知量，可应用伯努利公式

$$p_{\mathrm{a}}+\frac{\rho U^2}{2}=p_{\mathrm{a}}+\frac{\rho U_1^2}{2}=p_{\mathrm{a}}+\frac{\rho U_2^2}{2}$$

于是可求出：$U_1=U_2=U$；另外根据连续性方程：$Ud=U_1d_1+U_2d_2=U(d_1+d_2)$. 因而

$$d=d_1+d_2$$

再计算压强合力：

$$-\oiint p\boldsymbol{n}\mathrm{d}A=-\iint_{AB+BC+CD+EF+FA}p_{\mathrm{a}}\boldsymbol{n}\mathrm{d}A-\iint_{DE}p\boldsymbol{n}\mathrm{d}A$$

其中 $-\iint_{DE}p\boldsymbol{n}\mathrm{d}A$ 为固壁作用于流体控制体上的合力，射流对固壁的作用力为 $\iint_{DE}p\boldsymbol{n}\mathrm{d}A$，在固壁的另一侧作用有大气压强，故固壁上总的合力为

$$\boldsymbol{F}=\iint_{DE}(p-p_{\mathrm{a}})\boldsymbol{n}\mathrm{d}A$$

将压强分布代入上式，得

$$\boldsymbol{F}=\iint_{DE}p\boldsymbol{n}\mathrm{d}A-\iint_{DE}p_{\mathrm{a}}\boldsymbol{n}\mathrm{d}A=\oiint p\boldsymbol{n}\mathrm{d}A-\iint_{AB+BC+CD+EF+FA}p_{\mathrm{a}}\boldsymbol{n}\mathrm{d}A-\iint_{DE}p_{\mathrm{a}}\boldsymbol{n}\mathrm{d}A$$

$$=\oiint p\boldsymbol{n}\mathrm{d}A-\oiint p_{\mathrm{a}}\boldsymbol{n}\mathrm{d}A$$

最后一个积分是常压强在封闭体表面的合力，它应等于零，所以平板上内外两侧的合力 $\boldsymbol{F}=\oiint p\boldsymbol{n}\mathrm{d}\boldsymbol{A}$. 将它和动量输运公式一起代入动量方程后有

$$-\rho U^2d(\boldsymbol{i}\cos\alpha+\boldsymbol{j}\sin\alpha)+\rho U^2d_1\boldsymbol{j}-\rho U^2d_2\boldsymbol{j}=-\boldsymbol{F}$$

或

$$\boldsymbol{F} = (\rho U^2 d\cos\alpha)\boldsymbol{i} - (\rho U^2 d_1 - \rho U^2 d_2 - \rho U^2 d\sin\alpha)\boldsymbol{j}$$

理想流体运动作用在壁面上只有垂直壁面的压强，没有平行壁面的力，故 $\boldsymbol{F}$ 的 y 方向分量等于零，即上式右边第二项等于零，于是应有

$$\boldsymbol{F} = \rho U^2 d\cos\alpha\boldsymbol{i}, \quad d_1 - d_2 = d\sin\alpha$$

联立 $d_1 + d_2 = d$，得到分叉射流的厚度分别为

$$d_1 = d(1+\sin\alpha)/2, \quad d_2 = d(1-\sin\alpha)/2$$

下面来求合力作用点. 这时需要应用动量矩方程

$$\oiint \rho\boldsymbol{r}\times\boldsymbol{U}(\boldsymbol{U}\cdot\boldsymbol{n})\mathrm{d}A = -\oiint p(\boldsymbol{r}\times\boldsymbol{n})\mathrm{d}A$$

对坐标原点取矩，计算动量矩输运量

$$\oiint \rho\boldsymbol{r}\times\boldsymbol{U}(\boldsymbol{U}\cdot\boldsymbol{n})\mathrm{d}A = \iint_{AB}\rho\boldsymbol{r}\times\boldsymbol{U}(\boldsymbol{U}\cdot\boldsymbol{n})\mathrm{d}A + \iint_{BC+DE+FA}\rho\boldsymbol{r}\times\boldsymbol{U}(\boldsymbol{U}\cdot\boldsymbol{n})\mathrm{d}A$$
$$+ \iint_{CD}\rho\boldsymbol{r}\times\boldsymbol{U}_1(\boldsymbol{U}_1\cdot\boldsymbol{n})\mathrm{d}A + \iint_{EF}\rho\boldsymbol{r}\times\boldsymbol{U}_2(\boldsymbol{U}_2\cdot\boldsymbol{n})\mathrm{d}A$$

在射流表面和壁面上 $\boldsymbol{U}\cdot\boldsymbol{n}=0$，故输运量为零；入口射流的动量矩也为零，因入口速度通过坐标原点，出口两截面上流动的动量矩分别为

$$\iint_{FE}\rho\boldsymbol{r}\times\boldsymbol{U}_2(\boldsymbol{U}_2\cdot\boldsymbol{n})\mathrm{d}A = -\frac{\rho U^2 d_2^2}{2}\boldsymbol{k}, \quad \iint_{CD}\rho\boldsymbol{r}\times\boldsymbol{U}_1(\boldsymbol{U}_1\cdot\boldsymbol{n})\mathrm{d}A = \frac{\rho U^2 d_1^2}{2}\boldsymbol{k}$$

总的动量矩输运量为

$$\oiint \rho\boldsymbol{r}\times\boldsymbol{U}(\boldsymbol{U}\cdot\boldsymbol{n})\mathrm{d}A = -\frac{\rho U^2}{2}(d_2^2 - d_1^2)\boldsymbol{k}$$

压强作用力矩可写成

$$-\oiint p\boldsymbol{r}\times\boldsymbol{n}\mathrm{d}A = -\oiint (p-p_a)\boldsymbol{r}\times\boldsymbol{n}\mathrm{d}A - \oiint p_a\boldsymbol{r}\times\boldsymbol{n}\mathrm{d}A$$

其中最后一积分等于零，右边第一个积分为

$$-\oiint (p-p_a)\boldsymbol{r}\times\boldsymbol{n}\mathrm{d}A = -\iint_{AB+BC+CD+EF+FA}(p-p_a)\boldsymbol{r}\times\boldsymbol{n}\mathrm{d}A - \iint_{DE}(p-p_a)\boldsymbol{r}\times\boldsymbol{n}\mathrm{d}A$$

上式第一个积分为零，因为那些面上 $p=p_a$，最后一积分为固壁作用在流体上的外力矩，流体作用在固壁上外力矩为它的负值. 因此，动量矩方程简化为

$$-\frac{\rho U^2}{2}(d_2^2 - d_1^2)\boldsymbol{k} = -\iint_{DE}(p-p_a)\boldsymbol{r}\times\boldsymbol{n}\mathrm{d}A = -\boldsymbol{r}_0\times\boldsymbol{F}$$
$$= -(y_0\boldsymbol{j})\times(\rho U^2 d^2\cos\alpha\boldsymbol{i}) = y_0\rho U^2 d\cos\alpha\boldsymbol{k}$$

由上面的等式，平板上合力作用点位于：

$$y_0 = \frac{d_1^2 - d_2^2}{2d\cos\alpha} = \frac{-d\tan\alpha}{2}, \quad x_0 = 0$$

例 3.8 气体引射器的参数计算.

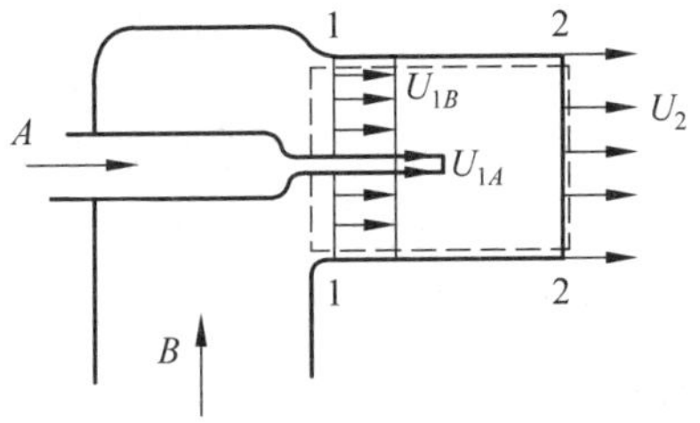

图 3.8 引射器示意图

气体引射器是利用一股小流量的高速气流带动大流量的低速气流，又称引射泵，如图 3.8 所示. 1-1 截面中心的高速气流 A 引射出低速气流 B，经过平直段混合后到达 2-2 截面时参数均匀，忽略壁面摩擦. 已知介质为空气，$R=287\ \dfrac{\mathrm{N\cdot m}}{\mathrm{kg\cdot K}}$，绝热指数 $\gamma=1.4$，$p_1=9\times10^4\mathrm{N/m^2}$，$T_{1A}=250\mathrm{K}$，$A_2=1\mathrm{m^2}$，$T_{1B}=280\mathrm{K}$，$U_{1B}=10\mathrm{m/s}$，$U_{1A}=200\mathrm{m/s}$，$A_{1A}=0.15\mathrm{m^2}$，$A_{1B}=0.85\mathrm{m^2}$，求截面 2-2 上的气流参数.

解 选取图 3.8 虚线控制体，由空气的状态方程可分别求出两股射流的密度和质量流量 $\dot{m}_{1A}$ 和 $\dot{m}_{1B}$：

$$\rho_{1A}=\frac{p_1}{RT_{1A}}=1.25\mathrm{kg/m^3}$$

$$\dot{m}_{1A}=\rho_{1A}U_{1A}A_{1A}=37.62\mathrm{kg/s}$$

$$\rho_{1B}=\frac{p_1}{RT_{1B}}=1.12\mathrm{kg/m^3}$$

$$\dot{m}_{1B}=\rho_{1B}U_{1B}A_{1B}=9.52\mathrm{kg/s}$$

由定常流动控制体上的连续方程可知，流入控制面 1-1 的质量流量 $\dot{m}_{1A}+\dot{m}_{1B}$ 应等于流出控制面 2-2 的流量 $\dot{m}_2$：

$$\dot{m}_2=\rho_2U_2A_2=\dot{m}_{1A}+\dot{m}_{1B}=47.14\mathrm{kg/s}$$

由定常流控制体动量方程可以导出，控制面 1-1 上的压强合力和流入动量通量的和应等于控制面 2-2 上的压强合力与流出动量通量：

$$(p_1A_{1A}+\dot{m}_{1A}U_{1A})+(p_1A_{1B}+\dot{m}_{1B}U_{1B})=p_2A_2+\dot{m}_2U_2$$

故

$$p_2+47.14U_2=97620\mathrm{N/m^2}$$

最后，应用定常流控制体上的能量方程：流入控制面 1-1 的热焓和动能通量应等于流出控制面 2-2 的热焓和动能通量；并考虑到 $e+\dfrac{p}{\rho}=h=c_pT=\dfrac{\gamma}{\gamma-1}\dfrac{p}{\rho}$，可得

$$\dot{m}_{1A}\left(\frac{\gamma}{\gamma-1}\frac{p_1}{\rho_{1A}}+\frac{U_{1A}^2}{2}\right)+\dot{m}_{1B}\left(\frac{\gamma}{\gamma-1}\frac{p_1}{\rho_{1B}}+\frac{U_{1B}^2}{2}\right)=\dot{m}_2\left(\frac{\gamma}{\gamma-1}\frac{p_2}{\rho_2}+\frac{U_2^2}{2}\right)$$

将已知量代入后，得

$$3.5\frac{p_2}{\rho_2}+\frac{U_2^2}{2}=273237\mathrm{m^2/s^2}$$

联立动量方程和能量方程的结果，可得

$$U_2 = 38.3\text{m/s}, \quad p_2 = 9.58 \times 10^4 \text{N/m}^2$$

$$\rho_2 = 1.23\text{kg/m}^3, \quad T_2 = p_2/R\rho_2 = 271\text{K}$$

下面我们再举一个在非惯性坐标系中应用控制面方法的例子.

例 3.9 火箭运动方程.

有一火箭,其初始总质量为 M_0,发射后以 $U_0(t)$ 的速度垂直向上飞行. 相对于火箭的排气速度为 U_j,单位时间的排气质量为 $\dot{m}$,排气压力为 p_j,排气面积为 A_j,假定 U_j、$\dot{m}$ 和 p_j 均为常数. 并设飞行时空气阻力为 $\boldsymbol{D}=-D\boldsymbol{k}$,试建立火箭运动微分方程.

解 将坐标固结在火箭上,并取图 3.9 中虚线所示的控制体.

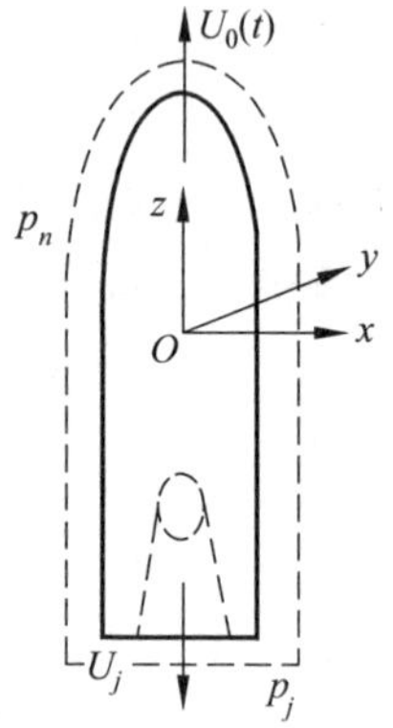

图 3.9 火箭运动示意图

排气口的质量流量为 $\dot{m}$,因此流出控制体的质量流量为

$$\oiint \rho(\boldsymbol{U} \cdot \boldsymbol{n})\mathrm{d}A = \rho_j U_j A_j = \dot{m}$$

若控制体内的总质量用 $M(t)$ 表示,则控制体内的质量增长率为

$$\iiint_\tau \frac{\partial \rho}{\partial t}\mathrm{d}V = \frac{\partial}{\partial t}\iiint_\tau \rho \mathrm{d}V = \frac{\partial M(t)}{\partial t}$$

将其代入连续方程得

$$\frac{\partial M(t)}{\partial t} = -\dot{m}$$

积分可得

$$M(t) = -\dot{m}t + c$$

由 $t=0$ 时,$M=M_0$,可得 $c=M_0$,所以

$$M(t) = M_0 - \dot{m}t$$

火箭加速度为 $a_0 = \frac{\mathrm{d}U_0(t)}{\mathrm{d}t}\boldsymbol{k}$,因此非惯性系的控制体动量方程可写为

$$\iiint_\tau \rho(\boldsymbol{f} - \boldsymbol{a}_0)\mathrm{d}V + \oiint_A \boldsymbol{T}_n \mathrm{d}A - \oiint_A \rho(\boldsymbol{U} \cdot \boldsymbol{n})\boldsymbol{U}\mathrm{d}A = \iiint_\tau \frac{\partial}{\partial t}(\rho \boldsymbol{U})\mathrm{d}V$$

式中 $\boldsymbol{U}$ 是流体的相对速度,下面我们分别讨论式中各项

$$\iiint_\tau \rho(\boldsymbol{f} - \boldsymbol{a}_0)\mathrm{d}V = -(g + a_0)\iiint_\tau \rho \mathrm{d}V\boldsymbol{k} = -(g + a_0)M(t)\boldsymbol{k}$$

$$\oiint_A \boldsymbol{T}_n \mathrm{d}A = \iint_{A-A_j} \boldsymbol{T}_n \mathrm{d}A + \iint_{A_j} -\boldsymbol{n}p_j \mathrm{d}A = \iint_{A-A_j} \boldsymbol{T}_n \mathrm{d}A + \iint_{A_j} p_j \mathrm{d}A\boldsymbol{k}$$

$$= \iint_{A-A_j} \boldsymbol{T}_n \mathrm{d}A + \iint_{A_j} p_a \boldsymbol{k}\mathrm{d}A + \iint_{A_j} (p_j - p_a)\mathrm{d}A\boldsymbol{k}$$

$$= \boldsymbol{D} + (p_j - p_a)A_j\boldsymbol{k}$$

式中 $\boldsymbol{D}=\iint\limits_{A-A_j}\boldsymbol{T}_n\mathrm{d}A+\iint\limits_{A_j}p_{\mathrm{a}}\mathrm{d}A\boldsymbol{k}$，定义为控制体上所受的总阻力；单位时间流出控制体的动量通量

$$\oiint\limits_{A}\rho(\boldsymbol{U}\cdot\boldsymbol{n})\boldsymbol{U}\mathrm{d}A=-\iint\limits_{A_j}\rho_j U_j^2\boldsymbol{k}\,\mathrm{d}A=-\rho_j U_j^2 A_j\boldsymbol{k}=-\dot{m}U_j\boldsymbol{k}$$

在动坐标系中，$\dot{m}$，p_j 为常数，所以火箭喷气推进是定常流动，其控制体内总动量不变，于是有 $\dfrac{\partial}{\partial t}\iiint\limits_{\tau}\rho\boldsymbol{U}\mathrm{d}V=0$，将以上各项代回动量方程后，可得

$$-(g+a_0)M(t)\boldsymbol{k}-D\boldsymbol{k}+(p_j-p_{\mathrm{a}})A_j\boldsymbol{k}+\dot{m}U_j\boldsymbol{k}=\boldsymbol{0}$$

最后可得，火箭垂直运动的方程：

$$a_0=\frac{\mathrm{d}U_0(t)}{\mathrm{d}t}=\frac{\dot{m}U_j+(p_j-p_{\mathrm{a}})A_j-D}{m_0-\dot{m}t}-g$$

例 3.10 不计空气阻力($D=0$)，且设 $p_j=p_{\mathrm{a}}$，求火箭速度的增长规律.

解 将 $D=0$ 和 $p_j=p_{\mathrm{a}}$ 代入火箭方程，得到最简单的垂直运动的火箭方程：

$$\frac{\mathrm{d}U_0}{\mathrm{d}t}=\frac{U_j\,\dot{m}}{M_0-\dot{m}t}-g$$

对上式积分，得火箭速度

$$U_0(t)-U_0(0)=U_j\ln\frac{M_0}{M_0-\dot{m}t}-gt=U\ln\frac{M_0}{M(t)}-gt$$

可以看到，火箭的速度随着喷出质量的增加不断加速，喷出质量越多，火箭速度越高；另一方面，重力场的作用使火箭速度降低. 再有，喷气速度越大，火箭的加速度就越大. 在以上简化模型中，重力加速度 g 视作常数，事实上，当火箭发射很高时，如人造卫星或宇宙飞船的运载火箭，重力加速度不能视作常数，而应当和垂直高度的平方成反比.

2. 叶轮机械的欧拉公式

工程中常用的压气机、水泵等机械是利用旋转叶轮对流体做功，以提高流体的动能或压强；另外一类气轮机、水轮机等动力机械，则利用高速或高焓气体推动旋转叶轮做功. 这两类机械统称叶轮式流体机械. 以流动的形式分类，叶轮式机械又可以分成轴流式和离心式. 流体以旋转轴方向通过叶轮的机械称作轴流式；流体在垂直于旋转轴的平面内通过叶轮的机械称作离心式.

图 3.10(a)是一个离心式叶轮机械的示意图，叶轮以等角速度 ω(旋转轴垂直于纸面)旋转，流体在垂直于 ω 的平面上通过叶轮. 叶轮的入口直径为 d_1，叶轮上有 Z 个叶片，叶轮出口直径为 d_2. 在旋转的叶轮上，流体流入及流出的相对速度 $\boldsymbol{w}_1$、$\boldsymbol{w}_2$ 与叶轮圆周速度反向的交角分别称为入口安装角 β_1 和出口安装角 β_2，通过叶轮的流体

质量流量为$\dot{M}$. 下面用流体力学的积分型方程,来计算叶轮向流体提供的功率.

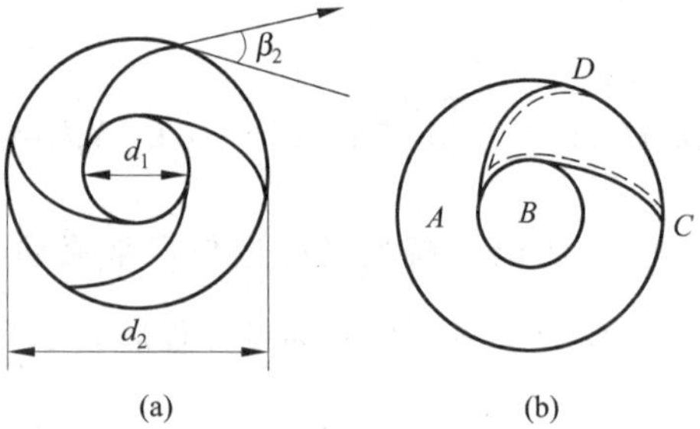

图 3.10 离心式叶轮示意图

(a) 叶轮机械示意图;(b) 一个叶片通道的控制体

这是一个叶轮式流体机械的基本问题,实际叶轮中流动比较复杂,需要做一些简化以求得简便的工程计算公式. 首先假定叶片很薄又很多,叶片很薄意味着可以不计叶片的厚度,叶片很多意味着可以假定任意两叶片间的流动都相同,即流动参数在圆周方向是相同的. 此外,还假定流动是平面流,即流动参数在轴向是不变的.

首先要选择恰当的坐标系和控制体,在本例中如果选用固结在地面的坐标系,则流动是非定常的,这对应用流体动力学的控制体方程很不方便. 如选用与叶轮一起旋转的坐标,这时在叶片间的流动相对于该坐标系是定常的. 所以应当在固结于叶轮上的旋转坐标系中研究叶轮的流动,建立以两叶片的边界和进出口面包围的空间 $ABCD$ 为控制体,如图 3.10(b)所示. 由于流动是平面的,在轴向取单位长度.

在旋转坐标系中流体通过叶轮的相对速度用 $\boldsymbol{w}$ 表示,在旋转坐标系中质量力还应包括惯性力,由于叶轮是定轴等速旋转,牵连加速度只有向心加速度,故惯性力强度为

$$-\boldsymbol{a}=-\boldsymbol{\omega}\times(\boldsymbol{\omega}\times\boldsymbol{r})-2\,\boldsymbol{\omega}\times\boldsymbol{w}=\omega^2\boldsymbol{r}+2\boldsymbol{w}\times\boldsymbol{\omega}$$

其中 $\boldsymbol{r}$ 为平面极坐标向量,右边第一项为离心惯性力强度,第二项为科氏惯性力强度.

控制体上的质量守恒方程,或连续方程为

$$\oiint\rho(\boldsymbol{w}\cdot\boldsymbol{n})\mathrm{d}A=0$$

在叶片表面上 $\boldsymbol{w}\cdot\boldsymbol{n}=0$,故连续方程为

$$-\iint_{A_1}\rho_1\boldsymbol{w}_1\cdot\boldsymbol{n}\mathrm{d}A=\iint_{A_2}\rho_2\boldsymbol{w}_2\cdot\boldsymbol{n}\mathrm{d}A=\dot{M}/Z$$

其中 $A_1=\pi d_1/Z$,$A_2=\pi d_2/Z$,Z 为叶轮上的叶片数(注意这里将叶片厚度已经忽略),在极坐标中上式还可写成

$$\int_0^{\frac{2\pi}{Z}}\rho\boldsymbol{w}\cdot\boldsymbol{r}\mathrm{d}\theta=\frac{\dot{M}}{Z}$$

为求力矩应用动量矩守恒方程，由于相对运动是定常的，局部导数项为零，动量矩守恒方程应为

$$\oiint \rho \boldsymbol{r} \times \boldsymbol{w}(\boldsymbol{w} \cdot \boldsymbol{n})\mathrm{d}A = \int \rho \boldsymbol{r} \times \boldsymbol{f}\mathrm{d}V + \oiint_{\Sigma} \boldsymbol{r} \times (-p\boldsymbol{n})\mathrm{d}A$$

动量矩输运量为

$$\oiint \rho \boldsymbol{r} \times \boldsymbol{w}(\boldsymbol{w} \cdot \boldsymbol{n})\mathrm{d}A = \iint_{A_1} \rho_1 \boldsymbol{r}_1 \times \boldsymbol{w}_1(\boldsymbol{w}_1 \cdot \boldsymbol{n})\mathrm{d}A + \iint_{A} \rho \boldsymbol{r} \times \boldsymbol{w}(\boldsymbol{w} \cdot \boldsymbol{n})\mathrm{d}A + \iint_{A_2} \rho_2 \boldsymbol{r}_2 \times \boldsymbol{w}_2(\boldsymbol{w}_2 \cdot n)\mathrm{d}A$$

叶片表面 A 上 $\boldsymbol{w} \cdot \boldsymbol{n}=0$；在进出口面上流动是均匀的，因此 A_1，A_2 面上的积分式中 $\rho_1 \boldsymbol{r}_1 \times \boldsymbol{w}_1 = -\rho_1 r_1 w_1 \cos\beta_1 \boldsymbol{k}$，$\rho_2 \boldsymbol{r}_2 \times \boldsymbol{w}_2 = -\rho_2 r_2 w_2 \cos\beta_2 \boldsymbol{k}$，代入积分式后，得

$$\iint_{A_1} \rho_1 \boldsymbol{r}_1 \times \boldsymbol{w}_1(\boldsymbol{w}_1 \cdot \boldsymbol{n}_1)\mathrm{d}A = \boldsymbol{r}_1 \times \boldsymbol{w}_1 \left[\iint_{A_1} \rho_1(\boldsymbol{w}_1 \cdot \boldsymbol{n}_1)\mathrm{d}A\right]$$

$$= -\boldsymbol{r}_1 \times \boldsymbol{w}_1 \left(\frac{\dot{M}}{Z}\right) = \frac{\dot{M}}{Z} r_1 w_1 \cos\beta_1 \boldsymbol{k}$$

$$\iint_{A_2} \rho_2 \boldsymbol{r}_2 \times \boldsymbol{w}_2(\boldsymbol{w}_2 \cdot \boldsymbol{n}_2)\mathrm{d}A = \frac{(\boldsymbol{r}_2 \times \boldsymbol{w}_2)\dot{M}}{Z} = -\frac{\dot{M}}{Z} r_2 w_2 \cos\beta_2 \boldsymbol{k}$$

总的动量矩输运量为

$$\oiint \rho \boldsymbol{r} \times \boldsymbol{w}(\boldsymbol{w} \cdot \boldsymbol{n})\mathrm{d}A = \frac{\dot{M}}{Z}(r_1 w_1 \cos\beta_1 - r_2 w_2 \cos\beta_2)\boldsymbol{k}$$

下面计算质量力矩.

$$\int \rho \boldsymbol{r} \times \boldsymbol{f}\mathrm{d}V = \int \rho \boldsymbol{r} \times (\omega^2 \boldsymbol{r} - 2\,\boldsymbol{\omega} \times \boldsymbol{w})\mathrm{d}V$$

第一项 $\boldsymbol{r} \times (\omega^2 \boldsymbol{r}) = \boldsymbol{0}$，第二项 $-2\boldsymbol{r} \times (\boldsymbol{\omega} \times \boldsymbol{w}) = -2[(\boldsymbol{r} \cdot \boldsymbol{w})\boldsymbol{\omega} - (\boldsymbol{r} \cdot \boldsymbol{\omega})\boldsymbol{w}]$，因平面向径 $\boldsymbol{r}$ 与旋转角速度 $\boldsymbol{\omega}$ 垂直，故 $\boldsymbol{r} \cdot \boldsymbol{\omega} = 0$，因此质量力矩为

$$\int \rho \boldsymbol{r} \times \boldsymbol{f}\mathrm{d}V = -2\int \rho(\boldsymbol{r} \cdot \boldsymbol{w})\omega\mathrm{d}V\boldsymbol{k} = -2\omega\boldsymbol{k}\int \rho(\boldsymbol{r} \cdot \boldsymbol{w})\mathrm{d}V$$

将体积元 $\mathrm{d}V$ 写成柱坐标式，并在轴向取单位长度，即 $\mathrm{d}V = r\mathrm{d}r\mathrm{d}\theta$，得质量力矩的积分式为

$$\int \rho \boldsymbol{r} \times \boldsymbol{f}\mathrm{d}V = -2\int_{r_1}^{r_2} \mathrm{d}r \int \rho r(\boldsymbol{r} \cdot \boldsymbol{w})\omega\mathrm{d}\theta\boldsymbol{k} = -2\omega\boldsymbol{k}\int_{r_1}^{r_2} r\mathrm{d}r \int_0^{\frac{2\pi}{Z}} \rho(\boldsymbol{r} \cdot \boldsymbol{w})\mathrm{d}\theta$$

利用质量连续方程：

$$\int_0^{\frac{2\pi}{Z}} \rho(\boldsymbol{r} \cdot \boldsymbol{w})\mathrm{d}\theta = \int_0^{\frac{2\pi}{Z}} \rho(\boldsymbol{e}_r \cdot \boldsymbol{w})r\mathrm{d}\theta = \frac{\dot{M}}{Z}$$

将它代入质量力矩积分式，最后得质量力矩：

$$\int \rho \boldsymbol{r} \times \boldsymbol{f} \mathrm{d}V = \frac{-2\omega \dot{M} \boldsymbol{k}}{Z}\int_{r_1}^{r_2} r\mathrm{d}r = \frac{-\omega \dot{M} \boldsymbol{k}}{Z}(r_2^2 - r_1^2)$$

作用在叶片上的表面力矩为

$$\oiint_{\Sigma} \boldsymbol{r} \times (-p\boldsymbol{n})\mathrm{d}A = \iint_{A_1} \boldsymbol{r}_1 \times (-p\boldsymbol{n}_1)\mathrm{d}A + \iint_{A_2} \boldsymbol{r}_2 \times (-p\boldsymbol{n}_2)\mathrm{d}A + \iint_{A} \boldsymbol{r} \times (-p\boldsymbol{n})\mathrm{d}A$$

由于在进出口 A_1, A_2 上，$\boldsymbol{n}_1 = -\boldsymbol{e}_r, \boldsymbol{n}_2 = \boldsymbol{e}_r$，故 $\boldsymbol{r}_1 \times \boldsymbol{n}_1 = \boldsymbol{0}, \boldsymbol{r}_2 \times \boldsymbol{n}_2 = \boldsymbol{0}$. 因而进出口面上压强力矩为零. 在叶片表面上积分 $\iint \boldsymbol{r} \times (-p\boldsymbol{n})\mathrm{d}A$ 等于叶片作用在流体上的力矩，写作 $(L/Z)\boldsymbol{e}_z$，L 为叶轮对流体作用的总力矩值，即

$$\oiint \boldsymbol{r} \times (-p\boldsymbol{n})\mathrm{d}A = \frac{L}{Z}\boldsymbol{k}$$

将总动量矩输运量、质量力矩和叶轮对流体作用的总力矩值代入动量矩方程，得

$$\frac{\dot{M}}{Z}(r_1 w_1 \cos\beta_1 - r_2 w_2 \cos\beta_2)\boldsymbol{k} = \frac{L}{Z}\boldsymbol{k} - \frac{\dot{M}}{Z}(r_2^2 - r_1^2)\omega\boldsymbol{k}$$

简化后，得叶轮对流体作用的总力矩等于：

$$L = \dot{M}[r_1 w_1 \cos\beta_1 - \omega r_1^2 - (r_2 w_2 \cos\beta_2 - \omega r_2^2)] \tag{3.23}$$

叶轮对流体所做功率等于作用力矩乘以角速度，即：$P = L\omega$，代入式(3.23)，得

$$P = \dot{M}\omega[r_1 w_1 \cos\beta_1 - \omega r_1^2 - (r_2 w_2 \cos\beta_2 - \omega r_2^2)] \tag{3.24}$$

式(3.23)，式(3.24)称作欧拉叶轮机械公式，式中 $\beta_1, \beta_2, r_1, r_2$ 是叶轮的几何参数，$\dot{M}$ 是质量流量，ω 是叶轮转速，这些量给定后，只要算出 w_1、w_2 便能得到叶片对流体作用的力矩和功率.

在叶轮机械中，常用速度三角形方法来求叶片的进出口相对速度. 在叶轮中流体质点的相对速度是 $\boldsymbol{w}$；流体质点相对于固定坐标系的绝对速度用 $\boldsymbol{c}$ 表示；叶轮上任意点的速度是圆周速度 $\boldsymbol{\omega} \times \boldsymbol{r}$，也就是旋转坐标系的牵连速度. 根据质点运动学原理，质点的绝对速度等于相对速度和牵连速度之和：

$$\boldsymbol{c} = \boldsymbol{w} + \boldsymbol{\omega} \times \boldsymbol{r} \tag{3.25}$$

用几何方法表示式(3.25)的速度关系式称为速度三角形，见图 3.11.

用 $\boldsymbol{u}$ 表示圆周速度 $\boldsymbol{\omega} \times \boldsymbol{r}$，它在圆周的切向，叶片进出口处的切线方向与叶轮圆周速度反向的交角 β 定义为叶片安装角. 在进出口处，流体绝对速度 $\boldsymbol{c}$ 与叶轮圆周速度正向交角定义为进气角和出气角，并用 α_1、α_2 表示. 由图 3.11 所示的速度三角形几何关系，可导出

$$u_1 - w_1 \cos\beta_1 = r_1 \omega - w_1 \cos\beta_1 = c_1 \cos\alpha_1 = c_{1u}$$

同理

$$u_2 - w_2 \cos\beta_2 = r_2 \omega - w_2 \cos\beta_2 = c_2 \cos\alpha_2 = c_{2u}$$

代入式(3.23)、式(3.24)后，欧拉叶轮功率公式可改写为

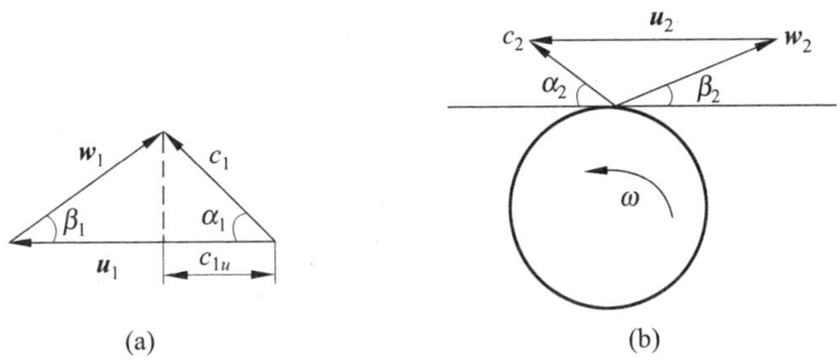

图 3.11 速度三角形

(a) 速度三角形；(b) 出气角 α 和安装角 β 的定义

$$L = \dot{M}(r_2 c_2 \cos\alpha_2 - r_1 c_1 \cos\alpha_1) \tag{3.26a}$$

$$P = L\omega = \dot{M}(u_2 c_{2u} - u_1 c_{1u}) \tag{3.26b}$$

c_{1u}，c_{2u}为进出口流体绝对速度的切向分量，u_1，u_2为进出口处的轮周速度.

如果 $P>0$，叶轮对流体做功，这种机械称为压缩机，压缩机的条件是

$$u_2 c_{2u} - u_1 c_{1u} > 0$$

如果 $P<0$，流体对叶轮做功，这种机械称为膨胀机，或涡轮机. 这时

$$u_2 c_{2u} - u_1 c_{1u} < 0$$

例 3.11 设有风机叶轮的内径 $d_1=12.5\text{cm}$，外径 $d_2=30\text{cm}$，叶片宽度 $b=2.5\text{cm}$，转速 $n=1725\text{r/min}$，体积流量 $Q=372\text{m}^3/\text{h}$. 空气沿径向流入叶轮（$\alpha_1=90°$），进口压强 $p_1=97000\text{N/m}^2$，气温 $T_1=293\text{K}$，气流出气角 $\beta_2=30°$（假设流体是理想不可压缩的）

（1）计算 c_1，u_1，w_1，β_1 和 c_2，u_2，w_2，α_2；

（2）求所需力矩 L 和功率 P.

解 （1）由已知条件计算进出口的牵连速度

$$\omega = \frac{2\pi n}{60} = 180.6\text{rad/s}$$

$$u_1 = \omega \cdot \frac{d_1}{2} = 11.29\text{m/s}$$

$$u_2 = \omega \cdot \frac{d_2}{2} = 27.1\text{m/s}$$

再由状态方程计算流体的密度

$$\rho = \frac{p_1}{RT_1} = \frac{9.7\times 10^4}{287\times 293} = 1.155(\text{kg/m}^3)$$

质量流量为

$$\dot{M} = \rho Q = \frac{372\times 1.155}{3600} = 0.119(\text{kg/s})$$

下面计算进出口的流动参数与几何参数

$$c_1=\frac{Q}{A}=\frac{Q}{b\pi d_1}=\frac{372}{3600\times 0.025\times 0.125\pi}=10.53(\mathrm{m/s})$$

因为 $\alpha=90°$，故 $\beta_1=\arctan(c_1/u_1)=43°$，

$$w_1=\frac{u_1}{\cos\beta_1}=15.44(\mathrm{m/s})$$

由出口流量，可得

$$w_2\sin\beta_2=\frac{Q}{A_2}=\frac{Q}{b\pi d_2}=\frac{372}{3600\times 0.025\times 0.3\pi}=4.386(\mathrm{m/s})$$

$$w_2=4.386/\sin\beta_2=8.77(\mathrm{m/s})$$

$$c_2=\sqrt{u_2^2+w_2^2-2u_2w_2\cos\beta_2}=20(\mathrm{m/s})$$

因为 $c_2/\sin\beta_2=w_2/\sin\alpha_2$，所以 $\alpha_2=12.67°$.

(2) 计算扭矩 L 和功率 P，因为 $c_{1u}=0(\alpha_1=90°)$，所以，

$$L=\dot{M}(c_{2u}r_2-c_{1u}r_1)=0.119\left(c_2\cos\alpha_2\times\frac{d_2}{2}\right)=0.35(\mathrm{N\cdot m})$$

$$P=\dot{M}\omega=0.35\times 180.6=63.2(\mathrm{N\cdot m/s})$$

以上例子说明了应用流体动力学积分型方程计算流体与周围物体的作用力和力矩的方法.现将其要点归纳如下.

(1) 首先选择恰当的坐标系，使得在该坐标系中流动是相对定常的；

(2) 选择适当的控制体，使得控制体界面上包括要求的未知量和尽可能多的已知量；

(3) 利用沿流管的连续方程和伯努利方程求出流入或流出边界上未知流动参数；

(4) 计算出动量输运量、动量矩输运量、质量力的合力或合力矩；

(5) 由动量或动量矩方程求出流体和周围物体之间的作用力或力矩.

利用积分型守恒方程可以求出流体作用在物体上的合力与合力矩，如果需要知道速度场细节和物体上的应力分布时，积分型方程就不能满足要求了，而需要建立求解流场和应力场的微分方程.

3.4 流体动力学的微分型控制方程

微分型控制方程是流体微团的质量守恒和它的动量、能量守恒方程，它们是控制流动的偏微分方程，故又称流动控制方程或支配方程.

1. 连续性方程

微团的质量守恒方程称为连续性方程.从积分型方程出发来导出该方程.任取一控制体 D,在控制体上有以下的质量守恒方程:

$$\int_D \frac{\partial \rho}{\partial t}\mathrm{d}V + \oiint_\Sigma \rho(\boldsymbol{U}\cdot\boldsymbol{n})\mathrm{d}A = 0$$

利用高斯公式(参见附录)将面积分化为体积分,即

$$\int \rho\boldsymbol{U}\cdot\boldsymbol{n}\mathrm{d}A = \int \nabla\cdot(\rho\boldsymbol{U})\mathrm{d}V$$

代入上式,得

$$\int_D\left[\frac{\partial \rho}{\partial t} + \nabla\cdot(\rho\boldsymbol{U})\right]\mathrm{d}V = 0$$

在连续流场中上式对任意控制体都成立,则对任意一微元也应成立,故有

$$\frac{\partial \rho}{\partial t} + \nabla\cdot(\rho\boldsymbol{U}) = 0 \tag{3.27a}$$

将$\nabla\cdot(\rho\boldsymbol{U})$展开:$\nabla\cdot(\rho\boldsymbol{U})=\boldsymbol{U}\cdot\nabla\rho+\rho\nabla\cdot\boldsymbol{U}$,式(3.27a)还可写成

$$\frac{\partial \rho}{\partial t} + \boldsymbol{U}\cdot\nabla\rho + \rho\nabla\cdot\boldsymbol{U} = 0$$

或

$$\frac{\mathrm{D}\rho}{\mathrm{D}t} + \rho\nabla\cdot\boldsymbol{U} = 0 \tag{3.27b}$$

两种不同形式的连续方程(3.27a)和(3.27b)分别表述不同的物理概念.式(3.27a)中$\nabla\cdot(\rho\boldsymbol{V})$实际上是微元控制体上单位体积的质量通量,因为有高斯公式:

$$\nabla\cdot(\rho\boldsymbol{U}) = \lim_{D\to 0}\frac{\oiint \rho(\boldsymbol{U}\cdot\boldsymbol{n})\mathrm{d}A}{D}$$

该式表示散度$\nabla\cdot(\rho\boldsymbol{U})$是流出微元控制体单位体积的质量通量,因此式(3.27a)可表述为

微元控制体密度的局部增长率$\dfrac{\partial \rho}{\partial t}$

$+$**微元控制体单位体积流出的质量**$\nabla\cdot(\rho\boldsymbol{U})=0$

第二种描述式(3.27b)中$\dfrac{\mathrm{D}\rho}{\mathrm{D}t}$是微团密度的增长率,$\nabla\cdot\boldsymbol{U}$表示质点的相对体积膨胀率,因此式(3.27b)可表述为

微团密度的相对增长率$\left(\dfrac{1}{\rho}\dfrac{\mathrm{D}\rho}{\mathrm{D}t}\right)+$**微团的相对体积膨胀率**$(\nabla\cdot\boldsymbol{U})=0$

不可压缩流体的$\dfrac{\mathrm{D}\rho}{\mathrm{D}t}=0$,因此它的连续方程可由式(3.27b)简化为

$$\nabla \cdot \boldsymbol{U} = 0 \tag{3.27c}$$

不可压缩流体既可以是均质的，如纯水；也可以是非均质的，例如含有不同盐分的海水，它的密度可以是时间和坐标的函数，但是任一质点的$\frac{\mathrm{D}\rho}{\mathrm{D}t}$始终等于零，式(3.27c)既适用于均质不可压缩流体，也适用于非均质的不可压缩流体.

2. 运动方程

流体微团的动量方程称为流体运动方程. 仍由积分型动量方程出发来导出该方程，已有积分型动量方程如下：

$$\int_D \frac{\partial \rho \boldsymbol{U}}{\partial t}\mathrm{d}V + \iint_\Sigma \rho \boldsymbol{U}(\boldsymbol{U}\cdot\boldsymbol{n})\mathrm{d}A = \iint_\Sigma \boldsymbol{T}_n \mathrm{d}A + \int_D \rho \boldsymbol{f}\mathrm{d}V$$

应用高斯公式，将上式中面积分化为体积分：

$$\iint_\Sigma \rho \boldsymbol{U}(\boldsymbol{U}\cdot\boldsymbol{n})\mathrm{d}A = \int_D \nabla\cdot(\rho\boldsymbol{U}\boldsymbol{U})\mathrm{d}V = \int_D \nabla\cdot(\rho U_i U_j \boldsymbol{e}_i\boldsymbol{e}_j)\mathrm{d}V$$

$$\oiint_\Sigma \boldsymbol{T}_n \mathrm{d}A = \oiint_\Sigma (T_{ij}\boldsymbol{e}_i\boldsymbol{e}_j)\cdot\boldsymbol{n}\mathrm{d}A = \int_D \nabla\cdot(T_{ij}\boldsymbol{e}_i\boldsymbol{e}_j)\mathrm{d}V$$

将它们代入积分型动量方程，可得

$$\int_D \left[\frac{\partial \rho \boldsymbol{U}}{\partial t} + \nabla\cdot(\rho U_i U_j \boldsymbol{e}_i\boldsymbol{e}_j) - \nabla\cdot(T_{ij}\boldsymbol{e}_i\boldsymbol{e}_j) - \rho\boldsymbol{f}\right]\mathrm{d}V = 0$$

上式对任意控制体都成立，在连续流场中上式对任意微元控制体成立，故有

$$\frac{\partial(\rho\boldsymbol{U})}{\partial t} + \nabla\cdot(\rho U_i U_j \boldsymbol{e}_i\boldsymbol{e}_j) = \rho\boldsymbol{f} + \nabla\cdot(T_{ij}\boldsymbol{e}_i\boldsymbol{e}_j) \tag{3.28a}$$

注意到$\nabla\cdot T_{ij}\boldsymbol{e}_i\boldsymbol{e}_j = \lim\limits_{D\to 0}\left(\oiint T_{ij}\boldsymbol{e}_i\boldsymbol{e}_j\cdot\boldsymbol{n}\frac{\mathrm{d}A}{D}\right)$表示流体微团上单位体积的表面力合力，所以式(3.28a)可表述为

微元控制体单位体积流体上的局部动量增长率与通过微元控制体的单位体积流体的动量输出量之和等于微元控制体上单位体积流体的质量力与表面力之和.

式(3.28a)可以进一步简化. 将左边第一、第二项导数分别展开：

$$\frac{\partial(\rho\boldsymbol{U})}{\partial t} = \boldsymbol{U}\frac{\partial\rho}{\partial t} + \rho\frac{\partial\boldsymbol{U}}{\partial t}$$

$$\begin{aligned}\nabla\cdot(\rho U_i U_j \boldsymbol{e}_i\boldsymbol{e}_j) &= (U_j\boldsymbol{e}_j)\nabla\cdot(\rho U_i\boldsymbol{e}_i) + \rho U_i e_i\cdot\nabla U_j\boldsymbol{e}_j \\ &= \boldsymbol{U}\nabla\cdot(\rho\boldsymbol{U}) + (\rho\boldsymbol{U})\cdot\nabla\boldsymbol{U}\end{aligned}$$

代回式(3.28a)，左边两项之和可进一步简化为

$$\begin{aligned}\frac{\partial\rho\boldsymbol{U}}{\partial t} + \nabla\cdot(\rho U_i U_j \boldsymbol{e}_i\boldsymbol{e}_j) &= \boldsymbol{U}\frac{\partial\rho}{\partial t} + \rho\frac{\partial\boldsymbol{U}}{\partial t} + \boldsymbol{U}\nabla\cdot\rho\boldsymbol{U} + \rho\boldsymbol{U}\cdot\nabla\boldsymbol{U} \\ &= \rho\left(\frac{\partial\boldsymbol{U}}{\partial t} + \boldsymbol{U}\cdot\nabla\boldsymbol{U}\right) = \rho\frac{\mathrm{D}\boldsymbol{U}}{\mathrm{D}t}\end{aligned}$$

导出上式时，利用连续性方程$\frac{\partial\rho}{\partial t}+\boldsymbol{\nabla}\cdot(\rho\boldsymbol{U})=0$，右边第一、第三项之和等于零. 最后微分型的动量方程，或运动方程又可写作：

$$\rho\frac{\mathrm{D}\boldsymbol{U}}{\mathrm{D}t}=\rho\boldsymbol{f}+\boldsymbol{\nabla}\cdot(T_{ij}\boldsymbol{e}_i\boldsymbol{e}_j) \tag{3.28b}$$

注意到 $\mathrm{D}\boldsymbol{U}/\mathrm{D}t$ 是质点加速度，$\boldsymbol{\nabla}\cdot T_{ij}\boldsymbol{e}_i\boldsymbol{e}_j/\rho$ 是流体微团单位质量上表面力的合力，式(3.28b)可表述为

流体微团加速度等于作用在微团上单位质量流体的质量力和表面力合力之和.

3. 能量方程

流体微团的能量方程也由积分型能量方程出发来导出，已有控制体上的能量方程如下：

$$\int_D\frac{\partial}{\partial t}\left[\rho\left(e+\frac{U^2}{2}\right)\right]\mathrm{d}V+\oiint_\Sigma\left[\rho\left(e+\frac{U^2}{2}\right)\boldsymbol{U}\cdot\boldsymbol{n}\right]\mathrm{d}A$$
$$=\int_D\rho\boldsymbol{f}\cdot\boldsymbol{U}\mathrm{d}V+\oiint_\Sigma\boldsymbol{U}\cdot\boldsymbol{T}_n\mathrm{d}A+\int_D\rho\dot{q}\mathrm{d}V+\oiint_\Sigma\lambda\frac{\partial T}{\partial n}\mathrm{d}A$$

用高斯公式将上式中的面积分化为体积分：

$$\oiint_\Sigma\rho\left(e+\frac{U^2}{2}\right)(\boldsymbol{U}\cdot\boldsymbol{n})\mathrm{d}A=\int_D\boldsymbol{\nabla}\cdot\left[\rho\left(e+\frac{U^2}{2}\right)\boldsymbol{U}\right]\mathrm{d}V$$
$$=\int_D\rho\boldsymbol{U}\cdot\boldsymbol{\nabla}\left(e+\frac{U^2}{2}\right)\mathrm{d}V+\int_D\left(e+\frac{U^2}{2}\right)\boldsymbol{\nabla}\cdot\rho\boldsymbol{U}\mathrm{d}V$$

$$\oiint_\Sigma\boldsymbol{T}_n\cdot\boldsymbol{U}\mathrm{d}A=\oiint_\Sigma\boldsymbol{U}\cdot(T_{ij}\boldsymbol{e}_i\boldsymbol{e}_j)\cdot\boldsymbol{n}\mathrm{d}A=\int_D\boldsymbol{\nabla}\cdot(\boldsymbol{U}\cdot T_{ij}\boldsymbol{e}_i\boldsymbol{e}_j)\mathrm{d}V$$

$$\oiint_\Sigma\lambda\frac{\partial T}{\partial n}\mathrm{d}A=\oiint_\Sigma\lambda(\boldsymbol{\nabla}T)\cdot\boldsymbol{n}\mathrm{d}A=\int_D\lambda\boldsymbol{\nabla}\cdot\boldsymbol{\nabla}T\mathrm{d}V=\int_D\lambda\Delta T\mathrm{d}V$$

将以上两项代入能量守恒方程得

$$\int_D\left\{\frac{\partial}{\partial t}\left[\rho\left(e+\frac{U^2}{2}\right)\right]+\rho\boldsymbol{U}\cdot\boldsymbol{\nabla}\left(e+\frac{U^2}{2}\right)+\left(e+\frac{U^2}{2}\right)\boldsymbol{\nabla}\cdot(\rho\boldsymbol{U})\right.$$
$$\left.-\rho\boldsymbol{f}\cdot\boldsymbol{U}-\boldsymbol{\nabla}\cdot(\boldsymbol{U}\cdot T_{ij}\boldsymbol{e}_i\boldsymbol{e}_j)-\rho\dot{q}-\lambda\Delta T\right\}\mathrm{d}V=0$$

上式对**任意**控制体都应成立，因而在连续流场内应处处满足，所以括号内七项和应为零，即

$$\frac{\partial}{\partial t}\left[\rho\left(e+\frac{U^2}{2}\right)\right]+\rho\boldsymbol{U}\cdot\boldsymbol{\nabla}\left(e+\frac{U^2}{2}\right)+\left(e+\frac{U^2}{2}\right)\boldsymbol{\nabla}\cdot(\rho\boldsymbol{U})$$
$$-\rho\boldsymbol{f}\cdot\boldsymbol{U}-\boldsymbol{\nabla}\cdot(\boldsymbol{U}\cdot T_{ij}\boldsymbol{e}_i\boldsymbol{e}_j)-\rho\dot{q}-\lambda\Delta T=0$$

展开上式第一项局部导数：

$$\frac{\partial}{\partial t}\left[\rho\left(e+\frac{U^2}{2}\right)\right]=\left(e+\frac{U^2}{2}\right)\frac{\partial\rho}{\partial t}+\rho\frac{\partial\left(e+\frac{U^2}{2}\right)}{\partial t}$$

注意到连续方程$\frac{\partial\rho}{\partial t}+\boldsymbol{\nabla}\cdot(\rho\boldsymbol{U})=0$，局部导数展开式的第一项与能量方程中第三项可以抵消，最后流体运动的微分型能量方程应为

$$\frac{\partial}{\partial t}\left(e+\frac{U^2}{2}\right)+\boldsymbol{U}\cdot\boldsymbol{\nabla}\left(e+\frac{U^2}{2}\right)=\boldsymbol{f}\cdot\boldsymbol{U}+\frac{1}{\rho}\boldsymbol{\nabla}\cdot(\boldsymbol{U}\cdot T_{ij}\boldsymbol{e}_i\boldsymbol{e}_j)+\dot{q}+\frac{\lambda}{\rho}\Delta T \tag{3.29}$$

能量方程(3.29)可表述为

微团单位质量流体的能量增长率＝质量力功率＋单位质量流体的表面力功率＋微团内单位质量流体的生成热和微团单位质量流体上由热传导输入的热量之和.

4. 微分型方程组的封闭性讨论

前面已经导出了微分型流体运动控制方程(3.27)，(3.28)，(3.29)，把它们归纳如下.

连续性方程

$$\frac{\partial\rho}{\partial t}+\boldsymbol{\nabla}\cdot(\rho\boldsymbol{U})=0$$

运动方程

$$\frac{\partial\boldsymbol{U}}{\partial t}+\boldsymbol{U}\cdot\boldsymbol{\nabla}\boldsymbol{U}=\boldsymbol{f}+\frac{1}{\rho}\boldsymbol{\nabla}\cdot(T_{ij}\boldsymbol{e}_i\boldsymbol{e}_j)$$

能量方程

$$\frac{\partial\left(e+\frac{U^2}{2}\right)}{\partial t}+\boldsymbol{U}\cdot\boldsymbol{\nabla}\left(e+\frac{\boldsymbol{U}^2}{2}\right)=\boldsymbol{f}\cdot\boldsymbol{U}+\frac{1}{\rho}\boldsymbol{\nabla}\cdot(\boldsymbol{U}\cdot T_{ij}\boldsymbol{e}_i\boldsymbol{e}_j)+\dot{q}+\frac{\lambda}{\rho}\Delta T$$

给定适当的初始条件和边界条件后，求解这组微分方程就可以计算出速度场、应力场等. 但是方程可解的必要条件是方程数和未知量数必须相等，即方程的封闭性. 现在有五个数量方程(动量方程是向量方程，它包含 3 个数量方程)，而未知数共 12 个：$\rho, e, T, \boldsymbol{U}$(3 个)，$T_{ij}$(6 个)，所以方程中未知量的数目大于方程数(缺少 7 个数量方程)，因而方程组(3.27)，(3.28)，(3.29)是不封闭的. 方程组的不封闭性表明需要补充独立方程，这些方程是有别于守恒定理的其他物理规律，例如：热力学的定律、物性方程等.

(1) 热力学状态方程

流体微团是宏观热力学平衡体，因此方程中出现的热力学状态参数只有两个独立变量，对于气体，可将内能写成 T,ρ 的函数：

$$e=e(T,\rho) \tag{3.30}$$

压强、密度和温度之间有状态方程：

$$p = p(\rho, T) \tag{3.31}$$

例如，完全气体的状态方程为

$$p = R\rho T \tag{3.32a}$$

对于均质不可压缩液体，密度是给定常量，它的状态方程可写作

$$\rho = \text{const.} \tag{3.32b}$$

因此介质的状态方程可以补充一个方程. 关于热力学状态方程的具体形式和应用，将在后续章节中详细介绍.

(2) 本构方程

流体微团的应力状态和微团变形运动状态间的物性关系式称为流体的本构方程. 一般情况下，微团应力状态是微团变形运动的泛函：

$$T_{ij} = T_{ij}(\nabla \boldsymbol{U}, \cdots, t) \tag{3.33}$$

本构方程是张量方程，它有六个代数方程. 在求解运动方程组前必须已知本构方程，从而控制方程得以封闭. 一般流体的本构方程由统计力学方法或理性力学方法与实验相结合导出，它独立于流体运动方程. 在第 8 章讲授粘性流体力学时将较为详细地讨论本构方程的一般性质及具体形式. 补充了热力学状态方程(1 个)和本构方程(6 个)后，流体力学方程组就封闭了.

最简单的流体，即第 1 章介绍的理想流体，其应力张量是各向同性的并且和微团的变形运动无关：

$$T_{ij} = -p\delta_{ij} \tag{3.34}$$

用理想流体的本构方程(3.34)代入运动方程后，未知量减少为 7 个：$\boldsymbol{U}$(3 个)，p, ρ, e, T；而理想流体运动的控制方程组恰好有 7 个方程：1 个连续性方程、3 个运动方程、1 个能量方程、1 个热力学状态方程(3.30)和 1 个应力状态方程(3.34). 因此理想流体动力学方程组是封闭的.

5. 边界条件和初始条件

流体动力学方程组是非线性偏微分方程，需要给定适当的初始和边界条件才能有确定的解，下面讨论常用的几类边界条件和初始条件.

(1) 边界条件

边界条件通常可以分为以下几类：

① 静止无界流场中无穷远条件. 例如：航天器在静止大气中飞行，大气的环境参数是已知的，因此远离飞行器的无穷远处流场条件为

$$|\boldsymbol{x}| \to \infty: \boldsymbol{U} = \boldsymbol{0}, \quad T_{ij} = -p_\infty \delta_{ij}, \quad \rho = \rho_\infty, \quad T = T_\infty \tag{3.35}$$

式中 $p_\infty, \rho_\infty, T_\infty$ 分别是环境的压强、密度和绝对温度.

② 固壁

在流体中运动的任意固体壁面上，例如在航天器表面上，根据第1章论述的热力学平衡条件，流体既无滑移，又无温差，因此在固壁 Σ_b 上流体速度和温度应等于当地固壁的速度和温度：

$$\Sigma_b: \boldsymbol{U}_f = \boldsymbol{U}_b, \quad T_f = T_b \tag{3.36}$$

式中下标 f 表示流体参数，下标 b 表示固壁的相应物理参数.

③ 互不掺混流体的界面

液体中的气泡、空气中的液滴和海洋表面等都存在两种不同流体的界面. 在忽略表面张力情况下，热力学平衡的界面条件为

$$\Sigma_f: \boldsymbol{U}_+ = \boldsymbol{U}_-, \quad T_+ = T_-, \quad (T_{ij})_+ = (T_{ij})_- \tag{3.37}$$

式中 Σ_f 表示互不掺混液体界面，下标"+，−"表示界面的两侧. 流体界面上的边界条件中，除了速度和温度连续外，还有应力张量连续. 液体界面和固壁不同，通常液体界面随着流体运动而变化，它的几何方程是未知量，需要将它和运动方程、能量方程联立求解，在水波问题中将讨论流体界面和控制方程联立求解方法.

当表面张力不可忽略时，界面上的剪应力仍然连续，而法向应力差应和表面张力平衡(参见第1章)，这时流体界面的应力边界条件的一般表达式为

$$\begin{cases} (\boldsymbol{T}_n \cdot \boldsymbol{n})_+ - (\boldsymbol{T}_n \cdot \boldsymbol{n})_- = \gamma\left(\dfrac{1}{R_1} + \dfrac{1}{R_2}\right) \\ (\boldsymbol{T}_n \cdot \boldsymbol{s})_+ = (\boldsymbol{T}_n \cdot \boldsymbol{s})_-, \quad (\boldsymbol{T}_n \cdot \boldsymbol{t})_+ = (\boldsymbol{T}_n \cdot \boldsymbol{t})_- \end{cases} \tag{3.38}$$

式中 $\boldsymbol{n}$ 为流体界面的法向量，$\boldsymbol{s}$、$\boldsymbol{t}$ 是流体界面的切向量.

(2) 初始条件

初始条件是流场的初始状态，一般情况下，在初始时刻 $t=t_0$，应给出速度场和热力学状态的分布：

$$t = 0: \boldsymbol{U} = \boldsymbol{U}(\boldsymbol{x}), \quad p = p(\boldsymbol{x}), \quad \rho = \rho(\boldsymbol{x}) \tag{3.39}$$

对于定常流动，流场和时间无关，因此不需要提供初始条件，由定常流动的控制方程(所有局部导数 $\partial()/\partial t=0$)和边界条件就可以解出定常流场.

流体运动的基本方程只有一组，但是流体运动却千姿百态，有时奇妙无比，这完全是初始状态和边界条件千差万别的缘故. 对于具体问题，给定正确的初始和边界条件是非常重要的，后续章节中，将结合具体问题给出这些条件的数学公式.

3.5 流体静力学

本章最后把静止流场作为微分型流体控制方程的一个应用特例来讨论. 根据流体的易流性，静止流体中不存在剪应力，因此它的应力状态是各向同性的：$T_{ij} = -p\delta_{ij}$，就是说静止流场中一点的应力状态只有压强.

静止流场中速度处处为零($\boldsymbol{U}=\mathbf{0}$),因此流体静力学要解决的问题是在已知边界和外力场下求静止流场的压强分布,进一步可以求得静止流场中物体上的合力与合力矩.例如静止大气中压强随海拔高度的变化、水利建筑物上的静止压强和合力等.

1. 流体静力学基本方程及积分

将 $\boldsymbol{U}=\mathbf{0}$ 和 $T_{ij}=-p\delta_{ij}$ 代入流体动力学基本方程组,此时连续方程(3.27)自然满足,能量方程(3.29)简化为静止介质中的导热方程,运动方程(3.28)简化为流体静力学方程:

$$-\nabla p+\rho\boldsymbol{f}=\mathbf{0} \tag{3.40a}$$

或写成分量形式:

$$\frac{\partial p}{\partial x_i}=\rho f_i \tag{3.40b}$$

如已知外力场 $\boldsymbol{f}$ 和密度场,直接积分式(3.40)就可以求出静止流场的压强分布:

$$\int_{x_0}^{x}\nabla p\cdot\mathrm{d}\boldsymbol{x}=\int_{x_0}^{x}\frac{\partial p}{\partial x_i}\mathrm{d}x_i=\int_{x_0}^{x}\rho f_i\mathrm{d}\boldsymbol{x}_i$$

由于$\dfrac{\partial p}{\partial x_i}\mathrm{d}x_i$ 是全微分,得

$$p(\boldsymbol{x})-p(\boldsymbol{x}_0)=\int_{x_0}^{x}\rho f_i\mathrm{d}x_i \tag{3.41}$$

式(3.41)是静止流场中计算压强分布的公式,它的形式相当简单,但是应当指出静力学方程求解的两个定解条件:

(1) 右端积分 $\int_{x_0}^{x}\rho f_i\mathrm{d}x_i$ 必须和积分路径无关,否则式(3.41)压强是多值的,这在物理上是不可能的,就是说:

体积力强度 $\rho\boldsymbol{f}$ 的线积分与积分路径无关是流体能否静止的必要条件.

(2) 外力场满足全微分条件时,流体静力学问题的定解条件是:必须给定一点压强 $p(\boldsymbol{x}_0)$.

2. 静止流场中的质量力条件及静止流场的性质

前面论述了静力学方程的定解条件,下面进一步导出静止流场中的质量力必须满足的条件及静止流场的若干性质.

(1) 静止流场的质量力条件

根据斯托克斯定理(见附录),线积分 $\int\rho f_i\mathrm{d}x_i=\int\rho\boldsymbol{f}\cdot\mathrm{d}\boldsymbol{x}$ 与积分路径无关的充要条件是

$$\nabla\times(\rho\boldsymbol{f})=\mathbf{0}$$

应用向量算符公式:$\nabla\times(\rho\boldsymbol{f})=\nabla\rho\times\boldsymbol{f}+\rho\nabla\times\boldsymbol{f}$,上式可进一步写作

$$-\boldsymbol{f}\times\nabla\rho+\rho\nabla\times\boldsymbol{f}=\mathbf{0} \tag{3.42}$$

式(3.42)是静止流场中质量力必须满足的必要条件,下面分两种情况讨论.

① 正压流体

定义 3.5 如果流体质点的密度只是当地压强的单值函数,则称这种流体是正压流体.

例如:均质绝热气体是正压流体,这时压强和密度有以下的单值关系:

$$\frac{p}{\rho^{\gamma}}=\text{const.} \tag{3.43}$$

不可压缩均质流体的全场密度等于常数,即 $\rho=\text{const.}$,它也具有正压性.

一般正压流体关系式为

$$\rho=\rho(p) \tag{3.44}$$

式(3.44)又称正压方程.对于正压流体有以下定理.

定理 3.2 正压流体静止的必要条件是质量力有势.

证明 由正压方程可以导出$\nabla\rho=\dfrac{\mathrm{d}\rho}{\mathrm{d}p}\nabla p$,把它代入式(3.42),得

$$-\frac{\mathrm{d}\rho}{\mathrm{d}p}\nabla p\times\boldsymbol{f}+\rho\nabla\times\boldsymbol{f}=\mathbf{0}$$

由于静止时 $\boldsymbol{f}=\nabla p/\rho$,上式第一项等于零.因而正压流体静止的必要条件是

$$\nabla\times\boldsymbol{f}=\mathbf{0} \tag{3.45}$$

外力场的旋度等于零,则外力场必有势,于是证毕.

全场密度为常数的均匀不可压缩流体是最简单的正压流体,它的静止必要条件同上,也是式(3.45).流体静止的必要条件告诉我们,只有在势力场中正压流体或不可压缩流体才可能有静止状态.地球重力场、等速旋转系统的离心力场和静电力场等都是有势力场,在这种力场中正压流体可能静止.

② 斜压流体

不满足式(3.44)的流体称为斜压流体.

定理 3.3 斜压流体静止的必要条件是

$$\boldsymbol{f}\cdot(\nabla\times\boldsymbol{f})=0 \tag{3.46}$$

证明 流体静止必要条件是式(3.42),$\nabla\rho\times\boldsymbol{f}+\rho\nabla\times\boldsymbol{f}=\mathbf{0}$,将该式做 $\boldsymbol{f}$ 的点积,因为 $\boldsymbol{f}$ 垂直于$\nabla\rho\times\boldsymbol{f}$,故 $\boldsymbol{f}\cdot(\nabla\rho\times\boldsymbol{f})=0$,于是得斜压流体静止的必要条件:

$$\boldsymbol{f}\cdot(\nabla\times\boldsymbol{f})=0$$

证毕.

(2) 静止流场的主要性质

① 有势力场作用下静止流场中等压面、等密面和等势面三者重合.

首先由平衡方程$\nabla p=\rho\boldsymbol{f}$ 及质量力的公式 $\boldsymbol{f}=-\nabla\Pi$,可得有势力场中的平衡方程:

$$\nabla p = -\rho \nabla \Pi \tag{3.47}$$

上式两边作$\nabla \Pi$的矢积，由于等式右边$-\rho \nabla \Pi \times \nabla \Pi = \mathbf{0}$，故有

$$\nabla p \times \nabla \Pi = \mathbf{0} \tag{3.48}$$

由向量分析可知，物理量的梯度向量，如∇p，平行于物理量等值面的法线方向，因此式(3.47)或式(3.48)表明：静止流体中等压面和等势面的法向量**处处**平行，要满足这一条件，只有当这两个等值面完全重合时才有可能. 事实上，只有正压流体才能在势力场中静止. 对于正压流体，密度是压强的单值函数$\rho = \rho(p)$，因此可以定义**压强函数**$\mathscr{P}$：

$$\mathscr{P} = \int \frac{\mathrm{d}p}{\rho} = \mathscr{P}^*(\rho) \quad 或 \quad \mathscr{P} = \int \frac{\mathrm{d}p}{\rho} = \mathscr{P}(p) \tag{3.49}$$

上式还可以写成梯度式：

$$\nabla \mathscr{P} = \frac{\nabla p}{\rho}$$

将压强函数$\mathscr{P}$代入静力学方程，得

$$\nabla \mathscr{P} + \nabla \Pi = 0$$

积分上式，得

$$\mathscr{P}(p) + \Pi = C \tag{3.50}$$

C是任意常数. 上式清楚地说明等压面和等势面重合.

再证明等密面和等势面重合. 对于正压流体，压强是密度的单值函数，等压面也就是等密面，因此等密面必和等势面重合.

② **两种互不掺混的均质流体的静止交界面是等势面.**

性质②可作为性质①的推论. 用反证法证明这一性质，假定具有不同密度的两种液体的交界面为Σ_2，但是Σ_2与等势面Σ_1不重合，它们有交线A(图3.12). 在介质ρ_2中沿等势面Σ_1由上而下通A线时，在等势面上密度由ρ_2变为ρ_1，这和在静止介质ρ_2中等密面和等势面相重的定理矛盾，因此交界面必和等势面相重.

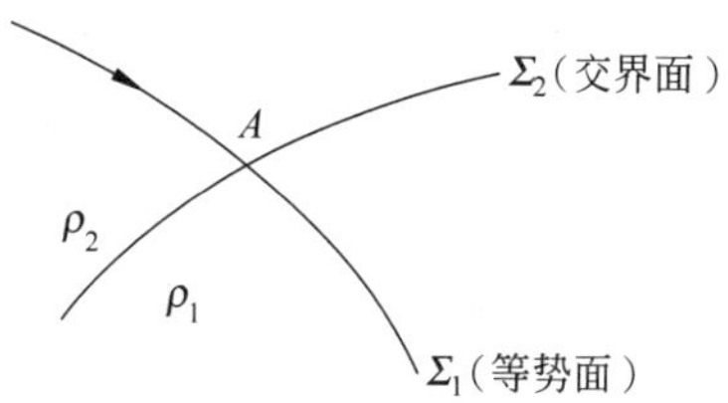

图3.12 交界面与等势面重合

3. 重力场中静止流体的压强分布

(1) 不可压缩均质流体在重力场中静平衡时其平衡方程为

$$\nabla p = -\rho \nabla \Pi \tag{3.51}$$

$$\rho = \text{const.} \tag{3.52}$$

$$\Pi = gz \tag{3.53}$$

积分静平衡方程(3.51)得

$$p = \text{const.} - \rho g z \tag{3.54}$$

式中的积分常数在流体的连通域中不变，z 坐标与重力加速度方向相反，以向上为正. 根据静平衡方程的定解条件，需要给定流场的一点压强，才能确定静止流场的压强分布，通常取液体和大气交界面上的压强作为定解条件. 设 $z=z_0$ 为大气与液体的交界面，该处压强为大气压，则常数 $\text{const.}=p_a+\rho g z_0$，即压强分布为

$$p = p_a + \rho g (z_0 - z) \tag{3.55}$$

重力场中静止液体压强公式适用于液体连通域中任意点，而与盛液体容器的外形以及液体中的物体无关. 式(3.55)是重力场液体压强测量和计算作用在液体中固壁上合力或合力矩的基本公式.

(2) 倾斜式微压计的压强测量公式

倾斜式微压计是一种常用的气体压强测量仪器(见图 3.13)，它由一较大的盛液容器和一倾斜的细管连通组成. 容器与大气相通，容器液面上压强为大气压强 p_a，细管上端与被测压强连接. 下面导出倾斜式微压计测压公式. 以盛液容器液面为参考坐标面 $z_0=0$，应用式(3.55)得

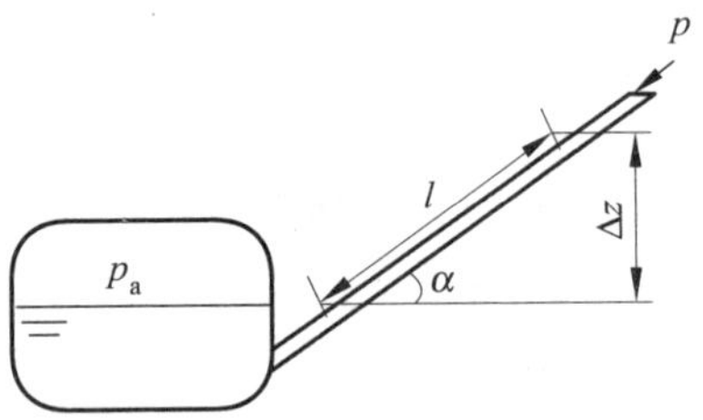

图 3.13 倾斜式微压计示意图

$$p = p_a - \rho g z$$

另一方面，$z=l\sin\alpha$，l 为倾斜管内的液柱升高的长度，α 为倾斜管与水平面交角，这样在倾斜管端的压强为

$$p - p_a = -\rho g l \sin\alpha$$

读出细管中液柱长度，就可以测出当地压强和大气压强之差. 这种压强计通常用于测量低于大气压的气体压强，由于倾斜长度 l 大于垂直高度 ΔZ，因此可以提高测量的分辨度，例如当 $\sin\alpha=0.1$，读数 $l=10\text{mm}$ 时实际压强与大气压强之差为液柱高 1mm. 因此称这种测压计为倾斜式微压计.

实际使用微压计的压差公式需要作修正. 通常测量值写作：

$$p - p_a = -\xi \rho g l \sin\alpha$$

式中 ξ 称为微压计修正系数. 修正系数在仪器使用前用标准压强进行标定，需要修正的原因之一是当微压计读数 $l>0$ 时，由于液体的总体积不变，当倾斜管中液面上升时，盛液容器中液位下降；也就是说，盛液容器中液位(式(3.55))的参考液面 z_0 低于倾斜管上标注的零点. 因此倾斜管上标出的液柱长度小于实际压强差应有的液位差(见图 3.13). 如果盛液容器的横截面远远大于倾斜管的截面，那么这种修正很小. 这种修正值的计算并不困难，请读者完成习题 3.24 的计算. 修正的其他原因还有倾斜管中液体的毛细现象等，在微压计使用前可以用标准压差计来标定修正系数 ξ.

(3) 两种不掺混均质液体在重力场中静止时的压强分布

每一均质液体的连通域中压强分布为前面导出的式(3.54)：

$$p_i = C_i - \rho_i g z \tag{3.56a}$$

i 表示不同介质的连通域中的流体参数. 设 z_0 为两种液体交界面的液位高, p_0 为该处的压强, 则Ⅰ、Ⅱ两种液体中的压强分布分别为

$$p_{\mathrm{I}} = p_0 - \rho_{\mathrm{I}}\, g(z - z_0) \tag{3.56b}$$

$$p_{\mathrm{II}} = p_0 - \rho_{\mathrm{II}}\, g(z - z_0) \tag{3.56c}$$

常识告诉我们处于高液位的液体密度应当低于它下面的液体密度, 否则两种液体的静止是不稳定的, 即

$$\rho_{\mathrm{II}}\Big|_{(z<z_0)} > \rho_{\mathrm{I}}\Big|_{(z>z_0)} \tag{3.57}$$

应用式(3.56a)和式(3.56b)可导出水银压差计测量公式. 有水封的水银柱U形管压差计或多管压强计常用来测量水流中的压差或气体中较大的压差. 因为水银在空气中会蒸发, 它对人体是有害的, 因此在水银上方灌以清水. 图3.14为一水银U形管的简图.

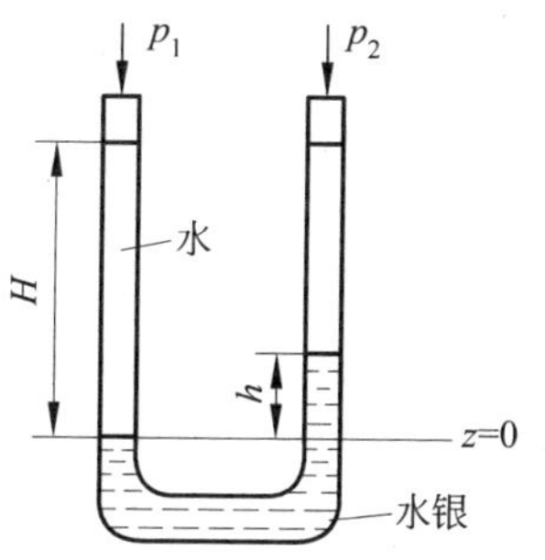

图3.14　水银U形管示意图

U形管的两臂所在平面是铅直的, 水银上面为水, 左侧上端压强为 p_1, 右侧上端压强为 p_2, 水银液位差为 h. 以左端水银液面作为重力势的零点, 根据连通域中等压面与等势面重合的性质, 在U形管左臂 $z=0$ 面上的压强 $p=p_1+\rho_{水}\, gH$, 应等于右臂在 $z=0$ 面上的压强 $p=p_2+\rho_{水}\, g(H-h)+\rho_{汞}\, gh$, 因而有

$$p_1 - p_2 = (\rho_{汞} - \rho_{水})gh \tag{3.58}$$

已知 $\dfrac{\rho_{汞}}{\rho_{水}}=13.6$, 代入上式后得

$$p_1 - p_2 = 12.6\rho_{水}\, gh$$

(4) 重力场中的静止大气

大气层的压强、密度和温度随高度的变化是航空、气象的重要环境参数. 最简单的大气模型假定大气是静止的, 并假定重力场是平行力场, 即忽略地球的曲率. 根据以上假定, 大气平衡方程为

$$\frac{\partial p}{\partial z} = -\rho g, \quad \frac{\partial p}{\partial x} = \frac{\partial p}{\partial y} = 0 \tag{3.59}$$

就是说, 压强只是高度 z 的函数. 由于大气密度与压强有关, 式(3.59)自身是不封闭的, 要得到式(3.59)的解, 必须补充压强与密度的关系式.

① 绝热大气假定

假定大气层是绝热的, 而且大气层中熵不变, 这种大气模型称为绝热大气, 这时有

$$\frac{p}{\rho^{\gamma}}=\frac{p_0}{\rho_0^{\gamma}} \tag{3.60}$$

式中 γ 为绝热指数，下标 0 表示海平面 $z=0$ 上的大气参数. 空气接近于双原子分子完全气体，这时 $\gamma=1.4$. 将式(3.60)代入式(3.59)，并对 z 积分后，可得压强分布：

$$\frac{\gamma}{\gamma-1}\frac{p_0}{\rho_0}=\frac{\gamma}{\gamma-1}\frac{p}{\rho}-gz \tag{3.61}$$

② 等温大气假定

假定大气层是等温的，并称之为等温大气，其状态方程为

$$\frac{p}{\rho}=\frac{p_0}{\rho_0}=RT_0 \tag{3.62}$$

R 为空气的气体常数，等于 287N · m/(kg · K)，T_0 为常数，将式(3.62)代入式(3.59)积分后可得

$$p=p_0\exp\frac{g(z_0-z)}{RT_0} \tag{3.63}$$

下标“0”表示参考面 $z=z_0$ 上的大气参数.

③ 国际标准大气

实际大气层中压强和温度关系既非完全绝热也非完全等温. 由于近地面大气对流的缘故，大气层温度从地面开始随高度上升而下降，在高度约 11km 以上温度几乎不变，称为同温层. 国际宇航学会根据以上情况制定了一种国际标准大气，国际标准大气规定的大气层温度分布为

$$z\leqslant 11000\text{m}:\ T=(288-0.0065z)\text{K};\quad z>11000\text{m}:\ T=216.5\text{K} \tag{3.64}$$

并称 $z\leqslant 11000$m 为对流层，$z>11000$m 为同温层. 标准大气的压强分布可由给定的温度分布求出.

(i) 对流层中的压强分布

由基本方程：$\dfrac{dp}{dz}=-\rho g$，将状态方程：$\rho=\dfrac{p}{RT}=\dfrac{p}{R(288-0.0065z)}$代入，得

$$\frac{dp}{p}=\frac{-g\,dz}{R(288-0.0065z)}$$

积分后压强分布为

$$\frac{p}{p_a}=\left(1-\frac{0.0065z}{288}\right)^{\frac{g}{0.0065R}}$$

p_a为海平面 $z=0$ 上的大气压强，将物理常数 g、R 的数值代入后得对流层中的压强分布：

$$p=p_a\left(1-\frac{z}{44300}\right)^{5.256},\quad z\leqslant 11000 \tag{3.65}$$

对流层上边界 $z=11000$m 处压强为

$$p_1 = p_a\left(1-\frac{11000}{44300}\right)^{5.256} = 0.223p_a \tag{3.66}$$

(ii) 同温层中压强分布

直接利用式(3.63)便可求出同温层中大气压强分布

$$\frac{p}{p_1} = \exp\left[\frac{g(z_1-z)}{RT_1}\right]$$

将 $z_1=11000\text{m}$，$T_1=273-56.5=216.5(\text{K})$，$p_1=0.223p_a$ 代入后得

$$p = 0.223p_a\exp[0.0001578(11000-z)],\quad z>11000\text{m} \tag{3.67}$$

式(3.65)和式(3.67)是国际标准大气的计算公式.

4. 重力场中静止流体作用在周围物体上的力

水下结构物上受到的静水作用力，以及浮体上流体作用力和力矩等，都是工程设计所必需的数据. 下面介绍静水作用力的计算方法及其主要性质.

(1) 静水作用力公式

已知重力场中静止压强分布为(习惯上取垂直坐标与重力加速度方向一致，即 z 方向坐标向下为正)

$$p = p_a + \rho g z \tag{3.68}$$

任意面上静水压强的合力 $\boldsymbol{R}$ 为

$$\boldsymbol{R} = \iint_A -p\boldsymbol{n}\,\mathrm{d}A \tag{3.69}$$

合力矩为

$$\boldsymbol{L} = \iint_A -p\boldsymbol{r}\times\boldsymbol{n}\,\mathrm{d}A \tag{3.70}$$

式中 $\boldsymbol{n}$ 为物体表面的法向量，它指向流场. 我们需要强调指出：一般情况下合力 $\boldsymbol{R}$ 与合力矩 $\boldsymbol{L}$ 不垂直，或 $\boldsymbol{R}\cdot\boldsymbol{L}\neq 0$，因此任意曲面上的静水作用力一般不能简化为等价力系. 在某些特殊情况下，如平面上的静水作用力是平行力系，这时有 $\boldsymbol{R}\perp\boldsymbol{L}$，可以把它简化为一等价力系，即可以简化为一个合力 $\boldsymbol{R}$，它的作用线通过点 $\boldsymbol{r}_0$，并由下式求出 $\boldsymbol{r}_0$：

$$\boldsymbol{r}_0\times\boldsymbol{R} = \boldsymbol{L} \tag{3.71}$$

下面介绍几个计算静水作用力的实例.

(2) 斜面上的静水作用力

设受力面与水平面(xy 平面)夹角等于 α，斜面法向量 $\boldsymbol{n}$ 指向液体，如图 3.15 所示，如受力面另一侧受大气压强作用，这时受力面上静水压强的合力为

$$\boldsymbol{R} = -\iint_A (p-p_a)\boldsymbol{n}\,\mathrm{d}A$$

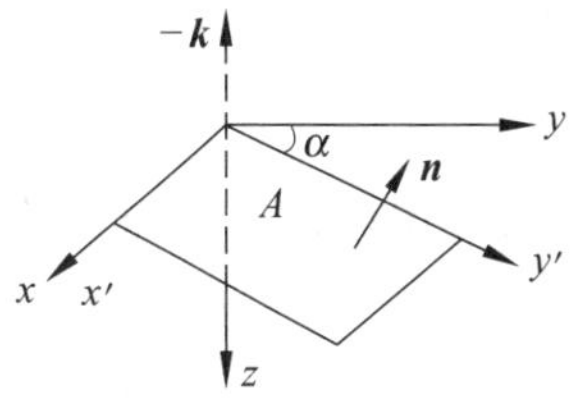

图 3.15 斜面上的静水作用力

在重力场中静水压强 $p=p_a+\rho gz$，斜面的法向量 $\boldsymbol{n}=\boldsymbol{j}\sin\alpha-\boldsymbol{k}\cos\alpha$ 为常向量，故合力向量

$$\boldsymbol{R}=-\boldsymbol{n}\iint_A \rho gz\,\mathrm{d}A=-\rho g\boldsymbol{n}\iint_A z\,\mathrm{d}A$$

根据面积中心（简称面心）的几何定义，它的坐标为 $\boldsymbol{r}_c=\iint_A \boldsymbol{r}\,\mathrm{d}A/A$，故合力公式为

$$\boldsymbol{R}=-\rho gz_c A\boldsymbol{n} \tag{3.72}$$

z_c是受力面的面心在水面下的深度，于是，式(3.72)可表述为

作用在水下受力斜面 A 上的静水作用力等于以该面积为底面，以该面积面心的深度为高的柱体中的水重，方向垂直于斜面.

必须注意：式(3.72)并不表示静水作用力的作用点通过面心，合力作用点必须通过等价力系方法求出. 下面先求静水中的合力矩.

$$\boldsymbol{L}=-\iint_A(p-p_a)\boldsymbol{r}\times\boldsymbol{n}\,\mathrm{d}A=\boldsymbol{n}\times\iint\rho gz\boldsymbol{r}\,\mathrm{d}A$$

为了便于计算上述积分，在受力平面上设立坐标系 $x'y'$，其中 $x'=x$，$y'=z/\sin\alpha$，见图 3.15，这时被积函数中 $\boldsymbol{r}=x'\boldsymbol{i}'+y'\boldsymbol{j}'$，力矩

$$\boldsymbol{L}=\boldsymbol{n}\times\iint_A\rho gy'(x'\boldsymbol{i}'+y'\boldsymbol{j}')\sin\alpha\,\mathrm{d}A=\rho g\boldsymbol{n}\times\left(\boldsymbol{i}'\iint x'y'\,\mathrm{d}A+\boldsymbol{j}'\int y'^2\,\mathrm{d}A\right)\sin\alpha$$

这里可以看到合力矩垂直于受力面的法向量，因而合力矩垂直于合力 $\boldsymbol{R}$，所以作用在斜面上的静水作用力可以找到等价力系，设合力 $\boldsymbol{R}$ 作用线通过点 $\boldsymbol{r}_0$，它由以下公式确定：

$$\boldsymbol{r}_0\times\boldsymbol{R}=\boldsymbol{L}$$

将 $\boldsymbol{R}$,$\boldsymbol{L}$ 的计算结果分别代入上式：

$$-\rho gz_cA\boldsymbol{r}_0\times\boldsymbol{n}=\rho g\boldsymbol{n}\times\left[\iint_A x'y'\boldsymbol{i}'\,\mathrm{d}A+\iint y'^2\boldsymbol{j}'\,\mathrm{d}A\right]\sin\alpha$$

利用向量代数运算（用 $\boldsymbol{n}$ 叉乘上式），可将上式简化为

$$\boldsymbol{r}_0=\left[\frac{\boldsymbol{i}'\iint x'y'\,\mathrm{d}A}{z_cA}+\frac{\boldsymbol{j}'\iint y'^2\,\mathrm{d}A}{z_cA}\right]\sin\alpha$$

由坐标变换 $z_c=y'_c\sin\alpha$，得

$$\boldsymbol{r}_0=\frac{\boldsymbol{i}'\iint x'y'\,\mathrm{d}A}{y'_cA}+\frac{\boldsymbol{j}'\iint y'^2\,\mathrm{d}A}{y'_cA} \tag{3.73}$$

即合力作用点在受力面上的坐标为

$$x'_0=\frac{\iint_A x'y'\,\mathrm{d}A}{y'_cA},\quad y'_0=\frac{\iint_A y'^2\,\mathrm{d}A}{y'_cA} \tag{3.74}$$

式中 y'_c 是受力面面心的坐标.

例 3.12 圆心在水面下 y_c 处的垂直圆形闸门，半径为 $a(a< y_c)$，计算圆形闸门上的静水作用力与合力作用点(见图 3.16).

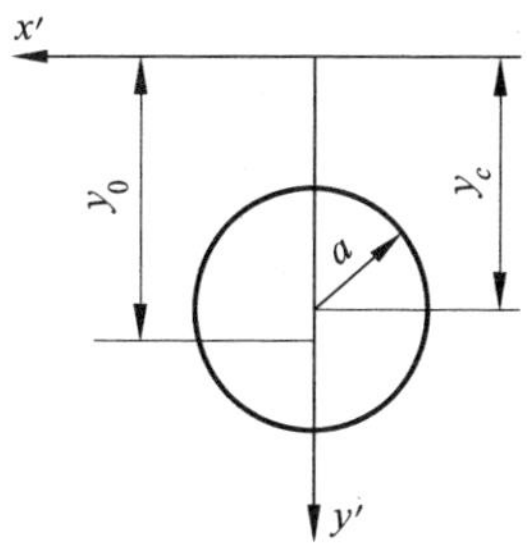

图 3.16 垂直圆形闸门上的作用力

解 圆形闸门上的作用力由式(3.72)得

$$R = \pi\rho g y_c a^2$$

作用点按式(3.74)计算，因圆形是对称图形，$\int x'y'\mathrm{d}A = 0$，故 $x'_0 = 0$；另一方面，由面积惯性矩公式 $\iint_A y'^2\mathrm{d}A = \frac{\pi a^4}{4} + y_c^2 A$，得

$$y'_0 = y_c + \frac{a^2}{4y_c}$$

该例结果表明合力作用点在圆心以下 $\frac{a^2}{4y_c}$ 处.

(3) 封闭物体上静水作用力的合力：阿基米德(Archimedes)原理.

潜入水下封闭物体上静水作用的合力有简便计算公式

$$\boldsymbol{R} = -\rho V\boldsymbol{g} \tag{3.75}$$

并且合力通过潜水物体 V 的体心，V 为物体排开水的体积. 这一结果早在二千多年前由阿基米德发现，称为阿基米德原理. 下面用静水作用力公式给予证明. 计算合力及合力矩公式为

$$\boldsymbol{R} = -\oiint_\Sigma p\boldsymbol{n}\mathrm{d}A, \quad \boldsymbol{L} = -\oiint_\Sigma p\boldsymbol{r}\times\boldsymbol{n}\mathrm{d}A$$

利用高斯公式，将两个面积分化为体积分如下：

$$\boldsymbol{R} = \int_V -\nabla p\mathrm{d}V, \quad \boldsymbol{L} = -\int_V \nabla\times(p\boldsymbol{r})\mathrm{d}V$$

由静力学方程 $\nabla p = \rho\boldsymbol{g}$，有

$$\boldsymbol{R} = -\int_V \rho\boldsymbol{g}\mathrm{d}V = -\rho\boldsymbol{g}V$$

力矩式中 $\nabla\times(p\boldsymbol{r}) = \nabla p\times\boldsymbol{r} + p\nabla\times\boldsymbol{r} = \rho\boldsymbol{g}\times\boldsymbol{r}$，故

$$\boldsymbol{L} = -\int\rho\boldsymbol{g}\times\boldsymbol{r}\mathrm{d}V = -\rho\boldsymbol{g}\times\int\boldsymbol{r}\mathrm{d}V$$

$\int\boldsymbol{r}\mathrm{d}V$ 可用体心公式表示，即 $\int\boldsymbol{r}\mathrm{d}V = \boldsymbol{r}_c V$，最后得

$$\boldsymbol{L} = -\rho\boldsymbol{g}V\times\boldsymbol{r}_c = \boldsymbol{R}\times\boldsymbol{r}_c$$

该式说明 $\boldsymbol{L}\perp\boldsymbol{R}$. 用等价力系的概念，$(\boldsymbol{R},\boldsymbol{L})$ 力系等价于通过体心 $\boldsymbol{r}=\boldsymbol{r}_c$ 的浮力 $\boldsymbol{R} = -\rho V\boldsymbol{g}$. 以上公式可表述为：**潜体上的静水作用力的大小等于潜体排开的水重，**

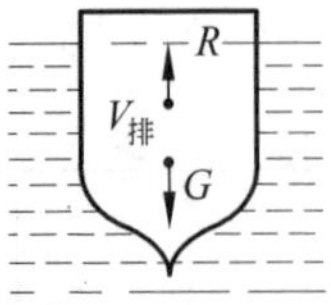

图 3.17 半潜体的平衡 $G+R=0$
G：重力；R：浮力

方向和重力加速度相反，并通过潜体的体心.

(4) 半潜体上浮力及浮力的平衡

物体的一部分浸入水中称为半潜体，半潜体上静水作用的合力仍应用式(3.75)计算，但式中 V 为排水体积，即水平面以下物体排开水的体积(图 3.17). 请读者自己证明这一结论.

5. 非惯性坐标系中静止流场的压强分布

计算相对于运动坐标系静止的流场中压强分布时，应当在质量力场中包括惯性力，其他分析和计算方法与前面讨论的相同. 在非惯性坐标系中，单位质量的惯性力等于$-\boldsymbol{a}$，因此非惯性坐标系中的静止平衡方程为

$$\nabla p = \rho \boldsymbol{f} - \rho \boldsymbol{a} \tag{3.76}$$

$\boldsymbol{a}$ 由式(3.17)给出. 下面举两个例子来说明运动系统中静止流场压强分布的计算.

(1) 匀加速度系统中静止液体在重力作用下的压强分布

体积力强度为 $\rho\boldsymbol{g}-\rho\boldsymbol{a}$，因为匀加速度系统中 $\boldsymbol{g},\boldsymbol{a}$ 都是常数，因而质量力是有势的，它们的势很容易求出：

$$\Pi = -\int \boldsymbol{f}\cdot \mathrm{d}\boldsymbol{x} = -\int(\boldsymbol{g}-\boldsymbol{a})\cdot \mathrm{d}\boldsymbol{x} = gx_3 + a_1x_1 + a_2x_2 + a_3x_3$$

令$(x_1,x_2,x_3)=(x,y,z)$(z 垂直向上)，并设系统在水平方向作匀加速度直线运动，即 $\boldsymbol{a}=a\boldsymbol{i}$，这时相对于运动坐标系的外力场势为

$$\Pi = gz + ax$$

当 $\rho=\text{const.}$ 时压强场积分为 $p/\rho+\Pi=C$，因此

$$p = -\rho gz - \rho ax + C$$

上式说明，在匀加速直线运动的坐标系中，等势面和等压面都不再是水平面，而是倾斜的平面. 在运动系统中设立坐标轴，使它们的原点在自由面上，当已知自由面上压强 p_a时，液体中压强可由下式求出：

$$p = -\rho gz - \rho ax + p_a \tag{3.77}$$

例 3.13 有一储液车(图 3.18)，车身长 L，当它作匀加速直线运动时，求储液罐前后液位的高度差.

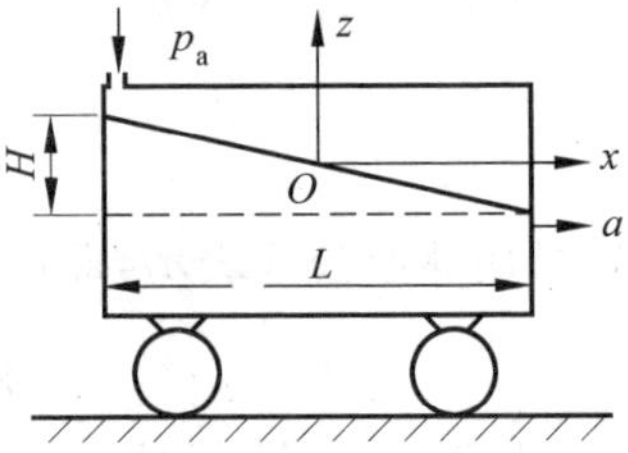

图 3.18 匀加速运动的储液车液面

解 在储液车上设立坐标系(x,z)，加速度 $\boldsymbol{a}$ 的正方向与 x 轴一致，同时坐标系原点在自由面上. 根据本节所得等压面方程：

$$p = -\rho gz - \rho ax + p_a$$

自由面方程为 $p_a=-\rho gz-\rho ax+p_a$，即 $gz+ax=0$，即储液车中自由液面的斜率为

$$\frac{dz}{dx}=-\frac{a}{g} \quad 或 \quad \Delta z=-\frac{a}{g}\Delta x$$

故前后端液位差：

$$H=\frac{a}{g}L$$

上式表明车厢前面的液位下降，车厢后面的液位上升，液面的高度差和储液车加速度成正比.

(2) 在定轴等速旋转系统中的静止流场

如有一非惯性系统以重力加速度方向为定轴，作等角速度旋转运动. 在该系统中静止的液体受到的体积力有重力 $\rho \boldsymbol{g}$ 和惯性力 $\rho\omega^2\boldsymbol{r}$，其中 ω 为角速度，$\boldsymbol{r}$ 为柱坐标的向径(图 3.19).

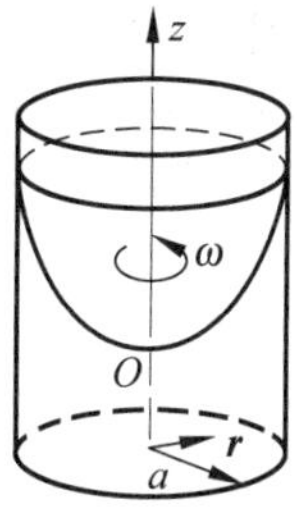

图 3.19　定轴旋转系统中静止流场

这时静平衡方程为

$$\nabla p=\rho\boldsymbol{g}+\rho\omega^2\boldsymbol{r} \tag{3.78}$$

体积力场 $\rho\boldsymbol{g}+\rho\omega^2\boldsymbol{r}$ 是有势的，它的势为

$$\Pi=-\int(\boldsymbol{g}+\omega^2\boldsymbol{r})\cdot d\boldsymbol{x}=gz-\frac{1}{2}\omega^2r^2$$

式中 $\boldsymbol{r}$ 是柱坐标的向径，积分式(3.78)得压强分布：

$$p=-\rho gz+\frac{1}{2}\omega^2r^2+C$$

将柱坐标的原点($z=0,r=0$)设立在自由面上，这时积分常数 $C=p_a$，故等角速度旋转系统的静止流场中压强分布为

$$p=-\rho gz+\frac{1}{2}\omega^2r^2+p_a \tag{3.79}$$

自由液面($p=p_a$)的方程为

$$gz-\frac{1}{2}\omega^2r^2=0$$

或

$$z=\frac{\omega^2r^2}{2g} \tag{3.80}$$

可见在等角速度定轴旋转系统中静止液体的自由表面(3.80)和等压面(3.79)均为旋转抛物面.

习　题

3.1　图 3.20 所示一文丘利管，上游水箱的水位到喉部的高度为 h，水箱横截面积为 S_0. 在文丘利管喉部有一小管与它下方的一水槽相连，水槽水位与喉部间高度

为 L，喉部截面积为 S_1，文丘利管出口截面积为 S_2. 假定通过管道的流体是理想不可压缩的，h 恒定不变，且 $S_1/S_0 \ll 1$，$S_2/S_0 \ll 1$，重力加速度为 g，水的密度为 ρ，问 h 应至少为多高，方能将水槽中的水吸入文丘利管？

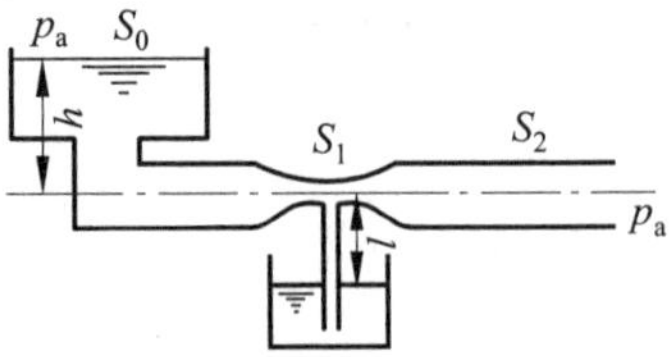

图 3.20　题 3.1 示意图

3.2　图 3.21 所示喷雾器，活塞以速度 U 作等速运动，喉部处空气造成低压，将液体吸入向大气喷雾. 若空气密度为 ρ，液体密度为 ρ'，假定流动为不可压理想定常的，求能喷雾的最大吸入高度.

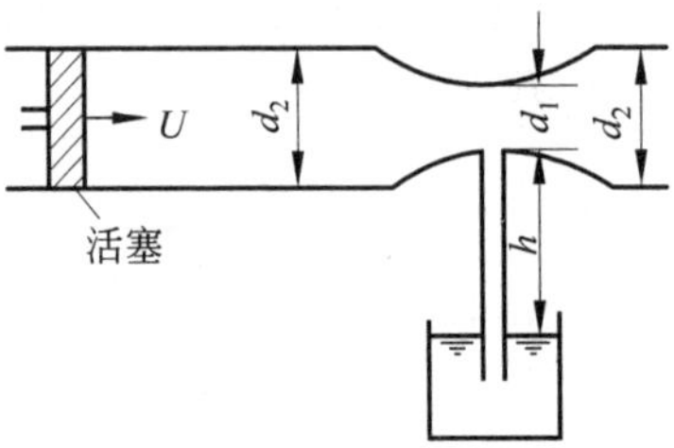

图 3.21　题 3.2 示意图

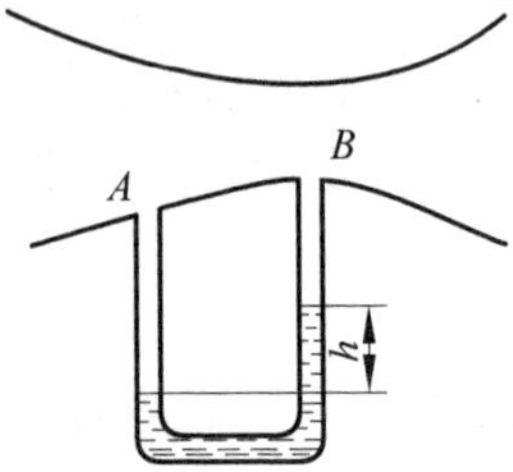

图 3.22　题 3.3 示意图

3.3　图 3.22 所示密度为 ρ 的不可压流体在水平变截面管内作一维定常流动，在管子位置 A，B 处连接一个 U 形管压力计. 已知 A 处截面积为 F，B 处截面积为 f，U 形管内液体密度为 ρ'. 今测得 U 形管内两液面高度差为 h，求管内通过的体积流量.

3.4　图 3.23 所示水平变截面管道，截面 1-1 处接引射管，截面 2-2 处通大气，截面积分别为 A_1 和 A_2，当管内流过密度为 ρ，流量为 Q 的不可压流体时，把密度为 ρ' 的流体吸入管道. 求管道内能吸入 ρ' 流体的最大吸入管高度 h，假定流动是一维定常的.

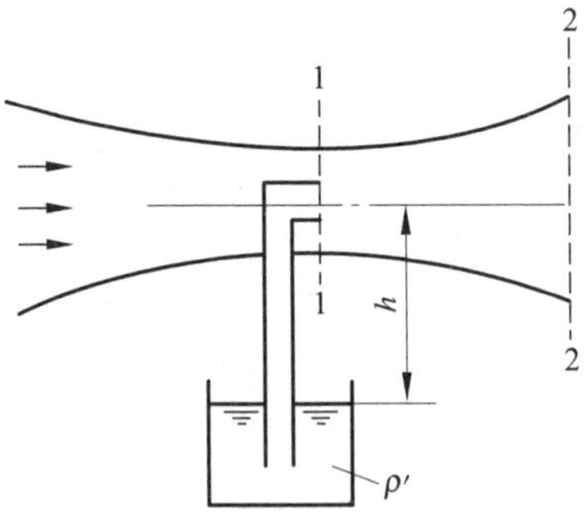

图 3.23　题 3.4 示意图

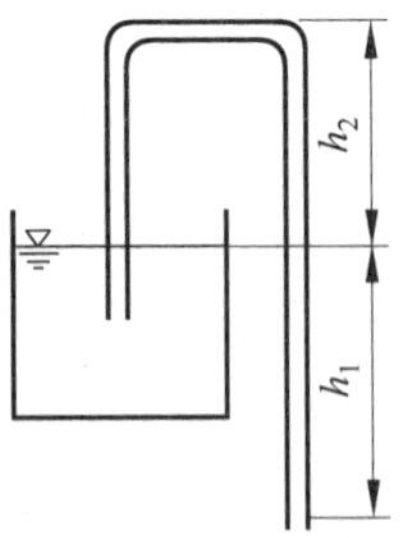

图 3.24　题 3.5 示意图

3.5　图 3.24 所示虹吸管吸水，假定流动是理想定常的，已知水的汽化压力为 2kPa，大气压力为 101kPa，试设计一个虹吸管，要求吸水量为 0.08m^3/s，管径为 10cm，要求管内不出现气泡，求 h_1 和 h_2.

3.6　如图 3.25 所示容器中盛水，高度为 h，当打开阀门 B 时，求：

(1) 出口水流速度随时间的变化；

(2) 管道中压力分布；

(3) 何时出口速度最大？最大值为多少？

(4) $L\to 0$ 时出口速度为多少？

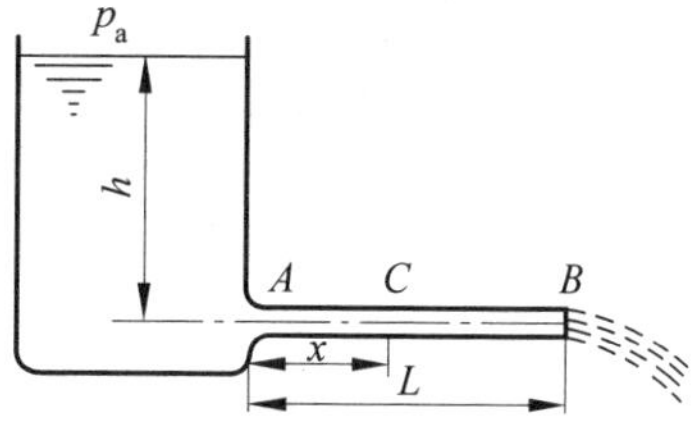

图 3.25　题 3.6 示意图

假定容器的截面积远大于管道的截面积，流动过程中 h 保持不变，p_a 为大气压力.

3.7　图 3.26 所示等截面 V 形管内盛液体，液柱长度为 L，当 V 形管在纸平面内作微小晃动后，求液面自由振荡的周期.

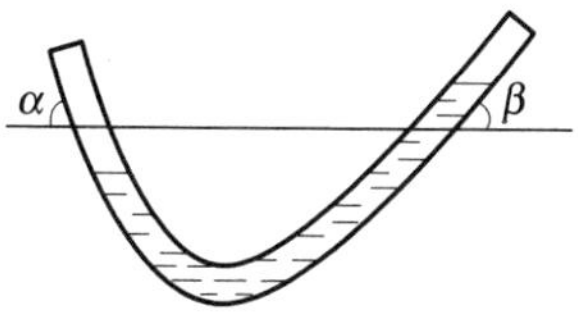

图 3.26　题 3.7 示意图

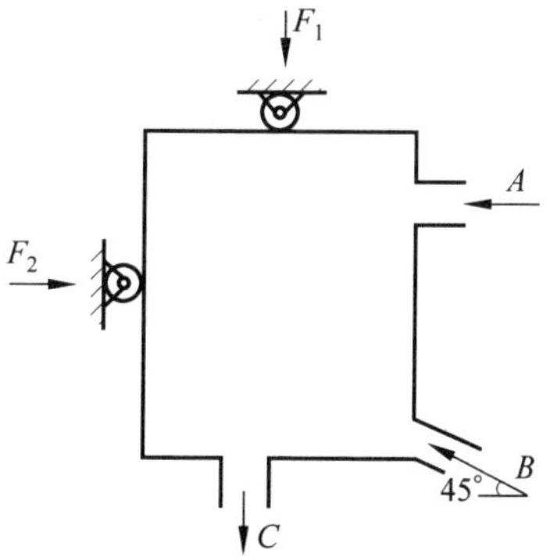

图 3.27　题 3.8 示意图

3.8　如图 3.27 所示，空气从 A，B 入口进入箱子，从 C 处流出. 已知流动定常，A，B 入口面积均为 5cm^2，出口面积为 10cm^2，$p_A=p_B=1.08\times 10^5\,N/m^2$，$U_A=U_B=30m/s$，出口压力为大气压强 $p_a=1.03\times 10^5\,N/m^2$，空气密度 $\rho=1.23kg/m^3$，求支撑力 F_1 和 F_2.

3.9　水力采煤是用水枪在高压下喷出强力水柱冲击煤层（图 3.28）. 设水枪出口直径为 30mm，出口水流速度 U_1 为 50m/s，求水柱对煤层的附加冲击力. 假定流动是定常的，质量力和摩擦力可以忽略，水的密度为 1000kg/m^3.

3.10　喷气发动机作地面实验（图 3.29）. 若质量流量为 $\dot{m}_i$，喷气压力为 p_i，喷气速度为 U_i，喷管出口面积为 A，大气压强为 p_a，流动是定常的，求试验台所受的推力 F.

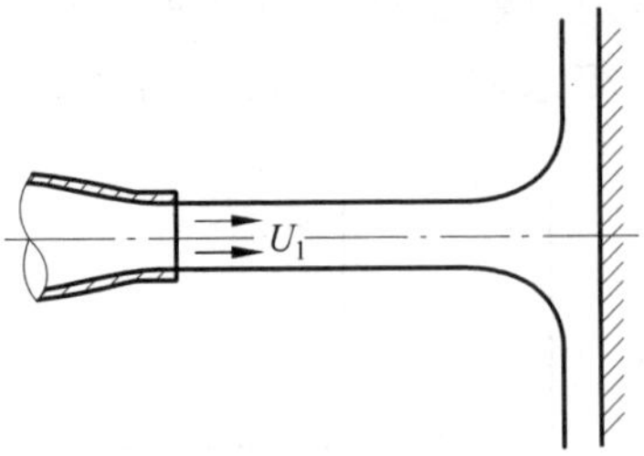

图 3.28　题 3.9 示意图

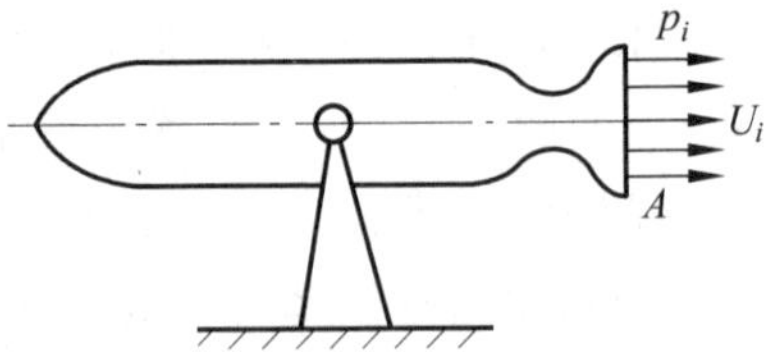

图 3.29　题 3.10 示意图

3.11　为了测定圆柱体的阻力系数 C_D，将一个直径为 d，长度为 l 的圆柱放在二维定常不可压缩流中，实验在风洞中进行，在图 3.30 中 1-1、2-2 截面上测得近似的速度分布如图. 这两个截面上的压力都是均匀的，等于 p_∞. 试求圆柱体的阻力系数 C_D. C_D 的定义为

$$C_D = \frac{2D}{\rho U_\infty^2 ld}$$

其中 D 为圆柱绕流时的阻力（流体对圆柱的作用力的水平方向分量），ρ 为流体密度，U_∞ 为来流速度.

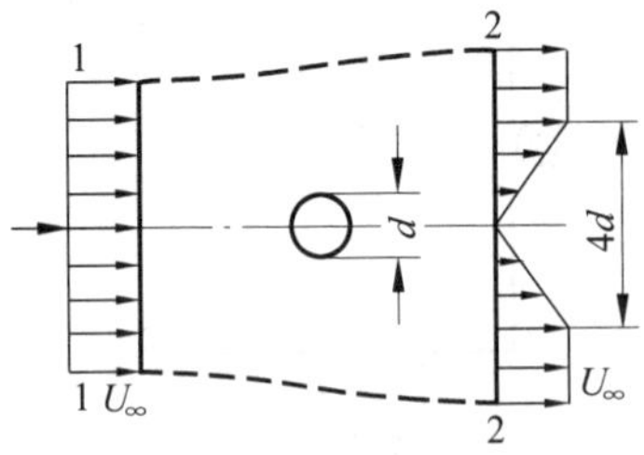

图 3.30　题 3.11 示意图

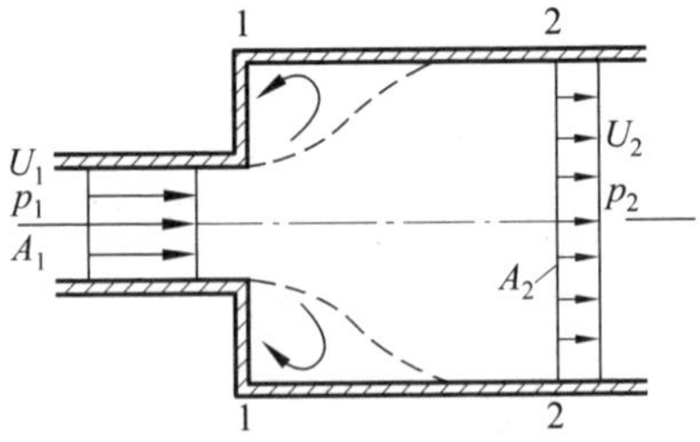

图 3.31　题 3.12 示意图

3.12　证明不可压缩流体通过突然扩大的管道时压力损失 $\Delta h = U_1^2(1 - A_1/A_2)^2/2g$（图 3.31），这里压头损失的定义是 $\Delta h = (p_1/\gamma + U_1^2/2g) - (p_2/\gamma + U_2^2/2g)$. 假定壁面上没有摩擦力，1-1 截面上压力均匀并等于 p_1，2-2 截面上压力与速度也是均匀的，流动是定常的.

3.13　如图 3.32 所示洒水器，两边喷水，同时绕铅垂轴作等速转动. 若喷嘴直径为 12mm，每个喷嘴的喷水量 Q 为 80cm^3/s，忽略机械摩擦，旋转轴上没有任何扭矩，求洒水器旋转角速度 ω.

3.14　图 3.33 所示风机叶轮的内径 $d_1 = 12.5$cm，外径 $d_2 = 30$cm，叶片宽度 $b = 2.5$cm，转速 $n = 1725$r/min，体积流量 $Q = 372$m^3/h，空气沿径向流入叶轮（$\alpha_1 = 90°$）. 进口压强 $p_1 = 9.7 \times 10^4$N/m^2，气温 $t_1 = 20$℃，气体流出气角 $\beta_2 = 30°$（假定流体是理想不可压缩的）.

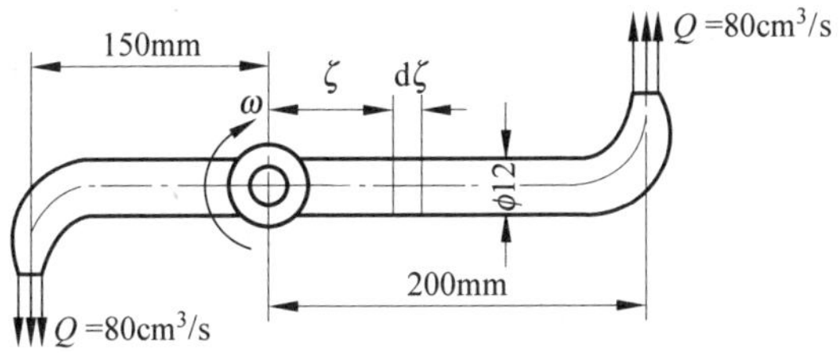

图 3.32　题 3.13 示意图

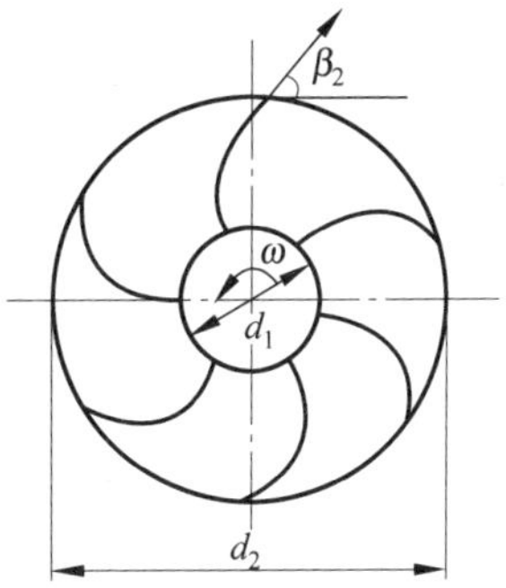

图 3.33　题 3.14 示意图

(1) 计算 c_1, u_1, w_1, β_1 及 c_2, u_2, w_2, α_2；

(2) 求所需的扭矩.

3.15　空气以 $U_1=100\text{m/s}$ 进入气罐，又以 $U_2=200\text{m/s}$ 离开气罐，如果流动是绝热的，空气也不做功，证明出口处空气温度比进口处低 14.9K.

3.16　有一射流泵(引射器)如图 3.34 所示. 高速流体从主流道中在 1-1 截面上以速度 U_1 喷出，带动流道中的流体在 1-1 截面上以速度 U_2 流出. 假定二者为同一不可压流体，这两股流体在等直径的混合室中由于流体间的摩擦和相互掺混，在出口截面 3-3 处速度变为均匀. 假定 1-1 截面上两股流体压力相同，混合室表面的摩擦力可以忽略，流道是定常的. 现测得 $A_1=0.0093\text{m}^2$，$A_3=0.093\text{m}^2$，$U_1=30.48\text{m/s}$，$U_2=3.04\text{m/s}$，$\rho=1000\text{kg/m}^3$，试求 U_3 和 p_3-p_1 值. 这里 A_1 是主流出口面积.

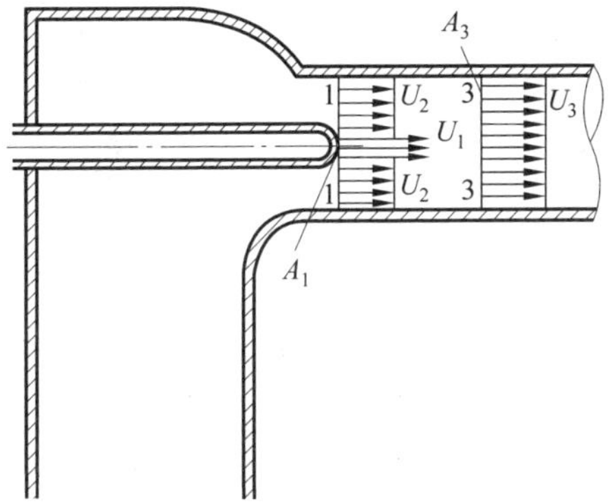

图 3.34　题 3.16 示意图

3.17　在管系中有一 90°弯管放在水平面上(图 3.35)，管径 $d_1=15\text{cm}$，$d_2=7.5\text{cm}$，入口处水的平均流速 $U_1=25\text{m/s}$，压强 $p_1=6.86\text{N/cm}^2$(表压)，不计阻力损失，流动为定常，试求支撑弯管所需的力.

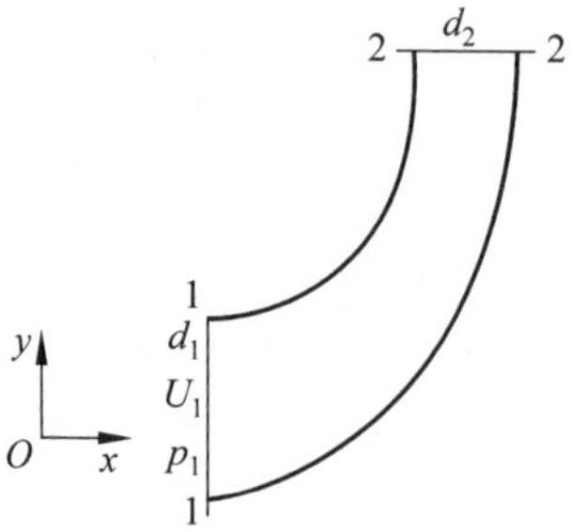

图 3.35 题 3.17 示意图

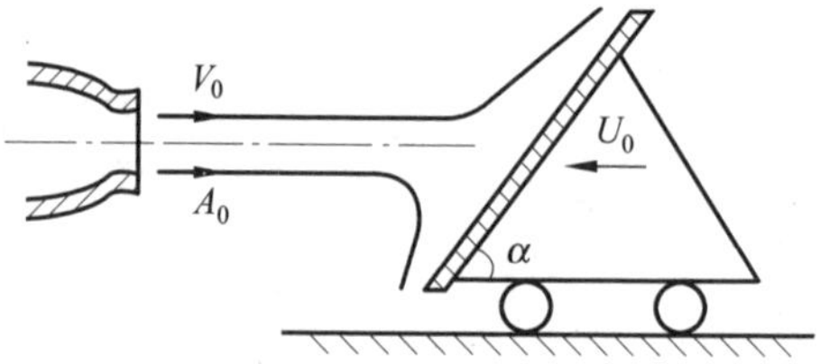

图 3.36 题 3.18 示意图

3.18 图 3.36 所示斜平板迎着射流以等速 U_0 运动，A_0 和 V_0 分别为固定喷口的出口面积和水流的绝对速度. 不计重力和摩擦力，并假定相对于斜平板的流动是定常的，水的密度为 ρ. 试导出维持平板运动所需功率.

3.19 流量为 Q_0 的自由射流与平板相遇(图 3.37)，其中一股流量为 Q_1 的流动偏转角为 90°，其余流动偏转角为 α，如图所示. 已知射流速度 $U_0=20\text{m/s}$，总流量 $Q_0=24\times10^{-3}\text{m}^3/\text{s}$ 及 $Q_1=8\times10^{-3}\text{m}^3/\text{s}$，$\rho=1000\text{kg/m}^3$，不计水的重量和粘性，并假定流动定常，在足够远处 U_1，U_2 均匀. 求：(1)Q_2，U_1，U_2，α；(2)平板所受的力.

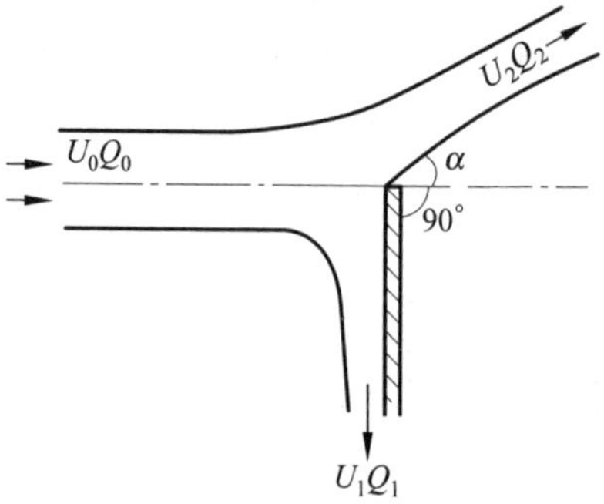

图 3.37 题 3.19 示意图

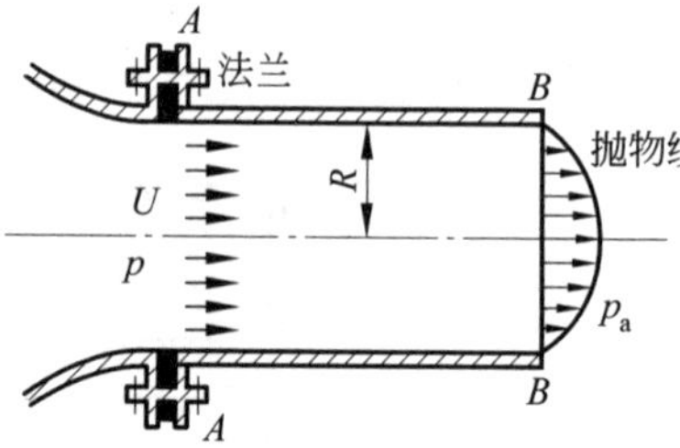

图 3.38 题 3.20 示意图

3.20 如图 3.38 所示，密度为 ρ 的不可压流体在 A-A 截面处均匀进入 AB 段圆管，由于粘性作用，在 B-B 截面处以抛物线速度分布流出. 测得进口 A-A 截面上压强为 p，速度为 U，大气压强为 p_a. 求管内流动作用在法兰上的力 F.

3.21 如图 3.39 所示，水箱 1 中的水经光滑无阻力的圆孔口水平射出，冲到一平板上. 平板封盖着另一水箱 2 的孔口，水箱 1 中水位高度为 h_1，

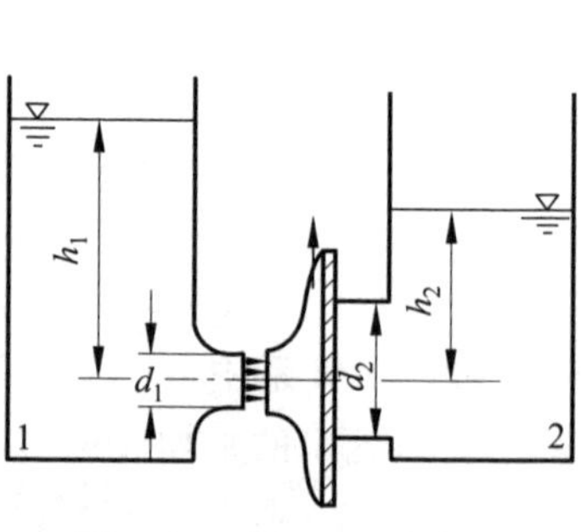

图 3.39 题 3.21 示意图

水箱 2 中水位高度为 h_2，两孔口中心重合，而且 $d_1=d_2/2$. 若射流的形状是对称的，冲击到平板后，转向平行于平板的方向，并向四周均匀流出. 假定流动为理想不可压定常流动，平板摩擦阻力和质量力不计. 当 h_1 为已知时，问 h_2 最大不能超过多少？

3.22 已知

$$\boldsymbol{P}=\begin{bmatrix} p_{xx} & p_{xy} & p_{xz} \\ p_{yx} & p_{yy} & p_{yz} \\ p_{zx} & p_{zy} & p_{zz} \end{bmatrix}$$

及坐标变换的方向余弦

	i	j	k
i'	l_1	m_1	n_1
j'	l_2	m_2	n_2
k'	l_3	m_3	n_3

l_i，m_i，n_i 为坐标轴间的方向余弦，求 $p_{x'x'}$ 和 $p_{y'z'}$ 的表达式.

3.23 证明正交曲线坐标系中的 $\nabla\cdot(\boldsymbol{P}\cdot\boldsymbol{U})$ 的表达式为

$$\nabla\cdot(\boldsymbol{P}\cdot\boldsymbol{U})=\delta_{ik}\frac{1}{h_k}\frac{\partial}{\partial x_k}(p_{ij}U_j)+\frac{p_{ij}U_j}{h_ih_k}\frac{\partial h_k}{\partial q_i}\bigg|_{k\neq i}$$

$\boldsymbol{P}$ 是应力张量，p_{ij} 是应力分量.

3.24 写出下列流体运动的连续性方程：

(1) 流体质点以角速度 ω 绕 z 轴作圆周运动；

(2) 流体轨迹位于绕 z 轴的圆柱面上；

(3) 流体质点在包含 z 轴的平面上运动；

(4) 流体质点位于与 z 轴同轴并有共同顶点(原点)的圆锥上.

3.25 写出下列流体运动的连续性方程：

(1) 流体质点作径向运动，且 $\boldsymbol{U}=\boldsymbol{U}(R,t)\boldsymbol{e}_R$；

(2) 流体质点在同心球面上运动.

3.26 证明：在 $\omega=$const. 的坐标系中，当理想气体均熵流动，并忽略质量力时，有

$$\frac{\mathrm{D}'}{\mathrm{D}t}\left(\frac{U'^2}{2}+h-\frac{U_e^2}{2}\right)=\frac{1}{\rho}\frac{\partial' p}{\partial t}$$

式中 $h=e+\dfrac{p}{\rho}$ 为单位质量的焓，U_e 为牵连速度的模，上角标"′"为相对于动坐标系中的导数或物理量.

3.27 水流通过截面积为 $s\times s$ 的正方形圆环形通道(图 3.40). 其中心线的曲率半径为 R，测得

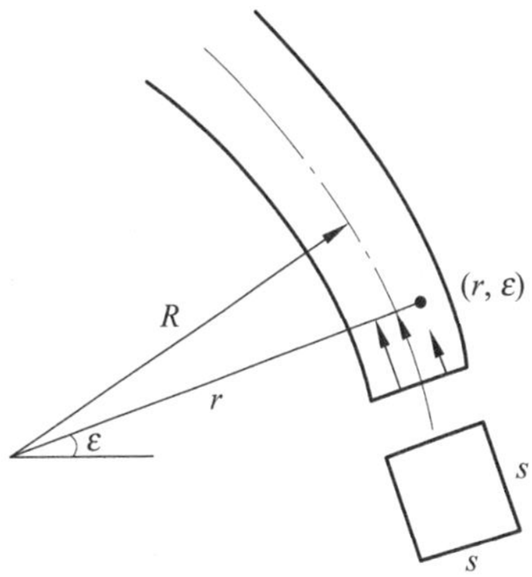

图 3.40　题 3.27 示意图

通道外侧与内侧压差为 Δp，假定流动为理想定常的，水流密度为 ρ，且已知通道内速度分布 $U_z=U_r=0, U_\varepsilon=A/r$，这里 A 为待定常数. 试证明通道内流量为

$$Q=\left(R^2-\frac{s^2}{4}\right)\sqrt{\frac{s\Delta p}{R\rho}}\ln\frac{2R+s}{2R-s}$$

3.28 证明静止的非正压流场中质量力必满足 $\boldsymbol{f}\cdot\nabla\times\boldsymbol{f}=\boldsymbol{0}$，又问若 $\boldsymbol{f}\cdot\nabla\times\boldsymbol{f}=\boldsymbol{0}$，流场是否一定静止.

3.29 给出如下质量力场，分别在(a)正压或不可压流场；(b)斜压流场 $\rho\neq\rho(p)$ 中说明流场是否可能静止.

(1) $\boldsymbol{f}=(y^2+yz+z^2)\boldsymbol{i}+(z^2+zx+x^2)\boldsymbol{j}+(x^2+xy+y^2)\boldsymbol{k}$；

(2) $\boldsymbol{f}=-\frac{k}{R^2}\boldsymbol{e}_R$，$k$ 为常数，$R>0$（球坐标）.

3.30 一倾斜式微压计，由一储液杯和一斜管组成，杯内自由液面上的压力为 p_a（图 3.41）. 斜管一端接待测压容器，设待测压力为 p_1，液体重度 $\gamma=\rho g$，若 $p_1=p_a$ 时，斜管中液柱读数为 a_0，试证明：

$$p_a-p_1=\gamma(a-a_0)\left(1+\frac{A_1}{A_2}\frac{1}{\sin\alpha}\right)\sin\alpha=K(a-a_0)$$

式中 A_1 为斜管截面积，A_2 为储液杯截面积，α 为斜管倾斜角，a 为测压时斜管液柱的读数，$K=\gamma\left(1+\frac{A_1}{A_2}\frac{1}{\sin\alpha}\right)\sin\alpha$. 又若已知 $K=4\text{kN/m}^3$，$a-a_0=65\text{mm}$，求 p_a-p_1.

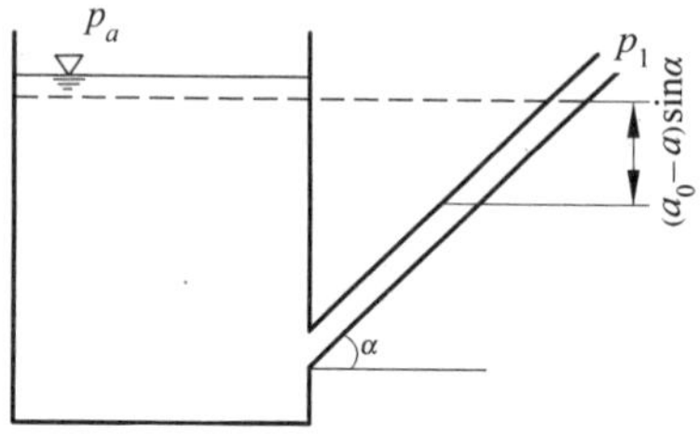

图 3.41 题 3.30 示意图

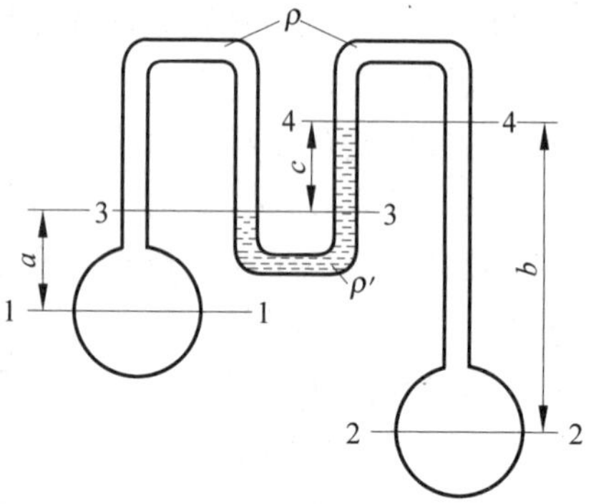

图 3.42 题 3.31 示意图

3.31 有一差式测压管，连通方式如图 3.42 所示，若测得 a,b,c 值，求 1-1 截面和 2-2 截面上的压力差 p_1-p_2. 设连通管中两种液体的密度 ρ 和 ρ' 为已知.

3.32 直径为 1.5m 气象用的探空气球，携带一仪器盒，质量为 0.4kg. 仪器盒体积可以略去不计，求此气球可能上升的高度.

3.33 如图 3.43 所示水坝的平板闸门，求开启时所需的提升力 F. 已知闸门与闸墩之间的摩擦系数为 0.2，闸门质量为 10000kg，闸门高 3m，宽 10m.

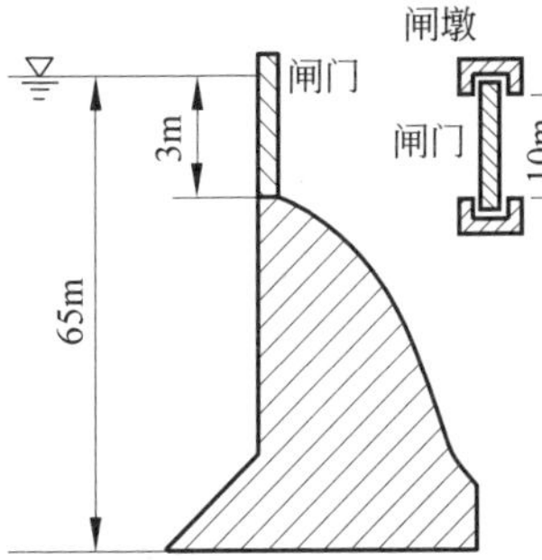

图 3.43　题 3.33 示意图

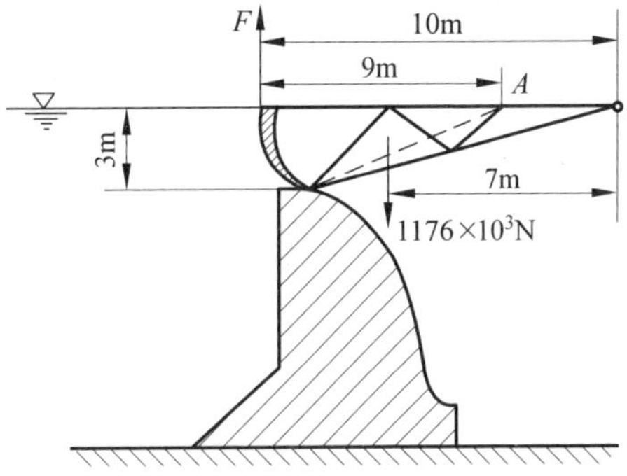

图 3.44　题 3.34 示意图

3.34　如图 3.44 所示水坝，求开启弧形闸门时所需的提升力 F. 已知弧形闸门的圆弧半径为 9m，闸门宽度为 10m，闸门和桁架的重量为 1176×10^3N，重心与 O 点的水平距离为 7m，闸门的作用力距 O 点为 10m，不计闸门和闸墩之间的摩擦力. 图中 A 点为圆弧几何中心，O 点为闸门铰链中心.

3.35　如图 3.45 所示，求流体垂直作用于半径为 a 的四分之一圆板上的总作用力 F 和压力中心 C 的位置. 已知 Ox 与流体自由水平面重合，自由面上压力为零.

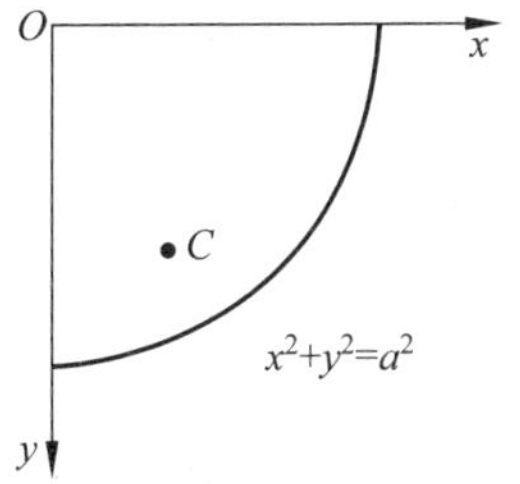

图 3.45　题 3.35 示意图

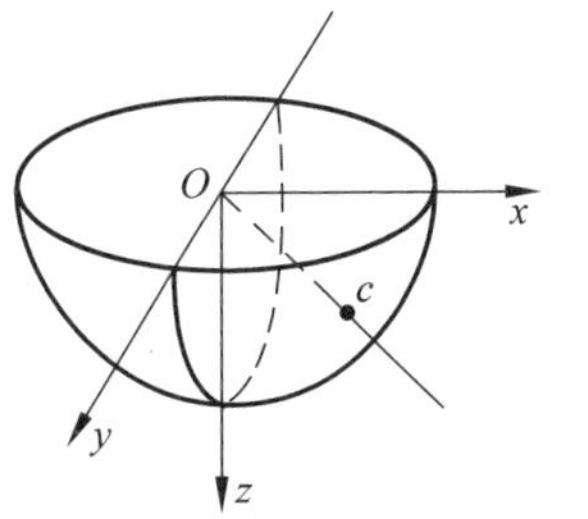

图 3.46　题 3.36 示意图

3.36　半径为 a 具有垂直轴 Oz 的半球内盛满液体(图 3.46). 求被 Oxz 和 Oyz 两正交平面所切开的四分之一球面上压力的合力 F 及压力中心 c 的位置(合力作用于球面的位置). 水面上压力为零.

3.37　一个充满水的密闭容器，以等角速度 ω 绕一水平轴旋转. 证明它的等压面为圆柱面，且该圆柱面的轴线比转动轴高 g/ω^2.

3.38　(儒可夫斯基疑题)在一盛满液体的容器的垂直壁面上装一均匀圆柱(图 3.47)，可以无摩擦地绕水平轴 O 旋转，圆柱的一半在所有时间均保持沉没于液体之内. 根据阿基米德原理，似乎圆柱受到一个向上的力可以迫使圆柱旋转，这样似乎不要消耗能量便可以得到功，即永动机可以实现了. 试说明为何圆柱不会旋转？求液体作用于圆柱的合力 F 及其压力中心的位置（合力作用于圆柱表面的位置）.

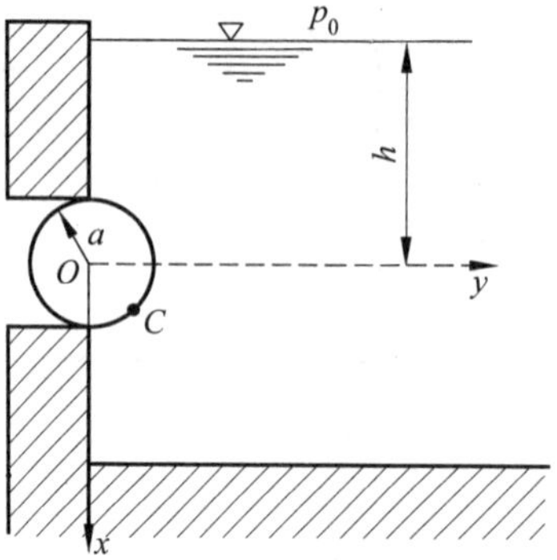

图 3.47　题 3.38 示意图

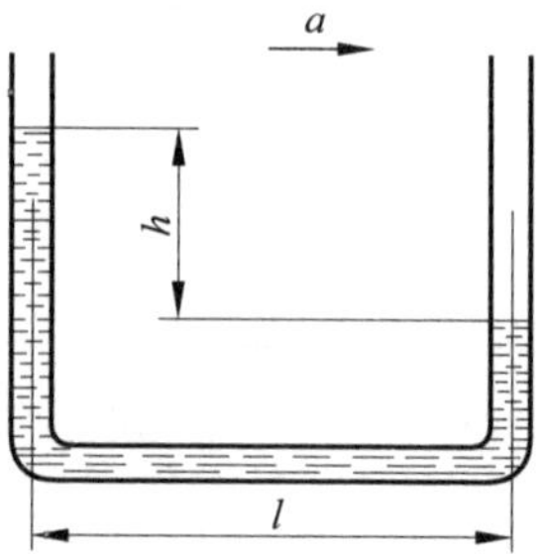

图 3.48　题 3.39 示意图

3.39　利用装有液体并与物体一起运动的U形管测量物体的加速度，如图 3.48 所示. U形管直径很小，$l=30\text{cm}$、$h=5\text{cm}$. 求物体加速度 a.

3.40　如图 3.49 所示，密闭容器内的气体压强 p_b（小于大气压强）始终保持不变，U形管随容器一起运动. 试建立U形管读数 h 和 $a,\omega,r_1,r_2,p_b,\rho$ 之间的关系. 设(1)容器垂直向上运动，加速度为 a；(2)容器以角速度 ω 绕中心轴旋转.

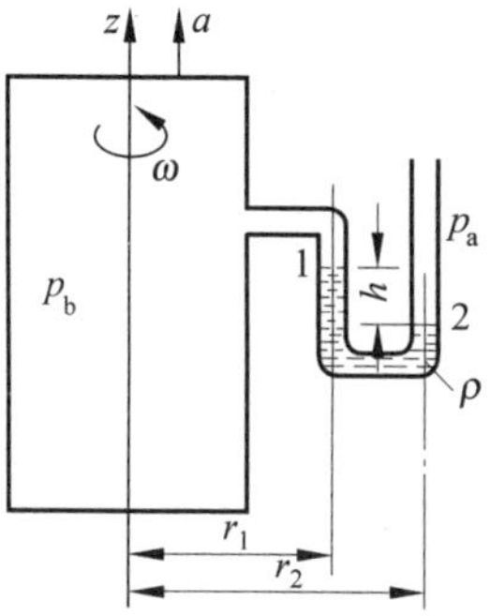

图 3.49　题 3.40 示意图

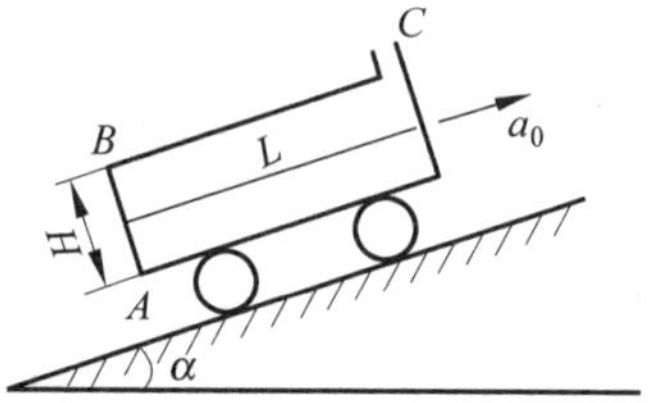

图 3.50　题 3.41 示意图

3.41　盛满水的容器长为 L，高为 H，宽为1，在右上角 C 处与大气相通，它以等加速度 a_0 沿倾斜角为 α 的坡面向上行驶，求容器内 A 角及 B 角处的压力（图 3.50）.

3.42　盛水圆筒绕一铅垂轴以 ω 等速转动（图 3.51）. 圆筒半径为 a，圆筒中心 O' 到转动轴的距离为 R，静止水面高度为 h，求自由面形状.

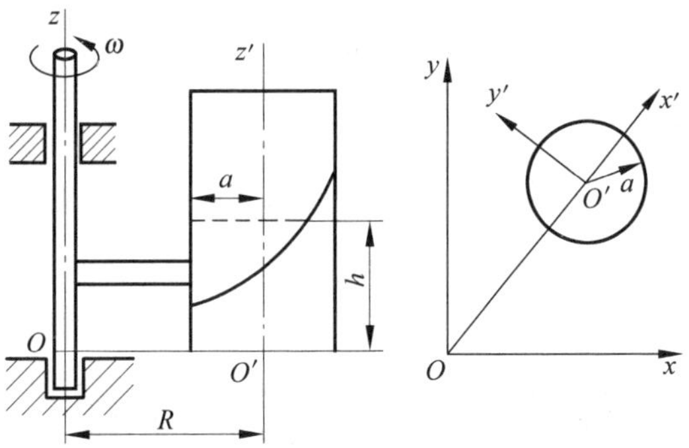

图 3.51 题 3.42 示意图

思 考 题

S3.1 船上安装水泵从船外吸入河水，经水泵再喷出船外，这种装置是否能推动该船前进？为什么？

S3.2 由螺旋桨推进的飞机，桨前方的空气速度（相对于飞机）和桨后的速度（相对于飞机）应有什么关系？

S3.3 应用理想不可压缩流体模型求解两股平行但流速不同的汇合流动，或从直管流入突然扩张/突然收缩管道时，流体的动量和动能是否有损失？

S3.4 在旋转系统中研究流体运动，除了重力以外，还有什么体积力？这些体积力是否对流体做功？在旋转系统中用文丘里管测量流速，其计算公式和静止系统是否相同？

第 4 章 理想流体动力学

本章详细介绍忽略流体粘性的理想流体运动的理论分析和计算方法以及它们的主要性质.

4.1 理想流体运动的基本方程和初边值条件

理想流体是真实流体的一种近似模型,这种近似使流体动力学问题大为简化,到19世纪末,理想流体动力学已经形成完整的理论体系.历史上,20世纪以前,所谓的水动力学(Hydrodynamics)实际上是理想流体动力学.然而,当时工程界对理想流体动力学理论是否符合实际常常提出质疑.理想流体动力学的最主要缺陷是不能预测在流体中运动物体的阻力.理想流体动力学从纯理论的学科成为有广泛工程应用的科学分支始于20世纪初.德国流体力学家普朗特发现了绕流物体表面的边界层现象,这一现象揭示了"稀流体"(粘性较小的流体)绕流线形物体运动时,粘性只在物体表面很薄一层里才对流动有显著的影响,忽略边界层厚度和流体粘性而用理想流体动力学理论来预测流线形物体表面上的压强分布和实际情况符合得很好.这一发现不仅说明了理想流体动力学理论的适用范围,而且在飞机工业的发展中起了推动作用,最主要的早期贡献是用理想流体动力学理论正确解释了飞机机翼上升力产生的原因.迄今为止,对于没有流动分离的绕流现象,理想流体动力学是关于预测流场和物面压强分布相当好的理论和方法.至于超出理想流体近似范围以外的流动现象,需要应用粘性流体力学知识来解释和研究. 本章先介绍理想流体动力学，第 8 章介绍粘性流体力学.

理想流体包括理想不可压缩流体(液体)和理想可压缩气体.

1. 理想流体运动的基本方程——欧拉方程

理想流体忽略粘性，它的应力状态是各向同性的，即

$$T_{ij} = -p\delta_{ij} \tag{4.1}$$

将它代入第 3 章导出的流体动力学守恒方程，得到向量形式的理想流体动力学方程组如下：

连续性方程

$$\frac{\partial \rho}{\partial t} + \nabla \cdot \rho \boldsymbol{U} = 0 \tag{4.2a}$$

运动方程

$$\frac{\partial \boldsymbol{U}}{\partial t} + \boldsymbol{U} \cdot \nabla \boldsymbol{U} = -\frac{1}{\rho} \nabla p + \boldsymbol{f} \tag{4.2b}$$

能量方程

$$\frac{\partial}{\partial t}\left(e + \frac{|\boldsymbol{U}|^2}{2}\right) + \boldsymbol{U} \cdot \nabla \left(e + \frac{|\boldsymbol{U}|^2}{2}\right) = -\frac{1}{\rho} \nabla \cdot (p\boldsymbol{U}) + \boldsymbol{f} \cdot \boldsymbol{U} + \dot{q} \tag{4.2c}$$

在直角坐标系中上述方程表示为

连续性方程

$$\frac{\partial \rho}{\partial t} + \frac{\partial \rho u}{\partial x} + \frac{\partial \rho v}{\partial y} + \frac{\partial \rho w}{\partial z} = 0 \tag{4.3a}$$

$$\begin{cases} \dfrac{\partial u}{\partial t} + u\dfrac{\partial u}{\partial x} + v\dfrac{\partial u}{\partial y} + w\dfrac{\partial u}{\partial z} = -\dfrac{1}{\rho}\dfrac{\partial p}{\partial x} + f_x \\ \dfrac{\partial v}{\partial t} + u\dfrac{\partial v}{\partial x} + v\dfrac{\partial v}{\partial y} + w\dfrac{\partial v}{\partial z} = -\dfrac{1}{\rho}\dfrac{\partial p}{\partial y} + f_y \\ \dfrac{\partial w}{\partial t} + u\dfrac{\partial w}{\partial x} + v\dfrac{\partial w}{\partial y} + w\dfrac{\partial w}{\partial z} = -\dfrac{1}{\rho}\dfrac{\partial p}{\partial z} + f_z \end{cases} \tag{4.3b}$$

能量方程

$$\frac{\partial}{\partial t}\left(e + \frac{|\boldsymbol{U}|^2}{2}\right) + u\frac{\partial}{\partial x}\left(e + \frac{|\boldsymbol{U}|^2}{2}\right) + v\frac{\partial}{\partial y}\left(e + \frac{|\boldsymbol{U}|^2}{2}\right) + w\frac{\partial}{\partial z}\left(e + \frac{|\boldsymbol{U}|^2}{2}\right)$$

$$= -\frac{1}{\rho}\left[\frac{\partial (pu)}{\partial x} + \frac{\partial (pv)}{\partial y} + \frac{\partial (pw)}{\partial z}\right] + uf_x + vf_y + wf_z + \dot{q} \tag{4.3c}$$

理想流体运动的控制方程又称欧拉方程.

对于均质不可压缩流体，它的密度 $\rho=\text{const.}$，因此式(4.2a)，式(4.2b)可简化为

$$\nabla \cdot \boldsymbol{U} = 0 \tag{4.4a}$$

$$\frac{\partial \boldsymbol{U}}{\partial t}+\boldsymbol{U}\cdot\nabla\boldsymbol{U}=-\frac{1}{\rho}\nabla p+\boldsymbol{f} \tag{4.4b}$$

由于不可压缩流体微团的体积膨胀率等于零,因此微团上的体积膨胀功也为零,从而微团的内能增长率等于外界输入的热量,即 $\mathrm{d}e/\mathrm{d}t=\dot{q}$,于是能量方程(4.3c)简化为

$$\frac{\partial}{\partial t}\left(\frac{|\boldsymbol{U}|^2}{2}\right)+\boldsymbol{U}\cdot\nabla\left(\frac{|\boldsymbol{U}|^2}{2}\right)=-\frac{1}{\rho}\nabla\cdot(p\boldsymbol{U})+\boldsymbol{f}\cdot\boldsymbol{U} \tag{4.4c}$$

上式也可以直接由运动方程式(4.4b)点乘速度向量 $\boldsymbol{U}$ 后导出,因此不可压缩理想流体的能量方程也就是运动方程的能量积分,它不再是独立的方程. 事实上,不可压缩流体的密度不随压强变化,是给定的物性参数,所以方程组(4.4a),(4.4b)已组成封闭方程组.

对于完全气体,有以下的热力学状态方程:

$$p=R\rho T \tag{4.5a}$$

$$e=c_v T \tag{4.5b}$$

其中 R 为气体常数,由下式算出:

$$R=\frac{8314}{\mu} \tag{4.6}$$

R 的单位是 $\mathrm{N}\cdot\mathrm{M}\cdot\mathrm{kg}^{-1}\cdot\mathrm{K}^{-1}$,$\mu$ 是气体的相对分子质量,例如,空气的相对分子质量是 29,$R=\frac{8314}{29}=287$. 式(4.5b)中,c_V 是气体的比定容热容,对于完全气体来说

$$c_V=\frac{R}{\gamma-1} \tag{4.7}$$

$$\gamma=\frac{c_p}{c_V} \tag{4.8}$$

式中,c_p 是气体的比定压热容,γ 称作比热容比或绝热指数. 方程组(4.2a)、(4.2b),(4.2c)和(4.5a),(4.5b)联立构成完全气体运动的基本方程组.

2. 初边值条件

(1) 初始条件

对于非定常流动,应给出流场的初始状态,即 $t=0$ 时的速度场、压强场和密度场:

$$\boldsymbol{U}(\boldsymbol{x},0)=\boldsymbol{U}(\boldsymbol{x}),\quad p(\boldsymbol{x},0)=p(\boldsymbol{x}),\quad \rho(\boldsymbol{x},0)=\rho(\boldsymbol{x}) \tag{4.9}$$

对于定常流动,任何时刻流动状态都相同,基本方程中局部导数项等于零,这时就不需要给出初始条件.

(2) 边界条件

① 固体壁面的不可穿透条件

理想流体忽略粘性,在固体壁面上不存在剪应力,因此理想流体质点在壁面上可

以任意滑动.固体壁面的约束条件是：垂直于壁面的法向速度连续，即

$$(\boldsymbol{U}\cdot\boldsymbol{n})_{\Sigma}=(\boldsymbol{U}_b\cdot\boldsymbol{n})_{\Sigma} \tag{4.10}$$

$\boldsymbol{U}_b$ 为固体壁面上任一点的移动速度，$\boldsymbol{U}$ 为同一点流体质点速度，$\boldsymbol{n}$ 为该点固壁面的法向量.当给出壁面 Σ 的解析式时：

$$\Sigma:F(x,y,z,t)=0 \tag{4.11}$$

壁面条件(4.10)可以由壁面方程表示为(直角坐标)

$$\frac{\partial F}{\partial t}+u\frac{\partial F}{\partial x}+\nu\frac{\partial F}{\partial y}+w\frac{\partial F}{\partial z}=0 \tag{4.12}$$

式中 u,v,w 是壁面上流体质点速度分量.式(4.12)可证明如下，对壁面函数式(4.11)求全导数，得

$$\frac{\mathrm{d}F}{\mathrm{d}t}=\frac{\partial F}{\partial t}+\frac{\partial F}{\partial x}\frac{\mathrm{d}x}{\mathrm{d}t}+\frac{\partial F}{\partial y}\frac{\mathrm{d}y}{\mathrm{d}t}+\frac{\partial F}{\partial z}\frac{\mathrm{d}z}{\mathrm{d}t}=0$$

式中 $\mathrm{d}x/\mathrm{d}t,\mathrm{d}y/\mathrm{d}t,\mathrm{d}z/\mathrm{d}t$ 是壁面上任意点(x,y,z)的速度分量；壁面上任一点的法向量可用壁面方程表示如下：

$$\boldsymbol{n}=\frac{\nabla F}{|\nabla F|}=\frac{\dfrac{\partial F}{\partial x}\boldsymbol{e}_x+\dfrac{\partial F}{\partial y}\boldsymbol{e}_y+\dfrac{\partial F}{\partial z}\boldsymbol{e}_z}{\sqrt{\left(\dfrac{\partial F}{\partial x}\right)^2+\left(\dfrac{\partial F}{\partial y}\right)^2+\left(\dfrac{\partial F}{\partial z}\right)^2}} \tag{4.13}$$

于是壁面速度的法向分量为

$$\boldsymbol{U}_B\cdot\boldsymbol{n}=\frac{\dfrac{\partial F}{\partial x}\dfrac{\mathrm{d}x}{\mathrm{d}t}+\dfrac{\partial F}{\partial y}\dfrac{\mathrm{d}y}{\mathrm{d}t}+\dfrac{\partial F}{\partial z}\dfrac{\mathrm{d}z}{\mathrm{d}t}}{\sqrt{\left(\dfrac{\partial F}{\partial x}\right)^2+\left(\dfrac{\partial F}{\partial y}\right)^2+\left(\dfrac{\partial F}{\partial z}\right)^2}}=\frac{-\dfrac{\partial F}{\partial t}}{\sqrt{\left(\dfrac{\partial F}{\partial x}\right)^2+\left(\dfrac{\partial F}{\partial y}\right)^2+\left(\dfrac{\partial F}{\partial z}\right)^2}}$$

位于壁面上的流体质点速度法向分量为

$$\boldsymbol{U}\cdot\boldsymbol{n}=-\frac{u\dfrac{\partial F}{\partial x}+v\dfrac{\partial F}{\partial y}+w\dfrac{\partial F}{\partial z}}{\sqrt{\left(\dfrac{\partial F}{\partial x}\right)^2+\left(\dfrac{\partial F}{\partial y}\right)^2+\left(\dfrac{\partial F}{\partial z}\right)^2}}$$

由于$(\boldsymbol{U}\cdot\boldsymbol{n})_{\Sigma}=(\boldsymbol{U}_B\cdot\boldsymbol{n})_{\Sigma}$，可得式(4.12).

第2章中曾经指出，运动学的公式和坐标系的选择有关.下面给出几种常用的固壁上流体运动学条件的具体表达式.

(i) 在固定坐标系中静止固壁的边界条件(见图4.1)

静止固壁的物面方程和时间无关，即有$\dfrac{\partial F}{\partial t}=0$，此时固壁上的边界条件为

$$u\frac{\partial F}{\partial x}+v\frac{\partial F}{\partial y}+w\frac{\partial F}{\partial z}=0 \tag{4.14}$$

(ii) 在固定坐标系中沿 x 正方向匀速移动固壁的边界条件(见图4.1)

此时，在固结于运动物体上的坐标系(x',y',z')中壁面方程和时间无关，可写作

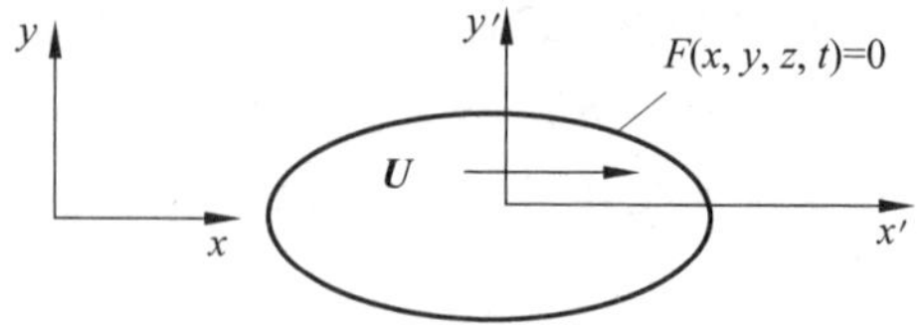

图 4.1 物面边界条件示意图

(x,y,z)为固定坐标系；(x',y',z')为固结在物体上的坐标系

$F(x',y',z')=0$，因此，在固结于运动物体上的坐标系(x',y',z')中，固壁上的边界条件和式(4.14)相同，即

$$u'\frac{\partial F}{\partial x'}+v'\frac{\partial F}{\partial y'}+w'\frac{\partial F}{\partial z'}=0$$

式中 u',v',w'是流体在移动坐标系中的相对速度.

在固定坐标系中匀速移动固壁的边界条件可用以下方法导出.匀速运动坐标系和固定坐标系的变换式为

$$x'=x-Ut,\quad y'=y,\quad z'=z$$

因而在固定坐标系中界面方程可写作：

$$F(x-Ut,y,z)=0$$

此时，$\frac{\partial F}{\partial t}=\frac{\partial F}{\partial x'}\frac{\partial x'}{\partial t}=-U\frac{\partial F}{\partial x'}$，$\frac{\partial F}{\partial x}=\frac{\partial F}{\partial x'}$，$\frac{\partial F}{\partial y}=\frac{\partial F}{\partial y'}$，$\frac{\partial F}{\partial z}=\frac{\partial F}{\partial z'}$，因而在固定坐标系中平移运动固壁上边界条件为

$$U\frac{\partial F}{\partial x}=u\frac{\partial F}{\partial x}+v\frac{\partial F}{\partial y}+w\frac{\partial F}{\partial z} \tag{4.15}$$

U 是固壁的移动速度.

(iii) 两种互不掺混液体的可变界面，仍假设界面方程为 $F(x,y,z,t)=0$，这时界面两侧流体质点的法向速度应当连续，并等于对应点上界面的法向速度，也就是说界面两侧流体运动都应当满足方程(4.12)，因而有

$$-\frac{\partial F}{\partial t}=u_+\frac{\partial F}{\partial x}+v_+\frac{\partial F}{\partial y}+w_+\frac{\partial F}{\partial z}=u_-\frac{\partial F}{\partial x}+v_-\frac{\partial F}{\partial y}+w_-\frac{\partial F}{\partial z} \tag{4.16}$$

下标“＋”、“－”表示界面两侧.

例 4.1 写出流体绕过半径为 R 的固定圆球表面的边界条件.

解 设圆心在坐标原点，则圆球表面的方程为

$$F(x,y,z)=x^2+y^2+z^2-R^2=0$$

$$\frac{\partial F}{\partial x}=2x,\quad \frac{\partial F}{\partial y}=2y,\quad \frac{\partial F}{\partial z}=2z$$

故圆球上的边界条件为

$$ux+vy+wz=0$$

或写成球坐标中的表达式：

$$u_R = 0$$

例 4.2 写出椭球在流体中沿其长轴方向运动时，椭球面上理想流体运动边界条件，设椭球的三个半轴长度分别为 a,b,c $(a>b>c)$.

解 固结在椭球上的物面方程为

$$\frac{x'^2}{a^2}+\frac{y'^2}{b^2}+\frac{z'^2}{c^2}=1$$

固结在椭球上的坐标系的边界条件为

$$\frac{ux'}{a^2}+\frac{vy'}{b^2}+\frac{wz'}{c^2}=0$$

固结在地面的运动椭球面的方程为

$$F(x,y,z,t)=\frac{(x-Ut)^2}{a^2}+\frac{y^2}{b^2}+\frac{z^2}{c^2}-1=0$$

固结在地面的坐标系中，椭球面上流体运动不可穿透条件为

$$\frac{x-Ut}{a^2}U=\frac{u(x-Ut)}{a^2}+\frac{vy}{b^2}+\frac{wz}{c^2}$$

② 无穷远处条件

当物体在无界静止理想流体中运动时，流体受运动物体驱动，物体对流体所做功总是有限值，因此流体的总动能也应是有限值，对于不可压缩流体距运动物体越远，流体运动速度越小，在无穷远处，流体仍保持静止状态. 因而有

$$|\boldsymbol{x}|\to\infty,\quad \boldsymbol{U}=\boldsymbol{0},\quad p=p_\infty,\quad \rho=\rho_\infty \tag{4.17}$$

式中 p_∞,ρ_∞ 为无穷远处静止流体的热力学状态.

③ 绕流条件

众所周知，运动学边界条件和参考坐标系有关. 在静止无界流体中，由匀速运动物体驱动的流场是不定常的，如果把参考坐标系固结在运动物体上，那么物面是静止的，流体由远方流向物体，称这种流动为绕流. 由于匀速直线运动的坐标系是惯性坐标系，而在任意惯性坐标系中物体相互作用的动力学关系不变，因此无界静止流体中匀速直线运动物体驱动的流场常用绕流方法处理. 设物体以 $\boldsymbol{U}_\infty$ 速度在无界静止的流场中运动，则参考坐标系固结在运动物体上时，无穷远处的来流条件为

$$|\boldsymbol{x}|\to\infty,\quad \boldsymbol{U}=\boldsymbol{U}_\infty,\quad p=p_\infty,\quad \rho=\rho_\infty \tag{4.18}$$

(3) 两种互不掺混流体界面的应力条件

两种互不掺混流体界面上有流体的表面张力，因此弯曲界面两侧的压强不相等，第 1 章已经导出弯曲界面两侧压强差为

$$p_+-p_-=\gamma\left(\frac{1}{R_1}+\frac{1}{R_2}\right) \tag{4.19}$$

p_+ 是凹面上流体压强，p_- 是凸面上流体压强，γ 是表面张力系数. 当表面张力可以忽略不计时，界面两侧的压强应当相等.

有了封闭方程组和流动问题的初始及边界条件，用解析方法或是数值方法就可以解出具体的流场. 在具体求解流动方程之前，对流动基本性质有足够的了解，会有助于求解具体的流动问题，下面先介绍理想流体在势力场中运动的若干主要性质.

4.2 理想流体在势力场中运动的主要性质

1. 凯尔文定理——沿流体线的环量不变定理

定理 4.1 理想正压流体在势力场中运动时，连续流场内沿封闭流体线的速度环量不随时间变化.

先证明一个运动学定理：**沿任意封闭流体线速度环量的随体导数等于封闭周线上的加速度环量**，即应有以下等式：

$$\frac{\mathrm{D}}{\mathrm{D}t}\oint_{l(t)} \boldsymbol{U}\cdot\delta\boldsymbol{x} = \oint_{l(t)} \frac{\mathrm{D}\boldsymbol{U}}{\mathrm{D}t}\cdot\delta\boldsymbol{x} \tag{4.20}$$

式(4.20)证明如下：设 $l(t)$ 是 t 时刻的封闭流体线，在 $\mathrm{d}t$ 时刻后它随流体质点移动到 $l'(t+\mathrm{d}t)$，考察上述两时刻的速度环量差：

$$\Gamma_{l'} - \Gamma_l = \oint_{l'} \boldsymbol{U}(\boldsymbol{x}+\mathrm{d}\boldsymbol{x}, t+\mathrm{d}t)\cdot\delta\boldsymbol{x}' - \oint_{l} \boldsymbol{U}(\boldsymbol{x}, t)\cdot\delta\boldsymbol{x}$$

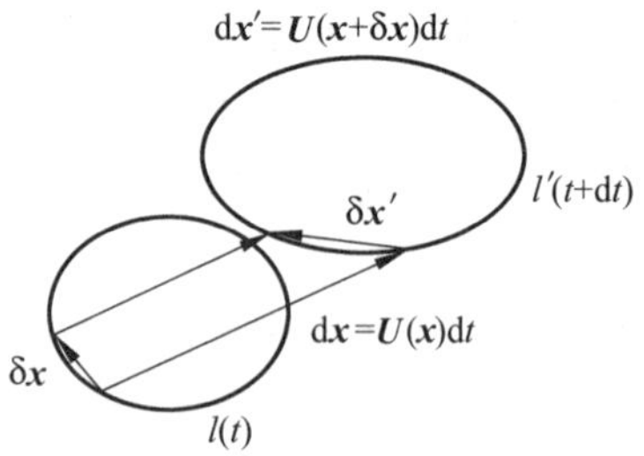

图 4.2 证明式(4.20)用图

$l(t)$是 t 时刻的封闭流体线；$l'(t+\mathrm{d}t)$是流体线 $l(t)$在 $t+\mathrm{d}t$ 时刻的位置

为了明确起见，质点位移用 $\mathrm{d}\boldsymbol{x}$ 表示，封闭周线上微元弧长用 $\delta\boldsymbol{x}$ 表示. 参考图 4.2，流体周线 l' 上微元弧长 $\delta\boldsymbol{x}'$ 和对应流体 l 周线上 $\delta\boldsymbol{x}$ 之间有以下关系：

$$\begin{aligned}\delta\boldsymbol{x}' &= \delta\boldsymbol{x} + \mathrm{d}\boldsymbol{x}' - \mathrm{d}\boldsymbol{x} \\ &= \delta\boldsymbol{x} + [\boldsymbol{U}'(\boldsymbol{x}+\delta\boldsymbol{x}, t) - \boldsymbol{U}(\boldsymbol{x}, t)]\mathrm{d}t + O(\mathrm{d}t^2) \\ &= \delta\boldsymbol{x} + \delta\boldsymbol{U}\mathrm{d}t + O(\mathrm{d}t^2)\end{aligned}$$

式中 $\delta\boldsymbol{U}$ 是 t 时刻在微元线段 $\delta\boldsymbol{x}$ 上两点速度向量差. 将此微元弧长的关系式代入前式，可求得 $\mathrm{d}t$ 时间内封闭流体周线上的环量差为

$$\Gamma_{l'} - \Gamma_l = \oint_{l'} [\boldsymbol{U}(\boldsymbol{x}+\mathrm{d}\boldsymbol{x}, t+\mathrm{d}t) - \boldsymbol{U}(\boldsymbol{x}, t)]\cdot\delta\boldsymbol{x} + \oint_l \boldsymbol{U}\cdot\delta\boldsymbol{U}\mathrm{d}t + O(\mathrm{d}t^2)$$

流体线上速度环量的质点导数

$$\frac{\mathrm{d}\Gamma}{\mathrm{d}t}=\lim_{\mathrm{d}t\to 0}\left[\frac{1}{\mathrm{d}t}\left(\oint_{l'}\boldsymbol{U}'\cdot\delta\boldsymbol{x}'-\oint_{l}\boldsymbol{U}\cdot\delta\boldsymbol{x}\right)\right]$$

$$=\lim_{\mathrm{d}t\to 0}\left[\oint\frac{\boldsymbol{U}(\boldsymbol{x}+\mathrm{d}\boldsymbol{x},t+\mathrm{d}t)-\boldsymbol{U}}{\mathrm{d}t}\cdot\delta\boldsymbol{x}+\oint\boldsymbol{U}\cdot\delta\boldsymbol{U}+O(\mathrm{d}t^2)\right]$$

因为 $\boldsymbol{U}(\boldsymbol{x}+\mathrm{d}\boldsymbol{x},t+\mathrm{d}t)-\boldsymbol{U}(\mathrm{d}\boldsymbol{x},\mathrm{d}t)$ 是质点速度增量，所以

$$\lim_{\mathrm{d}t\to 0}\frac{\boldsymbol{U}(\boldsymbol{x}+\mathrm{d}\boldsymbol{x},t+\mathrm{d}t)-\boldsymbol{U}}{\mathrm{d}t}=\boldsymbol{a}$$

是质点的加速度. 另一方面

$$\oint\boldsymbol{U}\cdot\delta\boldsymbol{U}=\oint\delta(u^2+v^2+w^2)$$

是封闭周线上全微分的积分，故此积分等于零，于是

$$\frac{\mathrm{d}\Gamma}{\mathrm{d}t}=\oint_{l}\boldsymbol{a}\cdot\delta\boldsymbol{x}=\oint_{l}\frac{\mathrm{D}\boldsymbol{U}}{\mathrm{D}t}\cdot\delta\boldsymbol{x}$$

证毕.

下面进一步证明凯尔文定理. 理想流体的运动方程为

$$\frac{\mathrm{D}\boldsymbol{U}}{\mathrm{D}t}=-\frac{1}{\rho}\boldsymbol{\nabla}p+\boldsymbol{f}$$

当外力场有势时，质量力是力势 Π 的梯度，即 $\boldsymbol{f}=-\boldsymbol{\nabla}\Pi$. 如流体是正压的，即压强是密度的一元函数，$p=p(\rho)$，则可定义压力函数 $\mathscr{P}(\rho)$（见第 3 章）如下

$$\mathscr{P}=\int\frac{\mathrm{d}p}{\rho}$$

或

$$\mathrm{d}\mathscr{P}=\frac{\mathrm{d}p}{\rho}$$

$$\boldsymbol{\nabla}\mathscr{P}=\frac{\boldsymbol{\nabla}p}{\rho}$$

将质量力势和压力函数代入运动方程，得

$$\frac{\mathrm{D}\boldsymbol{U}}{\mathrm{D}t}=-\boldsymbol{\nabla}\mathscr{P}-\boldsymbol{\nabla}\Pi \tag{4.21}$$

将上式在封闭流体线上积分，有

$$\oint\frac{\mathrm{D}\boldsymbol{U}}{\mathrm{D}t}\cdot\delta\boldsymbol{x}=-\oint\boldsymbol{\nabla}\mathscr{P}\cdot\delta\boldsymbol{x}-\oint\boldsymbol{\nabla}\Pi\cdot\delta\boldsymbol{x}=0$$

等式右边两项都是全微分的回路积分，因而等于零. 按前面证明的预备定理（式(4.20)），上式左边加速度环量等于速度环量的随体导数，于是有

$$\frac{\mathrm{d}\Gamma}{\mathrm{d}t}=\oint_{l}\frac{\mathrm{D}\boldsymbol{U}}{\mathrm{D}t}\cdot\delta\boldsymbol{x}=0 \tag{4.22}$$

证毕.

利用凯尔文定理可以推断理想正压流体在势力场中运动时涡量的重要性质.

2. 拉格朗日定理——涡量不生不灭定理

定理 4.2 理想正压流体在势力场中运动时，如某一时刻连续流场无旋，则流场始终无旋.

证明 设 $t=t_0$ 时刻流场无旋，则流场中任意点都有 $\boldsymbol{\omega}=\nabla\times\boldsymbol{U}=\boldsymbol{0}$，因而在流场中通过任意曲面上的涡通量也等于零，即

$$\int_A \boldsymbol{\omega}\cdot\boldsymbol{n}\mathrm{d}A=0$$

在流体运动学中我们已经证明：任意封闭周线上的速度环量等于通过张在该周线上曲面的涡通量（斯托克斯公式），因此初始时刻任意封闭周线上的环量也等于零，即

$$\Gamma=\oint_{l_0}\boldsymbol{U}\cdot\delta\boldsymbol{x}=\int_A \boldsymbol{\omega}\cdot\boldsymbol{n}\mathrm{d}A=0$$

取任意初始封闭曲线为流体线，当跟随它运动时，根据凯尔文定理，在这些封闭曲线上的环量始终为零. 换言之，任意时刻，任意封闭周线上

$$\Gamma=\oint_{l(t)}\boldsymbol{U}\cdot\delta\boldsymbol{x}=0$$

再利用斯托克斯公式，可以证明任意时刻通过张在任意封闭曲线 $l(t)$ 上曲面的涡通量等于零，即 $\int_{A(t)}\boldsymbol{\omega}\cdot\boldsymbol{n}\mathrm{d}A=0$. 因为积分式中 $A(t)$ 是流场中的任意曲面（任意位置和任意方向），因而处处有

$$\boldsymbol{\omega}=\boldsymbol{0},\quad -\infty<t<\infty$$

证毕.

拉格朗日定理说明理想正压流体在势力场中运动时涡量是不生不灭的. 如果在某一时刻流场无旋则永远无旋，反之如果流场在某一时刻有旋，则永远有旋，其涡量不可能消失.

拉格朗日定理是判断理想正压流体运动是否无旋的理论依据. 例如，船舶在静水中开始起航，如果水的粘性可以忽略而且又是不可压缩的，外力只有重力场，则在船舶驱动下，水的运动是无旋的. 因为初始时刻水是静止的，处处环量等于零，当然是无旋的，利用拉格朗日定理就可证明水的运动永远无旋. 有许多实际流动可近似为无旋流动，如水波流场，飞机以低速直线飞行时的空气运动流场等.

拉格朗日定理也启示我们，流场中涡的产生起因于：①流体的粘性（非理想流体），例如，在静止流体中由物体驱动的流场，在物面有一层很薄的旋涡层；②非正压流场，例如，大气或海洋中的密度分层（非正压）可以形成旋涡；③非有势力场，例如，地球上的气流由于科氏力（非有势力）的作用可以生成旋涡，在极端情况下，可以形成很强烈的旋风；④流场的间断（非连续流场）也可能生成旋涡，例如，在高速气流中的曲面激波后，就会产生有旋流动.

3. 亥姆霍兹定理——涡线及涡管保持定理

(1) 涡线保持定理(亥姆霍兹第一定理)

一般情况涡线可视作两涡面的交线，因此，只要能证明涡面有保持性，就证明了涡线的保持性. 所谓涡面保持性，就是说：组成涡面的流体质点永远组成涡面，或者说涡面是流体面.

定理 4.3 理想正压流体在势力场中运动时，组成涡面的流体质点永远组成涡面.

证明 设某一时刻，流体中有一涡面 Σ，在涡面上有 $\omega_n=\boldsymbol{\omega}\cdot\boldsymbol{n}=0$. 在此涡面上，任取一封闭周线 l，则由斯托克斯定理可以证明，绕此封闭曲线的环量等于零. 原封闭曲线 l 随曲面运动到 Σ' 时变形为 l'，它是流体线. 根据凯尔文定理，在任意时刻封闭流体线 l' 上的环量为零，也就是说，曲面 Σ' 上任意封闭周线的环量等于零，因此 Σ' 面上处处有 $\omega_n=\boldsymbol{\omega}\cdot\boldsymbol{n}=0$. 于是 Σ' 也是涡面. 涡面保持定理说明，理想正压流体在势力场运动时，涡面始终是涡面. 下面进一步证明涡线保持定理.

定理 4.4 理想正压流体在势力场中运动时，组成涡线的质点永远组成涡线.

证明 设某一时刻有一涡线 l，它是两个涡面 Σ_1 和 Σ_2 的交线，涡面保持定理告诉我们，这两个涡面在任意时刻始终是由相同质点组成的涡面 $\Sigma_1(t)$ 和 $\Sigma_2(t)$，因此它们的交线始终是由相同质点组成的涡线. 孤立涡线(即涡线以外都是无旋的)也可以用类似方法证明：设有初始两个流体面的交线是给定涡线，它始终是流体面的交线，而流体面其他地方涡量总是等于零，因此孤立涡线始终是孤立涡线.

涡线保持定理说明，理想正压流体在势力场中运动时，涡线始终是流体线.

最后证明涡管和涡管强度保持性.

定理 4.5 理想正压流体在势力场中运动时，组成涡管的流体质点始终组成涡管，并且涡管的强度不随时间变化(亥姆霍兹第二定理).

证明 涡管表面是涡面，因此由涡面保持性定理就证明了涡管的保持性. 就是说涡管表面始终是流体面，因此涡管内的流体质点永远在涡管内部. 进一步证明涡管强度保持性. 在涡管表面上作围绕涡管的任意封闭曲线 l，沿此封闭曲线的环量等于同一瞬间的涡管通量，也就是该涡管的强度. 上述封闭曲线随涡管运动时是流体线并且始终围绕涡管，根据凯尔文定理，沿此封闭线的环量是不变的，因此涡管的涡通量，即它的强度，不随时间变化，于是证明了涡管强度的保持性.

涡管和涡管强度保持性说明，理想正压流体在势力场中运动时，涡管和涡线或涡面一样，它在运动过程中可以变形，但是组成涡管的质点不变，涡管的强度也不变.

凯尔文定理、拉格朗日定理和亥姆霍兹定理全面地描述了理想正压流体在势力场中运动时，涡量演化的基本规律. 简要地说，理想正压流体在势力场作用下运动时，无旋运动永远是无旋的；有旋运动永远是有旋的；涡管始终是涡管，并且它的强度不变.

本章后面几节主要讨论无旋流动，流体的有旋运动将在本章最后讨论.

4.3 兰姆型方程和理想流体运动的几个积分

1. 兰姆(Lamb)型方程

欧拉运动方程为

$$\frac{\partial \boldsymbol{U}}{\partial t}+\boldsymbol{U}\cdot\nabla\boldsymbol{U}=-\frac{1}{\rho}\nabla p+\boldsymbol{f}$$

应用向量导数运算公式

$$\boldsymbol{U}\cdot\nabla\boldsymbol{U}=\frac{1}{2}\nabla(\boldsymbol{U}\cdot\boldsymbol{U})-\boldsymbol{U}\times(\nabla\times\boldsymbol{U})$$

将上式替换欧拉方程中的对流导数项，理想流体运动方程可写成

$$\frac{\partial \boldsymbol{U}}{\partial t}+\frac{1}{2}\nabla(\boldsymbol{U}\cdot\boldsymbol{U})-\boldsymbol{U}\times\boldsymbol{\omega}=-\frac{1}{\rho}\nabla p+\boldsymbol{f} \tag{4.23}$$

式(4.23)称为兰姆型方程.

2. 理想正压流体在势力场中运动的两个积分式

(1) 伯努利积分：理想正压流体在势力场中作定常流动时沿流线有

$$\frac{1}{2}|\boldsymbol{U}|^2+\mathscr{P}+\Pi=C(n) \tag{4.24}$$

式中 n 代表不同流线.

证明 定常流动中 $\dfrac{\partial \boldsymbol{U}}{\partial t}=\boldsymbol{0}$，正压流体有压强函数 $\mathscr{P}=\displaystyle\int\frac{\mathrm{d}p}{\rho}$（式(3.42)），于是运动方程(4.23)可写成

$$\nabla\left(\frac{1}{2}|\boldsymbol{U}|^2+\mathscr{P}+\Pi\right)-\boldsymbol{U}\times\boldsymbol{\omega}=\boldsymbol{0}$$

将方程在流线的切线方向 $\boldsymbol{s}$ 上投影，得

$$\boldsymbol{s}\cdot\nabla\left(\frac{1}{2}|\boldsymbol{U}|^2+\mathscr{P}+\Pi\right)-\boldsymbol{s}\cdot(\boldsymbol{U}\times\boldsymbol{\omega})=0$$

由于 $(\boldsymbol{U}\times\boldsymbol{\omega})\perp\boldsymbol{U}$，而 $\boldsymbol{s}/\!/\boldsymbol{U}$，故最后一项等于零，另外，根据梯度定义：$\boldsymbol{s}\cdot\nabla=\dfrac{\partial}{\partial s}$ 是沿流线方向的方向导数，于是有

$$\frac{\partial}{\partial s}\left(\frac{1}{2}|\boldsymbol{U}|^2+\mathscr{P}+\Pi\right)=0$$

积分后得

$$\frac{1}{2}|\boldsymbol{U}|^2+\mathscr{P}+\Pi=C(n)$$

证毕.

伯努利积分(也称伯努利公式)中 $C(n)$ 是同一流线上的积分常数,但在不同流线上(指标 n 变化)积分常数 $C(n)$ 可以变化,$C(n)$ 称为伯努利常数.

对于不可压缩流体,$\rho=$常数,故 $\mathscr{P}=\int\frac{\mathrm{d}p}{\rho}=\frac{p}{\rho}$,沿流线的伯努利公式可简化为

$$\frac{1}{2}|\boldsymbol{U}|^2+\frac{p}{\rho}+\Pi=C(n) \tag{4.25}$$

伯努利常数 $C(n)$ 可由流线起始点上的参数给出,若流场的起始面(或不是流面的任意曲面)上流动均匀,该面上伯努利常数处处相等,则全场有 $C(n)=\text{const.}$.

(2) 理想正压流体在势力场中作定常流动时,沿涡线有伯努利积分

$$\frac{1}{2}|\boldsymbol{U}|^2+\mathscr{P}+\Pi=C(m) \tag{4.26}$$

将运动方程沿涡线积分便可得式(4.26),证明方法同流线上的伯努利积分,读者可自己证明.式(4.26)中积分常数 $C(m)$ 在同一涡线上不变.

3. 柯西-拉格朗日积分

理想正压流体在势力场作无旋流动时,全场有下式成立

$$\frac{\partial\Phi}{\partial t}+\frac{1}{2}|\nabla\Phi|^2+\mathscr{P}+\Pi=C(t) \tag{4.27a}$$

证明 当流动无旋时,有速度势 $\boldsymbol{U}=\nabla\Phi$,及 $\boldsymbol{\omega}=\nabla\times\boldsymbol{U}=\mathbf{0}$,将速度势代入兰姆型方程得

$$\nabla\frac{\partial\Phi}{\partial t}+\nabla\frac{1}{2}|\nabla\Phi|^2+\nabla\mathscr{P}+\nabla\Pi=\mathbf{0}$$

上式可写作

$$\nabla\left(\frac{\partial\Phi}{\partial t}+\frac{1}{2}|\nabla\Phi|^2+\mathscr{P}+\Pi\right)=\mathbf{0}$$

全场积分得

$$\frac{\partial\Phi}{\partial t}+\frac{1}{2}|\nabla\Phi|^2+\mathscr{P}+\Pi=C(t)$$

积分常数 $C(t)$ 仅和时间有关,与空间坐标无关,也就是说,同一时刻在所有流线上积分常数是相同的.对于定常无旋流动,则积分常数 $C(t)$ 和时间无关.换句话说,理想正压流体在势力场中作定常无旋流动时,伯努利积分常数在全流场相同,即有

$$\frac{1}{2}|\nabla\Phi|^2+\mathscr{P}+\Pi=C \tag{4.27b}$$

伯努利积分是理想流体运动中常用的公式.第 3 章中在流动的一维近似假定下,

通过积分型动量方程曾导出理想正压流体在势力场中定常运动时沿流管的伯努利积分,它是一般伯努利公式的特例和近似.

应当注意不同陈述方式的伯努利公式之间的差别.它们共同的条件是:理想不可压缩流体在势力场中运动;它们的不同之处是:全流场伯努利常数相同的公式只适用于无旋流动;沿流线或流管伯努利常数相等的公式既适用于无旋流动,也适用于有旋流动.

拉格朗日定理证明了理想正压流体在势力场的无旋流动始终保持无旋流动,许多理想流体运动可以近似为无旋流动.下面研究无旋流动的性质.

4.4　理想不可压缩无旋流动问题的数学提法及主要性质

不可压缩流体空间无旋流动问题的数学提法以位势场论为基础,下面介绍这类流动问题的理论和分析计算方法.

1. 不可压缩无旋流动的基本方程

不可压缩流场中速度场的散度等于零

$$\nabla \cdot \boldsymbol{U} = 0 \tag{4.28}$$

而无旋流场中速度场的旋度应等于零,即

$$\nabla \times \boldsymbol{U} = \boldsymbol{0} \tag{4.29}$$

因而有速度势:

$$\boldsymbol{U} = \nabla \Phi \tag{4.30}$$

将式(4.30)代入式(4.28)得

$$\Delta \Phi = 0 \tag{4.31}$$

即不可压缩无旋流动的速度势满足拉普拉斯方程.

2. 边界条件

(1) 固壁运动学条件

设已知壁面方程为:$F(x,y,z,t)=0$,则由4.1节导出的固壁不可穿透条件为

$$\frac{\partial F}{\partial t} + u\frac{\partial F}{\partial x} + v\frac{\partial F}{\partial y} + w\frac{\partial F}{\partial z} = 0$$

或

$$\frac{\partial F}{\partial t} + \frac{\partial \Phi}{\partial x}\frac{\partial F}{\partial x} + \frac{\partial \Phi}{\partial y}\frac{\partial F}{\partial y} + \frac{\partial \Phi}{\partial z}\frac{\partial F}{\partial z} = 0 \tag{4.32}$$

(2) 无穷远处渐近条件

对于绕流问题

$$|\boldsymbol{x}| \to \infty: \boldsymbol{U} = \nabla\Phi = \boldsymbol{U}_\infty, \quad p = p_\infty \tag{4.33a}$$

物体在静止流体中运动时，无穷远处流体的物体的渐近条件：

$$|\boldsymbol{x}| \to \infty: \boldsymbol{U} = \nabla\Phi = \boldsymbol{0}, \quad p = p_\infty \tag{4.33b}$$

下面将说明在已知界面运动规律的无界单连域流场中，给定运动学边界条件式(4.32)和式(4.33)，速度势方程(4.31)是定解的. 也就是说，单连域中不可压缩无旋流动的速度势完全由运动学边界条件确定，或者说，速度场完全由运动学条件确定.

3. 压强分布

速度场确定以后，由柯西-拉格朗日积分$\dfrac{\partial\Phi}{\partial t}+\dfrac{1}{2}|\nabla\Phi|^2+\dfrac{p}{\rho}+\Pi=C(t)$确定压强分布，其中积分函数 $C(t)$ 由边界条件确定. 例如可以用无穷远处一点的参数确定 $C(t)$：

$$C(t) = \left(\frac{\partial\Phi}{\partial t}\right)_\infty + \frac{1}{2}\left|\nabla\Phi\right|_\infty^2 + \frac{p_\infty}{\rho} + \Pi_\infty \tag{4.34}$$

以上分析说明了求解给定边界条件的不可压缩无旋流动的步骤是：

第一步：由运动学条件求速度势，即速度场；

第二步：由柯西-拉格朗日积分求压强分布.

4. 应用举例

例 4.3 圆球在无界静止的理想不可压缩流体中匀速膨胀 $R_a=R_a(t)$. 设质量力为零，求圆球外的速度场和压强分布($t=0$ 时，球面速度为零).

解 因流动由静止启动，根据拉格朗日定理判断流动是无旋的，基本方程是

$$\Delta\Phi = 0$$

$$\frac{\partial\Phi}{\partial t} + \frac{1}{2}|\nabla\Phi|^2 + \frac{p}{\rho} = C(t)$$

边界条件为：在球面 $x^2+y^2+z^2-R_a^2=0$ 上不可穿透条件：

$$(\nabla\Phi)\cdot\boldsymbol{n} = \boldsymbol{U}_b\cdot\boldsymbol{n} = \dot{R}_a(t)$$

在球坐标中，它可写作：

$$\left(\frac{\partial\Phi}{\partial R}\right)_{R=R_a} = \dot{R}_a(t)$$

无穷远处静止条件：

$$|\boldsymbol{x}| \to \infty: \nabla\Phi = \boldsymbol{0}, \quad p = p_0$$

本题给定的边界条件是球对称的，根据拉普拉斯方程的性质，其解也应是球对称的，即：$\Phi=\Phi(R,t)$. R 为球坐标的向径，球对称条件下拉普拉斯方程可表示为

$$\frac{\partial}{\partial R}\left(R^2\frac{\partial \Phi}{\partial R}\right)=0$$

它的一般解为

$$\Phi=\frac{C_1(t)}{R}+C_2(t)$$

将边界条件 $\left(\frac{\partial \Phi}{\partial R}\right)_{R=R_a}=\dot{\boldsymbol{R}}_a(t)$ 代入可得

$$C_1=-R_a^2(t)\dot{R}_a(t)$$

$C_2(t)$并不影响所解流场，可以取为零，从而

$$\Phi=\frac{-R_a^2(t)\dot{R}_a(t)}{R}$$

由速度势梯度计算出速度场等于：

$$\boldsymbol{U}=\boldsymbol{\nabla}\Phi=\frac{\partial}{\partial R}\left(\frac{-R_a^2(t)\dot{R}_a(t)}{R}\right)\boldsymbol{e}_R=\frac{R_a^2(t)\dot{R}_a(t)}{R^2}\boldsymbol{e}_R$$

它满足无穷远处的静止条件：

$$|\boldsymbol{U}|_{R\to\infty}=|\boldsymbol{\nabla}\Phi|_{R\to\infty}=\left(\frac{R_a^2(t)\dot{R}_a(t)}{R^2}\right)_{R\to\infty}=0$$

最后，应用柯西-拉格朗日积分式求压强分布，先由无穷远处条件求积分常数 $C(t)$，因为

$$\left(\frac{\partial \Phi}{\partial t}\right)_{R\to\infty}=-\left(\frac{2\dot{R}_a^2(t)R_a(t)}{R}+\frac{\ddot{R}_a(t)R_a^2(t)}{R}\right)_{R\to\infty}=0$$

$$|\boldsymbol{\nabla}\Phi|_{R\to\infty}=\left(\frac{R_a^2(t)\dot{R}_a(t)}{R^2}\right)_{R\to\infty}=0$$

代入式(4.34)，可得：$C(t)=\frac{p_0}{\rho}$. 将积分常数代入柯西-拉格朗日积分后，得流场的压强分布等于：

$$\begin{aligned}p&=p_0-\rho\left(\frac{\partial \Phi}{\partial t}+\frac{1}{2}|\boldsymbol{\nabla}\Phi|^2\right)\\&=p_0+\rho\left[\frac{2\dot{R}_a^2(t)R_a(t)}{R}+\frac{\ddot{R}_a(t)R_a^2(t)}{R}\right]-\frac{\rho}{2}\frac{\dot{R}_a^2(t)R_a^4(t)}{R^4}\end{aligned}$$

当球等速膨胀时 $\ddot{R}_a=0$，

$$p=p_0+\frac{2\rho R_a\dot{R}_a^2}{R}-\frac{\rho}{2}\frac{R_a^4}{R^4}\dot{R}_a^2$$

球面上的压强为

$$p_{R=R_a(t)}=p_0+\frac{3}{2}\rho\dot{R}_a^2$$

5. 速度势 Φ 的物理意义

定义 4.1 压强对时间的积分称为压强冲量，并用 I 表示，即 $I=\int_0^T p\mathrm{d}t$.

可以证明：静止不可压缩理想流体在瞬时脉冲压强作用下产生的流动是无旋的，它的速度势等于负压强冲量除以密度.

设想不可压缩理想流体的静止流场各点在极短时间内($\delta t\ll 1$)同时受到连续分布的压强冲量作用而启动. 可以证明此时产生的流场是无旋的，且速度势 $\boldsymbol{\Phi}$ 等于负压强冲量除以密度，即 $\boldsymbol{\Phi}=-\dfrac{I}{\rho}$. 在 δt 时间内对欧拉方程进行积分：

$$\int_0^{\delta t}\left(\frac{\partial \boldsymbol{U}}{\partial t}+\boldsymbol{U}\cdot\boldsymbol{\nabla}\boldsymbol{U}\right)\mathrm{d}t=\int_0^{\delta t}\left(-\frac{\boldsymbol{\nabla} p}{\rho}+\boldsymbol{f}\right)\mathrm{d}t$$

因初始流场静止：$\boldsymbol{U}(\boldsymbol{x},0)=\boldsymbol{0}$，左端第一项积分 $\int_0^{\delta t}\dfrac{\partial \boldsymbol{U}}{\partial t}\mathrm{d}t=\boldsymbol{U}(\boldsymbol{x},\delta t)-\boldsymbol{U}(\boldsymbol{x},0)=\boldsymbol{U}(\boldsymbol{x},\delta t)$；

左端第二项积分 $\int_0^{\delta t}\boldsymbol{U}\cdot\boldsymbol{\nabla}\boldsymbol{U}\mathrm{d}t=O(\delta t)$；

右端第一项积分 $-\int_0^{\delta t}\dfrac{\boldsymbol{\nabla} p}{\rho}\mathrm{d}t=-\dfrac{1}{\rho}\boldsymbol{\nabla}\int_0^{\delta t}p\mathrm{d}t=-\dfrac{\boldsymbol{\nabla} I}{\rho}$；

右端第二项积分 $\int_0^{\delta t}\boldsymbol{f}\mathrm{d}t=O(\delta t)$.

将以上积分代入欧拉方程的积分式，并令 $\delta t\to 0$，得

$$\boldsymbol{U}=-\frac{\boldsymbol{\nabla} I}{\rho}=-\boldsymbol{\nabla}\frac{I}{\rho}$$

上式表明该速度场是某一函数的梯度，因而是无旋的，且有 $\boldsymbol{U}=\boldsymbol{\nabla}\Phi$，其中

$$\Phi=-\frac{I}{\rho}+C$$

常数 C 不影响速度场，可以取为零. 于是证明了速度势等于负瞬时压强冲量除以密度.

速度势的物理意义表明不可压缩流体的无旋流动可由瞬时压强冲量产生. 事实上，即使流体有粘性，例如欧拉方程右端加上单位质量的粘性力，在极短时间内粘性力的积分也趋于零. 就是说由瞬时压强冲量产生的不可压缩流动，在初始瞬间是无旋的. 如果流体的粘性可以忽略，则初始的无旋流动保持无旋；如果流体有粘性则初始无旋流动因粘性而演化为有旋流动. 由于瞬时压强冲量正比于速度势，因此它也满足拉普拉斯方程，这时给定边界上瞬时压强冲量或它的法向导数就能确定域内的压强冲量，换句话说瞬时的速度势边值就确定该瞬时域内压强冲量及该瞬时的流场. 例如，刚性物体在无界静止的不可压缩流体中突然启动，根据上面的分析，启动瞬间的

流场是无旋的，这时物面上的法向速度等于当地的物体速度的法向分量，也就是已知物面上的$\partial\Phi/\partial n=-\partial(I/\rho)/\partial n$. 由于不可压缩流体无旋运动的速度势满足拉普拉斯方程，当给定边界上的速度势法向导数后，流场的速度势，也就是瞬时压强脉冲除以密度就确定了(不计任意常数)，于是，瞬时速度场就唯一地确定. 对于**不可压缩流体的无旋流动，瞬时的速度场由该瞬时的边界法向速度唯一地确定，而和流场过去的历史无关**，这是不可压缩流体无旋流动的重要性质.

6. 不可压缩无旋流场的主要特性

可以证明不可压缩无旋流场有以下特性.

(1) 速度势函数不能在域内有极大或极小值

证明 不可压缩流体流动有以下的连续方程：

$$\nabla\cdot\boldsymbol{U}=0$$

因而在域内任意封闭曲面上的体积流量等于零，即：$\oiint_{\Sigma}\boldsymbol{n}\cdot\boldsymbol{U}\mathrm{d}A=\int_V\nabla\cdot\boldsymbol{U}\mathrm{d}V=0$，无旋流场中：$\boldsymbol{U}=\nabla\Phi$，故有：$\oiint_{\Sigma}\dfrac{\partial\Phi}{\partial n}\mathrm{d}A=0$. 可以用反证法来证明$\Phi$的极值性质. 设在域内某点$\Phi$为极大值，则在该极值点邻域中的一小球上处处有$\dfrac{\partial\Phi}{\partial n}<0$，因而$\oiint_S\dfrac{\partial\Phi}{\partial n}\mathrm{d}A<0$，这和速度势基本性质$\oiint_S\dfrac{\partial\Phi}{\partial n}\mathrm{d}A=0$相违背. 同理可以证明$\Phi$不能在域内有极小值，于是定理得证.

(2) 不可压缩无旋流场中速度的模不能在流场中达到极大值

证明 仍用反证法. 设流场中某点A的速度模达到极大值U_A，且U_A的方向为坐标轴x正方向，即$U_A=\left(\dfrac{\partial\Phi}{\partial x}\right)_A$. 速度势$\Phi$满足拉普拉斯方程$\nabla\Phi=0$，因此$\dfrac{\partial\Phi}{\partial x}$也满足拉普拉斯方程. 根据上面已证明的性质，$\dfrac{\partial\Phi}{\partial x}$不可能在域内有极值，因此在$A$点附近必能找到一点$M$，该处$\left(\dfrac{\partial\Phi}{\partial x}\right)_M>\left(\dfrac{\partial\Phi}{\partial x}\right)_A$. 该处速度

$$U_M=\sqrt{\left(\frac{\partial\Phi}{\partial x}\right)_M^2+\left(\frac{\partial\Phi}{\partial y}\right)_M^2+\left(\frac{\partial\Phi}{\partial z}\right)_M^2}\geqslant\left(\frac{\partial\Phi}{\partial x}\right)_M>U_A$$

这和假定U_A是极大值相违背，因而U_A不能在流场中取极大值.

速度值的极值定理说明，**不可压缩无旋流场中速度最大值必在物面或其他流动界面上.**

(3) 重力场中不可压缩无旋流压强不能在域内达到极小值

证明 在$\Delta\Phi=0$的势流场中，可以导出域内有$\oiint_{\Sigma}\dfrac{\partial p}{\partial n}\mathrm{d}A<0$. 由不可压缩无旋

流场中的柯西-拉格朗日积分：$\frac{\partial\Phi}{\partial t}+\frac{|\boldsymbol{U}|^2}{2}+\frac{p}{\rho}+gz=0$，将拉普拉斯算符作用于等式两边，因为 $\Delta\Phi=0$ 和 $\Delta z=0$，得

$$\Delta p=-\frac{1}{2}\rho\Delta|\boldsymbol{U}|^2 \tag{4.35}$$

而

$$\begin{aligned}\Delta|\boldsymbol{U}|^2&=\Delta u^2+\Delta v^2+\Delta w^2\\&=2u\Delta u+2v\Delta v+2w\Delta w+2(|\nabla u|^2+|\nabla v|^2+|\nabla w|^2)\end{aligned}$$

其中

$$\Delta u=\Delta\left(\frac{\partial\Phi}{\partial x}\right)=\frac{\partial}{\partial x}(\Delta\Phi)=0$$

同理 $\Delta v=\Delta w=0$，因而

$$\Delta p=-\frac{\rho}{2}(|\nabla u|^2+|\nabla v|^2+|\nabla w|^2)\leqslant 0$$

利用高斯公式，有

$$\oint\!\!\!\oint_{\Sigma}\frac{\partial p}{\partial n}\mathrm{d}S=\iiint_V\Delta p\mathrm{d}V=-\frac{\rho}{2}\iiint_V(|\nabla u|^2+|\nabla v|^2+|\nabla w|^2)\mathrm{d}V<0 \tag{4.36}$$

如果域内有一点压强为极小值，则在围绕该点的邻域的一个小球面上处处有$\frac{\partial p}{\partial n}>0$，因而该面上 $\oint\!\!\!\oint_{\Sigma}\frac{\partial p}{\partial n}\mathrm{d}S>0$，这和式(4.36)相违背.因此域内压强不能达到极小值.换言之，**不可压缩无旋流动中压强的极小值只能在物面上.**

不可压缩无旋流动中的压强极值定理，不仅有理论意义，也有实用意义.例如在正常情况下，水中绕流物体上的压强应大于当地的汽化压强，否则在物面上就会发生汽化空泡，既影响绕流物面上的作用力，又可能发生使物面毁坏的气蚀现象.根据压强极值定理，汽化首先发生在物面上，不可能发生在流场内部.为了避免发生气蚀现象，应当注意水中绕流物体的外形设计，使得物面上的最小压强不要太低.通常物面上的凸起或尖角处的压强很低，所以应当使绕流物面十分光滑，以减小发生汽蚀的可能性.

7. 不可压缩无旋流动中速度势的数学性质

前面已经讨论了理想不可压缩流体在有势力场中的无旋运动的求解方法，分析计算这类问题的关键是求解速度势的拉普拉斯方程.为此先介绍拉普拉斯方程定解的理论，这部分内容在数理方程课程中有详细论述，本书只援引结论而不加证明.后续各节将应用这些数学方法求解具体流动问题.首先介绍求解域的几何性质.

(1) 单连通域和多连通域

定义 4.2　任意封闭周线可以在域内收缩到一点的空间域为单连通域,否则为多连通域.

图 4.3 中列举的三个几何图形中,圆球外是单连通域,球内也是单连通域,因为圆球内外的任意周线都是可缩的;无限长圆柱体内域是单连通域,外域是双连通域,因为围绕圆柱的任意周线,不可能在圆柱外收缩到一点.圆环的内域和外域都是双连通域,因为圆环外绕圆环的周线是不可缩的,圆环内的周线(虚线)也是不可缩的.

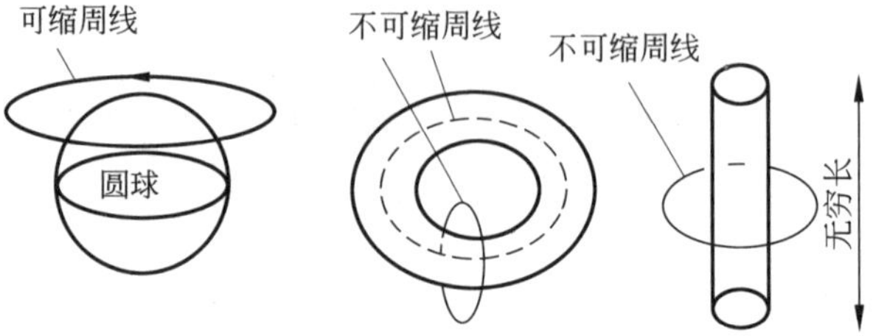

图 4.3　单连通域和多连通域的示意图

(a) 单连通域;(b) 双连通域

多连通域的性质可以用如下的分隔面来分类.

定义 4.3　完全在域内并和域的封闭边界相交的曲面称为隔面(参见图 4.4)

定义 4.4　需加 $n-1$ 个隔面而不破坏连通性并使之成为单连通域的空间域称为 n 连通域.

该定义表明,加一个隔面而不破坏连通性的空间域是双连通域;加两个隔面而不破坏连通性的空间域是三连通域.例如:圆环内域(图 4.4(a))用一圆截面分隔后仍保持原有连通性,但不能再加任何分隔面而不破坏环内的连通性,因此圆环内域是双连通域.用一无限大半平面作分割面和圆柱体相交于母线(图 4.4(b)),这时分割后的无穷长圆柱外域也是单连通域.

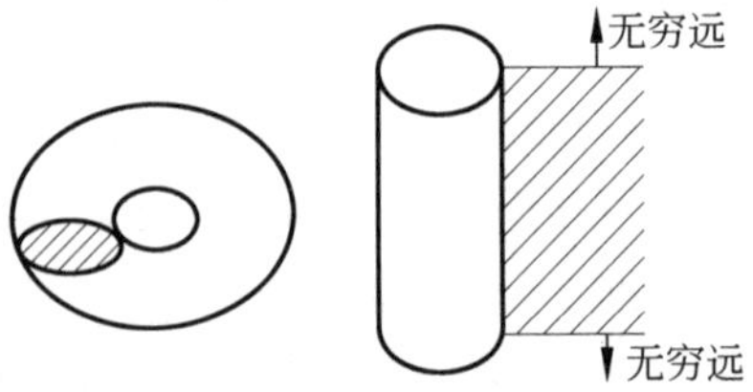

图 4.4　分割面和连通域示意图

图中画斜线的面是分隔面

(2) 双连通域中速度势的多值性.

无旋速度场的速度势可以用以下线积分确定:

$$\Phi=\int_{x_0}^{x}\boldsymbol{U}\cdot \mathrm{d}\boldsymbol{x}$$

速度势可能存在多值性,它由速度环量 $\oint \boldsymbol{U}\cdot \mathrm{d}\boldsymbol{x}$ 的积分来确定.因为速度势的线积分

公式可以通过无限条路径来实现，所以速度势的一般公式可写成

$$\Phi(\boldsymbol{x}) = \Phi_P(\boldsymbol{x}) + \oint_l \boldsymbol{U} \cdot \mathrm{d}\boldsymbol{x} \tag{4.37}$$

式中 $\Phi_P(\boldsymbol{x})$是速度势积分式中某一单向积分路径的积分值，l 是通过 x 和 x_0的任意封闭曲线. 如果式(4.37)中回路积分不等于零，则同一点的速度势可以有无穷多值. 由上式可见：若流场中任意封闭周线上速度环量都等于零，则速度势是单值的，于是有以下的结论.

① **在单连通域中无旋流动的速度势是单值的.**

因为在单连通的无旋流场中，任何封闭周线都是可缩的，并且任何封闭周线上所张的曲面 Σ 都在域内，而在无旋流场内，$\boldsymbol{\nabla} \times \boldsymbol{U} = \boldsymbol{0}$，应用斯托克斯公式，得

$$\oint_l \boldsymbol{U} \cdot \mathrm{d}\boldsymbol{x} = \oint_\Sigma (\boldsymbol{\nabla} \times \boldsymbol{U}) \cdot \boldsymbol{n} \mathrm{d}A = 0$$

即任意封闭周线上$\oint_l \mathrm{d}\Phi = \oint_l \boldsymbol{U} \cdot \mathrm{d}\boldsymbol{x} = 0$，因此速度势是单值的.

② **双连通域的无旋流场中，任意不可缩周线上的速度环量(只绕封闭周线一周)相等.**

现在考察双连通域中的无旋运动，这时在可缩周线上，仍有

$$\oint_l \boldsymbol{U} \cdot \mathrm{d}\boldsymbol{x} = \oint_\Sigma (\boldsymbol{\nabla} \times \boldsymbol{U}) \cdot \boldsymbol{n} \mathrm{d}A = 0$$

但在不可缩周线 L 上，积分$\oint_L \boldsymbol{U} \cdot \mathrm{d}\boldsymbol{x}$ 的值不能确定，因为 l 所包围的空间并不都是无旋流场，总有一部分不属于无旋流场，因此在双连通域中无旋流动的速度势有可能是多值的. 但双连通域中的环量积分式有下列性质：**任意不可缩周线上的速度环量相等.**

证明 在图 4.5 所示的双连通域中任取两个不可缩周线 L_Γ 和 $L_{\Gamma'}$(L_Γ 和 $L_{\Gamma'}$ 表示逆时针周线，$L_{-\Gamma}$和 $L_{-\Gamma'}$ 表示顺时针周线)，为要证明

$$\oint_{L_\Gamma} \boldsymbol{U} \cdot \mathrm{d}\boldsymbol{x} = \oint_{L_{\Gamma'}} \boldsymbol{U} \cdot \mathrm{d}\boldsymbol{x}$$

在 L_Γ 和 $L_{\Gamma'}$之间作一分隔线(是分隔面在平面上的交线). 为了证明方便，把隔线作

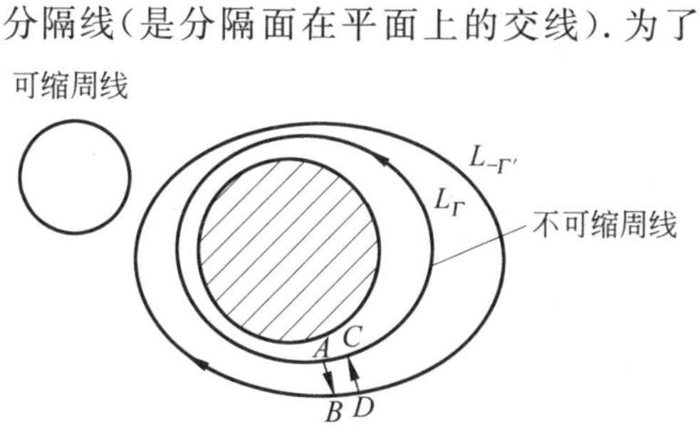

图 4.5 证明双连通域中不可缩周线上环量相等用图

成两无限靠近的线段 AB,CD. 现在由 $L_{\Gamma}+AB+L_{-\Gamma'}+CD$ 组成的周线在域内是可缩的,因此

$$\oint_{L_{\Gamma}+AB+L_{-\Gamma'}+CD}\boldsymbol{U}\cdot\mathrm{d}\boldsymbol{x}=0$$

由于 AB 和 CD 方向相反,故:$\int_{AB+CD}\boldsymbol{U}\cdot\mathrm{d}\boldsymbol{x}=0$,从而$\int_{L_{\Gamma}+L_{-\Gamma'}}\boldsymbol{U}\cdot\mathrm{d}\boldsymbol{x}=0$,或

$$\oint_{L_{\Gamma}}\boldsymbol{U}\cdot\mathrm{d}\boldsymbol{x}+\oint_{L_{-\Gamma'}}\boldsymbol{U}\cdot\mathrm{d}\boldsymbol{x}=0$$

因为 $L_{-\Gamma'}$ 是顺时针方向的周线,故有 $\oint_{L_{\Gamma'}}\boldsymbol{U}\cdot\mathrm{d}\boldsymbol{x}=-\oint_{L_{-\Gamma}}\boldsymbol{U}\cdot\mathrm{d}\boldsymbol{x}$,最后得

$$\oint_{L_{\Gamma}}\boldsymbol{U}\cdot\mathrm{d}\boldsymbol{x}=\oint_{L_{\Gamma'}}\boldsymbol{U}\cdot\mathrm{d}\boldsymbol{x}$$

于是证明了双连通域中不可缩周线上的环量是常数,并令 $\oint_{L}\boldsymbol{U}\cdot\mathrm{d}\boldsymbol{x}=\Gamma$. 已知双连通域中不可缩周线上的环量后,速度势的多值性可由不可缩周线上的环量来确定. 当积分路径单向由 $\boldsymbol{x}_0$ 到 $\boldsymbol{x}$ 时,$\int_{x_0}^{x}\boldsymbol{U}\cdot\mathrm{d}\boldsymbol{x}=\Phi_P$;如果积分路径由 $\boldsymbol{x}_0$ 出发绕不可缩周线 n 圈后到达 $\boldsymbol{x}$,则积分值等于

$$\Phi=\Phi_P+n\Gamma \tag{4.38}$$

式中 $n\geqslant1$ 是正整数,式(4.38)说明了双连通域中的速度势的多值性. 如果双连通域中的无旋流动绕不可缩周线的环量等于零,那么速度势仍是单值的.

以上的数学理论告诉我们:单连通域中的无旋流动是单值有势流动;多连通域中的无旋流动可能是有环量的有势流动.

双连通域中存在有环量的无旋流动,可从运动学上作如下解释,设流场中有一无限长的涡管,涡管以外处处无旋,围绕涡管周线的环量处处等于涡管强度. 无限长涡管以外的空间是双连通域,所以这是一个典型的双连通域中有环量的无旋流动. 又如:绕无限长机翼的翼型截面的平面流动也是典型的双连通域的流动现象,这种流动现象可近似为有环量的无旋流动. 绕机翼环量可以设想为无限长机翼内部有一根或若干根无限长的涡管,它们的涡管强度总和为 Γ,它等于绕无限长机翼外不可缩周线的环量. 图 4.6 表示双连通域中有环量流动的例子.

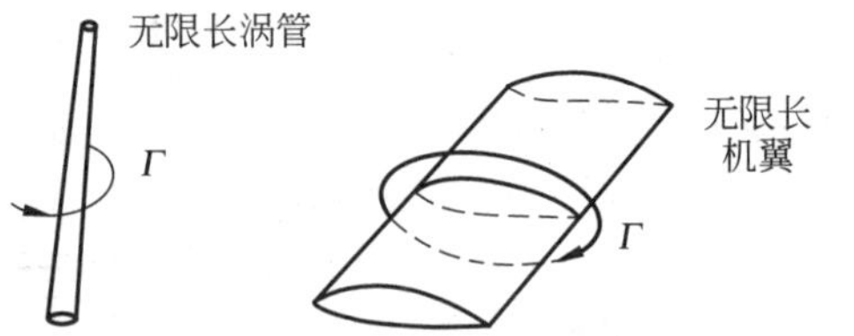

图 4.6 双连通域中的有环量流动示意图

根据以上讨论可知,单连通域中理想不可压缩流体无旋流动只要有物面和无穷远处的流动条件,就可以求解流场;多连通域中,除了以上条件外,还需要绕不可缩周

线上的环量.数学物理方程中已经证明,流体力学中上述边界条件的提法不仅是正确的,而且解是唯一的.关于拉普拉斯方程边值问题解的唯一性问题的细节,请参阅数理方程的书籍.

4.5 不可压缩无旋流动速度势方程的基本解叠加法

不可压缩无旋流动速度势满足普拉斯方程,拉普拉斯方程的解称为调和函数.拉普拉斯方程是线性的,因此任意调和函数 Φ_i 的线性组合 $\Sigma C_i\Phi_i$ 也是不可压缩流场速度势.如果线性组合 $\Sigma C_i\Phi_i$ 的速度势又满足给定边界条件,那么这一线性叠加的调和函数 $\Sigma C_i\Phi_i$ 就是给定边值问题的唯一解.利用调和函数叠加法求解不可压缩无旋流动速度势方程是一种常用的方法,特别是利用电子计算机进行不可压缩无旋流动数值求解时,从基本解叠加法发展出来的有限基本解或面元法等是目前常用的工程方法.首先介绍不可压缩无旋流场速度势方程的若干基本解.

1. 不可压缩流场速度势的基本解

(1) 均匀流场

全场速度是常数的流场称为均匀流场,也就是速度势梯度是常向量的流动:

$$\nabla\Phi = \boldsymbol{U}_0$$

或

$$\frac{\partial\Phi}{\partial x} = U_0,\quad \frac{\partial\Phi}{\partial y} = V_0,\quad \frac{\partial\Phi}{\partial z} = W_0$$

它满足 $\Delta\Phi=0$,用全微分积分法,很容易求出它的速度势为

$$\Phi = U_0x + V_0y + W_0z + C \tag{4.39}$$

如果均匀流的方向选为 x 轴正方向,则速度势为

$$\Phi = U_0x + C$$

(2) 点源

设在流场某一点不断有流体注入流场,其体积流量为 Q,则这种流场称为点源流场,Q 称作点源强度.

把坐标原点设在点源处,由于对称性,点源产生的流场只有径向速度,即

$$\boldsymbol{U} = U(R)\boldsymbol{e}_R$$

R 为球坐标向径.围绕点源作球面,由于不可压缩流场的速度散度等于零:$\nabla\cdot\boldsymbol{U}=0$,通过以点源为球心、半径为 R 的球面的体积流量必等于点源强度,于是有

$$4\pi U(R)R^2 = Q$$

因此不可压缩点源流动的速度场为

$$U(R)=\frac{Q}{4\pi R^2}$$

不难验证,该流场是无旋的(请读者自己证明),其速度势由速度场积分求出:

$$\Phi(R)=\int \boldsymbol{U}\cdot \mathrm{d}\boldsymbol{x}=\int U(R)\boldsymbol{e}_R\cdot \mathrm{d}\boldsymbol{x}=\int_{\infty}^{r} U(R)\mathrm{d}R=-\frac{Q}{4\pi R}+C \qquad (4.40)$$

常数 C 不影响流场,通常可以略掉. 点源解在直角坐标系中的表达式为

$$\Phi(x,y,z)=-\frac{Q}{4\pi\sqrt{x^2+y^2+z^2}}$$

设点源位于 $\boldsymbol{x}_0(x_0,y_0,z_0)$,则任意点到点源的距离 R' 为

$$R'=\sqrt{(x-x_0)^2+(y-y_0)^2+(z-z_0)^2}$$

这时点源的速度势应为

$$\Phi(\boldsymbol{x},\boldsymbol{x}_0)=-\frac{Q}{4\pi R'}=-\frac{Q}{4\pi\sqrt{(x-x_0)^2+(y-y_0)^2+(z-z_0)^2}}+C$$

点源解的流场如图 4.7 所示.

如点源强度为负值,则表明在点源处不断有流体流入该点,这种负点源也称为点汇. 回忆第 2 章中由无旋有源速度场的散度求速度场的例子,在原点给定散度等于 δ 函数,它生成的流场和点源流场是相同的,点源 Q 相当于在点源处具有散度等于 $Q\delta(x)$.

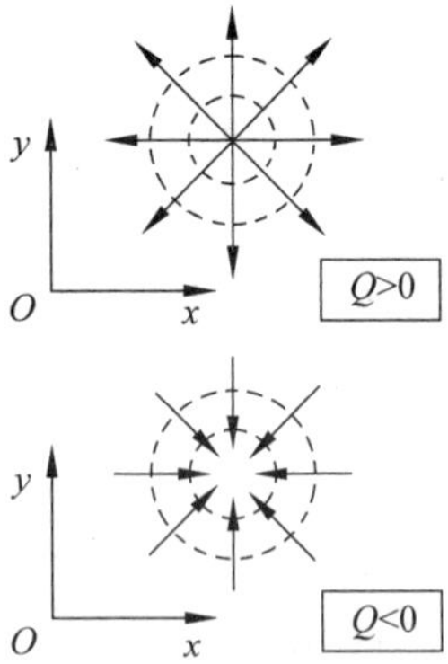

图 4.7 点源流场

实线为流线;虚线为等势线

(3) 偶极子

偶极子是由强度相等,符号相反的两点源构成的流场,当两个点源无限靠近并有 $\lim\limits_{\delta l\to 0}Q\delta l=m>0$ 时,称组合流场为偶极子流场. 已经证明点源解是不可压缩有势流场,根据线性叠加原理,偶极子流场也是无旋有势的.

偶极子流动的速度势可用叠加法求得. 设坐标原点处有一强度为 $-Q$ 的点汇,在 x 轴正方向离点汇 δl 处有一强度相等的点源 Q,则它们的速度势分别为

$$\Phi_1=\frac{Q}{4\pi\sqrt{x^2+y^2+z^2}},\quad \Phi_2=\frac{-Q}{4\pi\sqrt{(x-\delta l)^2+y^2+z^2}}$$

叠加的速度势等于

$$\Phi=\lim_{\delta l\to 0,Q\delta l\to m}\frac{Q}{4\pi}\left[\frac{1}{\sqrt{x^2+y^2+z^2}}-\frac{1}{\sqrt{(x-\delta l)^2+y^2+z^2}}\right]$$

$$=\lim_{Q\delta l\to m}\frac{Q\delta l}{4\pi}\left(\frac{\partial}{\partial x}\frac{1}{\sqrt{x^2+y^2+z^2}}\right)$$

完成上式的极限运算,可得偶极子流动的速度势为

$$\Phi = \frac{-m}{4\pi}\frac{x}{(x^2+y^2+z^2)^{3/2}} \tag{4.41a}$$

式中 $m=\lim\limits_{\delta l\to 0}Q\delta l$ 称为偶极子强度，它有方向性，它的方向由点汇指向点源。

如果构成偶极子的点汇到点源连线在 y 轴或 z 轴上，即偶极子的指向为 y 轴或 z 轴，则相应的偶极子速度势为

$$\Phi = \frac{-m}{4\pi}\frac{y}{(x^2+y^2+z^2)^{3/2}} \tag{4.41b}$$

$$\Phi = \frac{-m}{4\pi}\frac{z}{(x^2+y^2+z^2)^{3/2}} \tag{4.41c}$$

在球坐标的子午面上，偶极子式(4.41a)的流线谱如图 4.8 所示。

空间指向为 $\boldsymbol{l}=\alpha\boldsymbol{e}_1+\beta\boldsymbol{e}_2+\gamma\boldsymbol{e}_3$ 的偶极子的速度势可由指向 x 轴，y 轴，z 轴的偶极子速度势作线性叠加求出如下：

$$\Phi = \frac{-m}{4\pi}\frac{\alpha x+\beta y+\gamma z}{(x^2+y^2+z^2)^{3/2}} \tag{4.41d}$$

位于空间任意点上的偶极子的速度势可通过坐标移动变换求得

$$\Phi = \frac{-m}{4\pi}\frac{\alpha(x-x_0)+\beta(y-y_0)+\gamma(z-z_0)}{[(x-x_0)^2+(y-y_0)^2+(z-z_0)^2]^{3/2}} \tag{4.41e}$$

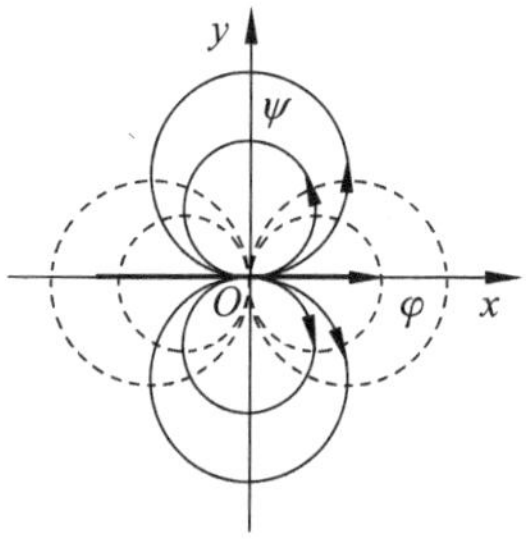

图 4.8 平面偶极子流场
实线为流线；虚线为等势线

(4) 高阶基本解及其性质

可以通过对点源解求导的方法得到各阶基本解。当 Φ 是不可压缩无旋流的速度势时，它的各阶偏导数

$$\Phi_{lmn} = \frac{\partial^{l+m+n}\Phi}{\partial x_i^l \partial x_j^m \partial x_k^n},\quad l,m,n>0 \tag{4.42}$$

也满足速度势方程。事实上偶极子就是点源解的一阶偏导数。

根据点源解的特性，可以得到各阶基本解的性质如下。

① 由点源解求导构成的各阶基本解在点源处具有奇异性($\Phi\to\infty$)，故又称它们为各阶奇点。在奇点处，点源解有一阶奇性，即 $O(1/R)$，偶极子有二阶奇性，即 $O(1/R^2)$，n 阶基本解有 n 阶奇性，即 $O(1/R^n)$。

② 无穷远处基本解的速度势和速度渐近地趋于零，即：$\Phi_\infty=0$ 和 $|\nabla\Phi|_\infty=0$。

③ 在无界域中，如将速度势在无穷远处做渐近展开，则可将其展开式写成：

$$\Phi = D+\frac{C}{R}+C_i\frac{\partial}{\partial x_i}\left(\frac{1}{R}\right)+C_{ij}\frac{\partial^2}{\partial x_i\partial x_j}\left(\frac{1}{R}\right)+\cdots$$

式中 $R=|\boldsymbol{x}|=(x_1^2+x_2^2+x_3^2)^{1/2}$，其中第二项是点源解，$Q=-4\pi C$ 是由点源注入流场的流量，第三项是偶极子解，以下各项为高阶奇点解。

以上性质对于运用各阶基本解来构造给定边界条件的速度势解很有用.第一,基本解已满足无穷远处的渐近条件,因此用基本解构造线性叠加解时,只要求满足物面上的边界条件;第二,各阶奇点必须布置在流场外,因为真实流场中不可能有速度无穷大的奇异性.作为基本解叠加法的应用,下面求解不可压缩流体绕圆球的无旋流动.

2. 绕圆球的不可压缩无旋流动的流场和球面压力分布

根据凯尔文定理,当忽略外力场时,圆球在无界静止不可压缩理想流体中运动所驱动的流场是单连通域中无旋流.当圆球作匀速直线运动时,它在动力学上等价于圆球前方以均匀来流绕过圆球的定常无旋流动.将坐标原点设在球心上,该绕流问题的速度势基本方程为

$$\frac{\partial^2 \Phi}{\partial x^2}+\frac{\partial^2 \Phi}{\partial y^2}+\frac{\partial^2 \Phi}{\partial z^2}=0 \tag{4.43a}$$

$$\frac{1}{2}\left[\left(\frac{\partial \Phi}{\partial x}\right)^2+\left(\frac{\partial \Phi}{\partial y}\right)^2+\left(\frac{\partial \Phi}{\partial z}\right)^2\right]+\frac{p}{\rho}=\frac{p_\infty}{\rho}+\frac{U_\infty^2}{2} \tag{4.43b}$$

边界条件如下:

在半径为 R_a 的球面上

$$\left(\frac{\partial \Phi}{\partial n}\right)_{\sqrt{x^2+y^2+z^2}=R_a}=0 \tag{4.43c}$$

无穷远处

$$|\boldsymbol{x}|\to\infty:\frac{\partial \Phi}{\partial x}=U_\infty,\quad \frac{\partial \Phi}{\partial y}=\frac{\partial \Phi}{\partial z}=0 \tag{4.43d}$$

基本方程(4.43a)及边界条件(4.43c)和(4.43d)已构成速度势的定解问题.因此,我们首先用基本解叠加法求出速度势,然后由式(4.43b)计算流场中和球面上的压强.

用基本解的叠加来解速度势时,可由流动基本特征来考虑选择适当的基本解.当没有绕流物体时,无穷远处来流是一个均匀流场,放入圆球后均匀绕流受到扰动,因此这一问题的解应是均匀绕流和某一扰动速度势 ϕ 的叠加,即

$$\Phi=U_\infty x+\phi \tag{4.44}$$

采用哪些基本解来组成问题的速度势,需要根据问题的边界条件来选择,简单物面形状的绕流问题可由低阶奇点逐步升阶来试验.单个点源不符合封闭物形绕流问题的边界条件,因为如在圆球内有单个点源,那么球面上必有流体流出,它不符合物面上流体不可穿透条件.因此,第一个可能的选择是偶极子.根据边界条件对 x 轴的对称性,应将偶极子的轴设在 x 方向,令

$$\phi=\frac{-mx}{4\pi\sqrt{(x^2+y^2+z^2)^3}}$$

即采用均匀流和偶极子的叠加作为绕圆球无旋流动速度势的试验：

$$\Phi = U_\infty x - \frac{mx}{4\pi\sqrt{(x^2+y^2+z^2)^3}} \tag{4.45}$$

偶极子在无穷远处的速度等于零，因此该速度势满足无穷远处的来流条件，只要满足球面条件，它就是该绕流问题的唯一解.

所设的坐标系中，物面条件为：$(\partial\Phi/\partial n)_{R=R_a}=(\partial\Phi/\partial R)_{R=R_a}=0$，由式(4.45)求导数可得

$$\frac{\partial\Phi}{\partial R}=U_\infty\frac{\partial x}{\partial R}-\frac{m}{4\pi}\frac{\partial}{\partial R}\left(\frac{x}{R^3}\right)=\left(\frac{U_\infty}{R}+\frac{m}{2\pi R^4}\right)x$$

要求$(\partial\Phi/\partial R)_{R=R_a}=0$，得

$$\frac{m}{4\pi}=-\frac{U_\infty R_a^3}{2}$$

于是，用均匀流和强度为 $m=-2\pi U_\infty R_a^3$ 的偶极子叠加的速度势满足绕圆球无旋流动的全部边界条件，因此它构成绕圆球的不可压缩无旋流的速度势解：

$$\Phi = U_\infty x+\frac{U_\infty R_a^3}{2R^3}x=U_\infty x\left(1+\frac{R_a^3}{2R^3}\right) \tag{4.46}$$

也可将该速度势用球坐标表达为

$$\Phi = U_\infty R\cos\theta\left(1+\frac{R_a^3}{2R^3}\right) \tag{4.47}$$

θ 是球坐标向径与 x 轴交角. 由速度势可计算出绕圆球无旋流动的速度场为

$$U_R=\frac{\partial\Phi}{\partial R}=U_\infty\cos\theta\left(1-\frac{R_a^3}{R^3}\right) \tag{4.48a}$$

$$U_\theta=\frac{\partial\Phi}{R\partial\theta}=-U_\infty\sin\theta\left(1+\frac{R_a^3}{2R^3}\right) \tag{4.48b}$$

由得到的速度场可以作出不可压缩流体绕圆球无旋流动的流线谱，如图 4.9 所示.

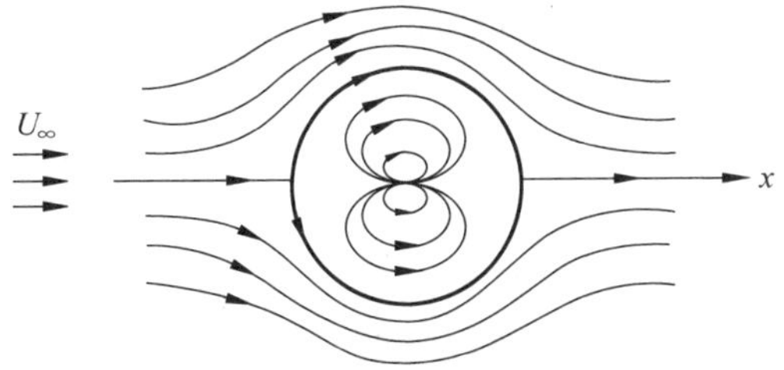

图 4.9 球绕流示意图(圆球内流线近似地表示偶极子流线)

球面上$(R=R_a)$流体速度为

$$U_R=0,\quad U_\theta=-\frac{3}{2}U_\infty\sin\theta \tag{4.49a}$$

求出速度场后，由伯努利公式(4.43b)计算球面压强分布为

$$p_{R=R_a}=p_\infty+\frac{\rho U_\infty^2}{2}-\rho\left(\frac{U_R^2}{2}+\frac{U_\theta^2}{2}\right)\Bigg|_{R=R_a}=p_\infty+\frac{\rho U_\infty^2}{2}\left(1-\frac{9}{4}\sin^2\theta\right) \tag{4.49b}$$

现在考察绕圆球不可压缩无旋流动的速度场和球面压强分布情况.

(1) 定常绕流的驻点和驻点压强

定义 4.5 定常绕流中速度等于零的点称为驻点. 在驻点处的压强称为驻点压强，驻点压强常用 p_0 表示.

由式(4.49a)可以得到：绕流物面上 $\theta=0$ 和 $\theta=\pi$ 处，

$$U_R=U_\theta=0$$

这两点称为驻点. 球面上正对来流(又称迎风面)的驻点称为前驻点($\theta=0$)；球面后部(又称背风面)的驻点称作后驻点($\theta=\pi$).

由式(4.49b)可以看到，定常绕流物面上驻点压强是流场中的最大压强，且

$$p_0=p_\infty+\frac{\rho}{2}U_\infty^2 \tag{4.50}$$

(2) 最大速度和最小压强点

由球面上速度和压强分布式(4.49a)和式(4.49b)可以断定，速度绝对值最大和压强最小值在 $\theta=\pi/2$ 处，并且

$$|\boldsymbol{U}|=\frac{3}{2}U_\infty,\quad p_{\min}=p_\infty-\frac{5}{8}\rho U_\infty^2$$

(3) 压强系数

压强系数定义：

$$c_p=\frac{p-p_\infty}{\frac{1}{2}\rho U_\infty^2}$$

图 4.10 给出了绕圆球定常不可压缩无旋流动的球面压力分布和实际绕流压力分布的对比. 可以看到理想的无旋绕流中，在圆球的前驻点($\theta=0°$)和后驻点($\theta=180°$)上压强最大，并等于驻点压强. 圆球表面的压强分布相对于 x 轴和 y 轴都是对称的，因此作用在圆球上的压强合力等于零. 和实际情况相比，在圆球迎风面上理想的压强分布和实际情况符合得相当好，而从 $\theta\approx 90°$ 处开始，实际压强分布开始偏离理想情况，特别是圆球后部，实际压强远低于理论压强. 产

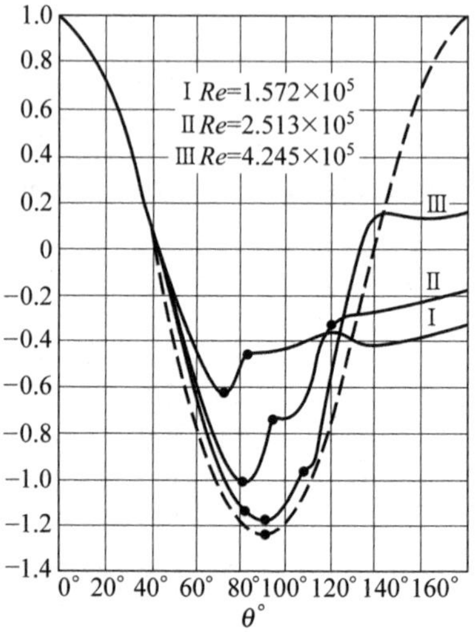

图 4.10 圆球绕流的球面压强分布(c_p)

虚线：无旋流近似；实线：真实流动，$Re=\frac{U_\infty R}{\nu}$

生这种现象的根本原因是实际流体有粘性，因此在球面附近的流体质点不能像理想的流动那样始终贴着物面流过，而是在大约在 $\theta=90°$附近流动发生分离(具体位置和流体的粘度、速度以及圆球的大小有关). 由于实际圆球绕流的分离现象，圆球表面上前后压强差的合力产生作用在圆球上的阻力(和来流速度同方向的压强合力)，这种阻力通常称作压差阻力，它有别于物体表面的摩擦阻力. 在第 10 章中将详细讨论这种由于流体粘性产生的摩擦阻力和流动分离现象. 这里要强调说明的是：在流动不发生分离或在分离点前，理想无旋绕流是真实流动的良好近似.

基本解叠加法是求解不可压缩无旋流动速度势方程的有效方法，它的原理简单明了. 根据这一原理已发展成有限基本解法以及面元法等数值计算法，在空气动力学专著中有详细介绍，本书从略.

4.6 物体在不可压缩理想流体中运动时的附加惯性

本章前面例子都给出了如下结果：不可压缩理想流体均匀来流绕物体作无旋运动时，物体不承受阻力. 应用惯性坐标系中动力学等价原理可以推断：物体在无界静止的不可压缩理想流体中作匀速直线运动时也不承受阻力. 下面研究物体在不可压缩理想流体中作任意变速或旋转运动时受到的流体作用力. 假定：

(1) 不可压缩理想流体在势力场作用下由静止启动，因而流体运动是无旋的；

(2) 运动物体是刚体，它只有六个运动自由度，即移动速度 $\boldsymbol{U}_0$ 与相对于某参考点的角速度 $\boldsymbol{\omega}$.

如同前面求解绕流问题一样，求解运动物体上的流体作用力问题主要是求解速度势. 但是，与均匀来流的绕流问题不同，由于物体在流体中作任意运动，物体运动产生的流场速度势是非定常的，必须求出流体绝对运动的速度势. 一般来说，在固定的坐标系中求解非定常速度势的初值和边值问题是比较困难的. 然而，不可压缩流体无旋运动具有对边界条件的瞬时响应特性(参见 4.4 节中速度势的物理意义)，就是说，某一瞬时的速度势只和该瞬时的边界条件有关. 于是，引入**瞬时绝对坐标**的概念，用这种坐标系求解不可压缩无旋非定常流动的速度势，较之采用固定的绝对坐标系简便得多.

1. 瞬时绝对坐标中速度势的解

(1) 数学提法

由不可压缩流体在无界域中无旋流动的基本方程和边界条件(4.43a)，(4.43b)，(4.43c)和(4.43d)的表达式，可以清楚地看到，速度势 Φ 完全由运动学边界条件确定. 具体来说，在非定常情况下，某一时刻的速度势只取决于该时刻的运动边界条件，和该流场的过去历史无关.不可压缩无旋流动的这一特点,可以确切地称为流场对边界条件的瞬时响应特性.下面列出物体在不可压缩流体中作一般空间运动时的流场速度势方程和它的边界条件

速度势方程　　　　$\Delta\Phi=0$

无界静止条件　　　　$(\nabla\Phi)_\infty=0$

物面不可穿透条件　　$(\nabla\Phi)_\Sigma\cdot\boldsymbol{n}=(\boldsymbol{U}_0+\boldsymbol{\omega}\times\boldsymbol{r})\cdot\boldsymbol{n}$

式中,$\boldsymbol{U}_0$是物体质心运动速度,$\boldsymbol{\omega}$是相对于质心的物体角速度,Σ是物面方程,$\boldsymbol{n}$是物面的法向量,它由物面方程Σ导出.一般情况下,以上四个量都是时间的函数.但是,由上面列出的速度势方程和边界条件可以看出:某一时刻t_0的速度势解只取决于该瞬时的$\boldsymbol{U}_0(t_0)$,$\boldsymbol{\omega}(t_0)$,$\Sigma(t_0)$,而和物体以前的运动状态无关.这就是说,只需要一个瞬时一个瞬时地求解速度势.利用这一特性,在每一瞬间,把坐标系冻结在物体上,并在该瞬时求出满足边界条件的绝对运动速度势,故称该坐标系为瞬时绝对坐标系.下面介绍具体解法.设瞬时冻结在刚性物体上的坐标系为(x',y',z'),在该坐标系中刚体物面方程和时间无关:

$$\Sigma: F(x',y',z')=0 \tag{4.51}$$

在该坐标系中,梯度算符的表达式为

$$\nabla'=\boldsymbol{e}'_x\frac{\partial}{\partial x'}+\boldsymbol{e}'_y\frac{\partial}{\partial y'}+\boldsymbol{e}'_z\frac{\partial}{\partial z'}$$

拉普拉斯算符是

$$\Delta'=\frac{\partial^2}{\partial x'^2}+\frac{\partial^2}{\partial y'^2}+\frac{\partial^2}{\partial z'^2}$$

因此流动的基本方程和边界条件如下:

$$\Delta'\Phi=0,\quad (\nabla'\Phi)_\infty=0,\quad (\nabla'\Phi\cdot\boldsymbol{n})_\Sigma=(\boldsymbol{U}_0+\boldsymbol{\omega}\times\boldsymbol{r}')\cdot\boldsymbol{n} \tag{4.52}$$

式中$\boldsymbol{n}$是物面法线:$\boldsymbol{n}=\nabla'F/|\nabla'F|$.

现在可以看到,在冻结于物体上的坐标系中,物面方程和时间无关,因此法向量$\boldsymbol{n}$也和时间无关.速度势方程的边界条件只依赖于物面方程(4.51)和物体的移动速度与转动角速度.当物形给定后,速度势方程的解仅仅线性地依赖于移动速度和角速度分量.

(2) 求解方法

由于速度势方程是线性的,边界条件又线性地依赖于运动参数$\boldsymbol{U}_0$和$\boldsymbol{\omega}$,因此可以用以下的叠加法求解:

$$\Phi=U_0\Phi_1+V_0\Phi_2+W_0\Phi_3+\omega_x\Phi_4+\omega_y\Phi_5+\omega_z\Phi_6=\Sigma\boldsymbol{u}_i\Phi_i \tag{4.53}$$

其中$(U_0,V_0,W_0)=\boldsymbol{U}_0$是物体的三个平移速度分量,$(\omega_x,\omega_y,\omega_z)=\boldsymbol{\omega}$是物体的三个角速度分量,$\boldsymbol{u}_i$是广义的速度向量,它是包括平移速度分量和角速度分量的一行向量:

$$\boldsymbol{u}_i=(U_0,V_0,W_0,\omega_x,\omega_y,\omega_z)$$

把物面边界条件展开：

$$\nabla'\Phi \cdot \boldsymbol{n} = \frac{\partial \Phi}{\partial n} = \Sigma u_i \frac{\partial \Phi_i}{\partial n} = (\boldsymbol{U}_0 + \boldsymbol{\omega} \times \boldsymbol{r}') \cdot \boldsymbol{n}$$
$$= U_0 n_x + V_0 n_y + W_0 n_z + \omega_x (y' n_z - z' n_y) + \omega_y (z' n_x - x' n_z) + \omega_z (x' n_y - y' n_x)$$

可以清楚地看到，它是 $\boldsymbol{u}_i = (U_0, V_0, W_0, \omega_x, \omega_y, \omega_z)$ 的线性函数. 所以，在线性叠加解(4.53)中要求每个 Φ_i 在域内满足拉普拉斯方程；在无穷远处满足渐近条件：

$$\Delta' \Phi_i = 0 \tag{4.54a}$$

$$(\nabla' \Phi_i)_\infty = 0 \tag{4.54b}$$

在物面上它们又分别满足：

$$\begin{cases} \dfrac{\partial \Phi_1}{\partial n} = n_x, \quad \dfrac{\partial \Phi_2}{\partial n} = n_y, \quad \dfrac{\partial \Phi_3}{\partial n} = n_z, \quad \dfrac{\partial \Phi_4}{\partial n} = y' n_z - z' n_y, \\ \dfrac{\partial \Phi_5}{\partial n} = z' n_x - x' n_z, \quad \dfrac{\partial \Phi_6}{\partial n} = x' n_y - y' n_x \end{cases} \tag{4.54c}$$

以上六个速度势解的线性叠加 $\Sigma u_i \Phi_i$ 就是物体一般运动的流场速度势解. 从物理上来看 Φ_i 是物体作某种单一运动的速度势. 例如 Φ_1 相当于 $u_0 = 1, v_0 = w_0 = \omega_x = \omega_y = \omega_z = 0$ 的解，即物体沿 x 轴方向以单位速度移动时速度势方程的解；Φ_4 则相当于 $\omega_x = 1, u_0 = v_0 = w_0 = \omega_y = \omega_z = 0$ 的速度势方程解，即物体绕 x 轴作刚体转动时流场的速度势解；以此类推，可以解释每一个 Φ_i 所对应的物体运动边界条件. 还可以看到，Φ_i 的定解条件式(4.54b)、(4.54c)只和物面的法向量和物面坐标有关，在冻结于物体上的坐标系中这些量和时间无关. 也就是说 Φ_i 只取决于物面几何形状，只要物面给定，Φ_i 只需要求解一次，这是应用瞬时绝对坐标的最大好处. 求得速度势后，速度场 $\boldsymbol{U}$ 为

$$\boldsymbol{U} = \nabla'\Phi, \quad 或 \quad U_{x'} = \frac{\partial \Phi}{\partial x'}, \quad U_{y'} = \frac{\partial \Phi}{\partial y'}, \quad U_{z'} = \frac{\partial \Phi}{\partial z'}$$

2. 在瞬时绝对坐标系中压强计算公式

求出速度场后，利用柯西-拉格朗日积分式

$$\frac{\partial \Phi}{\partial t} + \frac{1}{2} |\boldsymbol{U}|^2 + \frac{p}{\rho} + \Pi = C(t)$$

可以求出压强分布. 然而这时必须注意该积分式是在固定的绝对坐标系(例如，固结于地面)中导出的，具体地说，$(\partial \Phi / \partial t)_{x=\text{const.}}$ 是在固定坐标系 $\boldsymbol{x}$(而不是冻结在物体上的坐标系 $\boldsymbol{x}'$)中对时间的偏导数. 为此需要由 $\Phi(\boldsymbol{x}', t)$ 求出 $(\partial \Phi / \partial t)_{\boldsymbol{x}=\text{const.}}$. 下面通过坐标变换来导出该公式.

每一瞬时都有固定坐标系$(\boldsymbol{x}, t)$和冻结坐标$(\boldsymbol{x}', t)$之间的变换关系：

$$\mathrm{d}\boldsymbol{x} = \mathrm{d}\boldsymbol{x}' + \boldsymbol{U}_0 \mathrm{d}t + \boldsymbol{\omega} \times \boldsymbol{r}' \mathrm{d}t \tag{4.55}$$

积分该式可得到一般的坐标转换关系为

$$\boldsymbol{x}'=\boldsymbol{x}'(\boldsymbol{x},t)$$

或 $x'=x'(x,y,z,t),\quad y'=y'(x,y,z,t),\quad z'=z'(x,y,z,t)$

将以上坐标变换式代入冻结坐标系中的速度势表达式 $\Phi'(\boldsymbol{x}',t)$(为了明确区别起见，在瞬时绝对坐标中的速度势用 $\Phi'(\boldsymbol{x}',t)$表示)，就可得在固定坐标中的速度势 $\Phi(\boldsymbol{x},t)$：

$$\Phi(\boldsymbol{x},t)=\Phi'[\boldsymbol{x}'(\boldsymbol{x},t),t]$$

应用链式求导法则，可以得到

$$\left(\frac{\partial\Phi}{\partial t}\right)_x=\boldsymbol{\nabla}'\Phi'\cdot\left(\frac{\partial\boldsymbol{x}'}{\partial t}\right)_x+\left(\frac{\partial'\Phi'}{\partial t}\right)_{x'}$$

因$\boldsymbol{\nabla}'\Phi'=\boldsymbol{U}$，而$(\partial\boldsymbol{x}'/\partial t)_x$ 可由变换式(4.55)求出(令 $\mathrm{d}\boldsymbol{x}=0$)：

$$\left(\frac{\partial\boldsymbol{x}'}{\partial t}\right)_x=-\boldsymbol{U}_0-\boldsymbol{\omega}\times\boldsymbol{r}'=-\boldsymbol{U}_e$$

$\boldsymbol{U}_e$是瞬时绝对坐标系相对于固定坐标系的速度，即牵连速度，于是有

$$\frac{\partial\Phi}{\partial t}=\frac{\partial'\Phi'}{\partial t}-\boldsymbol{U}\cdot\boldsymbol{U}_e=\frac{\partial'\Phi'}{\partial t}-\boldsymbol{\nabla}'\Phi'\cdot\boldsymbol{U}_e \tag{4.56}$$

式中 $\boldsymbol{U}_e=\boldsymbol{U}_0+\boldsymbol{\omega}\times\boldsymbol{r}'$是瞬时绝对坐标系当地的牵连速度. 代入柯西-拉格朗日积分，可得到瞬时绝对坐标系中的表达式：

$$\frac{\partial'\Phi'}{\partial t}-\boldsymbol{U}_e\cdot\boldsymbol{\nabla}'\Phi'+\frac{1}{2}\mid\boldsymbol{U}\mid^2+\frac{p}{\rho}+\Pi=C(t)$$

现在公式中的函数都是用瞬时绝对坐标系表示的，因此下面将速度势符号上的撇号取消.

最后，确定柯西-拉格朗日积分式的常数 $C(t)$，前面已经提到过，无界静止的无源流场中速度势在无穷远处的渐近式为

$$\Phi\approx C_{ij}\frac{\partial}{\partial x_{ij}}\left(\frac{1}{R}\right)+\cdots=O\left(\frac{1}{R^2}\right)+\text{高阶量}$$

因而$\partial\Phi/\partial t|_\infty=0$ 和$|\boldsymbol{\nabla}\Phi|_\infty=0$. 如果选定无穷远处 $\Pi=0$，将以上等式代入柯西-拉格朗日积分式，则可得积分常数 $C(t)$为

$$C(t)=\frac{p_\infty}{\rho}$$

于是在瞬时绝对坐标系中压强场的解为

$$\frac{p}{\rho}=\frac{p_\infty}{\rho}-\left(\frac{\partial\Phi}{\partial t}+\frac{U^2}{2}+\Pi-\boldsymbol{U}\cdot\boldsymbol{U}_e\right) \tag{4.57}$$

下面举例说明以上方法的应用.

例 4.4 圆球在不可压缩理想流体中作加速直线运动时，求作用在圆球上的合力(不计外力场).

解 在冻结于圆球的坐标系(图 4.11)中求 Φ_1，基本方程和边界条件如下：

$$\Delta'\Phi_1 = 0, \quad (\nabla'\Phi_1)_\infty = 0, \quad \left(\frac{\partial \Phi_1}{\partial n}\right)_{R_a} = n_x = \frac{x'}{R_a} = \cos\theta'$$

R_a为圆球半径.

前面已经导出均匀来流绕圆球速度势,它等于均匀流和偶极子速度势的叠加.在冻结于圆球上的坐标系中,无穷远处速度等于零,因此在瞬时绝对坐标系中圆球平移运动产生的流场速度势 Φ_1 就是偶极子解:

$$\Phi_1 = \frac{-R_a^3 x'}{2R'^3} = -\frac{R_a^3\cos\theta'}{2R'^2}$$

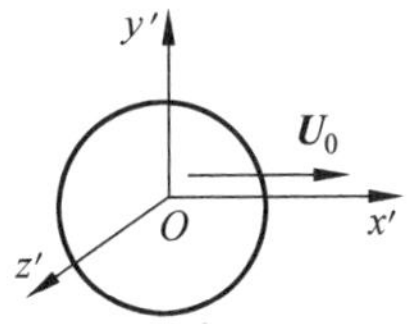

图 4.11 圆球运动示意图

验证边界条件:该速度势在球面上的法向导数

$$\left.\frac{\partial \Phi_1}{\partial R'}\right|_{R_a} = \left.\frac{R_a^3\cos\theta'}{R'^3}\right|_{R_a} = \cos\theta'$$

它满足球面的边界条件.当圆球以速度 $U_0(t)$运动时产生的速度势为

$$\Phi = \frac{-U_0(t)R_a^3x'}{2R'^3} = -\frac{U_0(t)R_a^3\cos\theta'}{2R'^2}$$

因而在瞬时绝对坐标系中速度势对时间的偏导数

$$\left(\frac{\partial \Phi}{\partial t}\right)_{x'} = -\dot{U}_0(t)\frac{R_a^3x'}{2R'^3} = -\frac{\dot{U}_0(t)R_a^3}{2}\frac{\cos\theta'}{R'^2}$$

球面上流体速度

$$\boldsymbol{U} = (\nabla'\Phi)_{R_a} = U_0\left(\cos\theta'\boldsymbol{e}_{R'} + \frac{1}{2}\sin\theta'\boldsymbol{e}_{\theta'}\right), \quad U^2 = U_0^2\left(1 - \frac{3}{4}\sin^2\theta'\right)$$

圆球面上的牵连速度为:$\boldsymbol{U}_e = U_0\boldsymbol{e}_x$,因此

$$\boldsymbol{U}\cdot\boldsymbol{U}_e = U_0\left(\cos\theta'\boldsymbol{e}_{R'} + \frac{1}{2}\sin\theta'\boldsymbol{e}_{\theta'}\right)\cdot(U_0\boldsymbol{e}_{x'}) = U_0^2\left(1 - \frac{3}{2}\sin^2\theta'\right)$$

代入柯西-拉格朗日积分式后得

$$\frac{p}{\rho} = \frac{p_\infty}{\rho} - \frac{U_0^2}{2}\left(1 - \frac{9}{4}\cos^2\theta\right) + \frac{R_a}{2}\dot{U}_0\cos\theta'$$

和圆球作等速直线运动的结果比较(式(4.49)),球面上的压强增加一项$\dfrac{dU_0}{dt}\dfrac{R_a\cos\theta'}{2}$,这是圆球加速运动时在球面上产生的流体压强,这一部分压强分布相对于 x 轴反对称,因此将产生沿速度方向的合力.压强分布中其他各项相对于 x 轴对称,并和理想不可压缩流体绕圆球无旋流动的压强分布相同,这部分压强分布的合力等于零.总合力计算如下:

$$\begin{aligned}\boldsymbol{F} &= -\iint p\boldsymbol{n}\,dA = -\iint(p\cos\theta'\boldsymbol{e}_x + p\sin\theta'\boldsymbol{e}_y)\,dA \\ &= -2\pi\int_0^\pi\left[\frac{p_\infty}{\rho} - \frac{U_0^2}{2}\left(1 - \frac{9}{4}\sin^2\theta'\right) + \frac{1}{2}\rho\frac{dU_0}{dt}R_a\cos\theta'\right](\cos\theta'\boldsymbol{e}_x\end{aligned}$$

$$+\sin\theta'\boldsymbol{e}_y)R_a^2\sin\theta'\mathrm{d}\theta'$$

$$=-\frac{2}{3}\pi\rho R_a^3\frac{\mathrm{d}U_0}{\mathrm{d}t}\boldsymbol{e}_x$$

该合力方向和圆球运动方向相反，因此是阻力. 阻力的大小正比于圆球的加速度、流体密度和圆球体积之半($2\pi R_a^3/3$). 也就是说该阻力相当于在圆球中附加了半球体积的流体质量($2\pi\rho R_a^3/3$)后作同样运动所需的惯性力，因而 $2\pi\rho R_a^3/3$ 称为圆球体在流体中运动的附加质量.

该例题表明物体在流体中作直线加速度运动时，除了物体具有惯性外，流体的加速运动也表现某种惯性效应，或称附加惯性. 下面介绍物体作一般运动时(移动和转动)附加惯性的概念和公式.

3. 物体在不可压缩理想流体中运动时的附加惯性

应用能量定理来导出物体在不可压缩理想流体中作任意运动时受到的流体作用力和力矩. 首先导出流体运动的能量守恒公式.

(1) 无界不可压缩理想流体无旋运动的能量守恒公式

不可压缩理想流体质量体上的能量方程为

$$\frac{\mathrm{D}}{\mathrm{D}t}\int_{D^*(t)}\rho\frac{|\boldsymbol{U}|^2}{2}\mathrm{d}V=\int_{D^*(t)}\rho\boldsymbol{f}\cdot\boldsymbol{U}\mathrm{d}V+\oiint_{\Sigma^*(t)}\boldsymbol{T}_n\cdot\boldsymbol{U}\mathrm{d}A$$

对于理想流体，流体应力状态 $\boldsymbol{T}_n=-p\boldsymbol{n}$，$p$ 是压强，当不计外力时，理想流体运动的能量方程为

$$\frac{\mathrm{D}}{\mathrm{D}t}\int_{D^*(t)}\rho\frac{|\boldsymbol{U}|^2}{2}\mathrm{d}V=-\oiint_{\Sigma^*(t)}p\boldsymbol{n}\cdot\boldsymbol{U}\mathrm{d}A$$

式中 $\boldsymbol{n}$ 是 $\Sigma^*(t)$ 的外法线方向. 当物体在无界静止流体中运动时，能量方程右端的压强做功项包括两部分：一部分是物体表面 $\Sigma(t)$ 上压强做功；还有一部分是半径为无穷大的封闭曲面压强做功. 前面已经证明，在无源的无旋流场中，$|\nabla\Phi|_{x\to\infty}=0$ 和 $\partial\Phi/\partial t|_{x\to\infty}=0$，压强等于常数. 因而，压强做功的面积分中，无穷大封闭曲面上积分值等于零. 也就是说，**物体在理想不可压缩流体中运动时，全流场的动能增长率等于物体表面上压强所做的功率.**

$$\frac{\mathrm{D}}{\mathrm{D}t}\int_{D^*(t)}\rho\frac{|\boldsymbol{U}|^2}{2}\mathrm{d}V=-\oiint_{\Sigma(t)}p\boldsymbol{n}\cdot\boldsymbol{U}\mathrm{d}A$$

根据物体表面上的边界条件(瞬时绝对坐标的撇号略去)，

$$\boldsymbol{U}\cdot\boldsymbol{n}=(\boldsymbol{U}_0+\boldsymbol{\omega}\times\boldsymbol{r})\cdot\boldsymbol{n}=U_0n_x+V_0n_y+W_0n_z$$
$$+\omega_x(yn_z-zn_y)+\omega_y(zn_x-xn_z)+\omega_z(xn_y-yn_x)$$

将它代入表面力做功的面积分中，有

$$-\oiint_{\Sigma(t)}p\boldsymbol{n}\cdot\boldsymbol{U}\mathrm{d}A=U_0\oiint_{\Sigma(t)}-pn_x\mathrm{d}A+V_0\oiint_{\Sigma(t)}-pn_y\mathrm{d}A+W_0\oiint_{\Sigma(t)}-pn_z\mathrm{d}A$$

$$+\omega_x \oiint_{\Sigma(t)} -p(yn_z - zn_y)\mathrm{d}A + \omega_y \oiint_{\Sigma(t)} -p(zn_x - xn_z)\mathrm{d}A$$

$$+\omega_z \oiint_{\Sigma(t)} -p(xn_y - yn_x)\mathrm{d}A$$

我们知道面积分 $\oiint_{\Sigma(t)} -pn_x\mathrm{d}A$ 是物体作用在流体上合力的 x 方向分量；其他类似的二项分别是合力的 y 方向和 z 方向的分量；$\oiint_{\Sigma(t)} -p(yn_z - zn_y)\mathrm{d}A$ 等于物体作用于流体上的合力矩的 x 方向分量，类似地，其他二项分别是合力矩的 y 方向和 z 方向的分量. 如用 $\boldsymbol{F} = F_x\boldsymbol{i} + F_y\boldsymbol{j} + F_z\boldsymbol{k}$ 表示合力；$\boldsymbol{L} = L_x\boldsymbol{i} + L_y\boldsymbol{j} + L_z\boldsymbol{k}$ 表示合力矩，则有

$$F_x = \oiint_{\Sigma(t)} -pn_x\mathrm{d}A,\quad F_y = \oiint_{\Sigma(t)} -pn_y\mathrm{d}A,\quad F_z = \oiint_{\Sigma(t)} -pn_z\mathrm{d}A$$

$$L_x = \oiint_{\Sigma(t)} -p(yn_z - zn_y)\mathrm{d}A,\quad L_y = \oiint_{\Sigma(t)} -p(zn_x - yn_z)\mathrm{d}A$$

$$L_z = \oiint_{\Sigma(t)} -p(xn_y - yn_x)\mathrm{d}A$$

代入能量积分公式，可得

$$\frac{\mathrm{D}}{\mathrm{D}t}\int_{D^*(t)} \rho \frac{|\boldsymbol{U}|^2}{2}\mathrm{d}V = F_xU_0 + F_yV_0 + F_zW_0 + L_x\omega_x + L_y\omega_y + L_z\omega_z$$

上面导出的能量守恒公式可表述为：不计质量力时

作用在理想流体质量体上的外界功率等于流场总动能的增长率

下面计算流场的总动能，然后代入能量积分公式，就可以求出在物体上的流体作用力.

(2) 理想不可压缩流体无旋运动的全场动能公式

不可压缩流体的无界无旋流动的流场总动能

$$T = \frac{\rho}{2}\int \boldsymbol{U}\cdot\boldsymbol{U}\mathrm{d}V = \frac{\rho}{2}\iiint(\boldsymbol{\nabla}\Phi\cdot\boldsymbol{\nabla}\Phi)\mathrm{d}V$$

应用向量导数公式：$\boldsymbol{\nabla}\Phi\cdot\boldsymbol{\nabla}\Phi = \boldsymbol{\nabla}\cdot(\Phi\boldsymbol{\nabla}\Phi) - \Phi\Delta\Phi$，因为不可压缩无旋流的速度势满足拉普拉斯方程：$\Delta\Phi = 0$，故 $\boldsymbol{\nabla}\Phi\cdot\boldsymbol{\nabla}\Phi = \boldsymbol{\nabla}\cdot(\Phi\boldsymbol{\nabla}\Phi)$. 利用高斯公式，动能公式可简化为

$$T = \frac{\rho}{2}\iiint \boldsymbol{\nabla}\Phi\cdot\boldsymbol{\nabla}\Phi\mathrm{d}V = \frac{\rho}{2}\iiint \boldsymbol{\nabla}\cdot(\Phi\boldsymbol{\nabla}\Phi)\mathrm{d}V = \frac{\rho}{2}\oiint_{\Sigma}\Phi\frac{\partial\Phi}{\partial n'}\mathrm{d}A + \frac{\rho}{2}\oiint_{S}\Phi\frac{\partial\Phi}{\partial r}\mathrm{d}A$$

式中 Σ 为物面，n' 是指向物面的内法线方向（流场的外法方向）. S 是半径足够大的圆球面，由于不可压缩无源无旋流场中 $\lim\limits_{r\to 0}\Phi \sim O\left(\frac{1}{r^2}\right)$，$\lim\limits_{r\to 0}\frac{\partial\Phi}{\partial r} \sim O\left(\frac{1}{r^3}\right)$，因此当圆球面取得无限大时，第二个积分等于零. 此外，取指向物面外的法线方向 $\boldsymbol{n} = -\boldsymbol{n}'$，则动能公

式的最后形式为

$$T = -\frac{\rho}{2}\oint\!\!\!\oint_{\Sigma}\Phi\frac{\partial\Phi}{\partial n}\mathrm{d}A \tag{4.58}$$

将物体一般运动产生的速度势公式 $\Phi = \sum u_i\Phi_i$ 代入，得

$$T = -\frac{\rho}{2}\sum_{i=1}^{6}\sum_{j=1}^{6}u_iu_j\oint\!\!\!\oint_{\Sigma}\Phi_i\frac{\partial\Phi_j}{\partial n}\mathrm{d}A$$

令

$$\alpha_{ij} = -\oint\!\!\!\oint_{\Sigma}\Phi_i\frac{\partial\Phi_j}{\partial n}\mathrm{d}A \tag{4.59}$$

则

$$T = \frac{\rho}{2}\sum_{i=1}^{6}\sum_{j=1}^{6}\alpha_{ij}u_iu_j \tag{4.60}$$

式(4.60)是不可压缩无旋流场动能的一般公式.前面已经论述过 Φ_i 只与物面形状有关，因此 α_{ij} 只是物面形状的函数而与物体运动参数无关，称 α_{ij} 为流体的附加惯性张量，而且有以下主要性质：

① α_{ij} 是正定矩阵，因为动能总是正值.

② $\alpha_{ij}=\alpha_{ji}$ 是对称矩阵.

在以半径无穷大的球面包围的流场中应用格林公式，有

$$\iiint_V(\Phi_i\Delta\Phi_j-\Phi_j\Delta\Phi_i)\mathrm{d}V=\iiint_V[\nabla\cdot(\Phi_i\nabla\Phi_j)-\nabla\cdot(\Phi_j\nabla\Phi_i)]\mathrm{d}V$$

$$=\oint\!\!\!\oint_{\Sigma}\left(\Phi_i\frac{\partial\Phi_j}{\partial n}-\Phi_j\frac{\partial\Phi_i}{\partial n}\right)\mathrm{d}A+\oint\!\!\!\oint_{S(r\to\infty)}\left(\Phi_i\frac{\partial\Phi_j}{\partial r}-\Phi_j\frac{\partial\Phi_i}{\partial r}\right)\mathrm{d}A$$

由于 $\lim\limits_{r\to\infty}\Phi_i\sim O\left(\frac{1}{r^2}\right)$ 和 $\lim\limits_{r\to\infty}\frac{\partial\Phi}{\partial r}\sim O\left(\frac{1}{r^3}\right)$，故第二个面积分等于零，同时 $\Delta\Phi_i=\Delta\Phi_j=0$，故有

$$\alpha_{ij}=-\oint\!\!\!\oint_{\Sigma}\Phi_i\frac{\partial\Phi_j}{\partial n}\mathrm{d}A=-\oint\!\!\!\oint_{\Sigma}\Phi_j\frac{\partial\Phi_i}{\partial n}\mathrm{d}A=\alpha_{ji}$$

证毕.

由于 α_{ij} 的对称性，事实上 α_{ij} 只有21个独立分量.

③ 若物面具有三个相互垂直的对称面(例如椭球：$x^2/a^2+y^2/b^2+z^2/c^2=1$)，则该物体在不可压缩理想流体中作无旋运动时，

$$\alpha_{ij}=-\rho\oint\!\!\!\oint_{\Sigma}\Phi_i\frac{\partial\Phi_j}{\partial n}\mathrm{d}A=0,\quad i\neq j$$

设对称物面的方程为 $F(x,y,z)=0$，由于对称性，应有 $F(x,y,z)=F(-x,y,z)$，$F(x,y,z)=F(x,-y,z)$ 以及 $F(x,y,z)=F(x,y,-z)$ 等；但是物面的法向量的分量有反对称性，例如 $n_y(x,y,z)=\partial F/\partial y/|\nabla F|=-n_y(x,-y,z)$.

现在以 $\alpha_{12}=-\rho\oiint\Phi_1(x,y,z)\dfrac{\partial\Phi_2}{\partial n}\mathrm{d}A$ 为例，证明 $\alpha_{12}=0$. 物体以单位速度沿 x 轴正方向运动时的流场速度势为 $\Phi_1=\Phi_1(x,y,z)$，同时根据定义，物面上 $\partial\Phi_2/\partial n=n_y$，它是物面单位法向量在 y 轴方向的分量，因此有

$$\alpha_{12}=-\rho\oiint n_y\Phi_1(x,y,z)\mathrm{d}A$$

取对称点 $M(x,y,z)$ 和 $M'(x,-y,z)$（参见图 4.12），因为物面对 xz 平面对称，故物体沿 x 轴运动的速度势 $\Phi_1=\Phi_1(x,y,z)$ 也对 xz 平面对称，即 $\Phi_1(x,y,z)=\Phi_1(x,-y,z)$. 另一方面，对称物面的法向量分量有反对称性：$n_y(x,y,z)=(\partial F/\partial y)/|\nabla F|=-n_y(x,-y,z)$，于是，在面积分式 $\alpha_{12}=-\rho\oiint\Phi_1\dfrac{\partial\Phi_2}{\partial n}\mathrm{d}A$ 中，在 xz 平面上方的面积分值和 xz 平面下方的面积分值相互抵消，即 $\alpha_{12}=0$. 同理可证其他的交叉惯性张量分量 $\alpha_{ij}=0(i\neq j)$. 于是有三个相互垂直对称面的物体 α_{ij} 只有六个独立量，总动能可写成

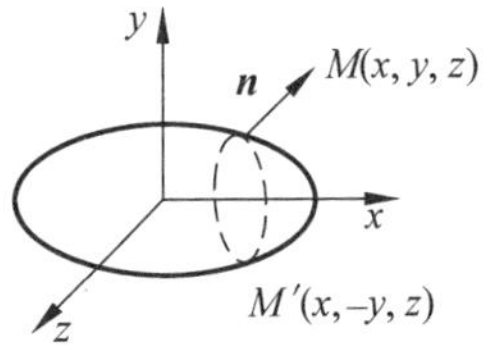

图 4.12 对称物型的速度势边界条件

$$T=\frac{\rho}{2}(\alpha_{11}U_0^2+\alpha_{22}V_0^2+\alpha_{33}W_0^2+\alpha_{44}\omega_x^2+\alpha_{55}\omega_y^2+\alpha_{66}\omega_z^2)$$

(3) 不可压缩理想流体无界无旋流场中物体上的合力、合力矩和达朗贝尔定理

现在来考察物体在不可压缩理想流体中任意运动时的受力和运动. 将动能公式代入动能守恒公式，得

$$f_iu_i=\frac{\rho}{2}\frac{\mathrm{d}}{\mathrm{d}t}\sum\alpha_{ij}u_iu_j \tag{4.61}$$

式中 $f_i=(F_x,F_y,F_z,L_x,L_y,L_z)$ 是一行力向量；$u_i=(U_0,V_0,W_0,\omega_x,\omega_y,\omega_z)$ 是一行速度向量. 将求导数与求和运算交换，由于 $\alpha_{ij}=\alpha_{ji}$，并和时间无关，式(4.61)可简化为

$$f_iu_i=\rho\sum\alpha_{ij}u_i\frac{\mathrm{d}u_j}{\mathrm{d}t} \tag{4.62}$$

上式对于任意 u_i 都成立，因而有

$$f_i=\rho\sum\alpha_{ij}\frac{\mathrm{d}u_j}{\mathrm{d}t} \tag{4.63}$$

这是流体上受到物体作用力和力矩的一般公式. 根据力的作用和反作用原理，流体作用在物体上的力和力矩等于 $-f_i$.

由式(4.63)可以很容易导出著名的达朗贝尔定理：**物体在理想不可压缩流体中作匀速平移运动时不受阻力.**

当物体作等速平移运动时，$\boldsymbol{\omega}=\mathbf{0}$，$\boldsymbol{U}_0=U\boldsymbol{e}_x$ 为常向量，因此 $\mathrm{d}u_i/\mathrm{d}t=0$. 则由式(4.63)可得

$$F_x = \rho \sum \alpha_{xx} \frac{\mathrm{d}U}{\mathrm{d}t} = 0$$

就是说物体在理想不可压缩流体中作等速平移运动时，物体上不受任何作用力或力矩. 真实流体有粘性而不是理想流体，因此即使是无分离的绕流，物体上还是受到流体的摩擦阻力，关于粘性流体作用在物体上的阻力问题将在第 8 章和第 10 章中讨论.

下面进一步讨论物体在流体中作变速直线运动和转动的情况.

如果物体是有三个互相垂直的对称面，则在直角坐标中

$$\alpha_{ij} = \alpha_{ji} = 0$$

因此

$$f_\alpha = \rho \alpha_{\alpha\alpha} \frac{\mathrm{d}u_\alpha}{\mathrm{d}t} \quad (\text{对 } \alpha \text{ 不求和})$$

当物体受到外加作用力 $\boldsymbol{R}=(R_i)$ 和力矩 $\boldsymbol{M}=(M_i)$ 推动下在流体中运动时，物体的运动方程为

$$M \frac{\mathrm{d}U_\alpha}{\mathrm{d}t} = R_\alpha + F_\alpha \tag{4.64}$$

$$I_\alpha \frac{\mathrm{d}\omega_\alpha}{\mathrm{d}t} = M_\alpha + L_\alpha \quad (\text{对 } \alpha \text{ 不求和}) \tag{4.65}$$

M 为物体质量，I_α 为物体相对于坐标轴的转动惯量. 将流体作用力公式(4.63)代入，得

$$\begin{cases} M \dfrac{\mathrm{d}U_\alpha}{\mathrm{d}t} = R_\alpha - \rho \alpha_{\alpha\alpha} \dfrac{\mathrm{d}U_\alpha}{\mathrm{d}t}, & \alpha = 1,2,3 \\ I_\alpha \dfrac{\mathrm{d}\omega_\alpha}{\mathrm{d}t} = M_\alpha - \rho \alpha_{\alpha\alpha} \dfrac{\mathrm{d}\omega_{\alpha\alpha}}{\mathrm{d}t}, & \alpha = 4,5,6 \end{cases} \quad (\text{对 } \alpha \text{ 不求和}) \tag{4.66}$$

写成分量形式

$$(M + \rho\alpha_{11}) \frac{\mathrm{d}U_0}{\mathrm{d}t} = R_x, \quad (M + \rho\alpha_{22}) \frac{\mathrm{d}V_0}{\mathrm{d}t} = R_y, \quad (M + \rho\alpha_{33}) \frac{\mathrm{d}W_0}{\mathrm{d}t} = R_z$$

$$(I_x + \rho\alpha_{44}) \frac{\mathrm{d}\omega_x}{\mathrm{d}t} = M_x, \quad (I_y + \rho\alpha_{55}) \frac{\mathrm{d}\omega_y}{\mathrm{d}t} = M_y, \quad (I_z + \rho\alpha_{66}) \frac{\mathrm{d}\omega_z}{\mathrm{d}t} = M_z$$

可以看到，$\rho\alpha_{\alpha\alpha}$ 相当于在物体上增加质量或惯性矩，因此称它为附加惯性，也就是说物体在不可压缩理想流体中作加速运动时不仅要克服自身的惯性，还需要附加克服流体惯性的作用力和力矩. 利用附加惯性可以使理想流体对物体加速运动时作用力的计算得到简化，对于每一种物形可以先算出 α_{ij}（它们只与物体外形有关），然后代入物体运动方程(4.66)，就可以求解刚体运动常微分方程.

附加质量和流体密度成正比，物体在空气中运动时的附加质量远远小于水中的附加质量，因此物体在空气中运动时附加质量往往可以忽略. 如果运动物面外形没有对称性，这时交叉附加惯性 $\alpha_{ij} \neq 0, i \neq j$，这就意味着，在物体某一运动方向上

流体作用力不仅和同方向的附加惯性有关，还和其他方向的附加惯性及加速度有关. 六个刚体运动方程是耦合的，物体的移动速度可能产生流体的作用力矩而引起物体的转动. 这就是说，非对称物体在流体中运动时，它的运动姿态较之在真空中复杂得多.

例 4.5 质量为 m，直径为 d 的圆球悬挂在长为 l 的细丝上，放在密度为 ρ 的理想不可压缩流体里，并在重力场中作微幅摆动，求该单摆的摆动周期.

解 该摆上垂直于地面的力为重力和浮力之和，即

$$F_z = mg - \frac{\rho g \pi d^3}{6}$$

切向加速度为 $l\,\dfrac{\mathrm{d}\omega}{\mathrm{d}t} = l\,\dfrac{\mathrm{d}^2\theta}{\mathrm{d}t^2}$，平衡方程为

$$l(m + \rho\alpha_{\theta\theta})\frac{\mathrm{d}^2\theta}{\mathrm{d}t^2} = -\left(mg - \frac{\rho\pi d^3 g}{6}\right)\theta$$

已知圆球的 $\alpha_{\theta\theta} = \pi d^3/12$，得球摆的运动方程为

$$\frac{\mathrm{d}^2\theta}{\mathrm{d}t^2} + \frac{g\left(m - \dfrac{\rho\pi d^3}{6}\right)\theta}{l\left(m + \dfrac{\rho\pi d^3}{12}\right)} = 0$$

上式可写成 $\mathrm{d}^2\theta/\mathrm{d}t^2 + \omega^2\theta = 0$ 的形式，$\omega^2 = g(m - \rho\pi d^3/6)/[l(m + \rho\pi d^3/12)]$，故该方程的解为周期运动 $\theta = A\sin\omega t + B\cos\omega t$，周期 $T = 2\pi/\omega$. 因此考虑流体附加惯性的单摆的周期为

$$T = 2\pi\sqrt{\frac{l\left(m + \dfrac{\rho\pi d^3}{12}\right)}{g\left(m - \dfrac{\rho\pi d^3}{6}\right)}}$$

不计流动阻力，该摆的摆动周期比真空中的周期 $\sqrt{l/g}$ 大 $\sqrt{\dfrac{12m + \rho\pi d^3}{12m - 2\rho\pi d^3}}$ 倍，解毕.

下面给出一些简单物形的附加惯性.

表 4.1 中圆柱的附加质量是轴向单位长度的附加质量；旋转椭球附加质量中系数 k_1，k_2 的值由表 4.2 给出.

表 4.1 圆球、旋转椭球和圆柱的附加惯性(乘密度 ρ)

物体	几何量	α_{xx}	α_{yy}	α_{zz}	$\alpha_{ij}\,(i\neq j)$
圆球	圆球半径 R_a	$2\pi R_a^3/3$	$2\pi R_a^3/3$	$2\pi R_a^3/3$	0
旋转椭球	旋转椭球长轴 a，旋转半径 b	$4\pi k_2 ab^2/3$	$4\pi k_1 ab^2/3$	$4\pi k_1 ab^2/3$	0
圆柱	圆柱半径 a	πa^2	πa^2	x	0

表 4.2 旋转椭球的附加质量系数

a/b	1.0	1.5	2.0	2.5	3.0	4.0	5.0	6.0	8.0	10.0	∞
k_1	0.5	0.621	0.702	0.763	0.803	0.860	0.895	0.918	0.945	0.960	1.0
k_2	0.5	0.304	0.209	0.156	0.122	0.082	0.059	0.045	0.029	0.021	0.0

最后，还应再次强调指出，本章关于流动中流体对物体作用力的分析和结论都是以理想的无粘性流体为前提. 关于粘性的作用以及有关阻力等现象，将在第8章和第10章中介绍.

4.7 理想不可压缩流体中的涡动力学

上面讨论了理想不可压缩流体的无旋流动，根据凯尔文定理，它是在有势力场作用下正压流体从无旋的初始条件下产生的. 如果流体是非正压或外力场非有势，则初始的无旋流场可以发展为有旋流动. 下面简要地讨论理想流体中有旋流动的产生和它的主要性质.

1. 理想流体的涡动力学方程

理想流体的动力学方程为

$$\frac{\partial \boldsymbol{U}}{\partial t}+\boldsymbol{U}\cdot\nabla\boldsymbol{U}=-\frac{1}{\rho}\nabla p+\boldsymbol{f}$$

其中 $\boldsymbol{f}$ 为外力场，注意到向量场公式：$\boldsymbol{U}\cdot\nabla\boldsymbol{U}=\nabla|\boldsymbol{U}|^2/2-\boldsymbol{U}\times(\nabla\times\boldsymbol{U})$，以及 $\boldsymbol{\omega}=\nabla\times\boldsymbol{U}$，对运动方程取旋度后，有如下涡量的动力学方程：

$$\frac{\partial \boldsymbol{\omega}}{\partial t}+\nabla\times(\boldsymbol{U}\times\boldsymbol{\omega})=-\nabla\times\left(\frac{1}{\rho}\nabla p\right)+\nabla\times\boldsymbol{f} \tag{4.67}$$

再利用向量公式

$$\nabla\times(\boldsymbol{U}\times\boldsymbol{\omega})=\boldsymbol{U}(\nabla\cdot\boldsymbol{\omega})-\boldsymbol{\omega}(\nabla\cdot\boldsymbol{U})-\boldsymbol{U}\cdot\nabla\boldsymbol{\omega}+\boldsymbol{\omega}\cdot\nabla\boldsymbol{U}$$

$$\nabla\times\left(\frac{1}{\rho}\nabla p\right)=\left(\nabla\frac{1}{\rho}\right)\times\nabla p+\frac{1}{\rho}\nabla\times(\nabla p)=-\frac{1}{\rho^2}\nabla\rho\times\nabla p$$

理想流体的涡动力学方程可写作

$$\frac{\partial \boldsymbol{\omega}}{\partial t}+\boldsymbol{U}\cdot\nabla\boldsymbol{\omega}=\boldsymbol{\omega}\cdot\nabla\boldsymbol{U}-\boldsymbol{\omega}(\nabla\cdot\boldsymbol{U})+\frac{\nabla\rho\times\nabla p}{\rho^2}+\nabla\times\boldsymbol{f} \tag{4.68}$$

方程(4.68)表明沿流体质点轨迹涡量的增长率由以下四部分作出贡献：①在切变场中涡量的生成项 $\boldsymbol{\omega}\cdot\nabla\boldsymbol{U}$；②因微团体积膨胀使涡量减少 $-\boldsymbol{\omega}\nabla\cdot\boldsymbol{U}$，对于不可压缩流体，该项等于零；③非正压流场 $\nabla\rho\times\nabla p\neq 0$，对于不可压缩流体该项等于零；④外力场的旋度，对于有势力场，该项等于零.

下面分别来讨论这四部分的性质.

2. 涡量生成的讨论

(1) 切变场中涡量生成项 $\boldsymbol{\omega}\cdot\nabla\boldsymbol{U}$

首先考察$\boldsymbol{\omega}\cdot\nabla\boldsymbol{U}$ 的性质. 如果取一微元涡管作为考察的微元流体质量体(图 4.13),涡管 AB 上 B 点相对于 A 有速度差 $\delta\boldsymbol{U}$(图 4.13(a)),对于该微元涡管

$$\boldsymbol{\omega}\cdot\nabla\boldsymbol{U}=|\boldsymbol{\omega}|\delta\boldsymbol{U}=|\boldsymbol{\omega}|\delta\boldsymbol{U}_{\perp}+|\boldsymbol{\omega}|\delta\boldsymbol{U}_{/\!/}$$

其中 $\delta\boldsymbol{U}_{\perp}$ 为 $\delta\boldsymbol{U}$ 垂直于$\boldsymbol{\omega}$ 的分量,$\delta\boldsymbol{U}_{/\!/}$ 为平行于$\boldsymbol{\omega}$ 的分量. $\delta\boldsymbol{U}_{\perp}$ 使涡管绕 A 点转动,$\delta\boldsymbol{U}_{/\!/}$ 使涡管伸长($\boldsymbol{\omega}\cdot\nabla\boldsymbol{U}>0$)或收缩($\boldsymbol{\omega}\cdot\nabla\boldsymbol{U}<0$). 转动部分在当地并不改变涡量的绝对值,只改变它的方向. 涡管伸长将使涡量增加,因为当微元涡管拉长时,如不计体积的变化(体积变化在另一项中考虑),截面积将按反比减小. 由于涡管通量守恒性,$\boldsymbol{\omega}$ 的绝对值将增大;同理,涡管收缩,$\boldsymbol{\omega}$ 的绝对值将减小. 由上面的分析可知,当涡管处于切变场时,它的方向和大小都可能发生变化,这是由涡量方程中$\boldsymbol{\omega}\cdot\nabla\boldsymbol{U}$ 引起的.

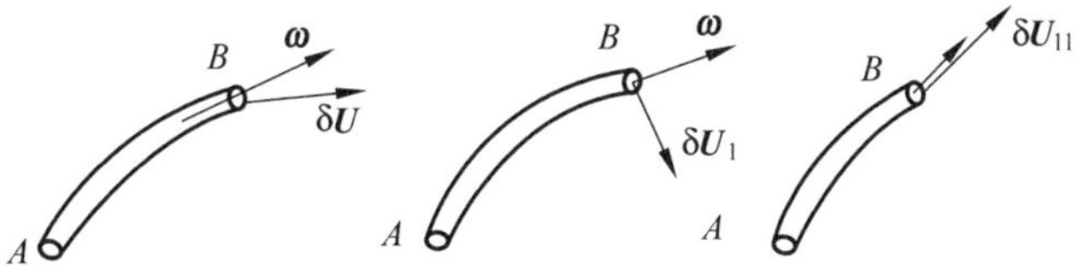

图 4.13 微元涡管在切变场中的增长率

(a) 原涡管=(b) 转动+(c) 伸长

(2) 体积膨胀项$-\boldsymbol{\omega}(\nabla\cdot\boldsymbol{U})$

由于$\nabla\cdot\boldsymbol{U}$ 是流体微团的体积膨胀率,对于一个在有势力场中运动的理想流体微团,它的角动量应是守恒的,流体微团体积膨胀导致它的转动惯量的增加,从而旋转角速度减小,也即涡量的减小. 反之,流体微团收缩($\nabla\cdot\boldsymbol{U}<0$)将导致涡量的增加.

(3) 有旋质量力场$\nabla\times\boldsymbol{f}$

有旋的质量力场(例如旋转参照系统中的科氏力)能使流体微团发生旋转,也即产生涡量. 如果质量力场是有势的,$\boldsymbol{f}=-\nabla\Pi$,这时质量力场对涡量的生成就没有贡献,因为$\nabla\times\boldsymbol{f}=\nabla\times(\nabla\Pi)=\mathbf{0}$. 后面将举例说明非有势力场产生旋涡.

(4) 斜压流场的涡量生成项$\nabla\rho\times\nabla p/\rho^2$

在斜压流场中$\nabla\rho\times\nabla p/\rho^2\neq\mathbf{0}$,例如有密度分层的大气、曲激波后的高速气流中都存在因斜压引起的涡量生成. 对于正压流场,$\rho=\rho(p)$,因而$\nabla\rho\times\nabla p/\rho^2=\mathbf{0}$,这时压强梯度项$-\nabla p/\rho$ 也是有势的,所以它对涡量的生成没有贡献.

3. 斜压和科氏力产生有旋流场的实例:贸易风

在地球东半球赤道附近,总是有一股从东北到西南的气流,在气象学上称为贸易

风.它可以用理想流体的涡动力力学理论来解释.

为了分析简明起见,假定地球是圆的,大气是完全气体.因此重力场中静止大气的等压面是同心圆球.由于赤道和北极区的太阳辐射强度不同,赤道附近的气温比北极区气温高,根据完全气体的状态方程,在相同的压强下,温度越高密度越低.于是,大气的密度从北极向赤道方向逐渐减小,造成等压面和等温面不重合,如图 4.14 所示.另一方面,大气的压强和密度都随高度而下降,因此压强梯度指向地心,而密度梯度指向地心偏西,形成斜压状态.根据压强梯度和密度梯度的方向,可以确定$\nabla p\times\nabla\rho/\rho^2$ 指向经度方向.根据涡动力学理论(式(4.68)),涡量在经度方向,随着时间的发展,在大圆上产生一环流,如图 4.14 所示,在高空该气流由南往北,在极地气流由上而下,在地面气流由北向南,在赤道气流由下而上.

进一步考察非有势力场中涡的产生.由于地球的自转,当大气相对于地球由北向南运动时,气体受到离心惯性力和科氏力的作用.科氏力是非有势的,并且

$$\boldsymbol{f}_c=-2\,\boldsymbol{\omega}\times\boldsymbol{U}$$

式中$\boldsymbol{\omega}=\omega\boldsymbol{k}$ 是地球的自转角速度向量,$\boldsymbol{k}$ 是地轴方向,由南极指向北极;$\boldsymbol{U}$ 是由斜压大气产生的由北向南气流,即 $\boldsymbol{U}=U\boldsymbol{e}_\theta$(参见图 4.15).于是,科氏力

$$\boldsymbol{f}_c=-2\,\boldsymbol{\omega}\times\boldsymbol{U}=-2\omega U\boldsymbol{k}\times\boldsymbol{e}_\theta=-2\omega U\boldsymbol{e}_\phi$$

式中 $\boldsymbol{e}_\phi$是纬度线由西向东的单位向量.于是从质点动力学的角度,不难理解科氏力将导致在地球表面由东向西的气流.

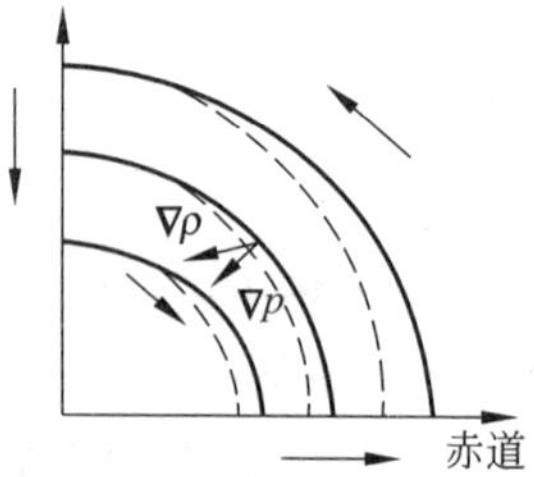

图 4.14 说明贸易风用图
实线:等压线;虚线:等密线

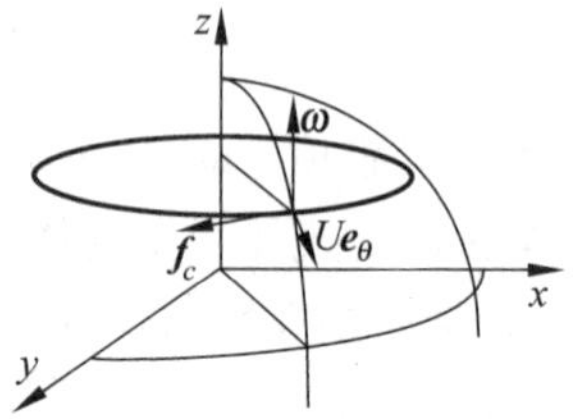

图 4.15 地球自转的科氏力

综合以上大气斜压和地球自转的联合作用,在地球赤道附近会有一股由东北到西南的气流,这就是贸易风.

习 题

4.1 写出图 4.16 所示瞬时内圆柱和外圆柱壳上的理想流体的物面条件,坐标取在不动的外圆柱壳上.

4.2　物体在无界理想流体中运动，分别采用下列坐标系建立物面条件，如图 4.17 所示：

（1）在固定于地面的直角坐标系 $Oxyz$ 中讨论绝对运动；

（2）在固定于物体上的直角坐标系 $O'x'y'z'$ 中讨论相对运动.

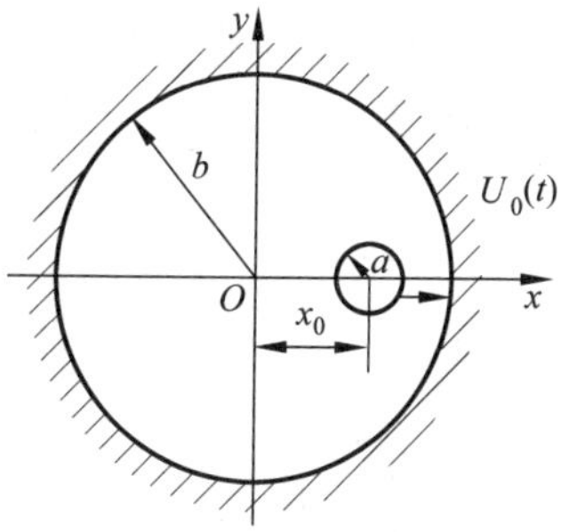

图 4.16　题 4.1 示意图

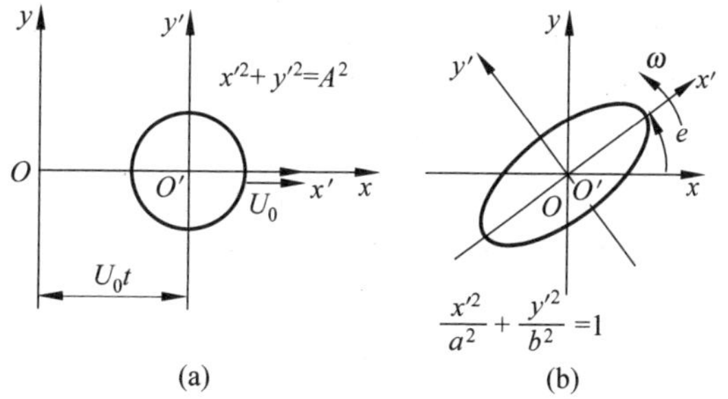

图 4.17　题 4.2 示意图

4.3　证明不可压理想流体平面流动质量力有势时有：$\partial\omega^2/\partial t+\nabla\cdot(\omega^2\boldsymbol{U})=0$，$\omega$ 是平面流体运动的旋度.

4.4　设有无穷远处速度分布为 $U_\infty=ky, V_\infty=0, W_\infty=0$ 的理想均质不可压流体，绕过固定不动半径为 R 的无限长圆柱体，若质量力有势，试求涡量场.

4.5　如图 4.18 所示，欲使离心水泵给图示管路系统提供 $28\times10^{-3}\,\mathrm{m^3/s}$ 水量，需要多大理论水头（理论水头$=U^2/2g+H$）？

4.6　如图 4.19 所示，半径为 a 的球体一边以 $a(t)$ 膨胀，一边又以 $U(t)$ 沿 Oz 负轴方向在无界原静止的不可压缩理想流体中作直线运动. 求球面上的压力分布及所受的合力. 设无穷远处静止流体的压力为 p_∞，密度为 ρ.

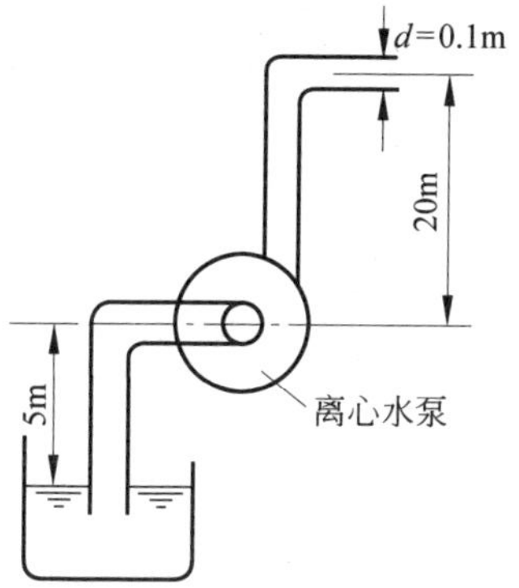

图 4.18　题 4.5 示意图

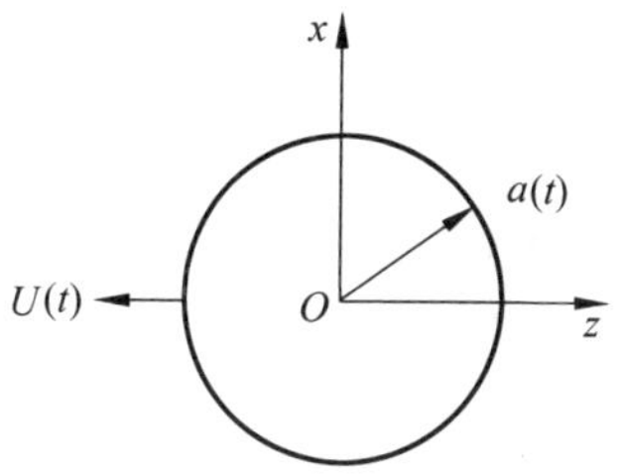

图 4.19　题 4.6 示意图

4.7　图 4.20 所示半径为 a 的二维圆柱，在无界原静止不可压理想流体中围绕

O点作圆周运动，角速度为$\omega(t)$，旋转半径为L，证明物面压力分布为

$$\frac{p}{\rho}=\frac{p_\infty}{\rho}+\dot{\omega}aL\sin\varepsilon+\frac{\omega^2L^2}{2}(1-4\cos^2\varepsilon)-\omega^2La\cos\varepsilon$$

式中ρ为流体密度，p_∞为无穷远处压力，已知$\Gamma=0$，忽略质量力.

4.8 如图4.21所示，有一往复式活塞油泵，曲柄旋转角速度$\omega=30\text{rad/s}$，缸内油的流动近似虚线所示一维流动. 从1-1截面到2-2截面面积A的变化近似为$A=(5-40x)\times10^{-3}(\text{m}^2)$. 已知活塞速度$U=0.5\omega(\sin\theta+0.1\sin2\theta)$，$\theta=\omega t$. 设油的比重为0.9，试求当$\theta=45°$时，

(1) a,b,c三点的流体加速度.

(2) 1-1截面与2-2截面上的油压差.

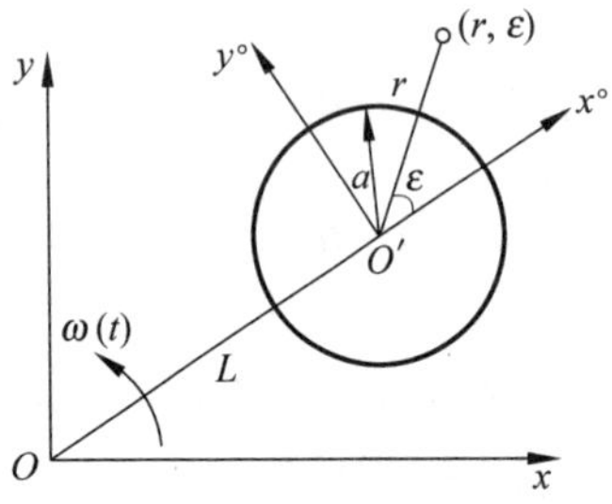

图4.20 题4.7示意图

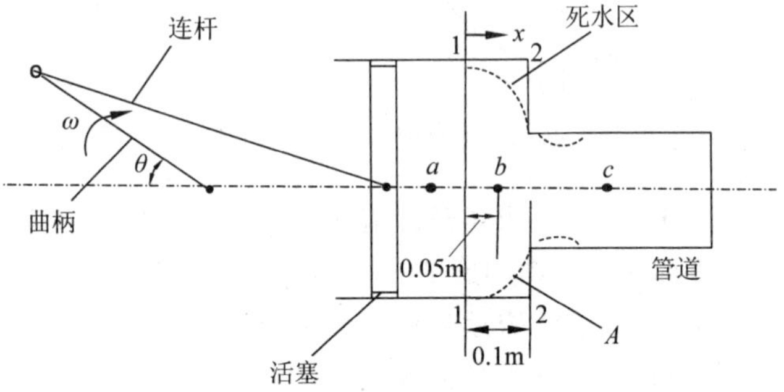

图4.21 题4.8示意图

4.9 敞口矩形水箱水面面积$F=0.5\text{m}^2$，底部开一个直径为10mm的小孔向大气泄水，流量系数为0.6，若初始水深为1m，求泄空时间. 又若水深保持不变，流动是定常的，泄出同样水量所需时间又为多少？

4.10 图4.22所示等截面V形管内盛液体，液柱长度为L，当V形管作微小晃动后，求液面自由振荡的周期.

4.11 在充满整个空间的原静止的不可压流体中，有一半径为a的空心球体突然破碎. 设无穷远处流体压力为p_∞，密度为ρ，质量力不计，求流体充满整个球体体积所需时间的积分表达式.

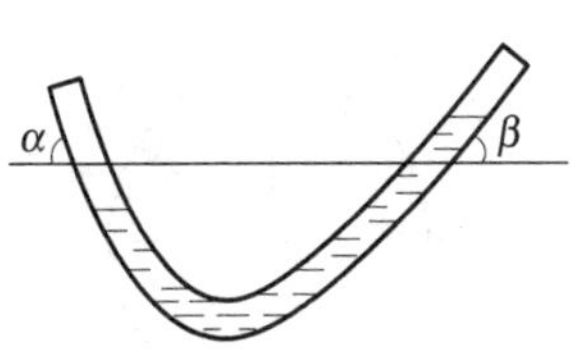

图4.22 题4.10示意图

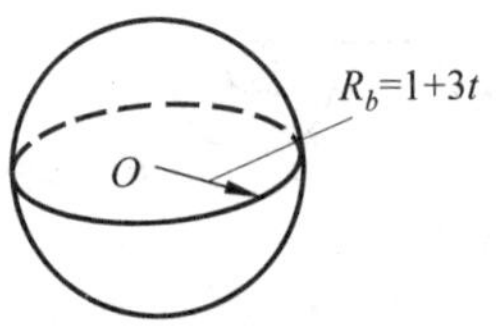

图4.23 题4.12示意图

4.12 原静止无界理想均质不可压缩流体中，有一球形物体，其半径以$R_b=1+3t$的规律膨胀（t为时间）（图4.23），求压力场. 已知无穷远处压力为p_∞，密度为ρ，且

假定质量力可忽略.

思 考 题

S4.1 圆球在牛顿型流体中突然移动,在启动瞬间绕圆球的流线谱是否和理想流体绕圆球的流线谱相同?为什么?如果没有任何质量力作用时,在理想流体中圆球等速膨胀或等速收缩时,球面上的压强如何变化?

S4.2 在圆柱型桶中充满牛顿型流体,当圆桶等角速度旋转时,桶内的流体是否和圆桶一起转动?这时桶内的流动是否为有旋运动?这与 Kelvin 定理有矛盾吗?

S4.3 为什么可以用"瞬时绝对坐标系"在随物体运动的坐标系中研究该瞬间流体的绝对运动?

S4.4 计算在海浪作用下圆柱形电缆运动时是否需要计入附加质量?

第 5 章 理想不可压缩流体的二维无旋和有旋流动

本章应用理想流体动力学理论求解不可压缩流体的平面和轴对称流动，包括无旋流动和有旋流动.

5.1 不可压缩平面流动和轴对称流动的流函数

1. 平面流动和轴对称流动的定义

定义 5.1 流体质点在平行平面上运动，并且每一平面上流动都相同的流场称为平面平行流动，简称平面流动.

如果流动平行于 xy 平面，则平面流动速度场可表示为

$$U_x = u(x,y,t), \quad U_y = v(x,y,t), \quad U_z = 0 \tag{5.1}$$

理论上均匀来流垂直于无限长柱体的绕流是二维流动. 实际流动中有不少情况可以近似为二维流动. 例如，均匀来流垂直于长柱体的绕流的情况，见图 5.1，假定柱体两端对柱体中部绕流的影响很小，因此柱体中部的绕流可近似为二维绕流. 水平飞行的机翼绕流，机翼中部的流动，也可以近似为平面平行的二维流动. 对于平行平面流动，只需要研究一个流动平面上的流动状态，如果不加说明，垂直于流动方向的长度取作单位长度.

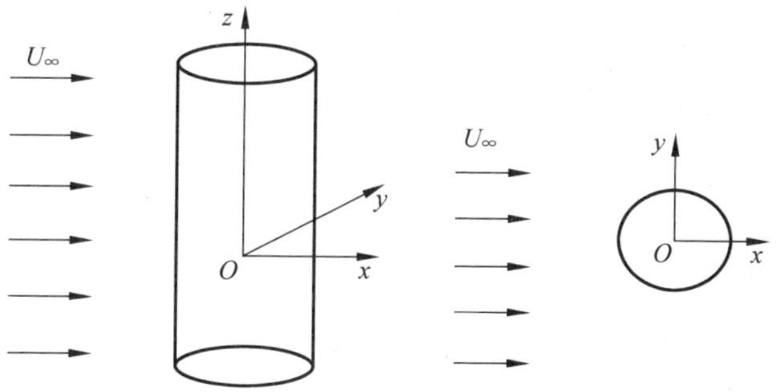

图 5.1 平行平面流动示意图

定义 5.2 流体质点在通过固定轴线的子午面上运动,并且所有子午面上运动都相同的流场,称为轴对称流.

设流动的对称轴是 x 轴,则在圆柱坐标中轴对称流的速度场可表示为

$$U_r = v_r(r,x,t), \quad U_x = v_x(r,x,t), \quad U_\theta = 0 \tag{5.2}$$

在实际情况中有不少轴对称流动.回转体沿轴向运动驱动的流场或均匀来流平行于回转体轴线的绕流都属于轴对称流,例如:炮弹、火箭等无攻角飞行,见图 5.2.

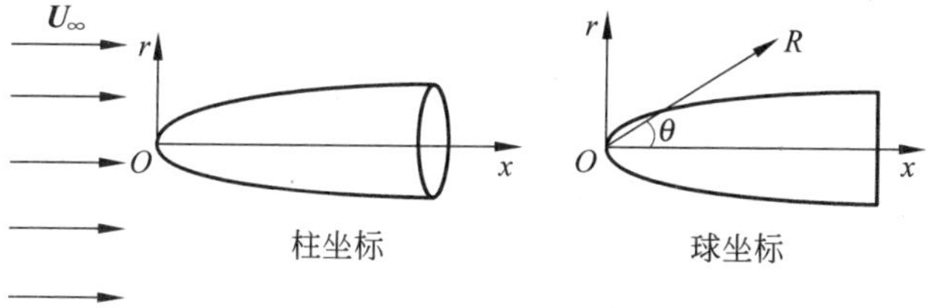

图 5.2 轴对称流示意图

轴对称流动也可用球坐标来描述:

$$U_R = v_R(R,\theta,t), \quad U_\theta = v_\theta(R,\theta,t), \quad U_\varphi = 0 \tag{5.3}$$

二维流动只有两个空间变量,无论在分析或在数值计算方面都较一般三维流动要简单得多.凡是可能用二维近似的流动,首先做二维流动分析,这是一种比较简捷的方法.下面分别讲述轴对称和平面平行流动的分析方法.

2. 平面和轴对称流动的流函数

不可压缩流体二维运动常用流函数 $\Psi(x,y)$ 来表示流场和计算流动速度,流函数由连续方程导出.

(1) 平面流动的流函数

不可压缩平面流动的连续方程是

$$\frac{\partial u}{\partial x}+\frac{\partial v}{\partial y}=0$$

利用斯托克斯公式，满足上述连续方程的 u,v 可以构成全微分：

$$\mathrm{d}\Psi = u\mathrm{d}y - v\mathrm{d}x$$

于是平面不可压缩流中的流函数可如下定义：

定义 5.3　$\Psi=\int(u\mathrm{d}y-v\mathrm{d}x)$ 称为不可压缩平面流动的流函数.

对流函数求导数，得到它和速度之间的关系

$$u=\frac{\partial\Psi}{\partial y},\quad v=-\frac{\partial\Psi}{\partial x} \tag{5.4}$$

很容易证明式(5.4)满足不可压缩平面流动的连续方程.

(2) 轴对称流动的流函数

柱坐标中不可压缩轴对称流动的连续方程可写成

$$\frac{\partial(rv_r)}{\partial r}+\frac{\partial(rv_x)}{\partial x}=0 \tag{5.5}$$

根据斯托克斯定理，满足式(5.5)的两函数 rv_r，rv_x 可以构成全微分：

$$\mathrm{d}\Psi = rv_x\mathrm{d}r - rv_r\mathrm{d}x$$

于是有定义：

定义 5.4　$\Psi=\int(rv_x\mathrm{d}r-rv_r\mathrm{d}x)$ 称为不可压缩轴对称流动的流函数.

对流函数求导数，可得它和速度场之间的关系：

$$v_x=\frac{1}{r}\frac{\partial\Psi}{\partial r},\quad v_r=-\frac{1}{r}\frac{\partial\Psi}{\partial x} \tag{5.6}$$

在数学运算上，流函数是将满足连续方程的两个函数(u,v)或(v_r,v_x)简化为一个函数 Ψ. 流函数的存在是以连续方程为前提，因此，用流函数描述流场，连续方程自然满足.

(3) 流函数的意义和性质

① **流函数的等值线是流线.**

以轴对称流动为例说明它的意义和证明它的性质，读者可以用相同的方法证明平面流动的流函数具有类似的性质.

证明　由流线定义：

$$\frac{\mathrm{d}x}{v_x}=\frac{\mathrm{d}r}{v_r}\quad 或\quad v_x\mathrm{d}r-v_r\mathrm{d}x=0$$

用流函数替代 v_x，v_r 得以下的流线方程：

$$r\frac{\partial\Psi}{\partial r}\mathrm{d}r+r\frac{\partial\Psi}{\partial x}\mathrm{d}x=0$$

消去 r 后上式成为全微分方程：

$$\mathrm{d}\Psi = 0$$

于是证明了沿流线流函数为常数，即

$$\Psi(x,r) = \text{const.}$$

在柱坐标中它是子午面上的流线，也是轴对称流中以流线为母线的回转流面方程.

用相同的方法可以证明

$$\Psi(x,y) = \text{const.}$$

是不可压缩平面流动的流线，也是垂直于流动平面的流面方程(读者自己证明).

② 子午面上两流线间流函数值之差等于通过相应旋转流面间的体积流量除以 2π.

证明 在 Ψ_1，Ψ_2 两流线之间任意联线 AB，并以此联线作为母线作回转面，由于轴对称性，通过该回转面的体积流量为

$$Q = \int_A^B 2\pi r \boldsymbol{U} \cdot \boldsymbol{n} \mathrm{d}s = 2\pi \int_A^B r(v_x n_x + v_r n_r)\mathrm{d}s$$

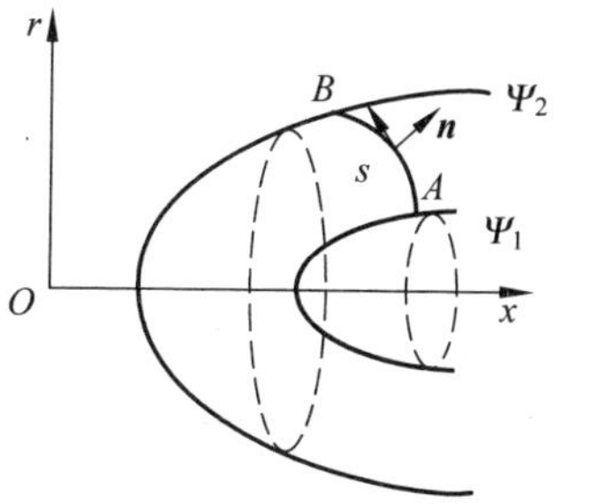

图 5.3 流函数性质示意图

式中 ds 是 AB 联线的微元弧长，$\boldsymbol{n}$ 为微元弧长的法向量，设联线的几何方程为：$r=r(s)$，$x=x(s)$，则微元弧线的切向量为：$s_x=\partial x/\partial s$，$s_r=\partial r/\partial s$，曲线的法向量和切向量之间有以下关系式：$n_x=s_r=\partial r/\partial s$，$n_r=-s_x=-\partial x/\partial s$. 将它们和流函数表达式代入流量积分公式，得

$$Q = 2\pi \int_A^B r\left(\frac{\partial \Psi}{r\partial r}\mathrm{d}r + \frac{\partial \Psi}{r\partial x}\mathrm{d}x\right) = 2\pi \int_A^B \mathrm{d}\Psi = 2\pi(\Psi_B - \Psi_A)$$

或

$$\Psi_B - \Psi_A = \frac{Q}{2\pi}$$

证毕.

在不可压缩的平面流动中，$\Psi_B-\Psi_A=q$，q 是通过 A 和 B 间单位厚度(垂直于流动平面方向)的流量. 仿效以上的证明，读者可以自己证实该性质.

③ 流函数等值线和势函数等值线正交.

证明 如果轴对称流动是无旋的，则流动还存在速度势 Φ，流场速度用速度势表示为

$$v_x = \frac{\partial \Phi}{\partial x}, \quad v_r = \frac{\partial \Phi}{\partial r}$$

与轴对称速度场的流函数表达式(5.6)对比，可以导出轴对称无旋流动中流函数和势函数的关系式如下：

$$v_x = \frac{\partial \Phi}{\partial x} = \frac{1}{r}\frac{\partial \Psi}{\partial r}, \quad v_r = \frac{\partial \Phi}{\partial r} = -\frac{1}{r}\frac{\partial \Psi}{\partial x} \tag{5.7}$$

利用式(5.7)就很容易证明流函数和势函数等值线的正交性.流函数和势函数等值线的法向量分别为：$\boldsymbol{n}_\psi = \frac{\nabla \psi}{|\nabla \psi|}$，$\boldsymbol{n}_\Phi = \frac{\nabla \Phi}{|\nabla \Phi|}$，如 $\boldsymbol{n}_\Phi \cdot \boldsymbol{n}_\psi = 0$，则两族等值线正交.由流函数和势函数的定义：

$$\nabla \Phi = \frac{\partial \Phi}{\partial r}\boldsymbol{e}_r + \frac{\partial \Phi}{\partial x}\boldsymbol{e}_x = v_r\boldsymbol{e}_r + v_x\boldsymbol{e}_x$$

$$\nabla \Psi = \frac{\partial \Psi}{\partial r}\boldsymbol{e}_r + \frac{\partial \Psi}{\partial x}\boldsymbol{e}_x = rv_x\boldsymbol{e}_r - rv_r\boldsymbol{e}_x$$

于是有

$$\boldsymbol{n}_\Phi \cdot \boldsymbol{n}_\Psi = \frac{\nabla \Phi \cdot \nabla \Psi}{|\nabla \Phi||\nabla \Psi|} = rv_rv_x - rv_rv_x = 0$$

这就证明了流函数等值线和势函数等值线正交.从几何上说，Ψ 的等值线是流线，即 Ψ 等值线的切线方向是当地的速度方向；另一方面，无旋流动的速度 $\boldsymbol{U} = \nabla\Phi$，它在速度势等值面的法线方向，即流体质点速度必垂直于等势面，于是从几何上也可证明流函数 Ψ 的等值线和势函数 Φ 的等值线正交.

同理可以证明，不可压缩平面流动中也有同样性质.

5.2 不可压缩轴对称定常无旋流动

1. 不可压缩轴对称无旋流动的流函数方程和定解条件

(1) 不可压缩轴对称无旋流动的流函数方程

流函数 Ψ 满足不可压缩连续方程，令它满足无旋条件，就得到不可压缩无旋流动的流函数方程.用柱坐标表示轴对称流中的旋度为

$$\omega_\theta = \frac{\partial v_r}{\partial x} - \frac{\partial v_x}{\partial r}, \quad \omega_r = \omega_z = 0$$

即轴对称流动中只有一个垂直于子午面的旋度分量，将流函数 $v_x = \frac{1}{r}\frac{\partial \Psi}{\partial r}$，$v_r = -\frac{1}{r}\frac{\partial \Psi}{\partial x}$代入后得

$$\frac{\partial}{\partial r}\left(\frac{1}{r}\frac{\partial \Psi}{\partial r}\right) + \frac{\partial}{\partial x}\left(\frac{1}{r}\frac{\partial \Psi}{\partial x}\right) = 0$$

上式可展开为

$$\frac{\partial^2 \Psi}{\partial x^2} + \frac{\partial^2 \Psi}{\partial r^2} - \frac{1}{r}\frac{\partial \Psi}{\partial r} = 0 \tag{5.8}$$

式(5.8)表明：不可压缩轴对称无旋流动的流函数方程也是二阶线性椭圆型偏微分方程，但它不是拉普拉斯方程.

(2) 用流函数表示的绕流问题边界条件

① 物面条件：定常绕流问题中轴对称物面是回转流面，而流函数在轴对称流面上是常数，因此用流函数表示的物面不可穿透条件为

物面 Σ 上：

$$\Psi = \text{const.} \tag{5.9}$$

② 无穷远处来流条件是(来流平行于 x 轴)：

$$\boldsymbol{U} = U_\infty \boldsymbol{e}_x$$

用流函数表示时，应是

$$\lim_{x \to -\infty} \frac{1}{r} \frac{\partial \Psi}{\partial r} = U_\infty \tag{5.10a}$$

上式对 r 积分，可表示为

$$\lim_{x \to -\infty} \Psi = \frac{1}{2} U_\infty r^2 \tag{5.10b}$$

③ 轴对称流函数在球坐标系中的表达式

轴对称流也可用球坐标表示.

$$U_R = v_R(R, \theta, t), \quad U_\theta = v_\theta(R, \theta, t)$$

球坐标中轴对称流动的连续性方程为

$$\frac{\partial (R^2 \sin\theta v_R)}{\partial R} + \frac{\partial (R \sin\theta v_\theta)}{\partial \theta} = 0 \tag{5.11}$$

仍然应用斯托克斯定理，满足式(5.11)的 $R^2 \sin\theta v_R$ 和 $R \sin\theta v_\theta$ 可用一流函数 Ψ 替代，它在球坐标系中的定义为

$$\frac{\partial \Psi}{\partial \theta} = R^2 \sin\theta v_R, \quad \frac{\partial \Psi}{\partial R} = - R \sin\theta v_\theta$$

或

$$v_R = \frac{1}{R^2 \sin\theta} \frac{\partial \Psi}{\partial \theta}, \quad v_\theta = \frac{-1}{R \sin\theta} \frac{\partial \Psi}{\partial R} \tag{5.12}$$

在球坐标中，轴对称流动的旋度表达式是

$$\nabla \times \boldsymbol{U} = \left(\frac{\partial v_\theta}{\partial R} + \frac{v_\theta}{R} - \frac{1}{R} \frac{\partial v_R}{\partial \theta} \right) \boldsymbol{e}_\varphi$$

令旋度等于零，并代入速度的流函数表达式，很容易导出球坐标中不可压缩轴对称无旋流的流函数方程为

$$\frac{\partial^2 \Psi}{\partial R^2} + \frac{1}{R^2} \frac{\partial^2 \Psi}{\partial \theta^2} - \frac{\cot\theta}{R^2} \frac{\partial \Psi}{\partial \theta} = 0 \tag{5.13}$$

引入流函数后，不可压缩轴对称无旋流动也可以由流函数方程及其定解条件解出. 读者不禁要问：既然有速度势方程及其定解条件可以来解不可压缩无旋流动，为

何还要用流函数方程来解呢？理由是：①用流函数求解流动时，物面上所用的是第一类边界条件，而用速度势求解无旋流动时物面上是第二类边界条件，当用基本解叠加或数值方法求解时，第一类边界条件问题较为容易求解. ②求得流函数后，直接可得到流线谱，这就可以比较直观地来描述流动，从而也可以比较方便地判断解的合理性和正确性. ③对于不可压缩流体的二维流动，不论是定常的还是非定常的，也不论流动是理想无旋的还是真实有粘性的有旋流动，流函数总是存在的(它是连续方程的一种简化式)，因此有粘性的不可压缩流体二维流动也常用流函数方法来分析和求解. 此外，可压缩流体的二维定常流动也存在流函数，可以用流函数方法求解(请读者完成本章习题 5.18 的证明).

2. 流函数表示的基本解和叠加法

第 4 章给出的各种无旋流动基本解的速度势表达式，可通过流函数与势函数的变换关系$\dfrac{\partial\Phi}{\partial x}=\dfrac{1}{r}\dfrac{\partial\Psi}{\partial r},\dfrac{\partial\Phi}{\partial r}=-\dfrac{1}{r}\dfrac{\partial\Psi}{\partial x}$(式(5.7))求出轴对称基本解的流函数表达式：

$$\Psi=\int\left(\frac{\partial\Psi}{\partial r}\mathrm{d}r+\frac{\partial\Psi}{\partial x}\mathrm{d}x\right)=\int\left(r\,\frac{\partial\Phi}{\partial x}\mathrm{d}r-r\,\frac{\partial\Phi}{\partial r}\mathrm{d}x\right)$$

已知任意一个不可压缩轴对称无旋流动的速度势 Φ，由上式通过积分可计算流函数 Ψ. 下面写出若干不可压缩无旋流动基本解流函数表达式，请读者自己用积分式推导证明.

(1) 均匀流的流函数表示式

$$\Psi=\frac{1}{2}U_\infty R^2\sin^2\theta \quad (\text{球坐标}) \tag{5.14a}$$

$$\Psi=\frac{1}{2}U_\infty r^2 \quad (\text{柱坐标}) \tag{5.14b}$$

(2) 点源的流函数表示式

$$\Psi=\frac{Q}{4\pi}(1-\cos\theta) \quad (\text{球坐标})$$

流函数的积分常数不影响速度场，因此点源的流函数也可简写为

$$\Psi=-\frac{Q}{4\pi}\cos\theta \quad (\text{球坐标}) \tag{5.15a}$$

柱坐标中点源的流函数为

$$\Psi=\frac{Q}{4\pi}\left(1-\frac{x}{\sqrt{x^2+r^2}}\right) \quad (\text{柱坐标})$$

它也可简化为

$$\Psi=-\frac{Q}{4\pi}\frac{x}{\sqrt{x^2+r^2}} \quad (\text{柱坐标}) \tag{5.15b}$$

(3) 偶极子的流函数表达式

$$\Psi = \frac{m}{4\pi}\frac{\sin^2\theta}{R} \quad (球坐标) \tag{5.16a}$$

$$\Psi = \frac{m}{4\pi}\frac{r^2}{(x^2+r^2)^{3/2}} \quad (柱坐标) \tag{5.16b}$$

不可压缩流体轴对称无旋流动的流函数方程(5.8)或(5.13)是线性方程，因此也可以用基本解的线性叠加方法求这种流动的流函数解. 下面利用流函数基本解求解一个轴对称绕流问题.

(4) 不可压缩流体绕兰金回转体的定常无旋流动.

例 5.1 设在 $x=d$ 上有一点源，其强度为 Q；在 $x=-d$ 上有一点汇，其强度为 $-Q$. 将它们和均匀流 $\boldsymbol{U}=-U_\infty \boldsymbol{i}$ 叠加，求叠加流场的流函数和绕流的物面型线.

解 叠加的流函数为

$$\Psi = -\frac{1}{2}U_\infty r^2 + \frac{1}{4\pi}\frac{Q(x+d)}{\sqrt{(x+d)^2+r^2}} - \frac{1}{4\pi}\frac{Q(x-d)}{\sqrt{(x-d)^2+r^2}}$$

令 $\Psi(x,r)=0$，得流线方程为

$$-\frac{1}{2}U_\infty r^2 + \frac{1}{4\pi}\frac{Q(x+d)}{\sqrt{(x+d)^2+r^2}} - \frac{1}{4\pi}\frac{Q(x-d)}{\sqrt{(x-d)^2+r^2}} = 0$$

$r=0$ 满足流线方程，就是说 $\Psi(x,r)=0$ 的流线通过 x 轴. 另外，$\Psi(x,r)=0$ 的流线还有解

$$r^2 - \frac{b^2(x+d)}{\sqrt{(x+d)^2+r^2}} + \frac{b^2(x-d)}{\sqrt{(x-d)^2+r^2}} = 0$$

式中 $b^2=Q/(2\pi U_\infty)$. 因为 $\left|(x+d)\big/\sqrt{(x+d)^2+r^2}\right|$ 和 $\left|(x-d)\big/\sqrt{(x-d)^2+r^2}\right|$ 都小于 1，因此 $r^2<2b^2$，就是说 $\Psi(x,r)=0$ 还有一封闭分支流线. 轴对称流动的流线是空间回转曲面和坐标面的交线，因此上述封闭分支流线代表封闭的卵形回转面. 于是，均匀绕流和一对等强度点源和点汇叠加，得到绕卵形回转体的不可压缩无旋绕流，该回转体又称兰金(Rankine)物体(见图 5.4). 通过计算绕流物面的驻点(速度等于零的点)可以计算该物体的长度. 由于兰金物体对 y 轴是对称的，可令驻点坐标为 $(A,0)$，$(-A,0)$. 流动速度可由流函数求导数获得，对 x 求导数，它等于 v_r，并令它等于零，得到以下方程：

$$(A^2-d^2) = 2b^2Ad$$

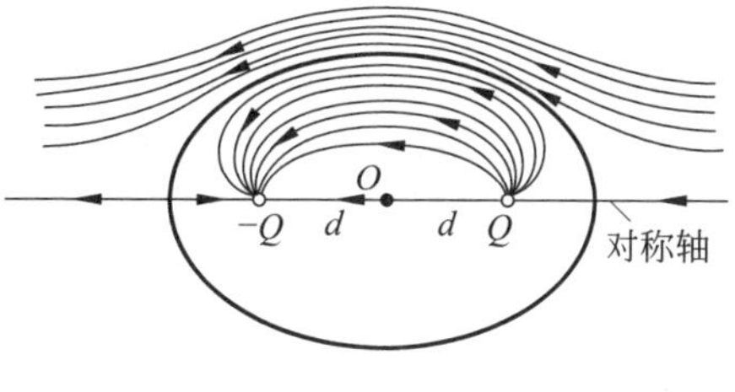

图 5.4 绕轴对称卵形体的不可压缩无旋流动

当给定来流速度 U_∞ 和源强 Q 以及点源和点汇间的距离 $2d$，由上式可以求出相应的兰金物体的长度 $2A$. 在物面方程中，令 $x=0$，还可以求出兰金物体的宽度 H 满足的代数方程：

$$H^2 = 2b^2d\big/\sqrt{H^2+d^2}$$

令流函数等于任意常数，还可以求出流动的流线谱，如图5.4所示．求出流函数后，由流函数定义式(5.6)可以求出速度场，然后，由伯努利公式计算流场和物面上的压强系数．与圆球绕流情况相仿，理想不可压缩流体绕卵形物体的无旋流动的合力等于零．与实际情况相比，卵形体前部的理论压强系数和实际情况符合良好，物体后部附近流动发生分离，实际压强远远小于理论压强，因而产生卵形体上的流动阻力．

例 5.2 设回转体的物面方程为 $r=f(x)$，并有 $f(0)=f(L)=0$，$f'(0)<\infty$，$f'(L)<\infty$，即物面两端为尖缘、长为 L 的回转体．求不可压缩理想流体绕该回转体的无旋流动．

解 仍用奇点叠加法来求解该问题，现在需要求出在轴线上分布何种奇点，才能生成绕给定物面的无旋流动．设分布点源 $q(x)$，在长 $\mathrm{d}\xi$ 线段上源强度为 $q(\xi)\mathrm{d}\xi$，它的流函数为

$$\mathrm{d}\Psi = \frac{q(\xi)\mathrm{d}\xi}{4\pi}\left[1-\frac{x-\xi}{\sqrt{(x-\xi)^2-r^2}}\right]$$

分布点源与均匀来流(沿 x 轴正方向)叠加的流函数为

$$\Psi(x,r) = \frac{1}{2}U_\infty r^2 + \frac{1}{4\pi}\int_0^L q(\xi)\left[1-\frac{x-\xi}{\sqrt{(x-\xi)^2+r^2}}\right]\mathrm{d}\xi$$

物面型线是封闭周线，因而流出物面的总体积流量应当等于零：

$$\oint v_n \mathrm{d}S = 0$$

这要求在周线内点源的总流量为零，即 $\int_0^L q(\xi)\mathrm{d}\xi = 0$，故得

$$\Psi(x,r) = \frac{1}{2}U_\infty r^2 - \frac{1}{4\pi}\int_0^L \frac{q(\xi)(x-\xi)}{\sqrt{(x-\xi)^2+r^2}}\mathrm{d}\xi \tag{5.17}$$

要求物面是流线，而且该流线与 $r=0$ 在同一流线上，因而必须有

$$(\Psi)_{r=0} = (\Psi)_{r=f(x)}$$

将以上关系代入式(5.17)，得确定点源强度的积分方程：

$$U_\infty f^2(x) - \frac{1}{2\pi}\int_0^L \frac{q(\xi)(x-\xi)}{\sqrt{(x-\xi)^2+f^2(x)}}\mathrm{d}\xi = 0 \tag{5.18}$$

式中 $f(x)$是物面已知函数．给定 $f(x)$后，由积分方程反演可求出点源分布．对于任意物面函数，一般不可能求出解析解．常常用数值积分法离散式(5.18)，令 $q_j = q(\xi_j)$，$f_i=f(x_i)$，式(5.18)可写成

$$C_{ij}q_j = U_\infty f_i^2,\quad i=1,N,\quad j=1,N \tag{5.19}$$

式中

$$C_{ij} = \frac{1}{2\pi}\frac{(x_i-\xi_j)\Delta L}{\sqrt{(x_i-\xi_j)^2+f_i^2}} \tag{5.20}$$

$\Delta L=L/N$ 为离散步长，用矩阵求逆便可得到 q_j 的分布. 求出 q_j 分布后代入流函数公式，求出流函数，就可以得到速度场解.

要计算绕流流场的压强分布，可用伯努利公式.

5.3 解不可压缩平面无旋流动问题的复变函数方法

1. 不可压缩平面无旋流动速度势问题的提法

由于垂直于流动平面的速度 $w=\partial\Phi/\partial z\equiv 0$，不可压缩平面无旋流动的速度势方程为

$$\frac{\partial^2\Phi}{\partial x^2}+\frac{\partial^2\Phi}{\partial y^2}=0 \tag{5.21}$$

给定流动的速度势边界条件，求解二维拉普拉斯方程，就可得到流动的势函数解，其绕流问题的定解条件是

(1) 来流条件是二维均匀流，应用上一章均匀来流的势函数表达式：

$$|\boldsymbol{x}|\to\infty: \Phi=U_\infty x+V_\infty y \tag{5.22}$$

(2) 固壁物面周线 L 上的不可穿透条件 $\boldsymbol{n}\cdot\nabla\Phi=0$ 可以写成

$$L: F(x,y)=0\ \text{上}: \frac{\partial\Phi}{\partial x}\frac{\partial F}{\partial x}+\frac{\partial\Phi}{\partial y}\frac{\partial F}{\partial y}=0 \tag{5.23}$$

式中 $F(x,y)=0$ 是物面型线方程.

(3) 绕封闭物面周线的二维流场是双连通域，因此还需给出绕周线上的环量，前面已经证明，绕不可缩周线上的速度环量等于速度势的增量，因此环量条件可表示为

$$\oint_L \boldsymbol{U}\cdot \mathrm{d}\boldsymbol{x}=\oint \mathrm{d}\Phi=\Gamma \tag{5.24}$$

2. 不可压缩平面流动的流函数及平面无旋流动的流函数问题提法

(1) 平面不可压缩无旋绕流问题的流函数方程

平面流动的涡量场为

$$\omega_z=\frac{\partial v}{\partial x}-\frac{\partial u}{\partial y},\quad \omega_x=\omega_y=0 \tag{5.25}$$

即平面流动中只有一个垂直于流动平面的涡量分量，平面无旋流动条件可写成

$$\frac{\partial v}{\partial x}-\frac{\partial u}{\partial y}=0 \tag{5.26}$$

将流函数关系式(5.4)：$u=\partial\Psi/\partial y, v=-\partial\Psi/\partial x$ 代入无旋条件，得

$$\frac{\partial^2\Psi}{\partial x^2}+\frac{\partial^2\Psi}{\partial y^2}=0 \tag{5.27}$$

式(5.27)表明不可压缩平面无旋流动的流函数和势函数一样满足拉普拉斯方程，这一点和不可压缩轴对称无旋流动不同，轴对称流的势函数满足拉普拉斯方程而流函数并不满足拉普拉斯方程.给定流函数边界条件，求解拉普拉斯方程，也可得到平面无旋流动的流函数解.

(2) 平面绕流的流函数方程定解条件为

① 二维均匀来流条件可写作

$$|\boldsymbol{x}|\to\infty,\quad \frac{\partial\Psi}{\partial y}=U_\infty,\quad \frac{\partial\Psi}{\partial x}=-V_\infty \tag{5.28a}$$

或用均匀流动的流函数表达式：

$$\Psi|_{|x|\to\infty}=U_\infty y-V_\infty x \tag{5.28b}$$

② 物面的不可穿透条件，即物面是流线，因此物面上流函数是常数：

$$L:F(x,y)=0\text{ 上},\Psi(x,y)=\text{const.} \tag{5.29}$$

③ 绕物面的环量条件

$$\oint\boldsymbol{U}\cdot\mathrm{d}\boldsymbol{x}=\int u\mathrm{d}x+v\mathrm{d}y=\oint_l\left(\frac{\partial\Psi}{\partial y}\mathrm{d}x-\frac{\partial\Psi}{\partial x}\mathrm{d}y\right)=\Gamma \tag{5.30}$$

3. 平面不可压缩无旋流动的复势和复速度

由于平面不可压缩无旋流动的势函数和流函数都满足拉普拉斯方程，它们之间又存在以下关系：

$$u=\frac{\partial\Phi}{\partial x}=\frac{\partial\Psi}{\partial y},\quad v=\frac{\partial\Phi}{\partial y}=-\frac{\partial\Psi}{\partial x} \tag{5.31}$$

满足上述关系的一对调和函数，称为共轭调和函数.在数学上，共轭调和函数可以用复变函数表示.下面应用复变函数的理论求解平面不可压缩无旋流动.

(1) 复势

定义 5.5 以速度势为实部、流函数为虚部组成的复函数称为复势，常用 $W(z)$ 表示：

$$W(z)=\Phi(x,y)+\mathrm{i}\Psi(x,y) \tag{5.32}$$

式中 $\mathrm{i}=\sqrt{-1}$，$z=x+\mathrm{i}y=r\exp(\mathrm{i}\theta)$，$x,y$ 是平面直角坐标；r,θ 是平面极坐标的向径和辐角.

复势表达式中速度势和流函数都是调和函数，并有共轭关系式(5.31)，共轭关系式又称柯西-黎曼条件，复变函数理论已经证明：满足柯西-黎曼条件的一对共轭调和函数组成的复函数是解析函数，因此复势是解析函数.解析函数有以下性质.

① 复势的方向导数和求导方向无关，它只是复变量 z 的一元函数.

实数自变量 x,y 和复数 z 之间有以下关系：

$$x=\frac{z+\bar{z}}{2},\quad y=\frac{z-\bar{z}}{2\mathrm{i}}$$

复数加上杠表示它的复共轭. 由上式可以得到: $\frac{\partial x}{\partial z}=\frac{1}{2}$, $\frac{\partial x}{\partial \bar{z}}=\frac{1}{2}$, $\frac{\partial y}{\partial z}=\frac{1}{2\mathrm{i}}=-\frac{\mathrm{i}}{2}$, $\frac{\partial y}{\partial \bar{z}}=-\frac{1}{2\mathrm{i}}=\frac{\mathrm{i}}{2}$.

利用实数自变量 x, y 和复数 z 之间的关系,函数 Φ, Ψ 也可以用自变量 z 和 $\bar{z}$ 表示为 $\Phi(z,\bar{z})$, $\Psi(z,\bar{z})$. 复势的导数有

$$\frac{\partial W}{\partial z}=\frac{\partial \Phi}{\partial z}+\mathrm{i}\frac{\partial \Psi}{\partial z},\quad \frac{\partial W}{\partial \bar{z}}=\frac{\partial \Phi}{\partial \bar{z}}+\mathrm{i}\frac{\partial \Psi}{\partial \bar{z}}$$

现在要证明 $\frac{\partial W}{\partial \bar{z}}=0$ 和 $\frac{\partial W}{\partial z}=\frac{\partial W}{\partial x}=\frac{\partial W}{\mathrm{i}\partial y}$. 第一个等式表明复势只是自变量 z 的函数;第二个等式表明复势的导数和方向无关. 先证明第一个等式.

$$\begin{aligned}\frac{\partial W}{\partial \bar{z}}&=\frac{\partial \Phi}{\partial \bar{z}}+\mathrm{i}\frac{\partial \Psi}{\partial \bar{z}}=\frac{\partial \Phi}{\partial x}\frac{\partial x}{\partial \bar{z}}+\frac{\partial \Phi}{\partial y}\frac{\partial y}{\partial \bar{z}}+\mathrm{i}\left(\frac{\partial \Psi}{\partial x}\frac{\partial x}{\partial \bar{z}}+\frac{\partial \Psi}{\partial y}\frac{\partial y}{\partial \bar{z}}\right)\\&=\frac{1}{2}\frac{\partial \Phi}{\partial x}+\frac{\mathrm{i}}{2}\frac{\partial \Phi}{\partial y}+\mathrm{i}\left(\frac{1}{2}\frac{\partial \Psi}{\partial x}+\frac{\mathrm{i}}{2}\frac{\partial \Psi}{\partial y}\right)=\frac{1}{2}\left(\frac{\partial \Phi}{\partial x}-\frac{\partial \Psi}{\partial y}\right)+\frac{\mathrm{i}}{2}\left(\frac{\partial \Phi}{\partial y}+\frac{\partial \Psi}{\partial x}\right)\end{aligned}$$

由于 $\frac{\partial \Phi}{\partial x}=\frac{\partial \Psi}{\partial y}$ 和 $\frac{\partial \Phi}{\partial y}=-\frac{\partial \Psi}{\partial x}$,于是证明了:

$$\frac{\partial W}{\partial \bar{z}}=0$$

进一步计算 $\frac{\partial W}{\partial z}$.

$$\begin{aligned}\frac{\partial W}{\partial z}&=\frac{\partial \Phi}{\partial z}+\mathrm{i}\frac{\partial \Psi}{\partial z}=\frac{\partial \Phi}{\partial x}\frac{\partial x}{\partial z}+\frac{\partial \Phi}{\partial y}\frac{\partial y}{\partial z}+\mathrm{i}\left(\frac{\partial \Psi}{\partial x}\frac{\partial x}{\partial z}+\frac{\partial \Psi}{\partial y}\frac{\partial y}{\partial z}\right)\\&=\frac{1}{2}\frac{\partial \Phi}{\partial x}+\frac{1}{2\mathrm{i}}\frac{\partial \Phi}{\partial y}+\mathrm{i}\left(\frac{1}{2}\frac{\partial \Psi}{\partial x}+\frac{1}{2\mathrm{i}}\frac{\partial \Psi}{\partial y}\right)=\frac{1}{2}\left(\frac{\partial \Phi}{\partial x}+\frac{\partial \Psi}{\partial y}\right)+\frac{\mathrm{i}}{2}\left(-\frac{\partial \Phi}{\partial y}+\frac{\partial \Psi}{\partial x}\right)\end{aligned}$$

由于 $\frac{\partial \Phi}{\partial x}=\frac{\partial \Psi}{\partial y}$ 和 $\frac{\partial \Phi}{\partial y}=-\frac{\partial \Psi}{\partial x}$,于是证明了

$$\frac{\partial W}{\partial z}=\frac{\partial \Phi}{\partial x}+\mathrm{i}\frac{\partial \Psi}{\partial x}=\frac{\partial W}{\partial x}$$

上式也可写成 $\frac{\partial W}{\partial z}=\frac{\partial \Phi}{\mathrm{i}\partial y}+\frac{\partial \Psi}{\partial y}=\frac{\partial W}{\mathrm{i}\partial y}$,于是证明了复势的方向导数和求导方向无关. 由于 $\frac{\partial W}{\partial \bar{z}}=0$,可以把导数写成一元复函数的导数形式:

$$W'(z)=\frac{\mathrm{d}W}{\mathrm{d}z}$$

以上证明的复势性质说明复势是解析函数,它的意义在于把两个实自变量的二元函数 $\Phi(x,y)+\mathrm{i}\Psi(x,y)$(由于调和函数的共轭性)组成复自变量 z 的一元函数. 解析函数还有以下性质.

② 解析函数的和是解析函数.

③ 解析函数的复合函数也是解析函数,即如 $f(z)$是解析函数,$z=Z(\zeta)$也是解析函数,则 $F(\zeta)=f[Z(\zeta)]$也是解析函数.

④ 解析函数的导数是解析函数,也就是说解析函数可以无限求导.

⑤ 解析函数的积分是解析函数.

⑥ 在全平面上处处解析的函数是常数.

⑦ 在不包含 $z_0=0$ 点的有限域中,解析函数的一般展开式为

$$f(z)=\sum_{-n}^{n}a_n(z-z_0)^n \tag{5.33}$$

称式(5.33)为罗朗(Laurent)级数.

⑧ 留数公式

$$a_{-1}=\frac{1}{(m-1)!}\lim_{z\to z_0}\frac{\mathrm{d}^{m-1}}{\mathrm{d}z^{m-1}}[(z-z_0)^m f(z)] \tag{5.34a}$$

$$\oint_L f(z)\mathrm{d}z=2\pi i a_{-1} \tag{5.34b}$$

L 为包含 z_0的封闭周线,z_0 是 $f(z)$的 m 阶极点.

复势是解析函数,所以它也具有以上性质.

(2) 复速度

定义 5.6　以平面无旋流场的速度分量组成的复数 $U=u+\mathrm{i}v$ 称为复速度.

复速度与复势的关系由复势求导给出:

$$\frac{\mathrm{d}W}{\mathrm{d}z}=\frac{\partial W}{\partial x}=\frac{\partial \Phi}{\partial x}+\mathrm{i}\frac{\partial \Psi}{\partial x}=u-\mathrm{i}v$$

即复势的导数等于复速度的共轭:

$$\frac{\mathrm{d}W}{\mathrm{d}z}=\overline{U} \tag{5.35}$$

以上给出了平面不可压缩无旋流场的复变函数描述法,以及它们的主要性质,下面讨论应用复函数求解不可压缩流体无旋绕流问题的方法.

4. 不可压缩平面无旋绕流问题的复势提法

由于解析函数的实部和虚部都是调和函数,因此给定某一解析函数,取它的实部和虚部都满足拉普拉斯方程,也就是说,给定一个解析函数就有一个与之相应的平面无旋流动.但是对于具体的绕流问题,速度势和流函数都必须满足特定的边界条件.这就是说,对具体的绕流问题,必须求出满足特定边界条件的复势.由速度势和流函数的边界条件可导出复势的边界条件如下.

(1) 物面型线 L 上的不可穿透条件

前面已经导出用流函数表示的物面不可穿透条件是在物面上流函数应等于常数,也就是复势虚部等于常数,因而有

$$L: F(x,y)=0,\quad \Psi=\mathrm{Im}W(z)=\text{const.} \tag{5.36}$$

(2) 无穷远处来流条件

无穷远处来流速度给定，也就是给定无穷远处复速度 $U=U_\infty+\mathrm{i}V_\infty$，因而有

$$\left(\frac{\mathrm{d}W}{\mathrm{d}z}\right)_{z\to\infty}=U_\infty-\mathrm{i}V_\infty \tag{5.37}$$

(3) 不可缩周线上的环量

有封闭周线的平面无旋绕流问题是双连通域中的有势流动，因此必须给定绕物面周线(即不可缩周线)的环量，它可用速度势的增量表示：

$$\int_L \boldsymbol{U}\cdot\mathrm{d}\boldsymbol{x}=\oint_L \mathrm{d}\Phi=\Gamma$$

用复势表示的环量条件导出如下：因为绕流物面上流函数是常量，见式(5.36)，因而 $\oint_L \mathrm{d}\Psi=0$，从而绕封闭物面周线的复势增量等于绕物面的速度环量：

$$\oint_L \mathrm{d}W=\oint_L \mathrm{d}\Phi=\Gamma \tag{5.38}$$

以上建立了平面无旋绕流问题的复势边界条件. 在复变函数理论中已经证明，满足边界条件式(5.36)、式(5.37)和式(5.38)的解析函数是唯一的. 也就是说，满足边界条件的复势是唯一的，它对应于唯一的不可压缩无旋流动的速度场.

现在有了三种求解不可压缩平面无旋流动的方法. 第一，速度势方程的边值问题；第二，流函数方程的边值问题；第三，复势的边值问题. 前两种方法是求解实变量的二维拉普拉斯方程的边界值问题；第三种方法是已知边值寻求解析复变函数. 前两种方法的原理在前面已介绍过，它们仍然可以应用到平面无旋流中. 本节主要介绍用复变函数方法求解绕流问题，具体来说用奇点叠加方法和保角映像方法来求得满足边界条件的复势.

5. 平面不可压缩无旋流动的基本解及其复势表达式

因为解析函数的和仍是解析函数，所以也可用奇点叠加的方法求解不可压缩平面无旋绕流问题的复势，下面先把不可压缩平面无旋流动的基本解用复势表示.

(1) 均匀流的复势

均匀流的速度势为

$$\Phi=U_\infty x+V_\infty y$$

应用不可压缩无旋流动的流函数和势函数之间的共轭关系式(5.26)，可得流函数

$$\Psi=U_\infty y-V_\infty x$$

因而，均匀流的复势为

$$W(z)=\Phi+\mathrm{i}\Psi=U_\infty z-\mathrm{i}V_\infty z=(U_\infty-\mathrm{i}V_\infty)z \tag{5.39}$$

就是说，均匀流的复势是线性解析函数.

(2) 平面点源

垂直于 xy 平面的无限长直线上有均匀分布的点源，其单位长度的点源强度为 q，称这种分布为线源. 线源以外的速度场可用第2章公式(2.52b)导出：

$$\boldsymbol{U}_e=\frac{1}{4\pi}\iiint_D\theta(\xi,\eta,\zeta)\,\frac{\boldsymbol{R}}{R^3}\mathrm{d}\xi\mathrm{d}\eta\mathrm{d}\zeta$$

设线源置于 z 轴，则：$\theta(\xi,\eta,\zeta)\mathrm{d}\xi\mathrm{d}\eta\mathrm{d}\zeta=q\mathrm{d}\zeta$，$\boldsymbol{R}=x\boldsymbol{i}+y\boldsymbol{j}+(z-\zeta)\boldsymbol{k}$，由线源产生的速度场

$$\boldsymbol{U}=\frac{1}{4\pi}\int_{-\infty}^{+\infty}q[x\boldsymbol{i}+y\boldsymbol{j}+(z-\zeta)\boldsymbol{k}]\mathrm{d}\zeta/\sqrt{[x^2+y^2+(z-\zeta)^2]^3}$$

已知积分等式：$\int_{-\infty}^{+\infty}\mathrm{d}\zeta/\sqrt{(a^2+\zeta^2)^3}=2/a^2$ 和 $\int_{-\infty}^{+\infty}\zeta\mathrm{d}\zeta/\sqrt{(a^2+\zeta^2)^3}=0$，于是，线源的速度场为：$\boldsymbol{U}=\frac{q}{2\pi}\left(\frac{x\boldsymbol{i}}{x^2+y^2}+\frac{y\boldsymbol{j}}{x^2+y^2}\right)$. 线源的速度场是有势的，它的势

$$\Phi(x,y)=\int(u\mathrm{d}x+v\mathrm{d}y)=\frac{q}{2\pi}\ln\sqrt{x^2+y^2}=\frac{q}{2\pi}\ln r \tag{5.40}$$

式中 r 是平面极坐标向径. 由式(5.40)可见，无限长直线上均匀分布点源生成平面有势流场，这种平面流动简称为平面点源流动. 由流函数和速度势关系式(5.31)，很容易算出不可压缩平面点源的流函数如下：

$$\Psi=\frac{q}{2\pi}\arctan\frac{y}{x}=\frac{q}{2\pi}\theta \tag{5.41}$$

式(5.41)中 θ 是平面极坐标的辐角. 代入复势公式，点源的复势表达式为

$$W(z)=\Phi+\mathrm{i}\Psi=\frac{q}{2\pi}(\ln r+\mathrm{i}\theta)=\frac{q}{2\pi}\ln z \tag{5.42a}$$

位于任意点 z_0 的平面点源复势可以用坐标平移的方法求出为

$$W(z)=\Phi+\mathrm{i}\Psi=\frac{q}{2\pi}\ln(z-z_0) \tag{5.42b}$$

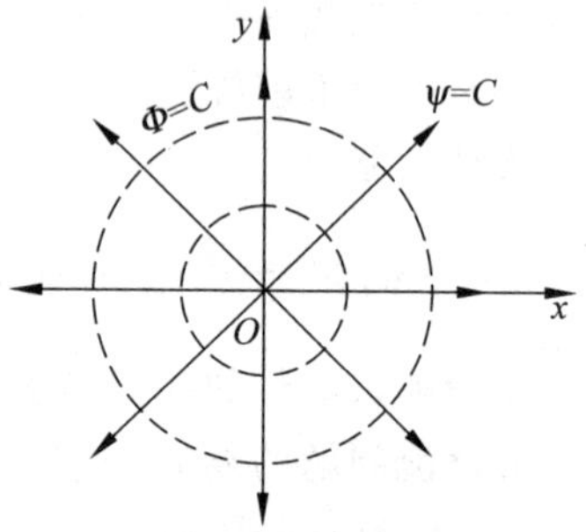

图 5.5 点源平面流线谱和等势线
虚线：等势线；实线：流线

点源流动的流线谱和等势线如图5.5所示. 等势线是圆周线，流函数等值线是平面径向直线.

(3) 平面偶极子

两无限长直线点源相距 δl，线源强度分别为 q（位于 $z=-\delta l$）和 $-q$（位于 $z=0$），当 $\delta l\to 0$ 时有 $\lim\limits_{\delta l\to 0}q\delta l=m$，则称这一对直线点源为平面偶极子. 平面偶极子的复势可导出如下：

$$W(z)=\lim_{\delta l\to 0}\frac{q}{2\pi}[\ln(z+\delta l)-\ln z]=\lim_{\delta l\to 0}\frac{q\delta l}{2\pi}\frac{\mathrm{d}}{\mathrm{d}z}\ln(z)=\lim_{\delta l\to 0}\frac{q\delta l}{2\pi z}=\frac{m}{2\pi z} \tag{5.43}$$

平面偶极子的势函数和流函数可由 $W(z)$ 的实部和虚部求出：

$$\Phi = \frac{m}{2\pi}\frac{x}{x^2+y^2} \tag{5.44}$$

$$\Psi = \frac{-m}{2\pi}\frac{y}{x^2+y^2} \tag{5.45}$$

平面偶极子的流线和等势线如图 5.6 所示.

(4) 点涡

无限长孤立直涡线周围的理想不可压缩流场也是无旋的,并且是垂直于涡线的平面流动,这种平面流动称为点涡.它的复势用以下方法求出.

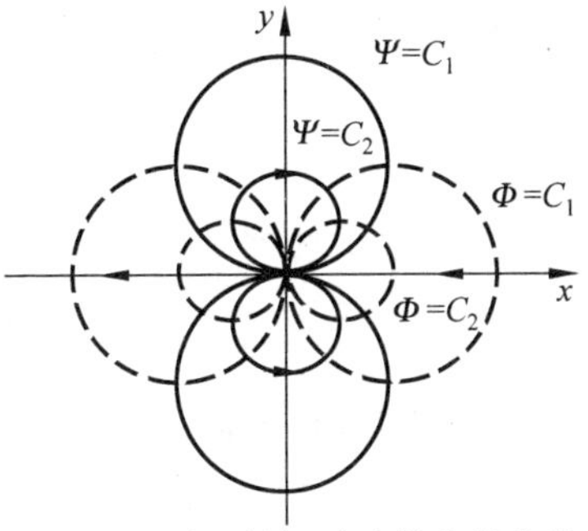

图 5.6 平面偶极子流线和等势线

虚线:等势线;实线:流线

设直涡线通过坐标原点,并和 z 轴重合,在垂直于线涡的平面内作任意半径的圆,由于流动的对称性,速度场 $v_r=0$,$v_\theta=v_\theta(r)$,沿圆周线作线积分,其环量值应等于线涡强度 Γ,即 $2\pi r v_\theta=\Gamma$,或 $v_\theta=\Gamma/2\pi r$.由速度势定义:$\Phi=\int \boldsymbol{U}\cdot \mathrm{d}\boldsymbol{x}=\int v_\theta r\,\mathrm{d}\theta$,得

$$\Phi = \frac{\Gamma}{2\pi}\theta = \frac{\Gamma}{2\pi}\arctan\frac{y}{x} \tag{5.46a}$$

由速度势和流函数关系式(5.31),可求出流函数为

$$\Psi = -\frac{\Gamma}{2\pi}\ln r \tag{5.46b}$$

将势函数和流函数代入复势公式,得平面不可压缩点涡的复势

$$W = \Phi + \mathrm{i}\Psi = \frac{\Gamma}{2\pi \mathrm{i}}\ln z \tag{5.47}$$

点涡的平面流场流线和等势线示于图 5.7.

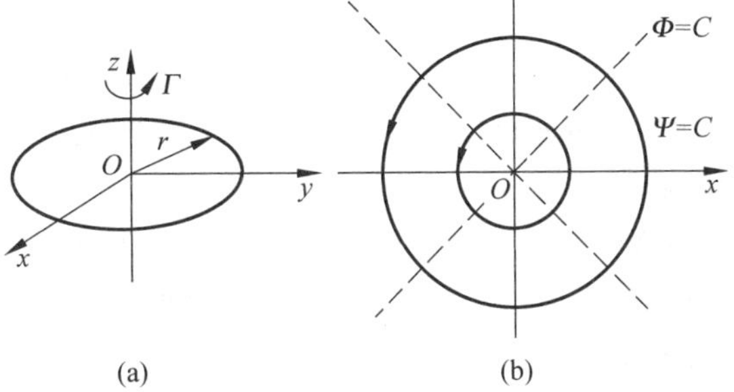

图 5.7 点涡的平面流线和等势线

(a) 平面点涡示意图;(b) 虚线为等势线,实线为流线

(5) 角域流动

最后考察复势为幂函数的流型：

$$W = Az^n \tag{5.48}$$

其中 A 是实数，n 是正实数. 用极坐标表示复数 $z=r\exp i\theta$，则该复势可写成

$$W = Ar^n \exp in\theta = A(r^n \cos n\theta + ir^n \sin n\theta)$$

将实部和虚部分离，得势函数和流函数分别为

$$\Phi = Ar^n \cos n\theta \tag{5.49}$$

$$\Psi = Ar^n \sin n\theta \tag{5.50}$$

绕角流动的速度场为

$$\overline{U} = \frac{dW}{dz} = Anz^{n-1} \tag{5.51}$$

下面我们考察不同 n 值所对应的流动形态.

① $n=1$，则 $W=Az$，这是理想流体在平面上的均匀流动(图 5.8(a)).

② $n=1/2$，即 $W=A\sqrt{z}=A(\sqrt{r}\cos(\theta/2)+i\sqrt{r}\sin(\theta/2))$，当 $\theta=0$ 和 $\theta=2\pi$ 时 $\Psi=0$，它们是两条流线. 它的流线谱如图 5.8(b)所示，因此这种流动是绕 2π 角流动.

③ $1>n>1/2$，由 $W=Az^n=A(r^n\cos n\theta+ir^n\sin n\theta)$，当 $\theta=0$ 和 $\theta=\pi/n>\pi$ 时，$\Psi=0$，它们是两条流线. 其流线谱如图 5.8(c)所示，这是绕外角($>\pi$)的流动.

④ $n>1$，这时，当 $\theta=0$ 和 $\theta=\pi/n<\pi$ 时，$\Psi=0$，它们是两条流线，其流线谱如图 5.8(d)所示，这是一种绕内角($<\pi$)流动.

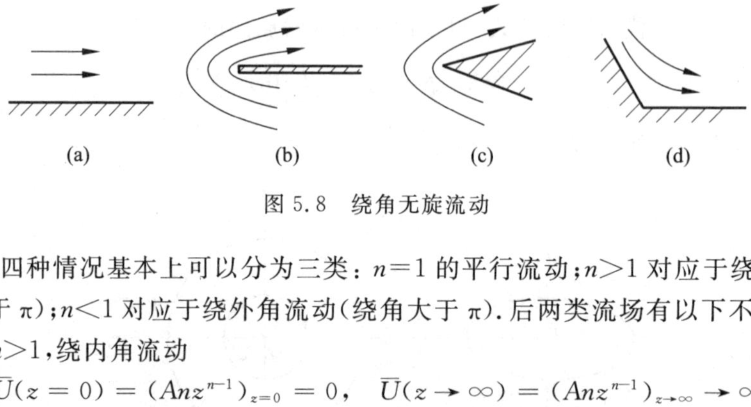

图 5.8 绕角无旋流动

以上四种情况基本上可以分为三类：$n=1$ 的平行流动；$n>1$ 对应于绕内角流动(绕角小于 π)；$n<1$ 对应于绕外角流动(绕角大于 π). 后两类流场有以下不同特点：

(i) $n>1$，绕内角流动

$$\overline{U}(z=0) = (Anz^{n-1})_{z=0} = 0, \quad \overline{U}(z\to\infty) = (Anz^{n-1})_{z\to\infty} \to \infty$$

即绕内角流动时，角点是驻点(速度等于零)；而在无穷远处速度为无穷大.

(ii) $n<1$，绕外角流动

$$\overline{U}(z=0) = (Anz^{n-1})_{z=0} \to \infty, \quad \overline{U}(z\to\infty) = (Anz^{n-1})_{z=\infty} = 0$$

绕外角的无旋流动中，无穷远处流速为零，但角点的速度是无穷大.

实际上不存在完全的绕角流动. 但是如果物面上局部有角点(一般是绕外角)，则

角点附近速度势可近似为绕角流动，如果将绕流的复势在角点处作级数展开，则流动复势在角点附近的渐近展开式应为：$\lim\limits_{z\to z_0} W(z)\approx A(z-z_0)^n$. 于是，由绕角域无旋流动的性质可知，无旋流动绕外角点附近速度很大(理论上是无穷大).

作为复势方法的应用，下面先用复势的基本解通过叠加方法来构造绕圆柱的无旋流动.

5.4 不可压缩流体绕圆柱的定常无旋流动

1. 绕圆柱无环量流动的复势

和圆球的不可压缩无旋绕流解类似，选取均匀流(U_∞为实数)和平面偶极子复势的叠加作为一种绕封闭物面的平面无旋流动，这种流动的复势表达式为

$$W(z)=U_\infty z+\frac{m}{2\pi z} \tag{5.52a}$$

它也可写作

$$W(z)=U_\infty x+\frac{mx}{2\pi(x^2+y^2)}+\mathrm{i}\left(U_\infty y-\frac{my}{2\pi(x^2+y^2)}\right) \tag{5.52b}$$

该复势满足以下条件：

(1) 无穷远处为均匀来流.

$$\left(\frac{\mathrm{d}W}{\mathrm{d}z}\right)_{z\to\infty}=\left(U_\infty-\frac{m}{2\pi z^2}\right)_{z\to\infty}=U_\infty$$

(2) 绕圆周线的环量等于零. 应用解析函数的留数定理可证明该流动绕圆周线的环量等于零，即

$$\Gamma=\oint\mathrm{d}W=\oint\frac{\mathrm{d}W}{\mathrm{d}z}\mathrm{d}z=\oint_L\left(U_\infty-\frac{m}{2\pi z^2}\right)\mathrm{d}z=0$$

(3) 圆周线是流线. 取复势的虚部为零，得

$$U_\infty y-\frac{my}{2\pi\sqrt{x^2+y^2}}=0$$

该代数方程的解为

$$y=0\quad 和\quad x^2+y^2=\frac{m}{2\pi U_\infty}$$

上式表示流函数等于零的流线由 x 轴($y=0$)和圆周线组成，因而该复势满足圆周线上的不可穿透条件. 圆周半径：$a=\sqrt{\dfrac{m}{2\pi U_\infty}}$，或 $m=2\pi U_\infty a^2$，将它代入式(5.52b)，可得均匀来流绕半径为 a 的圆柱无环量流动的复势：

$$W(z)=U_\infty z+\frac{a^2U_\infty}{z} \tag{5.53}$$

2. 绕圆柱体无环量流动的速度场和压强分布

由复势可以求出绕圆柱体不可压缩流体无环量流动的势函数和流函数分别为

$$\Phi=U_\infty x+\frac{a^2U_\infty x}{x^2+y^2}=U_\infty r\cos\theta+\frac{a^2U_\infty\cos\theta}{r} \tag{5.54}$$

$$\Psi=U_\infty y-\frac{a^2U_\infty y}{x^2+y^2}=U_\infty r\sin\theta-\frac{a^2U_\infty\sin\theta}{r} \tag{5.55}$$

流线谱为 $\Psi=\text{const.}$:

$$U_\infty y-\frac{a^2U_\infty y}{x^2+y^2}=\text{const.} \tag{5.56}$$

这是一族三次曲线,并示于图 5.9.

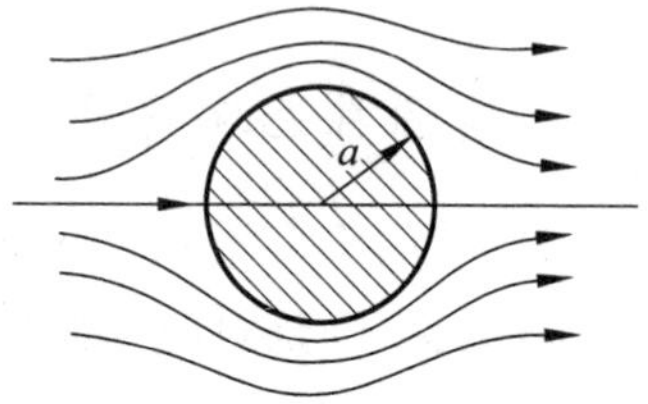

图 5.9 绕圆柱的无环量无旋流动的流线谱

绕圆柱体不可压缩无旋流动的速度场为

$$u=\frac{\partial\Phi}{\partial x}=U_\infty+a^2U_\infty\frac{y^2-x^2}{(x^2+y^2)^2} \tag{5.57a}$$

$$v=\frac{\partial\Phi}{\partial y}=-a^2U_\infty\frac{2xy}{(x^2+y^2)^2} \tag{5.57b}$$

或用极坐标表示为

$$v_r=U_\infty\left(1-\frac{a^2}{r^2}\right)\cos\theta \tag{5.57c}$$

$$v_\theta=-U_\infty\left(1+\frac{a^2}{r^2}\right)\sin\theta \tag{5.57d}$$

由解出的速度场可以得到该流场的主要特性如下.

(1) 驻点

令复速度等于零,由 $\mathrm{d}W/\mathrm{d}z=U_\infty-a^2U_\infty/z^2=0$,解出 $z=\pm a$,即在物面上 $z=a$ 和 $z=-a$ 的两点上流体速度等于零. $z=-a$ 在圆周线的迎风面,称前驻点;$z=a$ 在圆周线的背风面,称后驻点.

(2) 速度绝对值最大点

第 4 章曾经证明,不可压缩无旋流动的速度绝对值最大点在物面上. 将 $r=a$ 代入速度公式(5.57c)和(5.57d),得物面速度:

$$v_r=0,\quad v_\theta=-2U_\infty\sin\theta$$

由上式可得速度绝对值最大点位于 $r=a,\theta=\pm\pi/2$,或 $z=\pm\mathrm{i}a$. 最大速度值

$$U_{\max}=2U_\infty \tag{5.58}$$

(3) 流场压力分布和物面上压强的合力

将速度代入伯努利公式,得

$$p=p_\infty+\frac{\rho U_\infty^2}{2}-\frac{\rho}{2}(u^2+v^2)=p_\infty+\frac{\rho U_\infty^2}{2}-\frac{\rho}{2}(v_r^2+v_\theta^2)$$

由此可得物面上($r=a$)压强分布

$$p = p_\infty + \frac{\rho U_\infty^2}{2} - \frac{\rho}{2}(4U_\infty^2 \sin^2\theta) = p_\infty + \frac{\rho U_\infty^2}{2}(1 - 4\sin^2\theta) \tag{5.59}$$

物面上压强常用无量纲压强系数表示,压强系数的定义为

$$C_p = \frac{p - p_\infty}{\rho U_\infty^2 / 2} \tag{5.60}$$

因此不可压缩无旋绕流在圆柱面上的压强系数

$$C_p = 1 - 4\sin^2\theta \tag{5.61}$$

压强最大值在 $\theta=0,\pi$,即前后驻点处,驻点压强系数 $C_{p0}=1$;压强最小值在 $\theta=\pm\pi/2$ 处,最小压强系数 $C_{p\min}=-3$.

将物面压强代入合力公式,可得圆周线上的合力(圆柱轴向单位长度上的作用力):

$$F = -\int_0^{2\pi} p\boldsymbol{n}\mathrm{d}S = -\int_0^{2\pi} p\boldsymbol{e}_r a\,\mathrm{d}\theta = -\int_0^{2\pi} a\left[p_\infty + \frac{\rho U_\infty^2}{2}(1 - 4\sin^2\theta)\right](\cos\theta\boldsymbol{e}_x + \sin\theta\boldsymbol{e}_y)\mathrm{d}\theta$$

不难验证,上述积分结果等于零. 就是说:不可压缩流体绕圆柱的无环量无旋流动作用在圆柱上的合力为零. 图 5.10 给出圆柱面上压强系数的分布.

在图 5.10 中,同时给出圆周线上计算得到的压力系数及实际压力系数的分布,图中右边还给出不同流速下的流线图形. 与圆球绕流类似,实际流动中圆柱体后部压强较理论值低,它不能回升到理论最大值,这是由于流体粘性和流动分离的缘故. 图中有三条典型的压强分布曲线和典型的绕流流线图. 曲线Ⅰ对应于理想无环量绕流;曲线Ⅱ对应于有分离绕流,圆周上分离点的角度小于 90°(以前驻点角度为零计算);曲线Ⅲ对应于分离点角度大于 90°的有分离绕流. 关于有分离流动的情况将在粘性流动中讨论. 从图 5.10 可得出以下结论:①在分离以前理想绕流的压强分布和实际情况符合较好;②由于流动分离,圆柱体后驻点附近压强低于迎风面的压强,因而圆柱体上受到流动阻力,但升力仍为零.

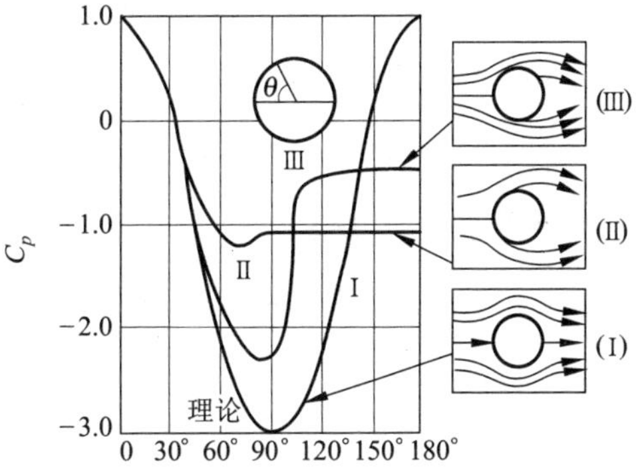

图 5.10 圆柱绕流的压力分布

3. 绕圆柱体有环量的无旋流场

(1) 绕圆柱体有环量的无旋流动的复势

复连通域中的无旋流动可能存在绕物面的环量 Γ,本节研究绕圆柱体有环量的无旋流动. 前面已经给出过点涡解,它的流线是一族绕点涡的同心圆,因此在圆柱的

中心设置点涡仍满足圆柱面上的不可穿透边界条件. 在绕圆柱的无环量解中叠加一点涡复势,得如下不可压缩无旋流动复势:

$$W(z)=U_\infty z+\frac{U_\infty a^2}{z}+\frac{\Gamma}{2\pi \mathrm{i}}\ln z \tag{5.62}$$

可验证该复势满足给定的边界条件.

无穷远处来流条件

$$\left(\frac{\mathrm{d}W}{\mathrm{d}z}\right)_\infty=\left(U_\infty-\frac{U_\infty a^2}{z^2}+\frac{\Gamma}{2\pi \mathrm{i}z}\right)_{z\to\infty}=U_\infty$$

环量条件

应用解析函数的留数定理可证明,式(5.62)的复势绕圆周线的环量:

$$\oint \mathrm{d}W=\oint\left(U_\infty-\frac{U_\infty a^2}{z^2}+\frac{\Gamma}{2\pi \mathrm{i}z}\right)\mathrm{d}z=\Gamma$$

物面不可穿透条件

圆周线上流函数值

$$\Psi\,|_{z=a\exp \mathrm{i}\theta}=[\mathrm{Im}W(z)]_{z=a\exp \mathrm{i}\theta}=-\frac{\Gamma}{2\pi}\ln a=\text{const.}$$

因此,该复势满足物面不可穿透条件. 于是,式(5.62)表示的复势是均匀来流绕圆柱体有环量的不可压缩流体无旋流动解.

(2) 绕圆柱体有环量无旋流动的速度场

由复势可计算复速度

$$\frac{\mathrm{d}W}{\mathrm{d}z}=U_\infty-\frac{U_\infty a^2}{z^2}+\frac{\Gamma}{2\pi \mathrm{i}z} \tag{5.63}$$

由此可导出速度场为

$$u=U_\infty+\frac{U_\infty a^2(y^2-x^2)}{(x^2+y^2)^2}-\frac{\Gamma y}{2\pi(x^2+y^2)},\quad v=-\frac{2U_\infty a^2xy}{(x^2+y^2)^2}+\frac{\Gamma x}{2\pi(x^2+y^2)}$$

或用极坐标表示为

$$v_r=U_\infty\left(1-\frac{a^2}{r^2}\right)\cos\theta,\quad v_\theta=-U_\infty\left(1+\frac{a^2}{r^2}\right)\sin\theta+\frac{\Gamma}{2\pi r}$$

通过复势和复速度可以分析绕圆柱体的不可压缩有环量无旋流动的主要性质如下.

① 驻点位置

令 $\mathrm{d}W/\mathrm{d}z=0$,解出

$$z=\frac{\mathrm{i}\Gamma}{4\pi U_\infty}\pm\sqrt{a^2-\frac{\Gamma^2}{16\pi^2U_\infty^2}} \tag{5.64}$$

我们来讨论以下三种情况.

(i) $a^2-\dfrac{\Gamma^2}{16\pi^2U_\infty^2}>0$ 或 $\dfrac{|\Gamma|}{4\pi U_\infty a}<1$. 这时式(5.64)有两个解:

$$z_{1,2}=\frac{\mathrm{i}\Gamma}{4\pi U_\infty}\pm\sqrt{a^2-\frac{\Gamma^2}{16\pi^2U_\infty^2}}$$

两个驻点的坐标分别为

$$\left(\sqrt{a^2-\frac{\Gamma^2}{16\pi^2U_\infty^2}},\frac{\Gamma}{4\pi U_\infty}\right)\quad 和\quad\left(-\sqrt{a^2-\frac{\Gamma^2}{16\pi^2U_\infty^2}},\frac{\Gamma}{4\pi U_\infty}\right)$$

两个驻点 z_1,z_2 的模 $|z_1|=|z_2|=a$，就是说，这两驻点都在圆周线上（见图 5.11(a)），并相对于 y 轴对称.

(ii) $\Gamma=\pm 4\pi U_\infty a$

这时只有一个驻点，当 $\Gamma=4\pi U_\infty a$ 时，$z=\Gamma\mathrm{i}/4\pi U_\infty=a\mathrm{i}$，即正环量时，驻点在正 y 轴上；当 $\Gamma=-4\pi U_\infty a$ 时，$z=\mathrm{i}\Gamma/4\pi U_\infty=-a\mathrm{i}$，即负环量时，驻点在圆柱的下方（图 5.11(b)）.

(iii) $\Gamma^2>a^2 16\pi U_\infty^2$ 或 $a^2-\dfrac{\Gamma^2}{16\pi U_\infty^2}<0$，这时驻点位于：

$$z=\left(\frac{\Gamma}{4\pi U_\infty}\pm\sqrt{\frac{\Gamma^2}{16\pi^2U_\infty^2}-a^2}\right)\mathrm{i}$$

这时形式上仍有两个驻点，其中一个在圆外 $|z|>a$，而另一个在圆内 $|z|<a$（流场外），所以绕圆周流场中只有一个圆外的驻点，

$$z_1=\left(\frac{\Gamma}{4\pi U_\infty}\pm\sqrt{\frac{\Gamma^2}{16\pi^2U_\infty^2}-a^2}\right)\mathrm{i}$$

式中"+"对应于 $\Gamma>0$，驻点位于圆周线上面；"−"对应于 $\Gamma<0$，驻点位于圆周线下面. 以上三种情况示于图 5.11.

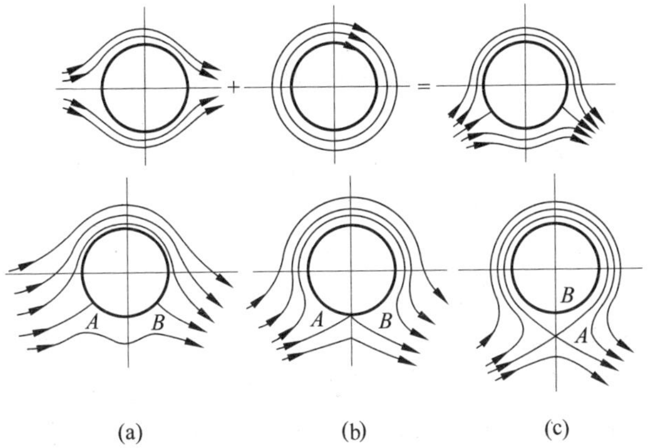

图 5.11 绕圆柱体有环量无旋流动的流线（$\Gamma<0$）

（上图：流动的叠加；下图：不同 Γ 时的流动示意图和驻点）

(a) $|\Gamma|<4\pi aU_\infty$；(b) $|\Gamma|=4\pi aU_\infty$；(c) $|\Gamma|>4\pi aU_\infty$

② 圆周线(或圆柱面)上的速度分布

将圆柱周线方程 $r=a$ 代入复速度公式,得

$$v_r = 0, \quad v_\theta = -2U_\infty \sin\theta + \Gamma/(2\pi a)$$

因此

$$U^2 = \left(2U_\infty \sin\theta - \frac{\Gamma}{2\pi a}\right)^2$$

因 $\sin\theta=\sin(\pi-\theta)$,故速度分布对于 y 轴对称;而 $\sin(-\theta)=-\sin\theta$,因此不可压缩流体绕圆柱的有环量流动的速度场对 x 轴反对称.

③ 圆柱面上的压强分布

将圆周线速度分布代入伯努利公式,可得圆柱面上压强分布:

$$p = p_\infty + \frac{\rho U_\infty^2}{2} - \frac{\rho U^2}{2} = p_\infty + \frac{\rho U_\infty^2}{2}\left[1-\left(4\sin^2\theta - \frac{2\Gamma\sin\theta}{\pi a U_\infty} + \frac{\Gamma^2}{4\pi^2 a^2 U_\infty^2}\right)\right]$$

由于 $\sin\theta=\sin(\pi-\theta)$ 和 $\sin(-\theta)=-\sin\theta$,压强分布对 y 轴对称,而对 x 轴反对称.这意味着,这种有环量绕流作用在圆柱上的阻力(来流方向的合力)仍然等于零,而垂直于来流方向的合力将不等于零.

④ 圆柱周线上的合力

将压强分布代入合力公式,得

$$\boldsymbol{F} = -\int_0^{2\pi} p\boldsymbol{n}a\,\mathrm{d}\theta = -a\int_0^{2\pi} p(\cos\theta\boldsymbol{e}_x + \sin\theta\boldsymbol{e}_y)\mathrm{d}\theta$$

$$= -\int_0^{2\pi} a\left\{p_\infty + \frac{\rho U_\infty^2}{2}\left[1-\left(4\sin^2\theta - \frac{2\Gamma\sin\theta}{\pi a U_\infty} + \frac{\Gamma^2}{4\pi^2 a^2 U_\infty^2}\right)\right]\right\}\cdot(\cos\theta\boldsymbol{e}_x + \sin\theta\boldsymbol{e}_y)\mathrm{d}\theta$$

积分后得

$$\boldsymbol{F} = -\rho U_\infty \Gamma \boldsymbol{e}_y \tag{5.65}$$

这说明绕圆柱的有环量无旋流动中,在圆柱上有垂直于流动方向的作用力,并称之为升力.当来流 U_∞ 为正 x 轴方向时,正环量(逆时针)产生的升力指向负 y 轴方向;而负环量(顺时针)则产生正 y 方向的升力.如环量用涡线方向表示:$\boldsymbol{\Gamma}=\Gamma\boldsymbol{k}$;来流也用向量表示:$\boldsymbol{U}_\infty=U_\infty\boldsymbol{i}$,则升力公式可表示为

$$\boldsymbol{F} = \rho\boldsymbol{U}_\infty \times \boldsymbol{\Gamma} \tag{5.66}$$

在不可压缩流体绕圆柱有环量无旋流动情况下,圆柱周线上升力产生的原因可由无环量绕流和点涡叠加的流场来给予解释.以图5.11(a)为例(负环量,即点涡流场是顺时针方向),由于圆柱面下方由环量产生的速度和绕圆柱无环量绕流速度是反向的,因而速度值减小,根据伯努利公式压强值较无环流时增大;反之在圆柱面上方,速度值增大,压强减小,因此负环量(顺时针)绕圆柱流动的情况必产生一向上的合力.正环量(逆时针)的情况下产生向下的升力可作同样的解释.

圆柱体有环量绕流产生升力的现象称为马格努斯(Magnus)效应.马格努斯曾设想利用旋转圆柱产生环量,从而在风速下产生横向力,以取代风帆.但是实际情况下

马格努斯得到的升力远小于理想绕流的 $\rho U_\infty \Gamma$，这是由于圆柱体外的真实绕流不能保持理想的无旋流动状态，例如柱体的后部必有流动分离现象，如图 5.10 所示.

5.5 解平面不可压缩无旋绕流的保角映像法

下面介绍用复变函数的保角映像法求解不可压缩平面无旋绕流问题.

1. 保角映像法的基本原理

保角映像法的基本思想是利用解析变换来寻求满足边界条件的复势，具体做法如下.

(1) 解析变换的保角映射

数学上，解析函数 $z=Z(\zeta)$ 是一种几何变换，它可以将 ζ 平面上的曲线变换到 z 平面上另一几何曲线(或反之)，所以解析变换是建立两个平面之间几何关系的一种方法，举例如下.

设有 $z=x+\mathrm{i}y$ 平面上的几何曲线 K：$z(t)=x(t)+\mathrm{i}y(t)$，利用解析函数 $\zeta=\zeta(z)$ 变换到 $\zeta=\xi+\mathrm{i}\eta$ 平面上的曲线 K^*：$\zeta=\zeta(t)=\xi(t)+\mathrm{i}\eta(t)$. 具体做法是将曲线方程 $z(t)=x(t)+\mathrm{i}y(t)$ 代入解析函数式，得 $\zeta(t)=\zeta(z(t))=\xi(t)+\mathrm{i}\eta(t)$. 我们称 z 平面为原平面或物理平面；$\zeta=\xi+\mathrm{i}\eta$ 为变换平面，简称 ζ 平面. 由于解析函数的性质，这种变换是一一对应和可导的，因此 z 平面上的封闭曲线变换到 ζ 平面也是封闭曲线，并且变换式 $\zeta=\zeta(z)$ 必有逆变换 $z=z(\zeta)$. 解析变换有一个重要的性质：任意两曲线的夹角在解析变换下保持不变，如：两正交的曲线在解析函数变换过程中仍然保持正交性. 这是保角变换名词的来源.

(2) 由解析变换构造新的复势

利用解析变换的性质，可以构造不可压缩平面无旋流动的不同复势. 如果在 z 平面上有一复势 $W(z)$，它表示某种平面不可压缩无旋流动. 现有一解析变换 $z=Z(\zeta)$，它在 z 平面和 ζ 平面间建立一一对应关系. 将 $z=Z(\zeta)$ 代入 $W(z)$，构成另一复函数 $W^*(\zeta)=W(Z(\zeta))$. 因为解析函数的复合函数仍然是解析函数，$W^*(\zeta)$ 表示 ζ 平面上的某种复势. 反之，已知 ζ 平面的复势 $W^*(\zeta)$，通过解析变换 $\zeta=\zeta(z)$ 可以获得 z 平面上的复势 $W(z)$. 下面具体说明这种变换的流动性质.

已知绕圆周线的不可压缩平面无旋流动的复势，设该流动的自变量为 ζ，绕流的复势(见式(5.62))：

$$W^*(\zeta)=U_\infty \zeta+\frac{U_\infty a^2}{\zeta}+\frac{\Gamma}{2\pi\mathrm{i}}\ln\zeta$$

通过 $W^*(\zeta)$，我们可以构造新的无旋绕流复势. 具体做法是：给定一个在圆外解析

函数 $\zeta=\zeta(z)$（它的反函数 $z=Z(\zeta)$，也是解析函数），并要求它具有以下性质.

① 它将 ζ 平面上的圆周线 K^*（$\zeta=a\exp i\theta$）变换成 z 平面上的某一封闭曲线 $K(z=z(\theta))$.

② 无穷远点对应：

$$z(\infty)=\infty \tag{5.67}$$

③ 无穷远处变换函数的导数是有限复常数

$$\frac{dz}{d\zeta}(\infty)=m\exp i\alpha<\infty,\quad \frac{d\zeta}{dz}(\infty)=\frac{1}{m}\exp(-i\alpha)<\infty \tag{5.68}$$

式中 m 是实常数. 在复变函数理论中已经证明这种解析变换存在且唯一.

将 $\zeta=\zeta(z)$ 代入绕圆周线的复势，将对应一个新的复函数如下：

$$W(z)=W^*(\zeta(z))=U_\infty\zeta(z)+\frac{U_\infty a^2}{\zeta(z)}+\frac{\Gamma}{2\pi i}\ln\zeta(z) \tag{5.69}$$

因为解析函数的复合函数仍是解析函数，所以新的复函数也是解析函数，因而它是某一流动的复势，并具有以下性质.

① 变换后的周线 $K(z=z(\theta))$ 是流线，即 $\mathrm{Im}[W(z(\theta))]=$ 实常数.

因为在 ζ 平面上圆周线 K^*（$\zeta=a\exp i\theta$）是流线，即 $\mathrm{Im}[W^*(\zeta)_{\zeta=a\exp i\theta}]=$ 实常数，而周线 $K(z=z(\theta))$ 和圆周线 K^*（$\zeta=a\exp i\theta$）是一一对应的，在对应点上的复势值相等（复势变换式(5.69)），所以，在封闭周线 $K(z(\theta))$ 上复势的虚部

$$\mathrm{Im}\{W[z(\theta)]\}=\mathrm{Im}[W^*(\zeta)_{\zeta=a\exp i\theta}]=\text{实常数}$$

因此周线 $K(z=z(\theta))$ 也是流线.

② 两流场的无穷远点相对应（式(5.67)），也就是说无界的绕圆周线的流动问题对应一个新的无界绕流问题.

③ 新复势无穷远的来流速度大小放大 $1/m$ 倍，而速度方向角增加 α.

因为通过复合函数求导数可求得新复势的复速度为

$$\overline{\frac{dW(z)}{dz}}=\overline{\frac{dW^*(\zeta)}{d\zeta}}\;\overline{\frac{d\zeta}{dz}} \tag{5.70}$$

对应 z 平面上无穷远处来流的复速度为

$$\begin{aligned}U_\infty+iV_\infty=|U|_\infty\exp i\beta&=\left[\overline{\frac{dW(z)}{dz}}\right]_{z=\infty}\\&=\left[\overline{\frac{dW^*(\zeta)}{d\zeta}}\right]_{\zeta=\infty}\left[\overline{\frac{d\zeta}{dz}}\right]_{z=\infty}=\frac{1}{m}U_\infty\exp i\alpha\end{aligned} \tag{5.71}$$

上式清楚地说明 $\left|\frac{dW}{dz}\right|_\infty=\frac{1}{m}U_\infty$ 和 $\beta=\alpha$，即来流速度放大 $1/m$ 倍，来流方向转过 α. 如果要求变换式的 $m=1$ 和 $\alpha=0$，则变换前后无穷远处的速度大小相等、方向相同.

④ 新复势绕物面的环量和原绕圆周线的环量相等.

前面已经证明绕物面的环量等于 $\Gamma=\oint_K dW$，在对应的物面上有：$dW^*(\zeta)=$

$dW(z)$，因此

$$\Gamma = \oint_K dW = \oint_{K^*} dW^* \tag{5.72}$$

通过以上分析可以看到，通过圆周线外的解析变换 $\zeta=\zeta(z)$，可以将不可压缩流体绕圆柱的无旋流动变换成来流速度大小和环量都不变的绕封闭型线 $z=z(\theta)$ 的无旋流动. 上述保角映射或解析变换构造复势的原理示于图 5.12.

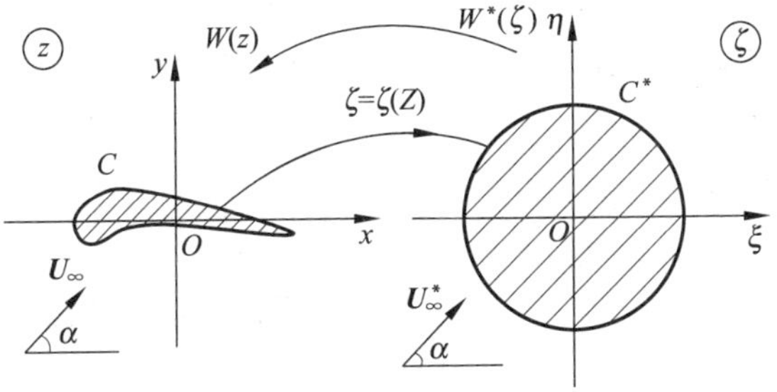

图 5.12 保角映像法的原理

根据上面给出的解析变换方法，可以用绕圆柱无旋流动的复势作为基本解，通过解析变换，得到各种平面无旋流动的复势. 下面给出正反两类问题的解法.

① 反问题方法：以变换平面上绕圆柱有环量无旋流动的复势为基本解，给定变换函数 $\zeta(z)$，求物理平面对应的流动. 已知不可压缩流体绕圆柱无旋流动的复势为

$$W^*(\zeta) = U_\infty^* \zeta + \frac{U_\infty^* a^2}{\zeta} + \frac{\Gamma}{2\pi i}\ln\zeta$$

给定满足式(5.67)、式(5.68)的变换函数 $\zeta=\zeta(z)$（反函数为 $z=z(\zeta)$），将它代入基本解，得物理平面绕新型线 $z=z(\theta)$ 的无旋流动的复势 $W(z)$ 如下：

$$W(z) = W^*(\zeta(z)) = U_\infty^* \zeta(z) + \frac{U_\infty^* a^2}{\zeta(z)} + \frac{\Gamma}{2\pi i}\ln\zeta(z) \tag{5.73}$$

新型线的几何方程为 $z=z(a\exp i\theta)$.

② 正问题方法：给定物理平面的物面型线方程：$z=z(t)$，求出满足式(5.67)、式(5.68)的解析变换 $\zeta=\zeta(z)$（或 $z=z(\zeta)$），将给定的物面型线解析变换成半径为 a 的圆，即 $\zeta(z(t))=a\exp it$，然后将变换式 $\zeta=\zeta(z)$ 代入圆柱绕流的基本解，就可得到给定物形的无旋绕流的复势.

反问题方法是先给出解析变换函数，然后确定对应这种变换的绕流物面型线. 正问题方法是先给定绕流的物面型线，然后确定满足式(5.67)、式(5.68)的解析变换式.

下面我们用实例具体说明保角映射解法.

2. 简单的解析函数及反问题

(1) 线性函数

$$\zeta = az + b = c(z - z_0) \tag{5.74}$$

线性变换在几何上是坐标平移、放大和旋转. z_0 是坐标原点的平移. $c=m\exp(-\mathrm{i}\alpha)$ 是坐标的放大(放大倍数 m)和顺时针旋转(角度 α),不难验证,它具有保角性.

将变换式代入绕圆柱无旋流动的复势 $W^*(\zeta)=U_\infty^*\zeta+\dfrac{U_\infty^*a^2}{\zeta}+\dfrac{\Gamma}{2\pi\mathrm{i}}\ln\zeta$,得到新复势为

$$W(z)=cU_\infty^*(z-z_0)+\frac{U_\infty^*a^2}{c(z-z_0)}+\frac{\Gamma}{2\pi\mathrm{i}}\ln(c(z-z_0)) \tag{5.75a}$$

下面来考察新复势所表示的绕流及其性质. 将圆周线方程 $\zeta=a\exp(\mathrm{i}\theta)$ 代入 $\zeta=c(z-z_0)$,新复势的绕流型线 K 为

$$z-z_0=\frac{a}{c}\exp(\mathrm{i}\theta)=\frac{a}{m}\exp\mathrm{i}(\theta+\alpha)$$

由上式很容易证明: $|z(\theta)-z_0|=\dfrac{a}{m}$. 这表明 ζ 平面上的圆周线在 z 平面仍然是一个圆,它的圆心在 z_0、半径为 a/m.

新的复势在无穷远处的流速为

$$U_\infty-\mathrm{i}V_\infty=\left(\frac{\mathrm{d}W}{\mathrm{d}z}\right)_\infty=\left(\frac{\mathrm{d}W^*}{\mathrm{d}\zeta}\right)\frac{\mathrm{d}\zeta}{\mathrm{d}z}=mU_\infty^*\exp(-\mathrm{i}\alpha)$$

即对应无穷远来流速度大小为 mU_∞^*,来流与水平轴交角为 α. 线性变换生成的绕流图形示于图 5.13. 我们可以清楚地看到,线性变换 $\zeta=az+b=c(z-z_0)$ 将绕圆周线的无旋流动变换成另一个绕圆周线的无旋流动,新的圆柱绕流的圆心在 z_0,圆的半径等于 a/m,来流速度等于 mU_∞,来流的方向和 x 轴夹角为 α. 设 $m=1$,并将 α、z_0 等代入式(5.75),我们就得到绕半径为 a、圆心位于 z_0、来流速度等于 U_∞、来流速度和 x 轴夹角为 α 的不可压缩无旋流动的复势:

$$W(z)=U_\infty\exp(-\mathrm{i}\alpha)(z-z_0)+\frac{U_\infty\exp(\mathrm{i}\alpha)a^2}{z-z_0}+\frac{\Gamma}{2\pi\mathrm{i}}\ln(z-z_0)-\frac{\Gamma\alpha}{2\pi} \tag{5.75b}$$

式(5.75b)是不可压缩流体绕圆柱无旋流动复势的一般公式,式中最后一项是常数,它不影响速度场的计算,因此可以略去.

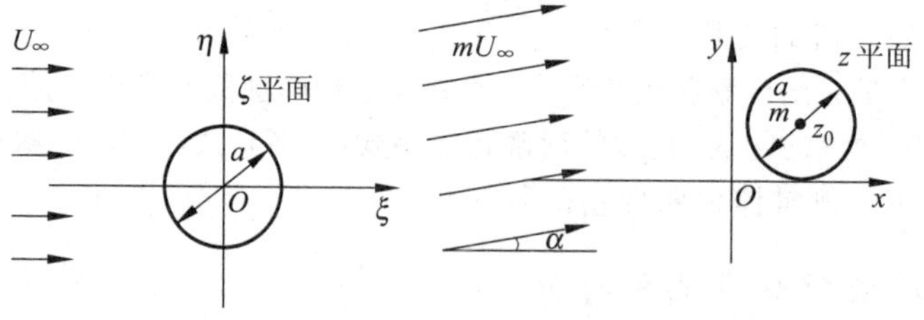

图 5.13 线性变换下的圆柱绕流

(2) 幂函数

$$z = A\zeta^n \tag{5.76}$$

式中 A 和 n 都是实数. 令 $z=r\exp i\theta$, $\zeta=t\exp i\phi=A^{-1/n}r^{1/n}(\cos(\theta/n)+i\sin(\theta/n))$. 幂函数将 z 平面上的射线($\theta=C$)变换到 ζ 平面上的射线($\phi=C/n$). $n=1$ 是线性变换，是式(5.74)的特例，它将 z 平面上无限长直线($\theta=0,\theta=\pi$)变换到平面上的无限长直线($\phi=0,\phi=\pi$). 当 $1/2<n<1$ 时，z 平面上的无限长直线($\theta=0$ 和 $\theta=\pi$)变换到 ζ 平面上的外角($\phi=0,\phi=\pi/n>\pi$)；当 $n>1$ 时，z 平面上的无限长直线变换到 ζ 平面上的内角($\phi=0,\phi=\pi/n<\pi$)，如图 5.14 所示.

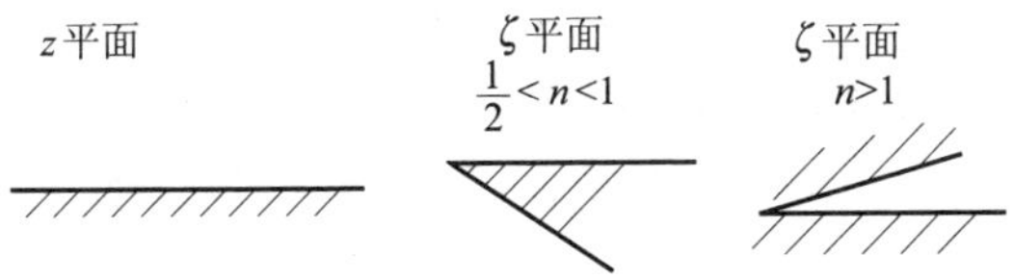

图 5.14 幂函数变换

z 平面上的均匀流动 $W(z)=Uz$，用幂函数变换到 ζ 平面上就是前面讨论过的绕角流动：$W(\zeta)=AU\zeta^n$.

(3) 儒可夫斯基变换和绕椭圆柱流动

著名儒可夫斯基变换式为

$$z = \frac{1}{2}\left(\zeta + \frac{a^2}{\zeta}\right) \tag{5.77a}$$

它的逆变换式为

$$\zeta = z \pm \sqrt{z^2 - a^2} \tag{5.77b}$$

平方根函数是多值函数，取定其中一叶后，式(5.77b)中正负号就可确定，通常取正号. 该变换有以下几何特性.

① $\zeta=0$ 是奇点，它对应于 z 平面上的无穷远点.

② $z(\zeta=\infty)=\infty$，即 z 平面上无穷远点对应 ζ 平面的无穷远点.

③ $(\mathrm{d}z/\mathrm{d}\zeta)_\infty=1/2$，即无穷远处线段长度缩小二分之一，但线段方向不变.

④ $\zeta=a\exp i\theta$ 的圆变换为 $-a$ 到 a 的往返线段. 将 $\zeta=a\exp i\theta$ 代入式(5.77a)，得

$$z(\theta) = \frac{1}{2}(a\exp i\theta + a\exp(-i\theta)) = a\cos\theta$$

上式表示：ζ 平面上 $r=a$ 的上半圆($0<\theta<\pi$)变换成从 $z=a$ 到 $z=-a$ 的线段；下半圆($\pi<\theta<2\pi$)变换成由 $z=-a$ 到 $z=a$ 的线段，ζ 平面上的圆外域变换成 z 平面上长 $2a$ 线段的外域.

⑤ 此变换将圆周线 $\zeta=c\exp i\theta(c>a)$ 变换成椭圆周线，将它代入式(5.77a)，得到

$$z(\theta)=x(\theta)+\mathrm{i}y(\theta)=\frac{1}{2}\left[c\exp\mathrm{i}\theta+\frac{a^2}{c}\exp(-\mathrm{i}\theta)\right]$$

实部和虚部分开，可得型线的参数方程：

$$x(\theta)=\frac{1}{2}\left(c+\frac{a^2}{c}\right)\cos\theta=a_1\cos\theta,\quad y(\theta)=\frac{1}{2}\left(c-\frac{a^2}{c}\right)\sin\theta=b_1\sin\theta$$

进行简单的代数运算，可以得到 z 平面上的周线：

$$\frac{x^2}{a_1^2}+\frac{y^2}{b_1^2}=1$$

式中 $a_1=(c+a^2/c)/2, b_1=(c-a^2/c)/2$，该椭圆的焦距

$$f=\sqrt{a_1^2-b_1^2}=a$$

椭圆的长短轴之和等于 ζ 平面上的圆半径：$c=a_1+b_1$.

⑥ 此变换将射线 $\zeta=r\exp\mathrm{i}\alpha$（$\alpha$ 是常数，等于射线的倾斜角）变换成双曲线，将 $\zeta=r\exp\mathrm{i}\alpha$ 代入式(5.77a)得

$$z(r)=x(r)+\mathrm{i}y(r)=\frac{1}{2}\left[r\exp\mathrm{i}\alpha+\frac{a^2}{r}\exp(-\mathrm{i}\alpha)\right]$$

将实部和虚部分开，可得型线的参数方程：

$$x(r)=\frac{1}{2}\left(r+\frac{a^2}{r}\right)\cos\alpha,\quad y(r)=\frac{1}{2}\left(r-\frac{a^2}{r}\right)\sin\alpha$$

进行简单的代数运算消去 r 后，可以得到 z 平面上的周线：

$$\frac{x^2}{\cos^2\alpha}-\frac{y^2}{\sin^2\alpha}=a^2$$

由于在 ζ 平面上圆周线和射线是正交的，不难验证，在 z 平面上对应的双曲线族和椭圆曲线族也是正交的（读者自行证明）.

儒可夫斯基变换的基本图形示于图 5.15.

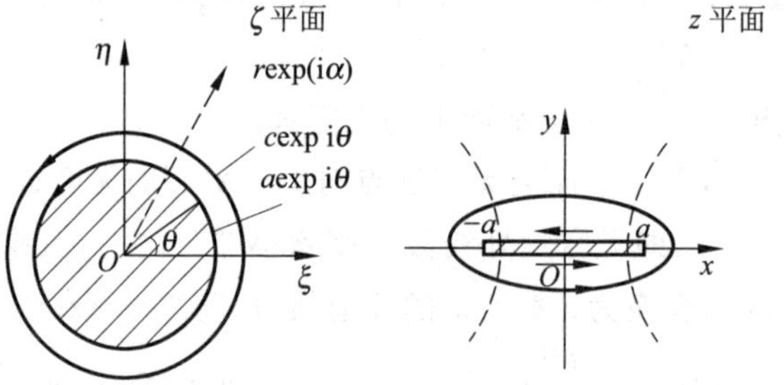

图 5.15 儒可夫斯基变换的基本图形（虚线对应虚线，实线对应实线）

例 5.3 求来流平行于椭圆长轴的不可压缩无旋绕流的复势.

椭圆柱方程为 $F(x,y)=x^2/a_1^2+y^2/b_1^2-1=0$，其来流的速度为 $U_\infty(\alpha=0)$，已知环量为 Γ，求该绕流的复势 $W(z)$.

解 利用儒可夫斯基变换

$$\zeta = z + \sqrt{z^2 - a^2}$$

它将 ζ 平面的圆变换为 z 平面上的椭圆，椭圆的焦距应等于变换式中的 a，即 $a=\sqrt{a_1^2-b_1^2}$，ζ 平面上的圆半径 $R=a_1+b_1$. 已知半径为 R 的圆柱绕流的复势：

$$W^*(\zeta) = U_\infty^* \zeta + \frac{U_\infty^* R^2}{\zeta} + \frac{\Gamma}{2\pi i}\ln\zeta$$

式中

$$U_\infty^* = \left(\frac{dW^*}{d\zeta}\right)_{\zeta=\infty} = \left(\frac{dW}{dz}\right)_{z=\infty}\left(\frac{dz}{d\zeta}\right)_{\zeta=\infty} = \frac{1}{2}\left(\frac{dW}{dz}\right)_{z=\infty} = \frac{1}{2}U_\infty$$

将 U_∞^* 和儒可夫斯基变换式 $\zeta=z+\sqrt{z^2-a^2}$ 代入前式，绕椭圆的无旋流动复势为

$$W(z) = \frac{U_\infty}{2}\left(z + \sqrt{z^2-(a_1^2-b_1^2)}\right) + \frac{U_\infty(a_1+b_1)^2}{2\left(z+\sqrt{z^2-(a_1^2-b_1^2)}\right)} + \frac{\Gamma}{2\pi i}\ln\left(z+\sqrt{z^2-(a_1^2-b_1^2)}\right)$$

3. 绕儒可夫斯基对称翼型流动的复势

前面的例子说明利用解析变换可以构造新的绕流型线并给出它的复势. 根据这种思想可以设计飞机或涡轮机械的翼型. 典型的例子是儒可夫斯基翼型及其绕流.

(1) 儒可夫斯基对称翼型(或儒可夫斯基舵面)

上节已经讨论过儒可夫斯基变换的一些几何变换性质. 现在来进一步讨论圆心在 x 轴上的偏心圆的变换(见图 5.16).

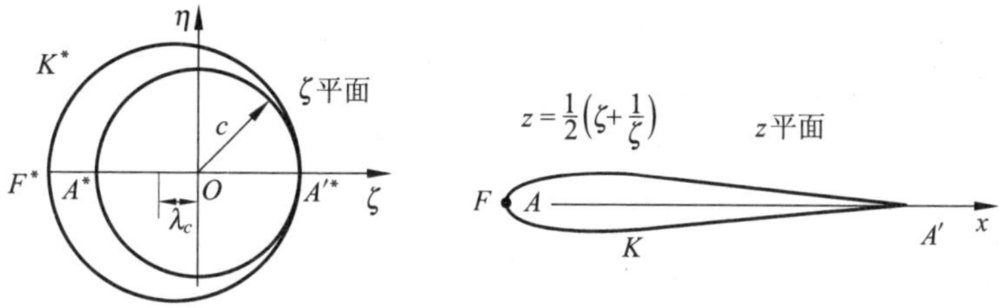

图 5.16 儒可夫斯基对称翼型变换

由于 ζ 平面上圆心在原点的圆周线经儒可夫斯基变换，在 z 平面是往返线段 AA'，圆心位于 x 轴和与圆相切于 A'^* 的偏心圆 K^* 在儒可夫斯基变换下将变换成包含线段 AA' 的周线 K，并且它在 A' 点和 x 轴相切. 偏心圆上 F^* 变换到周线 K 上的前缘点 F. 于是应用儒可夫斯基变换，把偏心圆 K^* 变换成具有一定厚度的钝前缘

和尖后缘的翼型. 由于偏心圆 K^* 对 ξ 轴对称,变换后的周线也对 x 轴对称. ζ 平面上偏心圆的方程可写成

$$\zeta = -\lambda c + (1+\lambda)c\exp(\mathrm{i}\theta)$$

式中 λ 表示 K^* 圆的偏心率,通常它是一个小量,将它代入儒可夫斯基变换式,可以得到 z 平面上周线 K 的参数表达式.

$$z(\theta) = \frac{1}{2}\left(-\lambda c + (1+\lambda)c\exp(\mathrm{i}\theta) + \frac{a^2}{-\lambda c + (1+\lambda)c\exp(\mathrm{i}\theta)}\right)$$

当 $\lambda \ll 1$ 时,忽略 λ 的高阶小量,可得周线 K 的近似参数方程为

$$x = c\cos\theta + \frac{1}{2}\lambda c(\cos 2\theta - 1), \quad y = \lambda c\left(\sin\theta - \frac{1}{2}\sin 2\theta\right)$$

从上式可以看到,K 的型线对于 x 轴对称,翼型的最大长度近似等于 $2c$,它的最大厚度和 λ 成正比. 也就是说,ζ 平面上的偏心率确定儒可夫斯基翼型的厚度. 通过函数求极值的方法,很容易证明 y 的最大值位于 $\theta = 2\pi/3$,并且最大值

$$y_{\max} = \frac{3\sqrt{3}}{4}c\lambda$$

绕儒可夫斯基对称翼型的复势可用上节相同的方法求出,在 ζ 平面上,圆心位于 $\zeta = -\lambda c$,半径 $R = (1+\lambda)c$ 的圆柱绕流的复势为

$$W^*(\zeta) = U_\infty^* \exp(-\mathrm{i}\alpha)(\zeta + \lambda c) + \frac{U_\infty^* \exp(\mathrm{i}\alpha)R^2}{(\zeta + \lambda c)} + \frac{\Gamma}{2\pi\mathrm{i}}\ln(\zeta + \lambda c) \tag{5.78}$$

式中

$$U_\infty^* \exp(-\mathrm{i}\alpha^*) = \left(\frac{\mathrm{d}W^*}{\mathrm{d}\zeta}\right)_{\zeta=\infty} = \left(\frac{\mathrm{d}W}{\mathrm{d}z}\right)_{z=\infty}\left(\frac{\mathrm{d}z}{\mathrm{d}\zeta}\right)_{\zeta=\infty} = \frac{1}{2}\left(\frac{\mathrm{d}W}{\mathrm{d}z}\right)_{z=\infty} = \frac{1}{2}U_\infty \exp(-\mathrm{i}\alpha)$$

即 $U_\infty^* = U_\infty/2, \alpha^* = \alpha$. 将它和儒可夫斯基变换式 $\zeta = z + \sqrt{z^2 - c^2}$ 代入到式(5.78),就可得绕儒可夫斯基对称翼型的复势.

(2) 有拱度的儒可夫斯基翼型

如果 ζ 平面上的偏心圆的圆心位于 η 轴上,可以证明,在儒可夫斯基变换下,它将变换成一段圆弧.

设在 ζ 平面上有一半径为 a,偏心距为 f 的圆(参见图5.17),则它在极坐标中的方程为

$$r^2 = a^2 - f^2 + 2fr\cos\left(\frac{\pi}{2} - \theta\right) = b^2 + 2fr\sin\theta$$

或

$$2f\sin\theta = r - \frac{b^2}{r}$$

其中 $b^2 = a^2 - f^2$ 是圆在 x 轴上截距的平方,应用儒可夫斯基变换

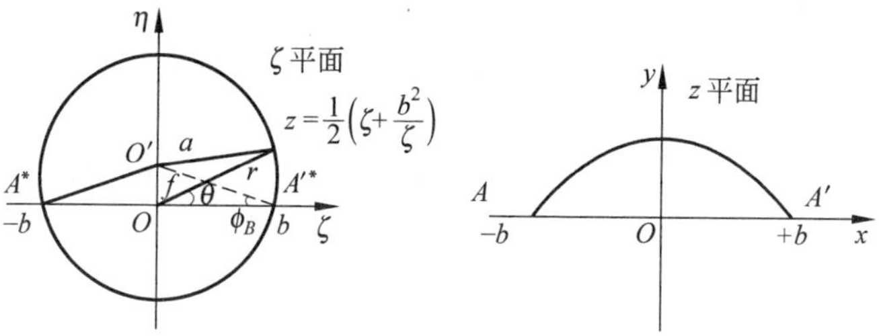

图 5.17 偏心圆的儒可夫斯基变换

$$z = x + \mathrm{i}y = \frac{1}{2}\left(\zeta + \frac{b^2}{\zeta}\right)$$

得

$$x = \frac{1}{2}\left(r + \frac{b^2}{r}\right)\cos\theta, \quad y = \frac{1}{2}\left(r - \frac{b^2}{r}\right)\sin\theta = f\sin^2\theta$$

将 x 方程乘 $\cos\theta$，y 方程乘 $\sin\theta$，然后相减得：$x^2\sin^2\theta - y^2(1-\sin^2\theta) = b^2\sin^2\theta(1-\sin^2\theta)$，再用 $y=f^2\sin\theta$ 消去 θ，得变换后的曲线参数方程如下：

$$x^2 + \left[y + \frac{1}{2}\left(\frac{b^2}{f} - f\right)\right]^2 = b^2 + \frac{1}{4}\left(\frac{b^2}{f} - f\right)^2 \tag{5.79}$$

这是一个圆方程，半径为 $R=\sqrt{b^2+(b^2/f-f)^2/4}$，圆心位于$[0,-(b^2/f-f)/2]$，另外由 $y=f\sin^2\theta>0$ 说明偏心圆在儒可夫斯基变换后是 $y>0$ 的圆弧段，并有$y_{\max}=f$，即圆弧的拱高等于 ζ 平面上圆的偏心距. 令 $y=0$，得圆弧的截距 $x=\pm b$. 在 ζ 平面上，后缘点处的幅角 $\phi_B=\arctan(f/b)$. 当 $f/b\ll 1$ 时，$\phi_B\approx f/b$，它等于圆弧的相对拱高，是圆弧的重要几何参数.

简言之，半径等于 a、在 η 轴上偏心距为 f 的圆，经儒可夫斯基变换后是以 f 为拱高，张在 $2b$ 弦长上的圆弧段.

再进一步，如果 ζ 平面上偏心圆的圆心既不在 ξ 轴上，又不在 η 轴上，而是在图 5.18 中 OA^* 的延长线上，那么经儒可夫斯基变换后，该偏心圆将变换成既有拱

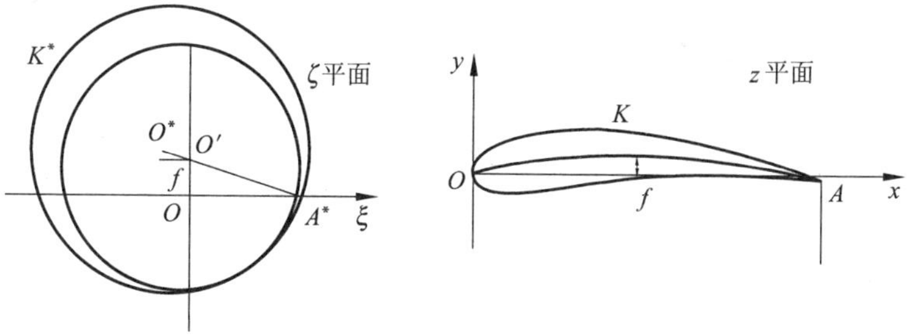

图 5.18 儒可夫斯基翼型

度、又有厚度的一个翼型，如图5.18所示.用儒可夫斯基变换生成的翼型尾缘是两相切的曲线的尖点，这种翼型在机械强度上是不合格的，因此这种翼型很少被直接采用.

上面的例子都是先给定变换函数，然后求对应的物面型线和复势，也就是所谓的“反问题”.反问题方法不能保证翼型的几何性质，例如，前述儒可夫斯基变换生成的翼型尾缘是相切的尖缘.

正问题是给定翼型型线求复势.因为绕圆周的复势是已知的，所以正问题的关键是寻找圆周和给定型线之间的保角变换.我们简要说明给定型线和绕流条件用保角变换法求复势的求解步骤.

首先要找到解析函数 $\zeta=\zeta(z)$，使它具有以下性质：

① $\zeta[z(t)]=\zeta(t)$ 恰好使 ζ 平面上的圆周线对应 z 平面上的绕流的物面型线 K；

② $\zeta(z=\infty)=\infty$；

③ $\frac{\mathrm{d}\zeta}{\mathrm{d}z}(z=\infty)=1$；要求无穷远处的速度大小和方向都不变.

如物理平面上来流速度为 U_∞，来流和 x 轴夹角为 α，则在 ζ 平面上的来流复速度

$$\left(\frac{\mathrm{d}W^*}{\mathrm{d}\zeta}\right)_{\zeta=\infty}=\left(\frac{\mathrm{d}W}{\mathrm{d}z}\right)_{z=\infty}\left(\frac{\mathrm{d}z}{\mathrm{d}\zeta}\right)_\infty=U_\infty\exp(-\mathrm{i}\alpha)$$

就是说，要求 ζ 平面上来流速度等于 U_∞，来流方向角等于 α，因此 ζ 平面上的复势是：

$$W^*(\zeta)=[U_\infty^*\exp(-\mathrm{i}\alpha)](\zeta-\zeta_0)+\frac{U_\infty^*\exp(\mathrm{i}\alpha)}{\zeta-\zeta_0}+\frac{\Gamma}{2\pi\mathrm{i}}\ln(\zeta-\zeta_0)$$

将求出的解析变换式代入 ζ 平面上绕圆的复势：$W(z)=W^*[\zeta(z)]$，它就是绕物面周线 K 的具有环量 Γ 的复势解（ζ_0 是变换平面上圆心坐标）.

所以用保角映像法求解不可压缩无旋绕流正问题的关键是找到解析变换函数，它将圆变换成要求的物面型线，它属于数学方法和计算问题，本书不多赘述.

5.6 翼型气动力特性和库塔-儒可夫斯基条件

翼型是飞机产生升力的基本单元，翼型气动力性能是设计机翼的主要参数.应用复变函数方法原则上可以解出绕任意翼型的复势，但是前面讨论的复势求解过程中，都没有介绍环量 Γ 如何确定，下面利用复势方法确定环量，并研究翼型的气动力性能.

1. 翼型的几何特性

翼型是细长的良绕体，如图 5.19 所示. 翼型的最大长度称为弦长，常用 C 表示；最大长度联线称为弦线.

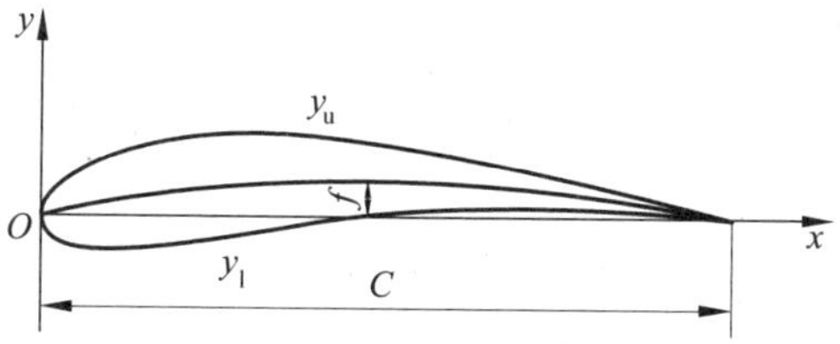

图 5.19 翼型的几何特性

翼型的几何特性以弦线为基准线(x 轴)来描述. 上、下翼面的方程可分别写作：

上翼面 $y_u = y_u(x)$

下翼面 $y_l = y_l(x)$

上下翼面坐标之差定义为翼型厚度函数 $\delta(x)$

$$\delta(x) = y_u - y_l \tag{5.80a}$$

翼型的相对厚度 Δ 是最大厚度与弦长之比，即

$$\Delta = \frac{\delta_{max}}{C} = \frac{|y_u - y_l|_{max}}{C} \tag{5.80b}$$

例如，上节介绍的儒可夫斯基舵面的相对厚度 $\Delta = 1.3\lambda$.

翼型的中线定义为上下翼面坐标和之半，即

$$y_c = \frac{1}{2}(y_u + y_l) \tag{5.81}$$

翼型中线的最大高度与弦长之比定义为翼型的拱度 f：

$$f = \frac{|y_u + y_l|_{max}}{2C} \tag{5.82}$$

如果拱度等于零，则上下翼面对称，称为对称翼型. 拱度和相对厚度都是影响翼型上的压强分布和气动力性能的重要几何参数.

2. 翼型的气动力特性

翼型气动力特性中常用术语的定义如下.

定义 5.7 无穷远来流和翼弦的交角称为几何攻角，简称攻角.

定义 5.8 气流作用在翼型上的合力在垂直于来流方向的分量称为气动升力，简称升力，常用 L 表示.

定义 5.9 气流作用在翼型上的合力在平行于来流方向的分量称为气动阻力，简称阻力，常用 D 表示.

定义 5.10　气流作用在翼型上的分布力相对于翼型前缘的合力矩称气动力矩，常用 M 表示.

在理想流体动力学理论中作用在翼型上只有压强，求出压强后，翼型上升力、阻力和力矩分别由以下积分公式计算：

$$L = \boldsymbol{l} \cdot \oint - p\boldsymbol{n}\,\mathrm{d}s \tag{5.83}$$

$$D = \boldsymbol{t} \cdot \oint - p\boldsymbol{n}\,\mathrm{d}s \tag{5.84}$$

$$\boldsymbol{M} = -\oint p(\boldsymbol{x} \times \boldsymbol{n})\,\mathrm{d}s \tag{5.85}$$

式中 $\boldsymbol{t}$ 是平行来流方向的单位向量，$\boldsymbol{l}$ 是垂直来流方向的单位向量，$\boldsymbol{n}$ 是翼型周线的外法线单位向量，$\mathrm{d}s$ 是翼型表面的微元弧长. 在工程中通用无量纲的气动力系数，它们定义如下.

翼型升力系数

$$C_L = \frac{L}{\rho U_\infty^2 C/2} \tag{5.86}$$

阻力系数

$$C_D = \frac{D}{\rho U_\infty^2 C/2} \tag{5.87}$$

力矩系数

$$C_M = \frac{M}{\rho U_\infty^2 C^2/2} \tag{5.88}$$

求得翼型的绕流复势后，气动力可用复势表达式求出. 下面导出用复势表达的作用在翼型上的气动力公式.

3. 合力及合力矩公式

作用在翼型上的合力为

$$\boldsymbol{F} = -\oint p\boldsymbol{n}\,\mathrm{d}s \tag{5.89a}$$

由几何关系 $\boldsymbol{n}\mathrm{d}s = \boldsymbol{e}_x\mathrm{d}y - \boldsymbol{e}_y\mathrm{d}x$（积分以逆时针方向为正），因此

$$F_x = -\oint p\mathrm{d}y,\quad F_y = \oint p\mathrm{d}x \tag{5.89b}$$

在复势方法中，定义复数合力 $F = F_x + \mathrm{i}F_y$；它的实部是 x 轴方向分量，虚部是 y 轴方向的分量，它的复共轭是：

$$\overline{F} = F_x - \mathrm{i}F_y \tag{5.90}$$

将式(5.89b)代入式(5.90)，得

$$\overline{F} = -\oint p(\mathrm{d}y + \mathrm{i}\mathrm{d}x) = -\mathrm{i}\oint p\,\overline{\mathrm{d}z} \tag{5.91}$$

翼面上的压强用伯努利公式求出：

$$p = p_\infty + \frac{1}{2}\rho U_\infty^2 - \frac{1}{2}\rho \mid \boldsymbol{U} \mid^2 = p_0 - \frac{1}{2}\rho\left(\frac{\mathrm{d}W}{\mathrm{d}z}\right)\left(\overline{\frac{\mathrm{d}W}{\mathrm{d}z}}\right) \tag{5.92}$$

代入合力公式，因$\oint p_0 \mathrm{d}\bar{z} = 0$，故合力为

$$\bar{F} = \frac{\mathrm{i}\rho}{2}\oint \frac{\mathrm{d}W}{\mathrm{d}z}\,\overline{\frac{\mathrm{d}W}{\mathrm{d}z}}\,\overline{\mathrm{d}z}$$

由复数运算：$\overline{(\mathrm{d}W/\mathrm{d}z)} = \mathrm{d}\overline{W}/\mathrm{d}\bar{z}$，从而$\overline{(\mathrm{d}W/\mathrm{d}z)}\ \overline{\mathrm{d}z} = \mathrm{d}\overline{W}$. 在物面型线上有 $\mathrm{d}\Psi = 0$，因而 $\mathrm{d}W = \mathrm{d}\Phi = \overline{\mathrm{d}W}$，代入积分式后得

$$\bar{F} = \frac{\mathrm{i}\rho}{2}\oint \frac{\mathrm{d}W}{\mathrm{d}z}\mathrm{d}W = \frac{\mathrm{i}\rho}{2}\oint\left(\frac{\mathrm{d}W}{\mathrm{d}z}\right)^2 \mathrm{d}z \tag{5.93}$$

由于 $\mathrm{d}W/\mathrm{d}z$ 在翼面以外是解析的，因此上式中积分周线是包围翼面的任意封闭周线. 下面导出合力矩公式 M_0（相对于翼型前缘的力矩）.

$$M_0 \boldsymbol{e}_z = -\oint p(\boldsymbol{x} \times \boldsymbol{n})\mathrm{d}s = \oint p(x\mathrm{d}x + y\mathrm{d}y)\boldsymbol{e}_z = \mathrm{Re}\oint pz\ \overline{(\mathrm{d}z)}\boldsymbol{e}_z$$

将压强公式代入后得

$$M_0 = -\frac{\rho}{2}\mathrm{Re}\oint \frac{\mathrm{d}W}{\mathrm{d}z}\overline{\left(\frac{\mathrm{d}W}{\mathrm{d}z}\right)}z\ \overline{(\mathrm{d}z)}$$

因翼型周线上有$\overline{(\mathrm{d}W/\mathrm{d}z)}\ \mathrm{d}\bar{z} = \mathrm{d}\overline{W} = \mathrm{d}W$，故合力矩公式可写成

$$M_0 = -\frac{\rho}{2}\mathrm{Re}\oint\left(\frac{\mathrm{d}W}{\mathrm{d}z}\right)^2 z\mathrm{d}z \tag{5.94}$$

式(5.93)和式(5.94)中的回路积分可以利用解析函数的留数定理求出.

4. 儒可夫斯基升力定理

利用合力的复势表达式我们可以证明，不可压缩无旋流动中作用在翼型上的气动合力

$$\bar{F} = \mathrm{i}\rho\Gamma U_\infty \exp(-\mathrm{i}\alpha)$$

式中 U_∞ 是来流的速度大小，α 是来流攻角，Γ 是绕翼型的速度环量.

前面已经介绍过，应用解析变换法可以得到绕翼型流动复势的一般形式如下：

$$W(z) = W^*(\zeta(z))$$

式中：$W^*(\zeta) = U_\infty \exp(-\mathrm{i}\alpha)(\zeta - \zeta_0) + \dfrac{a^2 U_\infty \exp\mathrm{i}\alpha}{\zeta - \zeta_0} + \dfrac{\Gamma}{2\pi\mathrm{i}}\ln(\zeta - \zeta_0)$，它是绕圆柱的无旋流动的复势. $\zeta = \zeta(z)$是将 ζ 平面上的半径为 a 的圆周变换到 z 平面上物面型线的解析函数，ζ_0 是圆心的坐标，并且有：$\zeta(z = \infty) = \infty$，$(\mathrm{d}\zeta/\mathrm{d}z)_\infty = 1$，即来流的方向和大小不变. 将复势表达式代入合力积分公式(5.93)，被积函数：

$$\frac{\mathrm{d}W}{\mathrm{d}z} = \frac{\mathrm{d}W^*}{\mathrm{d}\zeta}\frac{\mathrm{d}\zeta}{\mathrm{d}z} = \left[U_\infty \exp(-\mathrm{i}\alpha) - \frac{a^2 U_\infty \exp(\mathrm{i}\alpha)}{(\zeta - \zeta_0)^2} + \frac{\Gamma}{2\pi\mathrm{i}}\frac{1}{\zeta - \zeta_0}\right]\frac{\mathrm{d}\zeta}{\mathrm{d}z}$$

在绕翼型合力的积分式 $\oint_c (\mathrm{d}W/\mathrm{d}z)^2 \mathrm{d}z$ 中,我们取积分回路为包围物面的无限大圆 K_∞,在该圆上 $(\mathrm{d}\zeta/\mathrm{d}z)_\infty=1$,此外,

$$\oint_{K_\infty}\left(\frac{\mathrm{d}W}{\mathrm{d}z}\right)^2\mathrm{d}z=\oint_{K_\infty^*}\left(\frac{\mathrm{d}W^*}{\mathrm{d}\zeta}\right)^2\left(\frac{\mathrm{d}\zeta}{\mathrm{d}z}\right)^2\frac{\mathrm{d}z}{\mathrm{d}\zeta}\mathrm{d}\zeta=\oint_{K_\infty^*}\left(\frac{\mathrm{d}W^*}{\mathrm{d}\zeta}\right)^2\mathrm{d}\zeta$$

$$=\oint_{K_\infty^*}\left[U_\infty\exp(-\mathrm{i}\alpha)-\frac{a^2U_\infty\exp(\mathrm{i}\alpha)}{(\zeta-\zeta_0)^2}+\frac{\Gamma}{2\pi\mathrm{i}}\frac{1}{\zeta-\zeta_0}\right]^2\mathrm{d}\zeta$$

利用留数定理:当 $n=1$ 时,$\oint_L\frac{f(z)\mathrm{d}z}{(z-z_0)^n}=2\pi\mathrm{i}f(z_0)$;$n\neq 1$ 时,$\oint_L\frac{f(z)\mathrm{d}z}{(z-z_0)^n}=0$,

$$\oint_K\left(\frac{\mathrm{d}W}{\mathrm{d}z}\right)^2\mathrm{d}z=\oint\frac{U_\infty\exp(-\mathrm{i}\alpha)\Gamma}{\mathrm{i}\pi}\cdot\frac{\mathrm{d}\zeta}{\zeta-\zeta_0}=2\Gamma U_\infty\exp(-\mathrm{i}\alpha)$$

代入合力公式,得

$$\bar{F}=\frac{\mathrm{i}\rho}{2}\oint\left(\frac{\mathrm{d}W}{\mathrm{d}z}\right)^2\mathrm{d}z=\mathrm{i}\rho\Gamma U_\infty\exp(-\mathrm{i}\alpha) \tag{5.95}$$

把合力写成 $F=R\exp\mathrm{i}\beta$,则 $\bar{F}=R\exp(-\mathrm{i}\beta)$,$R$ 为合力大小,β 为合力与 x 轴交角,代入合力公式

$$R\exp(-\mathrm{i}\beta)=\rho\Gamma U_\infty\exp\left(-\mathrm{i}\alpha+\mathrm{i}\frac{\pi}{2}\right)$$

得

$$R=\rho\Gamma U_\infty,\quad \beta=-\frac{\pi}{2}+\alpha \tag{5.96}$$

合力的大小等于 $\rho U_\infty\Gamma$,合力的方向是由来流方向逆环量方向转 $\pi/2$,因此流体的作用力只有升力,而阻力等于零,如图 5.20 所示.

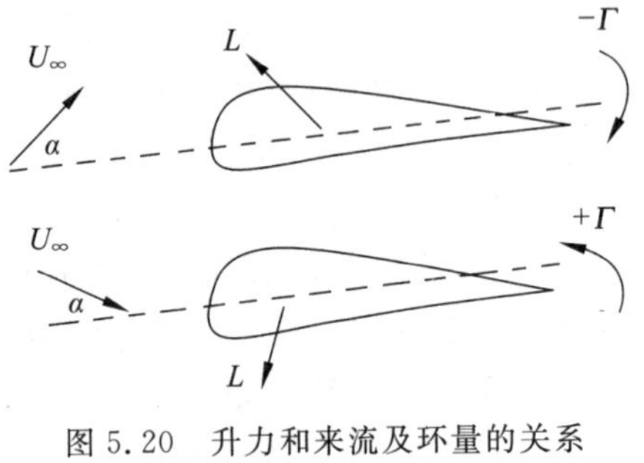

图 5.20 升力和来流及环量的关系

于是证明了儒可夫斯基升力定理:作用在不可压缩无旋流动绕翼型上的合力只有升力,升力的大小与来流速度、绕翼型环量和气流密度的乘积成正比,升力向量

$$\boldsymbol{L}=\rho\boldsymbol{U}_\infty\times\boldsymbol{\Gamma} \tag{5.97}$$

式中 $\boldsymbol{\Gamma}=\Gamma\boldsymbol{k}$,以右手规则确定环量的方向.例如逆时针方向的环量,按右手规则应在正 $\boldsymbol{k}$ 方向;反之,顺时针的环量应当是 $-\boldsymbol{k}$ 方向.

以上已经求出绕翼型的复势 $W(z)$，并由复势求出合力、合力矩，似乎已经解决了任意翼型的绕流的空气动力学问题. 实际上，我们还留下一个未知量 Γ. 在前面全部求解过程中，Γ 作为一个定解条件，但没有说明如何确定 Γ 值. 在理想流体动力学理论中无法直接给定环量 Γ，因为根据凯尔文定理，初始时刻 Γ 确定后就不再改变. 20 世纪初，两位杰出的空气动力学家，库塔和儒可夫斯基，先后独立地提出了确定环量的理论.

5. 确定环量的库塔-儒可夫斯基条件

大量的自然现象，如鸟翼和鱼鳍以及工程中的绕流现象说明具有钝前缘和尖尾缘的型线，它们的绕流气动阻力较小，因此翼型也都采用这种良绕流型或称流线型外形. 在风洞实验的观察中人们发现，当攻角较小，流体绕过这种型线的翼型时，上下翼面的流动在后缘汇合，这种流动称为无分离绕流.

根据这一事实，库塔和儒可夫斯基先后提出如下假定：**在无分离的理想绕流中，翼型上下翼面的流动必须在尖后缘处汇合**. 具体来说，如果翼型尖后缘有一定夹角，这时上下翼面流下的两股流线在后缘相交，而在运动学中已经论述过，流线的交点处速度必等于零. 如果翼型的上下翼面在后缘相切(例如儒可夫斯基翼型)，则由上下翼面流下的流体质点在后缘汇合时应有相等的有限速度. 无论哪一种情况，在翼型后缘的速度应是有限值. 用复势表示的库塔-儒可夫斯基条件是：

$$\left|\frac{\mathrm{d}W}{\mathrm{d}z}\right|_{z_B} = \text{const.} < \infty \tag{5.98}$$

式中 z_B 为后缘点坐标. 补充库塔-儒可夫斯基条件后，可以用不可压缩无旋流动理论确定绕翼型的环量 Γ.

假定用保角映像法求出翼型到圆的解析变换式 $\zeta=\zeta(z)$ 和相应的复势 $W^*(\zeta)$. 该变换式将 z 平面绕外角 $\beta(>\pi)$ 的后缘点 z_B 变换到 ζ 平面圆上相应点 ζ_B，圆上该点切线的外角等于 π(图 5.21). 前面已经讨论过，幂函数变换可以将角点变换成直线. 具体来说变换式 $\zeta(z)$ 在 z_B 邻域中应有幂函数型的渐近展开式：

$$\zeta - \zeta_B = (z - z_B)^n$$

绕外角无旋流动中：$n=\pi/\beta<1$. 这时幂函数在角点上具有奇异性：

$$(\mathrm{d}\zeta/\mathrm{d}z)_{z_B} = \left[(z - z_B)^{n-1}\right]_{z=z_B} \rightarrow \infty$$

库塔-儒可夫斯基条件要求 $|\mathrm{d}W/\mathrm{d}z|_{z_B}=\text{const.}<\infty$，而由保角映像求出的复速度为

$$\left|\frac{\mathrm{d}W}{\mathrm{d}z}\right|_{Z_B} = \left|\frac{\mathrm{d}W^*}{\mathrm{d}\zeta}\right|_{\zeta_B}\left|\frac{\mathrm{d}\zeta}{\mathrm{d}z}\right|_{Z_B}$$

由于后缘角点处 $(\mathrm{d}\zeta/\mathrm{d}z)_{z_B}\rightarrow\infty$，要使 $|\mathrm{d}W/\mathrm{d}z|_{Z_B}$ 为有限值，必须有

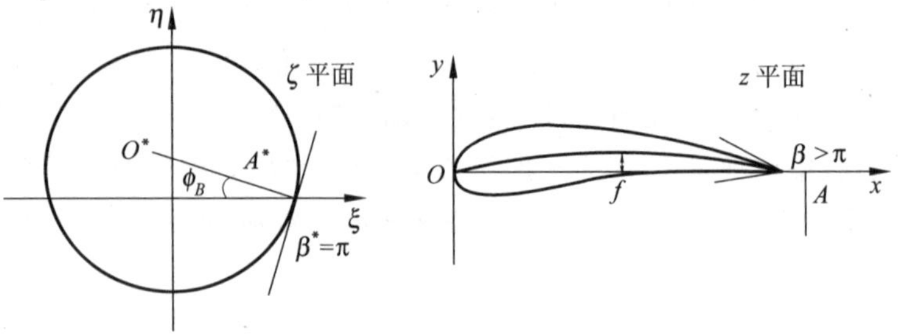

图 5.21 机翼绕流变换示意图

$$\left(\frac{\mathrm{d}W^*}{\mathrm{d}\zeta}\right)_{\zeta_B}=0 \tag{5.99}$$

于是得到结论：**库塔-儒可夫斯基要求变换平面上后缘点必须是驻点.**

下面应用库塔-儒可夫斯基条件确定环量. 假定已求出翼型解析变换式 $\zeta=\zeta(z)$，它满足 $\zeta(\infty)=\infty$ 和 $(\mathrm{d}\zeta/\mathrm{d}z)_\infty=1$，并将翼型 $z=z(t)$ 变换到 ζ 平面上圆心在原点的半径为 a 的圆. 在 ζ 平面上绕翼型的复势解为

$$W^*(\zeta)=U_\infty\exp(-\mathrm{i}\alpha)\zeta+\frac{U_\infty a^2\exp(\mathrm{i}\alpha)}{\zeta}+\frac{\Gamma}{2\pi\mathrm{i}}\ln(\zeta)$$

根据库塔-儒可夫斯基条件，在 $\zeta_B=\zeta(z_B)$ 尾缘点上应有

$$\left(\frac{\mathrm{d}W^*}{\mathrm{d}\zeta}\right)_{\zeta_B}=0$$

将该条件代入前面 ζ 平面的复势公式，得

$$U_\infty\exp(-\mathrm{i}\alpha)-\frac{U_\infty a^2\exp(\mathrm{i}\alpha)}{\zeta_B^2}+\frac{\Gamma}{2\pi\mathrm{i}}\frac{1}{\zeta_B}=0$$

在 ζ 平面上的后缘点 $\zeta_B=a\exp\mathrm{i}\phi_B$，由此可解出

$$\Gamma=-4\pi aU_\infty\sin(\alpha-\phi_B) \tag{5.100}$$

上式表明，绕机翼翼型的环量和来流速度、攻角、变换平面上圆半径以及后缘点在变换平面上的角度 ϕ_B 等参数有关.

从构成儒可夫斯基翼型的保角变换中可知，后缘点在变换平面上的 ϕ_B 称为零升力角，因为当后缘点在变换平面上的 $\phi_B=\alpha$ 时，环量等于零，升力也等于零. 变换平面上后缘角的位置和拱度有关，如果翼型是对称的，后缘点在变换平面上的 $\phi_B=0$，就是说，零升力角等于零. 翼型的拱度越大，零升力角也越大. 总之，改变翼型的厚度和拱度，就可以改变升力的大小和零升力角. 下面以平板无旋绕流为例，说明库塔-儒可夫斯基条件的应用.

例 5.4 求绕平板有攻角流动的环量及升力.

解 平板和圆柱之间的变换为：$z=(\zeta+a^2/\zeta)/2$，并有 $(\mathrm{d}z/\mathrm{d}\zeta)_\infty=1/2$ 和

$U_\infty^*\exp(-\mathrm{i}\alpha^*)=\mathrm{d}W^*/\mathrm{d}\zeta=(\mathrm{d}W/\mathrm{d}z)(\mathrm{d}z/\mathrm{d}\zeta)=U_\infty\exp(-\mathrm{i}\alpha)/2$，变换平面上的复势为

$$W^*(\zeta)=\frac{1}{2}U_\infty\exp(-\mathrm{i}\alpha)\zeta+\frac{a^2U_\infty\exp(\mathrm{i}\alpha)}{2\zeta}+\frac{\Gamma}{2\pi\mathrm{i}}\ln\zeta$$

代入确定环量公式(5.99)，得

$$\frac{\Gamma}{2\pi\mathrm{i}}=-\frac{1}{2}U_\infty\zeta_B\exp(-\mathrm{i}\alpha)+\frac{a^2U_\infty\exp(\mathrm{i}\alpha)}{2\zeta_B}$$

平板后缘点 $z_B=a$，对应于 $\zeta_B=a$，最后环量

$$\Gamma=U_\infty\pi\mathrm{i}[a\exp(\mathrm{i}\alpha)-a\exp(-\mathrm{i}\alpha)]=-2\pi U_\infty a\sin\alpha$$

当 $\alpha\ll1$ 时，$\sin\alpha\approx\alpha$，这时

$$\Gamma=-2\pi aU_\infty\alpha$$

升力

$$L=-\rho U_\infty\Gamma=2\pi\rho aU_\infty^2\alpha$$

升力系数

$$C_L=\frac{2\pi\rho aU_\infty^2\alpha}{2a\rho U_\infty^2/2}=2\pi\alpha \tag{5.101}$$

本例说明正攻角产生的环量是负值(顺时针)，而升力是正值.平板可视为厚度和拱度等于零的翼型，因此零升力角也等于零，升力和几何攻角成正比.

例 5.5 儒可夫斯基对称薄翼的升力系数.

解 上下对称的薄翼型(相对厚度很小的翼型)可近似为平板，这时可应用上面的公式(5.101)近似计算对称薄翼的升力系数.应用公式 $L=2\pi\rho aU_\infty^2\alpha$，前面已经导出变换平面上的圆半径为 $a=c(1+\lambda)$，c 是薄翼的弦长之半，于是儒可夫斯基对称薄翼的升力

$$L=2\pi\rho c(1+\lambda)U_\infty^2\alpha$$

升力系数

$$C_L=\frac{2\pi\rho c(1+\lambda)U_\infty^2\alpha}{2c\rho U_\infty^2/2}=2\pi(1+\lambda)\alpha$$

上式表明，翼型厚度将增加升力系数，当厚度很小时，升力系数和升力的增加量和厚度成正比.

对于有拱度的儒可夫斯基翼型，翼型尾缘在变换平面(ζ 平面)上对应的 $\zeta_B=a\exp(\phi_B)$，$\phi_B=-f/a$，即翼型的拱度.利用前面同样的计算方法，可得升力

$$L=2\pi\rho c(1+\lambda)U_\infty^2(\alpha-\phi_B)$$

升力系数

$$C_L=2\pi(1+\lambda)(\alpha-\phi_B)$$

当 $\alpha=\phi_B$时，升力或升力系数等于零，因此 ϕ_B称为零升力角，在空气动力学中常用 α_0 表示.对于儒可夫斯基翼型，$\phi_B=-f/a$，正的拱度产生负的零升力角，就是说，几何攻角等于零时，翼型上也有正的升力.

图 5.22 是一种典型翼型的风洞测量的气动力曲线，试验的雷诺数 $Re=10^5$，图中除给出升力特性外，还给出了阻力特性.

翼型的气动力升力有以下特性，当 $|\alpha|<8°\sim10°$ 时，升力系数 C_L 与 α 成正比，这时用理想流体理论预测的升力系数与实际符合得很好；当 $\alpha\approx\alpha_{max}$ 时，升力经极大值下降. 这是由于流动分离造成的，需要应用粘性流体流动理论来预测 α_{max} 以及 $\alpha>\alpha_{max}$ 后的升力，图 5.22 也给出了阻力系数随 α 的变化. 阻力特性无法由理想流体运动理论预测，但是图中说明当 $|\alpha-\alpha_0|\ll1$ 时，阻力系数很小；而当 $\alpha\approx\alpha_{max}$ 以后，阻力急剧增高. 就是说 $\alpha\approx\alpha_{max}$，以后，由于流动分离，升力陡然下降，阻力急剧增高，这种现象称为**失速**，是翼型空气动力学中的一个专门问题.

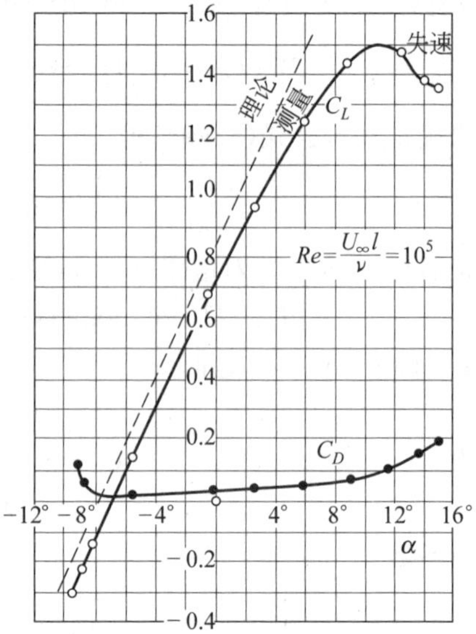

图 5.22　翼型的气动特性曲线，试验的 $Re=\frac{U_\infty l}{\nu}=10^5$（$l$ 是弦长）

5.7　奇点镜像法

1. 镜像法的基本思想

上面讲述了无界域中的不可压缩无旋绕流问题的解法. 如果物体在贴近地面运动，或者绕流物体下面有一固壁，这时理想的无旋流动不仅要满足物面上的不可穿透条件，还要满足固壁上的不可穿透条件.

例如图 5.23(a)的不可压缩无旋绕流动问题，它的基本方程和边界条件分别是

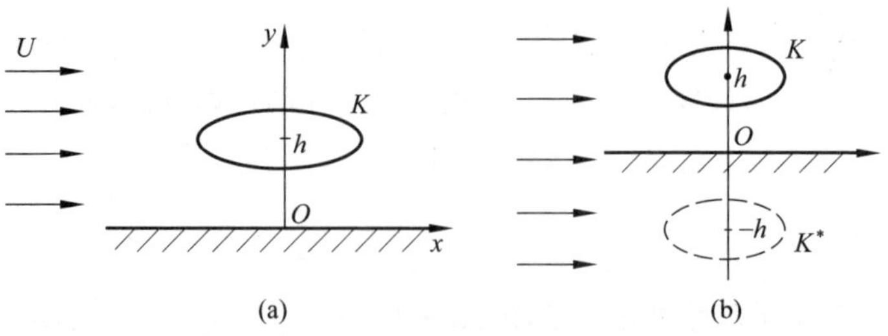

图 5.23　镜像法示意图

$$\frac{\partial^2 \Phi}{\partial x^2}+\frac{\partial^2 \Phi}{\partial y^2}=0$$

无穷远处来流条件：

$$\left(\frac{\partial \Phi}{\partial x}\right)_{\infty}=U,\quad \left(\frac{\partial \Phi}{\partial y}\right)_{\infty}=0$$

物面不可穿透条件：

$$\left(\frac{\partial \Phi}{\partial n}\right)_{K}=0$$

固壁(平行于 x 轴)不可穿透条件：

$$\left(\frac{\partial \Phi}{\partial y}\right)_{y=0}=0$$

除了物面上不可穿透条件外，绕流还需要满足平壁不可穿透条件. 为了满足平壁上的边界条件，把平壁当作一面镜子，将型线 K 映射到镜像 K^*(图 5.23(b))，然后，求解无界域中绕 K,K^* 两个物面的无旋流动复势. 由于镜像 K^* 和原物形 K 对 x 轴是对称的，原物形和镜像的组合绕流中 $y=0$ 必是流线，就是说绕型线 K 和它的镜像 K^* 的势函数满足固壁法向速度等于零的条件，这就是镜像法的基本思想.

由于不可压缩无旋流动的方程和边界条件是线性的，绕流问题可以用奇点叠加法求解，因此只要能够解有平壁的奇点流动复势，一般绕流问题也就迎刃而解了. 对于不可压缩平面无旋流动的奇点，有以下的平面镜像定理.

2. 平面镜像定理

定理 5.1 设在不可压缩平面无旋流动的无界域的上半平面上：$z=z_0$ 处有各阶奇点，它的复势可写成

$$f(z,z_0)=a_0\ln(z-z_0)+\sum_{n=1}^{N}\frac{a_n}{(z-z_0)^n}$$

则满足平壁边界条件的复势为

$$W(z)=f(z,z_0)+\bar{f}(z,\overline{z_0}) \tag{5.102}$$

式中

$$\bar{f}(z,\overline{z_0})=\overline{a_0}\ln(z-\overline{z_0})+\sum_{n=1}^{N}\frac{\overline{a_n}}{(z-\overline{z_0})^n}$$

证明 假定 z_0 都在上半平面，即 $\mathrm{Im}(z_0)>0$，所以 $\bar{f}(z,\overline{z_0})$ 的奇点($z=\overline{z_0}$)都在下半平面，它在上半平面是解析的，也就是说，叠加 $\bar{f}(z,\overline{z_0})$ 并不影响上半平面的奇点性质. 现在考察平壁上的边界条件：

$$\begin{aligned}W(z)\big|_{z=x}&=f(x,z_0)+\bar{f}(x,\overline{z_0})\\&=a_0\ln(x-z_0)+\sum_{n=1}^{N}\frac{a_n}{(x-z_0)^n}+\overline{a_0}\ln(x-\overline{z_0})+\sum_{n=1}^{N}\frac{\overline{a_n}}{(x-\overline{z_0})^n}\end{aligned}$$

注意到一个实数的复共轭等于该实数，即 $\bar{x}=x$，因此

$$\bar{f}(x,\overline{z_0}) = \overline{f(x,z_0)}$$

具体来说，较容易证明以下的代数等式：

$$\bar{a}_0\ln(x-\overline{z_0}) = \overline{a_0}\ln(\bar{x}-\overline{z_0}) = \overline{a_0\ln(x-z_0)}$$

$$\frac{\overline{a_n}}{(x-\overline{z_0})^n} = \frac{\overline{a_n}}{(\bar{x}-\overline{z_0})^n} = \overline{\left[\frac{a_n}{(x-z_0)^n}\right]}$$

于是在 $y=0$ 的平壁上组合复势 $W(z)=f(x,z_0)+\bar{f}(x,z_0)=f(x,z_0)+\overline{f(x,z_0)}$，即组合复势在实轴上的值是实函数，它的虚部等于零，即

$$\mathrm{Im}W(x) = \Psi(x,0) = 0$$

因此平壁 $y=0$ 是流线，或平壁满足不可穿透条件. 于是，证明了奇点和它的平面镜像组合的复势，既满足原奇点的性质，又满足平壁的边界条件.

由镜像定理(式(5.102))可知，上半平面奇点的镜像位于平面 $y=0$ 的对称点，而强度等于原奇点强度的共轭.

例 5.6 上半平面有点源，其强度为 Q，求它的镜像复势.

解 已知点源的复势为：$Q\ln(z-z_0)/2\pi$，也即 $a_0=Q/2\pi$，故它的镜像强度为 $\overline{a_0}=Q/2\pi$，就是说点源的镜像强度等于原点源的强度. 镜像位于 $\overline{z_0}$，镜像的复势

$$\bar{f}(z) = \frac{Q}{2\pi}\ln(z-\overline{z_0})$$

例 5.7 上半平面有点涡，其强度为 Γ，求它的镜像复势.

解 已知点涡的复势为 $\Gamma\ln(z-z_0)/(2\pi\mathrm{i})$，也即 $a_0=\Gamma/(2\pi\mathrm{i})$，故它的镜像强度为 $\overline{a_0}=-\Gamma/(2\pi\mathrm{i})$，就是说点涡的镜像强度等于原点涡强度的负值，或者说，如果原点涡的环量是逆时针方向，那么镜像点涡的环量是顺时针方向. 镜像位于 $\overline{z_0}$，镜像的复势

$$\bar{f}(z) = -\frac{\Gamma}{2\pi\mathrm{i}}\ln(z-\overline{z_0})$$

以上两个例子的镜像示于图 5.24.

3. 圆的镜像定理

如果在圆周线外有奇点，则镜像应在圆内. 这时像的位置和强度由以下定理确定.

定理 5.2 设在无界域中有不可压缩平面无旋流动的奇点：

$$f(z,z_0) = a_0\ln(z-z_0) + \sum_{n=1}^{N}\frac{a_n}{(z-z_0)^n}$$

现有一圆心位于原点的圆周置于流场中，圆周半径 $a<|z_0|$，则圆周外的奇点复势为

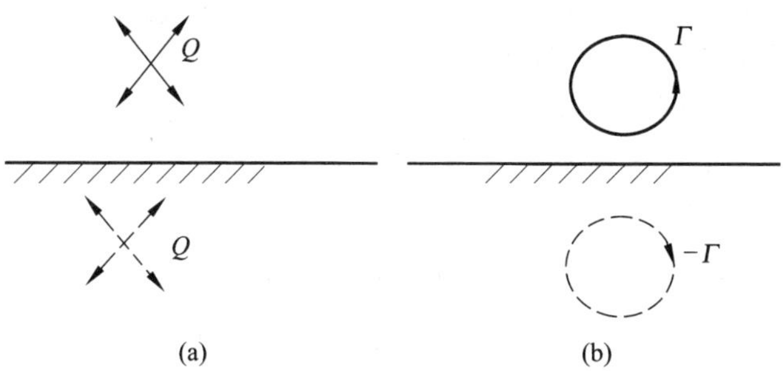

图 5.24 点源和点涡的平面镜像

(a) 点源的镜像；(b) 点涡的镜像

原奇点复势和以下镜像复势之和：

$$\tilde{f}(z,z_0)=\overline{a_0}\ln\left(\frac{a^2}{z}-\overline{z_0}\right)+\sum_{n=1}^{N}\frac{\overline{a_n}}{\left(\frac{a^2}{z}-\overline{z_0}\right)^n} \tag{5.103}$$

证明 式(5.103)表明镜像复势的奇点位于 $z=a^2/\overline{z_0}$ 和 $z=0$，由于 $a<|z_0|$，故 $|a^2/\overline{z_0}|<a$，也就是说，镜像的奇点都在圆内. 现在考察圆周线上的复势，圆周线方程可写作：$|z|=a$，或 $z\bar{z}=a^2$.

$$W(z)|_{z\bar{z}=a^2}=[f(z,z_0)+\tilde{f}(z,\overline{z_0})]_{z\bar{z}=a^2}$$

$$=\left[a_0\ln(z-z_0)+\sum_{n=1}^{N}\frac{a_n}{(z-z_0)^n}+\overline{a_0}\ln\left(\frac{a^2}{z}-\overline{z_0}\right)+\sum_{n=1}^{N}\frac{\overline{a_n}}{\left(\frac{a^2}{z}-\overline{z_0}\right)^n}\right]_{z\bar{z}=a^2}$$

将 $z\bar{z}=a^2$ 代入 $\tilde{f}(z,z_0)=\overline{a_0}\ln\left(\frac{a^2}{z}-\overline{z_0}\right)+\sum_{n=1}^{N}\left[\overline{a_n}\Big/\left(\frac{a^2}{z}-\overline{z_0}\right)^n\right]$，得

$$\tilde{f}(z,z_0)|_{z\bar{z}=a^2}=\overline{a_0}\ln(\bar{z}-\overline{z_0})+\sum_{n=1}^{N}\frac{\overline{a_n}}{(\bar{z}-\overline{z_0})^n}=\overline{f(z,z_0)}$$

因此 $W(z)$ 在圆周线上是实数，或在圆周线上 $[\mathrm{Im}W(z)]_{z\bar{z}=a^2}=[\Psi(x,y)]_{x^2+y^2=a^2}=0$，因此圆周线是流线. 证毕.

无界域中位于 z_0 的点源或点涡的复势是：$a_0\ln(z-z_0)$，因此点源或点涡在圆周线的镜像复势表达式为

$$\tilde{f}=\overline{a_0}\ln\left(\frac{a^2}{z}-\overline{z_0}\right)=\overline{a_0}\ln(a^2-\overline{z_0}z)-\overline{a_0}\ln z$$

可以看到，点涡和点源的圆周线镜像有两个，一个位于圆内 $a^2/\overline{z_0}$，另一个位于圆心点. 第一个镜像点的强度是原奇点强度的共轭，第二点的镜像强度是原奇点强度的负共轭. 点源和点涡的圆周镜像示于图 5.25.

可以注意到，点源或点涡的平面镜像只有一个，但是它们在圆周内的镜像都有两

个.就点源来说,在 $z=a^2/\overline{z_0}$ 的镜像是强度相同的点源,另一个在 $z=0$ 的镜像是强度相同的点汇.在圆内有一对强度相等的点源和点汇的镜像满足圆周上的流体不可穿透条件.就点涡来说,它在圆内也有两个镜像.在 $z=a^2/\overline{z_0}$ 的镜像是强度等于 $-\Gamma$ 的点涡,另一个在 $z=0$ 的镜像是强度为 Γ 的点涡,这一对镜像在圆外的速度环量等于零.上面的陈述表明圆的镜像定理满足圆周上的不可穿透条件,并在圆周外不增加环量.

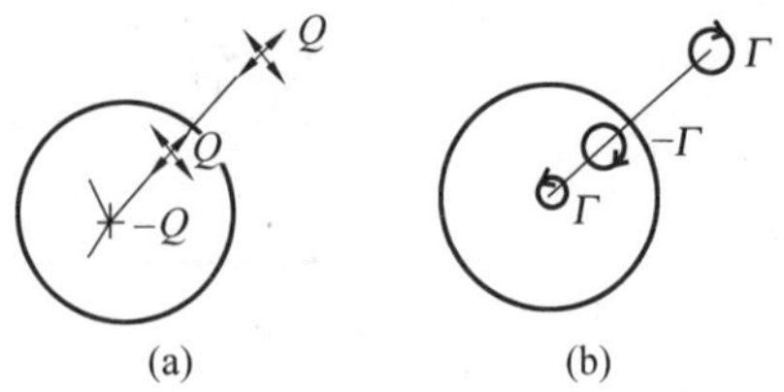

图 5.25　点源和点涡的圆周镜像

(a) 点源的圆周镜像;(b) 点涡的圆周镜像

5.8　理想不可压缩流体的二维有旋流动

第4章已经讨论过理想不可压缩流体在非有势力作用下将产生有旋流动,下面简要讨论理想不可压缩流体二维有旋流动的解法和主要性质.

1. 势力场中理想不可压缩流体的平面有旋流动

(1) 理想不可压缩流体平面有旋流动的流函数方程

有旋流动不存在速度势,但是不可压缩流体流动存在流函数 Ψ:

$$u=\frac{\partial \Psi}{\partial y},\quad v=-\frac{\partial \Psi}{\partial x}$$

代入平面流动的涡量公式 $\omega_z=\partial v/\partial x-\partial u/\partial y$,得不可压缩平面有旋流动的流函数方程如下:

$$\frac{\partial^2 \Psi}{\partial x^2}+\frac{\partial^2 \Psi}{\partial y^2}=-\omega_z(x,y,t) \tag{5.104}$$

(2) 势力场中理想不可压缩流体平面流动的涡量方程

第4章中已经导出势力场中理想不可压缩流体运动的涡量方程:

$$\frac{\mathrm{D}\omega}{\mathrm{D}t}=\frac{\partial \omega}{\partial t}+\boldsymbol{U}\cdot\nabla\omega=\omega\cdot\nabla\boldsymbol{U}$$

在平面流动中 $\omega=\omega_3\boldsymbol{e}_3$, $\nabla\boldsymbol{U}=\left(\boldsymbol{e}_1\frac{\partial}{\partial x_1}+\boldsymbol{e}_2\frac{\partial}{\partial x_2}\right)(\boldsymbol{e}_1U_1+\boldsymbol{e}_2U_2)$.由于 $\boldsymbol{e}_3\cdot\boldsymbol{e}_1=0$, $\boldsymbol{e}_3\cdot\boldsymbol{e}_2=0$,在平面流动中 $\boldsymbol{\omega}\cdot\nabla\boldsymbol{U}=0$,代入涡量方程,有

$$\frac{\mathrm{D}\omega_z}{\mathrm{D}t}=0 \tag{5.105}$$

就是说,有势力场作用下不可压缩理想流体的平面运动中,涡量沿流动轨迹不变.

联立式(5.104)和式(5.105)构成不可压缩理想有旋流动的一般方程.给定初始涡量分布和流动的边界条件,应用式(5.104)和式(5.105)可以计算不可压缩有旋流场.必须注意,涡量方程(5.105)是拉格朗日型的,而流函数方程是欧拉型的.虽然涡量沿轨迹不变,但是它的欧拉表达式和时间有关,一般情况下流动是非定常的.由于平面流动只有一个涡量分量 ω_z,后面我们用 ω 表示.

(3) 不可压缩理想流体的平面定常有旋运动

如果不可压缩理想流场中涡量分布不变,这时涡诱导流场是定常的,流场的轨迹和流线重合,所以涡量沿流线不变.另一方面,流函数沿流线也是常量,因此,不可压缩平面理想定常有旋流场中:ω 是 Ψ 的函数,即:$\omega=\omega(\Psi)$.于是定常平面有旋流场的基本方程为

$$\frac{\partial^2 \Psi}{\partial x^2}+\frac{\partial^2 \Psi}{\partial y^2}=-\omega(\Psi) \tag{5.106}$$

$\omega(\Psi)$的具体函数形式,可由边界条件确定.例如,均匀剪切来流问题,上游来流为

$$U_{x\to-\infty}=\gamma y$$

来流的涡量

$$\omega_{x\to\infty}=-\frac{\partial U}{\partial y}=-\gamma$$

无穷远来流的涡量等于常数,于是,每一流线上的涡量都相等,于是全场涡量等于常数.

关于有旋流场的具体解法请见涡动力学的专著,本书将给出该流场的几个积分不变量.由这些不变量很容易得到有旋流动的基本特性.

(4) 几个不变量等式

① 第一个不变量:涡通量守恒定理.

理想流体中流体线上环量是守恒的,因此流动平面上包含所有涡量的下列积分是不变量:

$$\Gamma=\iint_A \omega(x,y)\,\mathrm{d}x\mathrm{d}y$$

② 第二个不变量:"涡心不变定理".

定义 5.11 涡心坐标定义为

$$x_c=\frac{\iint_A x\omega(x,y)\,\mathrm{d}x\mathrm{d}y}{\iint_A \omega(x,y)\,\mathrm{d}x\mathrm{d}y},\quad y_c=\frac{\iint_A y\omega(x,y)\,\mathrm{d}x\mathrm{d}y}{\iint_A \omega(x,y)\,\mathrm{d}x\mathrm{d}y} \tag{5.107}$$

涡心类似于分布质量的质心,在平面上以 $\omega(x,y)$ 分布质量的质心就是涡心,因此可以证明涡心是不随时间变化的.

定理 5.3 涡心不变定理

$$\frac{\mathrm{D}x_c}{\mathrm{D}t}=0,\quad \frac{\mathrm{D}y_c}{\mathrm{D}t}=0 \tag{5.108}$$

式中 D/Dt 是质点导数.

证明 涡心坐标公式(5.107)的分母是涡通量,它的质点导数等于零. 要证明式(5.108),只要证明式(5.107)分子上积分式的质点导数等于零即可. 积分域 A 是不可压缩流体质量体,因而

$$\frac{\mathrm{D}}{\mathrm{D}t}\iint_A x\omega\,\mathrm{d}\xi\mathrm{d}\eta=\iint_A \frac{\mathrm{D}x}{\mathrm{D}t}\omega\,\mathrm{d}\xi\mathrm{d}\eta+\iint_A x\,\frac{\mathrm{D}}{\mathrm{D}t}(\omega\mathrm{d}\xi\mathrm{d}\eta)$$

由于理想平面流动中涡管强度沿质点轨迹不变,上式右边第二项等于零,同时 $\frac{\mathrm{D}x}{\mathrm{D}t}=u$,因此

$$\frac{\mathrm{D}}{\mathrm{D}t}\iint_A x\omega\,\mathrm{d}x\mathrm{d}y=\iint_A \frac{\mathrm{D}x}{\mathrm{D}t}\omega\,\mathrm{d}x\mathrm{d}y=\iint_A u\omega\,\mathrm{d}x\mathrm{d}y$$

同理

$$\frac{\mathrm{D}}{\mathrm{D}t}\iint_A y\omega\,\mathrm{d}x\mathrm{d}y=\iint_A \frac{\mathrm{D}y}{\mathrm{D}t}\omega\,\mathrm{d}x\mathrm{d}y=\iint_A v\omega\,\mathrm{d}x\mathrm{d}y$$

具有分布涡量 $\omega_z=\omega(x,y)$ 的平面速度场,应用毕奥-萨伐公式可得 u,v 表达式如下:

$$u(x,y)=-\frac{1}{2\pi}\iint\frac{\omega(\xi,\eta)(y-\eta)}{(x-\xi)^2+(y-\eta)^2}\mathrm{d}\xi\mathrm{d}\eta$$

$$v(x,y)=\frac{1}{2\pi}\iint\frac{\omega(\xi,\eta)(x-\xi)}{(x-\xi)^2+(y-\eta)^2}\mathrm{d}\xi\mathrm{d}\eta$$

代入 $\iint_A u\omega\,\mathrm{d}x\mathrm{d}y$ 得

$$\iint_A u\omega\,\mathrm{d}x\mathrm{d}y=-\frac{1}{2\pi}\iint\iint\frac{(y-\eta)\omega(x,y)\omega(\xi,\eta)}{(x-\xi)^2+(y-\eta)^2}\mathrm{d}x\mathrm{d}y\mathrm{d}\xi\mathrm{d}\eta$$

很容易证明上式等于零. 上式右端四重积分中,当积分变量交换时,其值不变,而积分函数中关于 $\omega(x,y)$ 和 $\omega(\xi,\eta)$ 是对称的,交换积分变量 (x,y) 和 (ξ,η),$\omega(x,y)\omega(\xi,\eta)$ 的值不变,但交换变量后积分 $(y-\eta)=-(\eta-y)$,因此上述积分等于零. 同理可以证明

$$\iint_A v\omega\,\mathrm{d}x\mathrm{d}y=-\frac{1}{2\pi}\iint\iint\frac{(x-\xi)\omega(x,y)\omega(\xi,\eta)}{(x-\xi)^2+(y-\eta)^2}\mathrm{d}x\mathrm{d}y\mathrm{d}\xi\mathrm{d}\eta=0$$

于是有

$$\frac{\mathrm{D}}{\mathrm{D}t}\iint_A x\omega\,\mathrm{d}\xi\mathrm{d}\eta=\iint_A u\omega\,\mathrm{d}x\mathrm{d}y=0 \quad 和 \quad \frac{\mathrm{D}}{\mathrm{D}t}\iint_A y\omega\,\mathrm{d}\xi\mathrm{d}\eta=\iint_A v\omega\,\mathrm{d}x\mathrm{d}y=0$$

这就证明了“涡心”不变定理.

③ 第三个不变量:“涡矩不变定理”.

定义 5.12 涡矩定义为

$$I_{\omega}=\frac{\iint\limits_{A}(x^2+y^2)\omega\mathrm{d}x\mathrm{d}y}{\iint\limits_{A}\omega\mathrm{d}x\mathrm{d}y} \tag{5.109}$$

定理 5.4 涡矩不变定理

$$\frac{\mathrm{D}I_{\omega}}{\mathrm{D}t}=\frac{\mathrm{D}}{\mathrm{D}t}\left[\frac{\iint\limits_{A}(x^2+y^2)\omega\mathrm{d}x\mathrm{d}y}{\iint\limits_{A}\omega\mathrm{d}x\mathrm{d}y}\right]=0$$

证明 要证明涡矩不变,只要证明涡矩公式的分子不随时间变化.对分子求导后得

$$\frac{\mathrm{D}}{\mathrm{D}t}\iint\limits_{A}(x^2+y^2)\omega\mathrm{d}x\mathrm{d}y=2\iint\limits_{A}(xu+yv)\omega\mathrm{d}x\mathrm{d}y$$

将 u,v 表达式代入后,得

$$\iint\limits_{A}(x^2+y^2)\omega\mathrm{d}x\mathrm{d}y=\iint\iint\frac{(x\eta-y\xi)\omega(\xi,\eta)\omega(x,y)}{(x-\xi)^2+(y-\eta)^2}\mathrm{d}x\mathrm{d}y\mathrm{d}\xi\mathrm{d}\eta$$

交换变量(x,y)和(ξ,η)后,很容易证明上述积分为零.利用这一等式,连同不变量式(5.109),还可以证明下式也是不变量(读者自己证明):

$$D^2=\frac{\iint\limits_{A}[(x-x_c)^2+(y-y_c)^2]\omega(x,y)\mathrm{d}x\mathrm{d}y}{\iint\limits_{A}\omega(x,y)x\mathrm{d}y}$$

即相对于“涡心”的涡量“惯性距离”是不变量.

以上三个理想不可压缩平面流动的涡量不变量确定了不可压缩流体平面有旋运动的基本性质.第一个不变量确定涡量沿质点轨迹不变;第二个不变量确定涡系的“涡心”不随涡运动而改变,例如,在不可压缩切变流场中的一个等涡量分布的平面圆涡核,在切变场作用下开始变形,但是涡心的位置始终不变;第三个不变量确定涡量分布的集中程度,在 ω 不变号的涡核内,D 值越小,涡量越集中于涡心附近,不论涡核怎样变形,它的涡矩不变.换句话说,理想不可压缩流体的平面涡核不可能无限地抻长.利用以上不变量等式,往往可以直接得到平面涡系的一些运动特性.

(5) 点涡系的运动

应用上面涡运动的三个不变量可以研究最简单的不可压缩平面涡运动:平面点涡系的运动.假定在平面上有 n 个点涡,每个涡的强度为 Γ_i(是跟随质点的不变量),位置为 $x_i(t),y_i(t)$,由于涡的诱导速度(点涡对自己没有诱导速度),点涡系的运动方程可写成

$$\frac{\mathrm{d}x_j}{\mathrm{d}t}=-\frac{1}{2\pi}\sum_{i\neq j}\frac{\Gamma_i(y_j-y_i)}{r_{ij}^2} \tag{5.110}$$

$$\frac{\mathrm{d}y_j}{\mathrm{d}t} = \frac{1}{2\pi}\sum_{i\neq j}\frac{\Gamma_i(x_j - x_i)}{r_{ij}^2} \tag{5.111}$$

式中 $r_{ij}^2=(x_i-x_j)^2+(y_i-y_j)^2$，和

$$\frac{\mathrm{d}\Gamma_i}{\mathrm{d}t} = 0 \tag{5.112}$$

联立求解上面一组常微分方程，就可以得到点涡系的运动和相应的流场. 一般来说，多个点涡系的流场是比较复杂的，如果点涡数超过二个，点涡系的运动轨迹具有混沌性质. 但是，根据理想不可压缩流体平面有旋运动的涡守恒定理，点涡系有若干不变的特征量，如：涡心和涡矩是不变的.

例如，有一对点涡，根据不变量公式，很容易得到下面的运动图像(图 5.26).

根据定义点涡系的涡心坐标为

$$x_c = \frac{\sum x_i\Gamma_i}{\sum\Gamma_i},\quad y_c = \frac{\sum y_i\Gamma_i}{\sum\Gamma_i}$$

相对于涡心的涡矩为

$$D^2 = \frac{\sum[(x_i - x_c)^2 + (y_i - y_c)^2]\Gamma_i}{\sum\Gamma_i}$$

根据涡心坐标的不变性，点涡系的涡心位置保持初始位置；由于点涡的环量是不变量，根据涡矩不变性，任一点涡相对于涡心的距离也是不变量.

应用上述原理，我们考察一对点涡的运动. 一对同向旋转的点涡，即 $\Gamma_1\Gamma_2>0$，涡心坐标：$x_c=\dfrac{x_1\Gamma_1+x_2\Gamma_2}{\Gamma_1+\Gamma_2}$，$y_c=\dfrac{y_1\Gamma_1+y_2\Gamma_2}{\Gamma_1+\Gamma_2}$必位于两个点涡连线之间，根据涡矩不变性，每个点涡和涡心的距离保持不变，于是两个点涡绕共同的涡心旋转，如图 5.26(a)所示. 一对旋转方向相反的点涡，即 $\Gamma_1\Gamma_2<0$，涡心坐标必位于两个点涡的连线的延长线上，根据涡矩不变性，两个点涡绕共同的涡心旋转，如图 5.26(b)所示. 旋转方向相反、大小相等的一对点涡，即 $\Gamma_1\Gamma_2<0$ 而 $|\Gamma_1|=|\Gamma_2|$，则涡心位于两个点涡延长线的无穷远处，因此一对点涡作平行移动，如图 5.26(c)所示.

2. 势力场中不可压缩理想流体的轴对称有旋流动

(1) 不可压缩理想流体轴对称有旋流动的流函数方程

轴对称流中的流函数定义为

$$u_z = \frac{1}{r}\frac{\partial\Psi}{\partial r},\quad u_r = -\frac{1}{r}\frac{\partial\Psi}{\partial z}$$

代入轴对称的涡量公式：$\omega=(\partial u_r/\partial z-\partial u_z/\partial r)$，得不可压缩理想流体轴对称有旋流动的流函数方程

$$\frac{\partial}{\partial r}\left(\frac{1}{r}\frac{\partial\Psi}{\partial r}\right)+\frac{\partial}{\partial z}\left(\frac{1}{r}\frac{\partial\Psi}{\partial z}\right)=-\omega \tag{5.113}$$

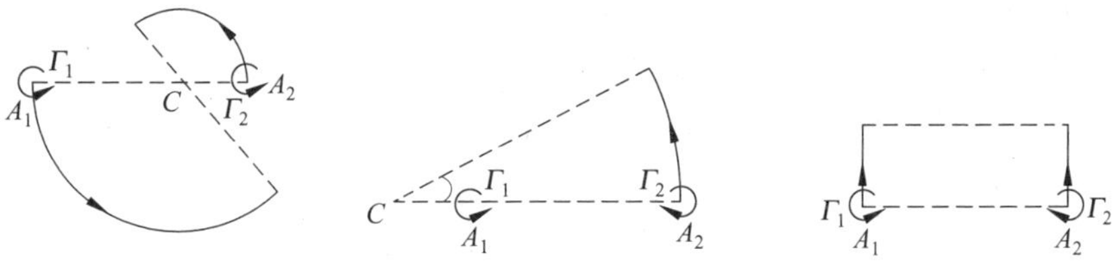

图 5.26 一对点涡的运动

(a) 一对同向点涡；(b) 一对反向点涡；(c) 一对大小相等方向相反的点涡

(2) 不可压缩理想流体轴对称有旋流动中的涡量方程

势力场中不可压缩理想流体流动的涡量方程为

$$\frac{\mathrm{D}\boldsymbol{\omega}}{\mathrm{D}t}=\frac{\partial\boldsymbol{\omega}}{\partial t}+\boldsymbol{U}\cdot\nabla\boldsymbol{\omega}=\boldsymbol{\omega}\cdot\nabla\boldsymbol{U}$$

在轴对称流动中

$$\boldsymbol{\omega}=\omega_\theta\boldsymbol{e}_\theta=\left(\frac{\partial u_r}{\partial z}-\frac{\partial u_z}{\partial r}\right)\boldsymbol{e}_\theta$$

$$\boldsymbol{\omega}\cdot\nabla\boldsymbol{U}=\omega\boldsymbol{e}_\theta\cdot\left[\boldsymbol{e}_r\frac{\partial}{\partial r}(u_r\boldsymbol{e}_r+u_z\boldsymbol{e}_z)+\boldsymbol{e}_\theta\frac{\partial}{r\partial\theta}(u_r\boldsymbol{e}_r+u_z\boldsymbol{e}_z)+\boldsymbol{e}_z\frac{\partial}{\partial z}(u_r\boldsymbol{e}_r+u_z\boldsymbol{e}_z)\right]=\frac{\omega_\theta u_r}{r}\boldsymbol{e}_\theta$$

代入涡量方程，得

$$\frac{\partial\omega_\theta}{\partial t}+u_r\frac{\partial\omega_\theta}{\partial r}+u_z\frac{\partial\omega_\theta}{\partial z}=\frac{\omega_\theta u_r}{r}$$

上式经整理后，可得

$$\frac{\partial\omega_\theta}{\partial t}+u_r\frac{\partial\omega_\theta}{\partial r}+u_z\frac{\partial\omega_\theta}{\partial z}-\frac{\omega_\theta u_r}{r}=r\left[\frac{\partial}{\partial t}\left(\frac{\omega_\theta}{r}\right)+u_r\frac{\partial}{\partial r}\left(\frac{\omega_\theta}{r}\right)+u_z\frac{\partial}{\partial z}\left(\frac{\omega_\theta}{r}\right)\right]=0$$

上式可进一步简化为

$$\frac{\mathrm{D}}{\mathrm{D}t}\left(\frac{\omega_\theta}{r}\right)=0 \tag{5.114}$$

式(5.114)表明，在势力场中理想流体的轴对称流动中 ω_θ/r 沿质点轨迹不变.

将流函数方程和涡量方程联立，构成理想流体轴对称有旋流的基本方程组. 对于定常轴对称流，质点轨迹和流线重合，因此沿流线 ω/r 是常数，即 $\omega/r=f(\Psi)$，因而基本方程简化为

$$\frac{\partial}{\partial r}\left(\frac{1}{r}\frac{\partial\Psi}{\partial r}\right)+\frac{\partial}{\partial z}\left(\frac{1}{r}\frac{\partial\Psi}{\partial z}\right)=-rf(\Psi) \tag{5.115}$$

例 5.8 希尔(Hill)球涡.

设理想不可压缩无旋来流绕过一圆球涡. 圆球中有如下的涡量分布：

$$\omega=Ar,\quad r^2+z^2\leqslant a^2;\quad \omega=0,\quad r^2+z^2>a^2$$

即在半径为 a 的圆球内流动是有旋的，涡量正比于柱坐标的向径；在球外流场是无旋

的.先分别求出圆内和圆外的解,然后将内外解衔接.

先求内部解,将涡量代入流函数方程,并要求球面是流面.球内的流函数 Ψ 是下列方程和边界条件的解：

$$\frac{\partial}{\partial r}\left(\frac{1}{r}\frac{\partial \Psi}{\partial r}\right)+\frac{\partial}{\partial z}\left(\frac{1}{r}\frac{\partial \Psi}{\partial z}\right)=-Ar,\quad \Psi\mid_{r^2+z^2=a^2}=0$$

不难验证,满足上述方程和边界条件的解为

$$\Psi=\frac{1}{10}Ar^2(a^2-r^2-z^2)$$

球面上的切向速度分布(并用球坐标来表示)：

$$v_\theta=\left[\left(\frac{1}{r}\frac{\partial \Psi}{\partial r}\right)^2+\left(\frac{1}{r}\frac{\partial \Psi}{\partial z}\right)^2\right]^{1/2}_{r=a\sin\theta}=\frac{1}{5}Aar\bigg|_{r=a\sin\theta}=\frac{1}{5}Aa^2\sin\theta$$

其中 θ 是球坐标的纬度角.圆球外是不可压缩无旋流动,为使内外解衔接,该速度分布应和均匀来流绕圆球无旋流动在物面上的速度相等,在第4章中已导出均匀来流绕圆球的流函数和球面上的切向速度：

$$v_\theta=\frac{3}{2}U_\infty\sin\theta$$

为使球内外流场连续匹配必须有

$$A=\frac{15}{2a^2}U_\infty$$

于是Hill球涡的球外是均匀来流绕圆球的无旋流动流函数：

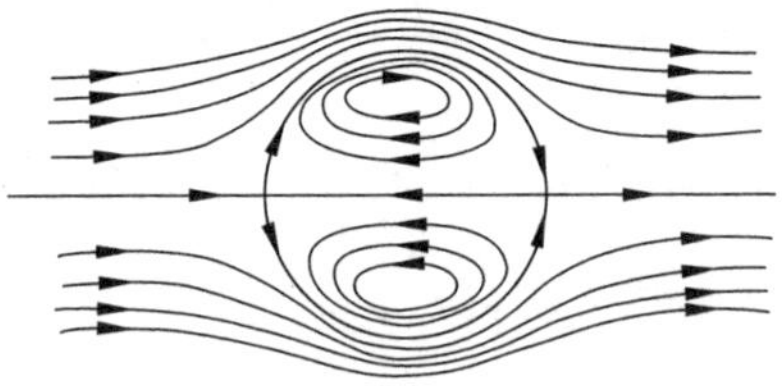

图5.27　希尔球涡的流线图

$$\Psi=\frac{3U_\infty r^2}{4a^3}(a^2-r^2-z^2)$$

其流线如图5.27所示.

习　题

5.1　用速度势建立如图5.28所示无界流体中的理想不可压无旋流动问题的数学提法,设 $\Gamma=0$.

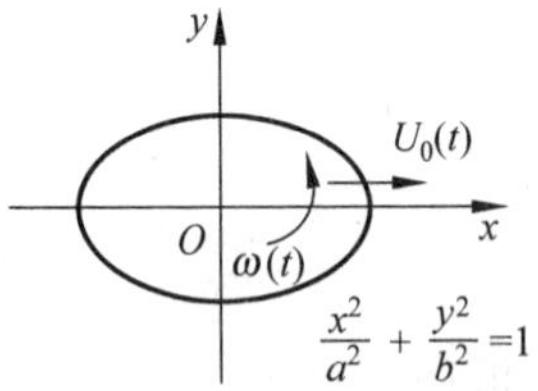

图5.28　题5.1示意图

5.2　用流函数 Ψ 建立如图5.29所示不可压平面无旋流动的封闭方程组.管内自左向右的流量为 Q,进口截面速度均匀,方向沿 x 轴.

5.3　在无界不可压原静止的流场中,椭圆柱以 $U_0(t)$ 平移并以角速度 $\omega(t)$ 绕椭圆中心旋转,坐标取在物体上,如图5.30所示.若已知流场中绝对流动无旋,并

知道环量为 Γ，试用流函数建立此问题.

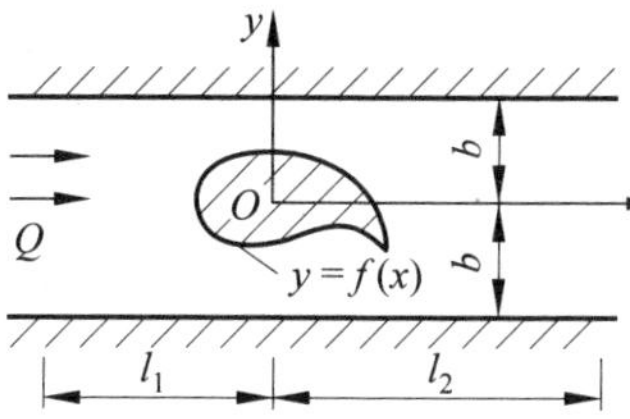

图 5.29　题 5.2 示意图

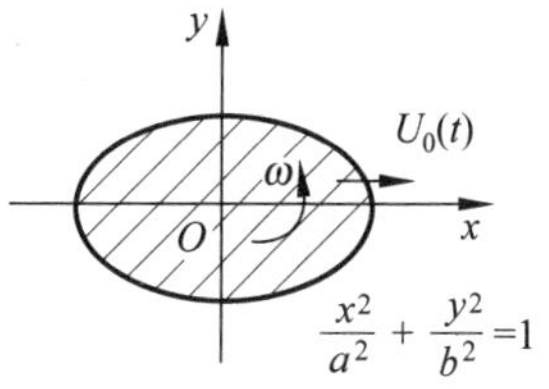

图 5.30　题 5.3 示意图

5.4　给定速度场 $u=x^2y+y^2$，$v=x^2-y^2x$，$w=0$，问：

(1) 是否存在不可压流函数和速度势函数？

(2) 如存在，请给出它们的具体形式；

(3) 写出微团变形速率张量各分量及刚体旋转角速度.

5.5　已知来流 $U_\infty=5\mathrm{i}$，在 $(0,2)$ 和 $(0,-2)$ 点分别有平面点源，强度为 $Q=20\pi$，求叠加后流动的驻点位置及过驻点的流线方程(令该流线上流函数为零).

5.6　不可压无界流场中有一对等强度 Γ 的点涡，方向相反，分别放在 $(0,h)$ 和 $(0,-h)$ 点上. 无穷远处有一股来流 U_∞，恰好使这两个涡停留不动，求流线方程.

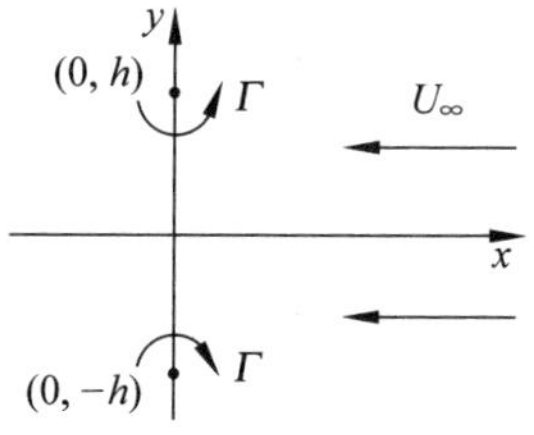

图 5.31　题 5.6 示意图

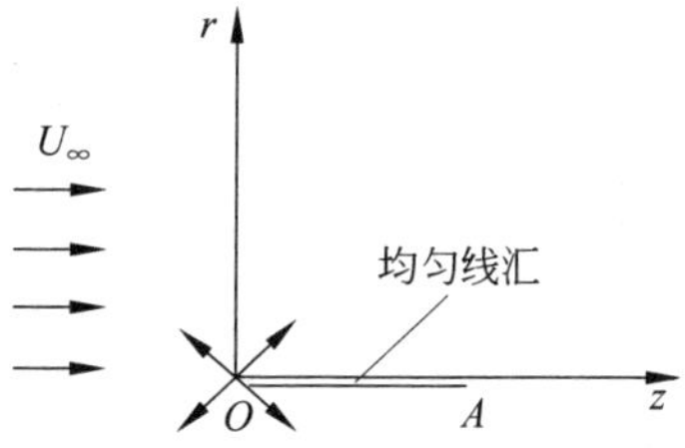

图 5.32　题 5.7 示意图

5.7　图 5.32 所示为不可压无旋流动的均匀流，位于原点的点源与分布点汇叠加的流场. 求过驻点的流线方程. 给定均匀来流速度为 U_∞，分布线汇长度 $OA=a$，强度为 $-Q/a$，点源强度为 Q(令过驻点的流线的流函数值为零).

5.8　对不可压无旋流动，如果 OA 直线上分布有均匀点源，强度为 Q/a，$OA=a$，O 点和 A 点放置具有同强度的点汇，全流场中流体没有增多也没有减少. 证明任一点的流函数为

$$\Psi=c[(R_1-R_2)^2-a^2]\left(\frac{1}{R_1}-\frac{1}{R_2}\right)$$

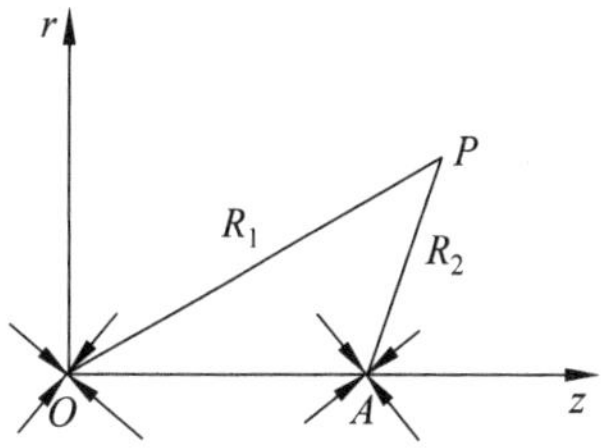

图 5.33　题 5.8 示意图

其中 R_1，R_2 分别是从 O 点和 A 点到所考虑点的距离. 并求 c 值为多少？

5.9 平行于 Oz 轴的均匀不可压缩无旋来流 U_∞ 中，Oz 轴上 $-a$ 和 a 处，即 A 点和 B 点，分别放置强度为 Q 的点源和点汇，叠加后的流场相应为卵形体的绕流，如图5.34所示.

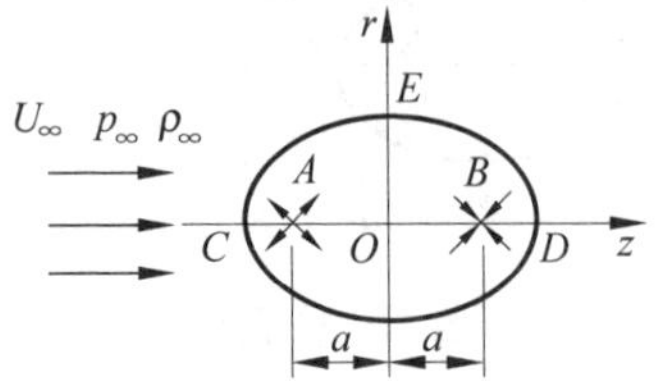

图5.34 题5.9示意图

(1) 试求物面方程.

(2) 令卵形体的最大回转半径 $OE=h$，长度 $CD=2l$，证明 h 和 l 分别满足下列方程：

$$\frac{2a}{\sqrt{h^2+a^2}}=\frac{h^2}{b^2}, \quad (l^2-a^2)^2=2ab^2l$$

式中 $b^2=\dfrac{Q}{2\pi U_\infty}$.

(3) 求流场中最大速度点的位置和大小.

(4) 讨论 $h\to 0$ 和 $a\to 0$ 的情况.

5.10 已知直角坐标系中流函数分别为

(1) $\Psi=\arctan\dfrac{y}{x}$；

(2) $\Psi=\ln(x^2+y^2)$，求复势.

5.11 已知极坐标系中速度势分别为

(1) $\Phi=\dfrac{1}{r^2}\cos 2\theta$；

(2) $\Phi=-U_0\left(r-\dfrac{a^2}{r}\right)\cos(\theta+\alpha)$，式中 U_0，a，α 为常数，求复势.

5.12 求图5.36所示流场的复势，证明 $|z|=a$ 是流线，并在流线上标出流动方向.

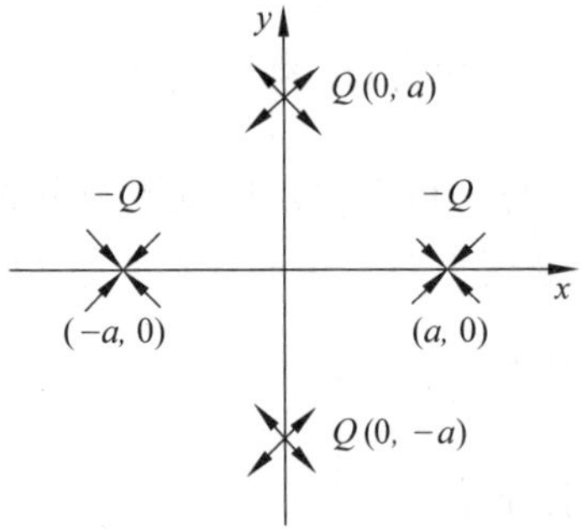

图5.35 题5.12示意图

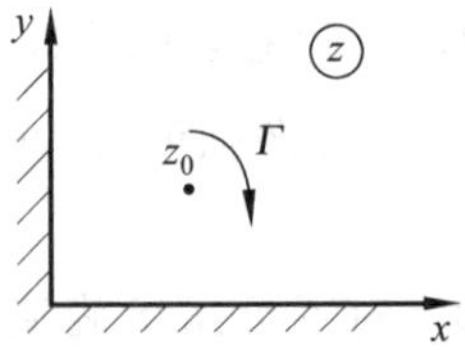

图5.36 题5.13示意图

5.13 求图5.36所示流场中点涡的轨迹，已知它通过 $(\sqrt{2},\sqrt{2})$ 点.

5.14 给定复势 $w(z)=(1+\mathrm{i})\ln(z^2-1)+(2-3\mathrm{i})\ln(z^2+4)+\dfrac{1}{z}$，求通过圆

$|z|=3$ 的体积流量 Q 和沿该圆周的速度环量 $\boldsymbol{\Gamma}$.

5.15　求图 5.37 所示流场复势(图中弧线是张在 $2c$ 上的圆弧).

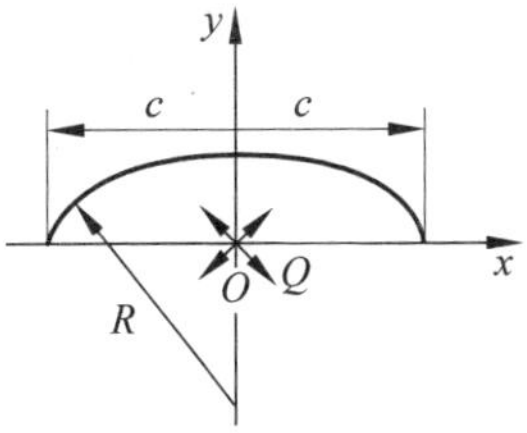

图 5.37　题 5.15 示意图

5.16　平板绕流,已知攻角 $\alpha=5°$,平板长度为1.5m,来流速度为 50m/s,来流密度为 0.122kg/m^3. 试求:(1)绕平板的速度环量;(2)驻点位置;(3)平板所受的升力.

5.17　来流速度为 U_∞,攻角为 α,绕$\dfrac{x^2}{a^2}+\dfrac{y^2}{b^2}=1$ 椭圆柱作定常无环量绕流,流体密度为 ρ,求椭圆柱所受力和力矩.

5.18　证明可压缩流体的平面定常流动中存在流函数 Ψ:

$$\frac{\partial \Psi}{\partial y}=\rho u,\quad \frac{\partial \Psi}{\partial x}=-\rho v$$

ρ 是流体密度.

5.19　设不可压缩平面定常流动的流线方程为 $\theta=\theta(r)$,速度场只依赖于 r 而和 θ 无关,证明此时涡量可表示成

$$\omega=\frac{K}{r}\frac{\mathrm{d}}{\mathrm{d}r}\left(r\frac{\mathrm{d}\theta}{\mathrm{d}r}\right)$$

K 是任意常数,r,θ 是平面极坐标.

5.20　在平面流场中等边三角形的三个顶点上各有三个强度为 q 的点涡,试用点涡系的守恒公式说明该点涡系的运动.

5.21　题 5.20 中如在等边三角形的面心处设置强度为 Q 的点源,试求 Q 为何值时该点涡系可保持静止.

5.22　证明在不可压缩平面有旋流场中

$$I_\omega=\frac{\iint\limits_A[(x-x_c)^2+(y-y_c)^2]\omega(x,y)\mathrm{d}x\mathrm{d}y}{\iint\limits_A\omega(x,y)\mathrm{d}x\mathrm{d}y}$$

是运动不变量,即 $\mathrm{D}I_\omega/\mathrm{D}t=0$.

思　考　题

S5.1　长方形平板下落时是否会旋转?为什么?

S5.2　飞机飞行时翼尖处会有两条涡管拖出,为什么?这两个涡管的旋转方向相同吗?当翼型在等厚度水槽中突然向前运动时,翼型后缘会有一旋涡向下游脱出,

为什么？

S5.3 用奇点叠加法计算物体二维绕流时，为什么奇点必须设在物体内部，且总的点源强度必须和总的点汇强度相等？为什么平面圆外的点源在圆内的镜像必须是强度相等的一对源和汇？

S5.4 为什么在不可压缩流体平面运动中，涡量沿流线是常数？在轴对称运动中涡量沿流线还是常数吗？解释原因并导出关系式.

S5.5 为什么对称翼型零攻角绕流时升力为零？在有攻角时升力不等于零？飞机在高空平飞时攻角为 α_0，起飞时攻角应当大于 α_0 还是小于 α_0？为什么？

第 6 章 水波动力学

本章应用理想流体动力学理论研究重力场中水面波动现象.

6.1 水波动力学的基本方程和边界条件

水波是常见的自然现象,如船舰航行时的船首波,风生波,月球引力场周期性变化产生的潮汐波,地震诱发的海啸,以及盛液容器不规则运动时的液面晃动等.虽然液面波动千姿百态,它们的波长可以小到几毫米、大到上百米,但是它们都属于不可压缩流体在重力场中的运动.水波动力学的研究对于海洋、水利等工程和自然环境的预报是很有用的.

为了便于分析而又抓住主要矛盾,假定水波是不可压缩理想流体在重力场中从静止状态由外界激励生成.根据凯尔文定理,不可压缩理想流体在重力场(有势力场)中由静止状态开始的运动是无旋的,就是说理想水波运动属于不可压缩流体的无旋流动.

研究水波现象,除了要了解流场状态外,更有兴趣的是掌握水面演化的规律,它是工程计算和自然环境预报中很重要的物理量.通常水波表面高度以原静止水平面为基准,写成(x,y,z 是直角坐标,z 是重力加速度的相反方向,即垂直向上):

$$z = \zeta(x,y,t) \tag{6.1}$$

$\zeta(x,y,t)$称为波高函数,简称波高,液面以上是大气,故液面又称为自由面.

综上所述，水波动力学基于以下假定：

(1) 水是不可压缩流体，即$\nabla\cdot\boldsymbol{U}=0$；

(2) 水是无粘理想流体，即水波中的流体应力状态是：$T_{ij}=-p\delta_{ij}$；

(3) 水波在重力场中运动，重力场的位势为：$\Pi=gz$；

(4) 水波在重力场中由静止启动，是无旋的，有速度势 Φ，且 $\boldsymbol{U}=\nabla\Phi$.

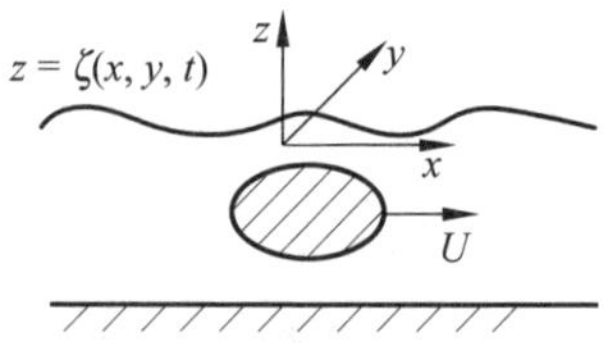

图 6.1 波面坐标系

根据以上假定，水波动力学属于不可压缩理想流体的非定常无旋运动，它的基本方程和边界条件如下.

1. 基本方程

$$\Delta\Phi=0 \tag{6.2}$$

$$\frac{\partial\Phi}{\partial t}+\frac{1}{2}\nabla\Phi\cdot\nabla\Phi+\frac{p}{\rho}+gz=C(t) \tag{6.3}$$

$\Phi(x,y,z,t)$是水波流场的速度势，式(6.2)是不可压缩无旋流动的速度势方程，式(6.3)是柯西-拉格朗日积分. 式(6.3)中积分常数可以用变量替换消去. 令 $\Phi'=\Phi+\int C(t)\mathrm{d}t$，则速度场$\nabla\Phi=\nabla\Phi'$并不改变，这时方程(6.3)中空间积分常数 $C(t)=0$.

2. 水波运动的边界条件

(1) 固壁不可穿透条件

如水波中存在运动固壁，则在固壁面上应有

$$\left(\frac{\partial\Phi}{\partial n}\right)_{\Sigma_B}=\boldsymbol{U}_b\cdot\boldsymbol{n} \tag{6.4a}$$

在水波中的静止固壁上：

$$\left(\frac{\partial\Phi}{\partial n}\right)_{\Sigma_B}=0 \tag{6.4b}$$

(2) 自由面(水面)运动学条件

水波问题的主要特点是存在运动水面. 水面是由水质点组成的流体面，水面上的质点始终位于水面上，因此水面方程应满足第 2 章的流体面守恒方程，将水面方程 $z=\zeta(x,y,t)$写成

$$\Sigma_W: F(x,y,z,t)=\zeta(x,y,t)-z=0 \tag{6.5}$$

代入流体面守恒方程(2.13)：$\partial F/\partial t+\boldsymbol{U}\cdot\nabla F=0$，得

$$\frac{\partial\zeta}{\partial t}+u\frac{\partial\zeta}{\partial x}+v\frac{\partial\zeta}{\partial y}-w=0$$

式中(u,v,w)是水面上质点速度，注意到$\nabla\Phi=\boldsymbol{U}$，则上式又可写成

$$\frac{\partial\zeta}{\partial t}+\frac{\partial\Phi}{\partial x}\frac{\partial\zeta}{\partial x}+\frac{\partial\Phi}{\partial y}\frac{\partial\zeta}{\partial y}-\frac{\partial\Phi}{\partial z}=0 \tag{6.6}$$

或

$$\frac{\mathrm{D}\zeta}{\mathrm{D}t}=w \tag{6.7}$$

其中$\frac{\mathrm{D}\zeta}{\mathrm{D}t}=u\frac{\partial\zeta}{\partial x}+v\frac{\partial\zeta}{\partial y}+\frac{\partial\zeta}{\partial t}$是波高的质点导数，也就是波高垂直位移速度，因此式(6.7)的运动学意义是波面的垂直位移速度等于当地流体质点速度的垂直分量.

(3) 自由面上的压强条件

水波问题需要联立求解速度势方程和柯西-拉格朗日积分，因此必须给定水面Σ_W上压强边界条件. 设水面上方的大气压强为p_a，则由于液面的表面张力，自由面下侧压强p_w和大气压强之差为

$$p_a-p_w=\gamma\left[\frac{1}{R_x}+\frac{1}{R_y}\right] \tag{6.8}$$

自由面曲率由波面方程$z=\zeta(x,y,t)$求出：

$$\frac{1}{R_x}=\frac{\dfrac{\partial^2\zeta}{\partial x^2}}{\left[1+\left(\dfrac{\partial\zeta}{\partial x}\right)^2+\left(\dfrac{\partial\zeta}{\partial y}\right)^2\right]^{3/2}},\quad \frac{1}{R_y}=\frac{\dfrac{\partial^2\zeta}{\partial y^2}}{\left[1+\left(\dfrac{\partial\zeta}{\partial x}\right)^2+\left(\dfrac{\partial\zeta}{\partial y}\right)^2\right]^{3/2}}$$

当波高$\zeta_{\max}$和波长λ之比为小量时，即$|\partial\zeta/\partial x|\ll1$，$|\partial\zeta/\partial y|\ll1$，以及$\lambda|\partial^2\zeta/\partial x^2|\ll1$，$\lambda|\partial^2\zeta/\partial y^2|\ll1$，则自由面曲率很小，表面张力影响可以忽略. 本书只讨论不计表面张力的水波，这时波面压强条件为

$$z=\zeta(x,y,t),\quad p=p_a \tag{6.9}$$

将它代入柯西-拉格朗日积分，在自由面上，应有

$$\frac{\partial\Phi}{\partial t}+\frac{1}{2}\nabla\Phi\cdot\nabla\Phi+\frac{p_a}{\rho}+g\zeta=0 \tag{6.10}$$

现在把水波动力学基本方程和边界条件归纳如下.

在水波流场中速度势和压强满足以下方程：

$$\Delta\Phi=0$$

$$\frac{\partial\Phi}{\partial t}+\frac{1}{2}\nabla\Phi\cdot\nabla\Phi+\frac{p}{\rho}+gz=0$$

在固壁边界Σ_B和水面边界Σ_W上速度势满足以下边界条件：

$$\Sigma_B:\ \frac{\partial\Phi}{\partial n}=\boldsymbol{U}_b\cdot\boldsymbol{n}$$

$$\Sigma_W:\ \frac{\partial\zeta}{\partial t}+\frac{\partial\Phi}{\partial x}\frac{\partial\zeta}{\partial x}+\frac{\partial\Phi}{\partial y}\frac{\partial\zeta}{\partial y}=\frac{\partial\Phi}{\partial z},\quad \frac{\partial\Phi}{\partial t}+\frac{1}{2}\nabla\Phi\cdot\nabla\Phi+\frac{p_a}{\rho}+g\zeta=0$$

水面边界上的常数压强可以用变量替换消去,设 $\Phi=\Phi'+p_a t$,则有 $\nabla\Phi'=\nabla\Phi$,变量替换不影响速度场,这时水面压强条件为

$$\frac{\partial \Phi}{\partial t}+\frac{1}{2}\nabla\Phi\cdot\nabla\Phi+g\zeta=0$$

域内柯西-拉格朗日积分为

$$\frac{\partial \Phi}{\partial t}+\frac{1}{2}\nabla\Phi\cdot\nabla\Phi+\frac{p-p_a}{\rho}+gz=0$$

水波动力学问题的未知量有速度势 Φ、压强 p 和自由面波高 $\zeta(x,y,t)$,由于存在自由面,水波动力学流场的解法和无界不可压缩无旋流场的解法有很大差别. 第一,求解速度势的边界条件中含有未知量 $\zeta(x,y,t)$(波高函数);第二,水波动力学问题是非线性的,非线性效应主要来自水面的运动学和压强条件. 由于以上两个特点,一般的水波动力学问题的求解较之无界无旋绕流问题要困难一些.

6.2 等深度水域中小振幅波的线性近似

现在来讨论一种最简单的水波现象. 假定原静止水域是等深度的,即水底方程为

$$z_b=-h=\text{const.} \tag{6.11}$$

此外,波陡很小,即波面的斜率很小:

$$\left|\frac{\partial \zeta}{\partial x}\right|\sim\left|\frac{\partial \zeta}{\partial y}\right|\sim O(\varepsilon),\quad \varepsilon\ll 1 \tag{6.12}$$

为了简化分析,还假定水波流场是二维的,即 $\partial\zeta/\partial y=0$ 和 $\partial\Phi/\partial y=0$(见图 6.2).

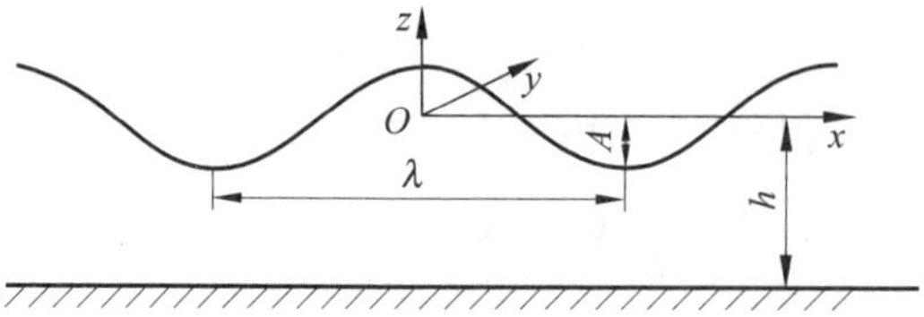

图 6.2 等深水域中的表面波

1. 等深度水波的基本方程和边界条件的线性化

线性化是解非线性运动方程的有效近似方法,合理的线性化建立在对方程中各项的量级的正确估计. 下面介绍水波问题的线性化方法和步骤.

首先对于水波运动中各物理量作量级估计,假定水波运动在 x,y,z 方向的长度尺度为 λ,运动的时间尺度为 T,而波高 ζ 的最大值为 A. 假定波高远远小于波长,这种波称为小振幅波,并有如下的量级估计:

$$\varepsilon = \frac{A}{\lambda} \ll 1$$

由界面方程：$\partial\zeta/\partial t + u\partial\zeta/\partial x + v\partial\zeta/\partial y - w = 0$，可以估计速度 w 应和 $\partial\zeta/\partial t$ 同一量级，即

$$w \propto \frac{A}{T}$$

在一般水波流场中速度各分量应为同一量级，因而

$$u \sim v \sim w \propto \frac{A}{T}$$

速度势的计算式是 $\Phi = \int \boldsymbol{U} \cdot \mathrm{d}\boldsymbol{x}$，它的量级应由 $\boldsymbol{U}$ 和 x 的估计推算，即

$$\Phi \propto \frac{A\lambda}{T}$$

用以上的量级估计对各变量作无量纲化：

$$(x, y, z, h) = \lambda(\bar{x}, \bar{y}, \bar{z}, \bar{h}) \tag{6.13a}$$

$$t = T\bar{t} \tag{6.13b}$$

$$\zeta = A\bar{\zeta} \tag{6.13c}$$

$$\Phi = \frac{A\lambda}{T}\bar{\Phi} \tag{6.13d}$$

以上各式中带有上标"—"的量为无量纲的量，利用以上无量纲公式，我们可有

$$\frac{\partial \Phi}{\partial x} = \frac{\frac{A\lambda}{T}}{\lambda}\frac{\partial \bar{\Phi}}{\partial \bar{x}} = \frac{A}{T}\frac{\partial \bar{\Phi}}{\partial \bar{x}} \tag{6.14a}$$

以及

$$\frac{\partial^2 \Phi}{\partial x^2} = \frac{A}{T\lambda}\frac{\partial^2 \bar{\Phi}}{\partial \bar{x}^2} \tag{6.14b}$$

$$\frac{\partial^2 \Phi}{\partial y^2} = \frac{A}{T\lambda}\frac{\partial^2 \bar{\Phi}}{\partial \bar{y}^2} \tag{6.14c}$$

$$\frac{\partial^2 \Phi}{\partial z^2} = \frac{A}{T\lambda}\frac{\partial^2 \bar{\Phi}}{\partial \bar{z}^2} \tag{6.14d}$$

将式(6.13)和式(6.14)代入水波动力学方程及边界条件，经整理后得

无量纲速度势基本方程

$$\bar{\Delta}\bar{\Phi} = 0$$

无量纲的水底边界条件

$$\bar{z} = -\bar{h}：\frac{\partial \bar{\Phi}}{\partial \bar{n}} = \frac{\partial \bar{\Phi}}{\partial \bar{z}} = 0$$

将 $z = \lambda\bar{z}$，$\zeta = A\bar{\zeta}$ 代入自由面方程 $z = \zeta(x, y, t)$，得

$$\bar{z} = \varepsilon\bar{\zeta}$$

无量纲的自由面运动学边界条件

$$\frac{\partial\bar{\zeta}}{\partial\bar{t}} + \varepsilon\left(\frac{\partial\bar{\Phi}}{\partial\bar{x}}\frac{\partial\bar{\zeta}}{\partial\bar{x}} + \frac{\partial\bar{\Phi}}{\partial\bar{y}}\frac{\partial\bar{\zeta}}{\partial\bar{y}}\right) = \frac{\partial\bar{\Phi}}{\partial\bar{z}}$$

无量纲的自由面压强条件

$$\frac{\partial\bar{\Phi}}{\partial t} + \frac{\varepsilon}{2}\,\overline{\nabla}\bar{\Phi}\cdot\overline{\nabla}\bar{\Phi} + \frac{gT^2}{\lambda}\bar{\zeta} = 0$$

线性化是小参量 $\varepsilon\to 0$ 的渐近近似. 以上方程中略去 $O(\varepsilon)$ 的小量，并恢复到有量纲的表达式，得以下线性水波方程

$$\Delta\Phi = 0 \tag{6.15}$$

线化的自由方程

$$z = 0 \tag{6.16}$$

自由面上的运动学和压强条件为

$$\frac{\partial\zeta}{\partial t} = \frac{\partial\Phi}{\partial z} \tag{6.17}$$

$$\frac{\partial\Phi}{\partial t} + g\zeta = 0 \tag{6.18}$$

在水底 $z=-h$ 上

$$\frac{\partial\Phi}{\partial z} = 0 \tag{6.19}$$

在柯西-拉格朗日积分中略去速度势的二阶小量，得

$$\frac{\partial\Phi}{\partial t} + gz + \frac{p - p_a}{\rho} = 0 \tag{6.20}$$

式(6.15)～式(6.20)是线性化的水波方程和边界条件，方程中的高阶小量都已略去. 特别应注意到水波动力学方程的线性化过程中，自由面 $\bar{z}=\varepsilon\bar{\zeta}(x,y,t)$ 的条件已近似为 $z=0$. 也就是说等深度水域中速度势的求解域在固定边界 $z=0$ 和 $z=-h$ 之间，速度势的边界条件和未知量 $\zeta(x,y,t)$ 无关，这就使求解水波问题大为简化.

2. 等深度水域中小振幅波的解

下面先介绍规则水波的一些基本概念，然后再求解线性水波方程.

(1) 规则行进波的特征参数

如波面函数 $z=\zeta(x,t)$ 能以三角函数表示：

$$z = a\cos\theta = a\cos(\alpha x - \omega t) \tag{6.21}$$

则称这种波为**单色行进波**，其中 a,α,ω 都是常数，a 称为波幅，$\theta=\alpha x-\omega t$ 称为波相位，α 称为波数，ω 为波的圆频率或简称频率. 波数与波长 λ 之间关系为

$$\alpha = \frac{2\pi}{\lambda} \quad 或 \quad \lambda = \frac{2\pi}{\alpha} \tag{6.22}$$

波数的几何意义为 2π 长度上有几个波形，所以它代表波的空间密度；频率和波的周期 T 之间关系为

$$\omega=\frac{2\pi}{T}\quad 或\quad T=\frac{2\pi}{\omega}\tag{6.23}$$

频率是 2π 时间上出现几个波，所以它代表波在时间上的密度. 波的相速度是等相位点的移动速度，简称为波速，以 c 表示. 由式(6.21)给出的单色行进波具有线性相位函数 $\theta=\alpha x-\omega t$，令 $\mathrm{d}\theta=\alpha\mathrm{d}x-\omega\mathrm{d}t=0$，可得波速：

$$c=\left(\frac{\mathrm{d}x}{\mathrm{d}t}\right)_{\theta=常数}=\frac{\omega}{\alpha}=\frac{\lambda}{T}\tag{6.24}$$

如果波速(波的相速度)和波长或频率无关，这种波称作非色散波；如果波速和波长或频率有关，则称为色散波. 下面将会看到深水波属于色散波.

波高的极大值称为**波峰**；波高的极小值称为**波谷**. 波高函数等于零的点称为**波节点**.

任意个**单色行进波**的线性叠加称为**多色波**，故一般的规则多色波可表示为

$$z=\zeta(x,t)=\sum_{i=1}^{N}a_i\cos\theta_i=\sum a_i\cos(\alpha_i x-\omega_i t)\tag{6.25}$$

如果 $\zeta(x,t)$是平方可积的任意函数，则利用傅里叶积分将它分解为连续分布的多色波：

$$z=\zeta(x,t)=\frac{1}{2\pi}\int_{-\infty}^{\infty}a_i(\alpha)\cos(\alpha x-\omega t)\mathrm{d}\alpha\tag{6.26}$$

$a_i(\alpha)$称为波谱. 对于线性的小振幅水波来说，它的控制方程是线性的，只需要研究单色规则波的传播特性，多色波的传播可以用单色波的线性叠加来分析.

(2) 等深度水域中规则行进波的速度势解

写出水波的速度势方程和边界条件.

$$\Delta\Phi=0\tag{6.27a}$$

$$z=0:\ \frac{\partial\Phi}{\partial z}-\frac{\partial\zeta}{\partial t}=0\tag{6.27b}$$

$$z=0:\ \frac{\partial\Phi}{\partial t}+g\zeta=0\tag{6.27c}$$

$$z=-h:\ \frac{\partial\Phi}{\partial z}=0\tag{6.27d}$$

假定水波具有 $\zeta=a\cos(\alpha x-\omega t)$形式的行进波解，则由式(6.27b)得

$$\left(\frac{\partial\Phi}{\partial z}\right)_{z=0}=a\omega\sin(\alpha x-\omega t)$$

因而可以假定在 $-h\leqslant z<0$ 的水域中

$$\Phi=\phi(z)\sin(\alpha x-\omega t)$$

代入式(6.27a)得

$$\left(\frac{\mathrm{d}^2\phi}{\mathrm{d}z^2}-\alpha^2\phi\right)\sin(\alpha x-\omega t)=0$$

即

$$\frac{\mathrm{d}^2\phi}{\mathrm{d}z^2}-\alpha^2\phi=0$$

它的解为

$$\phi=c_1\exp\alpha z+c_2\exp(-\alpha z)$$

由水底边界条件式(6.27d)：$(\partial\phi/\partial z)_{z=-h}=0$，因而 $c_1\exp(-\alpha h)-c_2\exp(\alpha h)=0$，于是有：$c_1=c_2\exp 2\alpha h$，消去 c_1 后，ϕ 的解可整理为

$$\begin{aligned}\phi&=\frac{c_2\exp\alpha h\exp\alpha z}{\exp(-\alpha h)}+c_2\exp(-\alpha z)\\&=c_2\frac{\exp\alpha(h+z)+\exp[-\alpha(h+z)]}{\exp(-\alpha h)}\\&=\frac{2c_2}{\exp(-\alpha h)}\mathrm{ch}\alpha(h+z)\end{aligned}$$

于是水波的速度势等于：

$$\Phi=C\mathrm{ch}\alpha(z+h)\sin(\alpha x-\omega t)$$

式中 $C=2c_2\exp(\alpha h)$. 将速度势代入自由面条件(式(6.27b))，得：$C\alpha\mathrm{sh}(\alpha h)=a\omega$ 或 $C=a\omega/[\alpha\mathrm{sh}(\alpha h)]$，从而行进波 $\zeta=a\cos(\alpha x-\omega t)$ 的速度势为

$$\Phi=\frac{a\omega}{\alpha\,\mathrm{sh}(\alpha h)}\mathrm{ch}\alpha(z+h)\sin(\alpha x-\omega t)\tag{6.28}$$

(3) 等深度水波的色散性

水波运动必须满足自由面处压强边界条件，$\partial\Phi/\partial t+g\zeta=0$，把 Φ 和 ζ 代入该式可导出水波运动的波数和频率之间的重要关系式：

$$\frac{-a\omega^2}{\alpha\mathrm{sh}(\alpha h)}\mathrm{ch}(\alpha h)+ga=0$$

整理后得

$$\omega^2=\alpha g\cdot\mathrm{th}(\alpha h)\tag{6.29}$$

式(6.29)是表面波的重要性质：称为色散关系式. 由波速公式 $c=\omega/\alpha$，可导出线性水波的波速公式：

$$c=\sqrt{\frac{g\mathrm{th}(\alpha h)}{\alpha}}\tag{6.30}$$

可以看到线性水波的波速和波数有关. 波速和波数有关的性质称为色散性，对于单色波，色散性并不表现出来. 多色波，即由若干个单色波叠加的组合波，每个单色波在行进过程中的波幅、波数、频率保持不变. 如果这种波是非色散的，即不同波数的单色波以同一波速行进，因此，各个波之间的相位关系不变，初始的波形在行进过程保持不变. 如果波是色散的，不同波数的单色波行进速度不同，各个波之间的相位关系发生

变化，组合波的波形在行进过程中不断地变形. 稍后将详细讨论水波的色散性.

如果水深很浅，$h\to 0$，这时 $\mathrm{th}(\alpha h)\to\alpha h$，因此波速 $c=\sqrt{gh}$，它和波长无关，就是说等深度浅水线性波是非色散的. 如果水深很深，$h\to\infty$，这时 $[\mathrm{th}(\alpha h)]_{h\to\infty}=[\mathrm{sh}(\alpha h)/\mathrm{ch}(\alpha h)]_{h\to\infty}=1$，因此波速 $c=\sqrt{g/\alpha}=\sqrt{g\lambda/2\pi}$，这时波速仍然和波数或波长有关. 就是说无限深水中线性水波也是色散波. 将 $g=9.81\mathrm{m/s^2}$ 代入波速公式，得无限深水中波速的简单公式：

$$c=1.25\sqrt{\lambda}$$

所以，无限深水中波速和波长的平方根成正比，也就是说，无限深水中长波的相速度大于短波的相速度.

下面先来考察水波运动的流场性质.

(4) 等深度小振幅水波流场的流线和质点轨迹

由速度势 Φ 可求得速度场为

$$u=\frac{\partial\Phi}{\partial x}=\frac{a\omega}{\mathrm{sh}(\alpha h)}\mathrm{ch}\alpha(z+h)\cos(\alpha x-\omega t) \tag{6.31a}$$

$$w=\frac{\partial\Phi}{\partial z}=\frac{a\omega}{\mathrm{sh}(\alpha h)}\mathrm{sh}\alpha(z+h)\sin(\alpha x-\omega t) \tag{6.31b}$$

① 流线

给定瞬时的流线方程为 $\mathrm{d}x/u=\mathrm{d}z/w$，即

$$\frac{\mathrm{d}z}{\mathrm{d}x}=\frac{\mathrm{sh}\alpha(z+h)\sin(\alpha x-\omega t)}{\mathrm{ch}\alpha(z+h)\cos(\alpha x-\omega t)}$$

积分后得

$$\mathrm{sh}\alpha(z+h)\cos(\alpha x-\omega t)=\mathrm{const.} \tag{6.32}$$

由式(6.31a)和式(6.31b)可知在单色行进波的波峰和波谷处($\cos(\alpha x-\omega t)=\pm 1$，$\sin(\alpha x-\omega t)=0$)，水平速度数值最大，垂向速度 $w=0$；而在节点处($\cos(\alpha x-\omega t)=0$，$\sin(\alpha x-\omega t)=\pm 1$)，水平速度等于零，垂直速度数值最大.

② 水波中的质点运动轨迹

轨迹方程为

$$\frac{\mathrm{d}x}{\mathrm{d}t}=u=\frac{a\omega}{\mathrm{sh}(\alpha h)}\mathrm{ch}\alpha(z+h)\cos(\alpha x-\omega t)$$

$$\frac{\mathrm{d}z}{\mathrm{d}t}=w=\frac{a\omega}{\mathrm{sh}(\alpha h)}\mathrm{sh}\alpha(z+h)\sin(\alpha x-\omega t)$$

质点轨迹的微分方程的精确积分不能用初等函数表示. 对于小振幅水波，流体质点在原静止平衡位置附近振荡，因而令方程式右边 $z=z_0$，$x=x_0$ 为常数，求该轨迹的近似积分，得

$$\frac{\mathrm{d}x}{\mathrm{d}t}=a_1\omega\cos(\alpha x_0-\omega t),\quad \frac{\mathrm{d}z}{\mathrm{d}t}=b_1\omega\sin(\alpha x_0-\omega t)$$

式中：$a_1 = a\cdot \mathrm{ch}\alpha(z_0+h)/\mathrm{sh}(\alpha h)$，$b_1 = a\cdot \mathrm{sh}\alpha(z_0+h)/\mathrm{sh}(\alpha h)$，最后得

$$x - x_0 = a_1\sin[\alpha x_0 - \omega(t-t_0)],\quad z - z_0 = -b_1\cos[\alpha x_0 - \omega(t-t_0)]$$

消去 t 后得

$$\frac{(x-x_0)^2}{a_1^2} + \frac{(z-z_0)^2}{b_1^2} = 1 \tag{6.33}$$

即水波中流体质点的近似轨迹为椭圆

$$a_1 = \frac{a\cdot \mathrm{ch}\alpha(z_0+h)}{\mathrm{sh}(\alpha h)} > \frac{a\cdot \mathrm{sh}\alpha(z_0+h)}{\mathrm{sh}(\alpha h)} = b_1$$

故 a_1 为椭圆长轴，b_1 为椭圆短轴. 就是说单色线性水波中流体质点的近似轨迹是长轴在水平方向的椭圆. 在水底 $z_0=-h$，得 $b_1=0$，这时椭圆轨迹退化为直线，这是由于水底壁面条件的限制，流体质点只能平行于壁面作直线振荡，如图 6.3(a)所示.

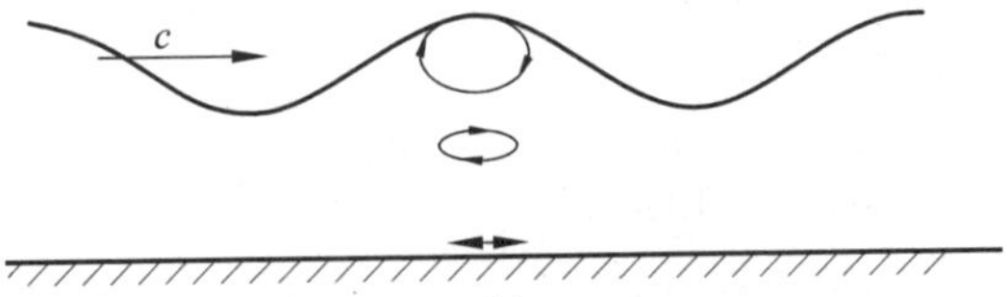

(a)

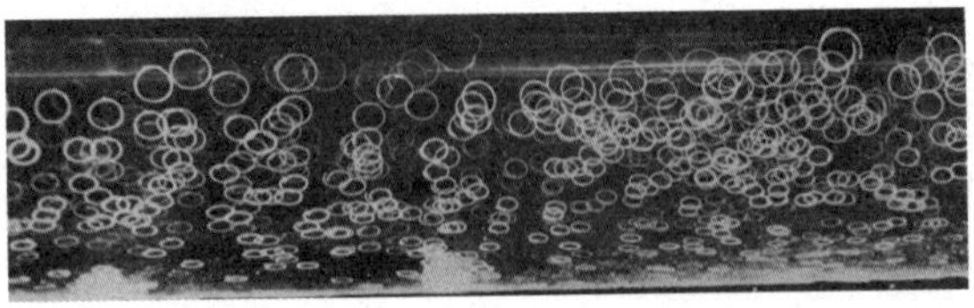

(b)

图 6.3 线性行进水波的质点运动轨迹

(a) 线性行进水波流场中的质点轨迹示意图；(b) 线性行进水波流场中的质点轨迹流动显示图

图 6.3(b)是线性行进水波流场中质点轨迹的流动显示图像，在水波流场中撒入细微颗粒，颗粒的质量密度和水很接近. 曝光时间为一个波周期，就可以摄下水质点的轨迹，如图 6.3(b)所示. 图中清楚地显示质点轨迹的椭圆度从水面以下逐渐增加.

(5) 无限深水中的行进波

当水深 h 为无限大时，表面行进波的解可以由有限深水波解求极限得到，也可以由直接求解水波方程得到，为简单起见，用有限深水公式来导出无限深水中水波公式.

$$\begin{aligned}\Phi(x,z,t,\infty) &= \lim_{h\to\infty}\left[\frac{a\omega}{\alpha}\frac{\mathrm{ch}[\alpha(z+h)]}{\mathrm{sh}(\alpha h)}\sin(\alpha x-\omega t)\right]\\ &= \frac{a\omega}{\alpha}\lim_{h\to\infty}\left[\frac{\exp\alpha(z+h)+\exp(-\alpha(z+h))}{\exp(\alpha h)-\exp(-\alpha h)}\right]\sin(\alpha x-\omega t)\\ &= \frac{a\omega}{\alpha}\exp(\alpha z)\sin(\alpha x-\omega t)\end{aligned}$$

即无限深水中的速度势为

$$\Phi = \frac{a\omega}{\alpha}\exp(\alpha z)\sin(\alpha x - \omega t) \tag{6.34}$$

此外

$$\lim_{h\to\infty}\mathrm{th}\alpha h = \frac{\mathrm{ch}\alpha h}{\mathrm{sh}\alpha h} = 1$$

在无限深水中色散关系为

$$\omega^2 = g\alpha \tag{6.35}$$

无限深水中水波的速度场为

$$u = a\omega\exp(\alpha z)\sin(\alpha x - \omega t),\quad w = a\omega\exp(\alpha z)\cos(\alpha x - \omega t)$$

速度场流线可用上面类似方法求出：

$$\exp(\alpha z)\cos(\alpha x - \omega t) = \text{const.} \tag{6.36}$$

流体质点的轨迹仍用近似方法求它们在平衡点附近的运动轨迹，有

$$\frac{\mathrm{d}x}{\mathrm{d}t} = a\omega\exp(\alpha z_0)\sin(\alpha x_0 - \omega t),\quad \frac{\mathrm{d}z}{\mathrm{d}t} = a\omega\exp(\alpha z_0)\sin(\alpha x_0 - \omega t)$$

积分后得

$$(x - x_0)^2 + (z - z_0)^2 = (a\exp\alpha z_0)^2 \tag{6.37}$$

就是说无限深水波中流体质点轨迹为圆，圆半径随水深以指数函数减小.

从以上讨论可以看到无限深水域中的小振幅水波的运动和流场性质与有限深水波本质上是相同的，但无限深水波公式比较简单，如果有限深水波能用无限深水近似，则运算要方便得多. 通常以色散关系作为近似的依据，这两种情况色散关系相差的因子为

$$\omega^2/g\alpha = \mathrm{th}(\alpha h)$$

由双曲正切的公式可得

$$\mathrm{th}(2\pi) = \frac{\mathrm{e}^{2\pi} - \mathrm{e}^{-2\pi}}{\mathrm{e}^{2\pi} + \mathrm{e}^{-2\pi}} = 0.9999932 \approx 1$$

也就是说，当 $h > \frac{2\pi}{\alpha} = \lambda$ 时，无限深水的近似在色散关系计算中的精度达 10^{-6}，因此通常水深大于波长情况下的等深度小振幅水波可以用无限深水波近似.

(6) 等深度水域中的小振幅驻波

上面讨论的行进水波，在行进方向，即 x 方向，没有边界限制，表面波可以自由地在 x 的正、负方向传播. 如果研究矩形容器中的水波时，在容器的垂直壁面上，流体的 x 方向速度必须等于零(参见图 6.4)，这时，应附加边界条件：

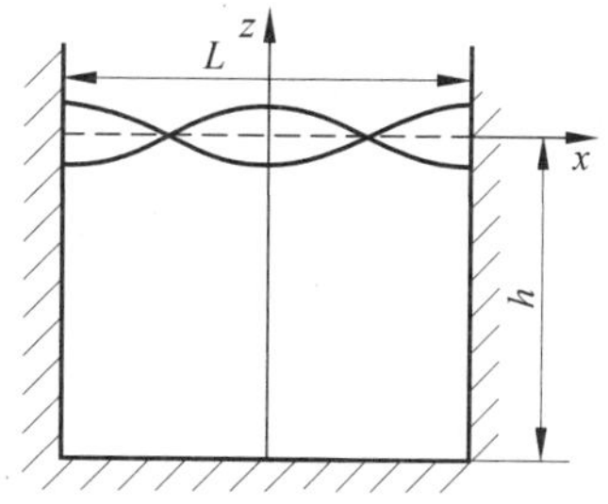

图 6.4 矩形容器中的驻波

$$当\ x=\pm\frac{L}{2}\ 时：\frac{\partial\Phi}{\partial x}=0$$

于是水波的基本方程和边界条件为

$$\Delta\Phi=0 \tag{6.38a}$$

$$z=-h：\frac{\partial\Phi}{\partial z}=0,\quad x=\pm L：\frac{\partial\Phi}{\partial x}=0 \tag{6.38b}$$

$$z=0：\frac{\partial\Phi}{\partial z}-\frac{\partial\zeta}{\partial t}=0,\quad \frac{\partial\Phi}{\partial t}+g\zeta=0 \tag{6.38c}$$

由于速度势基本方程和时间无关，它有分离变量解

$$\Phi=\phi(x,z)\sin\omega t$$

代入基本方程，得

$$\Delta\phi=0$$

ϕ 的边界条件为

$$z=-h：\frac{\partial\phi}{\partial z}=0,\quad x=\pm L：\frac{\partial\phi}{\partial x}=0$$

用经典的分离变量法解拉普拉斯方程，令

$$\phi=X(x)Z(z)$$

有

$$-\frac{d^2X}{dx^2}=\frac{d^2Z(z)}{dz^2}=\alpha^2>0$$

以上方程的解为

$$X(x)=C_1\sin\alpha x+C_2\cos\alpha x,\quad Z(z)=D_1\exp\alpha z+D_2\exp(-\alpha z) \tag{6.39}$$

水底边界条件

$$\left(\frac{\partial\phi}{\partial z}\right)_{z=-h}=0,\quad 即\quad (dZ/dz)_{z=-h}=0$$

容器侧壁边界条件

$$\left(\frac{\partial\phi}{\partial x}\right)_{x=\pm L}=0,\quad 即\quad (dX/dx)_{x=\pm L}=0$$

将水底边界条件代入式(6.39)，得 $D_1\exp(\alpha h)-D_2\exp(-\alpha h)=0$，消去一个任意常数后，$Z(z)$可简化为

$$Z(z)=D\text{ch}[\alpha(z+h)]$$

函数 $X(x)$中的常数可由侧壁边界条件求出

$$C_1\cos\frac{\alpha L}{2}-C_2\sin\frac{\alpha L}{2}=0,\quad C_1\cos\frac{\alpha L}{2}+C_2\sin\frac{\alpha L}{2}=0$$

进行简单的代数运算可导出

$$C_1=0\quad 和\quad \sin\frac{\alpha L}{2}=0$$

即

$$\frac{\alpha L}{2}=n\pi \quad 或 \quad \alpha=\frac{2n\pi}{L} \quad 或 \quad \lambda=\frac{L}{n}, n=1,2,\cdots \tag{6.40}$$

这就是说,有界容器中驻波的波长由容器的宽度决定,不同的 n 值是谐波的等级.

将 $X(x)$和 $Z(z)$代入速度势解公式,合并任意常数后,得

$$\Phi=C\cos\alpha x\cos\omega t\cdot \mathrm{ch}\alpha(z+h)$$

由水面边界条件$\partial\Phi/\partial t+g\zeta=0$,得水面方程为

$$\zeta=\frac{C\omega\,\mathrm{ch}(\alpha h)}{g}\cos\alpha x\sin\omega t$$

令 $C\omega\mathrm{ch}(\alpha h)/g=a$ 为驻波振幅,则驻波解为

$$\Phi=\frac{ag}{\omega\,\mathrm{ch}(\alpha h)}\mathrm{ch}\alpha(z+h)\cos\alpha x\cos\omega t \tag{6.41a}$$

$$\zeta=a\cos\alpha x\sin\omega t \tag{6.41b}$$

驻波的波形如图 6.4 所示,单色驻波的波形始终保持余弦形,$x=\pm L/4$ 始终为节点,$x=0$ 和 $x=\pm L/2$ 始终是极值点;而驻波的幅值随时间变化 $a\sin\omega t$.

最后由自由面运动学条件$\partial\Phi/\partial z-\partial\zeta/\partial t=0$,得色散关系:

$$\omega^2=\alpha g\cdot \mathrm{th}(\alpha h)$$

它和行进波色散关系相同.

驻波的速度场为

$$u=\frac{-ag\alpha}{\omega\,\mathrm{ch}(\alpha h)}\mathrm{ch}\alpha(z+h)\sin\alpha x\cos\omega t, \quad w=\frac{ag\alpha}{\omega\,\mathrm{ch}(\alpha h)}\mathrm{sh}\alpha(z+h)\cos\alpha x\cos\omega t$$

由速度表达式可以看出,驻波的波峰和波谷处($\cos\alpha x=\pm 1$)水平速度等于零,垂直速度的数值最大;而在节点处($\cos\alpha x=\pm 0$),垂向速度等于零,水平速度数值最大.将速度场代入流线方程

$$\frac{\mathrm{d}x}{\mathrm{ch}\alpha(z+h)\sin\alpha x}=\frac{-\mathrm{d}z}{\mathrm{sh}\alpha(z+h)\cos\alpha x}$$

积分后得流线谱为

$$\mathrm{sh}\alpha(z+h)\sin\alpha x=\mathrm{const.} \tag{6.42}$$

和行进波的流线谱做对比(式(6.32):$\mathrm{sh}\alpha(z+h)\cos(\alpha x-\omega t)=\mathrm{const.}$),给定瞬间单色驻波的流线谱和单色行进波的流线谱相同,相对于波面有 $\pi/2$ 的相位差.因为,对于驻波来说,波峰和波谷处的质点垂直速度总是最大(绝对值),因此流线垂直于波峰;而行进波波峰处的质点垂直速度始终等于零,因此行进波中的流线谱和波峰及波谷相切.驻波的流线如图 6.5 所示,它是用流动显示方法得到的图像,和式(6.42)完全一致.图中每一线段代表质点的一段轨迹,和图 6.6 的计算结果一致.

质点在平衡点附近的近似轨迹为

$$\frac{\mathrm{d}x}{\mathrm{d}t}=\frac{-ag\alpha}{\omega\,\mathrm{ch}(\alpha h)}\mathrm{ch}\alpha(z_0+h)\sin\alpha x_0\cos\omega t$$

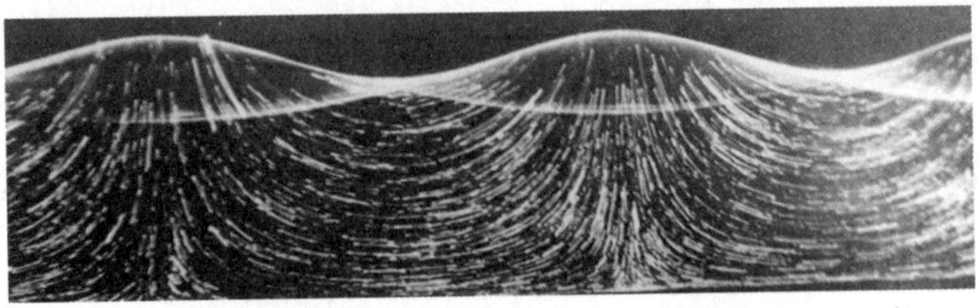

图 6.5 驻波流场流线谱的流动显示图(照片)

$$\frac{\mathrm{d}z}{\mathrm{d}t}=\frac{ag\alpha}{\omega\mathrm{ch}(\alpha h)}\mathrm{sh}\alpha(z_0+h)\cos\alpha x_0\cos\omega t$$

积分得

$$x-x_0=a_1\sin\omega(t-t_0),\quad z-z_0=b_1\sin\omega(t-t_0)\tag{6.43}$$

式中 $a_1=\frac{-ag\alpha}{\omega\mathrm{ch}(\alpha h)}\mathrm{ch}\alpha(z_0+h)\sin\alpha x_0$，$b_1=\frac{ag\alpha}{\omega\mathrm{ch}(\alpha h)}\mathrm{sh}\alpha(z_0+h)\cos\alpha x_0$，因此，驻波中流体质点在平衡点附近作直线振荡.

$$\frac{z-z_0}{x-x_0}=\frac{a_1}{b_1}=\tan\beta,\quad \tan\beta=\frac{\mathrm{sh}\alpha(z_0+h)\cos\alpha x_0}{\mathrm{ch}\alpha(z_0+h)\sin\alpha x_0}$$

质点振荡的振幅和斜率随水深和驻波的相位变化，如在水底 $z=-h_0$，质点轨迹的斜率 $\tan\beta=0$，质点作水平振动，其振幅为 $\left|\frac{ag\alpha}{\omega\mathrm{ch}(\alpha h)}\sin\alpha x_0\right|$. 在波峰和波谷处：$x=0$ 及 $x=\pm L/2$，质点作垂直振动，因此 $\tan\beta=\pm\infty$；在节点处：$\alpha x=\pm\pi/2$ 或 $x=\pm L/4$ 处，质点作水平振动，因此 $\tan\beta=0$. 驻波水面附近的质点轨迹如图 6.6 所示，它和图 6.5 显示的水面附近以直线震荡的结果一致，因此线性水波的近似是合理的.

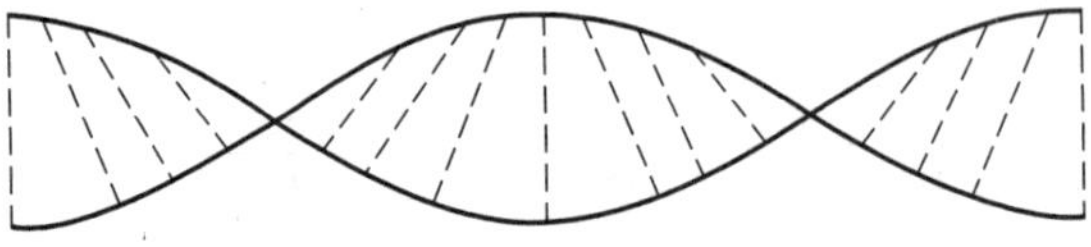

图 6.6 驻波水面附近的质点轨迹

实线：波面；虚线：质点轨迹

(7) 行进水波流场中压强

由线性近似的柯西-拉格朗日积分式得

$$\frac{p-p_a}{\rho}=-\frac{\partial\Phi}{\partial t}-gz$$

将速度势解(6.28)代入上式，并利用色散关系式 $\omega^2=\alpha g\cdot\mathrm{th}(\alpha h)$，便得行进波中水的压强：

$$\frac{p-p_a}{\rho}=\frac{ag}{\mathrm{ch}(\alpha h)}\mathrm{ch}\alpha(z+h)\cos(\alpha x-\omega t)-gz\tag{6.44a}$$

或

$$\frac{p-p_a}{\rho}=\frac{g\zeta}{\mathrm{ch}(\alpha h)}\mathrm{ch}\alpha(z+h)-gz \tag{6.44b}$$

可以看到,水波流场中的压强由两部分组成,一部分是静水压强($-gz$),它和时间无关;另一部分和水波表面高度有关,这部分压强也是以行进波方式在水中传播.

6.3 线性水波的色散关系

色散关系是重力场中表面波的重要性质,本节着重研究水波的色散性.以无限深水域中水波中的色散关系为例:

$$\omega^2=g\alpha$$

波速

$$c=\frac{\omega}{\alpha}=\sqrt{\frac{g}{\alpha}}=\sqrt{\frac{g\lambda}{2\pi}}$$

对于单色波 $\zeta=a\cos(\alpha x-\omega t)$,它的波形在行进中始终保持余弦曲线,只是余弦函数的相位以等速度 $c=\omega/\alpha$ 移动.当考察多色波时,由于长波相速度大于短波相速度,波形(波面函数的几何形状)因色散而发生变形.现在考虑一种最简单的多色波:两个振幅相同、波数不同($\alpha_1\neq\alpha_2$)的单色波叠加:

$$\zeta=a\cos(\alpha_1 x-\omega_1 t)+a\cos(\alpha_2 x-\omega_2 t)$$

这时两个单色波的相速度是不同的:

$$c_1=\frac{\omega_1}{\alpha_1}=\sqrt{\frac{g}{\alpha_1}}=\sqrt{\frac{g\lambda_1}{2\pi}},\quad c_2=\frac{\omega_2}{\alpha_2}=\sqrt{\frac{g}{\alpha_2}}=\sqrt{\frac{g\lambda_2}{2\pi}}$$

由于相速度之差,两单色波的相位差随时间不断变化,从而波形发生变化.由于两单色波的相位差不断改变,直觉观察到的波高最大值的传播速度不再等于单色波的相速度.

1. 波包的群速度

两个振幅相同、波长十分接近的单色行进波叠加称为波包.波包的波面方程为

$$\zeta=a\cos(\alpha x-\omega t)+a\cos[(\alpha+\delta\alpha)x-(\omega+\delta\omega)t]$$

现在来考察波包的波形演化.由三角公式:$\cos A+\cos B=2\cos[(A+B)/2]\cos[(A-B)/2]$,

$$\zeta=2a\cos\left(\frac{1}{2}\delta\alpha x-\frac{1}{2}\delta\omega t\right)\cos\left[\left(\alpha+\frac{1}{2}\delta\alpha\right)x-\left(\omega+\frac{\delta\omega}{2}\right)t\right]$$

当 $\delta\alpha\ll\alpha$ 时,

$$\zeta=2a\cos\frac{1}{2}\delta\alpha\left(x-\frac{\delta\omega}{\delta\alpha}t\right)\cos(\alpha x-\omega t)$$

或

$$\zeta = a(x,t)\cos(\alpha x - \omega t), \quad a(x,t) = 2a\cos\left[\frac{1}{2}\delta\alpha\left(x - \frac{\delta\omega}{\delta\alpha}t\right)\right]$$

上式的运动学意义为：波包的振幅不是常数，它本身以 $\delta\omega/\delta\alpha$ 速度行进. 所以波包属于波幅调制的行进波.

定义 6.1 色散波的频率对波数的导数称为波的群速度，或波群速，并用 c_g 表示：

$$c_g = \frac{d\omega}{d\alpha} \tag{6.45}$$

对于波包来说，群速度是波振幅轮廓的传播速度. 图 6.7 中实线是波面，虚线是波面极值的包络，包络以群速度 c_g 运动.

图 6.7 波包示意图

实线：波面；虚线：波包

例 6.1 求有限等深度水域和无限深水域中线性重力波的群速度.

解 有限深水的色散关系为

$$\omega^2 = g\alpha\,\text{th}(\alpha h)$$

求导数 $d\omega/d\alpha$，得求有限等深度水波的群速度为

$$c_g = \frac{d\omega}{d\alpha} = \frac{g}{2\omega}\text{th}(\alpha h) + \frac{\alpha g h}{2\omega\,\text{ch}^2(\alpha h)}$$

令 $h\to\infty$，得无限深水波的群速度为

$$c_g = \frac{d\omega}{d\alpha} = \frac{g}{2\omega} = \frac{1}{2}\sqrt{\frac{g}{\alpha}} = \frac{1}{2}c$$

无限深水中线性重力波的群速度为相速度之半.

2. 波能及波能的输运方程

定义 6.2 单色波单位长度内的流体平均动能和势能之和定义为波能.

首先计算一个波长的波动能，应用第 5 章不可压缩无旋流动的动能公式：

$$T = \frac{\rho}{2}\oint_l \Phi\frac{\partial\Phi}{\partial n}ds$$

式中积分周线为：水面 $z=0$，水底 $z=-h$，左边界 $x=0$，右边界 $x=\lambda=2\pi/\alpha$，$\boldsymbol{n}$ 指向积分域外(见图 6.8). 根据法向量规定，在 OC 面上 $\partial\Phi/\partial n=-\partial\Phi/\partial x$，在 AB 面上 $\partial\Phi/\partial n=\partial\Phi/\partial x$；同理，在 OA 面上 $\partial\Phi/\partial n=\partial\Phi/\partial z$，在 BC 面上 $\partial\Phi/\partial n=-\partial\Phi/\partial z$. 于是动能积分式可写作

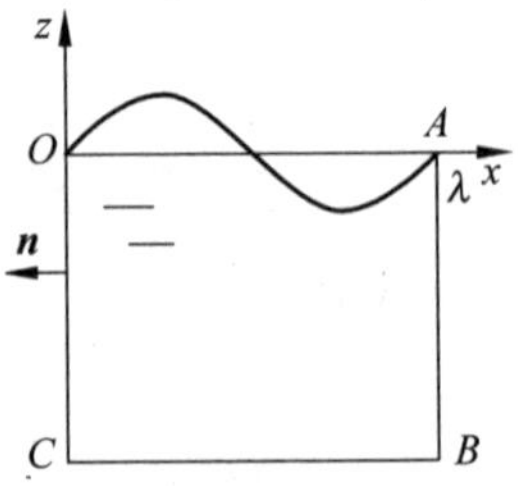

图 6.8 推导波能用图

$$T=\frac{\rho}{2}\int_{OA}\left(\Phi\frac{\partial\Phi}{\partial n}\right)_{z=0}\mathrm{d}s+\int_{AB}\left(\Phi\frac{\partial\Phi}{\partial n}\right)_{x=\lambda}\mathrm{d}s+\int_{BC}\left(\Phi\frac{\partial\Phi}{\partial n}\right)_{z=-\infty}\mathrm{d}s+\int_{CO}\left(\Phi\frac{\partial\Phi}{\partial n}\right)_{x=0}\mathrm{d}s$$

$$=\frac{\rho}{2}\left[\int_0^{\lambda}\left(\Phi\frac{\partial\Phi}{\partial z}\right)_{z=0}\mathrm{d}x+\int_0^{-\infty}\left(\Phi\frac{\partial\Phi}{\partial x}\right)_{x=\lambda}\mathrm{d}z+\int_0^{\lambda}-\left(\Phi\frac{\partial\Phi}{\partial z}\right)_{z=-\infty}\mathrm{d}x+\int_0^{-\infty}-\left(\Phi\frac{\partial\Phi}{\partial x}\right)_{x=0}\mathrm{d}z\right]$$

在无穷远水底$(\partial\Phi/\partial z)_{-\infty}=0$，因而第三项积分等于零；由于单色波的周期性，$(\partial\Phi/\partial x)_{x=0}=(\partial\Phi/\partial x)_{x=\lambda}$，因此第二项与第四项积分和等于零. 于是波动能积分式简化为

$$T=\frac{\rho}{2}\int_0^{\lambda}\left(\Phi\frac{\partial\Phi}{\partial z}\right)_{z=0}\mathrm{d}x$$

无限深水域中线性行进波的速度势：

$$\Phi=\frac{ag}{\omega}\exp(\alpha z)\sin(\alpha x-\omega t)$$

由此得 $\Phi|_{z=0}=\dfrac{ag}{\omega}\sin(\alpha x-\omega t)$，$\left(\dfrac{\partial\Phi}{\partial z}\right)_{z=0}=\dfrac{a\alpha g}{\omega}\sin(\alpha x-\omega t)$，代入动能公式：

$$T=\frac{\rho}{2}\frac{a^2g^2\alpha}{\omega^2}\int_0^{\lambda}\sin^2(\alpha x-\omega t)\mathrm{d}x$$

注意到无限深水的色散关系 $\omega^2=g\alpha$ 和$\int_0^{\lambda}\sin^2(\alpha x-\omega t)\mathrm{d}x=\lambda/2$，积分结果得

$$T=\frac{\rho}{4}a^2g\lambda \tag{6.46a}$$

再计算一个波长内的表面波势能. 水面高为 ζ、宽为 $\mathrm{d}x$ 的水柱的质量为 $\rho g\zeta\mathrm{d}x$，重心位置为 $\zeta/2$，故势能为 $\rho g\zeta^2\mathrm{d}x/2$，一个波长内的势能为

$$\Pi=\int_0^{\lambda}\frac{1}{2}\rho g\zeta^2\mathrm{d}x$$

将 $\zeta=a\cos(kx-\omega t)$代入上式，得

$$\Pi=\frac{1}{4}\rho g a^2\lambda \tag{6.46b}$$

在无限深水域中线性行进波的波能(单位长度内平均动能和位能之和)为

$$E=\frac{T+\Pi}{\lambda}=\frac{1}{2}\rho g a^2 \tag{6.47}$$

以上计算表明：(1)线性水波的波能中动能和重力势能各占二分之一；(2)波能和波幅的平方成正比.

下面考察水波行进过程中能量的传递. 在行进波中任取一垂直截面，则在一个时间周期内该截面上压强所做功应等于向截面另一侧水波输送的能量，截面左侧流体压强对右边流体所做功的功率等于：

$$W'=\int_{-h}^{0}\int_0^{T}pu\,\mathrm{d}z\mathrm{d}t$$

将行进波中压强公式(6.44)和流向速度公式(6.31a)代入并积分后，得

$$W' = \frac{\pi a^2 \rho g}{2\alpha}$$

单位时间内压强做功等于

$$W = \frac{W'}{T} = \frac{a^2 \rho g c}{4}$$

式中 $c=\sqrt{\omega/\alpha}$是波速，将波能 $E=\rho g a^2/2$ 和群速度 $c_g=c/2$ 代入上式后，就有

$$W = E c_g \tag{6.48}$$

上式是单色波中波能的传输公式. 它表明，无限深水域的单色波中，压强单位时间向行进波传递的能量等于波能和群速度的积. 简言之，无限深水域的单色波中波能以群速度传播. 上述结论对于等深度单色波也成立，读者可将等深度水波的公式代入上面的推演公式得到证明.

3. 波阻

物体在有自由面的水中运动时不断激励向外传播的表面波，因而物体必须不断向水波提供能量. 根据功能原理，物体必须对流体做功，同时流体对物体有反作用力，这种流体对物体的作用力称为兴波阻力，简称波阻. 利用波能公式和波能传输公式(6.48)，可以估算简单运动的波阻. 如有二维物体在有自由面的无限深水中运动速度为 u，因物体运动而兴波，设 F 为克服兴波阻力作用在流体上的合力，则物体对流体做功为 Fu.

船只在深水中等速 u 直线稳定行进时，在船体前形成的水波以波速 $c=u$ 向前传播. 设该水波的波能量为 E，则水波不断向外传播能量 uE. 但该能量中有一部分是波场中通过压强作用传递过来，由式(6.48)可算出这部分功为 $c_g E$，故需从外界输入的能量为$(u-c_g)E$，根据功能原理，应有

$$Fu = (u - c_g)E \quad \text{或} \quad F = \frac{(u - c_g)E}{u}$$

在无限深水中 $c_g=c/2=u/2$，代入上式，得二维行进波流场中，物体所受波阻

$$F = \frac{E}{2}$$

如果已知物体激励的水波波高 a，由式(6.47)可以计算波能 $E=\rho g a^2/2$，从而算出波阻. 一般三维物体在水中运动时受到的波浪力应通过求解水波方程求出速度势，然后应用波能公式，或计算物体表面的压强来计算波阻. 有关内容请学习水波动力学的专门著作或文献.

6.4 缓变水深中线性水波的传播

上面讨论了等深度水域中的波传播，实际中常常有变深度的水域，例如，海岸或浅滩都是变深度的水域. 由波速公式 $c=\omega/\alpha=\sqrt{g\mathrm{th}(\alpha h)/\alpha}$ 可以推断，当水波由深水区向浅水区行进时，传播速度将减小. 依照波动现象的一般原理，当波从一个区域进入另一个区域发生波速改变时，将产生折射现象. 本节主要从能量传输角度研究变深度水域中的水波传播性质.

下面讨论变深度水域中的波传播. 为了讨论简单起见，假定水深是缓变的，即水底方程可写作：$h=h(\mu x)$，$\mu\ll 1$，更具体地，引入如下的小参量：

$$\mu = O\left(\frac{\mathrm{d}h/\mathrm{d}x}{\alpha h}\right) \ll 1 \tag{6.49}$$

式中分子是水底斜率，分母 αh 可以表示水波的波面陡度，它和水面的最大斜率同一量级. 式(6.49)定义的参量 μ 表示水底斜率远远小于波面陡度. 下面用摄动法导出水波的折射方程.

1. 缓变水域中的波能传播方程

可以想象，变深度水域中的线性水波的波数和频率将发生变化，就是说水波在变深度水域中行进时，它的波数或当地的水波频率将发生变化. 当水深是缓变时，波特性也是缓变的，即：$\omega=\omega(\mu x,\mu t)$，$\alpha=\alpha(\mu x,\mu t)$ 等. 缓变的水波波数和频率特性的含义可直观地解释如下：观察者在一个或几个波长上看到的是均匀的水波，要在很长的距离上(比水波的波长大一个量级)才能观察到水波的波长和频率发生变化. 换句话说，在实际的物理长度和时间上，可以定义局部的波数和频率. 通常将 $\bar{x}=\mu x$，$\bar{t}=\mu t$ 称为缓变量或慢变量；x，t 为快变量. 在一个或几个波长上水波的色散关系不变，仅和当地的水深有关，即局部的色散关系不变：

$$\omega^2 = \alpha g\,\mathrm{th}(\alpha h)$$

频率和波数都是慢变量的函数：$\omega=\omega(\bar{x},\bar{t})$，$\alpha=\alpha(\bar{x},\bar{t})$. 如果以 $\mathrm{d}x/\mathrm{d}t=\omega/\alpha=c(\bar{x},\bar{t})$ 表示水波的轨迹，这时波的相速度不再是常数，而是流向坐标和时间的缓变函数，也就是说波射线不再是直线. 在缓变水域中，我们定义当地的波相位角为 $\theta=\alpha x-\omega t$，则略去高阶小量后，有

$$\mathrm{d}\theta = \alpha(\bar{x},\bar{t})\mathrm{d}x - \omega(\bar{x},\bar{t})\mathrm{d}t + O(\mu) = (\alpha\mathrm{d}\bar{x} - \omega\mathrm{d}\bar{t})/\mu = \mathrm{d}\bar{\theta}/\mu \tag{6.50}$$

式中 $\bar{\theta}(\bar{x},\bar{t})$ 是慢变的相位函数. 应用求导数公式，应有：$\alpha=\partial\theta/\partial x=\partial\bar{\theta}/\partial\bar{x}$ 和 $\omega=-\partial\theta/\partial t=-\partial\bar{\theta}/\partial\bar{t}$，以及 $\partial^2\bar{\theta}/\partial\bar{x}\partial\bar{t}=\partial^2\bar{\theta}/\partial\bar{t}\partial\bar{x}$，于是很容易导出缓变水域中波特性演化方程：

$$\frac{\partial \alpha(\bar{x},\bar{t})}{\partial \bar{t}}+\frac{\partial \omega(\bar{x},\bar{t})}{\partial \bar{x}}=0 \tag{6.51}$$

式(6.51)可以理解为波相位的连续方程.在缓变坐标系中 α 是"波密度"(单位长度中波的个数),ω 是"波流量"(在固定点上,单位时间流过波的个数).如果用 $\omega=\alpha c$ 代入式(6.51),则它和流体力学中的连续方程十分相像.由于波的色散关系 $\omega^2=\alpha g\mathrm{th}(\alpha h)$,式(6.51)还可进一步简化为

$$\frac{\partial \alpha(\bar{x},\bar{t})}{\partial \bar{t}}+\frac{\mathrm{d}\omega}{\mathrm{d}\alpha}\frac{\partial \alpha(\bar{x},\bar{t})}{\partial \bar{x}}\equiv\frac{\partial \alpha(\bar{x},\bar{t})}{\partial \bar{t}}+c_g\frac{\partial \alpha(\bar{x},\bar{t})}{\partial \bar{x}}=0 \tag{6.52a}$$

由式(6.52a),还可以导出:

$$\frac{\partial \omega(\bar{x},\bar{t})}{\partial \bar{t}}+c_g\frac{\partial \omega(\bar{x},\bar{t})}{\partial \bar{x}}=0 \tag{6.52b}$$

式(6.52a)和式(6.52b)表明,沿着群速度轨迹缓变水波的波数和频率不变.这一结果说明缓变水域中波传播的运动学特点.在等深度水域中单色波行进时,在相速度轨迹上总是能观察到该单色波的波长和频率.但是,当单色波进入变深度水域时,由于水波特性的变化,在当地相速度的轨迹上水波的波长和频率是缓变的,只有当观察者以群速度运动时,他才能观察到同一波数和频率的波运动.

2. 缓变水域中的水波速度势的摄动展开

下面来导出缓变水域中波传播的动力学关系式,基本思想是用缓变量做摄动展开.该方法来自量子力学中著名的 WKB 方法(Wentzel-Kramer-Brillion).

由于水底是缓变的,可写成 $h=h(\mu x)$,这表示水深是波传播方向上坐标的缓变函数.而在水深方向,水波流动的特征长度并没有变化,因此,引入新的坐标量

$$\bar{x}=\mu x,\quad \bar{z}=z,\quad \bar{t}=\mu t \tag{6.53}$$

为了分析的方便起见,设定复数形式速度势:

$$\Phi=\Phi^*(\bar{x},\bar{z},\bar{t},\mu)\exp \mathrm{i}\bar{\theta}/\mu+\mathrm{c.\,c.}$$

$\bar{\theta}=\bar{\theta}(\bar{x},\bar{z},\bar{t})$ 是缓变的相位函数.Φ^* 是缓变的幅值函数,c. c. 表示复共轭.幅值函数 Φ^* 是含小参量 μ 的函数,它可进一步用小参量 μ 展开为

$$\Phi^*(\bar{x},\bar{z},\bar{t})=\phi_0+(-\mathrm{i}\mu)\phi_1+(-\mathrm{i}\mu)^2\phi_2+\cdots \tag{6.54}$$

以上摄动展开的思路是:①水波幅值是缓变的;②水波特征 α,ω,c 等也是缓变的.下面导出变深度水域中幅值公式.

3. 幅值演化方程

将摄动展开式代入线性水波基本方程和边界条件:

$$\Delta\Phi=0,\quad -h<z<0$$

$$z=-h(\bar{x}):\ \frac{\partial \Phi}{\partial z}+\frac{\partial \Phi}{\partial x}\frac{\partial h}{\partial x}=0$$

$$z=0:\ \frac{\partial\Phi}{\partial t}+g\zeta=0\quad 和\quad \frac{\partial\zeta}{\partial t}-\frac{\partial\Phi}{\partial z}=0$$

最后一式也可写作：

$$z=0:\ \frac{\partial^2\Phi}{\partial t^2}+g\frac{\partial\Phi}{\partial z}=0$$

用式(6.50)可将$\partial/\partial x,\partial/\partial t$ 等变换为

$$\frac{\partial}{\partial x}=\frac{\partial}{\partial\bar{x}}\frac{\partial\bar{x}}{\partial x}=\mu\frac{\partial}{\partial\bar{x}},\quad \frac{\partial}{\partial t}=\frac{\partial}{\partial\bar{t}}\frac{\partial\bar{t}}{\partial t}=\mu\frac{\partial}{\partial\bar{t}},\quad \frac{\partial}{\partial z}=\frac{\partial}{\partial\bar{z}},\quad \frac{\partial^2}{\partial x^2}=\mu^2\frac{\partial^2}{\partial\bar{x}^2},\quad \cdots$$

将它们代入基本方程和边界条件中各项，例如

$$\frac{\partial\Phi}{\partial x}=\mu\frac{\partial\Phi}{\partial\bar{x}}=\mu\frac{\partial\Phi^*}{\partial\bar{x}}\exp(\mathrm{i}\bar{\theta}/\mu)+\mathrm{i}\frac{\partial\bar{\theta}}{\partial\bar{x}}\Phi^*\exp(\mathrm{i}\bar{\theta}/\mu)$$

$$\frac{\partial^2\Phi}{\partial x^2}=\mu^2\frac{\partial^2\Phi}{\partial\bar{x}^2}=\mu^2\frac{\partial^2\Phi^*}{\partial\bar{x}^2}\exp(\mathrm{i}\bar{\theta}/\mu)+2\mathrm{i}\mu\frac{\partial\Phi^*}{\partial\bar{x}}\frac{\partial\bar{\theta}}{\partial\bar{x}}\exp(\mathrm{i}\bar{\theta}/\mu)$$

$$+\mathrm{i}\mu\frac{\partial^2\bar{\theta}}{\partial\bar{x}^2}\Phi^*\exp(\mathrm{i}\bar{\theta}/\mu)\left(\frac{\partial\bar{\theta}}{\partial\bar{x}}\right)^2\Phi^*\exp(\mathrm{i}\bar{\theta}/\mu)$$

$$\frac{\partial^2\Phi}{\partial t^2}=\mu^2\frac{\partial^2\Phi^*}{\partial\bar{t}^2}\exp(\mathrm{i}\bar{\theta}/\mu)+2\mathrm{i}\mu\frac{\partial\Phi^*}{\partial t}\frac{\partial\bar{\theta}}{\partial\bar{t}}\exp(\mathrm{i}\bar{\theta}/\mu)$$

$$+\mathrm{i}\mu\frac{\partial^2\bar{\theta}}{\partial\bar{x}^2}\Phi^*\exp(\mathrm{i}\bar{\theta}/\mu)-\frac{\partial^2\bar{\theta}}{\partial\bar{t}^2}\Phi^*\exp(\mathrm{i}\bar{\theta}/\mu)$$

$$\frac{\partial\Phi}{\partial z}=\frac{\partial\Phi^*}{\partial\bar{z}}\exp(\mathrm{i}\bar{\theta}/\mu),\quad \frac{\partial^2\Phi}{\partial z^2}=\frac{\partial^2\Phi^*}{\partial\bar{z}^2}\exp(\mathrm{i}\bar{\theta}/\mu)$$

将变量置换后的公式代入基本方程，并按$(-\mathrm{i}\mu)^0,(-\mathrm{i}\mu)^1,(-\mathrm{i}\mu)^2$ 同量级项归并，得以下方程组.

(1) 零阶近似. 量级 $O(-\mathrm{i}\mu)^0$ 的基本方程及边界条件如下：

$$\phi_0''-\alpha^2\phi_0=0,\quad -h<\bar{z}<0$$

$$\bar{z}=0:\ \phi_0'-\frac{\omega^2}{g}\phi_0=0$$

$$\bar{z}=-h:\ \phi_0'=0$$

上标撇号表示对 $\bar{z}$ 求导，不难看出，零阶近似就是等深度线性水波，其速度势解为(因 $z=\bar{z}$，下文取消上标横杠)：

$$\phi_0=-\frac{\mathrm{i}gA}{\omega}\frac{\mathrm{ch}\alpha(z+h)}{\mathrm{ch}\alpha h},\quad \omega^2=g\alpha\cdot\mathrm{th}\alpha h \tag{6.55}$$

式中 A 是缓变水域中线性波的波幅，它将由一阶近似方程确定.

(2) 一阶近似解 $O(-i\mu)$的方程和边界条件为

$$\phi_1''-\alpha^2\phi_1=\alpha\frac{\partial\phi_0}{\partial\bar{x}}+\frac{\partial}{\partial\bar{x}}(\alpha\phi_0),\quad -h<z<0$$

$$z=0:\ \phi_1'-\frac{\omega^2}{g}\phi_1=-(\omega\phi_{0\tau}+(\omega\varphi_0)_\tau)/g$$

$$z=-h:\ \phi_1'=\phi_0\alpha\frac{\partial h}{\partial\bar{x}}$$

一阶近似的速度势是非齐次线性常微分方程，而非齐次线性常微分方程的边值问题不一定都有解，只有当右端函数满足可解性条件时才有解，可解性条件可由以下积分公式导出.设在$(-h,0)$中有任意两连续函数ϕ,ψ，则有以下等式：

$$\int_{-h}^{0}[\phi(\psi''-\alpha^2\psi)-\psi(\phi''-\alpha^2\phi)]\mathrm{d}z=\int_{-h}^{0}\left[\frac{\mathrm{d}}{\mathrm{d}z}(\phi\psi')-\frac{\mathrm{d}}{\mathrm{d}z}(\psi\phi')\right]\mathrm{d}z=[\phi\psi'-\psi\phi']\mid_{-h}^{0}$$

令$\phi=\phi_0,\psi=\phi_1$，在水波零阶近似中有$\phi_{0zz}-\alpha^2\phi_0=0$，因而有

$$\int_{-h}^{0}\phi_0(\phi_1''-\alpha^2\phi_1)\mathrm{d}z=(\phi_0\phi_1'-\phi_1\phi_0')\mid_{-h}^{0}$$

已知$\phi_0=\dfrac{\mathrm{i}gA}{\omega}\dfrac{\mathrm{ch}\alpha(z+h)}{\mathrm{ch}\alpha h}$，并用一阶近似的第一式替代积分式中的$(\phi_1''-\alpha^2\phi_1)$，将一阶近似的第二、第三式和线性水波的边界条件代入上式右边，得

$$\int_{-h}^{0}\left(\alpha\varphi_0\frac{\partial\phi_0}{\partial\bar{x}}+\phi_0\frac{\partial}{\partial\bar{x}}(\alpha\phi_0)\right)\mathrm{d}z=-\frac{1}{g}\{\phi_0(\omega\phi_{0\bar{t}}+(\omega\phi_0)_{\bar{t}})\}_{z=0}-(\phi_0^2)_{z=-h}\alpha\frac{\partial h}{\partial\bar{x}}\tag{6.56}$$

应用积分求导公式：

$$\frac{\partial}{\partial\bar{x}}\int_{-h}^{0}\alpha\phi_0^2\mathrm{d}z=\int_{-h}^{0}\frac{\partial}{\partial\bar{x}}(\alpha\phi_0^2)\mathrm{d}z-\frac{\mathrm{d}h}{\mathrm{d}\bar{x}}\alpha\phi_0^2$$

将式(6.56)左端积分和右端最后一项合并，得

$$\frac{\partial}{\partial x}\int_{-h}^{0}\alpha\phi_0^2\mathrm{d}z+\frac{1}{g}\frac{\partial}{\partial\bar{t}}(\omega\phi_0^2)_{z=0}=0$$

由于$\phi_0=\dfrac{-\mathrm{i}gA}{\omega}\dfrac{\mathrm{ch}\alpha(z+h)}{\mathrm{ch}\alpha h}$，可得

$$\int_{-h}^{0}\alpha\phi_0^2\mathrm{d}z=\frac{1}{2}\frac{g^2A^2}{\omega^2}\mathrm{th}\alpha h+\frac{\alpha h}{\omega^2}\frac{g^2A^2}{\mathrm{ch}^2\alpha h},\quad(\omega\phi_0^2)_{z=0}=\frac{gA^2}{\omega}$$

再将等深度线性水波中群速度公式$c_g=\dfrac{g}{2\omega}\mathrm{th}\alpha h+\dfrac{g\alpha h}{\omega\,\mathrm{ch}^2\alpha h}$代入得

$$\frac{\partial}{\partial\bar{x}}\left[c_g\frac{gA^2}{\omega}\right]+\frac{\partial}{\partial\bar{t}}\left(\frac{gA^2}{\omega}\right)=0\tag{6.57a}$$

已知单位长度的波能$E=\rho gA^2/2$，因此缓变水深中水波能量的传播方程为

$$\frac{\partial}{\partial\bar{x}}\left(c_g\frac{E}{\omega}\right)+\frac{\partial}{\partial\bar{t}}\left(\frac{E}{\omega}\right)=0\tag{6.57b}$$

由于$\bar{x}=\mu x,\bar{t}=\mu t$是简单的线性变换，将式(6.57a)中慢变量恢复到普通变量后，有

$$\frac{\partial}{\partial x}\left(c_g\frac{E}{\omega}\right)+\frac{\partial}{\partial t}\left(\frac{E}{\omega}\right)=0\tag{6.57c}$$

式中E/ω称为波作用量.式(6.57a)是缓变水域中波能量的演化方程，它的意义是波作用量在群速度的轨迹上是守恒的.对于一般的平面行进水波在缓变地形$h=(\mu x,\mu y)$中传播时，波数向量$\boldsymbol{k}=\alpha\boldsymbol{i}+\beta\boldsymbol{j}$，群速度$c_g=c_g(\mu x,\mu y)$，这时波能传播方程为

$$\frac{\partial}{\partial x}\left(c_{gx}\frac{E}{\omega}\right)+\frac{\partial}{\partial y}\left(c_{gy}\frac{E}{\omega}\right)+\frac{\partial}{\partial t}\left(\frac{E}{\omega}\right)=0 \quad 或 \quad \nabla\cdot\left(\boldsymbol{c}_g\frac{E}{\omega}\right)+\frac{\partial}{\partial t}\left(\frac{E}{\omega}\right)=0 \tag{6.57d}$$

给定缓变地形，将波能传播方程和波数连续方程（式(6.51)或式(6.52a)，式(6.52b)）联立，就可以计算在变深度浅水中波能传播. 具体计算方法可参阅水波动力学的专著. 这里，可以简单地讨论水波进入浅水域的特性. 当水波进入浅水域时，波速和波群速将减小，为了满足波能传播方程，波能的陡度($\partial E/\partial x$)将增加，这就是通常见到的海浪进入浅滩时的涌浪现象.

6.5 线性浅水长波

水深和波长相比很小的水波称为浅水波；如果长波的波幅又比水深小得多，这种水波称为线性浅水长波，例如：近海潮汐波属于浅水长波. 线性浅水长波中，有以下的数量关系：

$$\lambda \gg h \gg a \tag{6.58}$$

根据浅水长波的特征，式(6.58)可以简化理想流体运动方程而得到解析解. 为了分析简明起见，仍假定波场是二维的，只有水平和垂直两个方向的运动，同时水深等于常数.

1. 线性浅水长波的基本方程

二维理想流体运动的基本方程为

$$\frac{\partial u}{\partial x}+\frac{\partial w}{\partial z}=0 \tag{6.59}$$

$$\frac{Du}{Dt}=\frac{\partial u}{\partial t}+u\frac{\partial u}{\partial x}+w\frac{\partial u}{\partial z}=-\frac{1}{\rho}\frac{\partial p}{\partial x} \tag{6.60a}$$

$$\frac{Dw}{Dt}=\frac{\partial w}{\partial t}+u\frac{\partial w}{\partial x}+w\frac{\partial w}{\partial z}=-\frac{1}{\rho}\frac{\partial p}{\partial z}-g \tag{6.60b}$$

利用浅水长波的基本性质，可以对二维理想流体运动的基本方程进行简化. 令

$$x=\lambda\bar{x},\quad z=h\bar{z} \tag{6.61}$$

$\bar{x}$，$\bar{z}$ 分别为流向和垂向的无量纲坐标. 通过分析，可得浅水长波的以下性质：

(1) 流向速度在垂向近似不变

等深度线性水波的流向速度为式(6.31a)：

$$u=\frac{a\omega}{\mathrm{sh}(\alpha h)}\mathrm{ch}\alpha(z+h)\cos(\alpha x-\omega t)$$

将 $\mathrm{ch}\alpha(z+h)$ 在 z 方向作泰勒展开：

$$\mathrm{ch}\alpha(z+h)=\mathrm{ch}\frac{2\pi h}{\lambda}\left(1+\frac{z}{h}\right)=1+\frac{1}{2}\left[\frac{2\pi h}{\lambda}\left(1+\frac{z}{h}\right)\right]^2+高阶小量$$

浅水波中 $h/\lambda \ll 1$；在 $-h \leqslant z \leqslant 0$ 水域中 $(1+z/h) \leqslant 1$，于是

$$\mathrm{ch}\alpha(z+h) = 1 + O\left(\frac{h}{\lambda}\right)^2$$

因此，在水深方向，流向速度可以近似等于常数(准确到 2 阶小量)，即

$$u(x,z) \approx u(x) \tag{6.62}$$

(2) 垂向速度较流向速度小一量级

将连续性方程沿垂向积分，可得水域中的垂向速度(线性水波理论中，波面可近似为 $z=0$)：

$$w = -\int_{-h}^{0} \frac{\partial u}{\partial x} \mathrm{d}z$$

将 $x=\lambda\bar{x}$，$z=h\bar{z}$ 代入积分式，得

$$w = -\frac{h}{\lambda}\int_{-1}^{0} \frac{\partial u}{\partial \bar{x}} \mathrm{d}\bar{z} \tag{6.63}$$

从上式可见，垂向速度较流向速度至少小一个量级，容易证明垂向加速度也较流向加速度小一个量级.

(3) 运动方程的简化

垂向运动方程中略去垂向质点加速度，得近似方程如下：

$$-\frac{1}{\rho}\frac{\partial p}{\partial z} = g$$

将上式沿 z 方向积分，在波面上 $p=p_a$，得

$$p = \rho g(\zeta - z) + p_a \tag{6.64}$$

将压强代入流向运动方程，并略去非线性对流项，得

$$\frac{\partial u}{\partial t} = -g\frac{\partial \zeta}{\partial x} \tag{6.65}$$

(4) 水面边界条件的简化

水面边界条件为

$$\frac{\partial \zeta}{\partial t} + u\frac{\partial \zeta}{\partial x} = w$$

它的线性近似为

$$\frac{\partial \zeta}{\partial t} = w$$

由式(6.63)可知垂向速度

$$w = -\int_{-h}^{0} \frac{\partial u}{\partial x}\mathrm{d}z = -h\frac{\partial u}{\partial x}$$

于是水面边界条件简化为

$$\frac{\partial \zeta}{\partial t} = -h\frac{\partial u}{\partial x} \tag{6.66}$$

式(6.65)和式(6.66)是等深度线性长波的基本方程.将以上两式分别消去 u 和 ζ,可得

$$\frac{\partial^2 \zeta}{\partial t^2} - gh\,\frac{\partial^2 \zeta}{\partial x^2} = 0 \tag{6.67}$$

$$\frac{\partial^2 u}{\partial t^2} - gh\,\frac{\partial^2 u}{\partial x^2} = 0 \tag{6.68}$$

它们都是标准的双曲型方程,令 $c^2 = gh$,以上方程的一般解为(读者自己验证)

$$\zeta = h[F(x - ct) - f(x + ct)] \tag{6.69}$$

$$u = c[F(x - ct) + f(x + ct)] \tag{6.70}$$

$F(\eta)$,$f(\eta)$为有二阶导数的任意函数.

2. 线性浅水长波的性质

(1) 线性浅水长波是非色散波

式(6.69)和式(6.70)表明,波面和流向速度都是以等速传播,其中函数 $F(x-ct)$表示向右传播;函数 $f(x+ct)$表示向左传播.波速

$$c = \sqrt{gh} \tag{6.71}$$

波速只和水深有关,它是非色散波,就是说,波形在传播过程中保持不变.

(2) 波形由初始波面函数和流向速度确定

设初始波形 $\zeta(x,0) = Z(x)$,初始流向速度 $u(x,0) = U(x)$,代入式(6.69)和式(6.70)得

$$Z(x) = h[F(x) - f(x)]$$

$$U(x) = c[F(x) + f(x)]$$

以上两式可解出函数 $F(x)$和 $f(x)$:

$$F(x) = \frac{1}{2}\left(\frac{U(x)}{c} + \frac{Z(x)}{h}\right) \tag{6.72a}$$

$$f(x) = \frac{1}{2}\left(\frac{U(x)}{c} - \frac{Z(x)}{h}\right) \tag{6.72b}$$

(3) 缓变地形中线性浅水长波

只要将水面速度 u 用水深平均速度 $\bar{u}$ 代替,以上所得的等深度线性浅水长波结果可以推广到缓变地形中线性浅水长波的情况,水深平均速度的定义是

$$\bar{u}(x,t) = \frac{1}{h}\int_{-h}^{0} u(x,z,t)\,\mathrm{d}z \tag{6.73}$$

关于水波理论在海洋科学、造船和水利工程中的应用请参阅有关专著.

习　题

6.1　求波长为 145m 的海洋波传播速度和波动周期,假定海洋深度是很大的.

6.2　海洋波以 10m/s 的速度移动,试求这些波的波长和周期.

6.3 在无限深液体表面，观察到表面上的浮漂1min上升下降15次，试求波长和传播速度.

6.4 在无限深流体中，若置入两块无限大的铅垂平板，其垂直距离为L，试求当两平板之间的流体产生驻波时，其波长λ与L必须满足的关系，并求出其波动周期.

6.5 在水深为d的水平底部(即$z=-d$处)用压力传感器记录到沿x方向传播的周期行波的压力为$p(t)$，设$p(t)$的最大脉动幅度(相对平衡态而言)为H(水柱高)，圆频率为ω，试确定所对应的自由面波动的圆频率和振幅.

6.6 验证等深度线性浅水长波的解为式(6.69)和式(6.70).

6.7 设等深度线性浅水长波的初始波形$\zeta(x,0)=\cos(x)$，$u(x,0)=\sin(x)$，计算该波形的传播.

思 考 题

S6.1 海浪冲向海岸时，浪高会越来越高，为什么？

S6.2 在海底发生地震，为什么产生很高的海浪？

S6.3 在水面下等速航行的潜艇，是否会在水面上出现水波？

S6.4 铺设在海底的油管受到的海水作用力是恒定的，还是周期的？

第 7 章 气体动力学基础

本章应用理想流体运动基本方程研究可压缩流体的运动规律，也就是研究流体密度有较大变化、热力学过程和力学过程耦合的流动规律.

7.1 气体动力学基本方程

当流体质点在运动过程中，密度发生较大变化时，需要考虑流体压缩性的影响. 气体是可压缩流体，气体动力学属于可压缩流体动力学.

气体动力学研究范围很广，包括高速空气动力学、气体波动力学和高温气体力学等. 本章作为气体动力学的基础，主要研究完全气体运动中热力学过程与力学过程耦合时出现的现象，对它们进行分析，并给出简单的计算方法.

1. 理想完全气体模型

本章作为气体动力学的基础知识，假定流体是理想的完全气体，即动力粘性系数 $\mu=0$，热传导系数 $\lambda=0$，应力张量 $T_{ij}=-p\delta_{ij}$. 理想完全气体满足以下状态方程：

$$p = R\rho T \tag{7.1a}$$

它是常比热容气体，其内能 e、焓 h 和熵 s 分别为

$$h = c_p T \tag{7.1b}$$

$$e = c_V T \tag{7.1c}$$

$$s = c_V \ln \frac{p}{\rho^\gamma} \tag{7.1d}$$

$$R = c_p - c_V \tag{7.1e}$$

$$R = \frac{8341}{\mu} \tag{7.1f}$$

式中 R 是气体常数，μ 是相对分子质量，如空气的相对分子质量是 29，$R=287\text{N}\cdot\text{m}/(\text{kg}\cdot\text{K})$，$c_p$，$c_V$分别为比定压热容和比定容热容，$\gamma=c_p/c_V$称为热容比或绝热指数. 在常温常压下的一般气体，如空气、氧气、氢气等，都可近似为理想完全气体.

2. 气体动力学基本方程

应用第 4 章的流体力学基本方程，气体运动应满足以下方程：

(1) 质量守恒方程或连续方程

$$\frac{\partial \rho}{\partial t} + \nabla \cdot \rho \boldsymbol{U} = 0 \tag{7.2a}$$

或将式(7.2a)中散度项展开$\nabla \cdot \rho \boldsymbol{U} = \rho \nabla \cdot \boldsymbol{U} + \boldsymbol{U} \cdot \nabla \rho$，代入式(7.2a)后得以下形式的连续方程：

$$\frac{D\rho}{Dt} + \rho \nabla \cdot \boldsymbol{U} = 0 \tag{7.2b}$$

(2) 动量方程或运动方程：就是第 5 章导出的欧拉方程，但是本章讨论的流动过程中密度 ρ 是变量：

$$\frac{\partial \boldsymbol{U}}{\partial t} + \boldsymbol{U} \cdot \nabla \boldsymbol{U} = -\frac{1}{\rho} \nabla p \tag{7.3}$$

(3) 能量方程：将理想流体的应力状态代入第 4 章的能量方程，可得

$$\frac{\partial}{\partial t}\left(e + \frac{U^2}{2}\right) + \boldsymbol{U} \cdot \nabla \left(e + \frac{U^2}{2}\right) = -\frac{1}{\rho} \nabla \cdot (p\boldsymbol{U}) + \dot{q}$$

式中 $U^2 = |\boldsymbol{U}|^2$，将方程右端的散度展开$\nabla \cdot (p\boldsymbol{U}) = p\nabla \cdot \boldsymbol{U} + \boldsymbol{U} \cdot \nabla p$，并将内能 $e=h-p/\rho$ 代入上式，经简单代数运算后，可得以下形式的能量方程：

$$\frac{\partial}{\partial t}\left(h + \frac{U^2}{2}\right) + \boldsymbol{U} \cdot \nabla \left(h + \frac{U^2}{2}\right) = \frac{1}{\rho}\frac{\partial p}{\partial t} + \dot{q} \tag{7.4}$$

式中 $\dot{q} = \text{D}q/\text{D}t$ 是单位质量气体质点吸入的热量. 若流动是绝热($\dot{q}=0$)且连续的，即过程是绝热可逆的，则由热力学第二定理：$\text{D}s = \text{D}q/T$，可导出熵增 $\dot{s} = \frac{\text{D}s}{\text{D}t} = \frac{\dot{q}}{T} = 0$，就是说绝热连续的流动过程是等熵过程，$s=$常数，对于完全气体 $s = c_V \ln(p/\rho^\gamma)$，因此有

$$\frac{\text{D}}{\text{D}t}\left(\frac{p}{\rho^\gamma}\right) = 0 \tag{7.5}$$

就是说，绝热的理想气体连续运动中，质点的熵沿轨迹不变.

一般情况下由式(7.1a),式(7.2a),式(7.3),式(7.4)共6个方程可解出流场物理量 $\rho,p,\boldsymbol{U},T$. 完全气体的温度则由状态分程求出. 对于等熵流动(连续绝热流动),流场物理量 $\rho,p,\boldsymbol{U}$ 可由方程组(7.2a),式(7.3),式(7.5)解出. 从理想完全气体运动的基本方程来看,可压缩流动的主要特点是有密度和其他热力学状态参数,如温度、热焓以及熵的变化.

7.2 声传播方程和马赫数

1. 气体的一维非定常微扰流动和声速

从物理学中我们知道,声音以波的形式传播,它是一种微弱的气体波运动,通常声波在三维空间传播,为了便于理解,先讨论平面声波的流场.

图7.1所示一个半无限长的绝热等截面管道,左端有一振动膜(相当于一个扬声器),右端为无限长. 初始状态等截面管道内的气体处于静止平衡状态($u=0$),气体的状态参数为 p_0,ρ_0. 在薄膜激振下,管内气体开始运动. 讨论气体的微扰运动,也就是说振动膜的振幅和运动速度很小,因此,它所激起的气体运动速度 $u'(x,t)$ 很小,运动气体的状态参数 p,ρ 偏离原来的平衡值 p_0,ρ_0 也很小.

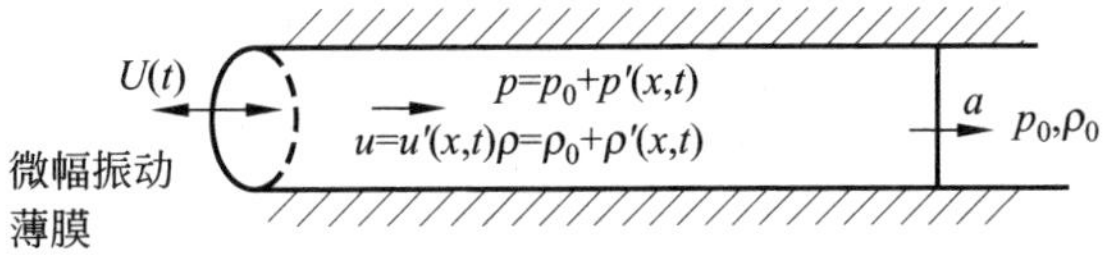

图7.1 推导声速用图

在等截面管道中,可以假定气体流动是一维的,即气体的速度、压强和密度等都是(x,t)的函数,即 $u=u(x,t)$, $p=p(x,t)$, $\rho=\rho(x,t)$,由气体运动的基本方程,可以得到以下简化的气体一维非定常运动的基本方程.

连续方程

$$\frac{\partial\rho}{\partial t}+\frac{\partial\rho u}{\partial x}=0 \tag{7.6}$$

运动方程

$$\frac{\partial u}{\partial t}+u\frac{\partial u}{\partial x}=-\frac{1}{\rho}\frac{\partial p}{\partial x} \tag{7.7}$$

由于声波是绝热微扰运动,它可近似为等熵过程,即有方程:

$$\frac{\mathrm{D}s}{\mathrm{D}t}=\frac{\partial}{\partial t}\left(\frac{p}{\rho^{\gamma}}\right)+u\frac{\partial}{\partial x}\left(\frac{p}{\rho^{\gamma}}\right)=0 \tag{7.8}$$

假定初始时刻管内气体是静止且热力学平衡的,即 $t=0$ 时: $u(x,0)=0$, $p(x,0)=$

p_0，$\rho(x,0)=\rho_0$，$s(x,0)=s_0$. 由于熵沿轨迹不变，故由式(7.8)可导出，流场始终保持均熵，$s(x,t)=s_0$，或写成

$$\frac{p}{\rho^{\gamma}}=\frac{p_0}{\rho_0^{\gamma}} \tag{7.9}$$

当流场中受到微小激振后，扰动将在流场中传播，受扰动的流场可表示为

$$p=p_0+p',\quad \rho=\rho_0+\rho',\quad u=u'$$

已假定扰动是微弱的，即相对值 $p'/p_0\sim O(\varepsilon)\ll 1$，$\rho'/\rho_0\sim O(\varepsilon)\ll 1$，$\rho_0 u'^2/p_0\sim O(\varepsilon)\ll 1$，将其代入式(7.6)～式(7.9)，并将导数展开，就有

$$\frac{\partial \rho'}{\partial t}+\rho_0\frac{\partial u'}{\partial x}+\frac{\partial \rho' u'}{\partial x}=0$$

$$\frac{\partial u'}{\partial t}+u'\frac{\partial u'}{\partial x}=-\frac{1}{\rho_0+\rho'}\frac{\partial p'}{\partial x}\approx-\frac{1}{\rho_0}\left(1-\frac{\rho'}{\rho_0}\right)\frac{\partial p'}{\partial x}=\frac{1}{\rho_0}\left(1-\frac{\rho'}{\rho_0}\right)\left(\frac{\mathrm{d}p}{\mathrm{d}\rho}\right)_s\frac{\partial \rho'}{\partial x}$$

略掉二阶以上的小量可使方程线性化为

$$\frac{\partial \rho'}{\partial t}+\rho_0\frac{\partial u'}{\partial x}=0 \tag{7.10}$$

$$\frac{\partial u'}{\partial t}+\frac{c_0^2}{\rho_0}\frac{\partial \rho'}{\partial x}=0 \tag{7.11}$$

式中 $c_0^2=(\mathrm{d}p/\mathrm{d}\rho)_s=\gamma p_0/\rho_0$ 是等熵过程中压强对密度的导数. 由式(7.10)和式(7.11)分别消去 ρ' 或 u' 可得

$$\frac{\partial^2 u'}{\partial t^2}-c_0^2\frac{\partial^2 u'}{\partial x^2}=0 \tag{7.12}$$

$$\frac{\partial^2 \rho'}{\partial t^2}-c_0^2\frac{\partial^2 \rho'}{\partial x^2}=0 \tag{7.13}$$

式(7.12)和式(7.13)是气体微扰运动所满足的方程，也称作一维声波方程. 这是典型的双曲型方程，其解的一般形式为

$$u=f_+(x-c_0t)+f_-(x+c_0t) \tag{7.14}$$

函数 f_+，f_- 由初始条件确定. 由解式(7.14)可以看出微小扰动在静止完全气体中传播有以下特点(参见图7.2).

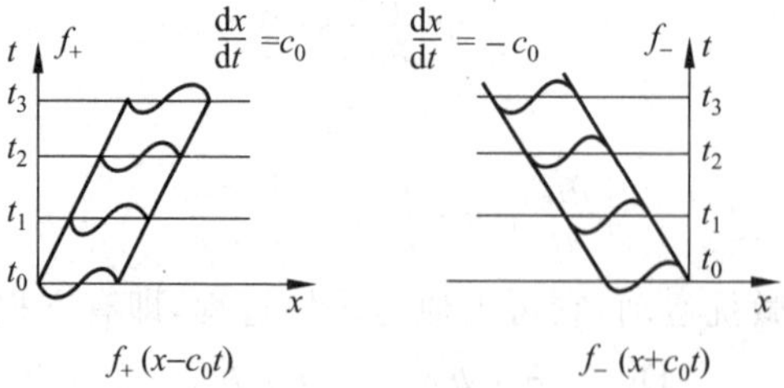

图7.2 声传播的特征

(1) 方程的解是两族简单波的叠加;

(2) 右传波 $f_+(x-c_0t)$: 函数 f_+ 沿迹线 $x-c_0t=\text{const.}$ 不变,传播速度 $\mathrm{d}x/\mathrm{d}t=c_0$;

(3) 左传波 $f_-(x+c_0t)$: 函数 f_- 沿迹线 $x+c_0t=\text{const.}$ 不变,传播速度 $\mathrm{d}x/\mathrm{d}t=-c_0$;

(4) 扰动传播速度 $c_0=\sqrt{(\mathrm{d}p/\mathrm{d}\rho)_{s_0}}=\sqrt{\gamma p_0/\rho_0}$,这就是声波的传播速度,简称声速.声速只和气体的热力学状态有关,与扰动的运动学特性,如扰动的频率、波长等无关.

因此等截面绝热管道中气体的一维声传播是非色散性的双向波.以上分析可以推广到声波在无界空间中的传播,其结论是任意方向的声传播都是非色散的等速行进波.

2. 声速、马赫数

(1) 完全气体的声速

上面讨论了气体平面运动中微弱扰动以波传播的形式运动,在一般均匀静止空间的气体中,声波以球面波的形式传播,用同样的方法可导出等熵传播的声速公式:

$$c^2=\left(\frac{\partial p}{\partial \rho}\right)_s \tag{7.15}$$

对于完全气体,将等熵关系式 $p/\rho^\gamma=\text{const.}$ 代入,可得声速公式:

$$c=\sqrt{\frac{\gamma p}{\rho}}=\sqrt{\gamma RT} \tag{7.16}$$

所以完全气体声速 c 只是温度的函数.在非均匀的流场中,不同时刻、不同点上声速大小和当时当地的温度有关,温度越高,声速越大.

(2) 马赫数

定义 7.1 流体速度 u 与当地声速 c 之比称为马赫数(用 Ma 表示): $Ma=u/c$.

马赫数的物理意义可解释为:

① Ma 是单位质量流体的惯性力与压强合力的量级之比,可做以下的量级估计:

$$\frac{\text{惯性力}}{\text{压强合力}}=\frac{|\mathrm{d}\boldsymbol{U}/\mathrm{d}t|}{|\boldsymbol{\nabla} p/\rho_\infty|}\sim\frac{U^2/L}{p/L\rho}=\gamma Ma^2$$

② Ma 是气体质点单位质量的动能与内能的量级之比:

$$\frac{\text{动能}}{\text{内能}}=-\frac{U^2/2}{c_VT}=\frac{U^2/2}{p/(\gamma-1)\rho}=\frac{\gamma(\gamma-1)}{2}Ma^2$$

另外,我们知道 $c^2=(\mathrm{d}p/\mathrm{d}\rho)_s$ 表示流体的压缩性,$(\mathrm{d}p/\mathrm{d}\rho)_s$ 越大,表示压缩性越小,而声速大;$(\mathrm{d}p/\mathrm{d}\rho)_s$ 越小,反映流体的压缩性大,但声速小.例如,理想的不可压缩流体,它的声速是无限大,任何小扰动在一瞬间就传播到全流场.从马赫数的定义,可以看到如果流体运动速度相同,则流体的声速越大,马赫数越小,它反映这种流体运动的压缩性也就越弱.例如:理想不可压缩流体的马赫数趋向于零;常温(293K)

下空气的声速约为 340m/s，以每小时 120km(33.3m/s)行驶的汽车，它的运动马赫数约为 0.1；以每小时 1000km(277.8m/s)飞行的喷气飞机，它的飞行马赫数约为 0.82. 由估算的马赫数，可以判断，喷气飞机周围流动的压缩性大于汽车周围的气体流动的压缩性.

③ 气体流动分类

从马赫数的定义可知：$Ma=1$ 表明流体质点速度与当地声速相同，称这种流动状态为临界状态. 马赫数大于 1 或小于 1 的流动分别称作超声速流动或亚声速流动. 在空气动力学中通常把气体流动分成以下四类：

$Ma<1$ 亚声速流动

$Ma\approx 1$ 跨声速流动

$Ma>1$ 超声速流动

$Ma\gg 1$ 高超声速流动

3. 超声速($Ma>1$)流场与亚声速($Ma<1$)流场的主要差别：影响域和依赖域

静止气体中的运动物体或均匀气流绕物体产生的流场都可以看作是气体连续受扰运动. 超声速或亚声速运动的物体都能产生气体扰动，但是扰动在气体中的传播有根本性差别. 为了考察超声速流场和亚声速流场的最主要的差别，假设微小扰动只是一个点.

定义 7.2 点扰动能够传播到的空间区域，称为扰动的影响域.

下面来考察亚声速或超声速运动的点扰动的影响域.

(1) 静止流场中固定的点扰动源(坐标原点)的影响域. 此时扰动在各方向以相同的声速 c 传播，因此静止点扰动以同心圆球的波面向四周传播，见图 7.3(a). 例如，从 $t=0$ 发出的扰动，在 $t=1$ 时，该扰动传播到半径为 ct 的球面 O_1 上；$t=2$ 时，该扰动传播到半径为 $2ct$ 的球面 O_2 上；$t=3$ 时，该扰动传播到 $3ct$ 的球面 O_3 上；依次类推，足够长时间后，扰动将传播到全流场. 也就是说，影响域是全部空间.

(2) 亚声速运动的点扰动的影响域(图 7.3(b)). 此时扰动点运动速度 U 小于声速 c，设 $t=0$ 时刻点扰动源位于 O 点，在 $t=3$ 时刻，$t=0$ 时的扰动到达半径为 $3ct$ 的 O_3 球面上，而扰动点的水平移动距离为 $3Ut$，到达 M 点，由于 $U<c$，M 点位于 O_3 圆球面内. 在 $t=1$ 时刻，扰动点到达 O'，它的水平移动距离为 Ut，由该时刻发出的扰动在 $t=3$ 时刻到达半径为 $2ct$ 的圆球面 O_2，它位于圆球面 O_3 内；同样道理，在 $t=2$ 时刻，扰动点到达 O''，它的水平移动距离等于 $2Ut$，由它发出的扰动在 $t=3$ 时刻到达半径为 ct 的圆球面 O_1，它包含于 O_2、O_3 内. 以上分析表明，亚声速运动的点扰动源，扰动点始终位于扰动波内，在足够长时间以后，它的扰动总可以传播到整个空间. 因此亚声速运动的点扰动源的影响域也是全流场.

(3) 超声速运动的点扰动的影响域(图 7.3(c)). 此时扰动点运动速度 U 大于声

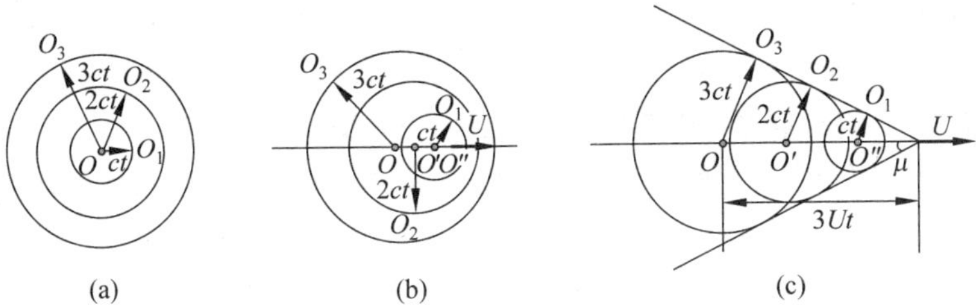

图 7.3 气流中扰动影响域

(a) $U=0, Ma=0$; (b) $U<C, Ma<1$; (c) $U>C, Ma>1$

速 c，设 $t=0$ 时刻点扰动位于 O 点，在 $t=3$ 时刻该点扰动传播到半径为 $3ct$ 的 O_3 球面上，而扰动点的水平移动距离为 $3Ut$，由于 $U>c$，$t=3$ 时刻扰动点 M 位于球面 O_3 外. 在 $t=1$ 时刻，该扰动点到达 O'，它的水平移动距离为 Ut，从该时刻发出的扰动在 $t=3$ 时刻到达半径为 $2ct$ 的圆球面 O_2，它位于圆球面 O_3 的上游；同样道理，在 $t=2$ 时刻，该扰动点到达 O''，它的水平移动距离等于 $2Ut$，由它发出的扰动在 $t=3$ 时刻到达半径为 ct 的圆球面 O_1，它位于 O_2、O_3 两个球面的上游. 由于扰动波面的半径和声速 a 成正比，受扰空间球心的位移和点扰动源的速度 U 成正比，因此，通过 M 点可以作圆 O_1、O_2、O_3、…的公切线，在空间中它是一个圆锥面，通过三角关系，不难求出锥的半顶角 $\mu=\arcsin(c/U)=\arcsin(1/Ma)$，称该圆锥为马赫锥，半顶角 μ 为马赫角. 以上分析表明，以超声速运动的点扰动只能在下游马赫锥内传播，而不能传播到马赫锥外. 就是说以超声速运动的点扰动源的影响域在它的下游马赫锥内.

以上的分析很容易推广到绕流问题，如果在随点扰动源运动的坐标系中考察上述扰动的传播，就可以观察到均匀气流（亚声速或超声速）受固定点扰动的流场情况. 这时影响域相对于扰动点的关系不变.

下面还可以通过影响域的概念来分析接收扰动的依赖域.

定义 7.3 空间固定点 P 能够接收到气流扰动信号的区域称为 P 点的依赖域.

从图 7.3(b)中可以看到，在亚声速气流中任意点的依赖域是全流场，因为无论是在指定点上游或下游的扰动，只要有足够长的时间，这些扰动总能传播到该点. 而超声速气流则完全不同（参见图 7.4），P 点下游的扰动不能影响 P 点的气流状态；不仅如此，上游的扰动只有一部分能够传播到 P 点. 具体来说，以 P 点为顶点，以马赫

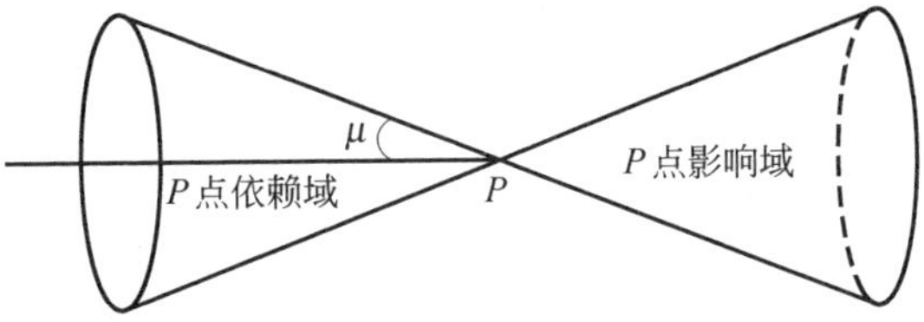

图 7.4 超声速气流中的依赖域：倒马赫锥

角为半顶角，向扰动点上游作圆锥(称为倒马赫锥)，只有在倒马赫锥内的扰动才能传播到 P 点，在倒马赫锥外的扰动，不论时间多长，都不可能传播到 P 点. 因此 P 点的依赖域是 P 点的倒马赫锥. 图 7.4 中还表示了一点 P 的影响域.

总之，亚声速气流流场和不可压缩流场类似，扰动的影响域和依赖域是全流场. 超声速流场中扰动的影响域只限于扰动下游马赫锥内；一点的依赖域在倒马赫锥内. 这种力学特性对于分析和计算超声速流动是很重要的，例如，求解不可压缩或亚声速绕流问题，必须给出绕流边界的全部边界条件，因为，从物理上说，上下游的条件都对绕流有影响. 而对于理想气体的超声速绕流问题，下游边界条件是不必要的，因为下游边界流动参数的任何变化(扰动)都不影响上游的气体运动.

7.3 理想气体等熵流动的主要性质

1. 完全气体流动的基本性质和克罗科(Croco)定理

(1) 理想气体定常绝热连续流动中沿流线熵不变

证明 在绝热、连续流动的条件下，理想气体质点沿迹线熵的变化率等于零(式(7.5))，定常流动中，流线与迹线重合. 因此，每一条流线上的熵值是常数.

(2) 理想气体绝热定常流动沿流线 $h+U^2/2=\text{const.}$.

证明 由能量方程 (7.4)：$\partial(h+U^2/2)/\partial t+\boldsymbol{U}\cdot\boldsymbol{\nabla}(h+U^2/2)=(\partial p/\partial t)/\rho+\dot{q}$，在定常和绝热条件下，右端两项和左端第一项都等于零，因此有

$$\boldsymbol{U}\cdot\boldsymbol{\nabla}(h+U^2/2)=0 \quad \text{或} \quad h+U^2/2=C(n) \tag{7.17}$$

n 为流线参数，证毕. 式(7.17)是理想完全气体在流线上的伯努利积分.

定义 7.4 单位质量的**焓和动能之和**，$h_0=h+U^2/2$，**称为总焓**；并用 h_0 表示.

式(7.17)又可解释为理想气体绝热定常流动中沿流线总焓不变. 在定常流动中，总焓是同一流线上速度等于零处的焓值，故又称滞止焓.

(3) 克鲁科定理及其应用

定理 7.1 理想气体的绝热定常流动中，若质量力可忽略不计，在全流场有下式成立：

$$\boldsymbol{\Omega}\times\boldsymbol{U}=T\boldsymbol{\nabla}s-\boldsymbol{\nabla}h_0 \tag{7.18}$$

证明 由 Lamb 型方程出发

$$\frac{\partial\boldsymbol{U}}{\partial t}+\boldsymbol{\Omega}\times\boldsymbol{U}+\boldsymbol{\nabla}\left(\frac{U^2}{2}\right)=-\frac{1}{\rho}\boldsymbol{\nabla}p$$

定常流中 $\dfrac{\partial\boldsymbol{U}}{\partial t}=0$；根据热力学关系：$T\mathrm{d}s=p\mathrm{d}(1/\rho)+\mathrm{d}e=-\mathrm{d}p/\rho+\mathrm{d}h$，或 $-\mathrm{d}p/\rho=T\mathrm{d}s-\mathrm{d}h$，因此在均质平衡气体中有 $-\boldsymbol{\nabla}p/\rho=T\boldsymbol{\nabla}s-\boldsymbol{\nabla}h$，代入兰姆型方程可得

$$\boldsymbol{\Omega}\times\boldsymbol{U} = T\nabla s - \nabla\left(h + \frac{U^2}{2}\right) = T\nabla s - \nabla h_0$$

证毕.

定义 7.5 熵值处处相等的流场称为均熵流场；总焓处处相等的流场称为均焓流场. 对于均熵均焓的定常流动，由克罗科定理可得出以下推论.

(1) 轴对称或平面流动中均熵均焓场必无旋.

均熵流场中$\nabla s=0$，均焓流场中$\nabla h_0=0$. 因此根据克罗科定理，均熵均焓流场中应有$\boldsymbol{\Omega}\times\boldsymbol{U}=\mathbf{0}$，在平面或轴对称流动中$\boldsymbol{\Omega}\perp\boldsymbol{U}$，从而$|\boldsymbol{\Omega}\times\boldsymbol{U}|=|\Omega||\boldsymbol{U}|=0$. 流场中$\boldsymbol{U}\neq\mathbf{0}$(否则就是静止流场)，因此必有$\boldsymbol{\Omega}=\mathbf{0}$，即流场是无旋的.

(2) 定常三维理想气体的均焓无旋流动必均熵.

(3) 定常三维理想气体的均熵无旋流动必均焓.

(4) 非均焓的定常三维理想气体均熵流动必有旋.

(5) 非均熵的定常三维理想气体均焓流动必有旋.

推论(2)，推论(3)，推论(4)，推论(5)可由克罗科定理直接导出，不一一重复.

克罗科定理在理想气体的定常流动中有重要意义，利用它可以判断流场是否有旋. 只要流场中存在总焓梯度或熵梯度，流动就有旋. 又如，前面已证明：理想气体绝热定常**连续流动**中沿流线总焓和熵不变，如果二维理想气体绕流的来流速度、总焓和熵处处相等，则流场处处总焓和熵相等，即全场是均焓均熵的，因此流动是无旋的. 这里**流动连续**是一项很重要条件，在高速气流中，当气流速度超过当地声速时，可能产生激波，气体质点穿过激波时热力学状态发生突变，是不可逆过程，这时虽然气体运动是绝热的，但它的熵将发生变化. 因此定常超声速气流中有激波时，即使激波前流场是均熵无旋的，激波后流场可能是非均熵有旋的.

2. 理想常比热容完全气体沿流线的等熵关系式

理想流体绝热定常连续流动时，沿流线熵值不变，称之为定常等熵流. 在很多实际流动中，如：物体在静止大气中匀速运动；管道或叶轮机械通道中的气流运动等，当流动的粘性效应可忽略，流场与外界无热交换又不出现激波时，这些流动都可视为定常等熵流动.

(1) 理想常比热容完全气体定常等熵流动的基本方程

定常绝热流动的能量关系式就是伯努利积分：

$$\frac{U^2}{2}+h=\frac{U^2}{2}+c_pT=\frac{U^2}{2}+\frac{\gamma}{\gamma-1}\frac{p}{\rho}=\frac{U^2}{2}+\frac{c^2}{\gamma-1}=C(n) \tag{7.19}$$

式中 c 是完全气体的当地声速. 完全气体的定常理想绝热连续运动中的等熵方程可写作：

$$\frac{p}{\rho^\gamma}=B(n)$$

式中 $c(n)$，$B(n)$是同一条流线上的积分常数.

(2) 滞止参数、最大速度和临界参数

定义 7.6 在定常流动中，气体流动等熵地减速到速度等于零的状态称为滞止状态，滞止状态的气流参数称为滞止参数.

滞止参数记作 ρ_0, p_0, T_0, h_0，分别称作滞止密度，滞止压强，滞止温度和滞止焓.它们可由等熵流动能量公式和等熵过程确定.首先由能量方程 $h_0=c_pT_0=U^2/2+h=U^2/2+c_pT$ 导出滞止温度公式如下.

① 滞止温度

$$T_0 = \frac{U^2}{2c_p} + T \tag{7.20}$$

其他滞止状态参数由滞止温度导出如下：

$$\frac{p_0}{p} = \left(\frac{T_0}{T}\right)^{\frac{\gamma}{\gamma-1}}, \quad \frac{\rho_0}{\rho} = \left(\frac{T_0}{T}\right)^{\frac{1}{\gamma-1}}, \quad s_0 - s = c_v \ln\left(\frac{p_0}{\rho_0^{\gamma}}\right) - c_v \ln\left(\frac{p}{\rho^{\gamma}}\right)$$

由 $T_0=\dfrac{U^2}{2c_p}+T$ 可以看出：滞止温度是理想气体沿定常流动流线的最高温度.

例 7.1 在静止空气中以 800m/s 等速飞行的火箭，计算火箭头部驻点的温度和静止空气温度之差.

解 在等速运动火箭中的观察者，火箭周围空气是定常绕流，火箭头部的驻点是滞止点.应用式(7.20)，火箭头部驻点温度和静止温度之差：$T_0-T=\dfrac{U^2}{2c_p}$，空气的比定压热容 $c_p=\gamma R/(\gamma-1)=1.4\times287/0.4=1004.5\text{N}\cdot\text{m}/(\text{kg}\cdot\text{K})$，因此

$$T_0 - T = U^2/2c_p = 318\text{K}$$

由以上计算可见，高速运动物体的头部有很高的温度，物体运动速度越快，头部温度就越高.

② 理想气体定常等熵流动中的最大速度.

定义 7.7 在理想常比热容完全气体定常流动中，流体质点等熵地加速到 $h=0$，或 $T=0$，或 $p=0$ 时的速度为最大速度，记作 $U_{\max}$.

由能量方程式(7.19)，令 $h=0$，得

$$U_{\max} = \sqrt{2h_0} = \sqrt{2c_pT_0} = \sqrt{2\gamma RT_0/(\gamma-1)}$$

③ 临界参数.

定义 7.8 在理想气体定常等熵流动中，流体质点速度等于当地声速的状态称为临界状态.临界状态下的气体状态参数称为临界参数，分别用 ρ^*, p^*, T^*, h^* 来表示临界密度，临界压强，临界温度，临界焓等.

根据定义：临界速度等于当地声速，即

$$U^* = a^* = \sqrt{\gamma p^*/\rho^*} = \sqrt{\gamma RT^*} = \sqrt{(\gamma-1)h^*} \tag{7.21}$$

其他临界状态参数导出如下，由能量方程：$U^{*2}/2+h^{*}=h_0$ 和式(7.21)导出

$$h_0=(\gamma+1)h^{*}/2$$

于是有

$$\frac{T^{*}}{T_0}=\frac{h^{*}}{h_0}=\frac{2}{\gamma+1} \tag{7.22}$$

由等熵关系式得

$$\frac{p^{*}}{p_0}=\left(\frac{T^{*}}{T_0}\right)^{\frac{\gamma}{\gamma-1}}=\left(\frac{2}{\gamma+1}\right)^{\frac{\gamma}{\gamma-1}} \tag{7.23}$$

$$\frac{\rho^{*}}{\rho_0}=\left(\frac{T^{*}}{T_0}\right)^{\frac{1}{\gamma-1}}=\left(\frac{2}{\gamma+1}\right)^{\frac{1}{\gamma-1}} \tag{7.24}$$

例 7.2 双原子气体的临界参数值.

解 双原子气体的绝热指数 $\gamma=1.4$，因此

$$\frac{p^{*}}{p_0}=\left(\frac{2}{\gamma+1}\right)^{\frac{\gamma}{\gamma-1}}=0.5283,\quad \frac{T^{*}}{T_0}=0.833,\quad \frac{\rho^{*}}{\rho_0}=0.634$$

(3) 用马赫数表示的完全气体等熵关系式

气体定常等熵流中流动参数的变化可以用能量方程导出，对于完全气体，这些公式还可以用马赫数作为自变量来表示，它们更便于分析和计算. 推导过程如下：由滞止温度公式 $T_0=U^2/2c_p+T$，可导出

$$\frac{T}{T_0}=\left(1+\frac{U^2}{2c_pT}\right)^{-1}$$

对于完全气体，$c_p=\gamma R/(\gamma-1)$，因此 $U^2/(2c_pT)=(\gamma-1)Ma^2/2$，代入滞止温度公式，得

$$\frac{T}{T_0}=\frac{h}{h_0}=\left(1+\frac{\gamma-1}{2}Ma^2\right)^{-1} \tag{7.25}$$

进一步代入其他状态公式，就有

$$\frac{\rho}{\rho_0}=\left(1+\frac{\gamma-1}{2}Ma^2\right)^{-\frac{1}{\gamma-1}} \tag{7.26}$$

$$\frac{p}{p_0}=\left(1+\frac{\gamma-1}{2}Ma^2\right)^{-\frac{\gamma}{\gamma-1}} \tag{7.27}$$

$$\frac{c}{c_0}=\left(1+\frac{\gamma-1}{2}Ma^2\right)^{-\frac{1}{2}} \tag{7.28}$$

(4) 气体等熵流动的不可压缩近似

一般来说，气体是可压缩的. 下面将说明，当理想气体定常流动的马赫数很小时，气体流动可近似为理想不可压缩流动. 首先导出以下压强系数公式：

$$\frac{p_0 - p}{\frac{1}{2}\rho U^2} = \frac{\frac{p_0}{p} - 1}{\frac{\rho U^2}{2p}} = \frac{2}{\gamma Ma^2}\left[\left(1 + \frac{\gamma - 1}{2}Ma^2\right)^{\frac{\gamma}{\gamma-1}} - 1\right]$$

式中 U、p、Ma 是气流的当地速度、压强和马赫数，p_0 是等熵滞止压强. 当 $Ma<1$ 时，我们可以将 $\left(1+\frac{\gamma-1}{2}Ma^2\right)^{\frac{\gamma}{\gamma-1}}$ 作泰勒级数展开，得(由读者自己完成计算)

$$\frac{p_0 - p}{\frac{1}{2}\rho U^2} = 1 + \frac{1}{4}Ma^2 + O(Ma^4) \tag{7.29}$$

当 $Ma \ll 1$ 时，上式可近似为：$(p_0-p)/(\rho U^2/2)=1$，即

$$p_0 = p + \rho U^2/2$$

这就是不可压缩理想流体定常流动的能量积分，或不可压缩理想流体的伯努利积分，根据式(7.29)可以估计适用不可压缩近似的马赫数范围. 例如：当 $Ma=0.3$ 时，近似公式所得结果与伯努利公式之差为 0.0225，即 2%左右，这对工程应用是允许的. 因此，当流场中最大马赫数不超过 0.3 时，理想气体的定常等熵流动往往可以用不可压缩理想流体方程来近似.

(5) 速度系数

定义 7.9 流体速度与临界速度(或临界声速)之比称为速度系数，记作

$$\lambda = \frac{U}{c^*}$$

速度系数 λ 与马赫数 Ma 之间有一一对应关系. 速度系数可写作

$$\lambda = \frac{U}{c^*} = \frac{c_0}{c^*}\frac{c}{c_0}\frac{U}{c} = \sqrt{\frac{T_0}{T^*}}\sqrt{\frac{T}{T_0}}\frac{U}{c}$$

将前面已导出的关系式 $T^*/T_0=2/(\gamma+1)$ 和 $T/T_0=[1+(\gamma-1)Ma^2/2]^{-1}$ 代入上式，得

$$\lambda = Ma\left[\frac{2}{\gamma+1}\left(1 + \frac{\gamma-1}{2}Ma^2\right)\right]^{-\frac{1}{2}} \tag{7.30a}$$

或

$$Ma = \lambda\left[\frac{\gamma+1}{2}\left(1 - \frac{\gamma-1}{\gamma+1}\lambda^2\right)\right]^{-\frac{1}{2}} \tag{7.30b}$$

速度系数 λ 与马赫数之间的关系示于图 7.5.

通过计算导数 $\mathrm{d}\lambda(Ma)/\mathrm{d}Ma$ 和 $\mathrm{d}Ma(\lambda)/\mathrm{d}\lambda$，可以验证 $\lambda'(Ma)>0$ 和 $Ma'(\lambda)>0$，即 $\lambda(Ma)$ 和 $Ma(\lambda)$ 都是正值的单调增函数，如图 7.5 所示. 而且还有以下关系：$Ma=0$ 时，$\lambda=0$；$Ma=1$ 时，$\lambda=1$；$Ma>1$ 时，$\lambda>1$；$Ma<1$ 时，$\lambda<1$ 以及

$$Ma \to \infty \text{ 时}, \lambda \to \sqrt{\frac{\gamma+1}{\gamma-1}}$$

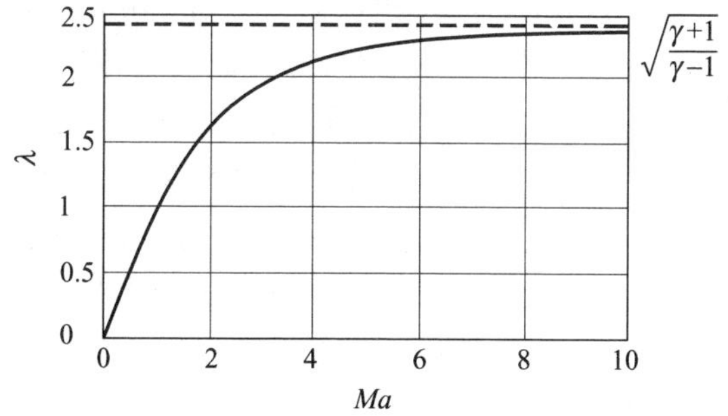

图 7.5 速度系数与马赫数之间的关系($\gamma=1.4$)

以上关系说明,我们也可以用速度系数来判断超声速($\lambda>1$)或亚声速($\lambda<1$)流动. 对于常用双原子气体 $\gamma=1.4$,这时 $\lambda(\infty)=\sqrt{6}$.

(6) 用速度系数表示的等熵关系式

由速度系数和马赫数间的关系,还可有以下的等熵关系式:

$$\frac{T}{T^*}=\left(\frac{c}{c^*}\right)^2=\frac{\gamma+1}{2}\left(1-\frac{\gamma-1}{\gamma+1}\lambda^2\right) \tag{7.31}$$

$$\frac{\rho}{\rho^*}=\left[\frac{\gamma+1}{2}\left(1-\frac{\gamma-1}{\gamma+1}\lambda^2\right)\right]^{\frac{1}{\gamma-1}} \tag{7.32}$$

$$\frac{p}{p^*}=\left[\frac{\gamma+1}{2}\left(1-\frac{\gamma-1}{\gamma+1}\lambda^2\right)\right]^{\frac{\gamma}{\gamma-1}} \tag{7.33}$$

为了实用方便,完全气体等熵流关系式已制成表格,给定马赫数后,其他参量 λ,p/p_0,ρ/ρ_0,T/T_0 可以从表中查出,见本书附表 4.

7.4 激波理论及应用

7.2 节讨论过气体中微弱扰动波的传播过程. 在很多实际问题中,例如: 飞行器高速飞行、超声速气流的突然压缩等流动中,常常出现强扰动,这时往往会出现流动参数的突变现象: **激波**. 在这一节中,我们先从物理上简要说明激波的形成过程,然后建立激波前后物理量之间的关系式.

1. 正激波形成的物理过程

考虑一种简单的气流压缩过程. 在无限长的等截面管道中充满静止的可压缩气体,初始状态为: $u=0$,$p=p_0$,$\rho=\rho_0$,$T=T_0$. 管的左端有一活塞从静止开始向右运动,速度逐渐加大到 U(不是小量),然后以等速 U 运动. 设想活塞加速过程较慢,与活塞表面靠近的气体不断引起微弱扰动，这些微弱扰动以声波的速度一个个向右传播.

第一个波以 c_0 速度向右传播(见图 7.6)，并使波后气体产生一个微小的速度 u_1 (等于当时当地活塞速度)，而且因气体受到压缩，温度、压强和密度都略有增加，波后受压缩气体的声速 c_1 大于原静止的声速 c_0. 活塞继续加速而引起第二个小扰动声波时，它在以速度 u_1 运动的气体中以声速 c_1 向右传播，故第二道波的绝对速度是 $c_1+u_1>c_0$；第二道波过后，流体继续向右加速为 $u_2(>u_1)$，同时温度 $T_2>T_1$，因此后续波 $c_2+u_2>c_1+u_1>c_0$. 依次类推，当活塞不断向右加速时；第四道波，第五道波，……，一道接一道的扰动波向右传播，而且后续扰动波的波速总是大于先行波的波速，所以后面的波一定会追上前面的波. 经过一定时间后，无数个小扰动弱波叠加在一起形成一个有限强度的扰动波——激波，它将以大于静止气体中声波的速度向右传播.

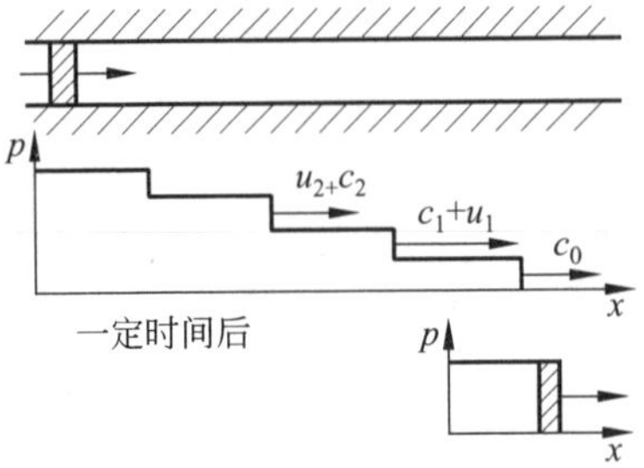

图 7.6 说明激波产生用图

2. 驻正激波前后物理量间的关系式

(1) 激波的简化模型

上面定性地说明了理想气体中激波生成过程. 实际上激波是很薄的一层，它的厚度是分子自由程的量级. 在这一薄层中，物理量(速度、温度、压强)迅速地从波前值变化到波后值，速度梯度、压强梯度和温度梯度都很大，因此研究激波层内流动时必须考虑粘性和热传导的作用. 由于激波厚度相对于流体的宏观运动非常之薄，在实际问题中，我们对激波内流动情况并不感兴趣，而只需知道物理量通过激波后的变化就足够了. 因此我们忽略激波厚度而将激波简化成数学上的间断面. 由于激波层很薄，当激波层中不发生离解、电离等物理、化学过程时，气体穿过激波可以认为是绝热过程. 就是说，可以将激波简化为绝热的间断面.

(2) 正激波的相容条件

定义 7.10 和气流速度垂直的物理量间断面称为正激波.

一般情况下，激波可以在气体中运动，也可能是驻定的，为了便于分析，始终将坐标系固结在激波上，将正激波看成是静止的平面，这种激波称为驻激波. 这时气流穿过激波，气流参数在激波面两侧发生跳跃. 由于物理量在激波面上间断，不能用微分形式基本方程来分析这种现象，只能应用积分形式的基本方程来建立激波前后的物理关系式.

取一包含激波面的很薄的长方形控制体(垂直于图面方向取单位长度)(如图 7.7)，控制体侧面积 $A_1=A_2$，且平行于激波面，A_1 和 A_2 间距离 $dx\to 0$，是上下控制面的宽度.在控制体上应用守恒定理,且当 $dx\to 0$ 时,控制体内质量、动量和能量的体积分值为小量可忽略,因而激波前后有以下关系式.

质量守恒方程

$$\rho_1 U_1 = \rho_2 U_2 \tag{7.34}$$

动量方程

$$p_1 + \rho_1 U_1^2 = p_2 + \rho_2 U_2^2 \tag{7.35}$$

能量守恒方程

$$c_p T_1 + \frac{U_1^2}{2} = c_p T_2 + \frac{U_2^2}{2} \tag{7.36a}$$

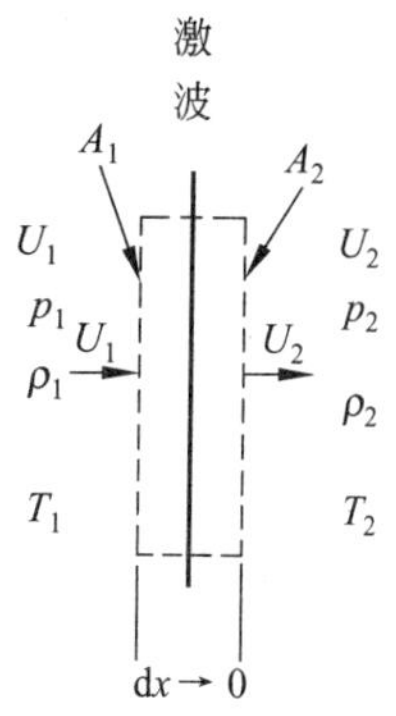

图 7.7 推导激波关系式用图

或

$$\frac{\gamma}{\gamma-1}\frac{p_1}{\rho_1} + \frac{U_1^2}{2} = \frac{\gamma}{\gamma-1}\frac{p_2}{\rho_2} + \frac{U_2^2}{2} \tag{7.36b}$$

状态方程

$$\frac{p_2}{RT_2\rho_2} = \frac{p_1}{RT_1\rho_1} \tag{7.37}$$

以上 4 个方程是联系激波前后压强、密度、温度和速度的 8 个流动参数的基本方程,也称为正激波的相容条件.应用以上方程可以分析激波前后气流参数间的关系,一般来说,只要知道激波前后 4 个参数,就可以用以上关系式确定其他 4 个气流参数.下面利用以上关系式分析激波的主要特性,并导出便于计算的激波前后气流参数的关系式.

(3) 激波过程的兰金-于戈尼奥(Rankine-Hugoniot)关系式

由正激波的质量守恒方程 $\rho_1 U_1 = \rho_2 U_2$ 可导出

$$\frac{U_1}{U_2} = \frac{\rho_2}{\rho_1}$$

将它代入动量方程(7.35)得

$$p_1 - p_2 = \rho_1 U_1 (U_2 - U_1)$$

还可由质量守恒方程导出

$$U_1 + U_2 = U_1\left(1 + \frac{U_2}{U_1}\right) = \rho_1 U_1\left(\frac{1}{\rho_1} + \frac{1}{\rho_2}\right) = \rho_2 U_2\left(\frac{1}{\rho_1} + \frac{1}{\rho_2}\right)$$

从而得

$$\frac{1}{\rho_1} + \frac{1}{\rho_2} = \frac{1}{\rho_1 U_1}(U_1 + U_2)$$

将动量方程 $p_1 - p_2 = \rho_1 U_1 (U_2 - U_1)$ 与上式相乘得

$$(p_1 - p_2)\left(\frac{1}{\rho_1} + \frac{1}{\rho_2}\right) = U_2^2 - U_1^2$$

再代入能量方程(7.36b)得

$$\frac{2\gamma}{\gamma-1}\left(\frac{p_1}{\rho_1}-\frac{p_2}{\rho_2}\right)=(p_1-p_2)\left(\frac{1}{\rho_1}+\frac{1}{\rho_2}\right)$$

等式两边乘 ρ_2/p_1 并进行整理可得

$$\frac{p_2}{p_1}=\frac{(\gamma+1)\frac{\rho_2}{\rho_1}-(\gamma-1)}{(\gamma+1)-(\gamma-1)\frac{\rho_2}{\rho_1}} \tag{7.38a}$$

或

$$\frac{\rho_2}{\rho_1}=\frac{(\gamma+1)\frac{p_2}{p_1}+(\gamma-1)}{(\gamma-1)\frac{p_2}{p_1}+(\gamma+1)} \tag{7.38b}$$

由状态方程(7.37)可导出激波前后的温度比：

$$\frac{T_2}{T_1}=\frac{p_2\rho_1}{p_1\rho_2}=\frac{(\gamma+1)\frac{p_2}{p_1}+(\gamma-1)\left(\frac{p_2}{p_1}\right)^2}{(\gamma+1)\frac{p_2}{p_1}+(\gamma-1)} \tag{7.38c}$$

式(7.38a)，式(7.38b)，式(7.38c)称为兰金-于戈尼奥关系式，也叫做激波绝热曲线，它是气体通过绝热激波的过程方程.

(4) 激波过程和等熵过程的比较

为了准确地了解激波，我们把激波绝热过程方程(7.38a)、方程(7.38c)和等熵过程(即连续绝热过程)的热力学参数变化作一比较. 在图7.8中同时给出了激波绝热曲线和等熵过程曲线.

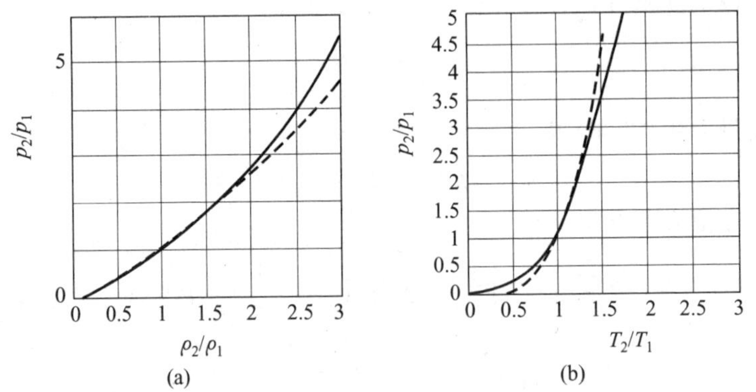

图7.8　激波压缩和等熵压缩的比较(实线：激波过程；虚线：等熵过程)

(a) 压强比和密度比间的关系；(b) 压强比和温度比间的关系

由式(7.38)和图7.8可以得出以下结论.

① 激波压缩是有限压缩，气流通过正激波后，压强和密度都增高. 但是，正激波

后的密度增高有极限，由式(7.38b)可以计算，当 $p_2/p_1\to\infty$时，

$$\lim_{\frac{p_2}{p_1}\to\infty}\frac{\rho_2}{\rho_1}=\frac{\gamma+1}{\gamma-1}\bigg|_{r=1.4}=6$$

而等熵压缩是无限的，当 $p_2/p_1\to\infty$时，$\rho_2/\rho_1\to\infty$.

② 对于相同的压强比，激波压缩的温升比大于等熵压缩的温升比(图 7.8(b)).

③ 从图 7.8(a)可以明显地看到：激波绝热曲线和等熵曲线在 $\rho_2/\rho_1=1$ 点相切. 这表明微弱的激波压缩接近等熵压缩波.

④ 从图 7.8(a)可以明显地看到：相同密度比下($\rho_2/\rho_1>1$)，激波压缩过程的压强比大于等熵过程的压强比；相反，假如出现激波膨胀过程时($\rho_2/\rho_1<1$)，激波后与激波前的压强比小于等熵过程的压强比. 下面就要说明，激波膨胀过程是不可能出现的.

⑤ 激波压缩过程熵增必大于零，是绝热不可逆过程.

由热力学公式，熵增为

$$\Delta s=s_2-s_1=c_V\ln\left(\frac{p_2/\rho_2^\gamma}{p_1/\rho_1^\gamma}\right)=c_V\ln\left[\frac{p_2/p_1}{(\rho_2/\rho_1)^\gamma}\right]=c_V\ln\left[\frac{p_2/p_1}{(p_2/p_1)_s}\right]$$

式中$(p_2/p_1)_s=(\rho_2/\rho_1)^\gamma$ 表示等熵过程的压强比. 由图 7.8(b)可见，激波压缩时 $p_2/p_1>1$，根据性质④激波绝热曲线上 $p_2/p_1>(p_2/p_1)_s$，将它代入熵增公式，可以作出结论，$s_2-s_1>0$，即激波压缩是熵增过程，因此是绝热不可逆过程.

⑥ 激波膨胀是不可能的.

如果激波过程中出现 $\rho_2/\rho_1<1$，激波后的压强小于激波前压强，$p_2/p_1<1$，即出现激波气体膨胀的情况. 由性质④可知 $p_2/p_1<(p_2/p_1)_s$，因而 $s_2-s_1<0$，就是说绝热膨胀间断是熵减过程. 在热力学中我们知道绝热的熵减过程将导致荒谬的第二类永动机，这是不可能的.

因此可以断言：**激波只能是压缩波**，不存在膨胀激波.

⑦ 激波前的速度必大于激波后的速度.

由于激波是压缩过程，激波后的压强和密度必大于激波前的压强和密度，$\rho_2/\rho_1>1$，于是由质量守恒关系式就可以导出 $U_2/U_1<1$，即激波前的速度必大于激波后的速度. 总之：气流穿过激波时气体压缩并减速.

(5) 普朗特关系式

将动量方程(7.35)除以连续方程式(7.34)，并考虑 $c^2=\gamma p/\rho$ 可得

$$\frac{c_1^2}{\gamma U_1}+U_1=\frac{c_2^2}{\gamma U_2}+U_2$$

应用临界参数的定义，可由式(7.36b)得

$$c_1^2=\frac{\gamma+1}{2}c^{*2}-\frac{\gamma-1}{2}U_1^2$$

$$c_2^2=\frac{\gamma+1}{2}c^{*2}-\frac{\gamma-1}{2}U_2^2$$

将以上两式代入前面的公式可得

$$\frac{c^{*2}}{U_1}+U_1=\frac{c^{*2}}{U_2}+U_2$$

即

$$(U_1-U_2)\left(1-\frac{c^{*2}}{U_1U_2}\right)=0$$

由于有限强度的激波前后 $U_1\neq U_2$，故有

$$U_1U_2=c^{*2} \tag{7.39}$$

这就是说正激波前后速度的乘积等于临界声速的平方.根据速度系数的定义，可立即得到

$$\lambda_1\lambda_2=1 \tag{7.40}$$

这就是普朗特关系式.

因为激波前速度大于激波后速度，正激波前后必有 $\lambda_1>\lambda_2$，于是由式(7.40)可得出结论：**正激波前为 $\lambda_1>1$(即 $Ma_1>1$)的超声速气流，正激波后为 $\lambda_2<1$(即 $Ma_2<1$)的亚音速气流**.换言之，只有超声速气流才有可能产生激波.

综合以上分析结果，激波有以下主要性质.

① 激波是熵增压缩过程.

② 只在超声速气流中才能出现激波.

③ 激波是减速过程，驻定的正激波后是亚声速气流.

理解激波过程的定性分析后，利用以上公式来导出激波前后气流参数的关系式.

(6) 正激波前后流动参数间的关系式

① 激波前后的速度关系式和 Ma 数关系式

将 λ 与马赫数的关系式(7.30)代入式(7.40)可得激波前后马赫数之间的关系式：

$$Ma_2^2=\frac{1+\frac{\gamma-1}{2}Ma_1^2}{\gamma Ma_1^2-\frac{\gamma-1}{2}} \tag{7.41}$$

激波前后速度比

$$\frac{U_1}{U_2}=\frac{U_1^2}{U_1U_2}=\frac{U_1^2}{c^{*2}}=\lambda_1^2=\frac{(\gamma+1)Ma_1^2}{2+(\gamma-1)Ma_1^2} \tag{7.42}$$

② 激波前后压强、温度等参数间的关系式

激波前后密度比由连续方程(7.34)导出：

$$\frac{\rho_2}{\rho_1}=\frac{U_1}{U_2}=\frac{(\gamma+1)Ma_1^2}{2+(\gamma-1)Ma_1^2} \tag{7.43}$$

激波前后压强关系可由动量方程(7.35)导出：

$$\frac{p_2 - p_1}{p_1} = \frac{\rho_1 U_1^2}{p_1}\left[1 - \frac{U_2}{U_1}\right] = \frac{\gamma U_1^2}{a_1^2}\left[1 - \frac{U_2}{U_1}\right] = \gamma Ma_1^2\left[1 - \frac{U_2}{U_1}\right]$$

将式(7.42)代入并整理得

$$\frac{p_2}{p_1} = 1 + \frac{2\gamma}{\gamma+1}(Ma_1^2 - 1) \tag{7.44}$$

最后，激波前后温度比由状态方程求出：

$$\frac{T_2}{T_1} = \frac{p_2}{p_1}\frac{\rho_1}{\rho_2} = \frac{[2\gamma Ma_1^2 - (\gamma-1)][(\gamma-1)Ma_1^2 + 2]}{(\gamma+1)^2 Ma_1^2} \tag{7.45}$$

③ 激波前后的滞止参数及性质

由激波前后的能量守恒关系式(7.36a)可知，激波前后的总焓不变，因此滞止温度相等，即有

$$T_{02} = T_{01} \tag{7.46}$$

这就是说激波前后滞止温度相等.

滞止压强关系可由$\frac{p_{02}}{p_{01}} = \frac{p_{02}}{p_2}(Ma_2)\frac{p_2}{p_1}(Ma_1)\frac{p_1}{p_{01}}(Ma_1)$计算. 这里应当指出，气流穿过激波面时是熵增过程，但在激波以前和激波以后的流动都是等熵的. 因此激波前的滞止压强比 p_{01}/p_1 和激波后的滞止压强比 p_{02}/p_2 都可用前面给出的等熵关系式(7.27)来计算. 而 p_2/p_1 应当用激波关系式(7.44)代入，经整理可得

$$\frac{p_{02}}{p_{01}} = \left[\frac{\frac{\gamma+1}{2}Ma_1^2}{1 + \frac{\gamma-1}{2}Ma_1^2}\right]^{\frac{\gamma}{\gamma-1}}\left[\frac{2\gamma}{\gamma+1}Ma_1^2 - \frac{\gamma-1}{\gamma+1}\right]^{\frac{-1}{\gamma-1}} \tag{7.47}$$

由简单的代数计算可得，$Ma_1 = 1$，$p_{02}/p_{01} = 1$，当 $Ma_1 > 1$ 时，$p_{02}/p_{01} < 1$，就是说通过激波后滞止压强减小(参见图 7.9).

激波前后滞止密度可通过状态方程得到，因为激波前后滞止温度相等，所以激波前后的滞止密度比等于滞止压强比，即

$$\frac{\rho_{02}}{\rho_{01}} = \frac{p_{02}}{p_{01}} \tag{7.48}$$

以上关系式(7.37)～式(7.48)均已做成函数表(见本书附表 5)以便工程计算，只要知道 Ma_1，Ma_2，$\frac{p_1}{p_{02}}$，$\frac{\rho_2}{\rho_1}$，$\frac{p_2}{p_1}$，$\frac{U_1}{U_2}$，$\frac{T_2}{T_1}$，$\frac{p_{02}}{p_{01}}$中任意一个，便可查得激波前后其他流动参数之比.

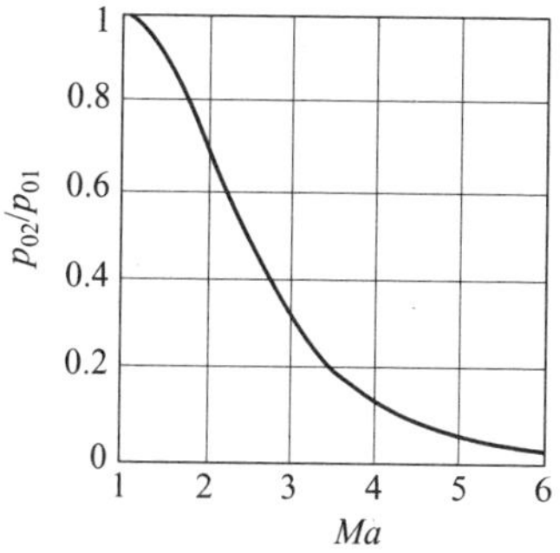

图 7.9 激波前后的滞止压强比随马赫数的变化

(7) 应用举例

例 7.3 管内超音速气流速度测量如图 7.10 所示，在超声速气流中放置一钝头的测速管，这时在测速管前产生正激波，已在测速管前的管壁上测得 $p_1 =$

10.5kN/m^2，激波后气流的温度 $T_2=453.3\text{K}$，以及测速管头部测得激波后总压 $p_{02}=50\text{kN/m}^2$，求 Ma_1，U_1.

解　由给定参数得

$$\frac{p_1}{p_{02}}=0.21$$

查附表5得：$Ma_1=1.82$，$T_2/T_1=1.547$，故得

$$T_1=453.3/1.547=293(\text{K})$$

$$c_1=\sqrt{\gamma RT_1}=343.1\text{m/s},\quad U_1=c_1Ma_1=624.4\text{m/s}$$

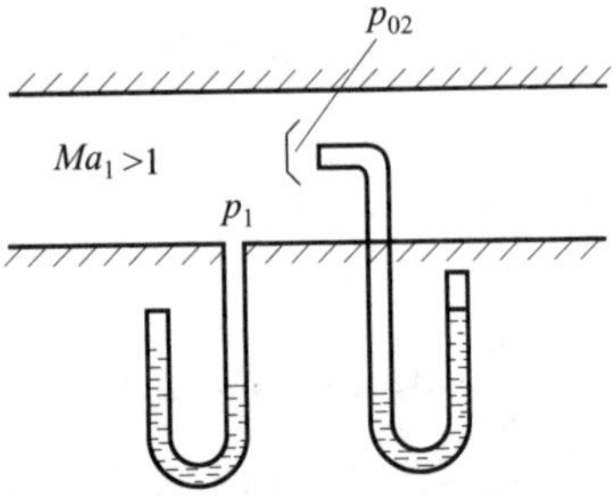

图7.10　管内超音速气流速度测量示意图

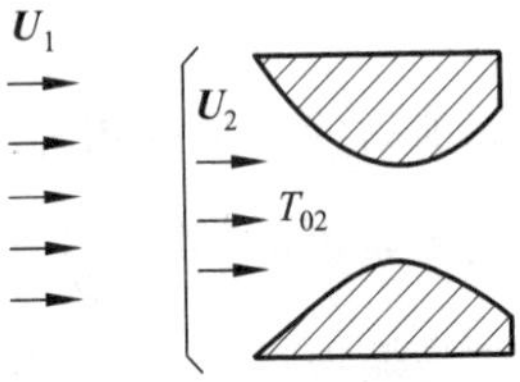

图7.11　超音速进气道示意图

例7.4　超音速飞机在高空等速飞行，空气经正激波(相对于飞机不动)进入超音速扩压器(如图7.11)，将坐标固结在正激波上(即在飞机上)，测得 $U_2=260\text{m/s}$，$T_{02}=400\text{K}$，U_2 为正激波后流入超音速扩压器的气流速度，T_{02} 为正激波后气流的滞止温度.

试求：(1)在此坐标系内的 p_{02}/p_{01}；(2)U_1；(3)若 T_{02} 不变，问 U_2 增加到多大时，扩压器前不出现正激波？

解　(1) 已知空气的比定压热容 $c_p=1006\text{NM/(kg·K)}$，由 $T_{02}=T_2+U_2^2/2c_p$ 得 $T_2=366.4\text{K}$，$c_2=\sqrt{\gamma RT_2}=384\text{m/s}$，由 U_2 和 c_2 算出 $Ma_2=U_2/c_2=0.6771$.

(2) 由正激波表(附表5)可得

$$Ma_1=1.57,\quad T_2/T_1=1.367,\quad p_{02}/p_{01}=0.9061$$

然后可计算出：

$$c_1=c_2\sqrt{\frac{T_1}{T_2}}=328.4\text{m/s},\quad U_1=c_1Ma_1=515.64\text{m/s}$$

(3) 当 $Ma_1\leqslant1$ 时不出现正激波，临界值为 $Ma=1$，此时有

$$\frac{T_2}{T_{02}}=\left(1+\frac{\gamma-1}{2}\right)^{-1}=0.833,\quad T_2=\frac{T_2}{T_{02}}\cdot T_{02}=333.3\text{K}$$

利用能量方程得：$U_2=\sqrt{2c_p(T_{02}-T_2)}=366.24\text{m/s}$，即 $U_2>366.24\text{m/s}$ 时，发动机前未出现激波.

3. 运动激波及反射

实际中常有激波在静止空气中运动的情况，例如强爆炸产生的冲击波在空中的传播等.采用惯性系中力学和热力学定律不变的原则，选择一个等速运动的惯性系，使激波在该惯性系中是驻定的，然后利用驻激波面前后的流动参数关系式导出运动激波前后流动参数的关系式.例如当激波相对于静止坐标系以某一速度 D 运动时，只需取以 D 速度运动的坐标系，使激波相对于新坐标系静止，然后应用驻激波前后气流参数间的关系进行计算.以图 7.12 为例来说明如何计算运动激波前后的流动参数.

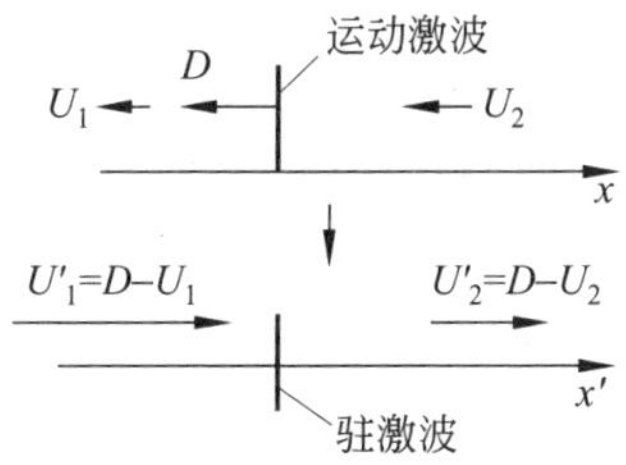

图 7.12 运动激波及坐标变换

当激波相对于静止坐标系 x 以速度 D 向左运动时，激波前、后气流速度分别为 U_1，U_2.倘若在以激波速度相同的运动坐标系 x' 中来观察和分析，这时激波是驻定的，驻激波前后气流相对驻激波的速度分别为 U'_1 和 U'_2，可以算出 $U'_1=D-U_1$，$U'_2=D-U_2$（当波前绝对速度 $U_1=0$ 时，$U'_1=D$）；在运动坐标系中，除滞止参数外其他热力学参量和驻激波相同.具体计算如下.

(1) 静止气体中运动激波速度和伴随速度($U_1=0$，$U'_1=D$)

假定运动激波前气体是静止的，气体状态是 p_1，ρ_1，T_1，已知激波前后的压强比为 p_2/p_1，下面来计算激波运动速度和激波后的气流速度.

首先，可以从驻激波前后的压强公式导出运动激波前的气流速度(驻激波的速度和马赫数都用上标撇号表示).由式(7.44)

$$\frac{p_2}{p_1}=1+\frac{2\gamma}{\gamma+1}(Ma'^2_1-1)$$

可得

$$Ma'_1=\sqrt{\frac{\gamma-1}{2\gamma}+\frac{\gamma+1}{2\gamma}\frac{p_2}{p_1}}$$

于是

$$D=U'_1=(Ma'_1)c_1=c_1\sqrt{\frac{\gamma-1}{2\gamma}+\frac{\gamma+1}{2\gamma}\frac{p_2}{p_1}}$$

驻激波后的速度 $U'_2=U'_1\rho_1/\rho_2$，在固定坐标系中，激波后的速度由运动转换关系求出：

$$U_2=D-U'_2=U'_1-U'_2=U'_1(1-\rho_1/\rho_2)$$

将激波前后密度比公式：$\dfrac{\rho_2}{\rho_1}=\dfrac{(\gamma+1)p_2/p_1+(\gamma-1)}{(\gamma-1)p_2/p_1+(\gamma+1)}$ 和激波运动速度 D 的公式代入，得运动激波后的速度为

$$U_2=c_1\sqrt{\frac{2}{\gamma}}\frac{p_2/p_1-1}{\sqrt{(\gamma-1)+(\gamma+1)p_2/p_1}}$$

在静止气体中传播的激波后气流速度称为激波伴随速度，或简称伴随速度. 当强激波通过时，激波伴随速度可高达每秒几百米，它也是一种相当大的爆炸破坏力. 伴随速度也可用驻激波前马赫数和声速表示. 将 $\rho_2/\rho_1=[(\gamma+1)Ma_1^2]/[2+(\gamma-1)Ma_1^2]$代入激波运动速度 D 的公式，可得

$$U_2=U_1'-U_2'=\frac{2}{\gamma+1}\frac{c_1}{Ma_1'}(Ma_1'^2-1)$$

例 7.5 设爆炸前后压强比等于 10，激波前是常温大气($T=293$K)，计算激波后的伴随速度.

解 常温下的气体声速 $c_1=\sqrt{\gamma R(273+20)}=343$m/s，代入伴随速度公式，得

$$U_2\approx 747\text{m/s}$$

(2) 行进正激波的平面反射

在静止空气中一道行进激波，当它遇到障碍物时将从障碍物上反射. 例如一道平面激波遇到一堵直墙，当激波撞到直墙时，激波后的伴随速度在墙面上为零(因墙固定不动)，这时必有激波从墙面上反射出来. 下面，利用以上公式计算激波反射过程.

例 7.6 已知激波在壁面反射前的波前参数为：$p_1=100\text{kN/m}^2$，$T_1=287$K，波后压强为 $p_2=450\text{kN/m}^2$. 计算激波在壁面反射后波后压强、温度和速度(p_3，T_3参见图 7.13(b)).

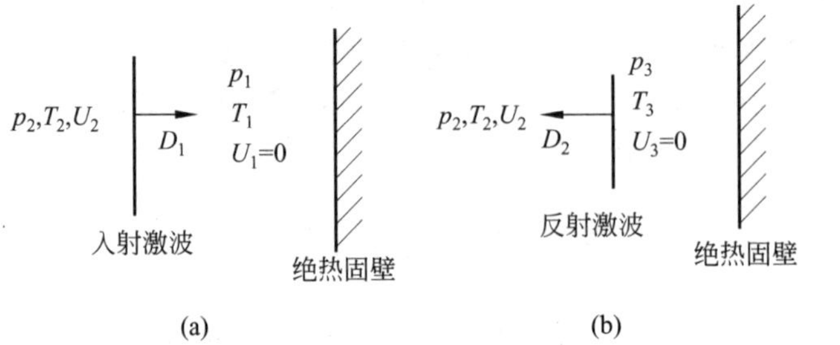

图 7.13 运动激波及其反射

(a) 入射波；(b) 反射波

解 先算入射激波前后参数.

(1) 根据给定参数和运动坐标系，$c_1=\sqrt{\gamma RT_1}=340$m/s，激波前后的压强比 $p_2/p_1=4.5$，由正激波表(附表 5)查得驻激波前后参数为

$$Ma_1'=2,\quad Ma_2'=0.5774,\quad T_2/T_1=1.688$$

因此在固结于激波上的相对坐标系中：$U_1'=Ma_1'c_1=680$m/s，$T_2=485.6$K，$c_2=\sqrt{\gamma RT_2}=441.7$m/s，$U_2'=Ma_2'c_2=0.5774\sqrt{\gamma RT_2}=255$m/s.

入射运动激波速度和激波后气流速度(伴随速度)分别为

$$D_1=U_1'=680\text{m/s},\quad U_2=U_1'-U_2'=425\text{m/s}$$

再算反射后的气流参数.

(2) 反射波(向左运动速度 D_2)后流场.

驻波前、波后气流速度仍用 U_1',U_2'表示,这时,$T_1'=T_2$,$T_2'=T_3$;相应地 $c_1'=c_2$,$c_2'=c_3$.由静止固壁条件可得:反射波 D_2后气流绝对速度 $U_3=0$,故在相对于激波面(运动速度为 D_2)静止的坐标系中,波后气流相对速度 $U_2'=D_2$,波前气流相对速度 $U_1'=U_2+D_2$.可以通过反射波前后速度变化求出对应于驻激波的马赫数和热力学参数.

已知:$U_1'-U_2'=\delta U=425\text{m/s}$,应用前面导出的 $U_1'-U_2'$公式,可解出 $Ma_1'=1.73$.再用正激波关系式(查正激波表)可得激波前后的参数比:

$$p_3/p_2 = 3.325,\quad T_3/T_2 = 1.48$$

最后得:$\dfrac{p_3}{p_1}=\dfrac{p_3}{p_2}\dfrac{p_2}{p_1}=4.5\times3.325=14.96$,$T_3=485.6\times1.48=719\text{K}$.

从上例的计算结果可以看出:激波在固壁反射后,压强急剧增加.本例中,运动激波的马赫数仅等于 2,激波在静止固壁反射后的压强等于反射前的 14.96 倍;同时温度上升很高.这说明激波具有极大破坏力.

4. 斜激波理论

在实际的超声速流动中,很多激波间断面与气流方向不垂直,称与气流方向不垂直的平面激波为斜激波.

下面研究驻斜激波的情况,即斜激波间断面是固定的,激波前后速度是均匀的.超声速气流绕尖楔的流动(图 7.14(a))和超声速气流绕有小折角的平壁面的流动(图 7.14(b))都能产生驻斜激波.

斜激波前后气流速度之间的几何关系示于图 7.14(c),图中 U_{1n}、U_{2n}分别为激波前与激波后气流速度在激波面法向的分量,U_{1t}、U_{2t}为激波前、后气流速度在波面切向的分量,即平行激波面的速度分量.激波后气流方向与激波前来流方向的夹角 δ 称为气流转角;激波间断面与波前气流方向的夹角 β 叫做激波倾斜角,简称激波角.当 $\beta=\pi/2$ 时,来流和激波间断面垂直,相当于正激波;$\beta=\mu$ 是微弱扰动的马赫角,所以斜激波倾斜角 $\mu<\beta<\pi/2$.

(1) 斜激波相容条件(基本方程)

与导出正激波关系式的方法相同,取垂直于激波面的控制体,并在控制体上建立质量、动量和能量方程.

质量守恒方程

$$\rho_1 U_{1n} = \rho_2 U_{2n} \tag{7.49}$$

动量方程

间断面法向的动量平衡式

$$p_1 + \rho_1 U_{1n}^2 = p_2 + \rho_2 U_{2n}^2 \tag{7.50a}$$

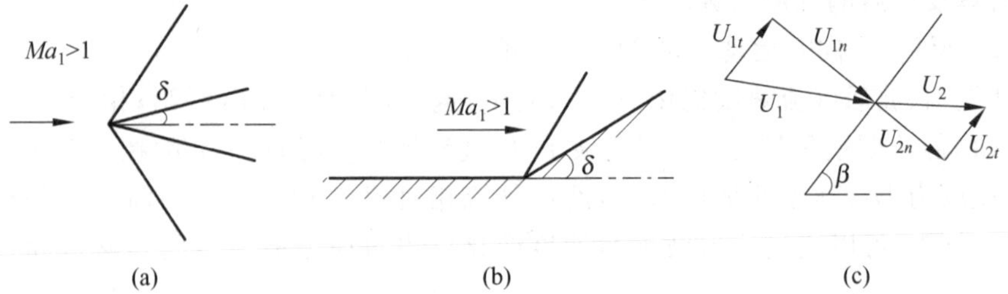

图 7.14 斜激波前后气流的几何关系

间断面切向的动量平衡式

$$\rho_1 U_{1n} U_{1t} = \rho_2 U_{2n} U_{2t} \tag{7.50b}$$

应用质量守恒方程(7.49),切向动量方程可简化为

$$U_{1t} = U_{2t} = U_t \tag{7.50c}$$

这说明气流通过斜激波时,切向速度分量没有变化,或者说,切向速度是连续的.

能量方程

$$\frac{U_{1n}^2}{2} + \frac{U_{1t}^2}{2} + h_1 = \frac{U_{2n}^2}{2} + \frac{U_{2t}^2}{2} + h_2 = h_0 \tag{7.51a}$$

由于 $U_{1t}=U_{2t}$,能量方程可简化为

$$\frac{U_{1n}^2}{2} + h_1 = \frac{U_{2n}^2}{2} + h_2 = h_0 - \frac{U_t^2}{2} = h_0' \tag{7.51b}$$

或

$$\frac{\gamma}{\gamma-1}\frac{p_1}{\rho_1} + \frac{U_{1n}^2}{2} = \frac{\gamma}{\gamma-1}\frac{p_2}{\rho_2} + \frac{U_{2n}^2}{2} \tag{7.51c}$$

状态方程

$$\frac{p_1}{\rho_1 T_1} = \frac{p_2}{\rho_2 T_2} \tag{7.52}$$

以上式(7.49)~式(7.52)是气体通过斜激波的基本方程,下面利用这组方程分析斜激波前后气体运动的性质,并导出计算公式.

(2) 斜激波前后气流参数间关系式

将式(7.49)~式(7.52)与正激波基本方程比较可看出:气流通过斜激波相当于以法向分速度通过正激波的流动,只要将正激波关系式中下标"1","2"换成"1n","2n",总焓 h_0 换成 $h_0'=h_0-\frac{U_t^2}{2}$,则可将正激波关系式转化为斜激波关系式.和推导正激波前后气流参数关系式方法相同,不难证明斜激波前后压强比和密度比的兰金-于戈尼奥关系式与正激波是相同的.因此斜激波具有和正激波相同的基本性质:斜激波是绝热熵增过程;斜激波后的压强和密度必大于斜激波前的压强和密度;驻斜激波后的气流法向速度必小于驻斜激波前的气流法向速度.从运动学角度

来看，由于斜激波前后的切向速度相等，我们可以建立一个运动坐标，它以斜激波的切向速度运动，在这个运动坐标系中气流穿过激波的运动和正激波相同. 因此可以利用正激波的公式推导斜激波前后的气流参数关系式，斜激波前气流垂直于间断面的速度分量等于 $U_{1n}=U_1\sin\beta$，它相当于正激波前的气流速度，相当于正激波前的气流马赫数应为 $U_{1n}/c_1=Ma_1\sin\beta$. 利用正激波关系式，就可以得到用马赫数表示的斜激波关系式为

$$\frac{\rho_2}{\rho_1}=\frac{(\gamma+1)Ma_1^2\sin^2\beta}{2+(\gamma-1)Ma_1^2\sin^2\beta} \tag{7.53}$$

$$\frac{p_2}{p_1}=\frac{2\gamma}{\gamma+1}Ma_1^2\sin^2\beta-\frac{\gamma-1}{\gamma+1} \tag{7.54}$$

$$\frac{T_2}{T_1}=\left[\frac{2\gamma Ma_1^2\sin^2\beta-(\gamma-1)}{\gamma+1}\right]\left[\frac{2+(\gamma-1)Ma_1^2\sin^2\beta}{(\gamma+1)Ma_1^2\sin^2\beta}\right] \tag{7.55}$$

$$\frac{p_{02}}{p_{01}}=\left[\frac{(\gamma+1)Ma_1^2\sin^2\beta}{2+(\gamma-1)Ma_1^2\sin^2\beta}\right]^{\frac{\gamma}{\gamma-1}}\left[\frac{2\gamma}{\gamma+1}Ma_1^2\sin^2\beta-\frac{\gamma-1}{\gamma+1}\right]^{-\frac{1}{\gamma-1}} \tag{7.56}$$

利用式(7.51b)，可导出类似于正激波的普朗特关系式如下$\Big($只需将总焓 h_0 换成 $h_0'=h_0-\dfrac{U_t^2}{2}$，然后用前面相同的推导方法可得. 请读者自己完成证明$\Big)$：

$$U_{1n}U_{2n}=\frac{2(\gamma-1)}{\gamma+1}h_0'=\frac{2(\gamma-1)}{\gamma+1}\left(h_0-\frac{U_t^2}{2}\right)=c_*^2-\frac{\gamma-1}{\gamma+1}U_t^2$$

所以斜激波前后有

$$U_{1n}U_{2n}=c_*^2-\frac{\gamma-1}{\gamma+1}U_1^2\cos^2\beta \tag{7.57}$$

以上各式说明，斜激波前后气流参数的变化不仅与 γ，Ma_1 有关，还与激波角度 β 有关. 激波倾斜角度 β 与气流偏转角 δ 的关系式可由下面几何关系导出.

因

$$\tan\beta=\frac{U_{1n}}{U_t},\quad \tan(\beta-\delta)=\frac{U_{2n}}{U_t}$$

消去 U_t，并代入式(7.53)可得

$$\frac{\tan(\beta-\delta)}{\tan\beta}=\frac{U_{2n}}{U_{1n}}=\frac{\rho_1}{\rho_2}=\frac{\dfrac{2}{\gamma-1}+Ma_1^2\sin^2\beta}{\dfrac{\gamma+1}{\gamma-1}Ma_1^2\sin^2\beta}$$

应用三角函数公式和代数运算，可以导出以下公式：

$$\tan\delta=2\cot\beta\cdot\frac{Ma_1^2\sin^2\beta-1}{Ma_1^2(\gamma+\cos2\beta)+2} \tag{7.58}$$

这就是激波倾斜角与气流转角间的关系，并示于图 7.15.

利用图 7.15 和式(7.58)进行分析，可得到斜激波的一些性质.

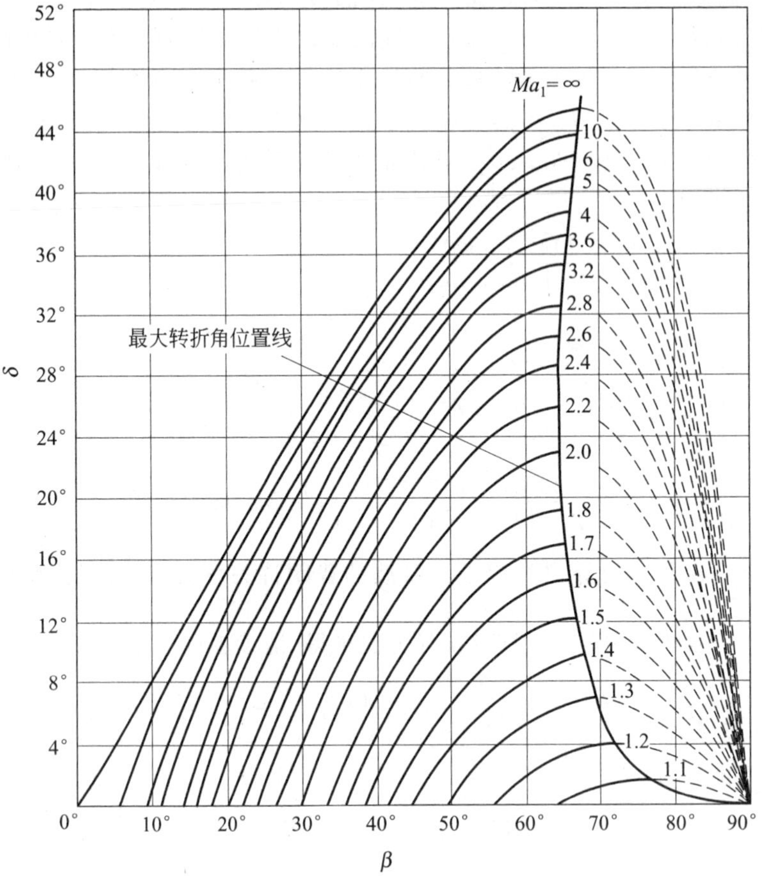

图 7.15 斜激波后的气流转折角和激波倾斜角间的关系

① 当 $Ma_1^2\sin^2\beta-1=0$ 时，$\beta=\arcsin(1/Ma_1)=\mu$，恰好是马赫角，这时 $\tan\delta=0$，这说明气流转角等于零时，斜激波退化为微弱扰动波，并称之为马赫波.

② 当 $\cot\beta=0$ 时，$\beta=\pi/2$，这就是正激波的情况，这时气流转折角也等于零.

③ 式(7.58)中 $\beta(\delta)$是双值函数. 给定 Ma_1，β 和 δ 之间的关系可能出现三种情况：(i)只有一个 β 解，它对应于给定 Ma_1时的最大气流偏转角 $\delta_{\max}$；(ii)气流偏转角大于 $\delta_{\max}$时，β 没有解；(iii)气流偏转角小于 $\delta_{\max}$时，有两个 β 解，其中一个解$Ma_2<1$，称为强解，强解只在紧靠 $\delta_{\max}$的一小部分区间；大部分情况，斜激波后$Ma_2>1$，称为弱解.

④ 对式(7.58)求导数，可以求出对应于 Ma_1的最大气流偏转角 $\delta_{\max}$. 超过这个角度，满足斜激波关系的解 β 不存在. 而且 Ma_1 越大，最大转折角 $\delta_{\max}$ 越大(参见图 7.15). 极限转折角对应的物理现象是斜激波由附体到脱体的转变. 例如，在固定 Ma_1的超声速气流中放置一个可变顶角的尖楔，当楔顶角小于 $\delta_{\max}$时，在楔顶处产生

附体斜激波(图 7.16(a));当楔顶角逐渐增加时,激波倾斜角随之增加,一旦楔顶角增加到 δ_{max}时,再有微小的楔顶角增加,斜激波会突然离楔顶,在楔顶前形成一道脱体曲激波,如图 7.16(b)所示.当超声速气流绕钝头物体流动时,也会在钝头物体前产生脱体激波.总之,当斜激波后的气流转折角大于相应马赫数的最大气流转折角后,激波不能稳定地附着在壁面,而要向前推移,使间断面脱离物面形成脱体激波.

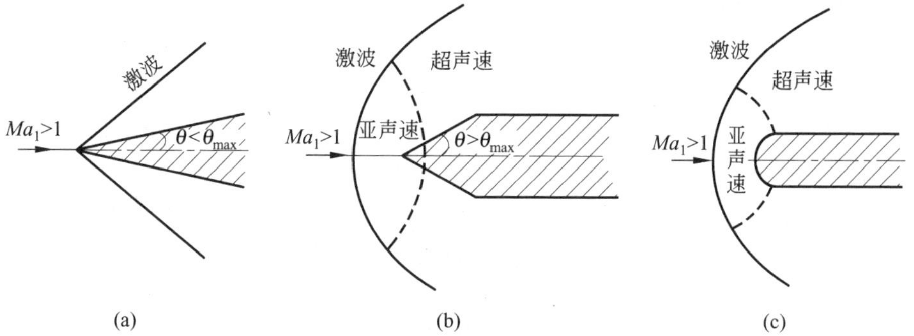

图 7.16 脱体激波的情况

⑤ Ma_1趋于无穷大时最大气流转角是附体斜激波的最大转角,对于 $\gamma=1.4$ 的气体,其最大气流转角 $\delta_{max}=45.4°$. 就是说,大于 $\delta_{max}=45.4°$的附体斜激波是不存在的.

超声速气流通过斜激波时的气流参数的计算基本上和气流通过正激波时相同,但是斜激波比正激波多一个参数:激波倾斜角 β 或气流转折角 δ,这两个参数之间的关系由式(7.58)给出.计算斜激波过程的气流参数时,首先利用式(7.58)确定激波倾斜角 β,然后算出 $Ma_{1n}=Ma_1\sin\beta$,即垂直于斜激波间断面的马赫数,余下的计算就同正激波过程的计算一样.

例 7.7 设有马赫数 $Ma=3$ 的超声速气流(空气),流过尖楔,它的半顶角等于 10°,来流的压强 $p_1=100\text{kN/m}^2$,温度 $T_1=300\text{K}$. 计算楔面上的气流速度、压强和温度.

解 首先应用式(7.58)或图 7.15,已知 $Ma_1=3$ 和气流转折角 $\delta=10°$ 算出激波倾斜角 $\beta=27.4°$.

计算 $Ma_{1n}=Ma_1\sin\beta=1.38$,由正激波函数表(附表 5)得斜激波后的气流参数为

$$Ma_{2n}=0.748,\quad p_2/p_1=2.06,\quad T_2/T_1=1.24$$

最后得楔面上的气流速度、压强和温度为

$$p_2=2.06p_1=206\text{kN/m}^2,\quad T_2=1.24T_1=372\text{K}$$

$$Ma_2=Ma_{2n}/\sin(\beta-\delta)=2.50$$

$$U_2=a_2Ma_2=2.5\sqrt{1.4\times 287\times 372}=966(\text{m/s})$$

(3) 斜激波的相交与反射

① 固壁反射

如果超声速气流中的尖楔可延伸至无穷远，则附体斜激波也将延伸至无穷远. 实际上尖楔总是有限体，并且在流场中还常有其他固体壁面. 当斜激波遇到其他壁面时，在斜激波和壁面交点处，波后的气流方向必须和壁面平行（理想流体的边界条件），于是入射的激波在壁面上发生反射. 斜激波和固壁相交可能发生图 7.17 所示的三种情况. 第一种情况，如图 7.17(a)所示，当斜激波和固壁相交时，交点后固壁的方向和斜激波后的气流方向恰好平行，这时气流平滑流过固壁，这种情况下激波没有反射. 第二种情况（见图 7.17(b)）：假定固壁和斜激波前的气流平行. 当斜激波和平壁相交时，气流不能转折，于是在交点处就会产生第二道斜激波，迫使斜激波后的气流转到平壁方向. 假定来流的斜激波是弱激波，因此激波后气流仍是超声速，但是 $Ma_2 < Ma_1$. 如果第二次转折的转折角 δ_2 小于对应于 Ma_2 的最大转折角，这时产生的第二道斜激波是由交点发出的直线，这种现象称为斜激波的规则反射，第一道斜激波称为入射波，第二道波称为反射波. 第三种情况是不规则反射，也称马赫反射，如图 7.17(c)所示，这种情况是：入射斜激波遇固壁后壁面附近出现有一段垂直壁面的正激波，它和入射斜激波相交，并在交点处反射一道斜激波，垂直于壁面的一段正激波称为马赫杆. 当入射波后气流和固壁的夹角大于对应 Ma_1 的最大转折角时，就会发生马赫反射现象.

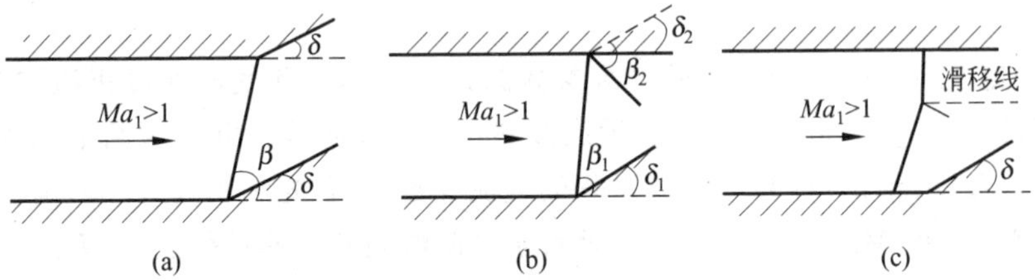

图 7.17 斜激波的反射

(a) 无反射；(b) 正规反射；(c) 马赫反射

通过以上分析可见，计算斜激波在固壁上的反射过程，实际上是已知气流参数（入射斜激波后的气流参数）和气流转折角计算新的斜激波倾斜角和波后气流参数.

例 7.8 在平直槽道中的超声速气流 $Ma=3$，它的下壁面下游有一个半顶角 $\delta=10°$ 的尖楔，它产生一道斜激波，计算该斜激波在上壁面反射后的马赫数和气流参数. 已知：来流的压强 $p_1=100\text{kN/m}^2$，温度 $T_1=300\text{K}$.

解 本题的反射情况如图 7.17(b)所示. 斜激波后的气流参数已在例 7.7 中求出

$$p_2 = 2.06p_1 = 206\text{kN/m}^2,\quad T_2 = 1.24T_1 = 372\text{K},\quad Ma_2 = \frac{Ma_{2n}}{\sin(\beta-\delta)} = 2.50$$

已知第一道入射波后的转折角是 $\delta=10°$，反射波后气流平行于壁面，因此反射波的气

流转折角也是 $\delta=10^\circ$. 由斜激波后 $Ma=2.5$ 和转折角 $\delta=10^\circ$，通过式(7.58)或图 7.15 可以求出反射波的激波倾斜角 $\beta_{反射}=30^\circ$. 反射波前的法向马赫数 $Ma_{1n}=2.5\sin30^\circ=1.25$. 由正激波关系式(或附表 5)，可得反射后的压强比、温度比：

$$p_{反射}/p_2=1.656,\quad T_{反射}/T_2=1.159$$

最后，可以求出反射波后的压强和温度为

$$p_{反射}=1.656p_2=341\text{kN/m}^2,\quad T_{反射}=1.159T_2=431\text{K}$$

② 强度相同的两斜激波的相交与反射(见图 7.18)

在实际气流中还可能发生两道斜激波相交的情况，如图 7.18 所示. 这时相交的两斜激波必然反射另外两条斜激波. 因为每一道入射斜激波后气流都发生转折，但是转折角不同，两股气流汇合后，只能有一个共同的方向，从而在两入射波的交点处反射两道新的斜激波. 如果来流的两道斜激波的强度相等(图 7.18(a))，那么汇合后的气流方向应和来流方向相同. 利用斜激波关系式也可以定量分析这一过程，定解条件是反射激波后气流速度大小、方向相同，压强相等($p_4=p_5$).

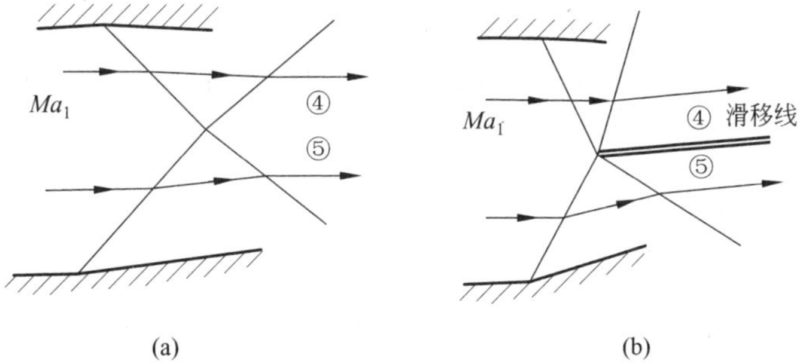

图 7.18

(a) 两强度相等的斜激波相交；(b) 两强度不相等的斜激波相交

两道强度不相等的入射斜激波相交(图 7.18(b))，这时反射激波后的气流速度方向必须相同，但是和来流方向不再平行. 反射后④、⑤两区的压强应当相等，④、⑤两区的气流速度方向相同但是大小不等，因而在④、⑤两区间存在切向的间断(又称滑移线)，如图 7.18(b)所示.

有关激波和固壁、激波和激波之间的相互作用在气体力学专门课程将有详细讨论，本书从略.

7.5 定常超声速气流绕凸角流动(普朗特-迈耶流动)

1. 流动现象

前面讨论过超声速气流绕内折角的流动，即气体压缩性偏转产生斜激波. 超声速气流绕过凸角流动会出现什么现象呢？本节将专门讨论这一情况.

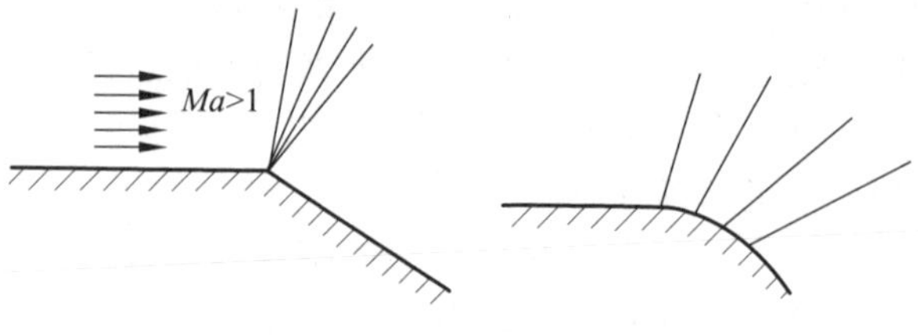

图 7.19 超声速流的绕凸角流动

在斜激波理论中已经指出，激波偏转角很小的斜激波可近似为马赫波. 假设超声速气流绕微小外折角的平面流动用弱斜激波公式来估算(这时转角为负值)，结果得到激波后的压强小于激波前的压强，即负转角的斜激波是膨胀过程. 前面已经论述过：绝热膨胀过程不可能发生间断，因此超声速气流绕凸角流动一定是连续等熵膨胀. 无论是绕外折角或绕连续凸面的流动图 7.19，气流都是连续地发生转折和膨胀. 普朗特和迈耶最早研究这种超声速流动现象并得到解析解，因此这种流动又称为普朗特-迈耶(Prantdl-Meyer)流动.

2. 普朗特-迈耶流动关系式

下面分析连续转折的超声速气流运动，并取如图 7.20 所示的控制体. 均匀气流在某一直线上开始膨胀，并发生转折，这种转折产生的扰动以马赫波向下游传播. 也就是说超声速气流绕凸角的平面流动是通过一系列连续转折的马赫波完成等熵膨胀，因此连续转折的马赫波又称膨胀波. 根据上述分析首先导出超声速气流通过一道马赫波微弱膨胀的普朗特-迈耶流动关系式.

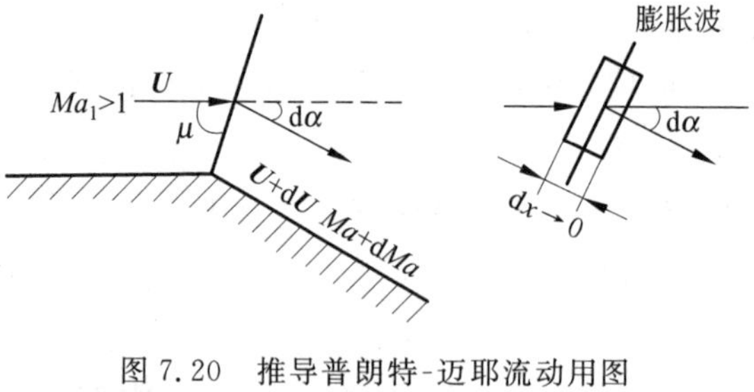

图 7.20 推导普朗特-迈耶流动用图

取如图 7.20 所示的控制体，设气流在马赫波上转折前后的夹角为 $\mathrm{d}\alpha$(以 $\boldsymbol{U}+\mathrm{d}\boldsymbol{U}$ 逆时针转向 $\boldsymbol{U}$ 为正值，参见图 7.20). 根据动量方程可知膨胀波前后平行于马赫线的速度切向分量相等，故有

$$U\cos\mu = (U+\mathrm{d}U)\cos(\mu+\mathrm{d}\alpha) \approx (U+\mathrm{d}U)[\cos\mu - \sin\mu\mathrm{d}\alpha]$$

$$\approx U\cos\mu + \mathrm{d}U\cos\mu - U\mathrm{d}\alpha\sin\mu$$

整理后得

$$\mathrm{d}\alpha = \frac{\mathrm{d}U}{U}\cot\mu = \frac{\mathrm{d}U}{U}\sqrt{\frac{1-\sin^2\mu}{\sin^2\mu}}$$

已知马赫角和马赫数间有关系式：$\sin\mu = 1/Ma$，因此(图 7.20 中 $\mathrm{d}\alpha$ 是顺时针方向转向，因此应取负值)

$$\mathrm{d}\alpha = -\sqrt{Ma^2-1}\,\frac{\mathrm{d}U}{U} \tag{7.59}$$

式(7.59)给出了等熵膨胀过程的微元转折角和马赫数以及速度相对增长率间的关系. 进一步，由能量方程消去 $\mathrm{d}U/U$，就可得到转折角和马赫数间的函数关系. 等熵过程的能量方程可表示为

$$\frac{T_0}{T} = \frac{c_0^2}{c^2} = 1 + \frac{\gamma-1}{2}Ma^2$$

将上式对 Ma 求导数，得：$\dfrac{\mathrm{d}c}{\mathrm{d}Ma} = -\dfrac{c}{Ma}\left(\dfrac{\gamma-1}{2}Ma^2\right)\left(1+\dfrac{\gamma-1}{2}Ma^2\right)^{-1}$，由该式进一步可导出 $\mathrm{d}U/U$ 如下：

$$\begin{aligned}\frac{\mathrm{d}U}{U} &= \frac{\mathrm{d}(cMa)}{cMa} = \frac{\mathrm{d}Ma}{Ma}\left[1 + \frac{\mathrm{d}c}{\mathrm{d}Ma}\left(\frac{c}{Ma}\right)^{-1}\right] \\ &= \frac{\mathrm{d}Ma}{Ma}\left[1 - \left(\frac{\gamma-1}{2}Ma^2\right)\left(1+\frac{\gamma-1}{2}Ma^2\right)^{-1}\right] \\ &= \frac{\mathrm{d}Ma}{Ma}\left(1+\frac{\gamma-1}{2}Ma^2\right)^{-1}\end{aligned}$$

代入式(7.59)得

$$\mathrm{d}\alpha = -\frac{\sqrt{Ma^2-1}}{1+\dfrac{\gamma-1}{2}Ma^2}\,\frac{\mathrm{d}Ma}{Ma}$$

积分上式得

$$\alpha = \sqrt{\frac{\gamma+1}{\gamma-1}}\arctan\sqrt{\frac{\gamma-1}{\gamma+1}(Ma^2-1)} - \arctan\sqrt{Ma^2-1} + C$$

令 $Ma=1$，$\alpha=0$，可确定常数 $C=0$. 由此得到的气流角称为普朗特-迈耶角，用 ν 表示：

$$\nu(Ma) = \sqrt{\frac{\gamma+1}{\gamma-1}}\arctan\sqrt{\frac{\gamma-1}{\gamma+1}(Ma^2-1)} - \arctan\sqrt{Ma^2-1} \tag{7.60}$$

式中 ν 的物理意义是：气流从 $Ma=1$ 膨胀到 Ma 时的气流转折角. 该关系式已做成图表(见附表 6). 由式(7.60)可得到超声速等熵膨胀转折的一些结论.

① 当 $Ma\to\infty$，$\nu=\nu_{\max}=\pi\left(\sqrt{(\gamma+1)/(\gamma-1)}-1\right)/2$，这是超声速等熵膨胀的最大转折角. 对于常见双原子气体，$\gamma=1.4$，$\nu_{\max}=130.5°$. 理想气体等熵膨胀到 $Ma\to\infty$ 时，压强和绝对温度均为零，所以最大转折角可解释为 $Ma=1$ 的超声速气流绕一半

无限长薄平板流动，薄板的下部压强等于零(图 7.21)，这时气流绕过平板边缘，它的最大转角为 130.5°，大于 130.5°处将出现压强等于零的真空区.

② 式(7.60)中 $\nu(Ma)$是单值函数，Ma 从 1 增加到无限大，ν 值单调地从 0 增大到 130.5°($\gamma=1.4$). 若气流绕凸壁面连续膨胀，已知凸面起始切线和终点切线的夹角，即气流的转角，可利用 $\nu(Ma)$函数式(或附表 6)直接通过已知的 Ma_1 和转角求出 Ma_2 或已知 Ma_1、Ma_2 求出气流转角. 具体算法见以下例题.

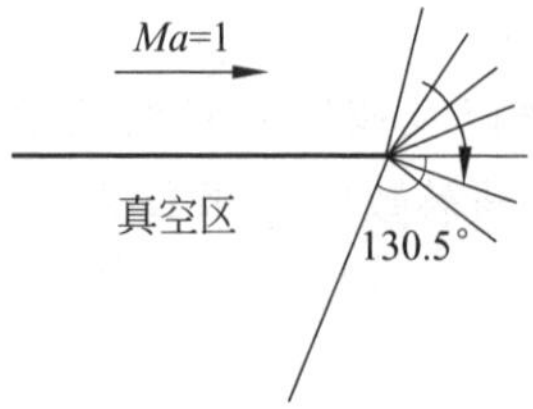

图 7.21 超声速气流的最大等熵转角

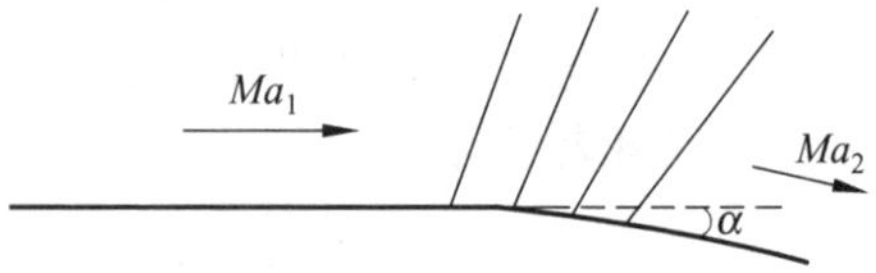

图 7.22 超声速气流绕二维凸形物流动示意图

例 7.9 已知 $Ma_1=2.0$ 的均匀超声速气流绕过 $\alpha=7.9°$ 的二维凸形物面，如图 7.22 所示，求绕过物形后的马赫数 Ma_2.

解 由 $Ma_1=2.0$，查附表 6：$\nu(Ma)$函数表，得 $\nu_1(2.0)=26.38°$，已知转角 $\nu_2-\nu_1=\alpha=7.9°$，故 $\nu_2=\alpha+\nu_1=34.28°$，由 ν_2 值查附表 6，得 $Ma_2=2.3$. 就是说 $Ma_1=2.0$ 的超声速气流，绕凸角流动转过 7.9°后加速到 $Ma_2=2.3$.

7.6 完全气体在变截面绝热管内的准一维定常流动

本章最后，综合应用前面讲述内容，分析和计算一个工程实用问题：气体在变截面管道中的绝热流动. 这是一种高速喷管流动，常用于火箭推进器、涡轮机的静叶片和动叶片通道，以及超声速风洞等. 作为一种工程设计方法，需要把实际问题简化成易于分析计算的模型，同时又保留流动的主要性质. 对于气体在变截面管道中的绝热定常流动，工程中常采用如下简化模型.

1. 准一维定常绝热假定

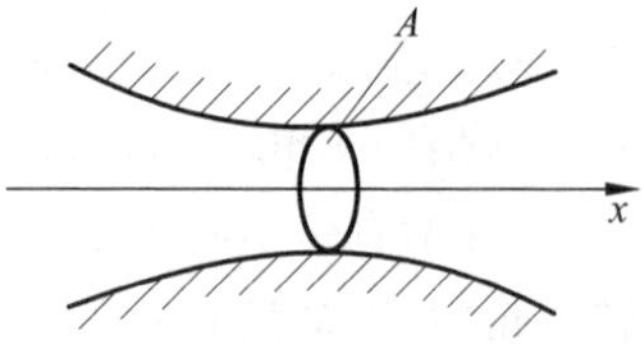

图 7.23 气体的一维流动

气体在变截面通道中流动时(如图 7.23 所示)，假定流动参数在同一截面上是均匀的，只在流动方向发生变化，这种近似模型称为准一维假定. 一维变截面流动中，流动的边界条件是通道截面积 $A=A(x)$，其他流动参量都是 x 的函数，如：$u=u(x)$，

$\rho=\rho(x)$，$p=p(x)$等. 准一维流动近似忽略了流动的横向分量，如果流动的主流速度远远大于横向速度，准一维假定是很好的近似. 从几何边界条件来说：如果通道截面的变化率很小，就能满足一维近似的要求. 具体来说，准一维近似要求：$\frac{L}{A_0}\frac{\mathrm{d}A}{\mathrm{d}x}\ll 1$，其中 L 是通道的长度，A_0 是通道进口截面积.

如果外界没有热量输入，气体流动过程也没有化学反应、蒸发等内部生成热，气体的粘度又很小，气体流动可以认为是理想绝热的. 下面给出准一维定常绝热流动的分析和计算方法.

2. 准一维定常绝热流动基本方程

根据准一维定常流动假设，应用理想流体运动的基本方程，可导出以下准一维定常绝热流动方程.

(1) 连续方程

$$\frac{\mathrm{d}}{\mathrm{d}x}(\rho uA) = 0 \tag{7.61}$$

上式就是定常流动沿流管的质量守恒方程：通过任意截面的质量流量相等，即

$$\rho uA = Q \tag{7.62}$$

(2) 运动方程

$$u\frac{\partial u}{\partial x} = -\frac{1}{\rho}\frac{\partial p}{\partial x} \tag{7.63}$$

(3) 能量方程

$$u\frac{\partial}{\partial x}\left(h+\frac{u^2}{2}\right) = 0, \quad 或 \quad \frac{\partial}{\partial x}\left(h+\frac{u^2}{2}\right) = 0 \tag{7.64a}$$

上式就是理想流体绝热定常流动沿流管的能量守恒方程：

$$h+\frac{u^2}{2} = h_0 \tag{7.64b}$$

对于完全气体

$$\frac{\gamma}{\gamma-1}\frac{p}{\rho}+\frac{u^2}{2} = h_0 \tag{7.64c}$$

若流动是连续的，也就是没有激波间断时，绝热流动应是等熵的，因此还有

$$\frac{p_1}{\rho_1^\gamma} = \frac{p_2}{\rho_2^\gamma}$$

3. 气体准一维定常等熵流动的主要性质

(1) 气体准一维定常等熵流动中，流速与截面积变化之间有如下的关系式：

$$(Ma^2-1)\frac{\mathrm{d}u}{u} = \frac{\mathrm{d}A}{A} \tag{7.65}$$

证明 将连续方程(7.61)展开,可得

$$\frac{d\rho}{\rho}+\frac{du}{u}+\frac{dA}{A}=0$$

将 $c^2=(dp/d\rho)_s$ 代入动量方程(7.63),可导出

$$\rho u\,du=-dp=-(dp/d\rho)_s d\rho=-c^2 d\rho$$

或

$$\frac{d\rho}{\rho}=-\frac{u^2}{c^2}\frac{du}{u}=-Ma^2\frac{du}{u}$$

将上式代入微分型的连续方程后,可得式(7.65)

$$(Ma^2-1)\frac{du}{u}=\frac{dA}{A}$$

证毕.

由式(7.65),可得到气体准一维定常绝热连续(即等熵)流动的以下性质.

① 气体的亚声速流动中,即 $Ma<1$ 时,若 $dA>0$,则 $du<0$;反之,若 $dA<0$,则 $du>0$. 就是说气体亚音速一维等熵管流中,截面积增加,流速减小;截面积减小,流速增加.这一性质和不可压缩流动类似.

② 气体超声速流动中,即 $Ma>1$ 时,若 $dA>0$,则 $du>0$;若 $dA<0$,则 $du<0$. 这就意味着:气体超声速一维等熵流动中,截面积增加,气流加速;截面积减小,气流减速.这一性质与不可压缩流动完全不同,这是气体超声速流动的固有特性.

③ $Ma=1$ 时,根据式(7.65)可导出:$dA=0$. 就是说气流中出现声速($Ma=1$)的截面是截面积变化的极值点.在等熵流情况下还可进一步证明它是截面积的极小值,即管道内流动若达到声速,一定在最小截面处.

根据以上分析,可定性地了解气体在变截面通道内可能的等熵流动.

(2) 收缩通道流动

亚声速定常等熵流在收缩通道中将加速,但始终保持亚声速;超声速定常等熵流在收缩通道中将减速,但始终保持超声速.如图 7.24 所示.

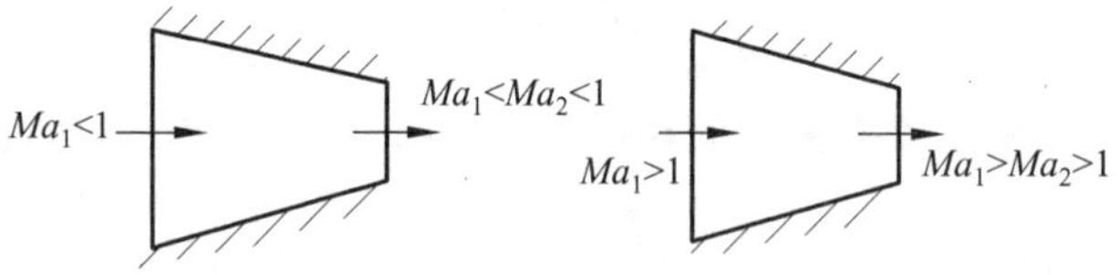

图 7.24 气体在收缩绝热通道中流动示意图

(3) 扩张通道流动

亚声速定常等熵流在扩张通道中将减速,并保持亚声速;超声速定常等熵流在扩张通道中将加速,且始终保持超声速.如图 7.25 所示.

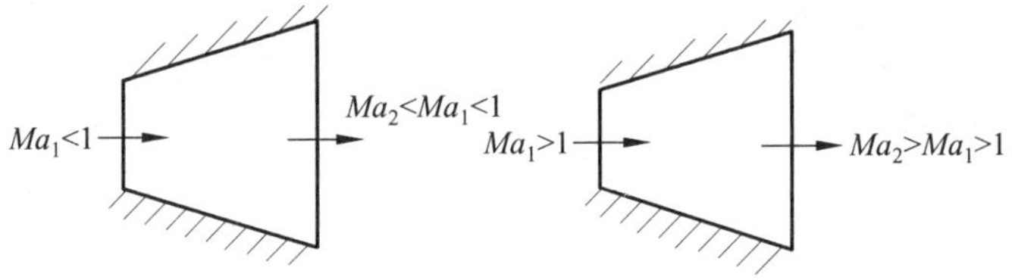

图 7.25 气体在扩张绝热通道中流动示意图

(4) 收缩扩张管流

收缩扩张通道中气体等熵流动情况较简单收缩或扩张通道中流动复杂.

① 亚声速定常气流进入绝热收缩扩张通道时,在收缩通道中亚声速等熵气流必加速,而后可能发生以下三种情况:(i)先在收缩通道中加速,当气流到达最小截面时,流动仍是亚声速,这时再进入扩张通道后气流将减速,全部通道中是亚声速流,如图 7.26(a)所示;(ii)亚声速气流开始在收缩通道中加速,在最小截面处达到声速,但是通道出口压强较高,气流进入扩张通道后又将减速,而成为亚声速,图 7.26(b)表示这种情况;(iii)亚声速气流在最小截面处达到声速,而通道出口压强较低,那么气流进入扩张通道后将继续加速而达到超声速,如图 7.26(c)所示.上述分析表明亚声速气流在收缩扩张通道中的流动情况,取决于通道出口压强和通道最小截面上的马赫数.

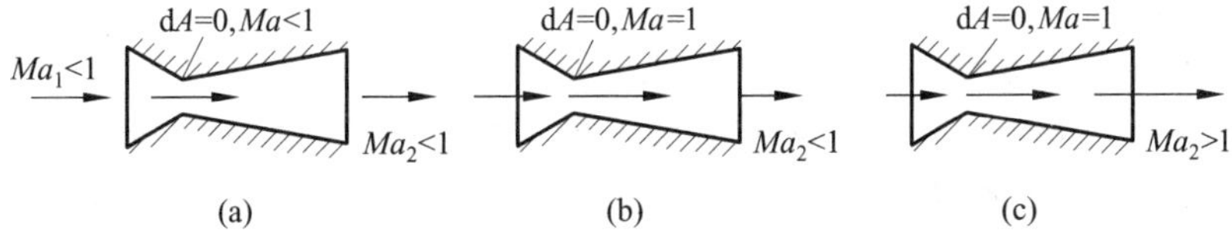

图 7.26 入口亚声速气流在绝热收缩扩张通道中的流动

② 考察超声速定常气流进入绝热收缩扩张通道时的情况,超声速气流在收缩通道中必减速,而后也可能发生三种情况:(i)先在收缩通道中减速,如果气流到达最小截面时,流动仍是超声速的,进入扩张通道后气流将变为加速,如果出口压强较低,则全部通道中可以是超声速流,图 7.27(a)表示这种工况;(ii)如果超声速气流在最小截面处达到声速,但是通道出口压强较高,气流进入扩张通道后继续减速,而成为亚声速,图 7.27(b)表示这种情况;(iii)超声速气流在收缩通道中减速,如果气流在最小截面处达到声速,而通道出口压强较低,那么气流进入扩张通道后将加速而达到超声速,如图 7.27(c)所示.

如果在扩张通道中出现超声速流动,是否能够继续维持超声速流,要视通道出口压强而定,后面将有例子说明,扩张通道中的超声速流动可能在通道内或通道出口产生激波.

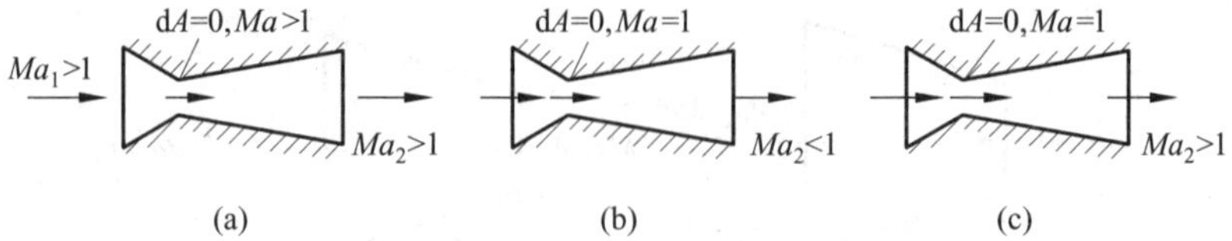

图 7.27 入口超声速气流在绝热收缩扩张通道中的流动

4. 流量公式与密流性质

(1) 流量公式

根据连续性条件,变截面管道内气体定常等熵流动的质量流量在各截面处相等,将气体等熵流动关系式代入流量公式,可得

$$\dot{m}=\rho uA=A\frac{\rho}{\rho_0}\rho_0 Ma\frac{c}{c_0}c_0=A\sqrt{\gamma p_0\rho_0}Ma\left(1+\frac{\gamma-1}{2}Ma^2\right)^{-\frac{\gamma+1}{2(\gamma-1)}}\tag{7.66}$$

(2) 流量密度和性质

定义 7.11 单位面积上通过的质量流量称作流量密度,简称"密流",用 q 表示,即 $q=\rho u$. 根据密流定义,从前面流量公式(7.66)可得流量密度与马赫数的关系式:

$$q(Ma)=\rho u=\sqrt{\gamma p_0\rho_0}Ma\left(1+\frac{\gamma-1}{2}Ma^2\right)^{-\frac{\gamma+1}{2(\gamma-1)}}$$

气体定常等熵流动中密流有以下性质.

① 在相同的滞止状态下,$Ma=1$ 时密流最大.

由 $\mathrm{d}q(Ma)/\mathrm{d}Ma=0$,可得 $Ma=1$ 为函数 $q(Ma)$ 的极值点,而且可证明:$Ma=1$ 时 $\mathrm{d}^2q/\mathrm{d}Ma^2<0$,因此 $Ma=1$ 时密流为极大值. 图 7.28 展示密流和马赫数的关系.

从图 7.28 可以看到,在定常等熵流中,当 $Ma<1$(即亚声速)时,密流随马赫数的增加而增大,因此在给定质量流量的管流中,马赫数增加(加速)截面积必须减小;而在超声速流动情况下,密流随马赫数的增加而减小,因此当马赫数增大时(加速)截面积必须增大.

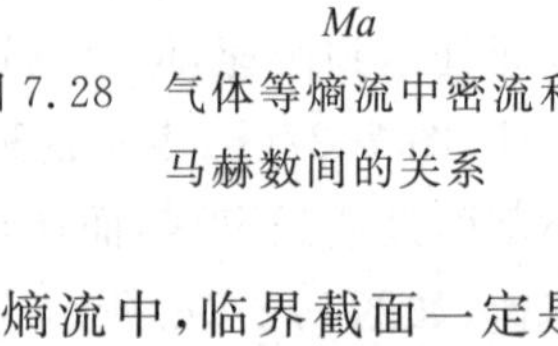

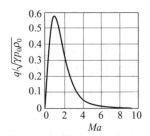

图 7.28 气体等熵流中密流和马赫数间的关系

② 临界截面 A^* 与堵塞流量.

定义 7.12 在变截面等熵定常流动中 $Ma=1$ 的截面称为"临界截面",用 A^* 表示.

从前面的分析不难得出结论:在气体变截面定常等熵流中,临界截面一定是最小截面,工程中常称最小截面为喉部. 如果等熵定常气流在收缩扩张通道的最小截面处达到 $Ma=1$,则根据密流极值的性质,此时通过收缩扩张通道的流量是给定滞止参数下的最大流量,称之为堵塞流量. 最大流量可由下式算出:

$$\rho^* u^* A^* = A^* \rho^* c^* = A^* \sqrt{\gamma p_0 \rho_0} \left(\frac{2}{\gamma+1}\right)^{\frac{\gamma+1}{2(\gamma-1)}} \tag{7.67}$$

堵塞流量是给定滞止参数下，变截面管流中气体等熵流动可能达到的最大流量. 就是说，当滞止参数给定后，降低管道出口压强，通过管道的气体流量不断增加；当流量达到堵塞流量后，再降低出口压强，通过管道的流量不会再增加. 根据变截面气体的等熵流动原理，这时在管道的最小截面上，气体流速达到当地声速，而这一速度是气流在最小截面上的最大速度，无论怎样减小出口压强，都不会使最小截面上的速度增大.

③ 定常等熵流中截面积与马赫数的关系.

由连续方程：$\rho u A = \rho^* u^* A^*$，并将流动参数的等熵关系式代入，可导出以下关系式：

$$\frac{A}{A^*} = \frac{\rho^* u^*}{\rho u} = \frac{1}{Ma}\left(\frac{2}{\gamma+1} + \frac{\gamma-1}{\gamma+1} Ma^2\right)^{\frac{\gamma+1}{2(\gamma-1)}} \tag{7.68}$$

上式用曲线表示于图 7.29.

由图 7.29 可看出，一个 A/A^* 对应于两个 Ma 值，其中一个 $Ma<1$，另一个 $Ma>1$，具体流动过程中对应哪个值，由流动进出口边界条件确定. 正如前面收缩扩张流动中讨论过，当喉部截面为临界截面时，扩张段可能出现超声速流动，也可能是亚声速流动，取决于扩张段出口的环境压强.

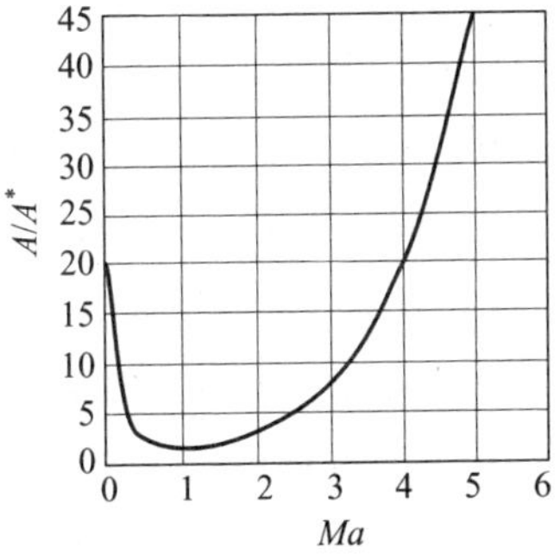

图 7.29 等熵流中截面积与马赫数间的关系

(3) 收缩喷管的工程计算

利用流量公式(7.66)和等熵流的参数关系式(7.25)～式(7.33)可以计算气体准一维定常等熵流动. 在气体的喷管流动中，喷管出口截面压强用 p_e 表示，喷管出口环境压强用 p_b 表示，p_e 可以等于 p_b 也可以不等于 p_b，详见下文分析. 通常有两类计算问题：设计问题(也叫反问题)和运行问题(亦称正问题)，分别介绍如下.

① 设计问题：给定流量 $\dot{m}$、滞止参数 p_0、ρ_0 和出口马赫数 $Ma(<1)$，求出口截面积 A_e 和压强 p_e. 求解步骤如下.

第一步：利用等熵关系 $\dfrac{p}{p_0}(Ma)$，由给定马赫数计算出口压强 p_e；

第二步：用流量公式(7.66)计算出口截面积 A_e.

在设计问题中还可能给定流量 $\dot{m}$、出口马赫数、出口气体参数，要求计算滞止参数和出口截面积. 设计步骤如下.

第一步：利用等熵关系$\frac{p}{p_0}(Ma)$，由给定马赫数计算滞止压强；

第二步：用流量公式(7.66)计算出口截面积A_e.

② 运行问题：已设计好的喷管，在实际运行时出口压强因环境状态而改变，这时通过喷管的流动和设计状态不同，需要重新计算.运行问题的提法是：

给定出口截面积A_e、滞止参数p_0、ρ_0和出口环境压强p_b，要求计算通过喷管的流量$\dot{m}$和出口马赫数Ma.求解步骤如下.

第一步：计算p_b/p_0，并用等熵临界公式判断出口截面是否为临界状态？

a. 若出口截面$p_b>p^*$，则出口马赫数必小于1，根据等熵流公式$\frac{p_b}{p_0}(Ma)$计算出口Ma_e；

b. 若出口截面$p_b\leqslant p^*$，则出口截面必为临界截面.因为收缩绝热通道中等熵气流最大马赫数等于1，并且出现在通道的最小截面处.因此当$p_b\leqslant p^*$时，出口截面上的压强p_e等于等熵流的临界压强$p_e=p^*$，出口截面上的马赫数$Ma_e=1$.下标e表示出口截面的状态.

第二步：

a. 若出口$p_b>p^*$，用式(7.66)计算流量$\dot{m}$；

b. 若出口为临界状态，用式(7.67)计算流量$\dot{m}$；

c. $p_b\leqslant p^*$时，气流将在管外膨胀.

在上面分析中已指出，在运行问题中，当环境压强小于临界压强时($p_b<p^*$)，气流在管内只能膨胀到临界压强，因此出口截面上的压强大于出口外的环境压强.气体流出喷口后，还要继续膨胀，这种情况称为膨胀不足.如果喷管流动是平面等熵流动，气体在出口外膨胀可以通过普朗特-迈耶流的绕角流动来分析计算，由等熵流公式$\frac{p_b}{p_0}(Ma)$计算气流完全膨胀的马赫数，然后通过普朗特-迈耶函数关系式$\nu(Ma)$计算气流出口后的转折角.此时，收缩喷管出口外气流继续膨胀，并发生转折，因此流动不再是一维的，如图7.30所示.平面喷管出口外的流动比较复杂，其基本过程如下：气流经普朗特-迈耶流动膨胀后，气流边界呈扩张型；但是出口上下边缘发生等熵膨胀产生的超声速气流的方向是不同的，于是在出口上下缘发出膨胀波，两膨胀波在中心相交穿过，并保持为膨胀波，其自由面向外扩张，与自由边界面相遇后反射压缩波，自由面收缩，两压缩波相交反射压缩波，再遇自由边界面后反射膨胀波，气流在出口后经历反复膨胀和压缩直到气流演化为亚

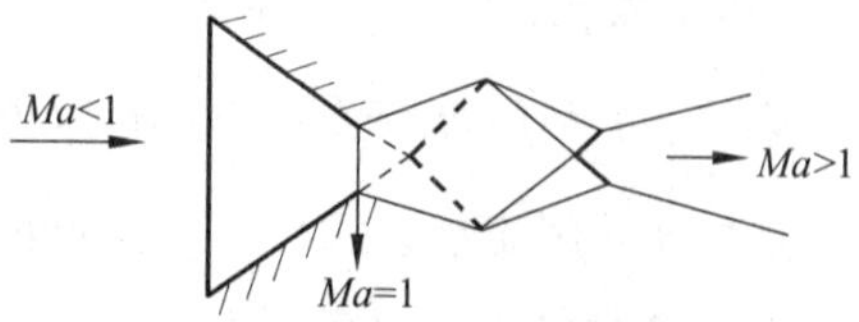

图7.30　收缩喷管的口外膨胀

细实线：气流边界；粗实线：激波；虚线：膨胀波

声速射流.以上过程部分地示意于图 7.30,详细的计算方法可以参考气体力学书籍.

5. 拉瓦尔(Laval)喷管内定常绝热流动

前面已经论述过,气体只有通过收缩扩张通道才能在通道出口处达到超声速,这一节分析收缩扩张喷管(也叫拉瓦尔喷管)的设计(反问题)和运行问题(正问题).

(1) 设计问题:给定流量 $\dot{m}$,滞止参数 p_0、ρ_0 和出口马赫数 $Ma(>1)$,求最小截面积 A^*、A_e 和出口压强 p_e.求解步骤如下.

第一步:利用等熵关系$\dfrac{p}{p_0}(Ma)$,根据给定的出口马赫数 $Ma(x)$ 计算压强 p_e;

第二步:用流量公式(7.66)计算截面积 A_e;

第三步:准确计算最小截面积(常称喉部截面积)$A^*=\dot{m}/(\rho^* u^*)$;或由式(7.68),利用出口马赫数和出口截面积计算喉部面积.

(2) 运行问题.按等熵超声速定常流动条件设计的拉瓦尔喷管,当环境压强发生变化时,喷管内的流动会发生什么变化,这是运行问题.需要求解的问题是:

给定:气体的滞止参数 p_0、T_0、喷管的临界截面积 A^*、出口截面积 A_e 和出口环境压强(背压)p_b,求通过喷管的流量和出口马赫数.

① 几个特征压强.

收缩扩张喷管中的超声速定常绝热流动比较复杂,在讨论变工况的流动之前,首先分析几种典型流动工况喷管出口截面的压强,即特征压强(见图 7.31).

出口截面的流动参数用下标“e”表示,环境压强用 p_b 表示,喉部截面流动参数用下标“t”表示.

第一种典型流动工况是:管内完全是等熵亚声速流动,喉部 $Ma_t=1$,收缩段和扩张段都是亚声速流动,这时出口压强用 p_c 表示,如图 7.31 上的②;

第二种典型流动工况是:管内完全等熵流动,喉部 $Ma_t=1$,扩张段为超声速流动时的出口压强用 p_j 表示,如图 7.31 上的⑥;

第三种典型流工况是:出口截面前流动完全等熵,刚好在出口截面上产生一正激波,激波前压强等于 p_j,激波后压强用 p_f 表示,如图 7.31 上的④.

下面用以上三个特征出口压强将流动分为Ⅰ、Ⅱ、Ⅲ、Ⅳ四种工况.

② 流动分析.

工况Ⅰ:$p_b/p_0>p_c/p_0$,喷管内全部是亚声速流动,此时 $Ma_t<1$,$Ma_e<1$,出口压强 $p_e=p_b$,通过喷管的流量由环境压强确定,也就是说,对于这种工况,通过喷管的流量对背压的变化很敏感.

工况Ⅱ:$p_c/p_0>p_b/p_0>p_f/p_0$,即出口截面压强大于 p_f 而小于 p_c,这时在管内出现正激波,如图 7.31 中状态③.正激波后为亚声速流动,在扩张通道中亚声速流动是增压减速的,所以气流到达出口时,$Ma_e<1$ 且 $p_e=p_b>p_f$.这种工况中背压 p_b 值越

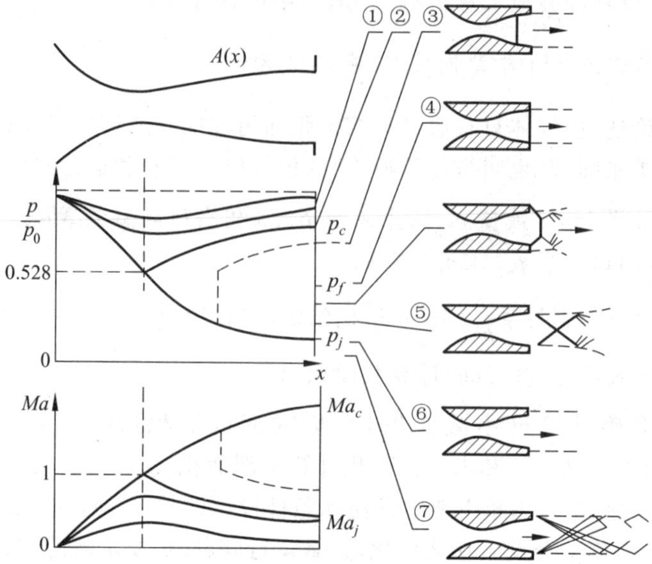

图 7.31 典型的收缩扩张喷管出口工况示意图

高，正激波位置越靠近上游. 在工况Ⅱ中，喉部始终是声速，因此流量为常数，不受背压影响.

工况Ⅲ：$p_f/p_0>p_b/p_0>p_j/p_0$，整个喷管内流动为超声速流动，因 $p_b<p_f$，出口截面不发生正激波，而且出口截面上的压强 $p_e=p_j<p_b$(这种工况又称膨胀过度). 这种工况下，管内流动不受 p_b变化的影响. 由于 $p_e=p_j<p_b$，气流流出喷管后发生压缩. 我们知道超声速压缩会产生激波，现在已知激波前后的压强比等于 $p_b/p_e>1$，激波前的马赫数等于 Ma_e，应用激波理论由压强比和马赫数可以确定激波的特性，如：激波倾斜角和激波后气流参数等.

工况Ⅳ：$p_b/p_0<p_j/p_0$，喷管内的流动不受 p_b变化的影响，出口截面上 $p_e=p_j$. 管内全部是等熵流动. 由于 $p_e=p_j>p_b$，这种工况属于膨胀不足的情况，因此气流流出喷管后将继续膨胀. 对于平面喷管，喷管外的流动可以应用普朗特-迈耶流动和斜激波理论分析并计算出口外的膨胀－压缩－膨胀－压缩……过程，其基本情况和收缩喷管膨胀不足的情况相同.

以上讨论的各种流动工况如图 7.32 所示.

① $1>\dfrac{p_b}{p_0}>\dfrac{p_c}{p_0}$ （工况Ⅰ）

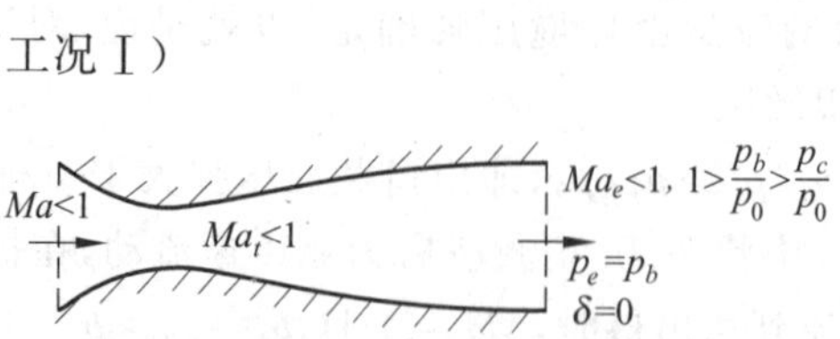

② $\frac{p_b}{p_0}=\frac{p_c}{p_0}$ （如图 7.31 特征状况②）

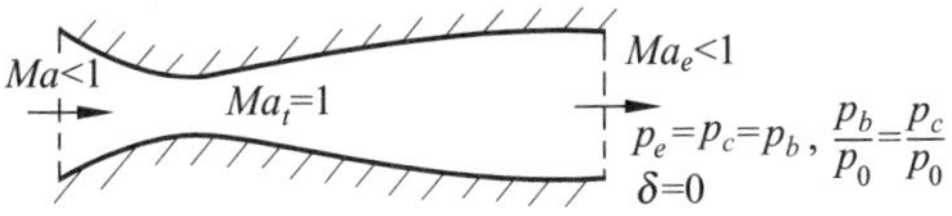

③ $\frac{p_c}{p_0}>\frac{p_b}{p_0}>\frac{p_f}{p_0}$ （工况Ⅱ）

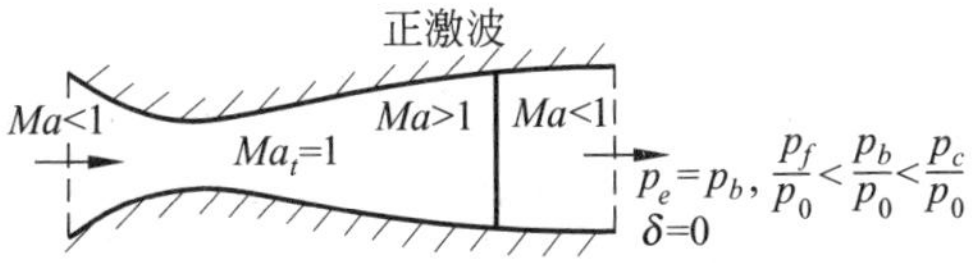

④ $\frac{p_f}{p_0}=\frac{p_b}{p_0}<\frac{p_c}{p_0}$ （如图 7.31 特征工况④）

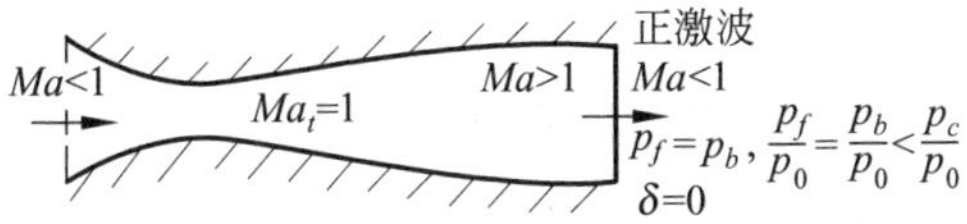

⑤ $\frac{p_f}{p_0}>\frac{p_b}{p_0}>\frac{p_j}{p_0}$ （工况Ⅲ）

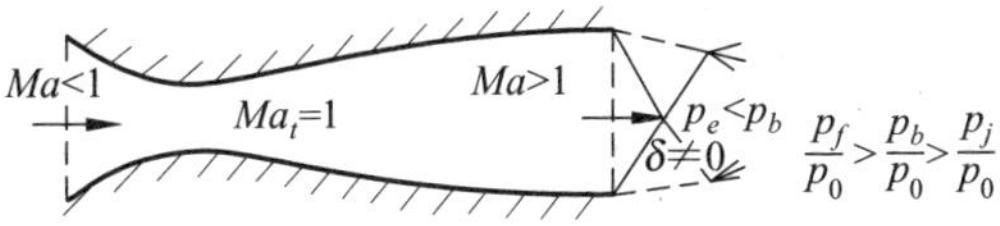

⑥ $\frac{p_b}{p_0}=\frac{p_j}{p_0}$ （如图 7.31 特征工况⑥）

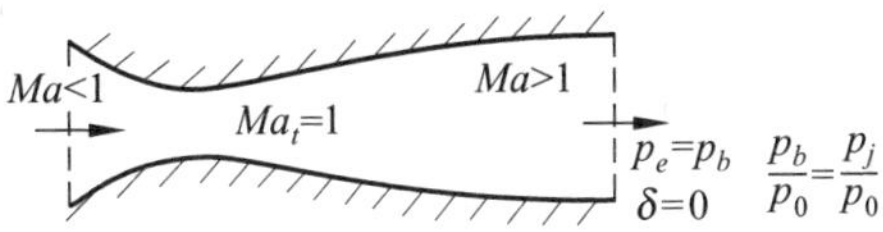

⑦ $\frac{p_b}{p_0}<\frac{p_j}{p_0}$ （工况Ⅳ）

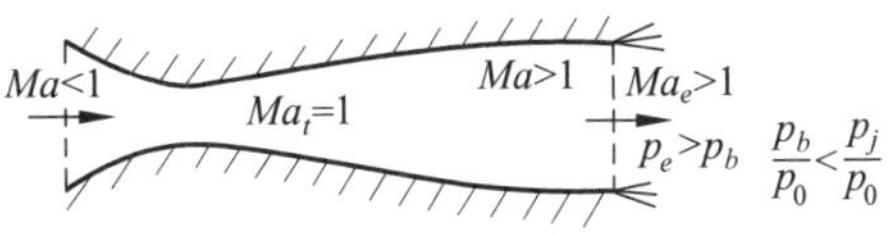

图 7.32 收缩扩张喷管中流动工况示意图

例 7.10 恒压容器中的空气由收缩扩张喷管流出，给定容器中压强 $p_0=5\times 10^5\text{Pa}$，$T_0=288\text{K}$，喷管喉部面积为 10cm^2，出口面积 20cm^2. 试求以下出口环境压强时，通过喷管的质量流量、出口截面的马赫数、压强、速度和出口后气流角度.

(1) $p_b=4.75\times 10^5\text{Pa}$；

(2) $p_b=2.0\times 10^5\text{Pa}$；

(3) $p_b=0.40\times 10^5\text{Pa}$.

解 由 p_0，T_0 可计算 $\rho_0=p_0/(RT_0)=6.05\text{kg/m}^3$.

(1) 先求特征压强 p_c，p_j，p_f.

由 $A^*/A_e=10/20=0.5$，查等熵表，得特征状态 Ma_c，p_c，Ma_j，p_j：

$$Ma_c=0.31,\quad p_c/p_0=0.9355,\quad p_c=4.6775\times 10^5\text{Pa}$$

$$Ma_j=2.2,\quad p_j/p_0=0.09352,\quad p_j=0.4576\times 10^5\text{Pa}$$

查正激波表，得特征状态 p_f

$$\frac{p_f}{p_j}(Ma_1=2.2)=5.48,\quad p_f=2.508\times 10^5\text{Pa}$$

(2) 判断给定背压下的流动范围，求解未知量.

① $p_b=4.75\times 10^5\text{Pa}$ 时，$p_b=4.75\times 10^5\text{Pa}>p_c$，流动为全部亚声速流，所以出口压强 $p_e=p_b=4.75\times 10^5\text{Pa}$，由 $p_b/p_0=0.95$，查等熵流表得

$$Ma_e=0.27,\quad T_e/T_0=0.9856,\quad T_e=0.9856\times T_0=283.85\text{K}$$

$$c_e=\sqrt{\gamma RT_e}=337.7\text{m/s},\quad U_e=c_eMa_e=91.2\text{m/s},$$

$$\rho_e=p_e/(RT_e)=5.83\text{kg/m}^3$$

$$\dot{m}=\rho_eU_eA_e=1.063\text{kg/s},\quad \delta_e=0$$

② $p_b=2.0\times 10^5\text{Pa}$ 时，$p_f>p_b>p_j$，所以流动为管口产生斜激波的第Ⅲ种工况，故由等熵流动表，先算出出口截面的流动参数：

$$Ma_e=2.2,\quad p_e=p_j=0.4575\times 10^5\text{Pa}$$

$$T_e/T_0=0.5081,\quad T_e=146.3\text{K},\quad c_e=\sqrt{\gamma RT_e}=242.46\text{m/s}$$

$$U_e=c_eMa_e=533.4\text{m/s},\quad \dot{m}=\rho_eU_eA_e=1.188\text{kg/s}$$

出口后的气流参数继续计算如下：由出口背压 $p_b/p_j=2.0/0.4576=4.37$，查正激波表可得 $Ma_{1n}=Ma_1\sin\beta=1.97$，因此 $\beta=63.57°$，再由斜激波图 7.15 查得气流转角 $\delta=26°$.

③ $p_b=0.4\times 10^5\text{Pa}$ 时，$p_b<p_j$，属工况Ⅳ，为管外膨胀，出口截面参数由等熵表计算：结果和②相同.

$$p_e=p_j=0.4575\times 10^5\text{Pa},\quad Ma_e=2.2,$$

$$U_e=533.4\text{m/s},\quad \dot{m}=\rho_eU_eA_e=1.188\text{kg/s}$$

管外膨胀为普朗特-迈耶流动，由等熵表，$p_b/p_0=0.08$ 时 $Ma_b=2.3$，于是由普朗特-迈耶函数：$\nu_1(Ma_e=2.2)=31.73°$，$\nu_2(Ma_e=2.3)=34.28°$，出口气流转折角 $\delta=34.28°-31.72°=2.55°$.

习　题

7.1　空气从储气罐出流，气罐内压力为 $1.5\times10^5\,\text{Pa}$，温度为 288K，已知出口为亚声速流动，大气压力为 $1\times10^5\,\text{Pa}$，求气流出口速度及温度.

7.2　证明：理想完全气体定常等熵流动时有

(1) $\dfrac{p_0-p}{\frac{1}{2}\rho U^2}=\dfrac{2}{\gamma Ma^2}\left[\left(1+\dfrac{\gamma-1}{2}Ma^2\right)^{\frac{\gamma}{\gamma-1}}-1\right]$；

(2) $Ma\ll1$ 时，$\dfrac{p_0-p}{\frac{1}{2}\rho U^2}=1+\dfrac{1}{4}Ma^2$.

7.3　15km 高空飞行一枚导弹，测得表面温度 T_w 为 500K，假定表面温度状态 T_w 与驻点温度 T_0 相同，求导弹速度. 实际上 T_w 不是总温，应为 $T_w=T+\dfrac{U^2}{2c_p}\sqrt{Pr}$，$Pr$ 为普朗特数，对于空气 $Pr=0.85$，那么导弹速度又为多少？

7.4　空气在加热有摩擦的变截面管道内定常流动，已知某截面上 $T=268\text{K}$，$P=79.2\text{kN/m}^2$，$Ma=0.6$，$A=6\text{cm}^2$，求该截面的 p_0，T_0，p^*，T^*，c^*，A^*，$U_{\max}$.

7.5　空气等熵地通过收缩喷管流入压力为 124.5kN/m^2 的容器，喷管进口的空气速度可忽略，进口压力和温度分别为 200kN/m^2 和 293K，出口面积为 78.5cm^2，求通过喷管的流量，又问该喷管的阻塞流量为多少？

7.6　拉瓦尔喷管进口空气压力为 300kN/m^2，温度为 373K，速度可忽略，管内流动无激波. 已知出口温度为 253K，喉部面积为 10cm^2. 求(1)出口马赫数；(2)出口面积；(3)流量.

7.7　直径为 0.2m 的水平管道输送压力为 825kN/m^2、温度为 293K 的空气. 拟安装一文丘里流量计测量流量，流量范围不超过 11kg/s，喉部压力要求大于 745kN/m^2，文丘里流量计的流量系数为 $\eta=0.98$(实际需要面积＝理论计算面积/流量系数)，问实际需要的喉部直径 d_t 应为多少？

7.8　空气通过渐缩喉管向大气放气如图 7.33 所示，大气压力为 100kN/m^2，进口处 $A_1=0.558\text{m}^2$，$p_1=150\text{kN/m}^2$，$T_1=763\text{K}$，出口为亚声速，$A^2=0.1\text{m}^2$. 求(1)气流作用于喷管上的力；(2)欲使喷管不动需加外力多少？

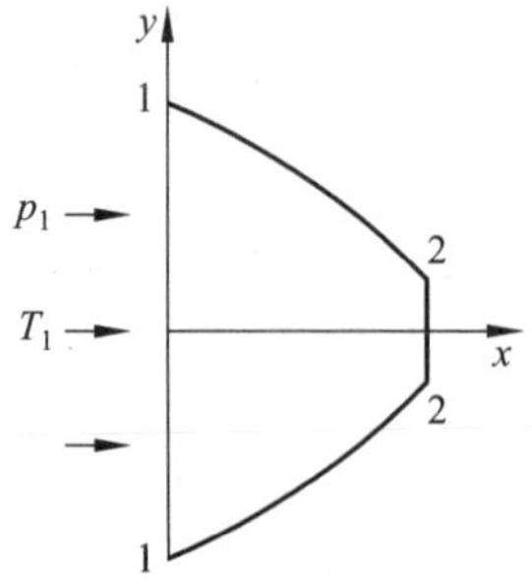

图 7.33 题 7.8 示意图

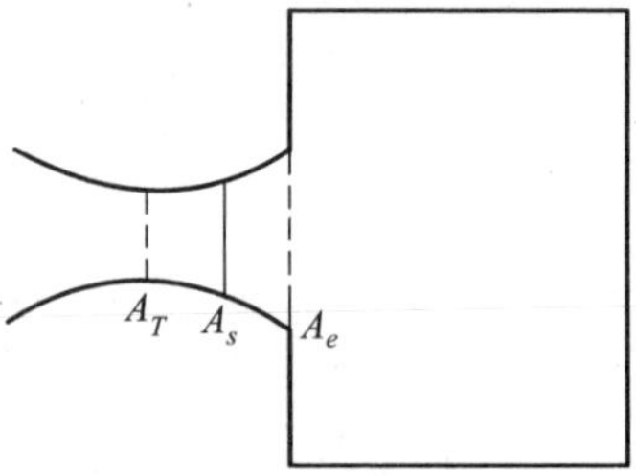

图 7.34 题 7.9 示意图

7.9 海平面上空气通过图 7.34 所示管道吸入真空箱，由纹影照片知 $A_s=300\text{cm}^2$ 处有一正激波，求真空箱内压力. 已知 $A_T=100\text{cm}^2$，$A_e=400\text{cm}^2$.

7.10 总压管和总温度计放置在压力为 101kN/m^2、温度为 288K 的静止大气中，如前方发生爆炸，一股速度为 400m/s 的热浪正对着它们袭来. 问热浪袭来前后总压管和总温度计读数各为多少？

7.11 核爆炸波以波速 $D=15240\text{m/s}$ 在静止的空气中传播，静止空气压力为 101.33kN/m^2，温度为 294.4K. 试计算：(1)波后空气的绝对速度；(2)波后空气相对于静止观察者的总压和总温.

7.12 证明如图 7.35 所示两声波相碰后，原静止区中空气的压力增量 Δp 及 U 分别为

$$\Delta p = \Delta p_1 + \Delta p_2, \quad U = \frac{\Delta p_1 - \Delta p_2}{p}\sqrt{\frac{RT}{\gamma}}$$

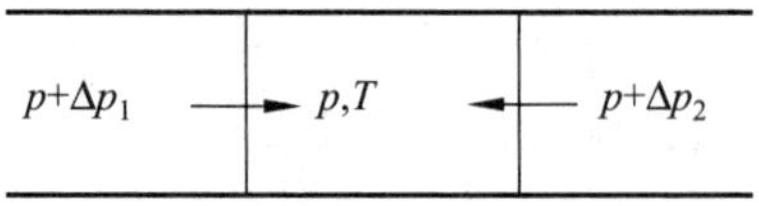

图 7.35 题 7.12 示意图

7.13 证明斜激波前后法向速度分量满足 $U_{1n}U_{2n}=c_*^2-\dfrac{\gamma-1}{\gamma+1}U_t^2$.

7.14 证明斜激波前后压力有下式成立：$\dfrac{p_2}{p_1}=\dfrac{2\gamma}{\gamma+1}M_{1n}^2-\dfrac{\gamma-1}{\gamma+1}$.

7.15 顶角为 60°的尖楔在 15km 高空作零攻角飞行，其飞行速度恰好使斜激波附在尖楔上，求：(1)飞行速度；(2)激波角；(3)尖楔表面压力；(4)通过激波的总压损失.

7.16 用公式计算图 7.36 所示头部激波不被壁面反射的 α 值. 已知来流的马赫数为 3，激波角为 30°.

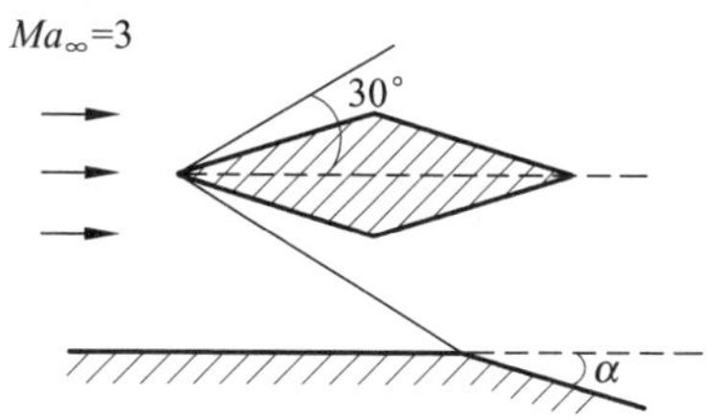

图 7.36　题 7.16 示意图

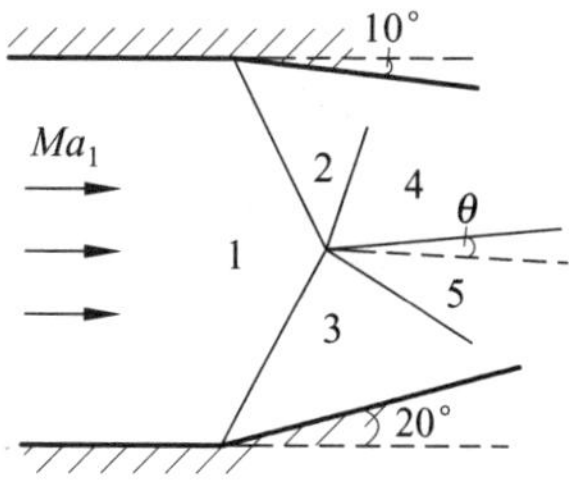

图 7.37　题 7.17 示意图

7.17　如图 7.37 所示，求 4 区与 5 区的气流马赫数、压强 p 和方向角 θ. 已知 $Ma_1=4.0$，$p_1=100\text{kN/m}^2$.

7.18　二维平板在 6km 高空以 $Ma=2$ 飞行，攻角 10°，弦长 c 为 1m. 求：

(1) 上下表面的压强和速度；

(2) 升力系数 C_L 和阻力系数 C_D $\left(C_D, C_L \text{ 的计算公式是：} C_L=\dfrac{F_L}{\frac{1}{2}\rho_\infty U_\infty^2 c}, C_D=\dfrac{F_D}{\frac{1}{2}\rho_\infty U_\infty^2 c}\right)$；

(3) 绕平板的环量.

7.19　图 7.38 所示为拉瓦尔喷管流动. 已知 $A_e/A_T=2.005$，$p_b=1\times10^5\text{Pa}$，$p_0=1.36\times10^6\text{Pa}$.

(1) 证明流动是管外膨胀；

(2) 求出口压力 p_e 及气流扩张角 α.

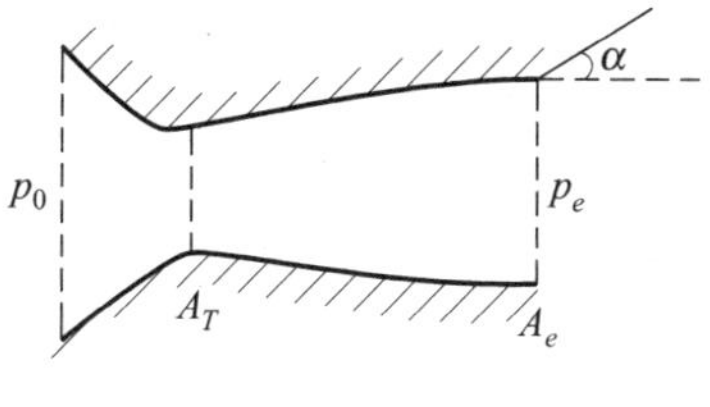

图 7.38　题 7.19 示意图

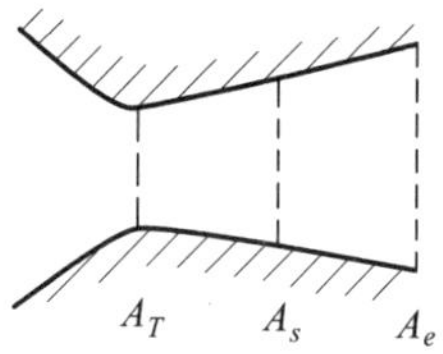

图 7.39　题 7.20 示意图

7.20　图 7.39 所示拉瓦尔喷管流动，已知 $A_e/A_T=11.91$，$p_{01}=7\times10^5\text{Pa}$，$p_b=2.26\times10^5\text{Pa}$，$T_{01}=500\text{K}$.

(1) 证明此流动管内有激波；

(2) 求激波位置上的面积比 A_s/A_T，及波前马赫数 Ma_{sf}；

(3) 求 Ma_e，T_e.

7.21　超声速风洞内的流动如图 7.40 所示，A 为风洞工作段面积. 已知：$A=$

$1.686A_{T1}$，$A_s=0.822A$，$A_e=4.130A$，$A=0.2\text{m}^2$，$T_0=288\text{K}$，$p_b=100\text{kN/m}^2$. 求：

(1) 工作段马赫数；

(2) 扩压段喉部面积 A_{T2} 的最小值；

(3) 出口马赫数；

(4) 前室总压 p_0；

(5) 质量流量.

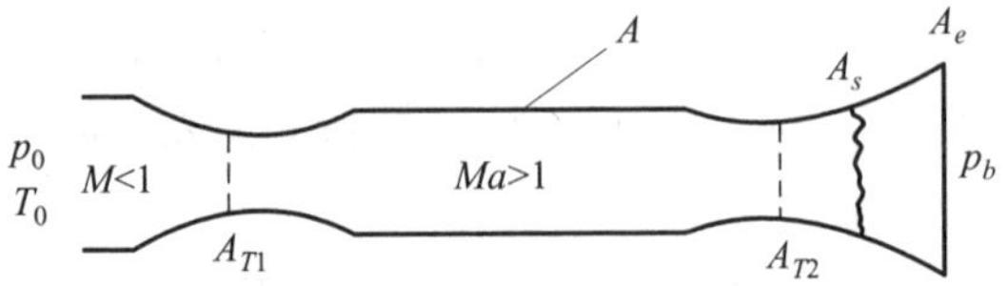

图 7.40 题 7.21 示意图

思 考 题

S7.1 绝热过程和等熵过程有什么区别?

S7.2 流场中两侧垂(切)向速度不同的平面称为法(切)向间断面,不可压缩流动是否可能产生法向间断面? 为什么? 切向间断面两侧的压强是否相等? 为什么? 不可压缩与可压缩流动,是否都可能产生切向间断面? 为什么?

S7.3 起点总焓和熵相等的两条流线,一条穿过激波,另一条不穿过激波,这两条流线下游的总焓和熵是否相等? 为什么?

S7.4 气体穿过激波后,临界温度和临界压强是否改变? 为什么?

S7.5 理想完全气体分别以亚声速、超声速进入扩张通道时,是否可能产生激波? 为什么? 如果进入收缩通道呢?

第 8 章 粘性流体力学基础

实际流体都是有粘性的，只有当粘性应力很小时，才可忽略粘性影响而采用无粘流假设的“理想流体”模型. 本章介绍粘性流体运动的主要性质、支配其运动的基本方程以及若干典型流动的求解方法.

8.1 粘性流体的本构方程

在第 3 章讨论流体运动基本方程的封闭性时曾指出：流体运动的 3 个守恒定律只有 5 个独立方程，而未知数有 12 个，需要补充状态方程(1 个)以及应力张量与流体运动间关系的本构方程(6 个)以后，基本方程才能封闭.

导出流体本构方程有两种方法：①基于分子运动的统计力学方法；②理性力学和实验相结合的方法. 力学和工程中常用第二种方法. 各种各样流体的物性千差万别，就流体应力状态和流体运动的关系来说，可以分为两大类，具有记忆性的流体和非记忆性流体. 流体质点的应力状态和该点的变形及应力历史有关的称作记忆性流体，例如稠油和高分子溶液. 非记忆性流体的质点应力状态只和当时该点的流体变形状态有关，或者说，流体质点的应力状态对于流体变形是瞬时响应的. 下面只考虑非记忆性流体的本构方程.

1. 建立本构关系的基本原理

本构方程属于物性方程，应当具有普适性. 根据理性力学原理，建立本构方程应当符合以下基本原则.

(1) 可表性原则

应力和变形率都是张量,因此本构方程应是张量方程,它应当遵循张量运算规则.例如质点的应力 T_{ij} 是二阶对称张量,微团的变形率 S_{ij} 也是二阶对称张量,关系式 $T_{ij}=\alpha S_{ij}$(α 是标量)和坐标系无关,它在任何坐标系中都是二阶对称张量之间的关系式,它符合可表性原则.但是速度梯度的反对称张量 Ω_{ij} 和质点应力 T_{ij} 之间的简单线性关系是不成立的,即 $T_{ij}\neq\beta\Omega_{ij}$($\beta$ 是标量),因为一个对称张量不可能和一个反对称张量在所有坐标系中相等,所以它不符合可表性原则.又如,一个对称张量 T_{ij} 和一个向量 U_j 之间的关系 $T_{ij}=\alpha_{ijk}U_k$ 可以成立的条件是:α_{ijk} 必须是三阶张量,并且 α_{ijk} 关于下标 i,j 对称.总之,粘性流体的本构方程必须符合张量的运算规则.

(2) 客观性原则

本构方程是物性关系,因此它应当和参照系无关.例如,流体的本构方程和它的状态方程一样,在地球和月球上应是相同的.具体来说,若有两个观察者,一个在固定的参照系中,而另一个在相对运动的参照系中,这两个观察者得到的本构方程应当相同.由于参照系的运动可用坐标架的刚体运动来描述,它有三个平移和三个转动自由度.因此客观性原则可表述为,本构方程的函数表达式应不依赖于参照系的刚性运动.应用客观性原则,可以导出本构方程应有的基本形式.

设参照系统刚性运动方程可以表示为

$$\boldsymbol{x}'=\boldsymbol{x}_0(t)+\boldsymbol{Q}(t)\cdot\boldsymbol{x}\tag{8.1a}$$

或

$$x_i'=x_{0i}(t)+Q_{ij}(t)x_j\tag{8.1b}$$

式中 $\boldsymbol{x}'$ 是运动坐标架中任意点的位置向量,$\boldsymbol{x}$ 是固定坐标架对应点的位置向量,$\boldsymbol{x}_0(t)$ 是两坐标架间的相对位移向量,它只是时间的函数.$\boldsymbol{Q}(t)$(或 Q_{ij})是坐标架的转动张量,转动张量的具体表达式可由任意刚性坐标系的变换式求出.设有两个直角坐标系,当坐标系 $\boldsymbol{e}_i'$ 相对于 $\boldsymbol{e}_i$ 作刚性转动时,这两个坐标基之间有以下关系:

$$\boldsymbol{e}_i=\alpha_{ji}\boldsymbol{e}_j',\quad \boldsymbol{e}_i'=\alpha_{ij}\boldsymbol{e}_j$$

直角坐标基变换系数 α_{ij} 是对应坐标轴间的方向余弦(见表8.1和图8.1),并有以下性质:

$$\alpha_{li}\alpha_{lj}=\delta_{ij},\quad \alpha_{im}\alpha_{jm}=\delta_{ij}$$

表8.1　坐标轴间方向余弦

	$\boldsymbol{e}_1$	$\boldsymbol{e}_2$	$\boldsymbol{e}_3$
$\boldsymbol{e}_1'$	α_{11}	α_{12}	α_{13}
$\boldsymbol{e}_2'$	α_{21}	α_{22}	α_{23}
$\boldsymbol{e}_3'$	α_{31}	α_{32}	α_{33}

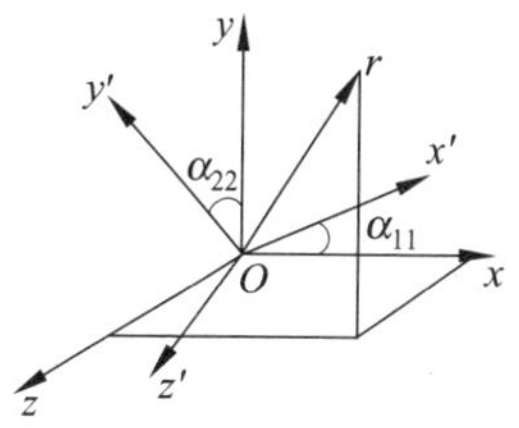

图 8.1 坐标系的变换

两坐标系中位置向量的变换有以下的等式：

$$x_i = \alpha_{ji} x'_j, \quad x'_i = \alpha_{ij} x_j$$

对照式(8.1b)，转动张量 $\boldsymbol{Q}(t)$ 等于当时的坐标基向量 $\boldsymbol{e}'_i$ 的方向余弦张量，即

$$Q_{ij} = \alpha_{ij} \quad \text{或} \quad \boldsymbol{Q}(t) = \alpha_{ij} \boldsymbol{e}_i \boldsymbol{e}_j$$

$\boldsymbol{Q}(t)$ 或 Q_{ij} 有以下的性质：

$$Q_{li} Q_{lj} = \delta_{ij}, \quad Q_{im} Q_{jm} = \delta_{ij} \quad \text{或} \quad \boldsymbol{Q} \cdot \boldsymbol{Q}^{\mathrm{T}} = \boldsymbol{I}$$

根据张量性质，任意一个二阶张量 p_{ij} 在不同坐标系中应有以下等式：

$$p'_{ij} = \alpha_{il} \alpha_{jm} p_{lm}$$

因此在坐标架作刚性转动时，二阶张量 p_{ij} 应满足以下关系：

$$p'_{ij} = Q_{il} p_{lm} Q_{jm}$$

利用以上的关系式，根据客观性原则可以导出本构方程的基本形式. 假定在固定参照系 $\boldsymbol{e}_i$ 中有一个张量函数关系式(已符合可表性原则)：

$$\tau_{ij} = f_{ij}(\phi, B_l, A_{mn})$$

f_{ij} 表示张量函数、ϕ 表示标量、B_l 表示向量、A_{mn} 是二阶张量. 在运动参照系 $\boldsymbol{e}'_i$ 中上式应写成

$$\tau'_{ij} = f'_{ij}(\phi', B'_l, A'_{mn}, \cdots)$$

根据前面导出的关系式，在坐标架刚性转动时，以上两式中各量应满足以下等式：

$$\tau'_{ij} = Q_{il}(t) \tau_{lm} Q_{mj}(t), \quad f'_{ij} = Q_{il}(t) f_{lm} Q_{mj}(t),$$

$$\phi' = \phi, \quad B'_i = Q_{ij}(t) B_j, \quad A'_{ij} = Q_{il}(t) A_{lm} Q_{mj}(t)$$

客观性原理要求，不论参照系作何运动，物理量 τ_{ij} 和 ϕ、$\boldsymbol{B}$、$\boldsymbol{A}$ 之间的本构函数关系应始终保持不变.

然而并不是所有的物理量都能满足客观性条件，例如，速度就不满足客观性条件. 对位置向量式(8.1)求时间的导数，可以获得运动参照系中速度表达式：

$$U'_i = \dot{x}'_i = \dot{x}'_{0i}(t) + Q_{ik} \dot{x}_k + \dot{Q}_{ik} x_k = U_{0i}(t) + Q_{ik} U_k + \dot{Q}_{ik} x_k \tag{8.2}$$

上式右端有 $U_{0i}(t)$ 和 $\dot{Q}_{ij} x_j$，它们和坐标架的运动有关，它不符合 $U'_i = Q_{ij}(t) U_j$. 因此，速度不能作为自变量单独出现在张量型本构方程中. 另外还可以证明，速度梯度张量 $\partial U_i / \partial x_j$ 也不是客观量，但是对称张量 $\partial U_i / \partial x_j + \partial U_j / \partial x_i$ 是客观量. 利用刚性转动坐标架中速度公式(8.2)计算向量梯度，因为 $\dot{x}'_{0i}(t)$ 和 Q_{ij} 只和时间 t 有关，于是可得

$$\frac{\partial U'_i}{\partial x'_j} = Q_{ik} \frac{\partial U_k}{\partial x'_j} + \dot{Q}_{ik} \frac{\partial x_k}{\partial x'_j}$$

注意到梯度算符 $\dfrac{\partial}{\partial x'_j} = \dfrac{\partial x_l}{\partial x'_j} \dfrac{\partial}{\partial x_l} = Q_{jl} \dfrac{\partial}{\partial x_l}$，因而速度梯度张量

$$\frac{\partial U'_i}{\partial x'_j} = Q_{ik} \left(\frac{\partial U_k}{\partial x_l} \right) Q_{jl} + \dot{Q}_{ik} \frac{\partial x_k}{\partial x'_j} = Q_{ik} \frac{\partial U_k}{\partial x_l} Q_{jl} + \dot{Q}_{ik} Q_{jk}$$

上式右端有$\dot{Q}_{ik}Q_{jk}$，它不符合张量关系式$A'_{ij}=Q_{il}(t)A_{lm}Q_{mj}(t)$，因此二阶张量$\partial U_i/\partial x_j$也不是客观量. 同理，计算二阶张量$\partial U_i/\partial x_j$的转置$\partial U_j/\partial x_i$，可得

$$\frac{\partial U'_j}{\partial x'_i}=Q_{jl}\frac{\partial U_l}{\partial x_k}Q_{ik}+\dot{Q}_{jk}\frac{\partial x_k}{\partial x'_i}=Q_{ik}\frac{\partial U_l}{\partial x_k}Q_{jl}+\dot{Q}_{jk}Q_{ik}$$

将上两式相加，得

$$\frac{\partial U'_j}{\partial x'_i}+\frac{\partial U'_i}{\partial x'_j}=Q_{ik}\left(\frac{\partial U_l}{\partial x_k}+\frac{\partial U_k}{\partial x_l}\right)Q_{jl}+Q_{jk}\dot{Q}_{ik}+\dot{Q}_{jk}Q_{ik}$$

由于转动张量是对称正交张量，即有

$$Q_{jk}Q_{ik}=\delta_{ji}$$

将上式对时间t求导数，得$\dot{Q}_{jk}Q_{ik}+Q_{jk}\dot{Q}_{ik}=0$，于是前式最后两项之和等于零. 也就是说对称张量$\partial U'_j/\partial x'_i+\partial U'_i/\partial x'_j$满足客观量条件：

$$\frac{\partial U'_j}{\partial x'_i}+\frac{\partial U'_i}{\partial x'_j}=Q_{ik}\left(\frac{\partial U_l}{\partial x_k}+\frac{\partial U_k}{\partial x_l}\right)Q_{jl}$$

用向量算符表示，对称张量$\partial U_i/\partial x_j+\partial U_j/\partial x_i$，也可写作$(\nabla \boldsymbol{U})+(\nabla \boldsymbol{U})^{\mathrm{T}}$. 在流体运动中，已经导出速度梯度的对称张量之半是流体运动的变形率S_{ij}，即

$$S_{ij}=\frac{1}{2}\left(\frac{\partial U_i}{\partial x_j}+\frac{\partial U_j}{\partial x_i}\right)$$

所以变形率张量也是客观量，因此如下应力张量和变形率张量之间的本构关系式符合可表性和客观性原则(为了避免和温度符号T混淆，应力张量暂时用$\boldsymbol{P}$表示)：

$$P_{ij}=f_{ij}(2S_{lm})$$

对于不同流体，它们有不同的函数关系式f_{ij}. 总之，根据客观性原则，可以导出本构关系式中变量的形式. 但是客观性原则不能导出本构方程的具体函数关系式，具体的函数形式依赖于对物性的分析和实验. 下面较详细地介绍牛顿流体的本构方程.

2. 牛顿型流体的本构关系

定义 8.1　粘性应力张量$\boldsymbol{P}$和变形率张量$\boldsymbol{S}$间具有线性各向同性函数关系的流体称为牛顿型流体.

例如：常温常压下的空气、水、酒精和稀油等都属于牛顿型流体，牛顿流体是一种简单的非记忆性流体. 下面来导出牛顿型流体的本构关系式.

(1) 粘性流体的应力分解：根据张量运算的规则，流体中任一点的应力张量(2阶张量)必可分解为一个各向同性张量和另一张量之和：

$$\boldsymbol{P}=-\Pi\boldsymbol{I}+\boldsymbol{\tau} \tag{8.3a}$$

或用分量形式表示为

$$P_{ij}=-\Pi\delta_{ij}+\tau_{ij} \tag{8.3b}$$

或将它写成矩阵形式

$$\begin{pmatrix} P_{11} & P_{12} & P_{13} \\ P_{21} & P_{22} & P_{23} \\ P_{31} & P_{32} & P_{33} \end{pmatrix} = \begin{pmatrix} -\Pi & 0 & 0 \\ 0 & -\Pi & 0 \\ 0 & 0 & -\Pi \end{pmatrix} + \begin{pmatrix} \tau_{11} & \tau_{12} & \tau_{13} \\ \tau_{21} & \tau_{22} & \tau_{23} \\ \tau_{31} & \tau_{32} & \tau_{33} \end{pmatrix}$$

式中 Π 是应力的各向同性部分，为标量函数. 当流体静止时，流体内部不存在粘性应力，这时 Π 应等于静止流体的压强 p，也就是热力学压强；流体运动时 Π 不等于热力学压强 p. τ_{ij} 称作偏应力张量，当运动停止时，τ_{ij} 应趋于零. 因 P_{ij} 是二阶对称张量，$\Pi\delta_{ij}$ 也是二阶对称张量，所以由式(8.3)可得出结论：τ_{ij} 也是二阶对称张量. 下面先导出本构关系中应力的各向同性部分.

(2) 本构关系中各向同性应力的线性关系式

流体运动状态下各向同性应力 Π 与热力学压强 p 不相等，但当流体运动停止后，Π 趋于静止流体的热力学压强，因此可以把 Π 分成两部分：

$$\Pi\delta_{ij} = (\pi - p)\delta_{ij} = \textbf{与流体运动有关部分} + \textbf{热力学压强}$$

其中 p 是热力学压强，它是流体的状态参数，和流体的变形率没有直接关系. 根据线性假定 $\pi(S_{ij})$ 应是流体运动变形率张量 S_{ij} 的线性函数. 因为 π 是标量，而 S_{ij} 的线性标量函数只有它的迹 S_{kk}（即 S_{ij} 张量的对角线项之和），故必有 $\pi=\lambda S_{kk}$. 从而牛顿型流体的各向同性应力张量 Π 应为

$$\Pi\delta_{ij} = (-p + \lambda S_{kk})\delta_{ij}$$

(3) 偏应力张量和变形率张量间具有线性各向同性关系

偏应力张量是二阶对称张量，上面根据建立本构关系的原理已证明，非记忆性流体的本构关系应有 $\tau_{ij}=f_{ij}(S_{ij})$ 的形式，各向同性线性函数 f_{ij} 的唯一形式是：

$$\tau_{ij} = 2\mu S_{ij}$$

式中 μ 是标量，称为粘性系数，将由实验确定.

(4) 牛顿型流体的本构关系

将各向同性应力和偏应力张量相加，得牛顿型流体的本构关系式如下：

$$P_{ij} = \Pi\delta_{ij} + \tau_{ij} = (-p + \lambda S_{kk})\delta_{ij} + 2\mu S_{ij}$$

为了和常用粘度的定义一致，引用符号 $\mu'=\lambda+2\mu/3$，则 $\lambda=\mu'-2\mu/3$，于是上式可改写为

$$\Pi\delta_{ij} = -p\delta_{ij} - \frac{2}{3}\mu S_{kk}\delta_{ij} + \mu' S_{kk}\delta_{ij}$$

牛顿流体本构关系的最终形式为

$$P_{ij} = \left[-p + \left(\mu' - \frac{2}{3}\mu\right)S_{kk}\right]\delta_{ij} + 2\mu S_{ij} \tag{8.4}$$

式(8.4)也称为“广义牛顿定律”. 式中 μ 称为第一粘性系数，或动力粘性系数，简称粘性系数；μ' 称为第二粘性系数. 我们知道 $S_{kk}=S_{11}+S_{22}+S_{33}=\partial U_i/\partial x_i=\nabla \cdot \boldsymbol{U}$，它是

流场的散度,也是质点的体积膨胀率.因此本构关系式(8.4)表明：牛顿型流体的质点应力状态由以下三部分组成.

① $-p\delta_{ij}$：热力学压强；

② $\left(\mu'-\frac{2}{3}\mu\right)S_{kk}\delta_{ij}$：由体膨胀率(或压缩)引起的各向同性粘性应力；

③ $2\mu S_{ij}$：由运动流体变形率引起的粘性应力,称为偏应力张量.

(5) 粘性系数 μ 的确定

根据连续介质原理和线性假定,已经导出牛顿型流体本构关系的一般形式,但是其中有两个物性系数 μ 和 μ' 是待定的,宏观的流体力学用实验方法测定这些系数.通常确定粘性系数的方法属于流变学的范畴,测试的基本原理是,构造一种简单流动,使它只有一个剪应力和剪应变率,然后分别测定剪应力和剪应变率来得到粘度系数.

例如：用很大的两块平行平板,下板固定,上板以平行于下板作直线匀速运动,这样就可以构造一种特别简单的剪切流动(见图8.2)：$u_1(x_2)$,$u_2=u_3=0$.

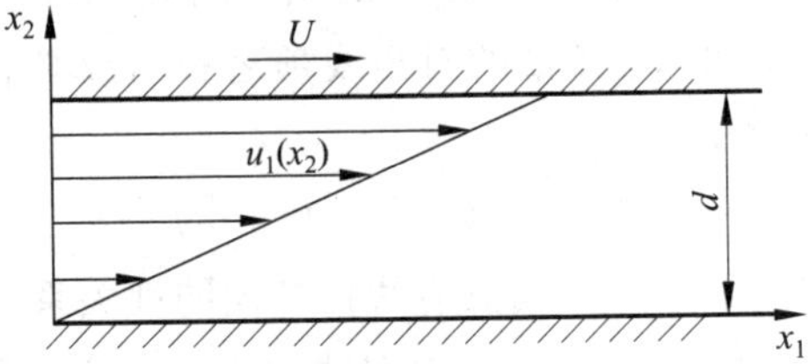

图8.2　简单的平行剪切流动

此时流场的剪应变率只有：$S_{12}=(\mathrm{d}u_1/\mathrm{d}x_2)/2$,测定上板面的剪应力,就可以代入本构关系式来确定粘性系数.理想的做法是设计平行平板间的距离 d 很小,因此平板间流体的速度分布几乎是直线,即 $u_1=Ux_2/d$(参见图8.2),于是 $S_{12}=U/2d$.同时测定上板面的拉力 T 和上板的面积 A,则上板面的剪应力 $\tau_{12}=T/A$.最后得粘度系数

$$\mu=\frac{Td}{AU} \tag{8.5}$$

牛顿曾在流体作简单直线层流运动情况下,假定剪应力与剪应变率间关系式(8.5),因此这种流体称作为牛顿流体.在非均匀剪切流动中,式(8.5)可推广为

$$\tau_{xy}=\mu\frac{\mathrm{d}u}{\mathrm{d}y} \tag{8.6}$$

式(8.5)或式(8.6)称作牛顿粘性公式,μ 称为流体的动力粘性系数,简称为粘度,μ 的单位是帕·秒($N\cdot s/m^2$).工程中还常用动力粘性系数除以密度(即 μ/ρ)作为流体粘度的度量,称为运动粘性系数,用 ν 表示,单位是 m^2/s.

(6) μ'的物理意义

现在来考察 μ'的物理意义. 任取一固定点 M,考察以 M 为中心,以 a 为半径的无限小球面 A 上的法向应力的平均值 P_{m},可以证明 $P_{\mathrm{m}}=P_{ii}/3$. 根据定义:

$$P_{\mathrm{m}}=\lim_{a\to 0}\frac{1}{4\pi a^2}\oiint_A \boldsymbol{P}_n\cdot\boldsymbol{n}\mathrm{d}A=\lim_{a\to 0}\frac{1}{4\pi a^2}\oiint_A \boldsymbol{n}\cdot\boldsymbol{P}\cdot\boldsymbol{n}\mathrm{d}A$$

$$=\lim_{a\to 0}\frac{1}{4\pi a^2}\oiint_A n_i n_j P_{ij}\,\mathrm{d}A$$

因为半径 a 无限小,可以将 P_{ij} 取作 M 点的值,因而移到积分号外. 同时球面的法向量可表示为 $n_i=x_i/a$,于是

$$P_{\mathrm{m}}=\lim_{a\to 0}\frac{1}{4\pi a^2}\oiint_A n_i n_j P_{ij}\,\mathrm{d}A=\lim_{a\to 0}\frac{P_{ij}}{4\pi a^2}\oiint_A \frac{x_i}{a}n_j\,\mathrm{d}A$$

利用高斯公式不难证明:

$$P_{\mathrm{m}}=\lim_{a\to 0}\frac{P_{ij}}{4\pi a^2}\oiint_A \frac{x_i}{a}n_j\,\mathrm{d}A=\lim_{a\to 0}\frac{P_{ij}}{4\pi a^3}\iiint_V \frac{\partial x_i}{\partial x_j}\mathrm{d}V$$

$$=\lim_{a\to 0}\frac{P_{ij}}{4\pi a^3}\,\frac{4\pi a^3}{3}\delta_{ij}=\frac{1}{3}P_{ii}$$

于是,有

$$P_{\mathrm{m}}=\frac{1}{3}(P_{11}+P_{22}+P_{33}) \tag{8.7}$$

这表明 M 点处正应力的平均值等于三个相互垂直坐标轴方向正应力的平均值. 根据定义,它是一个不随坐标系变化的不变量,将式(8.4)代入式(8.7)可得

$$P_{\mathrm{m}}=-p+\mu'\,\boldsymbol{\nabla}\cdot\boldsymbol{U}$$

由上式可看出:

① 对不可压缩流体: $\boldsymbol{\nabla}\cdot\boldsymbol{U}=0$,故 $P_{\mathrm{m}}=-p$,此时本构关系中含 μ'的项为零,就是说,不可压缩流体一点法向应力的平均值等于热力学压强.

② 对于可压缩流体: 在运动过程中,流体微团的体积发生变化,它将引起平均压强 P_{m}值发生变化,其变化量为 $\mu'\boldsymbol{\nabla}\cdot\boldsymbol{U}$,故 μ'称为"容积粘性系数"或"第二粘性系数",由此可见,μ'反映由体积变化引起流体偏离热力学压强的粘性应力. 但实际情况是: 除高温和高频声波等极端情况外,一般的气体运动中可近似认为 $\mu'=0$.

假设 $\mu'=0$(常称斯托克斯假设),得到牛顿型流体本构方程的简化形式为

$$P_{ij}=-p\delta_{ij}+2\mu\left(S_{ij}-\frac{1}{3}S_{kk}\delta_{ij}\right) \tag{8.8}$$

在直角坐标系中,式(8.8)的分量形式可写为

$$p_{xx}=-p-\frac{2}{3}\mu\boldsymbol{\nabla}\cdot\boldsymbol{U}+2\mu\frac{\partial u}{\partial x}$$

$$p_{yy}=-p-\frac{2}{3}\mu\boldsymbol{\nabla}\cdot\boldsymbol{U}+2\mu\frac{\partial v}{\partial y}$$

$$p_{zz} = -p - \frac{2}{3}\mu\nabla\cdot\boldsymbol{U} + 2\mu\frac{\partial w}{\partial z}$$

$$P_{xz} = P_{zx} = \mu\left(\frac{\partial u}{\partial z} + \frac{\partial w}{\partial x}\right)$$

$$P_{yz} = P_{zy} = \mu\left(\frac{\partial v}{\partial z} + \frac{\partial w}{\partial y}\right)$$

$$P_{xy} = P_{yx} = \mu\left(\frac{\partial u}{\partial y} + \frac{\partial v}{\partial x}\right)$$

对于不可压缩流体$\nabla\cdot\boldsymbol{U}=0$,式(8.8)可简化为

$$p_{ij} = -p\delta_{ij} + 2\mu S_{ij} \tag{8.9a}$$

或

$$\boldsymbol{P} = -p\boldsymbol{I} + 2\mu\boldsymbol{S} \tag{8.9b}$$

3. 非牛顿流体的近似本构方程

定义 8.2 不满足牛顿流体本构关系的流体称为非牛顿流体.

悬浮液、聚合物溶液或原油、水泥浆、血液等都是非牛顿流体.非牛顿流体的本构关系较复杂,尤其是具有记忆特性的粘弹性液体更复杂.下面介绍较简单的非记忆特性的拟塑性流体(即无运动历史效应的非牛顿型流体)的本构关系.

(1) 幂律流体

幂律流体和牛顿型流体的主要区别是:它的偏应力张量和变形率张量间不是线性关系,而有以下本构关系式:

$$\boldsymbol{\tau} = f(2\boldsymbol{S}) = k\left[\frac{1}{2}\mathrm{tr}(2\boldsymbol{S})^2\right]^{\frac{n-1}{2}}(2\boldsymbol{S})$$

式中 tr 表示张量的迹,例如:$\mathrm{tr}\boldsymbol{A}=\boldsymbol{A}_{ii}$.幂律流体的本构关系还可表示为

$$\boldsymbol{\tau} = 2\mu\boldsymbol{S},\mu = k\left[\frac{1}{2}\mathrm{tr}(2\boldsymbol{S})^2\right]^{\frac{n-1}{2}} \tag{8.10}$$

式中 μ 称为表观粘度,k、n 为常数,由实验测定.$\boldsymbol{S}=[\nabla\boldsymbol{U}+(\nabla\boldsymbol{U})^{\mathrm{T}}]/2$,$\mathrm{tr}(2\boldsymbol{S})^2$ 是$(2\boldsymbol{S})^2$的迹,等于$(2\boldsymbol{S})^2$ 张量对角线上三项之和.大多数泥浆、水泥浆、非稠油等可近似为幂律型非牛顿流体.

幂律流体的表观粘度也可由简单剪切流动($u=u(y)$)测定.这时剪应力 τ 和简单切变率$\dot{\gamma}$ ($=\mathrm{d}u/\mathrm{d}y$)之间有以下关系:

$$\tau = \mu(\dot{\gamma})\,\dot{\gamma}$$

$\mu(\dot{\gamma})$称为表观粘度,它具有以下的幂函数形式:

$$\mu(\dot{\gamma}) = k\,\dot{\gamma}^{(n-1)/2}$$

图 8.3 表示不同幂指数下剪应力和剪切变形率的关系.指数 $n=1$ 就是牛顿流体,这时剪应力和剪应变率是正比关系;$n>1$ 的幂律流体称为剪切稠化流体,此时,

当剪切率增大时，幂律流体的表观粘度大于牛顿流体的粘度；与此相反，$n<1$ 的幂律流体称剪切稀化流体.

(2) 宾汉流体

宾汉流体的本构关系如图 8.3 上曲线 D 所示. 当流体的剪应力小于某一值时，它呈现固体特性，没有运动；当剪应力大于某值 τ_0 以后，它像牛顿流体一样流动. 它的本构方程可近似为

$$\begin{aligned} &\text{当 } |\tau| > \tau_0, \tau - \tau_0 = \mu\dot{\gamma}; \\ &\text{当 } |\tau| \leqslant \tau_0, \dot{\gamma} = 0 \end{aligned} \tag{8.11}$$

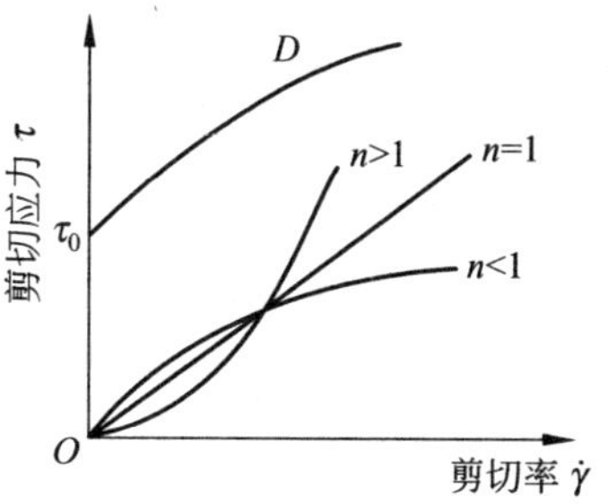

图 8.3 粘性流体的流变特性曲线

$\dot{\gamma}$ 为剪切变形率.

8.2 牛顿型流体的运动方程：纳维-斯托克斯方程

在第 3 章中，从质量守恒、动量守恒、能量守恒原理出发，得到了流体力学微分形式的基本方程组：

$$\frac{\partial \rho}{\partial t} + \nabla \cdot (\rho \boldsymbol{U}) = 0 \tag{8.12}$$

$$\frac{\mathrm{D}\boldsymbol{U}}{\mathrm{D}t} = \boldsymbol{f} + \frac{1}{\rho} \nabla \cdot \boldsymbol{P} \tag{8.13}$$

$$\frac{\mathrm{D}}{\mathrm{D}t}(e + U^2/2) = \boldsymbol{f} \cdot \boldsymbol{U} + \frac{1}{\rho} \nabla \cdot (\boldsymbol{P} \cdot \boldsymbol{U}) + \frac{1}{\rho} \nabla \cdot (\lambda \nabla T) + q \tag{8.14}$$

对于牛顿型流体运动，应用 8.1 节建立的牛顿流体本构方程(8.8)，将它代入运动方程和能量方程，就可得到牛顿型流体运动的封闭方程组.

1. 纳维-斯托克斯(Navier-Stokes)方程

将牛顿流体的本构方程(8.8)代入式(8.13)，得牛顿流体的运动方程

$$\frac{\mathrm{D}\boldsymbol{U}}{\mathrm{D}t} = \boldsymbol{f} - \frac{1}{\rho} \nabla p - \frac{1}{\rho} \nabla \left(\frac{2}{3}\mu \nabla \cdot \boldsymbol{U}\right) + \frac{1}{\rho} \nabla \cdot (2\mu \boldsymbol{S}) \tag{8.15}$$

式中左边是流体质点的加速度，右边各项的物理意义是：

$\boldsymbol{f}$ 为作用在微团上单位质量流体的质量力；

$-\frac{1}{\rho}\nabla p$ 为作用在微团上单位质量流体的压强合力；

$-\frac{1}{\rho}\nabla \left(\frac{2}{3}\mu \nabla \cdot \boldsymbol{U}\right)$ 为作用在微团上单位质量流体的粘性体积膨胀力；

$\frac{1}{\rho}\nabla \cdot (2\mu \boldsymbol{S})$ 为作用在微团上单位质量流体的粘性偏应力张量之合力.

在直角坐标系中牛顿流体的连续方程和运动方程可写作：

$$\frac{\partial \rho}{\partial t}+\frac{\partial(\rho U_j)}{\partial x_j}=0 \tag{8.16}$$

$$\frac{\mathrm{D}U_i}{\mathrm{D}t}=f_i-\frac{1}{\rho}\frac{\partial p}{\partial x_i}-\frac{1}{\rho}\frac{\partial}{\partial x_i}\left(\frac{2}{3}\mu\frac{\partial U_j}{\partial x_j}\right)+\frac{1}{\rho}\frac{\partial}{\partial x_j}\left[\mu\left(\frac{\partial U_i}{\partial x_j}+\frac{\partial U_j}{\partial x_i}\right)\right] \tag{8.17}$$

2. 不可压缩牛顿型流体的连续方程和运动方程

对于不可压缩流体，它的体积膨胀率等于零，即$\partial U_j/\partial x_j=0$，常粘性系数牛顿流体的控制方程可简化为

$$\frac{\mathrm{D}U_i}{\mathrm{D}t}=f_i-\frac{1}{\rho}\frac{\partial p}{\partial x_i}+\frac{\mu}{\rho}\frac{\partial}{\partial x_j}\left(\frac{\partial U_i}{\partial x_j}\right) \tag{8.18a}$$

$$\frac{\partial U_j}{\partial x_j}=0 \tag{8.18b}$$

它的向量形式方程为

$$\frac{\mathrm{D}\boldsymbol{U}}{\mathrm{D}t}=\boldsymbol{f}-\frac{1}{\rho}\nabla p+\nu\Delta\boldsymbol{U} \tag{8.19a}$$

$$\nabla\cdot\boldsymbol{U}=0 \tag{8.19b}$$

式中 $\nu=\mu/\rho$ 为运动粘性系数，通常它是常量.

3. 不可压缩牛顿流体运动的能量方程

在直角坐标系中将应力做功项展开，得

$$\boldsymbol{P}\cdot\boldsymbol{U}=P_{ij}\boldsymbol{e}_i\boldsymbol{e}_j\cdot U_k\boldsymbol{e}_k=P_{ij}U_k\delta_{jk}\boldsymbol{e}_i=p_{ij}U_j\boldsymbol{e}_i$$

$$\nabla\cdot(\boldsymbol{P}\cdot\boldsymbol{U})=\boldsymbol{e}_k\frac{\partial}{\partial x_k}\cdot(P_{ij}U_j\boldsymbol{e}_i)$$

$$=\delta_{ki}\frac{\partial}{\partial x_k}(P_{ij}U_j)=\frac{\partial}{\partial x_i}(P_{ij}U_j)$$

将上式代入式(8.14)，得到直角坐标系中粘性流体的能量方程

$$\frac{\mathrm{D}}{\mathrm{D}t}\left(e+\frac{U^2}{2}\right)=f_iU_i+\frac{1}{\rho}\frac{\partial}{\partial x_i}(P_{ij}U_j)+\frac{1}{\rho}\frac{\partial}{\partial x_i}\left(\lambda\frac{\partial T}{\partial x_i}\right)+\dot{q} \tag{8.20}$$

式中各项的意义是：

$\frac{\mathrm{D}}{\mathrm{D}t}\left(e+\frac{U^2}{2}\right)$为单位质量流体总能量的增长率；

f_iU 为质量力做功；

$\frac{1}{\rho}\frac{\partial}{\partial x_i}(P_{ij}U_j)$为表面力做功；

$\dfrac{\partial}{\partial x_i}\left(\lambda \dfrac{\partial T}{\partial x_i}\right)$为热传导输入能量；

$\dot{q}$ 为其他能源(如化学反应热等).

能量方程还可以写成其他形式，以 $\boldsymbol{U}$ 点乘运动方程(8.19b)得

$$U_i \frac{\mathrm{D}U_i}{\mathrm{D}t} = f_i U_i + \frac{1}{\rho} \frac{\partial P_{ij}}{\partial x_i} U_j$$

再用式(8.20)减上式得

$$\frac{\mathrm{D}e}{\mathrm{D}t} = \frac{1}{\rho} P_{ij} \frac{\partial U_j}{\partial x_i} + \frac{1}{\rho} \frac{\partial}{\partial x_i}\left(\lambda \frac{\partial T}{\partial x_i}\right) + \dot{q}$$

因 P_{ij} 是对称张量，故

$$P_{ij} \frac{\partial U_j}{\partial x_i} = P_{ij}\left[\frac{1}{2}\left(\frac{\partial U_j}{\partial x_i} + \frac{\partial U_i}{\partial x_j}\right)\right]$$
$$= (-p\delta_{ij} + 2\mu S_{ij}) S_{ij} = 2\mu S_{ij} S_{ij} - p S_{ii}$$

对于不可压缩流体，上式最后一项等于零，并令 $\Phi = 2\nu S_{ij} S_{ij}$，将它代入能量方程后，得

$$\frac{\mathrm{D}e}{\mathrm{D}t} = \frac{1}{\rho} \frac{\partial}{\partial x_i}\left(\lambda \frac{\partial T}{\partial x_i}\right) + \dot{q} + \Phi \tag{8.21a}$$

式中 $\Phi = 2\nu S_{ij} S_{ij} > 0$ 称为耗散函数，它总是正值，是流体内部粘性耗散的能量. 式(8.21a)说明，单位质量流体内能的增长率等于热传导输入的能量、生成热和粘性耗散能量之和. 根据热力学熵的定义，$T\mathrm{d}S = \mathrm{d}e + p\mathrm{d}(1/\rho)$，对于不可压缩流体，$\mathrm{d}\rho = 0$，因此 $T\mathrm{d}S = \mathrm{d}e$，能量方程(8.21a)又可写成

$$T \frac{\mathrm{D}S}{\mathrm{D}t} = \dot{q} + \frac{1}{\rho} \frac{\partial}{\partial x_i}\left(\lambda \frac{\partial T}{\partial x_i}\right) + \Phi \tag{8.21b}$$

该式说明：流体质点熵值的增长率等于生成热、热传导输入的能量和粘性耗散的能量. 式(8.21a)和式(8.21b)说明：粘性耗散使不可压缩流体质点的内能和熵值增加.

方程式(8.16)、式(8.20)和式(8.21)构成了牛顿型流体的封闭方程组.

4. 定解条件

有了粘性流体运动的封闭方程组，求解流动问题还需要初始和边界条件. 粘性流体流动的定解条件如下.

(1) 非定常流动的初始场

求解一般非定常流动问题，需要给出流场的起始状态，也就是

$$t = 0 : \boldsymbol{U} = \boldsymbol{U}(\boldsymbol{x}, 0), \quad p = p(\boldsymbol{x}, 0), \quad T = T(\boldsymbol{x}, 0) \tag{8.22}$$

(2) 边界条件

① 固壁粘附条件，或无滑移条件

在固体壁面上，流体粘在壁面上而无滑移，所以流体速度与当地壁面速度相同：

$$\boldsymbol{U}=\boldsymbol{U}_b \tag{8.23a}$$

在绕固定物体的定常流动中，壁面速度 $\boldsymbol{U}_b=\boldsymbol{0}$，从而无滑移条件为：壁面上

$$\boldsymbol{U}=\boldsymbol{0} \tag{8.23b}$$

② 固壁温度的热平衡条件

流体质点温度应与当地壁面温度相同，即

$$T_{\mathrm{w}}=T_b \tag{8.24a}$$

③ 绝热固壁条件

绝热固壁的热传导等于零，即

$$\left(\frac{\partial T}{\partial n}\right)_{\mathrm{w}}=0 \tag{8.24b}$$

④ 流体分界面上的运动学、动力学和热力学条件

在互不侵入的两种流体分界面上，如不计表面张力，界面两侧任一点流体的速度、应力和温度（分别用下标"＋"、"－"表示）应相等，即有

$$\boldsymbol{U}_{+}=\boldsymbol{U}_{-},\quad \boldsymbol{P}_{+}=\boldsymbol{P}_{-},\quad T_{+}=T_{-} \tag{8.25}$$

5. 粘性流体运动的基本特性

（1）粘性流体运动的有旋性

可以证明满足不可压缩理想流体无旋流动的解也满足纳维-斯托克斯方程.因为无旋流动的速度场满足欧拉方程：

$$\frac{\mathrm{D}\boldsymbol{U}}{\mathrm{D}t}=-\frac{1}{\rho}\boldsymbol{\nabla}p,\quad \boldsymbol{\nabla}\cdot\boldsymbol{U}=0$$

而且它的速度场是有势的 $\boldsymbol{U}=\boldsymbol{\nabla}\Phi$，速度势满足拉普拉斯程，$\Delta\Phi=0$. 将该解代入式(8.19a)和式(8.19b)，由于 $\Delta\boldsymbol{U}=\Delta(\boldsymbol{\nabla}\Phi)=\boldsymbol{\nabla}(\Delta\Phi)=\boldsymbol{0}$，因此，纳维-斯托克斯方程中的粘性作用力项等于零，也就是说，无旋流动的速度势解可以既满足欧拉方程，又满足纳维-斯托克斯方程.但是无旋流动的解在壁面上只满足不可穿透条件：

$$\frac{\partial\Phi}{\partial n}=0$$

而切向速度 $U_s=\partial\Phi/\partial s\neq 0$，也就是说无旋速度场的解不能满足固壁无滑移条件式(8.23).所以速度势方程的解只满足纳维-斯托克斯方程而不能满足该方程的定解条件，因而它不是粘性流动的解.从数学上看，无旋条件使纳维-斯托克斯方程退化为欧拉方程，但退化的方程的解只能满足粘性流动的部分边界条件，即不可穿透条件.要同时满足纳维-斯托克斯方程和无滑移条件的无旋流动解不存在，这就说明了粘性流体流动一定是有旋的.

（2）粘性流体运动的耗散性

在不可压缩牛顿流体流动的能量方程中有一粘性耗散项 $\Phi=2\nu S_{ij}S_{ij}/\rho>0$，它使流体质点的熵增加，也就是说绝热系统中牛顿流体运动是熵增的不可逆耗散系统.

(3) 粘性流体运动的扩散性

粘性流体运动方程(8.19a)右端含有二阶偏导数的粘性项，它们具有扩散性质. 粘性流体的扩散性对流动形态的演化有很大影响，比如说，势力场中不可压缩理想流动中有涡量保持定理(凯尔文定理)：有旋的流体团始终有旋，无旋的流体团则继续保持无旋. 但是，当有粘性存在时，涡量可以通过粘性扩散到无旋区，使得有旋区逐渐扩大.

以孤立涡管为例，扩散使涡管截面随时间不断扩张. 设在势力场作用下，初始时刻不可压缩流体中有一根具有环量 Γ 的直线涡，在它周围产生平面圆周运动：

$$v_\theta = U = \frac{\Gamma}{2\pi r}$$

用纳维-斯托克斯方程研究该流场的涡量随时间变化，由于初始流场的轴对称性，演化的流场速度将是(用柱坐标)：

$$v_r = 0, \quad v_\theta = U(r,t), \quad v_z = 0$$

$$\omega_r = 0, \quad \omega_\theta = 0, \quad \omega_z = \omega(r,t)$$

对纳维-斯托克斯方程求旋度，可得涡量方程为(由读者自己推导)

$$\frac{\partial \omega}{\partial t} = \nu\left(\frac{\partial^2 \omega}{\partial r^2} + \frac{1}{r}\frac{\partial \omega}{\partial r}\right)$$

它是一个简单扩散问题. 方程的解应在 $r=0$ 处有限($t=0$ 时除外)，可得如下形式的解：

$$\omega(r,t) = \frac{\Gamma}{2\pi\nu t}\exp\left(-\frac{r^2}{4\nu t}\right)$$

涡量场的扩散示于图 8.4.

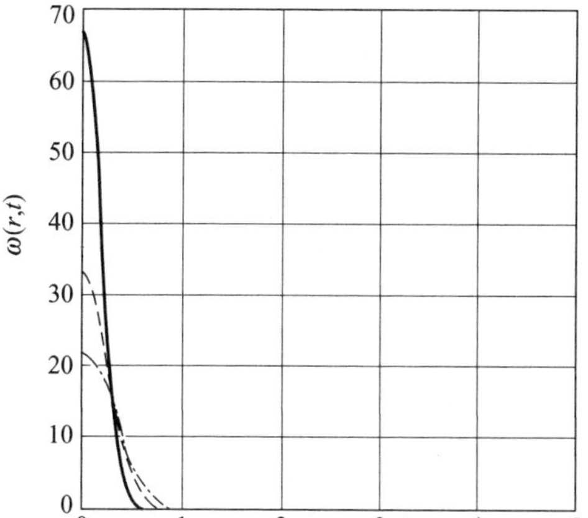

图 8.4 直涡线的扩散

实线 $t=1.5$；细虚线：$t=3.0$；点画线：$t=4.5$

从图8.4中可以看到涡量沿半径方向是高斯分布，它有一当量的半径 $\sigma=2\sqrt{\nu t}$，它随时间不断增长，也就是说有旋流动的范围不断扩大. 所以，在真实的粘性流体中，理想的直线涡不能保持线涡，由于粘性，它逐步扩散到全流场.

8.3 粘性流体运动的相似律

纳维-斯托克斯方程(8.17)的左端含有非线性的对流加速度项，右端有粘性扩散项，因此粘性流体的控制方程是非线性的对流扩散方程. 除了少数简单流动能获得解析解外，很难用理论方法获得复杂三维流动的精确解；即使用近代高速计算机也难以获得复杂三维流动足够精确的数值解. 因此，工程中还常用实验方法研究复杂流动. 例如，常在风洞、水洞或水槽中进行模型实验. 如果研究对象是尺度很大的飞机、船舰等，就不得不用缩小的几何相似模型进行实验. 这样就需要知道什么条件下模型实验的流场能真实地再现实物流场. 流动的相似律将讨论该问题.

1. 相似定律

(1) 几何相似

在初等几何中知道：对应长度成比例、对应角度相等的两平面几何形状称为几何相似. 我们将这种几何相似的概念推广到流动相似.

(2) 流动的力学相似

定义 8.3 在时空中几何相似对应点上的物理量成比例的两个流场称为相似流动.

流动相似的前提是几何相似. 在几何相似的流场中，除了实物和模型必须几何相似外，流场的其他几何边界也必须相似，例如绕流问题的来流攻角必须相等. 在几何相似系统中的相似对应点上有以下等式：$\dfrac{x_1}{x_2}=\dfrac{y_1}{y_2}=\dfrac{z_1}{z_2}=\alpha_L$，$\dfrac{t_1}{t_2}=\alpha_t$，其中 α_L，α_t 是几何相似系统的长度比和时间比，并且全场为相同常数.

流动相似要求以下等式成立：

$$\frac{U_{i1}(\boldsymbol{x}_1,t_1)}{U_{i2}(\boldsymbol{x}_2,t_2)}=\alpha_V,\quad \frac{p_1(\boldsymbol{x}_1,t_1)}{p_2(\boldsymbol{x}_2,t_2)}=\alpha_p \tag{8.26}$$

式中 α_V，α_p 分别是速度比和压强比，且在全流场为常数. 下标“1”和“2”表示对应的两个相似流场.

(3) 特征参量与无量纲量

相似流动中某一指定状态的物理量称为特征物理量，在流动问题中应有以下特征量.

几何特征量 L：常称特征长度，如绕流物体的直径、机翼的弦长、厚度等，几何相似系统只需一个特征长度；

时间特征量 T：也称特征时间，如非定常流中的振动频率的倒数，或定常流动中特征长度与特征速度之比等；

速度特征量 U_0：常称特征速度，如定常绕流的来流速度，旋转物体的切向速度等；

压强特征量 p_0：常称特征压强，如来流压强或滞止压强等；

密度特征量 ρ_0：常称特征密度，如来流密度或滞止密度等；

其他物性特征量还有：特征粘度 μ_0、特征导热系数 λ_0 以及特征质量力，如重力加速度 g 等.

物理量与其特征量之比是无量纲纯数，称为无量纲物理量，加上标"—"表示. 如：

$$\bar{u}_i = \frac{u_i}{U_0},\quad \bar{p} = \frac{p}{P_0},\quad \bar{t} = \frac{tU_0}{L}, \text{等等}$$

它们分别为无量纲速度、无量纲压强和无量纲时间等.

定理 8.1 相似流场中，几何相似点上无量纲量相等.

证明 根据力学相似的定义式(8.26)，以速度为例，在相似流场中任取两对相似点的速度比应当相等，即

$$\frac{u_{i1}}{u_{i2}} = \frac{U_1}{U_2} = \alpha_V$$

如果取 U_1，U_2 为特征速度，则由此很容易导出

$$\bar{u}_{i1} = \frac{u_{i1}}{U_1} = \frac{u_{i2}}{U_2} = \bar{u}_{i2}$$

证毕.

在相似流动中任意物理量 q 和它的特征量 Q 都有类似的关系式：$\frac{q_1}{Q_1} = \frac{q_2}{Q_2}$.

该定理说明：在相似流动中只需要有一个无量纲解就可通过无量纲关系得到相似系统中任意一个流动的解，这就是相似理论的重要意义. 下面讨论流动相似的充要条件.

(4) 流动相似的充要条件

理论上任意一个流动由基本方程和定解条件唯一确定，因此可以由无量纲方程和边界条件出发导出流动相似的充要条件. 以不可压缩流动为例，首先把基本方程和边界条件写成无量纲形式，有量纲的纳维-斯托克斯方程组是：

$$\frac{\partial U_i}{\partial t} + U_j \frac{\partial U_i}{\partial x_j} = f_i - \frac{1}{\rho}\frac{\partial P}{\partial x_i} + \frac{\mu}{\rho}\nabla^2 U_i$$

$$\frac{\partial U_i}{\partial x_i} = 0$$

取特征量：T(时间)，L(长度)，U_0(速度)，g(作用在流体上的质量力强度)，p_0(压强)，于是可建立无量纲量

$$\bar{t}=\frac{t}{T},\quad \bar{x}_i=\frac{x_i}{L},\quad \bar{U}_i=\frac{U_i}{U_0},\quad \bar{f}_i=\frac{f_i}{g},\quad \bar{p}=\frac{p}{P_0}$$

将它们代入有量纲的纳维-斯托克斯方程，得无量纲的连续方程和运动方程：

$$\left(\frac{U_0}{T}\right)\frac{\partial \bar{U}_i}{\partial \bar{t}}+\left(\frac{U_0^2}{L}\right)\bar{U}_j\frac{\partial \bar{U}_i}{\partial \bar{x}_j}=(g)\bar{f}_i-\left(\frac{p_0}{\rho L}\right)\frac{\partial \bar{p}}{\partial \bar{x}_i}+\left(\frac{\mu U_0}{\rho L^2}\right)\bar{\nabla}^2\bar{U}_i$$

$$\left(\frac{U_0}{L}\right)\frac{\partial \bar{U}_i}{\partial \bar{x}_i}=0$$

式中$\bar{\nabla}=\frac{\partial}{\partial \bar{x}_i}\boldsymbol{e}_i$是无量纲算符．第二式消去常系数$\frac{U_0}{L}$，第一式同除以$\frac{U_0^2}{L}$，经整理后，得如下无量纲方程：

$$\frac{\partial \bar{U}_i}{\partial \bar{x}_i}=0 \tag{8.27}$$

$$Sr\frac{\partial \bar{U}_i}{\partial \bar{t}}+\bar{U}_j\frac{\partial \bar{U}_i}{\partial \bar{x}_j}=-Eu\frac{\partial \bar{p}}{\partial \bar{x}_i}+\frac{1}{Re}\frac{\partial^2 \bar{U}_i}{\partial \bar{x}_j\partial \bar{x}_j}+\frac{1}{F_r}\bar{f}_i \tag{8.28}$$

式中新的无量纲数有

$$Sr=\frac{L}{U_0 T},\quad Re=\frac{\rho U_0 L}{\mu}=\frac{U_0 L}{\nu},$$

$$Fr=\frac{U_0^2}{gL},\quad Eu=\frac{p_0}{\rho U_0^2}$$

它们分别称为：斯特劳哈尔(Strouhal)数、雷诺(Reynolds)数、弗劳德(Froude)数和欧拉(Euler)数．

流动问题边界条件的无量纲表达式如下．

固壁条件：由固壁无粘条件$U_i=0$，很容易导出

$$\bar{U}_i=0$$

来流条件：由来流条件$(U_i)_\infty=U_0\cos\alpha_i$，也很容易导出(以$U_0$为特征速度)：

$$(\bar{U}_i)_\infty=\cos\alpha_i=\text{const.}$$

界面运动学条件：有量纲的界面运动方程为$\frac{\partial\zeta}{\partial t}+\boldsymbol{U}\cdot\nabla\zeta=0$，它的无量纲形式是

$$\frac{L}{U_0 T}\frac{\partial\bar{\zeta}}{\partial \bar{t}}+\bar{\boldsymbol{U}}\cdot\bar{\nabla}\bar{\zeta}=0$$

式中$\bar{\zeta}$是无量纲的界面函数．

界面应力条件：当存在表面张力时，界面两侧的正应力差如下：

$$\sigma_{nn}^{+}-\sigma_{nn}^{-}=\gamma\left(\frac{1}{R_1}+\frac{1}{R_2}\right)$$

它的无量纲式为

$$\bar{\sigma}_{nn}^{+}-\bar{\sigma}_{nn}^{-}=\frac{\gamma}{Lp_0}\left(\frac{1}{\bar{R}_1}+\frac{1}{\bar{R}_2}\right)$$

式中 γ 是表面张力系数,R_1,R_2 是界面的曲率半径.

以上导出的无量纲边界条件可归纳如下.

固壁条件

$$\bar{U}_i=0 \tag{8.29}$$

来流条件

$$(\bar{U}_i)_\infty=\cos\alpha_i=\text{const.} \tag{8.30}$$

界面运动学条件

$$\frac{L}{U_0T}\frac{\partial\bar{\zeta}}{\partial\bar{t}}+\bar{\boldsymbol{U}}\cdot\bar{\boldsymbol{\nabla}}\bar{\zeta}=0 \tag{8.31}$$

界面应力条件

$$\bar{\sigma}_{nn}^{+}-\bar{\sigma}_{nn}^{-}=\frac{\gamma}{Lp_0}\left(\frac{1}{\bar{R}_1}+\frac{1}{\bar{R}_2}\right) \tag{8.32}$$

在几何相似条件下,无量纲边界条件公式(8.29)和式(8.30)自然满足,式(8.31)中无量纲量$\frac{L}{U_0T}$是斯特劳哈尔数,式(8.32)中还出现新的无量纲数:$We=\frac{\gamma}{Lp_0}$,称韦伯(Weber)数.于是,无量纲基本方程和边界条件中含有的无量纲参量有:Sr、Eu、Re、Fr、We 和 α_i,因此该方程组解的一般形式为

$$\bar{U}=\bar{U}_i(\bar{x}_i,\bar{t},Sr,Re,Fr,Eu,We,\alpha_i)$$

$$\bar{p}=\bar{p}(\bar{x}_i,\bar{t},Sr,Re,Fr,Eu,We,\alpha_i)$$

几何相似系统中 α_i必相等,如果方程和边界条件中所有无量纲参量:Sr、Eu、Re、Fr、We 相等,则对应的流动问题的无量纲方程有相同的解,也就是说流动相似.于是我们有流动相似的充要条件.

定理 8.2 几何相似的牛顿型流体的流场中,无量纲参数 Sr、Eu、Re、Fr、We 相等,则流动相似.

流动相似定理告诉我们,无量纲参数是决定流动相似的重要条件,因此它们常称为**相似准则**.

2. 相似准则的物理意义

(1) 雷诺数(Re)的意义

雷诺数(Re)是相似流动中惯性力和粘性力量级之比,取相似系统中有代表性的项分析,就有

$$\frac{\rho U\dfrac{\partial U}{\partial x}}{\mu\dfrac{\partial^2U}{\partial y^2}}=\frac{\dfrac{\rho U_0^2}{L}\,\bar{U}\dfrac{\partial\bar{U}}{\partial\bar{x}}}{\dfrac{\mu U_0}{L^2}\,\dfrac{\partial^2\bar{U}}{\partial\bar{y}^2}}\propto\frac{\rho U_0L}{\mu}=\frac{U_0L}{\nu}=Re$$

所以雷诺数越大表明流体质点惯性力相对于质点上的粘性作用力也越大；反之，小雷诺数流动是粘性主宰的流动. 通常用雷诺数对粘性流动分类.

(2) 弗劳德数(Fr)的意义

弗劳德数(Fr)是相似流场中惯性力项和重力项量级之比，取代表性项，则有

$$\frac{\rho U\dfrac{\partial U}{\partial x}}{\rho g}=\frac{\dfrac{\rho U_0^2}{L}}{\rho}\frac{\overline{U}\dfrac{\partial \overline{U}}{\partial \overline{x}}}{g}\propto\frac{U_0^2}{gL}=Fr$$

在重力有重要作用的流场中弗劳德数数是关键的相似准则，例如：水波现象主要是惯性力和重力间的平衡作用.

(3) 斯特劳哈尔数(Sr)的意义

斯特劳哈尔数(Sr)是相似流场中局部加速度和对流加速度量级之比，取代表项，则有

$$\frac{\dfrac{\partial U}{\partial t}}{U\dfrac{\partial U}{\partial x}}=\frac{\dfrac{U_0}{t_0}}{\dfrac{U_0^2}{L}}\frac{\dfrac{\partial \overline{U}}{\partial \overline{t}}}{\overline{U}\partial\dfrac{\partial \overline{U}}{\partial \overline{x}}}\propto\frac{L}{U_0 T}=Sr$$

所以 Sr 是流动非定常性的标志，如振荡圆柱的绕流，圆柱的振荡周期是重要的特征参数. 对于定常流动，没有特征时间，就无需 Sr 的相似.

(4) Eu(或 Ma)和 We 的意义

类似的推导可以证明：Eu 是压强梯度和惯性力间量级之比；We 是表面张力和压强间量级之比.

在可压缩流场中常用 Ma 来代替 Eu，它们之间有如下的变换式：

$$Eu=\frac{p_0}{\rho U_0^2}=\frac{\gamma p_0}{\gamma\rho U_0^2}=\frac{c_0^2}{\gamma U_0^2}=\frac{1}{\gamma Ma_0^2}$$

式中 Ma_0 是特征马赫数，它代表惯性力与压强合力的量级之比(第7章已有详细讨论).

了解相似准则的物理意义对于分析流动现象和设计模型实验都是很重要的. 下面说明相似理论的应用.

3. 相似理论的应用

(1) 完全相似和部分相似

全部相似准则相等的几何相似流场称完全相似流场. 但是实际上在模型实验中要保证完全相似几乎是不可能的. 譬如进行船舰阻力的模型实验时，如果要求流动完全相似，则 Re 和 Fr 必须相等. 设实物和模型的速度和长度特征量分别为 V_p，L_p，V_m，L_m，如实验在相同介质中进行，物性参数相同. 要求 Re 和 Fr 相等，则以下等式必须同时成立：

$$Re=\frac{\rho U_p L_p}{\mu}=\frac{\rho U_m L_m}{\mu},\quad Fr=\frac{U_p^2}{gL_p}=\frac{U_m^2}{gL_m}$$

也就是要求以下等式成立：

$$U_pL_p = U_mL_m, \quad \frac{U_p^2}{L_p} = \frac{U_m^2}{L_m}$$

上式只有一个解：$L_p = L_m$ 和 $U_p = U_m$，就是说，模型流场和实物流场完全相同. 因此在相同的介质中进行缩小模型实验时不可能同时满足 Re 和 Fr 相等. 如果一定要在模型实验中保证这两个相似准则同时相等，一种可能的方法是采用不同的介质进行模型实验，例如改变介质的密度或粘度，不过这要付出巨大的代价. 在高速气体流动的模型实验中也有类似情况，用空气为介质的气动力实验中不可能同时满足 Re 和 Ma 相等.

因此，实际工程实验中只满足部分相似准则相等，称为**部分相似**. 譬如常常把船舰的粘性阻力和波阻分别实验. 粘性阻力实验中不考虑表面波的影响，只保证雷诺相似；在波阻实验时，只保证 Fr 相等，而模型 Re 只要求达到一定数量，并不要求它和实物 Re 相等.

还有一些流动中，当相似准则到达某一值后，流动的性质几乎不随相似准则变化. 例如高 Re 的钝体绕流阻力，当 Re 达到一定值(例如，大于 $10^6 \sim 10^7$)以后，阻力系数几乎和 Re 无关. 这种现象称为**自相似**. 当流动进入自相似状态，相应的相似准则就可以不考虑.

(2) 相似理论的意义

首先，相似理论告诉我们流体运动的科学实验方法. 譬如影响低速飞机气动力的因素有：飞行速度 U、飞机的长度 L 以及环境的物性参数：$p_\infty, \rho_\infty, \mu_\infty, \cdots$. 假如没有相似理论，我们必须对每一个参数进行实验，而实际上只需控制一个相似准则 Re，对不同 Re 的工况进行实验就包括了所有可能出现的情况. 不仅如此，相似理论还告诉我们：实验结果必须整理成无量纲系数的形式，这种结果在几何相似的流动中才有普遍推广意义.

相似理论推导出的一般无量纲关系式还说明：流动的性质并不取决于单独的有量纲参数，而是依赖于无量纲参数. 一种给定几何边界的流动，它的流动性质可能随 Re 改变而发生很大的变化. 例如：简单的长圆管中粘性流体流动，通常情况下当 $Re < 2000 \sim 3000$ 时流动是有规则的平行直线运动，即通常称之为层流，当 Re 很大时，如大于 10^5，流动变成很不规则的湍流(第 9 章详细讨论湍流). 在绕流问题中也有类似情况，圆柱体的定常均匀绕流中，当 Re 很小时，流动是规则的(但不同于理想流动)；当 Re 达到 100 左右，圆柱后出现规则的涡列；继续增加 Re，涡列开始振荡；Re 很大时，圆柱后的流动演变为极不规则的湍流.

总之，**流动的无量纲准则是控制流动的参数.**

8.4 不可压缩粘性流体的解析解

粘性流体的基本方程是对流扩散型的二阶非线性偏微分方程组. 到目前为止,还没有求解该方程组的普遍有效方法. 通常有三种途径求解粘性流动问题.

(1) 简单流动的解析解

在一些简单流动问题中,非线性的惯性项等于零或者可化为非常简单的形式,使方程组可找到解析解. 但是具有精确解的问题为数很少.

(2) 近似解

根据问题的特点,略去方程中某些次要项,从而得出近似方程,在某些情形下可得到近似方程的解. 这种途径所得解称为近似解,常用的近似方法之一是参数摄动法,粘性流体流动问题主要摄动参数是雷诺数 $Re=\dfrac{\rho UL}{\mu}=\dfrac{UL}{\nu}$. 用雷诺数作为摄动参数,可以近似求解两类问题:

① 小 Re 问题. 这是一类速度极慢、尺度极小或粘度极大的流动.

② 大 Re 问题. 这是一类速度较快、尺度较大或粘度很小的流动. 直观上粘度很小的稀流体似乎可以视作理想流体,但是前面已经指出理想流体模型不能求出流动阻力,但是用大 Re 问题摄动的结果可导出壁面附近的近似粘性流动方程和远离壁面的理想流动的组合模型,即著名的普朗特边界层理论模型,本书将在第 10 章讲述这类问题.

(3) 数值解

随着计算机的发展,用数值方法直接求解纳维-斯托克斯方程是近年来用于求解流动问题的一种有效途径. 这一方法已发展为专门学科"计算流体力学",本书不介绍粘性流体流动的数值解法. 但是通过解析解和近似解了解粘性流体运动的性质,对于数值求解方法是有很大帮助的.

下面介绍几个简单层流运动的解析解.

1. 圆管内的粘性不可压缩流体的定常层流流动(哈根-泊肃叶流动)

流体介质在圆管中的输送是工程中的常见现象,下面讲述如何用流体力学原理来提供计算方法和公式.

假定输送管道是水平设置,因此质量力可以忽略不计. 如果输送管道距离很长,则在输送方向上流动是均匀的,若能计算输送距离为 L 的管道上所需的压强差,任意长度上的压降很容易算出. 假定输送流量是恒定的,因此流动是定常的. 于是,从流体力学角度,可求解以下问题.

在无限长水平圆管内的粘性不可压流体的定常层流流动中,已知：圆管直径 D,流量和流体的物性(如：密度和粘度),计算相距长度为 L 的两截面 1 和 2 间的压强差 p_1-p_2(参见图 8.5).

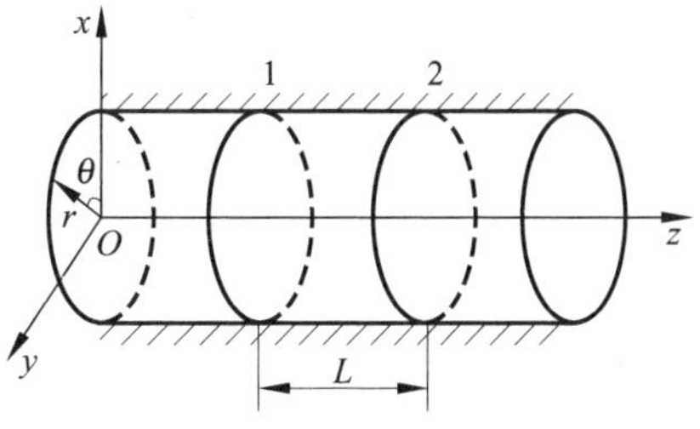

图 8.5 圆管泊肃叶流动示意图

下面利用牛顿流体基本方程和边界条件求解该问题.流动的几何边界是圆柱体,因此选用柱坐标来描述和求解该问题是最合适的.取固结于圆管的柱坐标系(r,θ,z),如图 8.5 所示.

不可压缩牛顿流体的运动方程在柱坐标系中的表达式为

$$\frac{\partial v_r}{\partial r}+\frac{1}{r}\frac{\partial v_\theta}{\partial \theta}+\frac{\partial v_z}{\partial z}+\frac{v_r}{r}=0 \tag{8.33}$$

$$\frac{\partial v_r}{\partial t}+v_r\frac{\partial v_r}{\partial r}+\frac{v_\theta}{r}\frac{\partial v_r}{\partial \theta}+v_z\frac{\partial v_r}{\partial z}-\frac{v_\theta^2}{r}$$
$$=-\frac{1}{\rho}\frac{\partial p}{\partial r}+\nu\left(\Delta v_r-\frac{v_r}{r^2}-\frac{2}{r^2}\frac{\partial v_\theta}{\partial \theta}\right) \tag{8.34a}$$

$$\frac{\partial v_\theta}{\partial t}+v_r\frac{\partial v_\theta}{\partial r}+\frac{v_\theta}{r}\frac{\partial v_\theta}{\partial \theta}+v_z\frac{\partial v_\theta}{\partial z}+\frac{v_r v_\theta}{r}$$
$$=-\frac{1}{\rho r}\frac{\partial p}{\partial \theta}+\nu\left(\Delta v_\theta+\frac{2}{r^2}\frac{\partial v_r}{\partial \theta}-\frac{v_\theta}{r^2}\right) \tag{8.34b}$$

$$\frac{\partial v_z}{\partial t}+v_r\frac{\partial v_z}{\partial r}+\frac{v_\theta}{r}\frac{\partial v_z}{\partial \theta}+v_z\frac{\partial v_z}{\partial z}=-\frac{1}{\rho}\frac{\partial p}{\partial z}+\nu\Delta v_z \tag{8.34c}$$

边界条件为

$$v_r\,\big|_{r=\frac{D}{2}}=v_\theta\,\big|_{r=\frac{D}{2}}=v_z\,\big|_{r=\frac{D}{2}}=0 \tag{8.35}$$

应用流动的基本方程求解问题时,首先应当分析具体问题的流动特征,根据它的特征简化问题和选用最方便的解法.本问题中,流体在无限长直圆管中由流向压降驱动,因此流动是单向的平行流动;并且由于圆管无限长,单向流动沿流动方向是均匀的、在周向是轴对称的.根据以上分析,要解的流场可简化为

$$v_z=U(r),\quad v_r=v_\theta=0,\quad \partial/\partial\theta=0,\quad \partial U/\partial z=0 \tag{8.36}$$

分析实际问题,提出简化流动模型,是用流体力学理论解决问题的重要步骤,某种意义上说,它比求解方法更为关键.简化模型是否正确的依据是能否符合物理实际并满足基本方程和边界条件,也就是说,如果简化模型和基本方程及边界条件不相矛盾,这种简化模型就能成立.下面把式(8.36)的模型流场依次代入基本方程和边界条件,可得以下结果.

(1) 由于 $v_r=v_\theta=0$，$\partial v_z/\partial z=\partial U(r)/\partial z=0$，代入式(8.33)，连续方程得到满足；

(2) 由于 $v_r=v_\theta=0$，代入式(8.34a)得$\partial p/\partial r=0$；

(3) 由于 $v_r=v_\theta=0$，$\partial p/\partial\theta=0$，代入式(8.34b)，$\theta$ 方向的运动方程自动满足；

由(2)和(3)可得压强只是流向坐标的函数，即 $p=p(z)$.

(4) 由于 $v_r=v_\theta=0$，$\partial v_z/\partial r=\partial v_z/\partial\theta=0$，代入式(8.34c)，$z$ 方向的运动方程简化为

$$\frac{\partial p}{\partial z}=\mu\Delta v=\mu\left[\frac{1}{r}\frac{\mathrm{d}}{\mathrm{d}r}\left(r\frac{\mathrm{d}U}{\mathrm{d}r}\right)\right]=-\frac{p_1-p_2}{L}=\text{常数} \tag{8.37}$$

式中$\partial p/\partial z$ 只是 z 的函数，而 $\mu\Delta U$ 只是 r 的函数，要使等式成立，两项都必须是常量.

(5) 由于 $v_r=v_\theta=0$，代入式(8.35)，求解方程(8.37)的边界条件为

$$U(r)\big|_{r=R}=0 \tag{8.38}$$

简化的基本方程和边界条件(8.37)和(8.38)构成定解问题，只要解出该边值问题，它就是满足基本方程(8.33)，方程(8.34a)～(8.34c)和边界条件(8.35)的解. 由简化后的运动方程(8.37)可看出，非线性的惯性项消失了，只需积分两次，就可得到它的一般解. 将式(8.37)积分一次得

$$r\frac{\mathrm{d}U}{\mathrm{d}r}=\frac{1}{2\mu}\frac{\mathrm{d}p}{\mathrm{d}z}r^2+c_1$$

再积分一次得

$$U(r)=\frac{1}{4\mu}\frac{\mathrm{d}p}{\mathrm{d}z}r^2+c_1\ln r+c_2$$

根据该问题的物理特性，在管道中的流动速度应处处有界，所以必须有：$c_1=0$. 否则在圆管中心 $r=0$ 处速度等于负无穷. 由管壁边界条件式(8.38)：$U(r)\big|_{r=R}=0$，得 $c_2=-\frac{1}{4\mu}\frac{\mathrm{d}p}{\mathrm{d}z}R^2$. 因$\frac{\mathrm{d}p}{\mathrm{d}z}=-\frac{p_1-p_2}{L}$，速度场的解为

$$U(r)=\frac{1}{4\mu}\left(\frac{p_1-p_2}{L}\right)(R^2-r^2) \tag{8.39}$$

有了速度分布后，很容易得到体积流量公式：

$$Q=2\pi\int_0^R U(r)r\mathrm{d}r=\frac{\pi R^4(p_1-p_2)}{8\mu L} \tag{8.40}$$

式中 R 是圆管半径. 式(8.40)是圆管中层流运动的流量和压降间关系式. 下面还可以进一步讨论该流动的一些主要性质.

(1) 圆管截面上的速度沿径向是抛物线分布

见式(8.39).

(2) 最大速度在 $r=0$ 处，

$$U_{\max}=\frac{1}{4\mu}\left(\frac{p_1-p_2}{L}\right)R^2 \tag{8.41}$$

(3) 平均速度(圆管截面上的平均速度)

利用流量公式,可得平均速度

$$U_{\mathrm{m}} = \frac{Q}{\pi R^2} = \frac{p_1 - p_2}{8\mu L} R^2 = \frac{1}{2} U_{\max} \tag{8.42}$$

就是说圆管中平均速度是最大速度之半.

(4) 粘度计公式

圆管层流运动的流量公式(8.40)由哈根-泊肃叶(Hagen-Poiseuille)最先导出,故又称哈根-泊肃叶公式.如已知两截面间压差、管径和粘性系数,就可计算流量.该公式还可以用于测定流体粘度,设计一个很长的圆管流动实验装置,通过测量管径、流量和长度 L 上的压降,则由流量公式(8.40)可得到流体的粘性系数 μ 的计算公式如下:

$$\mu = \frac{\pi D^4 (p_1 - p_2)}{128 Q L} \tag{8.43}$$

(5) 沿程阻力系数

定义 8.4 管内流动的沿程压降的无量纲量称为阻力系数,用 λ 表示

$$\lambda = \frac{p_1 - p_2}{\rho U_{\mathrm{m}}^2 / 2} \frac{D}{L}$$

由式(8.42) 容易导出圆管层流的沿程阻力系数为

$$\lambda = \frac{p_1 - p_2}{\rho U_{\mathrm{m}}^2 / 2} \frac{D}{L} = \frac{64\mu}{\rho U_{\mathrm{m}} D} = \frac{64}{Re} \tag{8.44}$$

式中 $Re = \rho U_{\mathrm{m}} D / \mu$ 是圆管内流动的雷诺数.

注意:以上结果对应无限长圆管中不可压缩牛顿型流体的层流运动,又称"完全发展的圆管层流流动".若是有限长圆管,则本节公式在管道进出口处不适用.关于圆管进口段的层流运动,粘性流体动力学的专著中有详细讨论.此外,本节给出圆管层流流动的阻力特性,关于圆管湍流流动的阻力特性将在第 9 章中给出.

2. 两平行平板间的流动

再研究一个简单的层流流动问题.水平放置的两块无限大平行平板间充满了不可压缩牛顿流体,平板间的距离为 $2h$,如图 8.6 所示.已知上板以等速度 U 沿 x 轴正方向运动,下板固定.截面 1 和截面 2 上恒定压强分别为 p_1 和 p_2,求平板间速度分布及应力分布.

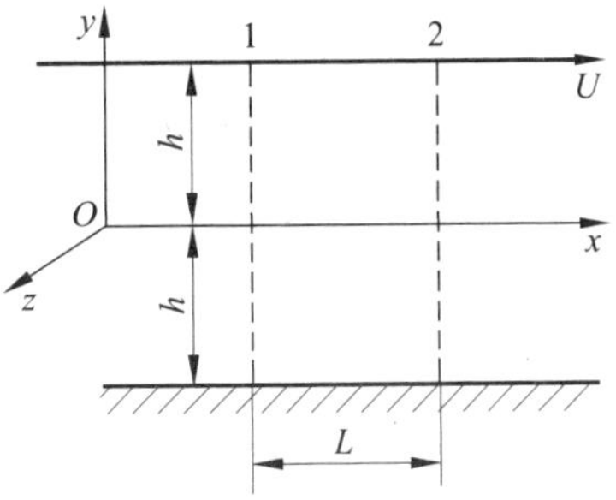

图 8.6 平面库埃特流动示意图

流动的几何边界是平行平面,用直角坐标描述该流场最合适.坐标系(x,y,z)固结于下平板,$y=0$ 位于上下平板的中心平面.此时不可压缩牛顿流体运动的基本方程为

$$\frac{\partial u}{\partial x}+\frac{\partial v}{\partial y}+\frac{\partial w}{\partial z}=0 \tag{8.45}$$

$$\frac{\partial u}{\partial t}+u\frac{\partial u}{\partial x}+v\frac{\partial u}{\partial y}+w\frac{\partial u}{\partial z}=-\frac{1}{\rho}\frac{\partial p}{\partial x}+\nu\left(\frac{\partial^2 u}{\partial x^2}+\frac{\partial^2 u}{\partial y^2}+\frac{\partial^2 u}{\partial z^2}\right) \tag{8.46a}$$

$$\frac{\partial v}{\partial t}+u\frac{\partial v}{\partial x}+v\frac{\partial v}{\partial y}+w\frac{\partial v}{\partial z}=-\frac{1}{\rho}\frac{\partial p}{\partial y}+\nu\left(\frac{\partial^2 v}{\partial x^2}+\frac{\partial^2 v}{\partial y^2}+\frac{\partial^2 v}{\partial z^2}\right) \tag{8.46b}$$

$$\frac{\partial w}{\partial t}+u\frac{\partial w}{\partial x}+v\frac{\partial w}{\partial y}+w\frac{\partial w}{\partial z}=-\frac{1}{\rho}\frac{\partial p}{\partial z}+\nu\left(\frac{\partial^2 w}{\partial x^2}+\frac{\partial^2 w}{\partial y^2}+\frac{\partial^2 w}{\partial z^2}\right) \tag{8.46c}$$

边界条件是

$$u\big|_{y=-h}=v\big|_{y=\pm h}=w\big|_{y=\pm h}=0,\quad u\big|_{y=h}=U \tag{8.47}$$

根据流动的边界条件，我们可以推测，该流场可简化为

$$u=u(y),\quad v=w=0,\quad \partial/\partial x=\partial/\partial z=0$$

即流动是定常的平行平面流动. 将设定的流场代入基本方程(8.45)和方程(8.46a)～(8.46c)，则连续方程已经满足，并由 y 方向动量方程和 z 方向动量方程可导出$\partial p/\partial y=\partial p/\partial z=0$，也就是说，压强只是 x 的函数. x 方向的动量方程和边界条件简化如下：

$$\mu\frac{\partial^2 u}{\partial y^2}=\frac{\mathrm{d}p}{\mathrm{d}x}=\text{const.}=-\frac{p_1-p_2}{L} \tag{8.48}$$

$$u\big|_{y=-h}=0 \tag{8.49a}$$

$$u\big|_{y=h}=U \tag{8.49b}$$

积分式(8.48)两次得

$$u=\frac{1}{\mu}\frac{\mathrm{d}p}{\mathrm{d}x}\frac{y^2}{2}+c_1 y+c_2$$

应用边界条件得：$c_1=U/2h$，$c_2=\dfrac{(p_1-p_2)}{2\mu L}h^2+\dfrac{U}{2}$，于是所求问题的解为

$$u=\frac{p_1-p_2}{2\mu L}(h^2-y^2)+\frac{U}{2}\left(\frac{y}{h}+1\right) \tag{8.50}$$

由以上结果可得到该流场有以下性质.

(1) 它由两部分线性叠加组成，一部分是压降驱动的流动，速度是抛物线分布：$\dfrac{p_1-p_2}{2\mu L}(h^2-y^2)$；另一部分由上平板拖动，速度呈线性分布：$\dfrac{U}{2}\left(\dfrac{y}{h}+1\right)$.

(2) 剪应力分布

应用牛顿剪应力公式可得

$$\tau_{xy}=\mu\frac{\mathrm{d}u}{\mathrm{d}y}=-\frac{p_1-p_2}{L}y+\frac{\mu}{2h}U \tag{8.51}$$

式(8.51)表明一部分剪应力由压降引起，呈线性分布；另一部分由上板拖动所引起，剪应力为常数.

(3) 流量公式：两平板间单位宽度的体积流量为

$$Q=\int_{-h}^{h}u\,\mathrm{d}y=\frac{2}{3\mu}\left(\frac{p_1-p_2}{L}\right)h^3+Uh$$

(4) 截面平均速度

$$U_m=\frac{Q}{2h}=\frac{1}{3\mu}\left(\frac{p_1-p_2}{L}\right)h^2+\frac{U}{2}$$

(5) 平面泊肃叶流动

两固定的平行平板间由压强差驱动的流动称平面泊肃叶流动，以上结果中令 U 等于零，得平面泊肃叶流动的速度分布及流动特性如下：

$$u=\frac{p_1-p_2}{2\mu L}(h^2-y^2)$$

即，平面泊肃叶流动的速度剖面是抛物线，最大速度在 $y=0$ 处：

$$u_{max}=\frac{p_1-p_2}{2\mu L}h^2$$

流量

$$Q=\frac{2}{3\mu}\left(\frac{p_1-p_2}{L}\right)h^3$$

平均速度

$$U_m=\frac{p_1-p_2}{3\mu L}h^2=\frac{2}{3}u_{max}$$

最大剪应力在平板上($y=h$)：

$$|\tau_{max}|=\frac{p_1-p_2}{L}h$$

沿程阻力系数

$$\lambda=\frac{(p_1-p_2)h}{\rho U_m^2L/2}=\frac{6}{Re} \tag{8.52}$$

式中 $Re=\rho U_m h/\mu$.

3. 库埃特(Couette)流动

无限长同心圆柱和圆筒间充满不可压缩牛顿流体，内柱以等角速度绕轴旋转，这时在环形空间内的流动称为库埃特流动. 下面求圆柱环内的流体速度分布和作用在柱面上的剪应力.

根据该流场的几何特征，用柱坐标描述该问题最为合适，使柱坐标的轴线和同心圆柱的轴线重合，如图 8.7 所示.

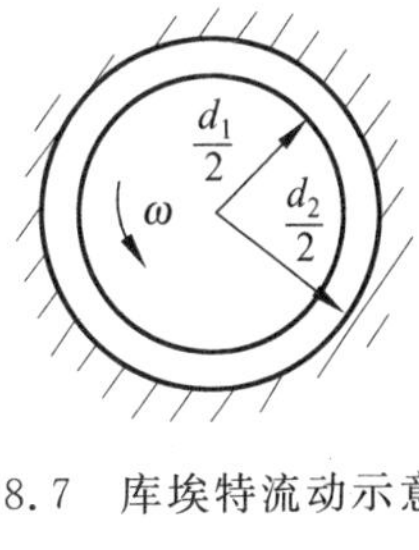

图 8.7 库埃特流动示意图

已知：d_1，d_2 分别为内圆柱的外径和外圆筒的内径，

内圆柱以 ω 等角速度转动. 由边界条件的轴对称性和驱动条件的恒定性，我们可以推测流场是定常轴对称的，即

$$v_r = v_z = 0,\quad v_\theta = v(r),\quad \partial/\partial\theta = 0$$

将以上速度和压强分布代入式(8.33)～式(8.34c)，连续方程自动满足；由轴向动量方程可导出$\partial p/\partial z=0$，因此压强只是 r 的函数；周向动量方程和径向动量方程简化如下：

$$\frac{d^2 v}{dr^2}+\frac{1}{r}\frac{dv}{dr}-\frac{v}{r^2}=0 \tag{8.53}$$

$$\frac{dp}{dr}=\frac{\rho v^2}{r} \tag{8.54}$$

该流动的边界条件是

$$\begin{cases} v_\theta\big|_{r=R_1} = v(R_1) = \dfrac{1}{2}\omega_1 d_1 \\ v_\theta\big|_{r=R_2} = v(R_2) = 0 \end{cases} \tag{8.55}$$

设 $v=r^n$ 代入方程(8.53)，可得：$n(n-1)+n-1=0$，解得 $n=\pm 1$，即

$$v(r) = c_1 r + \frac{c_2}{r}$$

利用边界条件(8.55)求出积分常数：$c_1 = -R_1^2\omega/(R_2^2-R_1^2)$，$c_2 = -R_1^2R_2^2\omega/(R_2^2-R_1^2)$，最后得

$$v_\theta = v(r) = -\frac{R_1^2\omega(R_2^2/r-r)}{R_2^2-R_1^2} \tag{8.56}$$

由速度场可求出流场中的剪应力分布：

$$\tau_{r\theta} = \mu\left(\frac{\partial v}{\partial r}-\frac{v}{r}\right) = -2\mu\frac{R_1^2R_2^2\omega}{R_2^2-R_1^2}\frac{1}{r^2} \tag{8.57}$$

流体作用在内柱面上的切应力和旋转方向相反，所以阻力矩也和内圆柱旋转方向相反，其大小为

$$M_z = \int_0^{2\pi}(\tau_{r\theta})_{r=R_1}R_1^2\,d\theta = \frac{4\pi\mu R_1^2R_2^2}{R_2^2-R_1^2}\omega \tag{8.58}$$

式(8.58)也可用作测量流体粘度的公式，只要测定内圆柱上流体作用力矩和转速以及内外圆柱的半径，就可由该式计算流体动力粘度系数.

将速度分布公式(8.56)代入式(8.54)，然后积分求出，可求出圆筒内的压强分布. 压强的定解条件是必须给定流场一点的压强，例如内圆柱或外圆筒面上的压强.

4. 圆管内幂律流体的定常流动

最后研究在无限长圆管内幂律型非牛顿液体的流动，流动的边界条件和牛顿流体的圆管流动的情况相同，流体是平行直线运动，即速度场为

$$v_r = v_\theta = 0, \quad v_z = v(r) \tag{8.59}$$

根据幂律流体的流变性，$\mu = k\left[\frac{1}{2}\text{tr}(2\boldsymbol{S})^2\right]^{\frac{n-1}{2}}$，对于平行流动，$S_{rz} = \frac{1}{2}\frac{\mathrm{d}v}{\mathrm{d}r}$，其他分量都等于零，因此

$$\mu = k\left|\frac{\mathrm{d}v}{\mathrm{d}r}\right|^{n-1}$$

流场中的偏应力张量：

$$\begin{cases}\tau_{rr} = \tau_{\theta\theta} = \tau_{zz} = \tau_{r\theta} = \tau_{\theta z} = 0 \\ \tau_{rz} = k\left|\dfrac{\mathrm{d}v}{\mathrm{d}r}\right|^{n-1}\dfrac{\mathrm{d}v}{\mathrm{d}r}\end{cases} \tag{8.60}$$

将速度场代入粘性流体运动方程得到

$$-\frac{\partial p}{\partial z} + \frac{\partial \tau_{rz}}{\partial r} = 0, \quad \frac{\partial p}{r\partial \theta} = \frac{\partial p}{\partial r} = 0$$

将幂律流体的本构方程代入后得

$$\frac{\partial p}{\partial z} = \frac{\partial}{\partial r}\left(k\left|\frac{\mathrm{d}v}{\mathrm{d}r}\right|^{n-1}\frac{\mathrm{d}v}{\mathrm{d}r}\right) \tag{8.61}$$

上式成立的必要条件是等式两边为常数，令 $\mathrm{d}p/\mathrm{d}z = C_1$，则

$$k\left|\frac{\mathrm{d}v}{\mathrm{d}r}\right|^{n-1}\frac{\mathrm{d}v}{\mathrm{d}r} = C_1 r + C_2$$

由流动的对称性可得，在 $r=0$ 处，应有 $\mathrm{d}v/\mathrm{d}r=0$，因而积分常数 $C_2=0$，于是上式可写作：

$$\left|\frac{\mathrm{d}v}{\mathrm{d}r}\right|^{n-1}\frac{\mathrm{d}v}{\mathrm{d}r} = \frac{C_1}{k}r$$

圆管内由压强驱动的流动中，$\mathrm{d}p/\mathrm{d}z<0$，即应有 $C_1<0$，因而 $\mathrm{d}v/\mathrm{d}r<0$. 于是上式可写成：

$$\left(\frac{\mathrm{d}v}{\mathrm{d}r}\right) = -\left(\left|\frac{C_1}{k}\right|r\right)^{1/n}$$

对 r 积分，并利用管壁无滑移条件得

$$v(r) = \frac{n}{n+1}\left|\frac{C_1}{k}\right|^{1/n}\left(R^{(n+1)/n} - r^{(n+1)/n}\right)$$

$r=0$ 处的最大速度为

$$v_{\max} = \frac{n}{n+1}\left|\frac{C_1}{k}\right|^{1/n}R^{(n+1)/n}$$

于是幂律流体在圆管中流动的速度分布为

$$v = v_{\max}\left[1 - (r/R)^{n+1/n}\right] \tag{8.62}$$

当 $n=1$ 时，$v=v_{\max}[1-(r/R)^2]$，它就是牛顿流体在圆管中的流动. 图 8.8 给出不同幂指数时非牛顿液体的速度剖面. 当 $n<1$ 时，即剪切变稀液体，其速度剖面比较饱满，反之，$n>1$ 的剪切变稠液体的速度剖面陡峭.

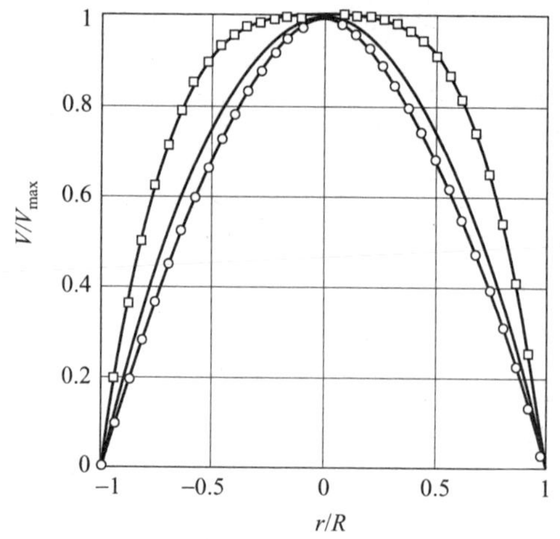

图 8.8 幂律流体在圆管内的定常流动

—:$n=1$,牛顿流体;○—○:$n=2$,幂律流体;□—□:$n=0.4$,幂律流体

8.5 小雷诺数粘性流体运动的近似解

对于复杂的粘性流体绕流问题,一般难以求得解析解,除了数值解外,常用摄动展开法求近似解.

1. 正则参数摄动

通常在流动问题中含有几何的或物理的无量纲参数,例如:水波问题中的波陡(波高除以波长)、翼型绕流问题中的相对厚度、在粘性绕流问题中 Re 等是重要的几何或物理无量纲参数.

如果控制流动的无量纲量是小量,则受数学分析中泰勒展开式的启发,含小参数($\varepsilon \ll 1$)方程的解常用小参数作摄动展开,例如

$$U_i(x_i,\varepsilon) = U_i^{(0)}(x_i,0) + \varepsilon U_i^{(1)}(x_i,0) + \varepsilon^2 U_i^{(2)}(x_i,0) + \cdots$$

式中按小参量 ε 展开的解 $U_i^{(0)},U_i^{(1)},U_i^{(2)}$ 等可以作为 U_i 的各阶近似解,如果这一解在全流场一致收敛,称该摄动为正则摄动,可得到正则摄动的逐级近似解. 倘若该展开式在流场内非一致收敛时,需要采用其他摄动展开法,如奇异摄动法等.

2. 小雷诺数流动的零阶正则摄动——斯托克斯方程

现在研究 Re 很小的粘性流体运动时,可以用 Re 作小参数展开,令 $\varepsilon = Re \ll 1$. 将 $U_i = U_i(x_j, Re)$,$p = p(x_j, Re)$ 对小参数 Re 展开:

$$U(x_i,\varepsilon)=U^{(0)}(x_i)+\varepsilon U^{(1)}(x_i)+O(\varepsilon^2)$$

$$p(x_i,\varepsilon)=\frac{p^{(0)}(x_i)}{\varepsilon}+p^{(1)}(x_i)+O(\varepsilon)$$

以上展开式中,压强的首项比速度展开式的首项高一个量级,这是因为在低雷诺数流动中,粘性项比压强梯度项高一个量级(参见纳维-斯托克斯方程和下面的分析).令 $Re=\varepsilon$,定常流动的纳维-斯托克斯方程可写作:

$$\nabla\cdot U=0$$

$$\frac{DU}{Dt}=-\frac{1}{\rho}\nabla p+\frac{1}{\varepsilon}\Delta U$$

将展开式代入无量纲化的定常纳维-斯托克斯方程(不计质量力),并按小量 ε 的幂次整理,可得

$$\frac{\partial U_i^{(0)}}{\partial x_i}+\varepsilon\frac{\partial U_i^{(1)}}{\partial x_i}+O(\varepsilon^2)=0$$

$$\frac{1}{\varepsilon}\frac{\partial p^{(0)}}{\partial x_i}-\frac{1}{\varepsilon}\frac{\partial^2 U_i^{(0)}}{\partial x_j\partial x_j}=U_j^{(0)}\frac{\partial U_i^{(0)}}{\partial x_j}+\frac{\partial p^{(1)}}{\partial x_i}+\frac{\partial^2 U_i^{(1)}}{\partial x_j\partial x_j}$$
$$+\varepsilon\left(\frac{\partial p^{(2)}}{\partial x_i}+U_j^{(0)}\frac{\partial U_i^{(1)}}{\partial x_j}+U_j^{(1)}\frac{\partial U_i^{(0)}}{\partial x_j}+\cdots\right)+O(\varepsilon^2)$$

将同量级项归并,得各阶近似的线性方程.在零阶近似中非线性惯性项已经略去.事实上,$Re\ll1$ 意味着粘性力远大于惯性力,因此,在零阶近似中惯性项是高阶小量.在一阶近似中(运动方程右端),则可包含部分惯性效应.小雷诺数流动的零阶近似称为斯托克斯(Stokes)近似,当不计质量力时,零阶近似方程有如下形式的斯托克斯方程(恢复到有量纲形式):

$$\nabla\cdot U=0$$

$$\nabla p=\mu\Delta U$$

小 Re 的流动意味着流动速度很小或粘性系数很大,因此斯托克斯近似的流动也称为极慢运动.

3. 小雷诺数圆球绕流

第 5 章研究过均匀来流绕圆球的理想流动,现在计算小雷诺数均匀来流绕圆球的定常粘性流动问题.设无穷远来流速度与 x 轴平行为 $U_\infty \boldsymbol{i}$,圆球直径为 D(半径为 a),绕流的 $Re=U_\infty D/\nu\ll1$,求流场速度分布、压强分布和圆球所受阻力.

(1) 采用球坐标系描述该问题,将原点放在球心,并使 $\theta=0$ 的轴线与来流方向重合.

流动的边界条件是轴对称的,因此可以推断流场也是轴对称的(参见图 8.9),因而有

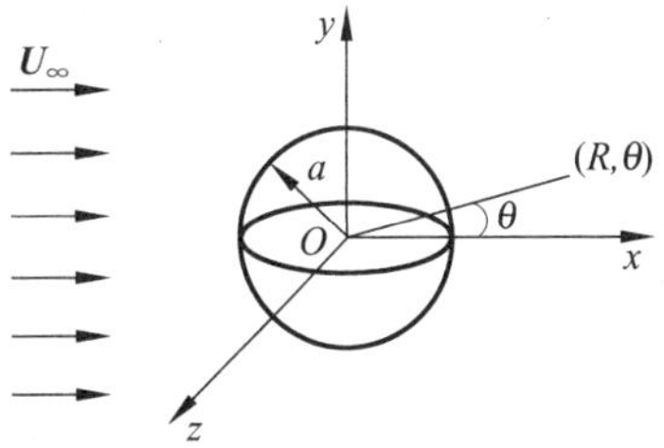

图 8.9 绕圆球的斯托克斯流动示意图

$$\begin{cases} U_R = v_R(R,\theta), \quad U_\theta = v_\theta(R,\theta) \\ U_\varphi = 0, \quad p = p(R,\theta) \end{cases} \tag{8.63}$$

将它们代入球坐标中的斯托克斯方程，得

连续方程

$$\frac{\partial v_R}{\partial R} + \frac{1}{R}\frac{\partial v_\theta}{\partial \theta} + \frac{2v_R}{R} + \frac{v_\theta \cot\theta}{R} = 0 \tag{8.64}$$

运动方程

$$\begin{aligned} \frac{\partial p}{\partial R} =& \mu\Big(\frac{\partial^2 v_R}{\partial R^2} + \frac{1}{R^2}\frac{\partial^2 v_R}{\partial \theta^2} + \frac{2}{R}\frac{\partial v_R}{\partial R} \\ &+ \frac{\cot\theta}{R^2}\frac{\partial v_R}{\partial \theta} - \frac{2}{R^2}\frac{\partial v_\theta}{\partial \theta} - \frac{2v_R}{R^2} - \frac{2\cot\theta}{R^2}v_\theta\Big) \end{aligned} \tag{8.65}$$

$$\begin{aligned} \frac{1}{R}\frac{\partial p}{\partial \theta} =& \mu\Big(\frac{\partial^2 v_\theta}{\partial R^2} + \frac{1}{R^2}\frac{\partial^2 v_\theta}{\partial \theta^2} \\ &+ \frac{2}{R}\frac{\partial v_\theta}{\partial R} + \frac{\cot\theta}{R^2}\frac{\partial v_\theta}{\partial \theta} + \frac{2}{R^2}\frac{\partial v_R}{\partial \theta} - \frac{v_\theta}{R^2\sin^2\theta}\Big) \end{aligned} \tag{8.66}$$

边界条件

① 球面无滑移条件

$$R = a, \quad v_R = v_\theta = 0 \tag{8.67}$$

② 无穷远来流条件

$$R \to \infty, \quad v_R = U_\infty \cos\theta, \quad v_\theta = -U_\infty \sin\theta, \quad p = p_\infty \tag{8.68}$$

(2) 求解：用分离变量法解该边值问题. 由边界条件可推断解的形式应为

$$v_R = f(R)F(\theta), \quad v_\theta = g(R)G(\theta), \quad p = \mu h(R)H(\theta) + p_\infty$$

利用边界条件，确定出 $F(\theta)$，$G(\theta)$ 函数的具体表达式，为了满足式(8.67)和式(8.68)，$F(\theta)=\cos\theta$，$G(\theta)=\sin\theta$，即有

$$v_R = f(R)\cos\theta, \quad v_\theta = -g(R)\sin\theta$$

和边界条件

$$f(\infty) = g(\infty) = U_\infty, \quad f(a) = g(a) = 0$$

将分离变量式(8.69)代入基本方程(8.64)、方程(8.65)和方程(8.66)可得

$$\cos\theta\Big[f' + \frac{2}{R}(f-g)\Big] = 0$$

$$H(\theta)h'(R) = \cos\theta\Big[f'' + \frac{2}{R}f' - \frac{4}{R^2}(f-g)\Big]$$

$$H'(\theta)\frac{h}{R} = \sin\theta\Big[-g'' - \frac{2}{R}g' - \frac{2}{R^2}(f-g)\Big]$$

由以上三式，可推得 $H(\theta)=\cos\theta$ 和以下的常微分方程组：

$$f' + \frac{2}{R}(f-g) = 0 \tag{8.69a}$$

$$h'(R) = f'' + \frac{2}{R}f' - \frac{4}{R^2}(f-g) \tag{8.69b}$$

$$h = R\left[g'' + \frac{2}{R}g' + \frac{2}{R^2}(f-g)\right] \tag{8.69c}$$

应用无穷远压强边界条件,可得 $h(\infty)=0$. 因此函数 $f(R)$、$g(R)$和 $h(R)$的边界条件是

$$f(\infty) = U_\infty, \quad g(\infty) = U_\infty$$

$$f(a) = 0, \quad g(a) = 0, \quad h(\infty) = 0$$

求解以上方程组的具体方法如下,先消去 g,h,得到 f 的常微分方程为

$$R^4 f'''' + 8R^3 f''' + 8R^2 f'' - 8Rf' = 0$$

该常微分方程的一般解是

$$f(R) = AR^{-3} + BR^{-1} + C + DR^2$$

由式(8.69a)和式(8.69c),可得

$$g(R) = -\frac{A}{2}R^{-3} + \frac{B}{2}R^{-1} + C + 2DR^2$$

$$h(R) = BR^{-2} + 10DR$$

将边界条件代入以上方程,可确定常数 A,B,C,D 如下:

$$A = \frac{U_\infty a^3}{2}, \quad B = -\frac{3U_\infty a}{2}, \quad C = U_\infty, \quad D = 0$$

最后,得 $f(R)$、$g(R)$、$h(R)$的解等于

$$f = \frac{U_\infty}{2}\frac{a^3}{R^3} - \frac{3}{2}\frac{U_\infty a}{R} + U_\infty$$

$$g = -\frac{U_\infty}{4}\frac{a^3}{R^3} - \frac{3}{4}\frac{U_\infty a}{R} + U_\infty, \quad h = -\frac{3}{2}\frac{U_\infty a}{R^2}$$

代回分离变量式,得该流场的解为

$$v_R = U_\infty \cos\theta\left(1 - \frac{3}{2}\frac{a}{R} + \frac{1}{2}\frac{a^3}{R^3}\right) \tag{8.70a}$$

$$v_\theta = -U_\infty \sin\theta\left(1 - \frac{3}{4}\frac{a}{R} - \frac{1}{4}\frac{a^3}{R^3}\right) \tag{8.70b}$$

$$p = p_\infty - \frac{3}{2}\mu\frac{U_\infty a}{R^2}\cos\theta \tag{8.70c}$$

为了求得圆球的流动阻力,先求圆球表面的应力分量. 根据牛顿流体的本构关系式,可求得球面上的应力分布为

$$(P_{RR})_{R=a} = (-p + \tau_{RR})_{R=a}$$

$$= \left(-p + 2\mu\frac{\partial v_R}{\partial R}\right)_{R=a} = -p_\infty + \frac{3}{2}\frac{\mu U_\infty}{a}\cos\theta$$

$$(P_{R\theta})_{R=a}=(\tau_{R\theta})_{R=a}$$
$$=\left(\frac{1}{R}\frac{\partial v_R}{\partial\theta}+\frac{\partial v_\theta}{\partial R}-\frac{v_\theta}{R}\right)_{R=a}=-\frac{3}{2}\frac{\mu U_\infty}{a}\sin\theta$$
$$(\tau_{\theta\varphi})_{R=a}=0$$

由于流动是轴对称的，流体作用力的合力方向应与来流方向相同，即只有阻力，而无升力. 阻力的大小是

$$D=F_z$$
$$=\int_0^\pi[(P_{RR})_{R=a}\cos\theta-(P_{R\theta})_{R=a}\sin\theta]2\pi a^2\sin\theta\mathrm{d}\theta$$
$$=6\pi\mu U_\infty a \tag{8.71}$$

上式称为斯托克斯阻力公式，由此可见，圆球所受阻力的大小与来流速度、圆球半径和粘性系数成正比. 常用无量纲阻力系数表示三维绕流物体的阻力，它等于阻力除以 $\rho U_\infty^2/2$ 与迎风面积的乘积，并用 C_D 表示.

绕圆球小雷诺数流动的阻力系数为

$$C_D=\frac{2D}{\rho U_\infty^2\pi a^2}=\frac{24}{Re} \tag{8.72}$$

式中 Re 的定义是 $Re=U_\infty D/\nu$，D 是圆球直径. 根据近似展开的条件，上式适用于 $Re\ll 1$ 的圆球阻力，例如：非常细小的液滴在空气中的等速运动，或细小的粉末在粘性流体中的运动等. 该流场的流动图案如图 8.10(a)所示(圆球向左运动).

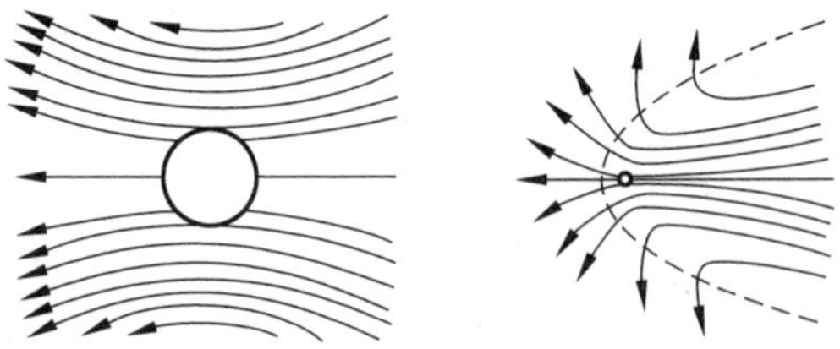

(a)　　　　(b)

图 8.10　绕圆球小雷诺数流动的流场

(a) 斯托克斯近似；(b) 奥辛近似

(3) 结果分析及奥辛(Oseen)修正

上面求解了纳维-斯托克斯方程的零阶近似，该近似的基础是流动质点的惯性项远远小于粘性表面力的合力，下面需要验证上面所得的解是否在整个流场内都满足近似的条件(一致收敛). 为此，考察所略掉的惯性项量级的大小. 例如：考察 x 轴上 $R\gg a$ 的点，由解出的速度场可得到这些点上流体质点的加速度为

$$\left.\frac{\mathrm{D}v_R}{\mathrm{D}t}\right|_{\theta=0}=\left.v_R\frac{\partial v_R}{\partial R}\right|_{\theta=0}=\frac{3}{2}\frac{U_\infty^2 a}{R^2}\left(1-\frac{a^2}{R^2}\right)\left(1-\frac{3}{2}\frac{a}{R}+\frac{a^3}{2R^3}\right)$$

单位质量粘性力的大小与 $\frac{1}{\rho}\frac{\partial p}{\partial R}$ 同量级，即

$$\frac{1}{\rho}\frac{\partial p}{\partial R}\bigg|_{\theta=0}=\frac{3\mu U_\infty a}{\rho R^3}$$

因此惯性力与粘性力量级之比是

$$\frac{\text{惯性力}}{\text{粘性力}}=\frac{U_\infty R}{2\nu}\left(1-\frac{a^2}{R^2}\right)\left(1-\frac{3}{2}\frac{a}{R}+\frac{1}{2}\frac{a^3}{R^3}\right)$$

由此式可看出，随着 R 的增大，此比值近似为 $U_\infty R/2\nu$；当 R 趋于无穷大时，比值趋于无穷大，可见在远离圆球的地方，总会出现惯性力超过粘性力的情况，在这些区域内，所得解与假设条件“惯性力量级远远小于粘性力量级”相矛盾，因此斯托克斯近似所得流场的解只适用于物体附近的区域.

为了提高近似的准确度，奥辛于 1910 年对小球在粘性流体中运动问题提出了“在运动方程中保留主要惯性项，略掉次要惯性项”的修正意见，得到了奥辛近似解. 他将速度写成

$$\boldsymbol{U}=U_\infty\boldsymbol{i}+\boldsymbol{v}'$$

其中 $\boldsymbol{v}'$ 是附加小量，保留一阶小量，质点加速度可近似为

$$\frac{\mathrm{D}\boldsymbol{U}}{\mathrm{D}t}=[(U_\infty\boldsymbol{i}+\boldsymbol{v}')\cdot\nabla]\boldsymbol{U}\approx U_\infty\frac{\partial\boldsymbol{U}}{\partial x}$$

于是纳维-斯托克斯方程可近似为

$$U_\infty\frac{\partial\boldsymbol{U}}{\partial x}=-\frac{1}{\rho}\nabla p+\frac{\mu}{\rho}\Delta\boldsymbol{U} \tag{8.73}$$

$$\nabla\cdot\boldsymbol{U}=0 \tag{8.74}$$

式(8.73)和式(8.74)是奥辛修正方程，相应的边界条件为

$$R\to\infty:\boldsymbol{U}=\boldsymbol{U}_\infty=U_\infty\boldsymbol{i} \tag{8.75}$$

$$R=a:\boldsymbol{U}=0 \tag{8.76}$$

与斯托克斯方程相比较，运动方程中增加了部分惯性项. 在小球附近区域中，由于惯性项比粘性项小得多，奥辛近似的解和斯托克斯近似解相差很小；在足够远的地方，$U_\infty\partial\boldsymbol{U}/\partial x$ 是惯性力的主要部分，保留这一项可以提高解的精度. 在相同边界条件下奥辛得到了比斯托克斯精度高的一阶近似解(具体解法从略)，奥辛近似的流场示于图 8.10(b). 奥辛近似的圆球绕流阻力：

$$D=F_z=6\pi\mu U_\infty a\left(1+\frac{3aU_\infty}{8\nu}\right) \tag{8.77}$$

奥辛近似的阻力系数：

$$C_D=\frac{24}{Re}\left(1+\frac{3}{16}Re\right) \tag{8.78}$$

式中 $Re=U_\infty D/\nu$，D 是圆球直径.

图 8.11 是小雷诺数圆球绕流阻力系数的斯托克斯和奥辛近似的计算结果，在 $Re\ll1$ 时，斯托克斯近似是很好的，$Re\geqslant1$ 时斯托克斯近似的计算结果明显偏小.

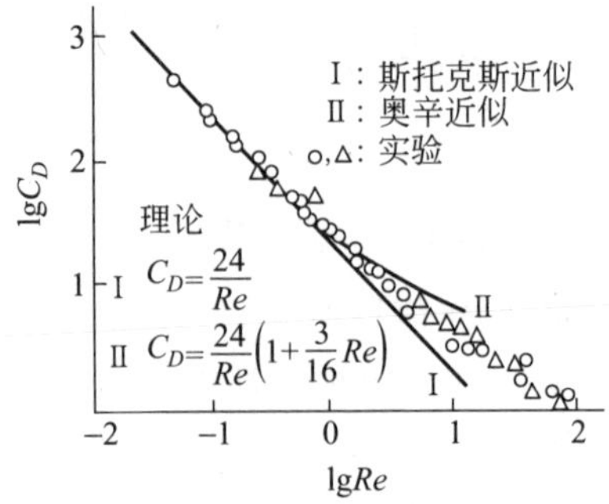

图 8.11 小雷诺数的斯托克斯近似和奥辛近似

4. 润滑问题

小雷诺数近似可以应用于轴承润滑问题. 大型高速旋转机械常用滑动轴承以减少摩擦和震动. 滑动轴承采用粘度较高的润滑油，轴和轴套之间的间隙 δ 很小，虽然旋转轴的周向速度比较大，流动的特征雷诺数 $U\delta/\nu$ 仍然很小. 因此润滑问题可以采用斯托克斯方程作近似分析和计算. 为了分析简明起见，我们把轴承的圆周方向展成平面，分析如图 8.12 所示的间隙很小的平面楔形中的二维定常粘性流体运动.

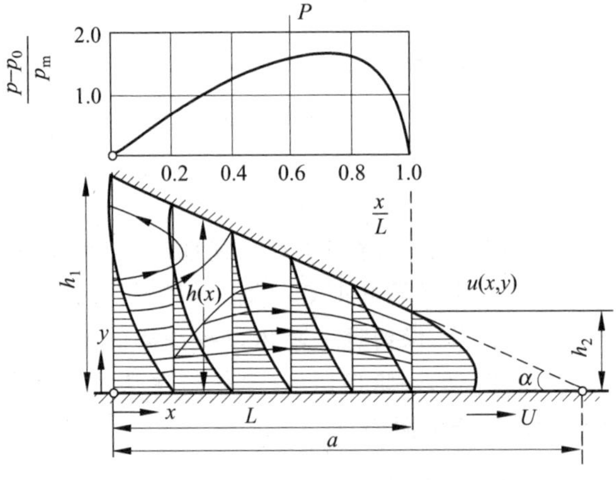

图 8.12 平面润滑问题的示意图

上图：润滑面上的压强分布；下图：平面轴承内的速度分布

在直角坐标中，定常二维斯托克斯方程可写作

$$\frac{\partial u}{\partial x}+\frac{\partial v}{\partial y}=0 \tag{8.79}$$

$$-\frac{1}{\rho}\frac{\partial p}{\partial x}+\nu\left(\frac{\partial^2 u}{\partial x^2}+\frac{\partial^2 u}{\partial y^2}\right)=0 \tag{8.80a}$$

$$-\frac{1}{\rho}\frac{\partial p}{\partial y}+\nu\left(\frac{\partial^2 v}{\partial x^2}+\frac{\partial^2 v}{\partial y^2}\right)=0 \tag{8.80b}$$

润滑问题中间隙远远小于轴承的周长，即 $h\ll L$. 因此 $h/L\ll 1$，在 y 方向用间隙 h 无量纲化，x 方向用 L 无量纲化，即 $x=L\bar{x}$，$y=h\bar{y}$，于是有

$$\frac{\partial}{\partial x}=\frac{\partial}{L\partial\bar{x}},\quad \frac{\partial}{\partial y}=\frac{\partial}{h\partial\bar{y}}$$

无量纲导数应当属于同一量级，由上式很容易得到

$$\frac{\partial}{\partial y}\gg\frac{\partial}{\partial x}\quad 和\quad \frac{\partial^2}{\partial y^2}\gg\frac{\partial^2}{\partial x^2}$$

将以上结果代入式(8.79)，可以得到

$$u\gg v$$

代入式(8.80a)，可得

$$\frac{1}{\rho}\frac{\partial p}{\partial x}=\nu\frac{\partial^2 u}{\partial y^2}$$

由于 $v\ll u$，将式(8.80a)和式(8.80b)做量级比较，应有

$$\frac{\partial p}{\partial y}\ll\frac{\partial p}{\partial x}$$

即垂直于轴承面的压强梯度可以忽略不计. 于是，求解润滑问题的方程简化为

$$\frac{\partial u}{\partial x}+\frac{\partial v}{\partial y}=0 \tag{8.81}$$

$$\frac{1}{\rho}\frac{\partial p}{\partial x}=\nu\frac{\partial^2 u}{\partial y^2} \tag{8.82}$$

边界条件为

$$y=0: u=U;\qquad y=h(x): u=0 \tag{8.83}$$

式(8.82)有解的必要条件是方程两边等于同一常数. 具体求解过程如下：先将方程(8.82)沿 y 方向积分，得

$$u=\frac{1}{2\mu}\frac{\mathrm{d}p}{\mathrm{d}x}y^2+c_1y+c_2$$

代入边界条件式(8.83)，并简化后，得

$$u=\frac{1}{2\mu}\frac{\mathrm{d}p}{\mathrm{d}x}(y^2-hy)+\frac{U}{h}(h-y)$$

设通过轴承的流量为 Q，

$$Q=\int_0^h u(y)\mathrm{d}y=-\frac{h^3}{12\mu}\frac{\mathrm{d}p}{\mathrm{d}x}+\frac{Uh}{2}$$

由上式可得沿轴承的压强梯度：

$$\frac{\mathrm{d}p}{\mathrm{d}x}=\frac{6\mu U}{h^2}-\frac{12\mu Q}{h^3}$$

轴承面上的压强分布：

$$p=\int_0^x\left(\frac{6\mu U}{h^2}-\frac{12\mu Q}{h^3}\right)\mathrm{d}x+c$$

已知楔形的倾斜解 α，则 $h=h_1-x\tan\alpha$，代入上式并积分得

$$p=\frac{6\mu U}{\tan\alpha(h_1-x\tan\alpha)}-\frac{6\mu Q}{\tan\alpha(h_1-x\tan\alpha)^2}+c$$

最后利用压强的边界条件确定常数 c 和 Q. 轴承内的压强是由楔形运动对流体挤压产生，进入轴承和流出轴承的压强应当相等，如果上式中的压强表示相对于间隙外部的压强，则压强的边界条件可写作：

$$x=0,\ p=0;\qquad x=L,\ p=0$$

将压强边界条件代入压强积分式后，得积分常数

$$Q=\frac{Uh_1h_2}{h_1+h_2}$$

$$c=-\frac{6\mu U}{\tan\alpha(h_1+h_2)}$$

最后，轴承间隙中压强分布为

$$p=\frac{6\mu U(h-h_2)x}{h^2(h_1+h_2)}\tag{8.84}$$

压强分布沿 x 方向积分，可得流体作用在轴上的合力 F_y，即轴承的承载能力：

$$F_y=\int_0^L p\mathrm{d}x=\frac{6\mu UL^2}{(h_1-h_2)^2}\left(\ln\frac{h_1}{h_2}-2\frac{h_1-h_2}{h_1+h_2}\right)\tag{8.85}$$

式中 h_1 是轴承进口的间隙高度，润滑油进入轴承后，间隙高度减小，即 $h_1-h_2>0$. 由轴承承载公式可见：承载力与润滑油的粘度和轴承的滑动速度成正比；与轴承的受力长度平方成正比. 此外式(8.85)还表明，润滑油的厚度(常称油膜厚度)越小轴承的承载能力越大. 旋转轴上受到润滑油的摩擦力，摩擦力将消耗一部分能量. 由润滑油速度分布，可以计算作用在轴上的剪应力(请读者自己完成以下两个公式的推导)：

$$(\tau_{xy})_{y=0}=-\frac{4\mu U}{h_1-x\tan\alpha}+\frac{6\mu U}{(h_1-x\tan\alpha)^2}\frac{h_1h_2}{h_1+h_2}\tag{8.86}$$

$$F_x=-\int_0^L(\tau_{xy})_0\mathrm{d}x=\frac{2\mu UL}{h_1-h_2}\left(2\ln\frac{h_1}{h_2}-3\frac{h_1-h_2}{h_1+h_2}\right)\tag{8.87}$$

上式表明：润滑油膜厚度越小，摩擦力越大，也就是说能使承载力增加的因素，同样也使轴承的摩擦力增加，因此，在轴承设计时，要综合考虑，做优化选择.

以上讨论的粘性流体运动都属于低雷诺数层流运动的解析解，或很小雷诺数流动的近似解. 当流动特征雷诺数较高时，流动将由层流向湍流过渡，第9章将讲述湍流的发生和充分发展湍流的统计规律. 大雷诺数粘性绕流的近似解也不同于小雷诺数绕流的斯托克斯近似，大雷诺数粘性绕流在物面形成边界层，粘性主要在边界层中控制流体运动，而边界层外，流动可以视作无粘的. 第10章将讲述边界层理论和近似计算方法.

习　题

8.1 证明：静止物面上具有下述流动的粘性流体物面条件：$\boldsymbol{\Omega}\cdot\boldsymbol{n}=0$. 式中，$\boldsymbol{\Omega}=\nabla\times\boldsymbol{U}$ 是旋度向量，$\boldsymbol{n}$ 是物面的法向量.

8.2 证明：不可压缩牛顿流体定常流动中，当质量力有势时，沿流线坐标 s 有：

$$\left(\Delta-\frac{U}{\nu}\frac{\partial}{\partial s}\right)\left(\frac{U^2}{2}+\frac{p}{\rho}+\Pi\right)=\Omega^2(\Omega\text{ 是涡量},\Pi\text{ 为质量力势})$$

8.3 半径分别为 a 和 b 的同心圆柱和圆筒，它们分别以 ω_1 和 ω_2 作等速转动，圆柱环形空间中充满不可压缩牛顿流体，现给出下列三种情况的速度：

(1) $\omega_1=\dfrac{\omega_2 b^2}{a^2}, v_\theta=\dfrac{\omega_1 a^2}{r}, v_r=0$；

(2) $\omega_1=\omega_2, v_\theta=\omega_1 r, v_r=0$；

(3) $\omega_1=\dfrac{2\omega_2 b^2}{a^2}, v_\theta=\omega_1 r, v_r=0$.

请分别讨论：

(1) 流场是否粘性流动的解？

(2) 流场是否无粘流动的解？

(3) 流场是否有旋的？

8.4 油在水平圆管内作定常层流运动，已知：$d=75\text{mm}$，$Q=7\text{L/s}$，$\rho=800\text{kg/m}^3$，壁面上 $\tau_w=48\text{N/m}^2$，求油的粘性系数.

8.5 直径为 1.5mm、质量为 13.7mg 的钢球，在一个盛有油的直桶中垂直等速下降，在 56s 内下落 500mm，油的比重为 0.95，圆桶的直径和长度足够大，可以忽略圆桶的端部和壁面效应，求油的粘性系数.

8.6 在两块无限大的平行平板间充满两种互不相混的不可压缩牛顿流体，上层流体的厚度为 h_2，粘度为 μ_2；下层流体的厚度为 h_1，粘度为 μ_1. 上板面向右作匀速直线运动，速度为 U，下板面固定，全流场压强是常数，并不计质量力，求流场的速度及剪应力分布.

8.7 证明不可压缩牛顿流体的二维流动，在不计外力的情况下，流函数 Ψ 满足下列方程：

$$\frac{\partial}{\partial t}(\Delta\Psi)+\frac{\partial\Psi}{\partial y}\frac{\partial}{\partial x}(\Delta\Psi)-\frac{\partial\Psi}{\partial x}\frac{\partial}{\partial y}(\Delta\Psi)=\nu\Delta^2\Psi$$

8.8 设不可压缩牛顿流体在椭圆形截面的无限长直管中由压强驱动，椭圆的长短轴分别为 a 和 b，轴向压力梯度 $\mathrm{d}p/\mathrm{d}x$ 是常数，且不随时间变化，不计外力，求该流动的速度分布和平均速度.

8.9 设不可压缩牛顿流体在无限长同轴圆柱面间由轴向压力梯度驱动,已知两圆柱的半径分别为 a 和 b,轴向压力梯度是常数且不随时间变化,不计外力,求该流动的速度分布和管壁上的粘性剪应力.

8.10 半径为 a 的小球在粘度很大的不可压缩牛顿流体中下落,证明其最终速度为

$$U_t = 2a^2(\rho_s - \rho)g/9\mu$$

ρ 和 μ 分别是流体的密度和粘度,ρ_s 是小球的质量密度.

8.11 不可压缩牛顿流体在夹角为 2α 的两无限大平板间作极慢流动(图 8.13),若单位宽度的体积流量为 Q,外力不计,求该流动的速度分布和压强分布.

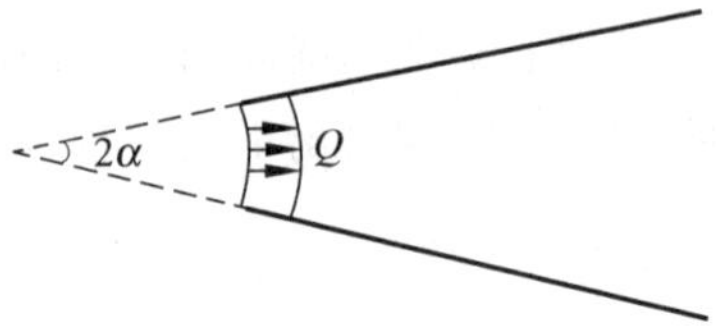

图 8.13 题 8.11 示意图

8.12 在无界的不可压缩牛顿流体中有一半径 a 的小球,当小球极慢地绕定轴以等角速度 ω 转动时,求作用在球上的总摩擦力矩(不计外力,且假定全场压强是常数).

8.13 设润滑油的密度 $\rho=900\text{kg/m}^3$,运动粘性系数 $\nu=0.37\times10^{-4}\text{m}^2/\text{s}$,轴承长度 $L=0.1\text{m}$,轴承周向速度 $U=12\text{m/s}$,入口间隙高度 $h_1=0.0002\text{m}$,出口间隙高度 $h_2=0.0001\text{m}$,计算轴承承载力.

思 考 题

S8.1 在有端盖的圆柱筒内充满牛顿流体,分别讨论当该圆柱作匀速直线运动和绕轴线作匀速转动时,筒内流体作何运动?为什么?当容器为任意形状的封闭体且作匀速直线运动时,容器内流体作何运动?为什么?

S8.2 机翼分别在风洞和水洞中做实验,翼型的尺寸相同,要求翼型实验结果具有相似性,实验中应满足什么条件?

S8.3 在水池中做船舶阻力实验,若严格满足完全相似条件时,为什么要求模型与原型的雷诺数和弗罗德数都相等?

S8.4 模拟太空中航天器的气动力实验,除了雷诺数和马赫数以外,是否还需要满足其他相似参数相等?

S8.5 空气中悬浮颗粒的半径为 10^{-6}m,在大气中运动时,是否可利用斯托克斯近似计算作用力?

第 9 章 湍　　流

本章讲述不可压缩流体运动的稳定性分析方法和充分发展湍流的统计理论，介绍常用的湍流统计模式及其在工程中的应用. 本章最后简要地介绍湍流相干结构的现象.

9.1　湍流的发生

第 8 章中研究了不可压缩牛顿流体运动的基本特性，导出了它的控制方程和边界条件，并且在若干初边值条件下得到了确定性解，例如哈根-泊肃叶流动等. 但是实际流动中，只有当无量纲参数 Re 在某一限定值以下，这些解才能描述真实的流体运动，当 Re 超过某一限定值后，真实流动具有非常复杂的不规则运动状态. 这种运动状态称为湍流或紊流. 工程和自然界中遇到的流动现象绝大多数是湍流，因此有必要对它进行研究.

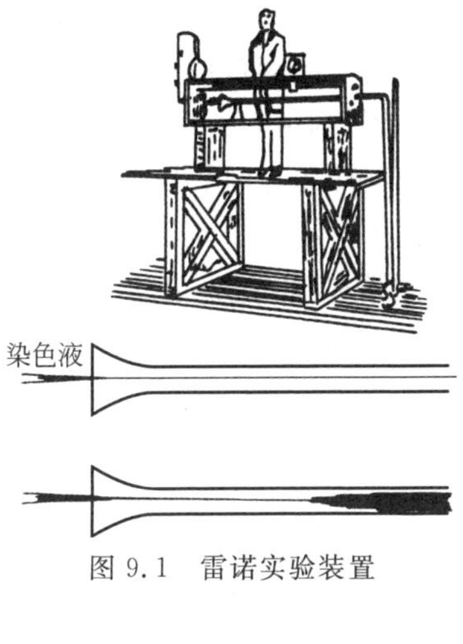

图 9.1　雷诺实验装置

首先从湍流发生的过程来认识湍流和层流的本质差别. 雷诺(1883)最早用流动显示方法观察圆管中流动的湍流发生过程. 他的实验装置相当简单(见图 9.1)，清水从一个有恒定水位的水箱流入等截面直圆管.在圆管入口的中心处通过一细针孔注入有色液体,以观察圆管内的流动状态.在圆管出口处有一阀门调节流量,以改变流动的 Re.为了减少入口的扰动,常将入口磨圆成钟罩形.

实验时可用容积法测量流量 Q,管内的平均流速及 Re 定义为

$$U_{\mathrm{m}}=\frac{4Q}{\pi d^{2}} \tag{9.1}$$

$$Re=\frac{U_{\mathrm{m}}d}{\nu} \tag{9.2}$$

其中 d 为管径,ν 为水的运动粘性系数.试验过程中,逐渐开大阀门,这时管内流速逐渐增大.开始时中心染色线保持平稳的直线状态(图 9.2(a)),当流动达到某一 Re 时染色线开始出现波形扰动(图 9.2(b)),继续增大流量时染色线由剧烈振荡到破裂,并很快和清水掺混以致不再能分辨出染色液线(图 9.2(c)).上述第一阶段流动状态称为层流,最后阶段的流动状态称为湍流.中间阶段的流动状态很不稳定,称为过渡流动.

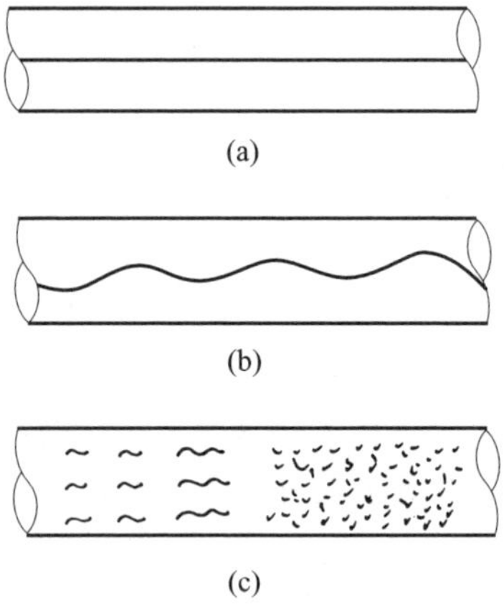

图 9.2 雷诺数增加时流动状态的演变

(a) 层流状态;(b) 过渡状态;(c) 接近湍流状态

在不加特殊控制的情况下,圆管内出现湍流状态的 Re 约为 2300.这一实验数据常作为工程管路计算中判断流动状态的依据.在特殊控制环境下,使外界扰动非常微弱,管内流动的层流状态可维持到 $Re=10^5$.这就是说从层流发展到湍流的过程受环境影响很大,因此这一阶段流动的性质是极其复杂的.圆管中流动由层流过渡到湍流的现象在其他流动中(如:边界层、自由剪切层流动)也能观察到,不过在不同的流动中流动过渡过程的形态相差很大.

用近代的测速仪器,如热膜流速计、激光测速仪等测量边界层流动中某点流速的时间序列,则由它的频谱(速度信号时间序列的傅里叶分析)中可以看到,除了在流动中不可避免的微弱背景扰动外,当 Re 达到某一限定值时出现某种频率的扰动(图 9.3(b)),继之又产生多种频率成分(图 9.3(c)),随着频率成分的增多,在每一峰值处频带加宽,直至最终成为具有宽频带连续谱的扰动(图 9.3(d)).图 9.3(a),图 9.3(b),图 9.3(c),图 9.3(d)的上部为速度的时间序列,下部为对应的频谱.

从以上直观的观察和时间序列分析中可以了解到从层流到湍流发展的基本过程为:

(1) 层流:它是符合纳维-斯托克斯方程在给定初边值条件下的确定性解;

(2) 过渡过程的初始阶段:出现时间上(或空间上,或同时在空间和时间上)的

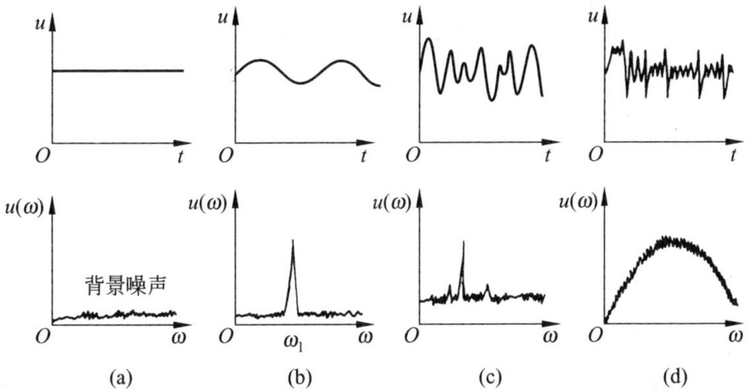

图 9.3 湍流发生过程的时间序列和频谱

(a) 层流；(b) 过渡初始阶段；(c) 过流发展阶段；(d) 湍流

周期性扰动；

(3) 过渡过程的发展：出现多种周期的窄带扰动，规则性流动逐渐破坏；

(4) 湍流：含有宽频带连续谱扰动的完全不规则流动.

从近代非线性动力学系统的角度来看，不可压缩牛顿流体的运动属于含参量(Re)的非线性耗散系统，层流运动是这一系统的确定性解，而湍流是这一系统在确定条件下的非确定性解. 也就是说层流和湍流是这一动力学系统的两种状态，究竟发生哪一种流动状态依赖于动力系统中的控制参量：Re.

9.2 流动的稳定性分析

9.1 节描述的湍流发生过程是极其复杂的，目前还缺少有效的分析方法来预测它的全部过程，但是对过渡的初始阶段可以用线性稳定性理论作定量的分析. 这一分析可以用来判断什么条件下开始发生层流向湍流过渡，因此在实用上也是很有意义的.

过渡过程的初始阶段特征是，当流动参数（如 Re）增大到一定值后，在层流的确定性解上将产生不能自行衰退的周期性扰动. 稳定性理论能够确定发生这种扰动的临界参数以及产生的扰动形态，如频率、波长、扰动增长率等. 下面介绍不可压缩牛顿流体运动稳定性分析方法及平面泊肃叶流动稳定性分析结果.

1. 稳定性问题的提法

不可压缩牛顿型流体运动满足纳维-斯托克斯方程(无量纲形式)：

$$\frac{\mathrm{D}U_i}{\mathrm{D}t}=f_i-\frac{\partial P}{\partial x_i}+\frac{1}{Re}\frac{\partial^2 U_i}{\partial x_j\partial x_j} \tag{9.3a}$$

$$\frac{\partial U_j}{\partial x_j} = 0 \tag{9.3b}$$

求解该方程的边界条件和起始条件是：

在流动边界 Σ 上

$$U_i = F_i(\boldsymbol{x}, t) \tag{9.4}$$

初始时刻在流场 D 中

$$U_i(\boldsymbol{x}, 0) = G_i(\boldsymbol{x}) \tag{9.5}$$

式中 $F_i(\boldsymbol{x},t)$ 为在界面 Σ 上的给定速度，$G_i(\boldsymbol{x})$ 为初始速度场.

方程式(9.3a)和方程式(9.3b)在初始值(9.5)和边界条件(9.4)下的确定性解 $U_i(\boldsymbol{x},t)$ 称为基本流动，一般来说，$U_i(\boldsymbol{x},t)$ 可以是定常的，也可以是非定常的，本书只讨论定常基本流的稳定性问题.

当流动的边值条件不变而初值偏离基本流 $U_i(\boldsymbol{x},t)$ 的初值时，将产生一种新的流动 $U_i'(\boldsymbol{x},t)$，它满足以下的初边值.

在流动边界 Σ 上

$$U_i'(x, t) = F_i(x, t) \tag{9.6}$$

初始时刻在流场 D 中

$$U_i'(\boldsymbol{x}, 0) = G_i'(\boldsymbol{x}) \tag{9.7}$$

将新的流动解 $U_i'(\boldsymbol{x},t)$ 与基本流 $U_i(\boldsymbol{x},t)$ 之差用以下公式表式：

$$g_i(\boldsymbol{x}) = G_i'(\boldsymbol{x}) - G_i(\boldsymbol{x}) \tag{9.8a}$$

$$u_i(\boldsymbol{x}, t) = U_i'(\boldsymbol{x}, t) - U_i(\boldsymbol{x}, t) \tag{9.8b}$$

g_i 称为初始扰动，u_i 称为流场扰动. 稳定性理论将研究扰动 $u_i(\boldsymbol{x},t)$ 的发展性质.

判断流动稳定性的条件是：如果在任意初始扰动下，基本流的扰动解 $u_i(\boldsymbol{x},t)$ 在时间上是渐近衰减的，那么基本流是稳定的，否则是不稳定的.

2. 扰动方程及线化扰动方程

要由扰动的解来判断基本流的稳定性，必须导出扰动满足的方程及初边值条件. 基本流 U_i 及受扰流动 U_i' 都满足纳维-斯托克斯方程，即它们分别满足以下方程：

$$\frac{\partial U_i}{\partial t} + U_j \frac{\partial U_i}{\partial x_j} = -\frac{\partial P}{\partial x_i} + \frac{1}{Re} \frac{\partial^2 U_i}{\partial x_j \partial x_j} + f_i$$

$$\frac{\partial U_i}{\partial x_i} = 0$$

以及

$$\frac{\partial U_i'}{\partial t} + U_j' \frac{\partial U_i'}{\partial x_j} = -\frac{\partial P'}{\partial x_i} + \frac{1}{Re} \frac{\partial^2 U_i'}{\partial x_j \partial x_j} + f_i$$

$$\frac{\partial U_i'}{\partial x_i} = 0$$

将以上两方程相减得扰动方程为

$$\frac{\partial u_i}{\partial t}+U_j\frac{\partial u_i}{\partial x_j}+u_j\frac{\partial U_i}{\partial x_j}+u_j\frac{\partial u_i}{\partial x_j}=-\frac{\partial p}{\partial x_i}+\frac{1}{Re}\frac{\partial^2 u_i}{\partial x_j\partial x_j} \tag{9.9a}$$

$$\frac{\partial u_i}{\partial x_i}=0 \tag{9.9b}$$

其中 $u_i=U_i'-U_i$ 和 $p=P'-P$ 分别是扰动速度场和扰动压强场，同理将 U_i，U_i'相应的初边值方程相减，得

在流动边界 Σ 上

$$u_i=0 \tag{9.10}$$

在流场 D 中

$$u_i(\boldsymbol{x},0)=g_i(\boldsymbol{x}) \tag{9.11}$$

可以看到扰动发展方程是齐次非线性方程在齐次边界下的初值问题. 一般情况下非线性项 $u_j\partial u_i/\partial x_j$ 给定性的分析和数值求解带来很大困难，物理上来说也是由于这一非线性效应与扩散效应的耦合使过渡过程成为非常复杂的流动. 在过渡过程的起始阶段，由于扰动很小，因而可以用线性化的方法使扰动方程大为简化. 假定

$$U_i'\sim U_i\sim O(1) \tag{9.12a}$$

$$g_i\sim u_i\sim O(\varepsilon) \tag{9.12b}$$

其中：$\varepsilon\ll 1$，这时扰动方程中的非线性二阶项可以略去，得到线化的扰动方程如下：

$$\frac{\partial u_i}{\partial t}+U_j\frac{\partial u_i}{\partial x_j}+u_j\frac{\partial U_i}{\partial x_j}=-\frac{\partial p}{\partial x_i}+\frac{1}{Re}\frac{\partial^2 u_i}{\partial x_j\partial x_j} \tag{9.13a}$$

$$\frac{\partial u_i}{\partial x_i}=0 \tag{9.13b}$$

下面将利用线化扰动方程(9.13)及其初边值公式(9.10)和(9.11)讨论稳定性问题.

3. 线性稳定性分析和临界参量

方程(9.13a)，方程(9.13b)是线性的，它们有对时间变量 t 和空间变量的可分离变量解：

$$u_i(\boldsymbol{x},t)=\tilde{u}_i(\boldsymbol{x})\exp(-\mathrm{i}\omega t)+\text{c. c.} \tag{9.14a}$$

$$p(\boldsymbol{x},t)=\tilde{p}(\boldsymbol{x})\exp(-\mathrm{i}\omega t)+\text{c. c.} \tag{9.14b}$$

这里为了便于分析，采用复数表达式，$\tilde{u}_i$，$\tilde{p}$，ω 都是复数，c. c. 是式(9.14a)，(9.14b)右边第一项的复共轭，因而 u_i，p 仍是实变量. 由于方程(9.13a)，(9.13b)是线性的，一般初值问题(9.11)可以用式(9.14a)，(9.14b)形式解的线性叠加来求得. 因此只要分析(9.14a)，(9.14b)形式解的性质，便可以得到稳定性的判据.

将式(9.14a)和(9.14b)代入式(9.13a)和(9.13b)得到 $\tilde{u}_i$，$\tilde{p}$ 的方程如下：

$$-\mathrm{i}\omega\tilde{u}_i + U_j\frac{\partial \tilde{u}_i}{\partial x_j} + \tilde{u}_j\frac{\partial U_i}{\partial x_j} = -\frac{\partial \tilde{p}}{\partial x_i} + \frac{1}{Re}\frac{\partial^2 \tilde{u}_i}{\partial x_j \partial x_j} \tag{9.15a}$$

$$\frac{\partial \tilde{u}_i}{\partial x_i} = 0 \tag{9.15b}$$

以及流动边界 Σ 上的边值条件：

$$\tilde{u}_i(\boldsymbol{x},t) = 0 \tag{9.16}$$

方程式(9.15a),(9.15b)和(9.16)组成本征值问题，即在给定 Re 下，当 ω 取某些本征值时，方程组才有非平凡解. 本征值 ω_i 的虚部可以用来判断流动是否稳定. 将复数 ω 写成

$$\omega = \omega_r + \mathrm{i}\omega_i \tag{9.17}$$

式(9.14)中指数部分可写作：

$$\exp(-\mathrm{i}\omega t) = \exp(-\mathrm{i}\omega_r t)\exp\omega_i t \tag{9.18}$$

因此若本征值的虚部 $\omega_i>0$，扰动将无限增长；$\omega_i=0$，扰动是常幅振荡；$\omega_i<0$，扰动将渐近衰弱. 如果在给定 Re 下一切本征值的虚部都满足 $\omega_i<0$，这时基本流是稳定的，否则基本流是不稳定的. 下面应用稳定性分析方法研究平面泊肃叶流动的稳定性.

4. 平面泊肃叶流动的稳定性

平面泊肃叶流动的基本解是定常平行流，如图 9.4 所示，如采用普通直角坐标系表示流场：

$$\{U,V,W\} = (U_1,U_2,U_3)$$

$$\{x,y,z\} = \{x_1,x_2,x_3\}$$

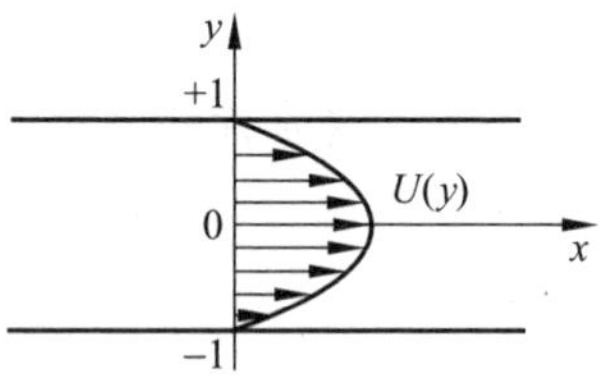

图 9.4　平面泊肃叶流动的基本流

则基本流可表示为(见第 8 章)：

$$U = 1 - y^2 \tag{9.19a}$$

$$V = W = 0 \tag{9.19b}$$

它的线性扰动方程可写作：

$$-\mathrm{i}\omega\tilde{u} + U\frac{\partial \tilde{u}}{\partial x_1} + \left(\frac{\mathrm{d}U}{\mathrm{d}y}\right)\tilde{v} = -\frac{\partial \tilde{p}}{\partial x} + \frac{1}{Re}\left(\frac{\partial^2 \tilde{u}}{\partial x^2} + \frac{\partial^2 \tilde{u}}{\partial y^2} + \frac{\partial^2 \tilde{u}}{\partial z^2}\right) \tag{9.20a}$$

$$-\mathrm{i}\omega\tilde{v} + U\frac{\partial \tilde{v}}{\partial x_1} = -\frac{\partial \tilde{p}}{\partial y} + \frac{1}{Re}\left(\frac{\partial^2 \tilde{v}}{\partial x^2} + \frac{\partial^2 \tilde{v}}{\partial y^2} + \frac{\partial^2 \tilde{v}}{\partial z^2}\right) \tag{9.20b}$$

$$-\mathrm{i}\omega\tilde{w} + U\frac{\partial \tilde{w}}{\partial x_1} = -\frac{\partial \tilde{p}}{\partial z} + \frac{1}{Re}\left(\frac{\partial^2 \tilde{w}}{\partial x^2} + \frac{\partial^2 \tilde{w}}{\partial y^2} + \frac{\partial^2 \tilde{w}}{\partial z^2}\right) \tag{9.20c}$$

$$\frac{\partial \tilde{u}}{\partial x} + \frac{\partial \tilde{v}}{\partial y} + \frac{\partial \tilde{w}}{\partial z} = 0 \tag{9.20d}$$

线性方程组(9.20)的系数 U 和 $\mathrm{d}U/\mathrm{d}y$ 都不含变量 x,z，因此该方程的解可以进一步分离变量为

$$\{\tilde{u},\tilde{v},\tilde{w},\tilde{p}\} = \{\hat{u},\hat{v},\hat{w},\hat{p}\}\exp(\mathrm{i}\alpha x + \mathrm{i}\beta z) \tag{9.21}$$

这里$\hat{u}(y)$,$\hat{v}(y)$,$\hat{w}(y)$,$\hat{p}(y)$只是 y 的函数,并称为扰动的模态或振型,假定 α,β 只取实数,它们分别表示周期性扰动在 x 及 z 方向的波数,即相应的波长为

$$\lambda_x = \frac{2\pi}{\alpha},\quad \lambda_z = \frac{2\pi}{\beta} \tag{9.22}$$

进一步假定扰动是二维的,即 $\tilde{w}\equiv 0$,$\beta=0$,这时扰动的振型须满足以下方程:

$$-\mathrm{i}\omega\hat{u} + \mathrm{i}\alpha U\hat{u} + (\mathrm{D}U)\hat{v} = -\mathrm{i}\alpha\hat{p} + \frac{1}{Re}(\mathrm{D}^2-\alpha^2)\hat{u} \tag{9.23a}$$

$$-\mathrm{i}\omega\hat{v} + \mathrm{i}\alpha U\hat{v} = -\mathrm{D}\hat{p} + \frac{1}{Re}(\mathrm{D}^2-\alpha^2)\hat{v} \tag{9.23b}$$

$$\mathrm{i}\alpha\hat{u} + \mathrm{D}\hat{v} = 0 \tag{9.23c}$$

式中 $\mathrm{D}=\mathrm{d}/\mathrm{d}y$(D 是微分算符). 扰动方程的边界条件为

$$\hat{u}(\pm 1) = \hat{v}(\pm 1) = 0 \tag{9.24}$$

方程(9.23),(9.24)组成一本征值问题,它可以进一步简化为标准的常微分方程的本征值问题. 首先在方程(9.23a),(9.23b)中消去压强振幅$\hat{p}$,然后利用连续方程(9.23c)消去$\hat{u}$,得到如下的四阶复常微分方程:

$$\frac{\mathrm{i}}{\alpha Re}(\mathrm{D}^2-\alpha^2)^2\hat{v} + (U-c)(\mathrm{D}^2-\alpha^2)\hat{v} - (\mathrm{D}^2U)\hat{v} = 0 \tag{9.25}$$

这里 $c=\omega/\alpha$,它的实部 $c=\omega_r/\alpha$ 表示扰动传播的相速度. 式(9.25)称为奥尔-索末菲尔德(Orr-Sommerfeld)方程,简称 O-S 方程.

利用连续方程 $\mathrm{i}\alpha\hat{u}+\mathrm{D}\hat{v}=0$,方程(9.25)的边界条件可由式(9.24)导出为

$$\hat{v}(\pm 1) = \mathrm{D}\hat{v}(\pm 1) = 0 \tag{9.26}$$

对于方程(9.25)和(9.26)组成的本征值问题,原则上可由如下步骤求得它们的解,四阶常微分方程(9.25)应有四个线性独立的特解 ϕ_i,它们都含有参量 α,ω,Re,即

$$\phi_i = \phi_i(y;\alpha,\omega,Re),\quad i=1,2,3,4 \tag{9.27}$$

于是方程(9.25)的一般解为

$$\hat{v} = \Sigma c_i\phi_i \tag{9.28}$$

式中 c_i为任意复常数,将式(9.28)代入边界条件(9.26),得以下的齐次线性代数方程组:

$$c_1\phi_1(1;\alpha,\omega,Re) + c_2\phi_2(1;\alpha,\omega,Re)$$
$$+ c_3\phi_3(1;\alpha,\omega,Re) + c_4\phi_4(1;\alpha,\omega,Re) = 0$$
$$c_1\phi_1(-1;\alpha,\omega,Re) + c_2\phi_2(-1;\alpha,\omega,Re)$$
$$+ c_3\phi_3(-1;\alpha,\omega,Re) + c_4\phi_4(-1;\alpha,\omega,Re) = 0$$
$$c_1\phi_1'(1;\alpha,\omega,Re) + c_2\phi_2'(1;\alpha,\omega,Re)$$
$$+ c_3\phi_3'(1;\alpha,\omega,Re) + c_4\phi_4'(1;\alpha,\omega,Re) = 0$$
$$c_1\phi_1'(-1;\alpha,\omega,Re) + c_2\phi_2'(-1;\alpha,\omega,Re)$$

$$+c_3\phi_3'(-1;\alpha,\omega,Re)+c_4\phi_4'(-1;\alpha,\omega,Re)=0$$

这一线性代数方程组有 c_i 非零解的条件是系数行列式等于零，即

$$\begin{vmatrix} \phi_1(1;\alpha,\omega,Re) & \phi_2(1;\alpha,\omega,Re) & \phi_3(1;\alpha,\omega,Re) & \phi_4(1;\alpha,\omega,Re) \\ \phi_1(-1;\alpha,\omega,Re) & \phi_2(-1;\alpha,\omega,Re) & \phi_3(-1;\alpha,\omega,Re) & \phi_4(-1,\alpha,\omega,Re) \\ \phi_1'(1;\alpha,\omega,Re) & \phi_2'(1;\alpha,\omega,Re) & \phi_3'(1;\alpha,\omega,Re) & \phi_4'(1;\alpha,\omega,Re) \\ \phi_1'(-1;\alpha,\omega,Re) & \phi_2'(-1;\alpha,\omega,Re) & \phi_3'(-1;\alpha,\omega,Re) & \phi_4'(-1;\alpha,\omega,Re) \end{vmatrix}=0 \tag{9.29}$$

等式(9.29)实际上表示 α,ω,Re 之间的本征值关系式：

$$\Phi(\omega,\alpha,Re)=0 \tag{9.30a}$$

将此隐函数显化(或数值化)后得

$$\omega=\omega(\alpha,Re) \tag{9.30b}$$

它的虚部表征扰动的增长或衰减：

$$\omega_i=\omega_i(\alpha,Re) \tag{9.31}$$

正值的 ω_i 表示扰动增长，负值 ω_i 则扰动衰减. ω_i 和 α、Re 有关，因此扰动增长与否依赖于参量 Re 数和扰动的波长 $\lambda=2\pi/\alpha$.

定义 9.1 扰动的中性曲线

在 α,Re 平面上函数

$$\omega_i(\alpha,Re)=0 \tag{9.32}$$

称为中性曲线. 参数(α,Re)在中性曲线一侧是增长扰动，另一侧是衰减扰动(见图 9.5).

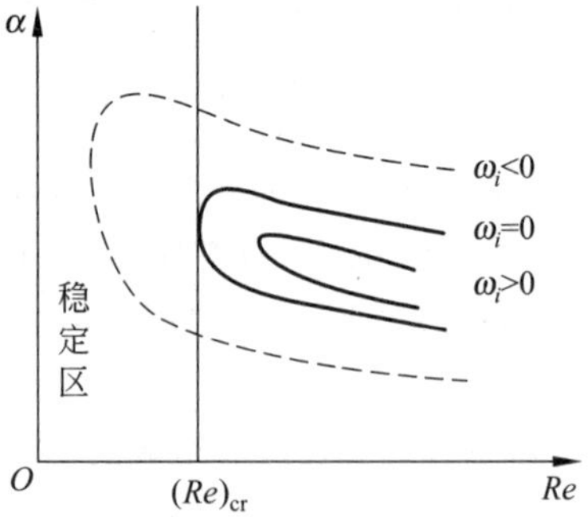

图 9.5 平面泊肃叶流动的稳定性(示意)
虚线表示稳定 $\omega_i(\alpha,Re)<0$；
实线表示不稳定 $\omega_i(\alpha,Re)\geqslant 0$；
垂直线表示临界雷诺数

从图 9.5 中可以看到，当 Re 小于中性曲线上的最小 Re 时，一切波数的扰动都是衰减的. 根据稳定性的定义，这时基本流在线性条件下是稳定的.

定义 9.2 中性曲线上的最小 Re 为线性临界 Re，简称临界雷诺数. 并用下标 cr 表示：Re_{cr}.

这样就得到基本流的稳定性判据：当 Re 小于临界雷诺数时基本流是线性稳定的，否则是线性不稳定的. 对于平面泊肃叶流动，已由 O-S 方程本征值问题的数值解求出：

$$Re_{cr}=5771 \tag{9.33}$$

就是说当 $Re<5771$ 时，一切波数的小扰动都是衰减的；$Re>5771$ 时，在某一波数范围内(中性曲线内部)扰动是指数增长的，因而基本流是不稳定的.

利用线性稳定性还可以得到扰动发展的形态，当本征关系式(9.30)解出后，扰动

可表示为

$$u_i = \hat{u}_i(y)\exp[\mathrm{i}\alpha(x-ct)] + \text{c. c.} \tag{9.34a}$$

$$p = \hat{p}(y)\exp[\mathrm{i}\alpha(x-ct)] + \text{c. c.} \tag{9.34b}$$

其中 $c=\omega/\alpha=\omega_r/\alpha+\mathrm{i}\omega_i/\alpha$，也可将式(9.34a)，式(9.34b)写成

$$u_i = \hat{u}_i(y)\exp[\mathrm{i}\alpha(x-c_r t)]\exp\omega_i t + \text{c. c.} \tag{9.35a}$$

$$p = \hat{p}(y)\exp[\mathrm{i}\alpha(x-c_r t)]\exp\omega_i t + \text{c. c.} \tag{9.35b}$$

除了增长(或衰减)因子外，扰动以相速度：$c_r=\omega_r/\alpha$ 传播. 在平行基本流中 $\omega_r\neq 0$，而且已经有人证明 $0<c_r<(U(y))_{\max}$，因此扰动是以行进波方式传播，它的传播方向和基本流方向相同. 在平行流中线性扰动的行进波又称托尔明-希利希廷(Tollmien-Schlichting)波(简称 T-S 波).

本节的方法可以应用于其他平面平行基本流的线性稳定性分析，对于不同速度分布的基本流，它们的临界参数 Re_{cr} 及特征状态(如 c_r 等)是不同的，但扰动以 T-S 波的形式传播是共同的. 同时这一分析方法也可以近似地应用于基本流是缓变的准平行流，$\{U(\varepsilon x, y), \varepsilon V(\varepsilon x, y), 0\}$，例如层流边界层流动等.

最后，应当注意，线性稳定性分析的结果是在微弱初始扰动条件下考察基本流的稳定性，严格地说是在“零”扰动条件下的稳定性判据，因此它总是大于实际上开始发生不衰减扰动的 Re. 计入非线性效应后，临界 Re 将降低并接近实际观测值. 另外当初始扰动增长以后，非线性效应很快起主宰作用，它将导致三维的、多频段的扰动直至发展到有宽带连续谱的充分发展湍流. 由于目前缺乏有效的数学分析工具来预测这种复杂过程，关于流动由层流过渡到湍流的全过程尚未完全了解，读者可以在流动稳定性的专著或期刊论文中学习这方面的内容.

9.3 湍流的统计理论

现在来讨论充分发展的湍流. 9.1 节中已经说过，湍流的主要特征是含有宽带连续谱的不规则流动. 对于不规则现象，人们通常应用概率分布的方法研究它们的统计规律性. 在经典湍流理论中，雷诺(1894)首创用时间平均的方法把不规则部分“过滤”掉，然后分别研究平均部分(确定性的)和脉动部分(不规则的)，并在此基础上建立预测湍流平均运动的统计理论. 随着湍流研究的深入，人们发现时间平均方法有局限性，它只适用于平稳的湍流(长时间平均和起始时刻无关)；例如，湍流边界层的来流是周期性的流动属于非平稳湍流. 对于这种非平稳湍流，用长时间平均方法，将使周期性变化和不规则湍流一起过滤掉. 现代湍流应用系综平均概念，将一次湍流试验的流场作为一个样本，在相同的边界条件下，重复无数次试验的样本平均称为系综平

均,在实际物理实验或数值模拟过程中,以足够多的样本平均作为系综平均.下面介绍统计平均方法,然后导出统计平均方程.

1. 湍流的统计和分解

定义 9.3 流动参量的统计平均值等于它在给定边界条件下一切可能出现的流动事件的平均值.

其数学表达式为

$$\langle U_i\rangle = \frac{1}{N}\sum_{n=1}^{N}U_i^{(n)} \tag{9.36a}$$

$$\langle P\rangle = \frac{1}{N}\sum_{n=1}^{N}P^{(n)} \tag{9.36b}$$

$U_i^{(n)}$,$P^{(n)}$为给定边界条件下一切可能出现的流场速度和压强,N是统计的样本数.系综中任意事件的流动参量和它的平均值之差称为脉动量,其数学表达式为

$$u_i' = U_i - \langle U_i\rangle \tag{9.37a}$$

$$p' = P - \langle P\rangle \tag{9.37b}$$

如果系综平均和时间无关,在统计理论中称之为平稳态,在流体力学中称为统计定常的,简称定常湍流.统计定常的湍流可以用长时间平均来代替系综平均:

$$\langle U_i\rangle = \lim_{t\to\infty}\left[\frac{1}{T}\int_t^T U_i(\boldsymbol{x},\tau)\,\mathrm{d}\tau\right] \tag{9.38}$$

时间平均方法可以看作一种过滤过程,图 9.6 形象地演示平均过滤.

由平均值定义式(9.36),式(9.37)很容易导出以下平均量的性质.

(1) 平均值的系综平均等于平均值本身.

$$\langle\langle U_i\rangle\rangle = \langle U_i\rangle \tag{9.39}$$

(2) 脉动值的平均值等于零.

$$\langle u_i'\rangle = 0 \tag{9.40}$$

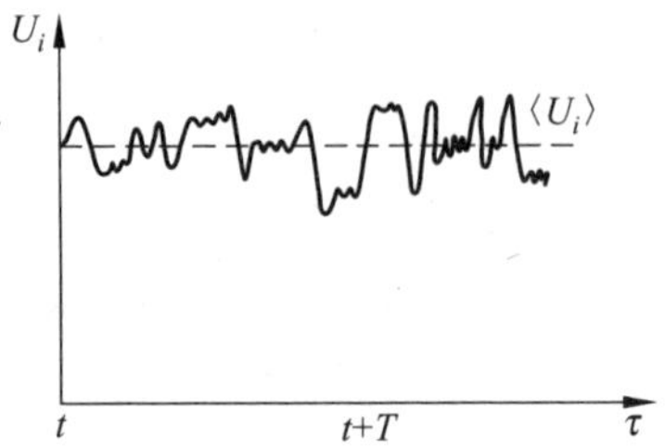

图 9.6 雷诺平均的示意图

式(9.39)直接由式(9.36)导出,因为系综平均时已经包括了一切可能发生的状态,对它再取平均必然等于自己.式(9.40)由式(9.37a)和式(9.39)导出,将式(9.37a)两边取平均

$$\langle U_i\rangle = \langle\langle U_i\rangle\rangle + \langle u_i'\rangle$$

利用式(9.39),便得式(9.40).

(3) 脉动量的一次式与任何平均量的乘积的平均值为零,即

$$\langle\langle Q\rangle\langle P\rangle p'\rangle = 0 \tag{9.41}$$

这一等式也很容易由定义来证明(读者自己证明).但是一般来说脉动量的n次乘积($n>1$)的平均值不等于零,即:$\langle u_i'u_j'\rangle$,$\langle u'p'\rangle$,$\langle u_i'u_j'\cdots u_q'\rangle$等一般并不等于零.

(4) 平均运算和导数运算可以交换

$$\left\langle \frac{\partial Q}{\partial t} \right\rangle = \frac{\partial \langle Q \rangle}{\partial t}, \quad \left\langle \frac{\partial Q}{\partial x_i} \right\rangle = \frac{\partial \langle Q \rangle}{\partial x_i} \tag{9.42}$$

因为求导运算与求和运算可以交换，直接由平均的定义可以证明式(9.42)如下：

$$\left\langle \frac{\partial Q}{\partial t} \right\rangle = \frac{1}{N}\sum_{n=1}^{N} \frac{\partial Q^{(n)}}{\partial t} = \frac{\partial}{\partial t}\left(\frac{1}{N}\sum_{n=1}^{N} Q^{(n)}\right) = \frac{\partial \langle Q \rangle}{\partial t}$$

$$\left\langle \frac{\partial Q}{\partial x_i} \right\rangle = \frac{1}{N}\sum_{n=1}^{N} \frac{\partial Q^{(n)}}{\partial x_i} = \frac{\partial}{\partial x_i}\left(\frac{1}{N}\sum_{n=1}^{N} Q^{(n)}\right) = \frac{\partial \langle Q \rangle}{\partial x_i}$$

以上诸性质在建立湍流统计理论时将经常用到.

2. 脉动量的关联

脉动量的平均值等于零，因此平均值不能反映脉动量统计性质的差别，为了考察脉动量的统计特征和不同脉动量之间的统计关系，利用脉动量乘积的平均值，并称之为关联.

定义 9.4 同一脉动量 n 次乘积的平均值称为 n 阶自关联；不同脉动量的 n 次乘积的平均值称为 n 阶互关联.

关联是脉动量之间统计上的联系程度，如两个脉动量的关联等于零，则称它们在统计上不相关，或统计独立. 下面我们介绍几个常用的关联.

(1) 湍动能

定义 9.5 脉动速度平方的统计量之半定义为流体质点单位质量的湍动能 k，简称湍动能：

$$k = \frac{1}{2}\langle u'_i u'_i \rangle \tag{9.43}$$

湍动能是脉动速度的自关联. 很容易证明，流体质点单位质量的动能平均值等于平均运动的动能和湍动能之和. 令 $K = U_i U_i / 2$ 表示流体质点单位质量的动能，则其平均值为

$$\langle K \rangle = \frac{1}{2}\langle U_i U_i \rangle = \frac{1}{2}\langle \langle U_i \rangle \langle U_i \rangle + 2u'_i \langle U_i \rangle + u'_i u'_i \rangle$$

利用前面性质(9.39)和性质(9.41)，得

$$\langle K \rangle = \frac{1}{2}\langle U_i \rangle \langle U_i \rangle + \frac{1}{2}\langle u'_i u'_i \rangle \tag{9.44}$$

式中 $\langle U_i \rangle \langle U_i \rangle / 2$ 是流体质点单位质量的平均运动的动能，因此湍动能 k 把脉动具有的动能从质点的平均动能中分离出来.

(2) 湍流度 e

定义 9.6 脉动速度的均方根与当地平均速度绝对值之比称为湍流度，并用 e 表示：

$$e = \frac{\langle u'_i u'_i \rangle^{1/2}}{|\langle U_i \rangle|} \tag{9.45}$$

式中$\langle u_i'u_i'\rangle=\langle u_1'u_1'+u_2'u_2'+u_3'u_3'\rangle$，湍流度表示当地脉动速度的相对强度. 在实验流体力学中，还常用$e=\langle u_i'u_i'/3\rangle^{1/2}/|\langle U_i\rangle|$表示湍流度，它的含义和式(9.45)没有根本差别.

(3) 关联函数

我们还可以利用关联来考察脉动量在时间序列上或空间分布的统计特征，例如：

① 二阶时间关联.

定义 9.7 同一空间位置上，相隔给定时间差τ的两个脉动量时间序列之积的平均值称为这两脉动量的二阶时间关联，用$R_{ij}(\boldsymbol{x},t;\tau)$表示，它的数学表达式为

$$R_{ij}(\boldsymbol{x},t;\tau)=\langle u_i'(\boldsymbol{x},t)u_j'(\boldsymbol{x},t+\tau)\rangle \tag{9.46}$$

这一关联量表征两脉动量在时间序列的发展过程中的统计关系，如果$R_{ij}(\tau)=0$则表示u_i',u_j'这两个脉动量在相隔时间τ上互不相关. 同一时刻的统计量自关联总是大于零，例如，湍动能，它是自关联$R_{ii}(\boldsymbol{x},t)=\langle u_i'(\boldsymbol{x},t)u_i'(\boldsymbol{x},t)\rangle$之半，总是正值. 一般来说，两个随机函数在时间上相隔很长以后就互不相关，因此通常有$R_{ij}(\infty)\equiv 0$.

② 二阶空间关联.

定义 9.8 同一时刻，相隔给定空间位移$\boldsymbol{r}$的两脉动量之积的平均值，称为两脉动量之间的二阶空间关联，记作$R_{ij}(\boldsymbol{x},t;\boldsymbol{r})$，即有

$$R_{ij}(\boldsymbol{x},t;\boldsymbol{r})=\langle u_i'(\boldsymbol{x},t)u_i'(\boldsymbol{x}+\boldsymbol{r},t)\rangle \tag{9.47}$$

这一关联量表征两脉动量空间上的统计关系，如果$R_{ij}(\boldsymbol{r})\equiv 0$，则表示$u_i'$,$u_j'$这两个脉动量在空间方向$\boldsymbol{r}$上互不相关. 一般来说，在空间上相隔很远的两个随机量互不相关，因此有$R_{ij}(\infty)\equiv 0$.

③ 二阶及n阶时空关联.

由前面定义的时间关联和空间关联，不难把关联的统计推广到四维时空以及把关联量增加到n阶. 本书不打算详细讨论它们，因为一般工程应用中常常遇到的是二阶关联，至多三阶关联，例如，二阶时空关联：

$$R_{ij}(\boldsymbol{x},t;\boldsymbol{r},\tau)=\langle u_i'(\boldsymbol{x},t)u_i'(\boldsymbol{x}+\boldsymbol{r},t+\tau)\rangle \tag{9.48a}$$

又如，三阶空间关联：

$$R_{ij,k}(\boldsymbol{x},t;\boldsymbol{r})=\langle u_i'(\boldsymbol{x},t)u_j'(\boldsymbol{x},t)u_k'(\boldsymbol{x}+\boldsymbol{r},t)\rangle \tag{9.48b}$$

在三阶相关中，为了表示脉动量在不同的时空点上，常用逗号将不同点区别开来，如式(9.48b)中u_k'与u_i',u_j'在不同的空间位置上.

3. 统计平均纳维-斯托克斯方程及脉动方程

湍流是不规则运动，它的脉动部分是随机性的，但是统计平均量是规则的，而人们通常需要知道工程和自然环境中湍流运动的平均特性，有了统计平均方法，可以对湍流场中平均量进行定量的研究. 具体做法是对不可压缩牛顿型流体的运动方程逐项做系综平均：

$$\left\langle \frac{\partial U_i}{\partial t} \right\rangle + \left\langle U_j \frac{\partial U_i}{\partial x_j} \right\rangle = -\left\langle \frac{\partial P}{\partial x_i} \right\rangle + \frac{1}{Re}\left\langle \frac{\partial^2 U_i}{\partial x_j \partial x_j} \right\rangle$$

$$\left\langle \frac{\partial U_i}{\partial x_i} \right\rangle = 0$$

由于系综平均和求导是可交换的，因此平均运动方程中的线性项可利用式(9.42)简化，平均的连续方程可简化为平均运动的连续性方程：

$$\frac{\partial \langle U_i \rangle}{\partial x_i} = 0$$

平均非定常项、平均压强梯度项和平均粘性项可分别等于平均量的导数，即

$$\left\langle \frac{\partial U_i}{\partial t} \right\rangle = \frac{\partial \langle U_i \rangle}{\partial t}$$

$$\left\langle \frac{\partial P}{\partial x_i} \right\rangle = \frac{\partial \langle P_i \rangle}{\partial x_i}$$

$$\left\langle \frac{\partial^2 U_i}{\partial x_i \partial x_i} \right\rangle = \frac{\partial \langle U_i \rangle}{\partial x_i \partial x_i}$$

为了导出$\langle U_j \partial U_i / \partial x_j \rangle$，利用连续性方程$\partial U_i / \partial x_i = 0$，可得

$$\left\langle U_j \frac{\partial U_i}{\partial x_j} \right\rangle = \left\langle \frac{\partial U_i U_j}{\partial x_j} - U_i \frac{\partial U_j}{\partial x_j} \right\rangle = \left\langle \frac{\partial U_i U_j}{\partial x_j} \right\rangle$$

$$= \frac{\partial}{\partial x_j} \langle \langle U_i \rangle \langle U_j \rangle + u_i' \langle U_j \rangle + \langle U_i \rangle u_j' + u_i' u_j' \rangle$$

利用平均值性质式(9.39)～式(9.41)，上式可简化为

$$\left\langle U_j \frac{\partial U_i}{\partial x_j} \right\rangle = \frac{\partial}{\partial x_j} \langle U_i \rangle \langle U_j \rangle + \frac{\partial}{\partial x_j} \langle u_i' u_j' \rangle$$

利用平均运动的连续性方程$\frac{\partial \langle U_i \rangle}{\partial x_i} = 0$，上式右端第一项可简化为

$$\frac{\partial}{\partial x_j} \langle U_i \rangle \langle U_j \rangle = \langle U_j \rangle \frac{\partial}{\partial x_j} \langle U_i \rangle$$

将以上关系式代入平均运动方程后得

$$\frac{\partial \langle U_i \rangle}{\partial t} + \langle U_j \rangle \frac{\partial \langle U_i \rangle}{\partial x_j} = -\frac{\partial \langle P \rangle}{\partial x_j} + \nu \frac{\partial^2 \langle U_i \rangle}{\partial x_j \partial x_j} - \frac{\partial}{\partial x_j} \langle u_i' u_j' \rangle \tag{9.49a}$$

连同平均运动的连续方程

$$\frac{\partial \langle U_i \rangle}{\partial x_i} = 0 \tag{9.49b}$$

构成平均的纳维-斯托克斯方程，也称雷诺方程，因为雷诺最早应用时间平均方法导出该统计方程. 如果我们把平均运算施加于用应力表示的不可压缩流体的动力学方程，则雷诺方程可以写作：

$$\frac{\partial \langle U_i \rangle}{\partial t} + \langle U_j \rangle \frac{\partial \langle U_i \rangle}{\partial x_j} = -\frac{\partial \langle P \rangle}{\partial x_j} + \frac{\partial}{\partial x_j} \left\langle \frac{\tau_{ij}}{\rho} - u_i' u_j' \right\rangle \tag{9.50}$$

式(9.50)不限于牛顿流体，也可应用于非牛顿流体．式(9.49)和式(9.50)表明，雷诺方程在形式上和纳维-斯托克斯方程极其相似，只是对于平均湍流场来说应当在平均应力项加上一项 $-\rho\langle u_i'u_j'\rangle$，该项称为雷诺应力，我们将在下面仔细研究它．

对于平均运动方程来说雷诺应力项是未知项，因此雷诺方程的未知量有 $\langle U_i\rangle$，$\langle P\rangle$ 和 $\langle u_i'u_j'\rangle$ 共 10 个，超过平均运动的方程个数，因而雷诺方程是不封闭的．只有补充了雷诺应力的方程后，才可能使雷诺方程封闭，并用它预测平均场的运动．这是湍流统计理论需要解决的主要问题——雷诺应力的封闭方程．

将原始的纳维-斯托克斯方程和雷诺方程相减，可以得到脉动场方程如下：

$$\frac{\partial u_i'}{\partial t}+\langle U_j\rangle\frac{\partial u_i'}{\partial x_j}+u'\frac{\partial_i\langle U_j\rangle}{\partial x_j}$$

$$=-\frac{\partial p'}{\partial x_i}+\frac{1}{Re}\frac{\partial^2 u_i'}{\partial x_j\partial x_j}-\frac{\partial}{\partial x_j}(\langle u_i'u_j'\rangle-u'u_j') \tag{9.51a}$$

$$\frac{\partial u_i'}{\partial x_i}=0 \tag{9.51b}$$

请读者自己导出此公式．同雷诺方程一样，由于存在雷诺应力 $\langle u_i'u_j'\rangle$，脉动方程也是不封闭的．

4. 雷诺应力

上面导出的雷诺方程中有一项不封闭量 $\langle u_i'u_j'\rangle$，通常称 $-\rho\langle u_i'u_j'\rangle$ 为雷诺应力，为书写简单起见，以下常用 R_{ij} 表示雷诺应力．在不可压缩湍流中 ρ 是常数，有时省略密度 ρ，而直接将 $-\langle u_i'u_j'\rangle$ 称作雷诺应力，即 $R_{ij}=-\langle u_i'u_j'\rangle$．雷诺应力有以下基本性质．

(1) 雷诺应力是二阶对称张量

$\langle u_i'u_j'\rangle$ 是一点(即 $\tau=0,\boldsymbol{r}=\boldsymbol{0}$)的二阶互关联，它有乘积可交换性：$\langle u_i'u_j'\rangle=\langle u_j'u_i'\rangle$，即有

$$R_{ij}=R_{ji} \tag{9.52}$$

这就是说雷诺应力和分子粘性应力相仿是二阶对称张量，它有六个独立分量．

(2) 雷诺应力是单位面积上脉动动量通量平均的负值

我们取一微元立方控制体(图 9.7)，通过法向量为 $\boldsymbol{i}$ 的控制面上单位面积的动量通量为

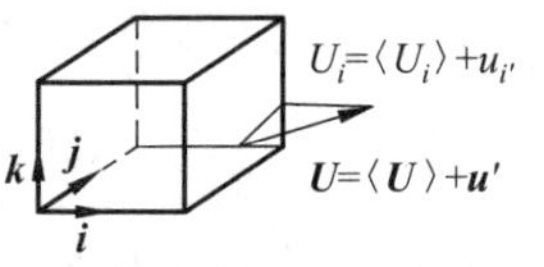

图 9.7 说明脉动动量用图

$\boldsymbol{U}$ 是速度向量；U_i 是 i 方向的速度分量

$$\boldsymbol{M}_i=\rho U_i\boldsymbol{U}$$

它的平均值为

$$\langle\boldsymbol{M}_i\rangle=\rho\langle(\langle U_i\rangle+u_i')(\langle\boldsymbol{U}\rangle+\boldsymbol{u}')\rangle$$

利用平均值关系式 $\langle\langle U_i\rangle u_j'\rangle=0$，平均动量通量

$$\langle \boldsymbol{M}_i \rangle = \rho\langle U_i \rangle\langle \boldsymbol{U} \rangle + \rho\langle u_i'\boldsymbol{u}' \rangle \tag{9.53}$$

式(9.53)右边两项分别表示通过控制面的平均运动的动量通量 $\rho\langle U_i \rangle\langle \boldsymbol{U} \rangle$ 和通过控制面的脉动动量通量的平均值 $\rho\langle u_i'\boldsymbol{u}' \rangle$，因此式(9.53)表明：

通过控制面单位面积上的动量通量的平均值

= 通过该控制面的平均运动动量通量 + 脉动动量通量的平均值

如果我们在控制体上建立平均运动的动量方程，上面的等式说明对于平均运动来说，在控制体表面上除了有平均运动的动量通量外，还有平均的脉动动量通量，根据动量定理，相当于在控制界面上有一当量的表面力强度，它的数值等于脉动动量通量平均值的负值，它就是雷诺方程中的雷诺应力.

5. 雷诺应力输运方程和湍动能输运方程

雷诺应力既然是脉动动量通量的平均值，它必然遵守一定的动力学关系. 事实上，我们可以由脉动方程导出雷诺应力方程. 具体步骤是：用 u_j' 乘 u_i' 的动量方程加上用 u_i' 乘 u_j' 的动量方程，再取平均后经适当的代数推导可得如下雷诺应力输运方程：

$$\begin{aligned}
&\underbrace{\frac{\partial\langle u_i'u_j'\rangle}{\partial t} + \langle U_k\rangle \frac{\partial\langle u_i'u_j'\rangle}{\partial x_k}}_{C_{ij}} \\
&= \underbrace{-\langle u_i'u_k'\rangle \frac{\partial\langle U_j\rangle}{\partial x_k} - \langle u_j'u_k'\rangle \frac{\partial\langle U_i\rangle}{\partial x_k}}_{P_{ij}} + \underbrace{\left\langle \frac{p'}{\rho}\left(\frac{\partial u_i'}{\partial x_j} + \frac{\partial u_j'}{\partial x_i}\right)\right\rangle}_{\Phi_{ij}} \\
&\quad \underbrace{-\frac{\partial}{\partial x_k}\left(\frac{\langle p'u_i'\rangle}{\rho}\delta_{jk} + \frac{\langle p'u_j'\rangle}{\rho}\delta_{ik} + \langle u_i'u_j'u_k'\rangle - \nu\frac{\partial\langle u_i'u_j'\rangle}{\partial x_k}\right)}_{D_{ij}} - \underbrace{2\nu\left\langle \frac{\partial u_i'}{\partial x_k}\frac{\partial u_j'}{\partial x_k}\right\rangle}_{E_{ij}}
\end{aligned} \tag{9.54}$$

将雷诺应力输运方程作张量收缩，因有 $\langle u_i'u_i'\rangle = 2k$，可得到湍动能方程如下：

$$\begin{aligned}
&\underbrace{\frac{\partial k}{\partial t} + \langle U_k\rangle \frac{\partial k}{\partial x_k}}_{C_k} = \underbrace{-\langle u_i'u_k'\rangle \frac{\partial\langle U_i\rangle}{\partial x_k}}_{P_k} \\
&\qquad \underbrace{-\frac{\partial}{\partial x_k}\left(\frac{\langle p'u_k'\rangle}{\rho} + \langle k'u_k'\rangle - \nu\frac{\partial k}{\partial x_k}\right)}_{D_k} - \underbrace{\nu\left\langle \frac{\partial u_i'}{\partial x_k}\frac{\partial u_i'}{\partial x_k}\right\rangle}_{\varepsilon}
\end{aligned} \tag{9.55}$$

方程(9.54)和方程(9.55)分别是雷诺应力和湍动能在平均流场中的输运方程. 方程中各项的物理意义可简要地解释如下.

(1) 两方程左端是**沿平均运动轨迹**雷诺应力或湍动能的质点导数，也就是**沿平均运动轨迹**上雷诺应力或湍动能的增长率，也就分别用 C_{ij} 和 C_k 表示.

(2) 两方程右端第一项 P_{ij} 和 P_k 称为生成项，它表示平均切变场与雷诺应力相互作用对于雷诺应力或湍动能增长率的贡献.

(3) 式(9.54)右端第二项 Φ_{ij} 是压力脉动与脉动切变率的关联，称为再分配项. 因为在不可压缩流动中，脉动速度的连续方程为 $\partial u_i'/\partial x_i=0$(见式(9.51b))，故 Φ_{ij} 作张量收缩后等于零，即 $\Phi_{ii}=2\langle p'\partial u_i'/\partial x_i\rangle=0$. 也就是说，再分配项 Φ_{ij} 对湍动能的增长率没有贡献，它的作用只是在雷诺应力的各个分量之间起调节作用. 下面将具体说明 Φ_{ij} 的作用.

(4) 雷诺应力或湍动能输运方程右端第三项 D_{ij} 或 D_k 是散度形式，称为扩散项.

(5) 雷诺应力或湍动能输运方程最后一项是耗散项，因为在湍动能方程中 $E_k=-\nu\langle\partial u_i'/\partial x_k\partial u_i'/\partial x_k\rangle<0$，它总是负值，即这一项总是使湍动能衰减. 湍动能衰减常用 ε 表示，$\varepsilon=\nu\langle\partial u_i'/\partial x_k\partial u_i'/\partial x_k\rangle$.

研究雷诺应力或湍动能输运方程的各项平衡关系是湍流理论的专门内容，下面简要地分析一下湍动能方程的平衡关系.

湍动能的主要生成项是 $P_k=-\langle u_i'u_k'\rangle\partial\langle U_i\rangle/\partial x_k$，它是雷诺应力在平均切变场上所做的功，如果平均速度场是均匀场，即

$$\frac{\partial\langle U_i\rangle}{\partial x_k}=0$$

那么就没有湍动能生成($P_k=0$)，而湍能总是耗散的，即 $-\varepsilon<0$，因此在均匀的平均速度场中湍动能将一直衰减. 换句话说，必须通过平均切变率才能由平均场向湍流脉动输送能量.

在湍流统计理论中，湍能耗散率 ε 是各种脉动成分耗散的平均值，在牛顿型流体中湍动能耗散率为 $\varepsilon=\nu\langle\partial u_i'/\partial x_k\partial u_i'/\partial x_k\rangle$，脉动速度梯度 $|\partial u_i'/\partial x_k|$ 越大，对平均湍能耗散率的贡献越多. 从量级估计有 $|\partial u_i'/\partial x_k|\sim\sqrt{k}/l$，其中 $\sqrt{k}$ 是脉动速度的量级，l 是脉动的空间尺度. 由以上的量级估计可见，小尺度的脉动成分对湍能耗散起主要作用，或者说，大部分湍动能在小尺度脉动中耗散. 于是从湍能生成率到耗散率的简要分析中可以引出以下的概念：

湍流脉动从平均切变场(大尺度)中得到能量而在小尺度脉动中耗散.

在定常的缓变平均流中，沿平均运动轨迹湍动能的变化率以及扩散率都很小而可略去不计，即假定 C_k，D_k 近似等于零. 我们称这种湍流为平衡流动，于是在平衡流中有

湍动能的生成率 P_k = 湍动能的耗散率 ε

具有平衡流性质的湍流是比较简单的湍流流动，称为简单切变湍流.

对湍动能的产生有了基本的认识后，再简要地考察雷诺应力的输运过程. 雷诺应力的扩散和耗散的过程与湍动能在输运过程中的作用相仿，着重探讨再分配项 Φ_{ij} 的作用. 为了简单起见，考察二维的均匀简单剪切流：平均速度场 $\langle U_i\rangle=U(x_2)\delta_{i1}$，同

时$\partial\langle\cdot\rangle/\partial x_1=0$和$\partial\langle\cdot\rangle/\partial x_3=0$，以及$\langle u_1'u_3'\rangle=\langle u_2'u_3'\rangle=0$，因此，只要研究$\langle u_1'u_1'\rangle$、$\langle u_2'u_2'\rangle$和$\langle u_1'u_2'\rangle$三个雷诺应力分量的输运方程就够了. 将二维平均场公式代入雷诺应力输运方程(9.54)，就有

$$\frac{\partial\langle u_1'u_1'\rangle}{\partial t}=-2\langle u_1'u_2'\rangle\frac{\mathrm{d}U(x_2)}{\mathrm{d}x_2}+\Phi_{11}+D_{11}-E_{11} \tag{9.56a}$$

$$\frac{\partial\langle u_1'u_2'\rangle}{\partial t}=-\langle u_2'u_2'\rangle\frac{\mathrm{d}U(x_2)}{\mathrm{d}x_2}+\Phi_{12}+D_{12}-E_{12} \tag{9.56b}$$

$$\frac{\partial\langle u_2'u_2'\rangle}{\partial t}=0+\Phi_{22}+D_{22}-E_{22} \tag{9.56c}$$

由式(9.56a)可以看到如果存在雷诺剪应力$-\langle u_1'u_2'\rangle>0$，则通过平均剪切率场的作用($P_{12}=-2\langle u_1'u_2'\rangle\mathrm{d}U/\mathrm{d}x_2>0$)，流向的脉动速度将增长；而由式(9.56b)可以发现，要使雷诺剪应力增长，必须存在横向的脉动$\langle u_2'u_2'\rangle$；但是式(9.56c)告诉我们二维平均剪切率场对$\langle u_2'u_2'\rangle$没有贡献. 假如没有产生横向脉动机制，那么$\langle u_2'u_2'\rangle$就不能增长，也就不可能维持雷诺应力$-\langle u_1'u_2'\rangle$. 上面的分析说明，仅有平均剪切率和雷诺应力生成项P_{ij}不足以维持雷诺应力的输运. 雷诺应力的再分配项Φ_{ij}在雷诺应力输运过程中起重要作用. 当流向的脉动$\langle u_1'u_1'\rangle$产生并增长后，因湍流脉动间的相互作用发生脉动能量的再分配Φ_{22}，它将$\langle u_1'u_1'\rangle$中一部分动能传递给横向脉动$\langle u_2'u_2'\rangle$(式(9.56c))；然后通过方程(9.56b)维持雷诺剪应力. 湍流脉动间的能量传递是再分配项Φ_{ij}的主要功能，它是在湍流脉动分量间起调剂的作用，虽然它并不对湍动能的增长有任何贡献.

总之，在平均剪切流中维持湍流的统计机制可概括如下：**通过平均剪切率产生流向脉动，通过再分配项将流向脉动的动能传递给横向脉动，横向脉动在剪切场中维持雷诺应力的输运.**

应当注意到，虽然雷诺应力输运方程补充了六个雷诺应力的方程，但是这组方程本身又引进了新的高阶统计量：$\langle u_i'u_j'u_k'\rangle$，$\langle p'u_i'\rangle$，$\langle p'(\partial u_i'/\partial x_j+\partial u_j'/\partial x_i)\rangle$以及$\langle\partial u_i'/\partial x_j\partial u_i'/\partial x_j\rangle$等. 就是说雷诺方程和雷诺应力方程联立仍然是不封闭的，而且包含了更多的高阶统计量. 因此，用统计方法导出的方程组永远是不封闭的，越是高阶的统计方程含有的未知项越多. 因此应用统计理论来预测平均场时，必须对未知的统计量作合理的假设，这些假设常常称为封闭模式，我们将在9.4节介绍一些常用的模式，有关雷诺应力输运方程封闭模式的详细讨论是湍流的专门课程的内容.

6. 各向同性湍流的湍动能传输的串级理论和科尔莫戈罗夫(Kolmogorov)能谱

(1) 均匀各向同性湍流及其能谱

均匀各向同性湍流是一种最简单的湍流. 均匀湍流的含义是：所有湍流统计量的

空间导数等于零.

根据湍动能输运方程,均匀湍流没有对流、扩散和生成,因此均匀湍流必定是衰减的.

各向同性湍流的含义是:在任意转动的刚性坐标系中所有湍流统计量相等.也可以说,在任意转动的刚体坐标系中观察湍流,所有的湍流统计量是相同的.

关于各向同性湍流理论的严格定义和论述需要应用张量理论,不在本书范围,读者可以参阅作者的湍流专著《湍流理论和模拟》.下面概要叙述各向同性湍流的性质.

① 均匀各向同性湍流的衰减

均匀各向同性湍流中平均速度和湍动能满足以下方程:

$$\frac{\partial\langle U_i\rangle}{\partial x_j}=0 \tag{9.57a}$$

$$\langle u'_i u'_j\rangle=\frac{\langle u'_i u'_j\rangle}{3}\delta_{ij}=\frac{2k}{3}\delta_{ij} \tag{9.57b}$$

就是说,均匀湍流的平均速度场是均匀平行流,可以在以均匀速度移动的惯性坐标系中观察均匀湍流,因为它们的动力学行为是相同的.均匀湍流场中可以令$\langle U_i\rangle=0$.式(9.57b)表示各向同性湍流的湍动能均匀分布在三个方向的速度分量上,它的雷诺应力等于零.将均匀湍流的关系式代入到湍动能方程(9.55),可得

$$\frac{\partial k}{\partial t}=-\nu\left\langle\frac{\partial u'_i}{\partial x_k}\frac{\partial u'_i}{\partial x_k}\right\rangle=-\varepsilon$$

在前面已经论述过,不同尺度的湍流脉动它的湍动能的耗散率是不同的,小尺度的湍流耗散率远远大于大尺度的湍流脉动.因此湍能的耗散过程中将不断由大尺度脉动向小尺度脉动传输动能.

② 各向同性湍流的能谱

为了表示各种不同尺度湍流中所含湍动能的多少,引入能谱的概念.因为湍动能是有限值,也就是说湍流脉动u'_i是平方可积的,因此它可以展开为傅里叶积分(理论上来说,u'_i是不规则的随机函数,它的傅里叶积分应是广义积分,把它当作常义积分,并不影响我们对它物理意义的理解):

$$\begin{aligned}u'_i(x_1,x_2,x_3,t)&=\iiint\hat{u}_i(\boldsymbol{k})\exp(\mathrm{i}\boldsymbol{k}\cdot\boldsymbol{x})\mathrm{d}\boldsymbol{k}\\&=\iiint\hat{u}_i(k_1,k_2,k_3,t)\exp[\mathrm{i}(k_1x_1+k_2x_2+k_3x_3)]\mathrm{d}k_1\mathrm{d}k_2\mathrm{d}k_3\end{aligned}$$

式中$\hat{u}_i(k_1,k_2,k_3)$称作脉动速度u'_i的波数谱,或简称谱;k_1,k_2,k_3分别为x_1,x_2,x_3方向的波数.利用谱分析,可将脉动中不同尺度的成分用波数分解出来.小的波数相当于长波,因此小波数代表大尺度脉动;而大波数对应小尺度脉动.在谱分析中,物理量在x_1,x_2,x_3坐标系中的分布称为物理空间的分布,物理量在波数空间中的分解称为

谱空间的分布. 由积分表达式，显而易见 $\hat{u}_i(k_1, k_2, k_3)$ 表示在谱空间的微元体积 $dk_1 dk_2 dk_3$ 中脉动的强度. 应用湍流统计量在物理空间的各向同性的性质，可以证明，湍流脉动在谱空间中统计量也具有各向同性的性质，例如，湍动能在谱空间各个分量上的分布是相同的. 将它作统计平均，可得(证明从略，可参见湍流专著)

$$E(t) = \langle u_i' u_i' \rangle = \int E(k, t) \mathrm{d}k$$

式中 $k = \sqrt{k_1^2 + k_2^2 + k_3^2}$，是波数向量的模，它只表示波数的大小，而不反映波数的方向，$E(k, t)$ 表示湍动能在波数大小上的分布，称为湍动能的功率谱，简称能谱. 注意功率谱的量纲是单位质点动能乘以长度，即$[E(k)] = L^3 T^{-2}$. 波数表示不同脉动成分的尺度，因此能谱表示不同尺度的脉动在湍动能中的贡献.

(2) 各向同性湍流中湍动能传输的串级理论和能谱

① 耗散尺度

前面已经说明，各向同性湍流中湍动能是衰减的，但是小尺度湍流脉动的衰减远远大于大尺度湍流脉动的衰减，也就是说，能谱 $E(k, t)$ 的衰减率随波数的增大而急剧增加. 另一方面，低波数(大尺度)湍流脉动含有较大的能量，在湍动能衰减过程中湍动能从低波数的成分向高波数成分传输，最后在很高的波数脉动中耗散. 数学家科尔莫戈罗夫首先用量纲分析方法预言各向同性湍流能谱应有的规律.

科尔莫戈罗夫理论的前提是：在各向同性湍流脉动具有很宽波带，足以区分非耗散的波数带 $k \sim k_{\min}$ 和耗散的波数带 $k \sim k_d$，即 $k_d \gg k_{\min}$. 设各向同性湍流的区域尺度为 L，则最小的波数是 $k_{\min} = 2\pi/L$，假定产生湍动能耗散的主要脉动尺度为 η，则耗散性的最小波数是 $k_d \sim 1/\eta$. 科尔莫戈罗夫理论要求 $L \gg 1/k_d$，或 $k_d \gg k_{\min}$.

下面用量纲分析方法导出耗散区湍流脉动的量级关系. 决定耗散过程的物理量是：湍流脉动的速度尺度 v(可以采用湍动能的开方 $\sqrt{2k}$)，流体的粘度 ν 和湍能耗散率 ε. 它们的量纲分别是：

$$[v] = \mathrm{MS}^{-1}, \quad [\nu] = \mathrm{M}^2\mathrm{S}^{-1}, \quad [\varepsilon] = \mathrm{M}^2\mathrm{S}^{-3}$$

由量纲关系，v、ν、ε 之间应有以下关系：

$$v \sim (\nu\varepsilon)^{1/4} \tag{9.58}$$

同样，由量纲分析可得耗散脉动的尺度 $1/k_d \sim \eta$ 和耗散参数有以下关系：

$$\eta \sim (\nu^3/\varepsilon)^{1/4} \tag{9.59}$$

定义耗散的局部雷诺数，简称耗散雷诺数 $(Re)_D = v\eta/\nu$，则由式(9.58)和式(9.59)关系式可导出

$$(Re)_D = v\eta/\nu \sim 1$$

就是说，耗散雷诺数的量级等于 1. 在式(9.58)和式(9.59)中消去运动粘性系数 ν，我们可以得到湍动能耗散的如下关系式：

$$\varepsilon \sim v^3/\eta \tag{9.60}$$

根据科尔莫戈罗夫理论要求 $L \gg 1/k_d$，因此非耗散性的大尺度雷诺数 $(Re)_L = vL/\nu \gg 1$.

② 科尔莫戈罗夫湍动能串级理论和 $-5/3$ 谱

科尔莫戈罗夫湍动能串级理论的核心思想是：假定前面论述的在耗散区湍动能的传输过程具有相似性.就是说，从尺度 $1/k$ 到尺度 $1/(k+\mathrm{d}k)$ 的湍动能传输都等于湍动能耗散率 ε，并在 $k_d > k > k_{\min}$ 的范围内能谱具有相似分布，即

$$E(k) = \nu^{5/4}\varepsilon^{1/4} f(k\eta) \tag{9.61}$$

式中 $\nu^{5/4}\varepsilon^{1/4}$ 是 $E(k)$ 的量纲，$f(k\eta)$ 是无量纲相似函数.由于湍动能的耗散是从大尺度脉动传输过来，在 $k_d \gg k_{\min}$ 条件下，大尺度脉动（或低波数）传输过程应和流体的粘性无关，因此，根据量纲分析，函数 $f(k\eta)$ 必须是如下的幂函数形式，可用量纲分析和式(9.59)导出：

$$f(k\eta) = \alpha(k\eta)^{-5/3} = \alpha\nu^{-5/4}\varepsilon^{+5/12}k^{-5/3}$$

代入式(9.61)，得能谱公式：

$$E(k) = \alpha\varepsilon^{2/3}k^{-5/3} \tag{9.62}$$

式(9.62)是著名的科尔莫戈罗夫 $-5/3$ 律.

实际中存在近似的均匀各向同性湍流，例如在风洞中均匀流动通过细网后的湍流，以及开阔的大气、海洋中的湍流等；即使是不均匀的切变湍流，在局部小范围内，湍流脉动也可近似为各向同性湍流.所有这些例子都可归结为局部各向同性湍流.在上述流场中实验测量都证实存在 $-5/3$ 律的湍流能谱.

9.4　湍流封闭模式

9.3 节导出的湍流的统计输运方程中总是含有高阶统计矩形式的不封闭项.例如，雷诺方程是平均速度场的输运方程，它含有二阶统计矩不封闭量：雷诺应力 $-\langle u_i' u_j' \rangle$.在雷诺应力输运方程中则含有待封闭的三阶矩（例如：湍流扩散 D_{ij}）和更高阶矩（例如：再分配项 Φ_{ij}[注]）.湍流模式的基本思想是在低阶统计矩的输运方程中建立高阶统计矩和低阶统计矩间的关系式，一旦这一关系式建立以后，低阶统计矩输运方程就封闭了.例如，在雷诺方程中建立雷诺应力 $-\langle u_i' u_j' \rangle$ 和平均运动场 $\langle U_i \rangle$ 间的关系式，雷诺方程就封闭了，这种模式称为低阶矩模式.如果以雷诺方程和雷诺应力输运方程联立作为湍流统计平衡的控制方程，那么建立所有待封闭的高阶矩项和雷

［注］　可以证明，脉动压强含有三阶速度相关项，因此再分配项 $\Phi_{ij} = \langle p'[(\partial u_i'/\partial x_j) + (\partial u_j'/\partial x_i)] \rangle$ 含有四阶统计矩.

诺应力(二阶矩)间的关系式之后，雷诺方程和雷诺应力输运方程就封闭了，这种模式称为二阶矩模式. 此外，依据封闭关系式的数学方程形式，湍流模式又可分为代数模式或微分模式. 本书只介绍一些常用的低阶封闭模式.

和建立粘性流体的本构方程相仿，构造湍流封闭模式也需要遵循张量一致性、客观性等基本原则. 此外，湍流统计矩还必须满足物理和数学的不等式，如：

$$\langle u_1'u_1'\rangle > 0, \quad \langle u_2'u_2'\rangle > 0, \quad \langle u_3'u_3'\rangle > 0$$

和

$$\langle u_i'u_j'\rangle \leqslant [\langle u_i'u_i'\rangle\langle u_j'u_j'\rangle]^{1/2}$$

上式可由数学中施瓦茨不等式导出.

1. 布西内斯克(Bussinesqe)涡团粘度模式

布西内斯克(1877)涡团粘度模式是一种比拟的思想. 把湍流微团的脉动比拟为分子运动的涨落；微团的平均速度比拟为分子的宏观平均速度；分子运动涨落产生的统计平均动量输运比拟为湍流脉动动量输运. 在分子运动的统计理论中分子运动涨落产生的统计平均动量输运等于宏观的粘性应力；在湍流统计理论中，平均湍流脉动动量输运等于雷诺应力. 因此，根据比拟的思想，由湍流脉动产生的雷诺应力封闭关系式和分子运动产生的粘性应力有类似的形式. 在第 8 章中，已经导出牛顿流体的偏应力张量有以下的本构方程：

$$\tau_{ij} = 2\mu S_{ij}$$

根据上述比拟的思想，雷诺应力 $-\langle u_i'u_j'\rangle$ 比拟为偏应力 τ_{ij}，平均运动 $\langle U_i\rangle$ 比拟为宏观速度 U_i，于是有以下的不可压缩湍流运动的涡团粘度公式

$$-\langle u_i'u_j'\rangle = 2\nu_T\langle S_{ij}\rangle - \frac{2}{3}k\delta_{ij} \tag{9.63}$$

这里 ν_T 称为涡团粘度，$\langle S_{ij}\rangle=[\partial\langle U_i\rangle/\partial x_j+\partial\langle U_j\rangle/\partial x_i]/2$ 为平均切变率张量，k 为湍动能. 上式最后一项是为了满足不可压缩流体的连续方程，因为式(9.63)做张量收缩时，$\langle S_{ii}\rangle=0$，式(9.63)最后一项使等式得以成立. 虽然湍流雷诺应力的涡团粘度表达式(9.63)与牛顿型流体的本构关系式(9.4)形式上相同，但是 ν_T 不是介质的物性常数，它与湍流的平均场有关.

下面在简单的平衡湍流中($P_k\approx\varepsilon$)，通过量纲分析导出 ν_T 的一般表达式. 首先 ν_T 应是湍流脉动速度量和脉动尺度的乘积：

$$\nu_T \sim ql \tag{9.64a}$$

式中 $q=\langle u_i'u_i'\rangle^{1/2}=\sqrt{2k}$ 是脉动速度的特征量，l 为脉动的特征尺度. 代入式(9.63)，可得

$$-\langle u_i'u_j'\rangle \sim ql\langle S_{ij}\rangle \tag{9.64b}$$

进一步由局部平衡关系 $P_k \approx \varepsilon$ 可导出

$$-\langle u'_i u'_j \rangle \left(\frac{\partial \langle U_i \rangle}{\partial x_j} + \frac{\partial \langle U_j \rangle}{\partial x_i} \right) \cong \nu \left\langle \frac{\partial u'_i}{\partial x_k} \frac{\partial u'_i}{\partial x_k} \right\rangle$$

按照湍动能的串级理论，湍动能耗散等于大尺度脉动传递的能量. 因此，湍动能耗散率 ε 可以用湍动能和脉动尺度估计如下：

$$\varepsilon \propto \frac{k^{3/2}}{l} = \frac{q^3}{l} \tag{9.65}$$

将式(9.64b)和式(9.65)代入局部平衡关系，就有：$ql\langle S_{ij}\rangle\langle S_{ij}\rangle \sim q^3/l$，简化后得

$$q^2 \sim l^2 \langle S_{ij} \rangle \langle S_{ij} \rangle$$

则涡团粘度的一般形式 $\nu_t \sim ql$ 可以写作：

$$\nu_T \sim l^2 (\langle S_{ij} \rangle \langle S_{ij} \rangle)^{1/2} \tag{9.66}$$

式(9.66)说明只要得到脉动尺度的表达式，就能得涡团粘度的关系式，这种简单的代数形式的涡粘模式称为普朗特混合长度模式，l 称作混合长度. 湍流的实验数据表明，脉动尺度与平均切变场有关，不同的平均切变场中，l 具有不同的分布规律，例如在固壁附近：

$$l = ky \tag{9.67a}$$

y 为距固壁面的垂直距离，$k=0.4\sim0.41$ 称为卡门常数，在湍射流或其他无界的自由湍流切变层中：

$$l \sim \delta \tag{9.67b}$$

δ 为自由切变层的特征厚度.

2. 湍动能-耗散率模式(k-ε 模式)

涡团粘度模式的关键是确定合理的湍流脉动长度尺度 l，在简单涡团粘度模式中 l 由实验结果作最佳拟合得到它的代数式，如式(9.67a)和式(9.67b). 它们显然是经验性的，很难推广到比较复杂的平均切变流中. 事实上脉动长度尺度是各种脉动成分尺度的平均值，通过对湍流脉动能量输运的机制的研究，可以对 l 做更好的近似公式. 前面已经阐述过，湍流耗散主要在小尺度脉动，或者反过来说小尺度脉动占有绝大部分的耗散率；另一方面湍动能的输入主要来自平均场流动，因此属大尺度脉动，或者说大尺度脉动占有湍动能的绝大部分. 根据湍动能的串级理论和局部能量平衡近似说，湍流平均脉动长度尺度可以由 k(湍动能)与 ε(湍能耗散率)来估计. 即

$$l \sim k^{3/2}/\varepsilon$$

因此一般涡团粘度为 $\nu_t \propto ql \propto k^2/\varepsilon$，或写成：

$$\nu_T = C_\mu k^2/\varepsilon \tag{9.68}$$

其中 C_μ 为待定常数. 用当地湍动能和湍动能耗散来表示的涡团粘度模式称为 k-ε 模式,为使式(9.68)封闭,应当有 k 和 ε 的输运方程. 湍动能 k 的方程式(9.55)已在前面导出,推导耗散率 ε 的演化方程是较为繁琐的演算,我们给出它的常用形式而略去推导过程:

$$\frac{\partial \varepsilon}{\partial t}+\langle U_j\rangle\frac{\partial \varepsilon}{\partial t}=P_\varepsilon+D_\varepsilon+E_\varepsilon \tag{9.69}$$

方程左边是沿平均运动轨迹湍能耗散率的增长率,方程右边的三项 P_ε,D_ε,E_ε分别称为耗散率的生成、扩散和"耗散",这些项本身含有高阶的统计量,根据大量的实验数据和一些理论上的考虑可以分别写出这些高阶统计量常用的经验关系式. 最后 k-ε 模式的封闭方程如下:

$$\frac{\partial k}{\partial t}+\langle U_j\rangle\frac{\partial k}{\partial x_j}=P_k+D_k-\varepsilon$$

$$\frac{\partial \varepsilon}{\partial t}+\langle U_j\rangle\frac{\partial \varepsilon}{\partial x_j}=P_\varepsilon+D_\varepsilon+E_\varepsilon$$

$$P_k=-\langle u_i'u_j'\rangle\frac{\partial\langle U_i\rangle}{\partial x_j} \tag{9.70a}$$

$$D_k=\frac{\partial}{\partial x_k}\left[(\nu+\nu_t)\frac{\partial k}{\partial x_k}\right] \tag{9.70b}$$

$$P_\varepsilon=-C_{\varepsilon1}\langle u_i'u_j'\rangle\frac{\varepsilon}{k}\frac{\partial\langle U_i\rangle}{\partial x_j} \tag{9.70c}$$

$$D_\varepsilon=\frac{\partial}{\partial x_k}\left[(\nu+\nu_T/\sigma_\varepsilon)\frac{\partial \varepsilon}{\partial x_k}\right] \tag{9.70d}$$

$$E_\varepsilon=C_{\varepsilon2}\frac{\varepsilon^2}{k} \tag{9.70e}$$

将以上方程与涡团粘度方程: $\nu_T=C_\mu k^2/\varepsilon$(式(9.68))及雷诺平均方程(9.49a)、连续方程(9.49b)联立组成封闭方程组. 封闭方程(9.70)含有常数 C_μ,$C_{\varepsilon1}$,$C_{\varepsilon2}$,σ_ε,它们需要用典型流动的实验结果和算例结果作最佳拟合来得到. 目前常用的经验系数为

$$\begin{cases}C_\mu=0.09, & \sigma_\varepsilon=1.3\\ C_{\varepsilon1}=1.45, & C_{\varepsilon2}=1.90\end{cases} \tag{9.70f}$$

有了雷诺应力的封闭方程,可以通过求解雷诺平均方程得到平均流场. 平均流场的边界条件提法和层流运动相同,不再重复. 对于简单湍流运动,可以利用湍流模式得到解析解,而复杂湍流运动需要应用计算机求数值解,这是目前工程中常用的预测复杂湍流运动的方法.

9.5 圆管中的定常湍流

下面应用简单涡团粘度模式预测光滑圆管中充分发展湍流的平均特性.

1. 圆管湍流的基本方程

光滑圆管中充分发展湍流的平均流动有如下特点.

(1) 平均速度场是定常平行流;

(2) 除压强外,一切平均量只和圆管中径向坐标有关.

即管内平均流动具有以下性质:

$$\{\langle U_r\rangle,\langle U_\theta\rangle,\langle U_x\rangle\} = \{0,0,U(r)\} \tag{9.71a}$$

$$\frac{\partial R_{ij}}{\partial x} = \frac{\partial R_{ij}}{\partial \theta} = 0 \tag{9.71b}$$

$$\langle P\rangle = P(r,x) \tag{9.71c}$$

其中 r,θ,x 为柱坐标,如图 9.8 所示.

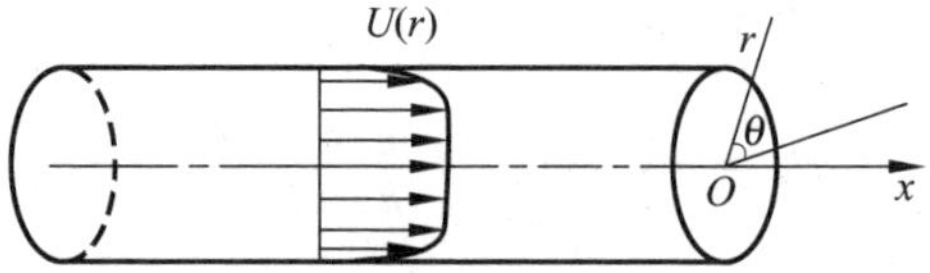

图 9.8 圆管湍流流动示意图

根据以上特性,柱坐标中圆管湍流的雷诺平均方程简化为

$$\frac{1}{\rho}\frac{\partial P}{\partial x} = -\frac{1}{r}\frac{\mathrm{d}}{\mathrm{d}r}(r\langle u'_r u'_x\rangle) + \nu\left(\frac{\mathrm{d}^2 U}{\mathrm{d}r^2} + \frac{1}{r}\frac{\mathrm{d}U}{\mathrm{d}r}\right) \tag{9.72a}$$

$$\frac{1}{\rho}\frac{\partial P}{\partial r} = -\frac{1}{r}\frac{\mathrm{d}}{\mathrm{d}r}(r\langle u'^2_r\rangle) + \frac{\langle u'^2_\theta\rangle}{r} \tag{9.72b}$$

圆管壁面上所有速度分量等于零,包括平均速度和脉动速度,因此方程(9.72a),方程(9.72b)的边界条件为

$$r = R: U = \langle u'_r\rangle = \langle u'_r u'_x\rangle = \langle u'^2_\theta\rangle = 0 \tag{9.72c}$$

在代入涡团粘度公式前,先将式(9.72a)和式(9.72b)做适当简化,积分式(9.72b)得

$$P(x,r) + \rho\langle u'^2_r\rangle + \rho\int_R^r \left(\frac{\langle u'^2_r\rangle - \langle u'^2_\theta\rangle}{r}\right)\mathrm{d}r = P_w(x) \tag{9.73}$$

这里 R 为圆管半径,P_w为圆管壁面压强,它只是 x 的函数,由于性质(2),上式中左边除 $P(x,r)$外,其余项都与 x 无关,因此有

$$\frac{\partial P}{\partial x} = \frac{\mathrm{d}P_w}{\mathrm{d}x} \tag{9.74}$$

代入式(9.72a)后得

$$\frac{1}{\rho}\frac{\mathrm{d}P_w}{\mathrm{d}x}=-\frac{1}{r}\frac{\mathrm{d}}{\mathrm{d}r}(r\langle u'_x u'_r\rangle)+\nu\left(\frac{\mathrm{d}^2U}{\mathrm{d}r^2}+\frac{1}{r}\frac{\mathrm{d}U}{\mathrm{d}r}\right) \tag{9.75}$$

上式对 r 积分一次,由于流动的轴对称性,在轴线上 $\langle u'_x u'_r\rangle(0)=\frac{\mathrm{d}U}{\mathrm{d}r}(0)=0$,于是

$$\frac{r}{2}\frac{\mathrm{d}P_w}{\mathrm{d}x}=-\rho\langle u'_r u'_x\rangle+\mu\frac{\mathrm{d}U}{\mathrm{d}r} \tag{9.76a}$$

在圆管壁面($r=R$)上:$\langle u'_r u'_x\rangle=0$,而 $\mu\mathrm{d}U/\mathrm{d}r=\tau_w$,它等于壁面剪应力,因而进一步有

$$\frac{\mathrm{d}P_w}{\mathrm{d}x}=-\frac{4\tau_w}{D} \tag{9.76b}$$

式中 $D=2R$ 为圆管直径.将式(9.76b)代入式(9.76a),又可得

$$\frac{2r\tau_w}{D}=-\rho\langle u'_r u'_x\rangle+\mu\frac{\mathrm{d}U}{\mathrm{d}r} \tag{9.76c}$$

现在可以看到,只要有恰当的雷诺应力模式,积分式(9.76c)就可以求出速度分布及压力梯度.其计算过程和第 8 章导出哈根-泊肃叶流动的相应公式相仿.

为了反映壁面附近的湍流性质,通常将坐标原点设在壁面,令

$$y=R-r \tag{9.77}$$

相应地 $u'_r=-u'_y$.在壁面附近,湍流脉动和平均速度常用壁面摩擦速度无量纲化,它的定义是

$$u_\tau^2=\frac{|\tau_w|}{\rho} \tag{9.78}$$

在圆管流动中压强梯度 $\mathrm{d}P_w/\mathrm{d}x<0$,也就是壁面剪应力 $\tau_w<0$,因而 $u_\tau^2=|\tau_w|/\rho=-\tau_w/\rho$.将式(9.77)和式(9.78)代入方程(9.76c),得

$$\langle u'_x u'_y\rangle-\nu\frac{\mathrm{d}U}{\mathrm{d}y}=-\frac{1}{\rho}\left(1-\frac{y}{R}\right)\tau_w=-\left(1-\frac{y}{R}\right)u_\tau^2 \tag{9.79a}$$

式(9.79a)左边表示流体总剪应力,即雷诺应力和分子粘性应力之和.公式右边表示总剪应力由壁面线性地减少到轴线上的零值.将以上方程用壁面特征量 u_τ,ν 来无量纲化后,得

$$\frac{\langle u'_x u'_y\rangle}{u_\tau^2}-\frac{\mathrm{d}U_+}{\mathrm{d}y_+}=\bar{y}-1 \tag{9.79b}$$

其中

$$U_+=\frac{U}{u_\tau} \tag{9.80a}$$

$$y_+=\frac{yu_\tau}{\nu} \tag{9.80b}$$

$$\bar{y}=\frac{y}{R} \tag{9.80c}$$

y_+ 称为壁面无量纲坐标，因为它是用壁面特征量 u_τ 和 ν 无量纲化的. 由式(9.80b)可以导出壁面无量纲坐标 y_+ 和普通无量纲坐标 $\bar{y}$ 之间有以下关系：

$$\frac{y_+}{\bar{y}} = \frac{u_\tau Re}{\nu} \gg 1 \tag{9.81}$$

在高雷诺数圆管湍流中($Re=U_m D/\nu > 10^4$)，实验数据表明 $u_\tau \approx (0.03\sim0.045)U_m$，因而 $y_+/\bar{y}=u_\tau R/\nu=u_\tau Re/(2U_m)\approx(0.015-0.0225)Re\gg1$. 对于给定 y 值，壁面无量纲坐标 y_+ 远远大于普通无量纲坐标 $\bar{y}$ 值. 例如：$Re=10^5$，在管中心处：$\bar{y}=1$，而 $y_+\approx2000$；在贴近壁面处：$\bar{y}=0.01$，而 $y_+\approx20$.

下面导出圆管湍流的平均速度分布.

2. 圆管湍流的近壁分层模型

从流向平均动量方程(9.79a)可以看到：圆管流动中的总平均剪应力(分子粘性应力 $\mu \mathrm{d}U/\mathrm{d}y$ 和雷诺应力 $-\rho\langle u_x' u_y'\rangle$ 之和)等于壁面摩擦应力和 $(1-y/R)$ 的乘积. 在靠近壁面的薄层中，$\bar{y}=y/R\ll1$，$1-y/R\approx1$，这时总剪应力近似等于壁面剪应力，称这一近壁层为近壁等剪应力层，简称等剪应力层. 在等剪应力层中，

$$\mu\frac{\partial U}{\partial y}-\rho\langle u'_x u'_y\rangle=\tau_w \quad 当 \quad \bar{y}=y/H\ll1$$

通常等剪应力层近似可以达到 $\bar{y}\approx0.2\sim0.3$，在高雷诺数的实际流动中该处平均流速几乎达到管内的最大平均速度，因此等剪应力层内的平均速度可以近似圆管湍流的平均速度分布.

等剪应力层还可以分成近壁线性次层和对数层.

(1) 线性次层

在紧贴壁面处($\bar{y}\to0$)湍流脉动很小，因此 $\langle u_x' u_y'\rangle\approx0$，这时式(9.79b)可简化为

$$\frac{\mathrm{d}U_+}{\mathrm{d}y^+}=1 \tag{9.82}$$

利用边界条件 $U_+(0)=0$，得

$$U_+=y^+ \tag{9.83}$$

就是说在近壁区湍流的平均速度是线性分布. 大量实验结果表明，近壁线性分布的平均速度在 $y^+<5$ 的范围里是很好近似. 这一速度分布在形式上与层流状态相似，过去曾称 $y^+<5$ 的近壁区为层流次层，事实上，近代湍流实验证实，这里仍有较强的湍流脉动，现在称该区为线性底层.

(2) 对数层

在线性次层以外，在 $\bar{y}\ll1$，而 $y^+\gg1$ 的区域中，分子粘性作用几乎可以忽略，就是说总剪应力中雷诺应力远远大于分子粘性应力，或者说，湍流涡粘系数远远大于分子粘性系数，这一区域称为等雷诺应力层. 忽略分子粘性应力 $\mathrm{d}U_+/\mathrm{d}y_+$ 后，

式(9.79a)可简化为

$$-\langle u'_x u'_y \rangle = u_\tau^2 \tag{9.84}$$

应用混合长度模式(9.66)：

$$-\langle u'_x u'_r \rangle = \nu_T \frac{\mathrm{d}U}{\mathrm{d}y}, \quad \nu_t = \kappa^2 y^2 \left| \frac{\mathrm{d}U}{\mathrm{d}y} \right|$$

将它代入式(9.84)中的雷诺应力项，得平均速度方程如下：

$$\kappa^2 y^2 \left(\frac{\mathrm{d}U}{\mathrm{d}y} \right)^2 = u_\tau^2 \tag{9.85}$$

用 u_τ，ν 无量纲化后，得

$$\kappa^2 y_+^2 \left(\frac{\mathrm{d}U_+}{\mathrm{d}y_+} \right)^2 = 1, \quad 或 \quad \frac{\mathrm{d}U_+}{\mathrm{d}y_+} = \frac{1}{\kappa y_+}$$

积分上式就可以得到圆管中的平均速度的对数分布：

$$U_+ = \frac{1}{\kappa}\ln y^+ + B \tag{9.86}$$

实测圆管速度证实对数型速度分布是很好的近似，可适用于圆管中 $y^+ > 30$，$\bar{y} < 0.3$ 的流动区域，并由实验结果确定式(9.86)的常数：

$$\kappa = 0.4, \quad B = 5.5 \tag{9.87}$$

其中 κ 称为卡门常数.

(3) 缓冲区

$5 < y^+ < 30$ 的范围称为缓冲区，这里速度分布既非线性也不是对数型，可以将涡团粘度和分子粘度公式一起代入式(9.79)，用积分求出平均速度分布. 实用上，常用实验给出近似的表达式：

$$U_+ = 5\ln y^+ - 3.05 \tag{9.88}$$

由圆管壁面开始的湍流平均速度的线性分布到对数层的分布是壁面附近湍流的特性，在平面槽道湍流以及压力梯度不大的湍流边界层的近壁区中也有同样的流动特性，所以上述圆管壁面附近的湍流分层特性属于近壁湍流的一般特征，如图 9.9 所示.

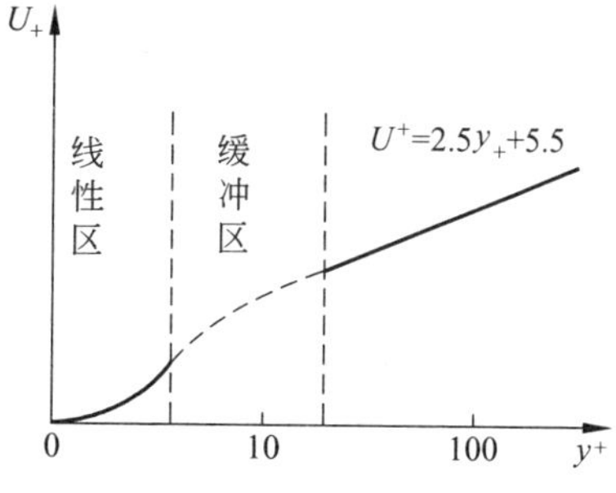

图 9.9 近壁湍流速度分布

(4) 中心区

$\bar{y} > (0.3 \sim 0.4)$ 称为中心区，这里壁面的影响十分微弱，因此不能采用壁面特征量. 其特征长度应是半径 R，无量纲坐标变量应为 $\bar{y}$，为了和对数区的速度分布衔接，常用表达式为

$$\frac{U_{\max} - U(\bar{y})}{u_\tau} = -A^* \ln\bar{y} + B^* \tag{9.89}$$

式中经验常数可采用 $B^*=0.8, A^*=2.44$.

(5) 截面平均速度

利用分层的速度分布在截面上积分，可以计算截面平均速度 U_m. 实用上，可以直接用对数层的速度分布积分计算截面平均速度. 因为对数函数在 $y=0$ 处的奇点是可积的，而缓冲层以下的流量微乎其微；接近中心区对数层的速度分布和中心层的速度相差也很小. 将对数速度分布在圆管截面上积分求和，可得截面平均速度公式：

$$\frac{U_m}{u_\tau} = 2.5\ln\frac{u_\tau R}{\nu} + 1.75 \tag{9.90}$$

3. 圆管湍流的阻力系数

可以用壁面平均剪应力计算流动阻力，也可以用沿管流的平均压降来计算流动阻力，实用上，往往采用后者. 定义以下两个无量纲阻力系数.

定义 9.9 无量纲的壁面平均剪应力称为摩擦系数，用 C_f 表示：

$$C_f = \frac{\tau_w}{\rho U_m^2/2} \tag{9.91a}$$

定义 9.10 无量纲的平均压强梯度称为沿程阻力系数，用 λ 表示：

$$\lambda = -\frac{D}{\rho U_m^2/2}\frac{dP_w}{dx} \tag{9.91b}$$

由式(9.76b)，圆管湍流沿程压降和壁面平均剪应力之间有以下关系：

$$\frac{dP_w}{dx} = -\frac{4\tau_w}{D}$$

因此壁面摩擦系数和沿程阻力系数之间有以下的关系：

$$\lambda = 4C_f \tag{9.92}$$

利用式(9.76b)和式(9.78)，还可以进一步导出沿程阻力系数公式：

$$\lambda = -\frac{D}{\rho U_m^2/2}\frac{dP_w}{dx} = \frac{8u_\tau^2}{U_m^2} \tag{9.93a}$$

或

$$\frac{u_\tau}{U_m} = \frac{\sqrt{\lambda}}{2\sqrt{2}} \tag{9.93b}$$

将平均速度公式(9.90)代入式(9.93a)后，得沿程阻力系数

$$\lambda = \frac{8u_\tau^2}{U_m^2} = \frac{8}{\left(2.5\ln\dfrac{u_\tau R}{\nu} + 1.75\right)^2} \tag{9.93c}$$

上式分母中 $\dfrac{u_\tau R}{\nu} = \dfrac{u_\tau}{U_m}\dfrac{U_m R}{\nu} = \dfrac{u_\tau}{2U_m}Re = Re\dfrac{\sqrt{\lambda}}{4\sqrt{2}}$. 给定 Re 后，求解隐式代数方程(9.93c)可以得到阻力系数 λ 值，一般需要用迭代方法求出该代数方程的解.

4. 圆管平均速度分布的幂函数形式和沿程阻力系数公式

用对数函数的平均速度分布是一种近似方法，用它导出的沿程阻力系数公式需要迭代求解.在工程计算中还用一种更简便的方法计算平均速度和阻力系数，即幂函数形式的平均速度分布(有人从理论上论证，它是合理的速度分布).

(1) 幂函数型速度分布为

$$\frac{U}{U_{\max}} = \left(\frac{r}{R}\right)^n \tag{9.94a}$$

其中指数 n 随 Re 的变化见表 9.1

表 9.1*

Re	4×10^3	10^5	10^6	$>2.0\times10^6$
n	1/6	1/7	1/9	1/10

* 引自 O. Hinze 著.湍流.

(2) 幂函数型阻力系数公式

采用幂函数形式的平均速度分布时，圆管的阻力系数也采用幂函数型，例如：

$$\lambda = \frac{0.3164}{Re^{1/4}} \tag{9.94b}$$

式(9.94b)适用于 $Re<10^6$.

5. 壁面物理粗糙度、水力粗糙度和相对粗糙度

前面给出的圆管湍流平均速度分布和阻力系数都是流体流经光滑圆的情况，而通常使用的水泥输水管道表面是不光滑的；钢铁输水管道在使用一段时间后，由于液体的腐蚀或剥蚀，管道表面也变得不光滑.不光滑表面的平均突起高度定义为**壁面粗糙度**或**物理粗糙度**(见图 9.10)，并用 h 表示.

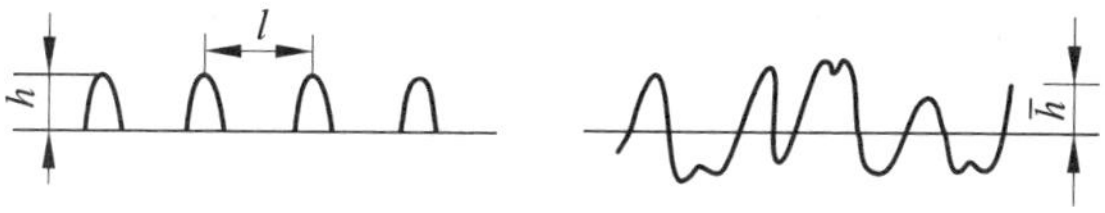

图 9.10 壁面粗糙度的示意图

壁面粗糙度和壁面摩擦应力有紧密联系，一般来说，表面越粗糙，壁面摩擦应力也越大.在水力学手册中可以查阅各种材料的管壁粗糙度.物理粗糙度对壁面摩擦应力的影响和流体的粘性和流动速度有关，流体的粘度大，粗糙度对壁面摩擦应力的影响就小；流动速度低，粗糙度的影响也小.壁面粗糙度主要对近壁面的湍流平

均流动产生影响，用壁面摩擦速度无量纲化的壁面粗糙度称作水力粗糙度，它的定义如下：

$$h^+ = \frac{hu_\tau}{\nu} \tag{9.95}$$

已有的研究结果表明：当 $h^+<5$ 时，壁面粗糙度对摩擦应力没有影响，这种状态称作水力光滑管. 从前面陈述的分层速度分布规律可知，当 $h<5\nu/u_\tau$ 时，粗糙突起完全淹没在线性底层内，它对等雷诺应力层的影响很小，因此既不影响对数分布律，也不影响壁面摩擦应力. 因此 $h^+<5$ 的情况可以视作光滑壁面. 当 $h^+>100$ 时，粗糙度对流动的影响达到饱和状态，壁面摩擦应力完全由粗糙度决定. 这时，粗糙突起已进入对数区，它对等雷诺应力层有很大的干扰，光滑圆管的理论完全不适用，粗糙突起是产生壁面摩擦的主要因素.

水力粗糙度(式 9.95)中含有壁面摩擦速度，而壁面摩擦速度就是壁面摩擦应力的另一种表达方式，它是需要计算的量. 所以，用水力粗糙度作为参数来建立公式需要用迭代方法计算阻力系数，实际使用时不方便. 工程中常用另一种无量纲的粗糙度表达式，称作相对粗糙度，它的定义是物理粗糙度除以圆管直径，即

$$\bar{h} = \frac{h}{D} \tag{9.96}$$

考虑粗糙度的圆管湍流是一个比较复杂的湍流问题，从水力摩阻手册可以获得常用的工程计算公式；也常用著名的尼古拉茨曲线来计算圆管流动的阻力系数.

6. 尼古拉茨曲线

德国工程师尼古拉茨在 1933 年对圆管流动的压降作了系统的测量，整理成工程计算的曲线图(图 9.11)称为尼古拉茨曲线，图中横坐标是流动的雷诺数 Re，纵坐标是阻力系数 λ，相对粗糙度作为参数表示在不同的曲线上.

图 9.11 表示阻力系数随雷诺数和粗糙度的变化. 从尼古拉茨曲线可以获得圆管流动的全部阻力特性.

(1) $Re<2300$

流动的阻力系数随雷诺数的增加而减小，有倒数关系：

$$\lambda = \frac{64}{Re}$$

该式在第 8 章已经导出，是圆管层流流动的精确解. 在层流状态下，壁面粗糙度对层流状态的阻力系数几乎没有影响.

(2) $2300<Re<5000$

阻力系数突然增加，这是因为流动由层流转变为湍流. 在这一雷诺数范围内，阻力系数没有确定规律，表面剪应力随环境因素(如：壁面粗糙度、流动的稳定性等)变化很大.

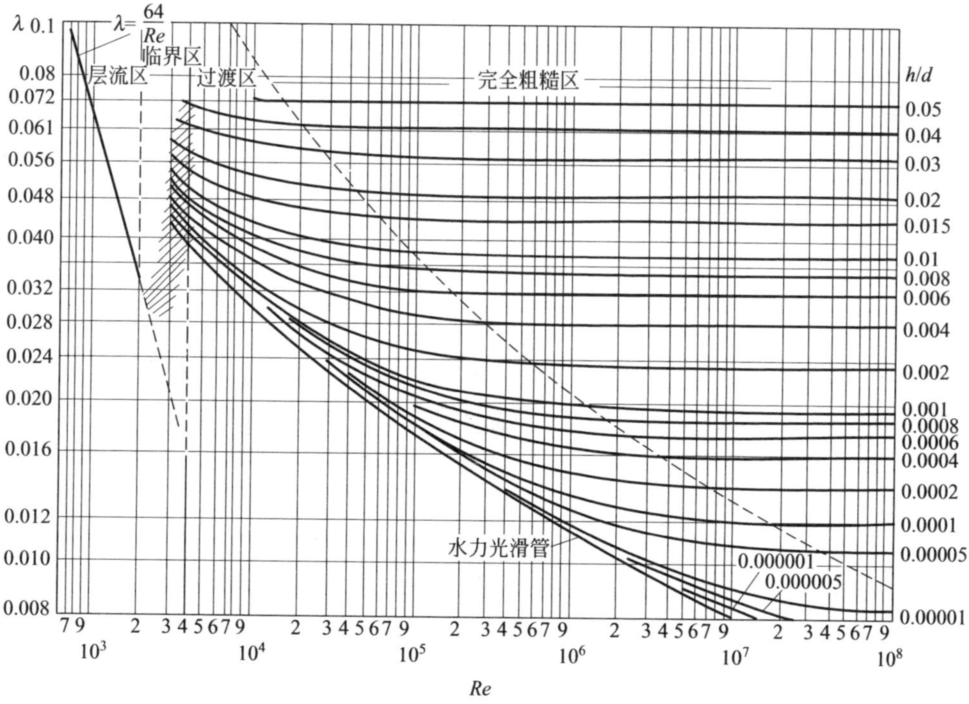

图 9.11 圆管流动的阻力系数(尼古拉茨曲线)

(3) $Re>5000$

流动达到完全湍流状态(也称充分发展湍流状态),阻力系数继续随雷诺数的增大而减小,不过减小得比较缓慢.充分发展的圆管湍流中,壁面粗糙度对阻力系数的影响较大.给定雷诺数,相对粗糙度增加,阻力系数增大;当相对粗糙度增加到一定量以后,流动进入完全粗糙状态(见图上的虚线).在完全粗糙区,阻力系数不随雷诺数变化,而是常数.常数阻力系数表示,压降和管流速度的平方成正比(见阻力系数公式(9.92a)).图 9.11 中的长虚线给出完全粗糙和一般水力粗糙的分界.

7. 非圆截面长直管道的流动阻力

非圆截面长直管道的流动状态和长直圆管流动不同,最显著的流动特性是存在管截面上的二次流.二次流是一种复杂流动,对于它们的准确预测方法正在研究中.这里,要强调指出:非圆截面长直管道中的二次流是湍流的特性,非圆截面长直管道的层流中没有二次流.根据一些实验和理论分析的结果,矩形和三角形截面内的湍流平均流动(二次流)示意于图 9.12.

非圆截面管内湍流的阻力系数的工程估算采用当量水力半径的方法,就是说,把非圆截面用某种方法折算成圆截面来计算阻力系数.当量水力半径 r_h 的定义是

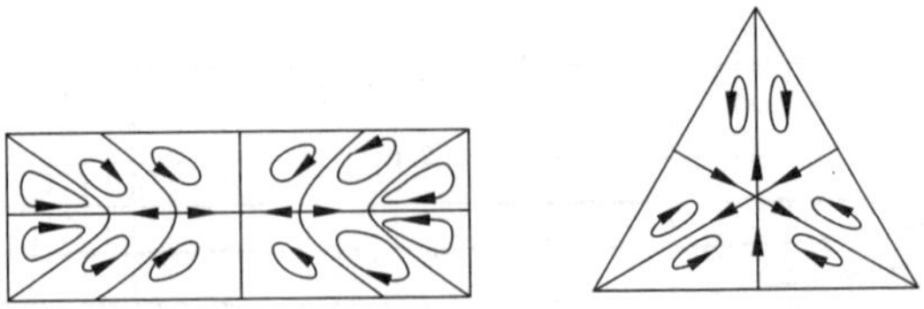

(a) (b)

图 9.12 非圆截面管内湍流的二次流

(a) 矩形截面中的二次流；(b) 三角形截面内的二次流

$$r_h = \frac{2 \times \text{过水断面}}{\text{湿润周长}} \tag{9.97}$$

过水断面是管内水流的实际流通面积；湿润周长是流体和管壁接触的边界长度(见图 9.13). 对于充满管道的流动，过水断面等于管道截面积，湿润周长等于截面积的周长. 对于不充满的管道流动，根据实际流通面积和湿润周长计算水力半径. 读者可以验算，对于充满管道的圆管流动，水力半径恰好等于圆截面的半径，这是构造水力半径公式的依据. 对于方形截面，或者不是十分扁长的矩形或椭圆形截面，应用水力半径计算管流阻力是很满意的. 至于，扁长截面的管流，水力半径的方法不可取，必要时，需要应用流体力学的一般原理加以计算.

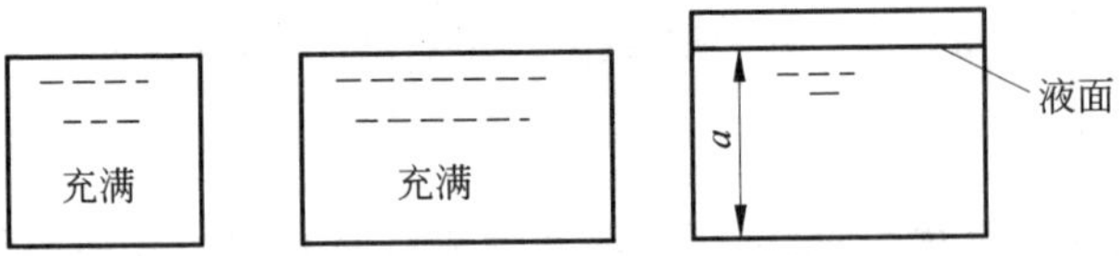

(a) (b) (c)

图 9.13 说明计算水力半径用图

(a) $a\times a$ 矩形，$r_h=\frac{a}{2}$；(b) $a\times b$ 矩形，$r_h=\frac{ab}{a+b}$；(c) 充液面积 $a\times b$，$r_h=\frac{2ab}{2a+b}$

本节以上讲述的长直管道流动沿程阻力只是有管壁摩擦产生的阻力，不包括输液管道中常有的阀门、弯头、突然缩放等部件产生的附加阻力，这些阻力称为局部阻力. 关于局部阻力的讨论不属于本书范围，读者可以查阅工程设计手册得到相应的局部阻力系数公式和数据.

9.6 切变湍流的拟序结构

本章前几节以统计方法为基础研究湍流的平均运动，这一方法导出了不封闭的方程组，为了封闭它必须对脉动场的高阶统计矩作封闭性假设. 合理的封闭模式无疑地有赖于对脉动场的了解，经典的湍流统计理论曾经对随机分布脉动速度作球涡或椭球涡的假定,并得到了比较满意的均匀湍流衰减的预测.然而在工程实际中很普遍的非均匀切变湍流,它们的脉动场要复杂得多.为了对它有深入的了解,近50多年来人们用流动显示和测量方法对切变湍流脉动场进行了大量研究,取得了丰富的实验数据,发现了切变湍流中存在拟序流动结构.

所谓拟序结构(或称相干结构)是指湍流脉动场中存在某种序列的大尺度运动,它们在湍流场中触发的时间和地点是不确定的,但一经触发就以某种确定的序列发展.这一发现是湍流研究中重大的突破,因为它表明湍流并不像经典理论想象的那样是完全不规则的,而是在小尺度不规则的背景脉动中存在若干有序大尺度运动.下面介绍两种典型的拟序结构.

1. 壁湍流的拟序结构

在9.5节中得到了壁面附近的平均速度场,那里存在线性次层、缓冲层和对数层.自20世纪50年代末以来,不少湍流研究人员对近壁湍流脉动进行深入研究,由于这里流速较低,比较容易应用染色线方法来直接观察流动状态.常用的显示方法有注入有色液体线,然后追踪染色线的变形来观测流场结构.比较成功的方法是氢泡线法.将脉冲电压施加于极细(5~10μm)的金属阴极丝上,产生脉冲电解氢气泡线.跟踪氢泡染色线可以推断流场的脉动形态.后面提供的拟序结构的显示图像大部分是用氢泡线方法显示的.实验结果发现在线性层和缓冲层中存在如下的拟序结构.

(1) 近壁条带结构

在平行壁面而与平均来流垂直的方向放置间歇发送的染色线,例如:在近壁区$y^+\approx5$处,由脉冲电极间歇地释放出氢气泡线,间歇地出现如图9.14(a)和(b)所示

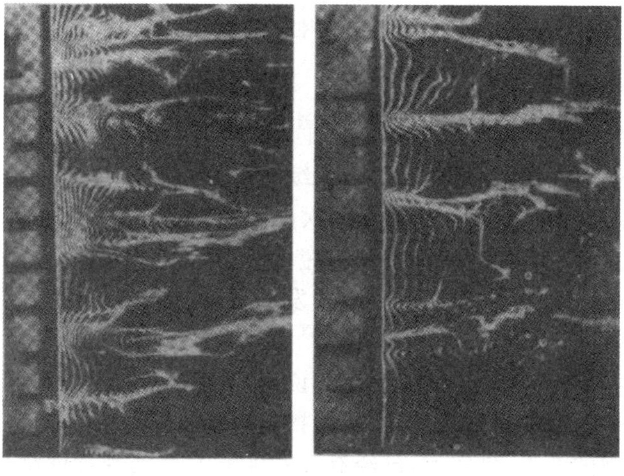

(a) (b)

图9.14 近壁条带结构的氢泡显示

(a) 条带结构示意图;(b) 条带结构照片

的条带结构. 条带的平均间距 $l=100\nu/u_\tau$，条带长短不一，平均长度为 $l=1000\nu/u_\tau$. 从氢气泡线上可以判断，条带处于低速区(条带处的速度小于当地平均速度)，进一步分析可以断定低速条带是流向涡的痕迹.

(2) 条带的升起、振动和破裂

条带一经出现，便开始缓慢升起(见图 9.15)，约在 $y^+=15\sim30$ 处发生振动后突然破裂. 从涡的运动学性质及显示图像来看，上升的条带是一种 Ⅱ 形或马蹄形涡(图 9.15). 在上升的马蹄涡头部区域流向速度剖面上出现拐点，并形成局部高切变率层，这种速度剖面是极不稳定的，于是升高的条带(或马蹄涡)发生振动，随后很快破裂. 条带突然破裂的过程又称猝发. 条带猝发过程产生极大的动量输运，瞬时的动量通量最大值$(u'v')_{max}$可达系综平均脉动动量通量(即雷诺应力)的 200～300 倍. 整个猝发过程的平均脉动动量通量约为系综平均值的 70%左右. 就是说，在湍流边界层内层，雷诺应力是在短时间内由猝发产生.

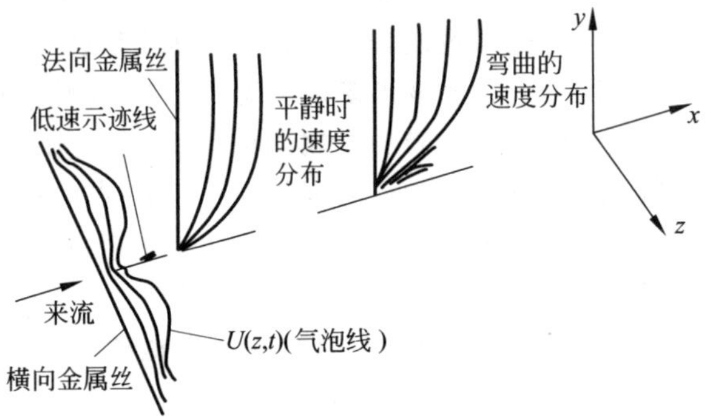

图 9.15 上升条带的振动及破裂

(3) “下扫”和条带的再现

条带的破裂伴随有一股强烈的流向加速和向下的流动，加速向下流动称为“下扫”，下扫过程的平均脉动动量通量约为系综平均值的 30%左右. 下扫的扰动在壁面附近能再次诱发新的条带结构，于是又一次出现拟序运动. 并不是所有“下扫”运动都诱发条带，另外条带的持续时间也有长有短，都受环境的影响. 现有的实验结果表明在底层出现拟序结构的平均周期或两次猝发的平均时间间隔约为 $T_B=6\delta/U_\infty$，δ 为边界层厚度.

湍流边界层近壁拟序结构的发现充分说明，湍流拟序结构是维持湍流，即产生雷诺应力的主要机制. 我们可以设想，如果能控制近壁的拟序结构就有可能控制近壁湍流，从而达到减阻的效果. 事实上，已经有一些实验装置实现近壁结构的控制，例如，带细沟槽的壁面、壁面吸气、壁面温度控制以及声控等.

上面描述的近壁拟序结构是极初步的，由于拟序结构对湍流生成有重要作用，对它们的细节和动力学机制正在进行更深入的研究.

2. 混合层的拟序结构

不受固壁影响的自由切变层中也存在拟序结构，布朗和劳煦柯(Brown-Roshko)首次得到混合层中拟序结构的流动显示图像. 混合层是由两股速度方向相同，大小不等的流动汇合生成. 为了防止由密度分层引起的其他不稳定性，混合层的一侧是氦和氩的混合气体，另一侧是密度相同的氮气. 由显示图中可以看到混合层开始有一段层流不稳定向湍流过渡的过程，而后在充分发展的湍流区仍有可辨认的大涡结构，在大涡结构上附着小尺度湍流. 图 9.16 是典型的混合层中拟序结构的图像.

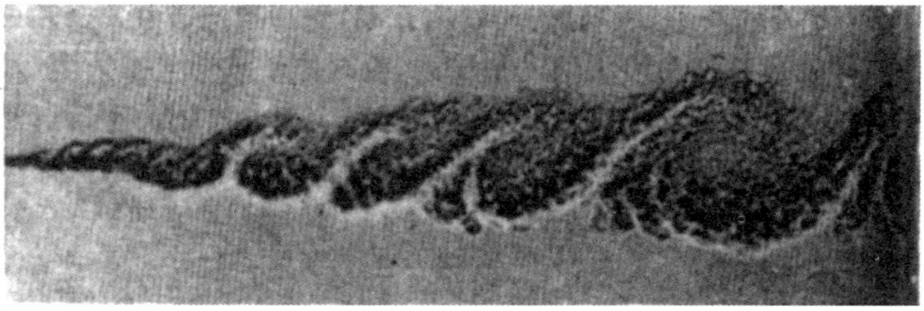

图 9.16　混合层的拟序结构(流动由左向右)

人们发现自由切变层中的大涡结构是产生噪声的主要来源，遏制大涡能够减少噪声.

习　题

9.1　导出柱坐标系中不可压流体平面湍流流动的平均流连续方程和雷诺方程.

9.2　证明不可压缩牛顿流体湍流平均运动的动能满足如下方程(U_i是平均速度，u_i为脉动速度，质量力不计)：

$$\frac{\partial}{\partial t}\left(\frac{U_iU_i}{2}\right)+U_j\frac{\partial}{\partial x_j}\left(\frac{U_iU_i}{2}\right)$$
$$=\langle u_i'u_j'\rangle\frac{\partial U_i}{\partial x_j}+\frac{\partial}{\partial x_j}\left[-\frac{U_jP}{\rho}+\nu\frac{\partial}{\partial x_j}\left(\frac{U_iU_i}{2}\right)-U_i\langle u_i'u_j'\rangle\right]-\nu\frac{\partial U_i}{\partial x_j}\frac{\partial U_i}{\partial x_j}$$

9.3　证明二维湍流中，脉动流动的能量耗散函数是

$$\phi=\mu\left(2\left|\frac{\partial u'}{\partial x}\right|^2+2\left|\frac{\partial v'}{\partial y}\right|^2+\left|\frac{\partial u'}{\partial y}\right|^2+\left|\frac{\partial v'}{\partial x}\right|^2+2\left|\frac{\partial u'}{\partial x}\frac{\partial v'}{\partial y}\right|\right)$$

9.4　直径为 50mm 的铜管道内水流平均速度为 1.7m/s，测得壁面剪应力为 6.724N/m^2. 已知 $\nu=1.006\text{mm}^2/\text{s}$，试计算粘性次层、过渡层及完全湍流层的厚度.

9.5　在 $Re<10^5$ 的条件下，若已知光滑圆管内湍流的平均流速度分布为

$$\frac{U}{U_{\max}}=\left(1-\frac{r}{R}\right)^{1/7}$$

式中 r 为离轴线的距离，R 为圆管半径，请导出下列等式：

(1) 管的平均速度为 $U_{\mathrm{m}}=\frac{49}{60}U_{\max}$；

(2) 混合长度 $l=7R\frac{u_{\tau}}{U_{\max}}\left(1-\frac{r}{R}\right)^{6/7}\left(\frac{r}{R}\right)^{1/2}$.

9.6 已知光滑管速度分布为

$$\frac{U}{u_{\tau}}=8.74\left[\frac{(R-r)u_{\tau}}{\nu}\right]^{1/7}$$

请导出：$\lambda=\frac{0.305}{Re^{1/4}}$，式中 $Re=\frac{2U_{\mathrm{m}}R}{\nu}$.

思 考 题

S9.1 通过坐标变换，雷诺应力张量必能变换为三个大小不等的正应力，其他分量为零，为什么？

S9.2 为什么说任何固定壁面上的湍动能和雷诺应力都等于零？湍动能生成率和耗散率也等于零吗？为什么？

S9.3 在槽道或圆管中的湍流运动，中心平均速度最大，该处的“湍流脉动和湍动能生成率也最大”的说法是否正确？为什么？

S9.4 应用混合长度模式，能否估计湍流粘度和分子粘性的量级之比？

第 10 章 边界层理论基础

当粘性流体绕流的特征雷诺数很大时，在物体表面形成粘性起主要作用的薄层，称作边界层．在边界层内流动必须考虑流体粘性；边界层外流动可以用无粘的欧拉方程计算．边界层的发现对于真实流体绕流的分析和计算有极大的推动作用．本章介绍边界层理论，以及比较简单的边界层和其他粘性薄层的分析与计算方法．

10.1 牛顿流体大雷诺数的定常绕流

自然界和工程中许多流动问题的雷诺数很大，如飞行器周围的外部流动或流体机械的内部流动都属大 Re 流动问题．举例来说：小型的低速飞机，飞行速度 $U_\infty=360\text{km/h}$，机身长度为 30m，则在气温 293K 大气中飞行时（$\nu=1.5\times10^{-5}\text{m}^2/\text{s}$）：

$$Re=\frac{100\times30}{1.5}\times10^5=2\times10^8$$

同样速度和长度的高速水翼船在水中航行时，由于水的运动粘性系数较空气小一个量级，约为 $\nu=1.14\times10^{-6}\text{m}^2/\text{s}$，所以雷诺数更高：

$$Re=\frac{100\times30}{1.14}\times10^6=2.7\times10^9$$

虽然大雷诺数流动意味着粘性应力相对于惯性力很小，但是完全忽略粘性而把流体近似为理想流体时，就会产生绕流物体的阻力为零的矛盾．20 世纪初著名流体力学家普朗特首先发现，高雷诺数绕流时，粘性只在贴近物面的极薄一层内主宰流体运动，并称这一薄层为附面层或边界层. 在边界层以外，流动仍可视作理想的. 这一发现成为近代空气动力学基础，并在许多流体力学问题中得到广泛的应用，使经典的流体力学成为实用的技术学科. 作为纳维-斯托克斯方程的另一类近似解，可以用摄动方法从理论上探讨高雷诺数的流动特征和求解方法.

1. 高 Re 数流动常规摄动的奇异性

对大雷诺数流动，我们取 $\varepsilon=1/Re$ 为小参数对流动变量作常规的摄动展开：

$$\boldsymbol{U}_i = \boldsymbol{U}_i^{(1)} + \varepsilon \boldsymbol{U}_i^{(2)} + O(\varepsilon^2)$$

$$p = p^{(1)} + \varepsilon p^{(2)}$$

代入定常的不可压缩牛顿流体运动方程，可得

$$U_j^{(1)} \frac{\partial U_i^{(1)}}{\partial x_j} + \varepsilon\left(U_j^{(2)} \frac{\partial U_i^{(1)}}{\partial x_j} + U_j^{(1)} \frac{\partial U_i^{(2)}}{\partial x_j}\right) + O(\varepsilon^2)$$

$$= -\frac{\partial p^{(1)}}{\partial x_i} - \varepsilon \frac{\partial p^{(2)}}{\partial x_i} + \varepsilon \frac{\partial^2 U_i^{(1)}}{\partial x_j \partial x_j} + O(\varepsilon^2)$$

$$\frac{\partial U_i^{(1)}}{\partial x_i} + \varepsilon \frac{\partial U_i^{(2)}}{\partial x_i} + O(\varepsilon^2) = 0$$

方程的一阶近似为

$$U_j^{(1)} \frac{\partial U_i^{(1)}}{\partial x_j} = -\frac{\partial p^{(1)}}{\partial x_i}$$

$$\frac{\partial U_i^{(1)}}{\partial x_i} = 0$$

它们是熟知的欧拉方程组. 也就是说：大 Re 流动的常规摄动近似是理想流动，但是欧拉方程只能满足固壁不穿透条件，而不能满足固壁无滑移条件. 所以，常规摄动展开得到的低阶近似方程在固壁边界处有奇性，它不能描述壁面处的真实物理现象. 普朗特对此提出了“满足壁面附近粘附条件的粘流解与远离壁面无粘解的渐近衔接方法”，即边界层理论.

2. 普朗特理论——有粘、无粘流动的渐近衔接方法

德国哥丁根学派的普朗特教授于1904年以铝粉为示踪剂进行了大 Re 绕流的流动显示研究. 他发现：贴近物面处流体运动速度很慢，在与物面很小的距离以外流线谱与理想的位势理论预测结果基本一致. 普朗特根据这一发现，提出了边界层理论概念——**定常绕流中流体粘性只在贴近物面极薄的一层内主宰流体运动，称这一层为边界层；边界层外的流动可近似为无粘的理想流动.**

他进一步用量级分析方法导出了边界层方程，建立了绕流场，它可由满足欧拉方程的外部流场与有粘性应力的边界层方程控制的内部流场组合而成. 普朗特的这一发现不仅为流体力学的应用开辟了正确的道路，而且也为含小参数非线性微分方程

求解提供了一种新方法.应用数学家们在普朗特量级分析的基础上发展了渐近衔接摄动方法,这种方法实际上是普朗特思想的数学表达,为了便于叙述清楚这一理论,以平壁附近的不可压缩流体的定常绕流为例来说明普朗特理论的思想和衔接方法,并导出边界层方程.

(1) 两种尺度的分区流动现象

设有均匀定常来流绕过极薄的平板,流动的特征雷诺数很大.按照理想流体的无粘流动,极薄平板对均匀流动毫无影响,因为流体可以在平板上滑移过去.事实上,平板表面的流体速度等于零,在远离平板处流动才恢复到均匀流动.假定平板展向无限长,该流动是二维的,如图 10.1 所示.

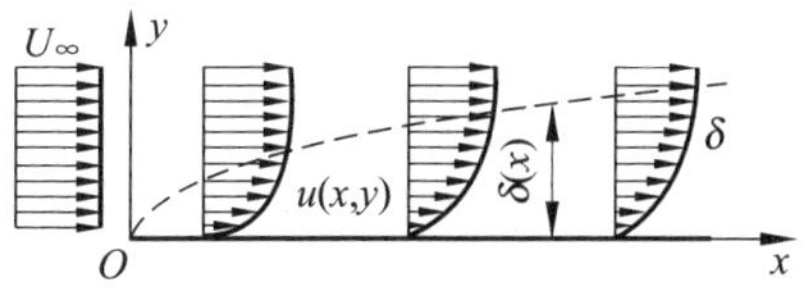

图 10.1　平壁面绕流的边界层

普朗特理论的基本思想是在大 Re 绕流中存在两个流动区域:外区是常规几何尺度 L(例如平板的长度)和流动速度尺度 U_∞;内区限于贴近固壁很小几何尺度(δ)的区域里,内区流向尺度为 L,横向尺度为 $\delta\sim\varepsilon L(\varepsilon\ll 1)$.根据这一思想,内外场用不同特征长度构成无量纲表达式.

外区用常规尺度作无量纲化(用上标"∗"表示无量纲量):

$$u = U_\infty u^*(x^*, y^*),\quad v = U_\infty v^*(x^*, y^*),\quad p = \rho U_\infty^2 p^*(x^*, y^*)$$

其中

$$x^* = x/L,\quad y^* = y/L$$

内区(边界层内,用上标"～"表示无量纲量)的流向是常规几何尺度,横向是边界层尺度 $\varepsilon L(\varepsilon\ll 1)$,即流向和横向的无量纲坐标为

$$\tilde{x} = x^* = x/L,\quad \tilde{y} = y^*/\varepsilon = y/(\varepsilon L)$$

内区流场应写作:

$$u = U_\infty \tilde{u}(\tilde{x}, \tilde{y}),\quad v = U_\infty \tilde{v}(\tilde{x}, \tilde{y}),\quad p = \rho U_\infty^2 \tilde{p}(\tilde{x}, \tilde{y})$$

内、外场采用两种横向尺度表明,同一几何坐标 y,在边界层内放大了 $1/\varepsilon$ 倍.对于给定 y 值,有 $\tilde{y}\gg y^*$,就是说同一 y 值对于外区来说它的无量纲坐标 y^* 很小,可以认为非常贴近固壁;但是在边界层坐标中 $\tilde{y}$ 值很大.形象地说,用放大镜来观察边界层内的流动,而用普通平光镜来观察外区流动.为了使内外区近似解在全场连续过渡,内外区流动应满足**渐近衔接条件:内区解的外极限**($\tilde{y}\to\infty$)**应和外区解的内极限**($y^*\to 0$)**相等,即**

$$\begin{cases}\lim\limits_{y^*\to 0} u^*(x^*, y^*) = \lim\limits_{\tilde{y}\to\infty}\tilde{u}(\tilde{x}, \tilde{y})\\ \lim\limits_{y^*\to 0} p^*(x^*, y^*) = \lim\limits_{\tilde{y}\to\infty}\tilde{p}(\tilde{x}, \tilde{y})\end{cases}\tag{10.1}$$

以上的分区表达式和内外场渐近衔接式构成了边界层理论的框架.下面以二维定常流动为例导出边界层流动方程.

(2) 外场和内场的摄动展开方程($Re\gg 1$)

将外场的无量纲式代入二维定常纳维-斯托克斯方程得

$$u^*\frac{\partial u^*}{\partial x^*}+v^*\frac{\partial u^*}{\partial y^*}=-\frac{\partial p^*}{\partial x^*}+\frac{1}{Re}\left(\frac{\partial^2 u^*}{\partial x^{*2}}+\frac{\partial^2 u^*}{\partial y^{*2}}\right) \tag{10.2a}$$

$$u^*\frac{\partial v^*}{\partial x^*}+v^*\frac{\partial v^*}{\partial y^*}=-\frac{\partial p^*}{\partial y^*}+\frac{1}{Re}\left(\frac{\partial^2 v^*}{\partial x^{*2}}+\frac{\partial^2 v^*}{\partial y^{*2}}\right) \tag{10.2b}$$

$$\frac{\partial u^*}{\partial x^*}+\frac{\partial v^*}{\partial y^*}=0 \tag{10.3}$$

当 $Re\gg 1$ 时，作为外场的近似式可略去动量方程的粘性项，即外场动量方程为欧拉方程组. 在均匀来流的情况下，外场是理想流体的定常有势流动：

$$u^*=\frac{\partial \Phi}{\partial x^*},\quad v=\frac{\partial \Phi}{\partial y^*}$$

$$p^*=p_\infty^*+\frac{1}{2}(1-|\nabla\Phi|^2)$$

将内场的无量纲表达式代入纳维-斯托克斯方程组得

$$\tilde{u}\frac{\partial \tilde{u}}{\partial \tilde{x}}+\frac{\tilde{v}}{\varepsilon}\frac{\partial \tilde{u}}{\partial \tilde{y}}=-\frac{\partial \tilde{p}}{\partial \tilde{x}}+\frac{1}{Re}\left(\frac{\partial^2 \tilde{u}}{\partial \tilde{x}^2}+\frac{1}{\varepsilon^2}\frac{\partial^2 \tilde{u}}{\partial \tilde{y}^2}\right)$$

$$\tilde{u}\frac{\partial \tilde{v}}{\partial \tilde{x}}+\frac{\tilde{v}}{\varepsilon}\frac{\partial \tilde{v}}{\partial \tilde{y}}=-\frac{1}{\varepsilon}\frac{\partial \tilde{p}}{\partial \tilde{y}}+\frac{1}{Re}\left(\frac{\partial^2 \tilde{v}}{\partial \tilde{x}^2}+\frac{1}{\varepsilon^2}\frac{\partial^2 \tilde{v}}{\partial \tilde{y}^2}\right)$$

$$\frac{\partial \tilde{u}}{\partial \tilde{x}}+\frac{1}{\varepsilon}\frac{\partial \tilde{v}}{\partial \tilde{y}}=0$$

由连续方程可以导出：内层的法向速度分量必须为 ε 量级，$\tilde{v}\sim O(\varepsilon)$，否则 $\varepsilon\to 0$ 时 $\tilde{v}$ 的渐近解等于零. 因为 $\varepsilon\to 0$ 时，连续方程近似为$\partial\tilde{v}/\partial y=0$，而由壁面粘附条件：$\tilde{y}=0$ 时，$\tilde{v}=0$，从而内场处处 $\tilde{v}=0$. 这显然不符合内层流动的实际情况，因此内层法向速度的量级应为

$$v(\tilde{x},\tilde{y})=\varepsilon U_\infty\tilde{v}(\tilde{x},\tilde{y}) \tag{10.4}$$

将式(10.4)代入内层纳维-斯托克斯方程后，内层的运动方程应写作

$$\tilde{u}\frac{\partial \tilde{u}}{\partial \tilde{x}}+\tilde{v}\frac{\partial \tilde{u}}{\partial \tilde{y}}=-\frac{\partial \tilde{p}}{\partial \tilde{x}}+\frac{1}{Re}\left(\frac{\partial^2 \tilde{u}}{\partial \tilde{x}^2}+\frac{1}{\varepsilon^2}\frac{\partial^2 \tilde{u}}{\partial \tilde{y}^2}\right)$$

$$\varepsilon\left(\tilde{u}\frac{\partial \tilde{v}}{\partial \tilde{x}}+\tilde{v}\frac{\partial \tilde{v}}{\partial \tilde{y}}\right)=-\frac{1}{\varepsilon}\frac{\partial \tilde{p}}{\partial \tilde{y}}+\frac{\varepsilon}{Re}\left(\frac{\partial^2 \tilde{v}}{\partial \tilde{x}^2}+\frac{1}{\varepsilon^2}\frac{\partial^2 \tilde{v}}{\partial \tilde{y}^2}\right)$$

$$\frac{\partial \tilde{u}}{\partial \tilde{x}}+\frac{\partial \tilde{v}}{\partial \tilde{y}}=0$$

请注意第一式右边的粘性项，当 $\varepsilon\ll 1$ 时，$\frac{1}{\varepsilon^2}\frac{\partial^2 \tilde{u}}{\partial \tilde{y}^2}\gg\frac{\partial^2 \tilde{u}}{\partial \tilde{x}^2}$，就是说横向的粘性扩散远远大于流向的扩散，因此$\frac{\partial^2 \tilde{u}}{\partial \tilde{x}^2}$可以略去. 假设 $Re\varepsilon^2\sim O(1)$，可令 $\varepsilon^2=1/Re$，得 x 方向运

动方程的近似式为

$$\tilde{u}\ \frac{\partial \tilde{u}}{\partial \tilde{x}}+\tilde{v}\ \frac{\partial \tilde{u}}{\partial \tilde{y}}=-\frac{\partial \tilde{p}}{\partial \tilde{x}}+\frac{\partial^2 \tilde{u}}{\partial \tilde{y}^2}$$

将 $Re\varepsilon^2=1$ 代入第二式后得

$$\varepsilon^2\left(\tilde{u}\ \frac{\partial \tilde{v}}{\partial \tilde{x}}+\tilde{v}\ \frac{\partial \tilde{v}}{\partial \tilde{y}}\right)=-\frac{\partial \tilde{p}}{\partial \tilde{y}}+\varepsilon^4\left(\frac{\partial^2 \tilde{v}}{\partial \tilde{x}^2}+\frac{1}{\varepsilon^2}\frac{\partial^2 \tilde{v}}{\partial \tilde{y}^2}\right)$$

即

$$\frac{\partial \tilde{p}}{\partial \tilde{y}}\sim O(\varepsilon^2)$$

于是，当 $Re\gg1$ 和 $\varepsilon^2 Re=1$ 时，边界层内渐近展开的一阶近似方程为

$$\tilde{u}\ \frac{\partial \tilde{u}}{\partial \tilde{x}}+\tilde{v}\ \frac{\partial \tilde{u}}{\partial \tilde{y}}=-\frac{\partial \tilde{p}}{\partial \tilde{x}}+\frac{\partial^2 \tilde{u}}{\partial \tilde{y}^2} \tag{10.5}$$

$$\frac{\partial \tilde{p}}{\partial \tilde{y}}=0 \tag{10.6}$$

$$\frac{\partial \tilde{u}}{\partial \tilde{x}}+\frac{\partial \tilde{v}}{\partial \tilde{y}}=0 \tag{10.7}$$

式(10.6)表明：$\partial \tilde{p}/\partial \tilde{y}=0$，即在边界层内，压强只在流向变化，沿边界层的法向压强为常数，积分式(10.6)，并应用渐近衔接式(10.1)得

$$\tilde{p}(\tilde{x},\tilde{y})=\tilde{p}(\tilde{x},\infty)=p^*(x^*,0) \tag{10.8}$$

上式表明边界层内的压强等于外区无粘流内边界的压强.

由导出的边界层方程 (10.5)～方程(10.8) 可归纳普朗特边界层理论的主要结论如下.

① 边界层内压强在垂直壁面方向不变，沿壁面方向的压强等于外部流场的当地壁面压强.

② 流向的分子粘性扩散远小于法向扩散，可以忽略. 在数学上，这一简化导致不可压缩流体定常流动的边界层方程由椭圆型的定常纳维-斯托克斯方程退化为抛物型偏微分方程.

③ 当 $Re\gg1$ 时，边界层横向尺度 $\varepsilon\approx1/\sqrt{Re}$，即边界层的横向尺度与 Re 的平方根成反比.

(3) 绕流问题的内外区耦合求解

应用边界层理论，我们可以构造高 Re 粘性绕流问题的位势流和边界层流动的组合解. 具体步骤如下.

① 首先用理想流边界条件求解物体绕流的位势流方程，得到全场无粘流解：$u^*(x,y)$，$v^*(x,y)$和 $p^*(x,y)$，这一步骤的具体解法已在第 5 章讲述.

② 以无粘流解物面的流动参数为边界层方程的外边界条件，求解边界层方程.

具体来说，将无粘流边界的压强按伯努利公式算出：$p^*(x,0)=p_0^*-u_e^{*2}(x,0)/2$（式中：$u_e^*=U_e/U_\infty$，$U_e$ 是外部无粘绕流在物面的速度），它应等于边界层内的压强 $\tilde{p}(\tilde{x})=p^*(x,0)=p_0^*-u_e^{*2}(x,0)/2$，将其代入边界层方程，得

$$\tilde{u}\frac{\partial\tilde{u}}{\partial\tilde{x}}+\tilde{v}\frac{\partial\tilde{u}}{\partial\tilde{y}}=u_e^*\frac{\mathrm{d}u_e^*}{\mathrm{d}x}+\frac{\partial^2\tilde{u}}{\partial\tilde{y}^2}$$

$$\frac{\partial\tilde{u}}{\partial\tilde{x}}+\frac{\partial\tilde{v}}{\partial\tilde{y}}=0$$

边界层方程的边界条件为：

壁面无滑移条件

$$\tilde{y}=0:\tilde{u}=\tilde{v}=0$$

内外区衔接条件

$$\tilde{y}\to\infty,\quad \tilde{u}=u_e^*(x)$$

将以上边界层方程写回到有量纲形式为

$$u\frac{\partial u}{\partial x}+v\frac{\partial u}{\partial y}=U_e\frac{\mathrm{d}U_e}{\mathrm{d}x}+\nu\frac{\partial^2 u}{\partial y^2} \tag{10.9}$$

$$\frac{\partial u}{\partial x}+\frac{\partial v}{\partial y}=0 \tag{10.10}$$

边界条件是

$$y=0,\quad u=v=0 \tag{10.11}$$

$$y\to\infty,\quad u=U_e(x) \tag{10.12}$$

3. 边界层厚度的各种定义

从边界层方程的建立过程，可看出边界层方程的解有这样的性质：当 $y\sqrt{Re}/L\to\infty$ 时，流向速度 u 渐近地达到外流速度 U_e. 实际上，$u\to U_e$ 的渐近过程非常迅速，当 y 大于某一值时，u 与 U_e 的差别微乎其微，粘性的影响就可以忽略. 因此常常以流向速度渐近的程度来定义边界层厚度 δ. 通常沿壁面的法线向外推移，以 $u=0.99U_e$ 位置和壁面间的距离定义为边界层厚度，并称为边界层的名义厚度，如图 10.2(a)所示.

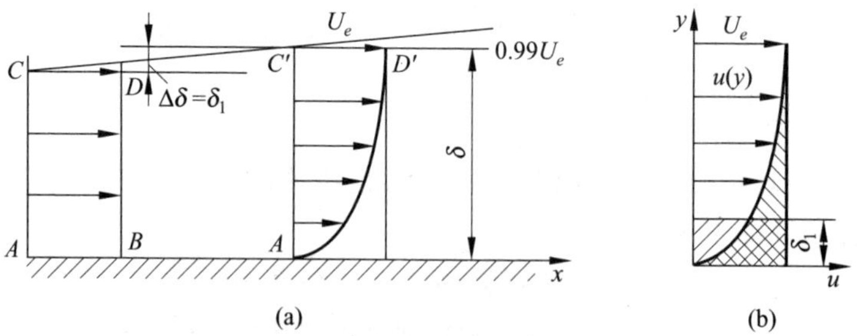

图 10.2 边界层厚度和位移厚度示意图

(a) 名义厚度和位移厚度；(b) 位移厚度的一种解释

用渐近性质来定义的边界层名义厚度，在实验测量或理论计算中常常会有较大计算误差.为了准确起见，采用另外一些方法来定义边界层的厚度.下面给出另外两种边界层厚度的定义.

定义 10.1 边界层的排挤厚度.用下式定义边界层的排挤厚度(也称位移厚度)δ_1：

$$\delta_1 = \int_0^{\infty(\delta)} (1 - u/U_e)\mathrm{d}y \tag{10.13}$$

定义 10.2 边界层的动量损失厚度.用下式定义边界层的动量损失厚度 δ_2：

$$\delta_2 = \int_0^{\infty(\delta)} (u/U_e)(1 - u/U_e)\mathrm{d}y \tag{10.14}$$

显然，在边界层任意流向位置上，以上二式右边的积分都有确定的数值.由于边界层内速度分布的渐近性，上限取为 δ 或者∞，积分值的误差很小，所以积分上限括号中写一个 δ，表示也可用 δ 为积分上限.下面讨论 δ_1 和 δ_2 的意义.

(1) 排挤厚度 δ_1 的物理意义

排挤厚度(又称位移厚度)δ_1 的计算式为

$$\delta_1 = \int_0^{\infty(\delta)} [1 - u/U_e(x)]\mathrm{d}y$$

考察边界层流动的速度分布，如图 10.2(a)所示.在壁面上速度为零，在边界层外边界流体速度达到外场势流速度 U_e.由于壁面附近流体速度的减小，理想均匀来流(图 10.2(a)中的 $ABCD$)进入到边界层后，遵循不可压缩流体定常流动体积流量相等的规律，它的外边界将向外偏移(图 10.2(a)中的流线 CC').形象地说，由于流体的粘性而形成的边界层将理想流动的流线向外排挤，或者说理想流动的流线向外位移.可以根据流量连续的原则来计算理想流动流线向外的位移量.在边界层内，它的流量是 $\int_0^{\delta} u\mathrm{d}y$ (图 10.2(a)中面积 $A'C'D'$).从边界层上游理想位势流动的来流是均匀的速度 U_e，这时要通过与边界层内同样多的流量(图 10.2(a)中面积 $ABCD$)理想流动所需横向厚度为 $\delta - \Delta\delta$，并定义横向距离 $\Delta\delta$ 为位移厚度 δ_1.由不可压缩流体的连续性方程得

$$\int_0^{\delta} u\mathrm{d}y = \int_0^{\delta - \Delta\delta} U_e\mathrm{d}y = \int_0^{\delta} U_e\mathrm{d}y - \Delta\delta U_e$$

即

$$\begin{aligned}\Delta\delta = \delta_1 &= \frac{1}{U_e(x)}\int_0^{\infty(\delta)} [U_e(x) - u]\mathrm{d}y \\ &= \int_0^{\infty(\delta)} \left[1 - \frac{u}{U_e(x)}\right]\mathrm{d}y\end{aligned}$$

以上推导说明 δ_1 的物理意义：厚度为$(\delta - \delta_1)$的理想位势流进入边界层后，由于近壁流速减小，它的外边界外移，相当于物面增加厚度 δ_1，故 δ_1 称为位移厚度或排挤

厚度.根据位移厚度公式,位移厚度还可以作另一种解释. $\int_0^{\infty(\delta)}[U_e(x)-u]\mathrm{d}y$ 表示由于流体粘性,厚度为 δ 的理想流体流入边界层后所损失的流量,如果这股流量以理想流体的均匀速度流动,它的厚度等于位移厚度.图 10.2(b)直观地说明位移厚度的几何意义.图中画右斜线部分的面积等于 $\int_0^{\infty(\delta)}[U_e(x)-u]\mathrm{d}y$,它等于画左斜线的矩形面积 $U_e\delta_1$.从这个意义上来说,位移厚度也可称作边界层的质量损失厚度.

(2) 动量损失厚度 δ_2 的物理意义

动量损失厚度 δ_2 的计算公式是

$$\delta_2=\int_0^{\infty(\delta)}\frac{u}{U_e}\left(1-\frac{u}{U_e}\right)\mathrm{d}y$$

现在考察边界层内的动量通量以及它和边界层上游流量相同的位势流动量通量之差.边界层内流体的动量通量是

$$\int_0^{\delta}\rho u^2\mathrm{d}y$$

流量相同的理想位流的厚度等于 $\delta-\delta_1$,因此它的动量通量是

$$\rho U_e^2(\delta-\delta_1)$$

两者的动量差,或者说由于粘性使流入边界层的动量通量和位势流相比损失了:

$$\rho U_e^2(\delta-\delta_1)-\int_0^{\delta}\rho u^2\mathrm{d}y$$

已知 $U_e(\delta-\delta_1)=\int_0^{\delta}u\mathrm{d}y$,所以动量通量损失可写为

$$\begin{aligned}\rho U_e^2(\delta-\delta_1)-\int_0^{\delta}\rho u^2\mathrm{d}y&=\rho\int_0^{\delta}U_eu\mathrm{d}y-\rho\int_0^{\delta}u^2\mathrm{d}y\\&=\int_0^{\delta}\rho u(U_e-u)\mathrm{d}y\end{aligned}$$

边界层内损失的动量通量相当于理想流体以速度 U_e 流过厚度 δ_2 的动量通量 $\rho\delta_2U_e^2$,令两者相等可得

$$\delta_2=\int_0^{\infty(\delta)}\frac{u}{U_e}\left(1-\frac{u}{U_e}\right)\mathrm{d}y$$

4. 边界层近似的推广

(1) 曲面边界层

上面以平壁绕流为例说明边界层的概念和导出边界层方程,它可以推广到曲壁绕流的情况,只要壁面的曲率半径远大于边界层的厚度,或者说壁面的曲率半径和绕流的流向尺度属同一量级.对于曲壁边界层,边界层方程中的流向坐标 x 应是沿曲壁的曲线坐标,边界层方程中的横向坐标 y 应是垂直于曲壁的法向.边界层方程中

的 $U_e(x)$是绕曲壁无黏流动的壁面速度.

(2) 可压缩边界层

大 Re 可压缩绕流也可利用边界层概念导出边界层近似方程,近似的要点是:①边界层内压强在垂直壁面方向不变,沿壁面方向的压强等于外部无粘流场的当地壁面压强;②粘性项只有法向扩散,流向的粘性扩散远小于法向扩散,可以忽略,即在可压缩流体的纳维-斯托克斯方程中忽略 $\nu\partial^2 u/\partial x^2$ 和 $\nu\partial^2 v/\partial x^2$. 考虑可压缩流体边界层内密度将有变化,如边界层内的密度为 $\rho(y)$,外部位流在物面的密度为 ρ_e,则根据质量流量的连续性原理,在进行同样的推导后可得可压缩边界层中的位移厚度为

$$\delta_1 = \int_0^{\infty(\delta)} \left(1 - \frac{\rho u}{\rho_e U_e}\right) \mathrm{d}y \tag{10.15}$$

同样推导方法可得可压缩流体边界层的动量损失厚度的公式如下:

$$\delta_2 = \int_0^{\delta(\infty)} \frac{\rho u}{\rho_e U_e}\left(1 - \frac{u}{U_e}\right) \mathrm{d}y \tag{10.16}$$

(3) 非定常边界层

非定常绕流也存在边界层,这时边界层的厚度、壁面的摩擦应力等都是时间的函数. 只要非定常流的时间尺度 $T \sim L/U_\infty$,在定常边界层的流向运动方程中加上局部加速度项,就可得非定常边界层方程.

(4) 薄层近似

普朗特边界层理论的核心部分是绕流的固壁处粘性层非常之薄,将这一分析方法应用到其他很薄的粘性剪切层,将得到形式相同的方程. 因此边界层方程可以推广到其他薄剪切层的流动,例如混合层、射流等,所以边界层近似也称为薄层近似. 以下各节将利用薄层近似方程分别研究边界层、混合层、射流等各种流动的特性.

10.2 不可压缩流体层流边界层的相似性解

下面讲述边界层方程的解法. 虽然边界层方程已经抛物化,但仍然是非线性的对流扩散方程,一般情况下很难求出解析解,大多数情况只能求得近似解或数值解. 本节介绍一类解析解,称为相似性解. 这种方法在流体力学及其他非线性方程的求解中也是很有用的.

1. 相似性解的概念

相似性解是一个非常有用的概念,它可以将二维的偏微分方程简化为常微分方程. 我们以平面定常不可压缩层流边界层方程为例来说明这个概念. 在 10.1 节已经导出有量纲的边界层方程和边界条件:

$$u\frac{\partial u}{\partial x}+v\frac{\partial u}{\partial y}=U_e\frac{\mathrm{d}U_e}{\mathrm{d}x}+\nu\frac{\partial^2 u}{\partial y^2}$$

$$\frac{\partial u}{\partial x}+\frac{\partial v}{\partial y}=0$$

$$y=0,\quad u=v=0$$

$$y\to\infty,\quad u=U_e(x)$$

通常情况下，对于给定的运动粘性系数 ν 和边界层外边界速度 $U_e(x)$，上述方程的解有以下形式：$u/U_e=f(x,y)$，f 为 x，y 的二元函数. 在某些边界条件下，上述方程的解可写为

$$\frac{u}{U_e}=f(\eta) \tag{10.17}$$

式中 η 是 x，y 的某一特定函数，则式(10.17)称为边界层方程的相似性解，η 称为相似性变量. 在方程具有相似性解的情况下自变量的个数由两个(x,y)减少为一个 η，因此偏微分方程可简化为常微分方程，这就使求解方便得多. 下面首先来讨论什么条件下存在相似性解，以及如何找到相似变量.

2. 相似性解的条件和构造方法

首先引入线性变换群如下：

$$x=A^{\alpha_1}\bar{x},\quad y=A^{\alpha_2}\bar{y},\quad u=A^{\alpha_3}\bar{u},\quad v=A^{\alpha_4}\bar{v},\quad U_e=A^{\alpha_5}\bar{u}_e \tag{10.18}$$

式中 A 称为“变换参数”，α_1，α_2，α_3，α_4，α_5 为待定常数，应用(10.18)变换群，不可压缩流体边界层原始方程(10.9)，(10.10)化为

$$A^{(\alpha_3-\alpha_1)}\frac{\partial\bar{u}}{\partial\bar{x}}+A^{(\alpha_4-\alpha_2)}\frac{\partial\bar{v}}{\partial\bar{y}}=0$$

$$A^{(2\alpha_3-\alpha_1)}\bar{u}\frac{\partial\bar{u}}{\partial\bar{x}}+A^{(\alpha_3+\alpha_4-\alpha_2)}\bar{v}\frac{\partial\bar{u}}{\partial\bar{y}}=A^{(2\alpha_5-\alpha_1)}\bar{u}_e\frac{\partial\bar{u}_e}{\partial\bar{x}}+A^{(\alpha_3-2\alpha_2)}\nu\frac{\partial^2\bar{u}}{\partial\bar{y}^2}$$

若以上两式中 A 的幂指数都相同，则原变量系(u,v,x,y,U_e)满足的方程与新的变量系$(\bar{u},\bar{v},\bar{x},\bar{y},\bar{u}_e)$满足的方程是相同的，也就是说方程(10.9)和(10.10)对于变换群(10.18)是不变的. A 的幂指数相同需有下式成立：

$$\alpha_3-\alpha_1=\alpha_4-\alpha_2$$

$$2\alpha_3-\alpha_1=\alpha_3+\alpha_4-\alpha_2=2\alpha_5-\alpha_1=\alpha_3-2\alpha_2$$

由以上等式可得出

$$\alpha_3=\alpha_5=\alpha_1-2\alpha_2,\quad \alpha_4=-\alpha_2 \tag{10.19}$$

利用式(10.19)，可在变换群(10.18)中消去变化参数 A，从而求出变量系(u,v,x,y,U_e)与变换系$(\bar{u},\bar{v},\bar{x},\bar{y},\bar{u}_e)$之间的关系如下：

$$A=(x/\bar{x})^{\frac{1}{\alpha_1}}=(y/\bar{y})^{\frac{1}{\alpha_2}},\quad 或\quad y/x^{\beta}=\bar{y}/\bar{x}^{\beta} \tag{10.20}$$

式中 $\beta=\alpha_2/\alpha_1$. 类似地可由(10.18)的其余各式和式(10.19)得到

$$\frac{u}{x^{1-2\beta}}=\frac{\bar{u}}{\bar{x}^{1-2\beta}},\quad \frac{v}{x^{-\beta}}=\frac{\bar{v}}{\bar{x}^{-\beta}},\quad \frac{U_e}{x^{1-2\beta}}=\frac{\bar{u}_e}{\bar{x}^{1-2\beta}} \tag{10.21}$$

显然,式(10.20)和式(10.21)所表示的变量组合是线性变换群式(10.18)的不变量,因此称为"绝对变量".如果边界条件(10.11)和(10.12)在相应的变换之后不增加新变量,也只和绝对变量有关,则上述绝对变量就是相似变量.于是我们可设

$$\eta=\frac{y}{x^{\beta}},\quad f(\eta)=\frac{u}{x^{1-2\beta}},\quad g(\eta)=\frac{v}{x^{-\beta}},\quad h(x)=\frac{U_e}{x^{1-2\beta}} \tag{10.22}$$

式中 f,g 只是 η 的函数.下面将证明:对于有相似性解的流动,$h(x)$必须是常数.将边界条件(10.11)、式(10.12)用式(10.22)所定义的绝对变量来表示,可写作

$$\eta=0,\ f=g=0;\quad \eta\to\infty,\ f(\infty)=\frac{U_e(x)}{x^{1-2\beta}}$$

若有相似性解,边界条件的表达式只能和 η 有关,因此,最后一式必须与 x 无关,即必须满足

$$\frac{U_e(x)}{x^{1-2\beta}}=h(x)=\text{const.}$$

令 $1-2\beta=m$,则

$$U_e(x)=cx^m \tag{10.23}$$

就是说:只有当无粘外流的内边界或边界层的外边界的速度是 x 的幂函数时,不可压缩流体边界层才有相似性解,前面导出的绝对变量成为相似变量.将式(10.21)和式(10.22)代入方程(10.9)和(10.10),就可将原偏微分方程变换成如下的常微分方程:

$$mf-\frac{1-m}{2}\eta f'+g'=0 \tag{10.24}$$

$$mf^2-\frac{1-m}{2}\eta ff'+gf'=mc^2+\nu f'' \tag{10.25}$$

式(10.24)和式(10.25)是函数 f,g 对于自变量 η 的常微分方程.

将以上相似性解的导出过程再简单地归纳如下.

① 定义线性变换群并将其代入原始方程;

② 令每一方程对于变化群是不变的,从而得到变换常数之间的相互关系;

③ 消去变换参数,得到绝对变量;

④ 用线性变换群代入边界条件,看它们是否只与绝对变量有关;若是,则绝对变量就是相似变量;若否,则该问题无相似性解.

3. 相似性解的流动特征

具有相似性解的边界层流动,其速度剖面具有相似性.以不可压缩流体平面定常层流边界层流动为例,由式(10.22)可得

$$\frac{u}{U_e}=\frac{1}{C}f\left(\frac{y}{x^{\beta}}\right),\quad \frac{v}{U_e x^{\beta-1}}=\frac{1}{C}g\left(\frac{y}{x^{\beta}}\right)$$

上式表明，任何 x 坐标处的速度剖面可用单一曲线 $u/U_e=f(\eta)/C$，$v/U_e x^{\beta-1}=g(\eta)/C$ 来表示，其中 $\eta=y/x^\beta$. 就是说：只要将横向坐标缩小 x^β 倍，则流向速度 u/U_e 的横向分布相同，即速度剖面的形状相同；对于垂向速度 v，除了缩小横向尺度外，速度值也要缩小 $x^{\beta-1}$ 倍. 这种速度分布称作仿射相似的速度剖面.

4. 半无限长平板定常层流边界层解——布拉休斯(Blasius)解

(1) 布拉休斯解

应用上述方法，求解半无限长平板上不可压缩流体平面层流边界层内流动的相似性解. 假定平板为半无限长，平板外无粘流场是均匀的，因此边界层的外流是 $u_e=U_\infty$. 为了求解方便，先引入平面流场流函数 Ψ：

$$u=\frac{\partial\Psi}{\partial y},\quad v=-\frac{\partial\Psi}{\partial x}$$

则方程和定解条件可归结为

$$\frac{\partial\Psi}{\partial y}\frac{\partial^2\Psi}{\partial x\partial y}-\frac{\partial\Psi}{\partial x}\frac{\partial^2\Psi}{\partial y^2}=\nu\frac{\partial^3\Psi}{\partial y^3}$$

$$x>0,y=0:\ \frac{\partial\Psi}{\partial x}=0\quad 或\quad \Psi=0;\ \frac{\partial\Psi}{\partial y}=0$$

$$x>0,y\to\infty:\ \frac{\partial\Psi}{\partial y}=u_e=U_\infty$$

① 用群论方法求出相似变量

首先引入线性变换群：$x=A^{\alpha_1}\bar{x}$，　$y=A^{\alpha_2}\bar{y}$，　$\Psi=A^{\alpha_3}\bar{\Psi}$

② 将线性变换群表达式代入流函数方程，得到

$$A^{2\alpha_3-2\alpha_2-\alpha_1}\left(\frac{\partial\bar{\Psi}}{\partial\bar{y}}\frac{\partial^2\bar{\Psi}}{\partial\bar{x}\partial\bar{y}}-\frac{\partial\bar{\Psi}}{\partial\bar{x}}\frac{\partial^2\bar{\Psi}}{\partial\bar{y}^2}\right)=A^{\alpha_3-3\alpha_2}\nu\frac{\partial^3\bar{\Psi}}{\partial\bar{y}^3}$$

$$\bar{x}>0,\bar{y}=0:\bar{\Psi}=0,\ \frac{\partial\bar{\Psi}}{\partial\bar{y}}=0;\quad x>0,\bar{y}\to\infty:A^{\alpha_3-\alpha_2}\frac{\partial\bar{\Psi}}{\partial\bar{y}}=A^{\alpha_4}U_\infty$$

③ 求指数间关系

若方程对于变化群不变，则必须有

$$2\alpha_3-\alpha_1-2\alpha_2=\alpha_3-3\alpha_2,\quad \alpha_3-\alpha_2=\alpha_4$$

由以上两式可解得

$$\alpha_3=\alpha_1-\alpha_2,\quad \alpha_4=\alpha_1-2\alpha_2$$

这就是说，对于线性变换群的绝对不变量是

$$A=\left(\frac{x}{\bar{x}}\right)^{\frac{1}{\alpha_1}}=\left(\frac{y}{\bar{y}}\right)^{\alpha_2}=\left(\frac{\Psi}{\bar{\Psi}}\right)^{\frac{1}{\alpha_3}}=\left(\frac{U_e}{\bar{U}_e}\right)^{\frac{1}{\alpha_4}}$$

④ 消去 A，求变量组合：令 $\alpha_2/\alpha_1=\beta$，则 $\alpha_3/\alpha_1=1-\beta$，$\alpha_4/\alpha_1=1-2\beta$

有绝对变量

$$\frac{y}{x^{\beta}}=\frac{\bar{y}}{\bar{x}^{\beta}},\quad \frac{\Psi}{x^{1-\beta}}=\frac{\bar{\Psi}}{\bar{x}^{1-\beta}},\quad \frac{u_e}{x^{1-2\beta}}=\frac{\bar{u}_e}{\bar{x}^{1-2\beta}}$$

因此可设

$$\eta=\frac{y}{x^{\beta}},\quad f(\eta)=\frac{\Psi}{x^{1-\beta}}$$

⑤ 确定相似性变量

将以上绝对变量代入边界条件表达式，显然，当 $\beta=1/2$ 时，边界条件不增加新的变量(与前面的结果一致). 所以绝对变量即为相似性变量，即 $\eta=y/\sqrt{x}$，$f(\eta)=\Psi/\sqrt{x}$. 为使边界条件无量纲化，我们可以取如下相似性变量：$\eta=y\sqrt{\frac{U_\infty}{\nu x}}$，$f(\eta)=\frac{\Psi}{\sqrt{\nu x U_\infty}}$代入原方程和边界条件，可得

$$2f'''+ff''=0$$

$$\eta=0,\quad f=0,\quad f'=0;\quad y\to\infty,\quad f'=1$$

式中上标“$'$”表示对 η 的导数. 所以，半无限长平板上不可压缩流体定常边界层流动归结为求解上述三阶常微分方程的边值问题，该方程没有解析解，只能用数值积分法得到该边值问题的数值解.

1908 年，布拉休斯首先得到了这个形式的解，故通常称为布拉休斯解. 后来 1938 年霍华斯(Howarth)用数值方法精确地得到了这个解的数值结果. 表 10.1 给出了计算结果.

表 10.1 布拉休斯解的结果

$\eta=y\sqrt{U_\infty/\nu x}$	$f(\eta)$	$f'(\eta)=u/U_\infty$	$f''(\eta)$
0.0	0.0	0.0	0.33206
0.4	0.02656	0.13277	0.33147
0.8	0.10611	0.26471	0.32739
1.2	0.23795	0.39378	0.31659
1.6	0.42032	0.51676	0.29667
2.0	0.65003	0.62977	0.26675
2.4	0.92230	0.72899	0.22809
2.8	1.23099	0.81152	0.18401
3.2	1.56911	0.87609	0.13913
3.6	1.92594	0.92333	0.09809

续表

$\eta=y\sqrt{U_\infty/\nu x}$	$f(\eta)$	$f'(\eta)=u/U_\infty$	$f''(\eta)$
4.0	2.30576	0.95552	0.06424
4.4	2.69238	0.97587	0.03897
4.8	3.08534	0.98779	0.02187
5.0	3.28329	0.99155	0.01591
5.2	3.48189	0.99425	0.01134
5.6	3.88031	0.99748	0.00543
6.0	4.27964	0.99898	0.00240
6.4	4.67938	0.99961	0.00098
6.8	5.07928	0.99987	0.00037
7.2	5.47925	0.99996	0.00013
7.6	5.87924	0.99999	0.00004
8.0	6.27930	1.0000	0.00001
8.4	6.67923	1.0000	0.0

(2) 不可压缩平板边界层的特性

下面用布拉休斯解(根据表 10.1 的数据)分析平板边界层内的速度分布和摩擦阻力等特性.

① 边界层内的速度分布为

$$\frac{u}{U_\infty}=f'(\eta) \tag{10.26}$$

$$\frac{v}{U_\infty}\sqrt{\frac{U_\infty x}{\nu}}=\frac{1}{2}[\eta f'(\eta)-f(\eta)] \tag{10.27}$$

根据上两式及表 10.1 中函数 $f(\eta)$和 $f'(\eta)$的数据,可分别画出边界层内两个速度分量的分布曲线于图 10.3.

边界层内速度横向分量和流向分量之比为

$$\frac{v}{u}\sim\frac{1}{\sqrt{U_\infty x/\nu}}=\frac{1}{\sqrt{Re_x}},\quad Re_x=\frac{U_\infty x}{\nu}$$

当 y 不断增大时,横的速度逐渐增加,利用表 10.1 的数据可得,$\eta=8.4$时,$\frac{v\sqrt{Re_x}}{U_\infty}=0.86$,精确的极限值为

$$y\to\infty: v=0.865\frac{U_\infty}{\sqrt{Re_x}}$$

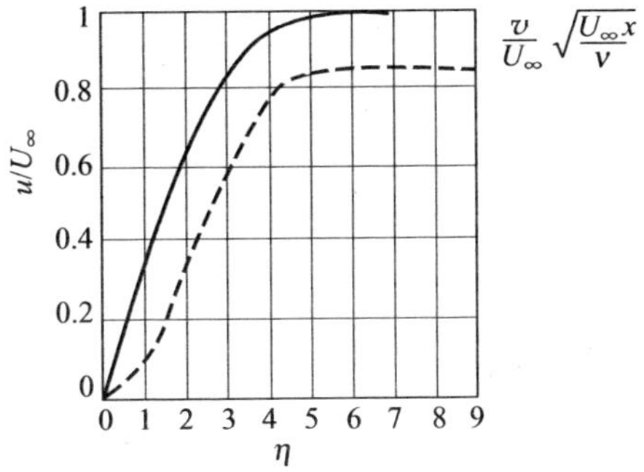

图 10.3 平板边界层内速度分布

实线：u；虚线：v

这就是说，在边界层外缘，流体质点有一个微小的垂直主流方向的速度，它对外部势流场有一个排挤作用，由于 v 相对于 u 是高阶的小量，在边界层内，速度分量 v 常常被认为是次要的. 如果要更精确计算边界层对外部无粘流的影响，则可在更高一级的近似中计及边界层的排挤作用.

② 边界层的厚度

由图 10.3 可看出，随着 y 的不断增加，u 渐近地过渡为 U_∞，若规定 $u=0.99U_\infty$ 处的 y 坐标值为边界层名义厚度 δ，那么，由表 10.1 用内插法可求出

$$\eta\,|_{u/U_\infty=0.99}=\delta\sqrt{\frac{U_\infty}{\nu x}}=4.92\approx 5$$

于是，平板边界层的名义厚度为

$$\delta=5\sqrt{\frac{\nu x}{U_\infty}}=\frac{5x}{\sqrt{Re_x}} \tag{10.28}$$

③ 边界层内的剪应力和表面摩擦阻力

边界层内的剪应力：

$$\tau_{xy}=\mu\frac{\partial u}{\partial y}=\mu\sqrt{\frac{U_\infty^3}{\nu x}}f''(\eta)$$

平板表面的摩擦应力：

$$\tau_w=\mu\left(\frac{\partial u}{\partial y}\right)_{y=0}=\mu\sqrt{\frac{U_\infty^3}{\nu x}}f''(0)$$

由表 10.1 可得 $f''(0)=0.332$，因此壁面的摩擦应力：

$$\tau_w=0.332\sqrt{\frac{\mu\rho U_\infty^3}{x}}=0.332\frac{\rho U_\infty^2}{\sqrt{Re_x}}$$

壁面摩擦应力常用无量纲摩擦阻力系数表示.

定义 10.3 局部摩擦阻力系数 C_f 等于局部壁面剪应力除以边界层外的动压 $(\rho U_e^2/2)$：

$$C_f = \frac{\tau_w}{\rho U_e^2/2}$$

将剪应力计算结果代入上式，得平板表面局部摩阻系数：

$$C_f = \frac{\tau_w}{\rho U_\infty^2/2} = \frac{0.664}{\sqrt{Re_x}} \tag{10.29}$$

由式(10.29)可以看到，平板表面的摩擦系数都与$\sqrt{x}$成反比.

④ 平板上的总摩擦阻力

由壁面剪应力公式可见，当 $x \to 0$ 时，$\tau_w \to \infty$，这显然是不合理的，其原因是：当 $x \to 0$ 时，边界层简化前提不成立. 严格地说，在边界层前缘需要用纳维-斯托克斯方程直接求解. 如果平板很长，边界层前缘的剪应力对整个平板的摩阻贡献很小，因此仍可应用边界层解的结果来计算平板上的总阻力. 长度为 L 的平板其单位宽度上所受的总摩擦阻力为

$$D = \int_0^L \tau_w \mathrm{d}x = 0.664\sqrt{\mu\rho L U_\infty^3}$$

总摩擦阻力也常用无量纲总摩擦阻力系数表示.

定义 10.4 总摩擦阻力系数等于总摩擦阻力除以摩擦面积和边界层外的动压，即

$$C_D = \frac{D}{\rho U_\infty^2 L/2}$$

将不可压缩流体绕长度为 L 的平板定常边界层的总阻力结果代入，得

$$C_D = \frac{1.328}{\sqrt{Re_L}} \tag{10.30}$$

其中 $Re_L = U_\infty L/\nu$.

(3) 速度剖面相似性的验证和布拉休斯解的局限性

实际平板绕流总是有限长度的，采用无限长平板的相似性解来近似，其准确性需要实验验证. 1942 年尼古拉茨发表了零攻角平板边界层内速度分布的测量结果，他在风洞实验中得出了与平板前缘不同距离上的速度剖面，并按相似性变量(u/U_∞，$y\sqrt{U_\infty/\nu x}$)整理数据，其比较结果如图 10.4 所示. 实验结果很好地证实了速度剖面的相似性，也验证了布拉休斯理论解的正确性.

最后，讨论布拉休斯解的应用范围及修正. 从这个问题的建立和求解过程来看，布拉休斯解受到三个假设的限制：

① 作边界层简化时，假定$|\partial^2 u/\partial x^2| \ll |\partial^2 u/\partial y^2|$. 在平板前缘附近，这个假设显然不成立，因此布拉休斯解不适用于平板前缘，事实上，前面已经发现布拉休斯解在前缘有奇性.

② 写边界层外缘边界条件时，假设边界层外的流动不受边界层存在的影响，事

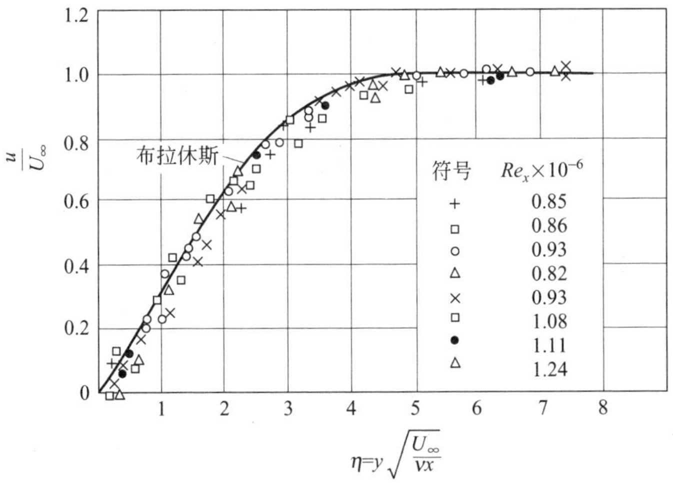

图 10.4 布拉休斯理论解与尼古拉茨实验结果的比较

实上边界层外边界有法向速度，虽然是高阶小量.

③ 假设边界内的流动不受平板后缘的影响，或者说，平板是半无限的. 在有限长平板的后缘附近，这个假设显然不能成立.

为了考察上述三个条件对布拉休斯解的影响，郭永怀从准确的运动方程和边界条件出发，求得了绕有限平板流动的二阶近似解，他给出了总摩擦阻力系数的修正公式：

$$C_D=\frac{1.328}{\sqrt{Re_L}}+\frac{4.12}{Re_L}$$

式中下标 L 表示 Re 数的特征长度是平板长度 L. 实验结果表明，布拉休斯解适用于 $Re_L>100$，在 $Re_L\leqslant100$ 范围内应采用郭永怀二阶近似解.

5. 平面层流射流

没有固壁的粘性剪切层称为自由剪切层，无界射流、绕钝体流动的尾流和混合层均属于自由剪切层. 下面研究平面自由剪切流的薄层流动，首先考察平面射流.

设流体从无限长狭缝向充满同种流体的空间喷出，形成平面射流，如图 10.5 所示. 该流动由喷流驱动，全流场的压强是常数. 由于粘性作用，周围流体被喷射流体卷吸，从而使射流的宽度向下游逐渐扩大，实验证明，当雷诺数足够大时，喷射流体和周围流体的混合区域是一个薄自由剪切层. 若狭缝宽度无限小，可将坐标原点取在狭缝出口平面，设定主流方向为 x 轴，y 轴垂直于主流方向，流动对 y 轴对称.

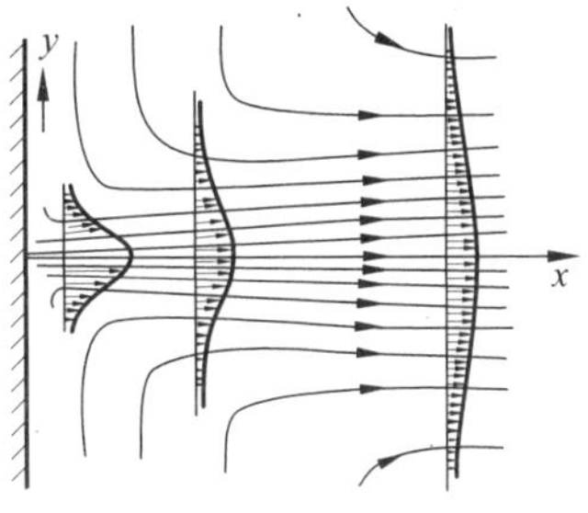

图 10.5 平面射流示意图

(1) 基本方程

作为薄层近似，这一问题的流动控制方程和零压强梯度的层流边界层方程相同：

$$\frac{\partial u}{\partial x}+\frac{\partial v}{\partial y}=0$$

$$u\frac{\partial u}{\partial x}+v\frac{\partial u}{\partial y}=\nu\frac{\partial^2 u}{\partial y^2}$$

(2) 边界条件

① 对称条件 $y=0,\quad v=0,\quad \frac{\partial u}{\partial y}=0$

② 渐近条件 $y\to\pm\infty,\quad u=0$

很显然 $u=v=0$ 满足上述方程和边界条件，但不是所要求的解. 事实上，流体由狭缝喷出，还需要给出射流的入口条件. 本问题中，不可能给定入口的速度，因为我们假定入口射流是一个点. 但是可以给定入口的射流动量通量 J，因为全流场压强梯度等于零，无界射流流场在没有其他任何外力作用的情况下，通过射流任意横截面的动量通量 J 应等于入口的动量通量. 于是可以补充积分条件：

$$J=\rho\int_{-\infty}^{+\infty}u^2\mathrm{d}y=\text{const.}\tag{10.31}$$

补充这个条件后，该问题就有唯一解了. 与上题同样方法，引入平面流场流函数 Ψ：

$$u=\frac{\partial\Psi}{\partial y},\quad v=-\frac{\partial\Psi}{\partial x}$$

则平面层流射流的方程和定解条件可归结为

$$\frac{\partial\Psi}{\partial y}\frac{\partial^2\Psi}{\partial x\partial y}-\frac{\partial\Psi}{\partial x}\frac{\partial^2\Psi}{\partial y^2}=\nu\frac{\partial^3\Psi}{\partial y^3}\tag{10.32a}$$

$$x>0,y=0:\ \frac{\partial\Psi}{\partial x}=0,\frac{\partial^2\Psi}{\partial y^2}=0;\quad y\to\pm\infty:\ \frac{\partial\Psi}{\partial y}=0\tag{10.32b}$$

$$x>0:\ \frac{J}{\rho}=\int_{-\infty}^{+\infty}\left(\frac{\partial\Psi}{\partial y}\right)^2\mathrm{d}y=\text{const.}\tag{10.32c}$$

(3) 相似性解

注意到这一流动问题的边界条件和边界层流动类似，在流向没有特征长度，因此该方程和边界条件可能具有相似性解. 仍用前述群论方法求出相似变量和相似性解. 引入线性变换群：

$$x=A^{\alpha_1}\bar{x},\quad y=A^{\alpha_2}\bar{y},\quad \Psi=A^{\alpha_3}\bar{\Psi}\tag{10.33}$$

和导出层流平板边界层相似性解的方法相同，将式(10.33)代入式(10.32)，消去变量 A，可求出指数间的关系为

$$\alpha_2=\frac{2}{3}\alpha_1,\quad \alpha_3=\frac{1}{3}\alpha_1$$

这就是说，对于线性变换群(10.33)的绝对不变量是

$$\frac{y}{x^{2/3}}=\frac{\bar{y}}{\bar{x}^{2/3}},\quad \frac{\Psi}{x^{1/3}}=\frac{\bar{\Psi}}{\bar{x}^{1/3}}$$

根据上面分析，可选定如下变量组合为相似变量：

$$\eta=\frac{qy}{3\nu^{1/2}x^{2/3}},\quad f(\eta)=\frac{\Psi}{2q\nu^{1/2}x^{1/3}} \tag{10.34}$$

式中 q 是速度量纲，引入常数$\sqrt{\nu}$和 q 使 η 和 f 成为无量纲量，也可使方程在形式上更简单. 由式(10.34)可得

$$\Psi=2q\nu^{1/2}x^{1/3}f$$

应用链式求导法则$\frac{\partial}{\partial x}=\frac{\partial\eta}{\partial x}\frac{\mathrm{d}}{\mathrm{d}\eta},\frac{\partial}{\partial y}=\frac{\partial\eta}{\partial y}\frac{\mathrm{d}}{\mathrm{d}\eta}$，可得

$$\frac{\partial f}{\partial x}=-\frac{2}{3}\frac{\eta f'(\eta)}{x},\quad \frac{\partial f}{\partial y}=\frac{q}{3\nu^{1/2}x^{2/3}}f'(\eta)$$

$$\frac{\partial^2 f}{\partial y^2}=\left(\frac{q}{3\nu^{1/2}x^{2/3}}\right)^2 f''(\eta),\quad \frac{\partial^3 f}{\partial y^3}=\left(\frac{q}{3\nu^{1/2}x^{2/3}}\right)^3 f'''(\eta)$$

射流中的速度可由上式导出：

$$u=\frac{\partial\Psi}{\partial y}=2q\nu^{1/2}x^{1/3}\frac{\partial f}{\partial y}=\frac{2}{3}q^2\frac{f'(\eta)}{x^{1/3}}$$

$$v=-\frac{\partial\Psi}{\partial x}=-\frac{2}{3}\frac{q\nu^{1/2}}{x^{2/3}}[f(\eta)-2\eta f'(\eta)]$$

将以上各式代入式(10.32a)～式(10.32c)，可得

$$f'''+2(f'^2+ff'')=0 \tag{10.35a}$$

$$\eta=0,\quad f=f''=0,\quad \eta\to\pm\infty,\quad f'=0 \tag{10.35b}$$

现在射流的相似性解化为以上三阶常微分方程的边值问题，式中待定常数 q 可由积分形式的条件$\int_{-\infty}^{+\infty}u^2\mathrm{d}y=J/\rho$来确定.

下面求解方程(10.35a)，将它积分一次，并应用 $\eta=0$ 时的两个边界条件得到：

$$f''+2ff'=0$$

再积分一次得

$$f'+f^2=\text{const.}$$

考虑解中有待定常数 q，可取积分常数 const. $=1$，这相当于认为 $f'(0)=1$，所以上式写为

$$f'+f^2=1$$

再积分上式，并注意 $f(0)=0$，可得到

$$\eta=\int_0^f\frac{\mathrm{d}f}{1-f^2}=\frac{1}{2}\ln\frac{1+f}{1-f}=\operatorname{arth}f \tag{10.36a}$$

或

$$f = \text{th}\eta = \frac{1-\text{e}^{-2\eta}}{1+\text{e}^{-2\eta}} \tag{10.36b}$$

下面用射流动量通量的积分条件来确定常数 q，代入速度表达式：

$$u = \frac{2}{3}\frac{q^2}{x^{1/3}}f'(\eta) = \frac{2}{3}q^2 x^{-1/3}(1-\text{th}^2\eta)$$

将上式代入式(10.31)的动量通量守恒条件得

$$\frac{J}{\rho} = \int_{-\infty}^{+\infty} u^2 \text{d}y = \frac{4}{3}\sqrt{\nu}q^3\int_{-\infty}^{+\infty}(1-\text{th}^2\eta)\text{d}\eta = \frac{16}{9}\sqrt{\nu}q^3$$

由此可得

$$q = 0.8255\left(\frac{J}{\rho\sqrt{\nu}}\right)^{1/3}$$

给定 J 以后，q 就完全确定了，平面射流问题就全部解出了.

(4) 结果分析

将式(10.36)和 q 值代入速度表达式便可得到射流的速度剖面：

$$u = 0.4543\left(\frac{J^2}{\rho^2\nu x}\right)^{1/3}(1-\text{th}^2\eta) \tag{10.37a}$$

$$v = 0.5503\left(\frac{J\nu}{\rho x^2}\right)^{1/3}[2\eta(1-\text{th}^2\eta)-\text{th}\eta] \tag{10.37b}$$

式中

$$\eta = 0.2752\left(\frac{J}{\rho\nu^2}\right)^{1/3}\frac{y}{x^{2/3}} \tag{10.38}$$

显然式(10.37)给出的速度分布具有相似性. 令 $\eta=0(y=0)$，可得到对称轴上的速度分量：

$$u\,|_{y=0} = u_{\max} = 0.4543\left(\frac{J^2}{\rho^2\nu x}\right)^{1/3},\quad v\,|_{y=0} = 0$$

通常，可将 x 方向的速度分量写成

$$\frac{u}{u_{\max}} = 1-\text{th}^2\eta$$

上式给出的无量纲速度剖面见图 10.6.

射流外边缘的速度分量为

$$u\,|_{y\to\infty} = 0,\quad v\,|_{y\to\infty} = -0.550\left(\frac{J\nu}{\rho x^2}\right)^{1/3}$$

$v(\infty)<0$ 说明无穷远处有流体进入射流，称为射流的卷吸作用，它是通过流体的粘性将原静止流体卷入射流中来，通过射流横截面的单位宽度上体积流量可通过积分求出：

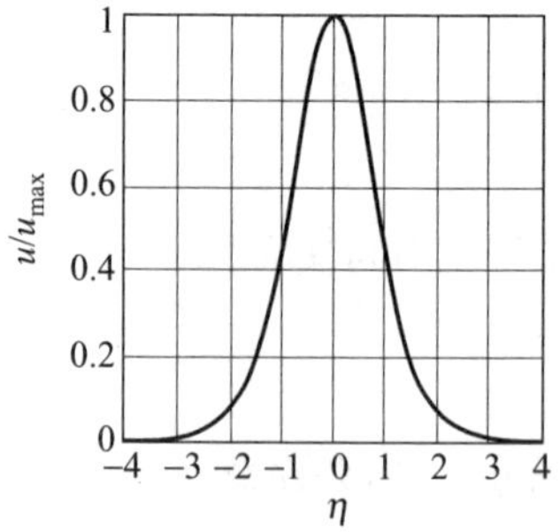

图 10.6 射流速度的相似性分布

$$Q=\int_{-\infty}^{+\infty}u\mathrm{d}y=3.30\left(\frac{J}{\rho}\nu x\right)^{1/3} \tag{10.39}$$

由上式可看出，体积流量 Q 是沿 x 方向逐渐增加的，这是射流不断卷吸周围流体的结果. 同时可看出 Q 与射流的动量通量 J 的立方根成正比.

由圆孔喷出的轴对称射流，也有相似性解，其求解方法和平面射流问题类似，可参见粘性流体力学的专门书籍，如希利希廷(Schlichting)的经典著作《边界层理论》.

6. 两平行流动间的层流剪切层

在许多化工和燃烧器中常常有两股平行流动的汇合，在自然界中也常有两股平行气流汇合的现象. 当两股速度不同的流动互相接触时，由于粘性作用，在它们之间会形成一个与边界层类似的剪切层. 当这两股流动的特征雷诺数足够大时，它们间剪切层很薄，且横向速度比纵向速度要小得多，如图 10.7 所示，该问题也属薄层流动，可以用边界层方程求解.

(1) 基本方程

将实际混合层流动简化为图 10.7 所示的力学模型，设有两股不可压缩平行流动以不同速度平行汇合. 流体密度为 ρ，流体的运动粘性系数为 ν，上半平面的流体速度为 U_1，下半平面的流体速度为 $U_2(U_1>U_2)$. 剪切层自 O 点起逐渐发展，这两股流动间因剪切应力作用，相互间有动量交换，但无质量输运，因而两股流动的分界面是零流线 $\Psi=0$，零流线将流动分为上下两区，Ⅰ区和Ⅱ区，如图 10.8 所示. 以 O 点为原点，取 x 轴平行于来流方向，y 轴垂直于来流方向.

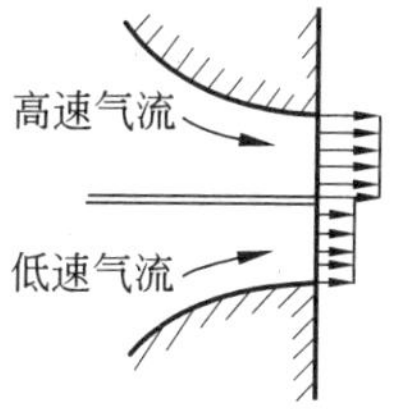

图 10.7 两股流动的汇合——平面剪切层

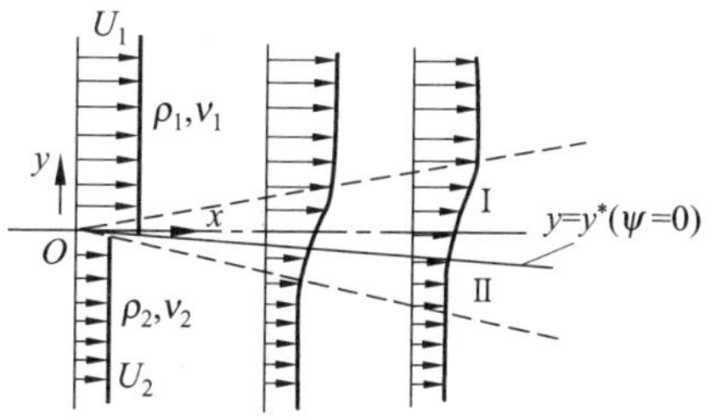

图 10.8 平面剪切层的流向演化

和平面射流相同，零压强梯度的薄层方程适用于混合层. 由于压力梯度等于零，可写出Ⅰ、Ⅱ两区都适用的流函数方程(参见图 10.8)：

$$\frac{\partial\Psi}{\partial y}\frac{\partial^2\Psi}{\partial x\partial y}-\frac{\partial\Psi}{\partial x}\frac{\partial^2\Psi}{\partial y^2}=\nu\frac{\partial^3\Psi}{\partial y^3} \tag{10.40}$$

(2) 边界条件

① 渐近条件

$$y\to\infty,\ \frac{\partial\Psi}{\partial y}=U_1;\quad y\to-\infty,\ \frac{\partial\Psi}{\partial y}=U_2 \tag{10.41a}$$

② 交界面上连接条件：设两股流动的交界面方程为：$y=y^*(x)$，界面上有

$$y = y^*: u_+ = u_-,\ v_+ = v_-;\quad p_+ = p_-,\ \tau_{xy+} = \tau_{xy-} \tag{10.41b}$$

这里下标"＋"和"－"分别表示交界面两侧Ⅰ区和Ⅱ区的参数. 和射流问题类似，平面混合层流动问题也没有特征长度，因此方程(10.40)对于边界条件(10.41)存在相似性解，具体推导过程如下. 对于Ⅰ区可作如下相似变换：

$$\eta_1 = y\sqrt{\frac{U_1}{\nu x}},\quad \Psi_1 = \sqrt{\nu U_1 x}\, f_1(\eta_1) \tag{10.42a}$$

由此可得

$$u_1 = U_1 f_1'(\eta_1),\quad v_1 = \frac{1}{2}\sqrt{\frac{\nu U_1}{x}}[\eta_1 f_1'(\eta_1) - f_1(\eta_1)]$$

$$\tau_{xy1} = \mu\frac{\partial u_1}{\partial y} = \rho\sqrt{\frac{\nu U_1^3}{x}} f_1''(\eta)$$

利用相似变换可得到常微分方程：

$$2f_1''' + f_1 f_1'' = 0 \tag{10.42b}$$

对于Ⅱ区可作同样相似变换：

$$\eta_2 = y\sqrt{\frac{U_1}{\nu x}},\quad \Psi_2 = \sqrt{\nu U_1 x}\, f_2(\eta_2) \tag{10.43a}$$

由此得

$$u_2 = U_1 f_2'(\eta_2),\quad v_2 = \frac{1}{2}\sqrt{\frac{\nu U_1}{x}}[\eta_2 f_2'(\eta_2) - f_2(\eta_2)]$$

$$\tau_{xy2} = \mu\frac{\partial u_2}{\partial y} = \rho\sqrt{\frac{\nu U_1^3}{x}} f_2''(\eta_2)$$

且得到常微分方程

$$2f_2''' + f_2 f_2'' = 0 \tag{10.43b}$$

这就是说 f_1，f_2 分别为 η_1，η_2 的函数，且满足的方程相同. 通过上述变换，边界条件(10.41a)可写作：

$$\begin{cases} \eta_1 \to +\infty:\ f_1'(\eta_1) = 1 \\ \eta_2 \to -\infty:\ f_2'(\eta_2) = \dfrac{U_2}{U_1} = \lambda \end{cases} \tag{10.44a}$$

此外在交界面上，$\eta_1 = \eta_1^*$，$\eta_2 = \eta_2^*$（对于同种流体的汇合：$\eta_2^*/\eta_1^* = 1$）；由联结条件(10.40b)可得

$$\begin{cases} f_1^*(\eta_1^*) = f_2^*(\eta_2^*) = 0 \\ f_1'(\eta_1^*) = f_2'(\eta_2^*),\quad f_1''(\eta_1^*) = f_2''(\eta_2^*) \end{cases} \tag{10.44b}$$

为了消去联结条件中的 η_1^* 和 η_2^*，重新定义自变量，令

$$\zeta_1 = \eta_1 - \eta_1^*,\quad \zeta_2 = \eta_2 - \eta_2^*$$

用 ζ_1 和 ζ_2 作为自变量，混合层流动相似性解的方程、边界条件和联结条件可写作：

$$2f'''_1 + f_1 f''_1 = 0,\quad 2f'''_2 + f_2 f''_2 = 0 \tag{10.45a}$$

$$\begin{cases} f_1(0) = f_2(0) = 0,\quad f'_1(0) = f'_2(0) \\ f''_1(0) = f''_2(0),\quad f'_1(+\infty) = 1,\quad f'_1(-\infty) = \lambda \end{cases} \tag{10.45b}$$

其中 $\lambda = U_2/U_1 \geqslant 0$. (10.45)各式是关于自变量 ζ_1 和 ζ_2 的常微分方程组，这组方程没有初等函数表示的解析解，可用数值计算的方法以及积分关系式的近似方法求解，流向速度分布如图 10.9 所示，它可近似为

$$U\eta = \frac{(U_2 - U_1)\operatorname{th}\eta}{2} + \frac{U_2 - U_1}{2}$$

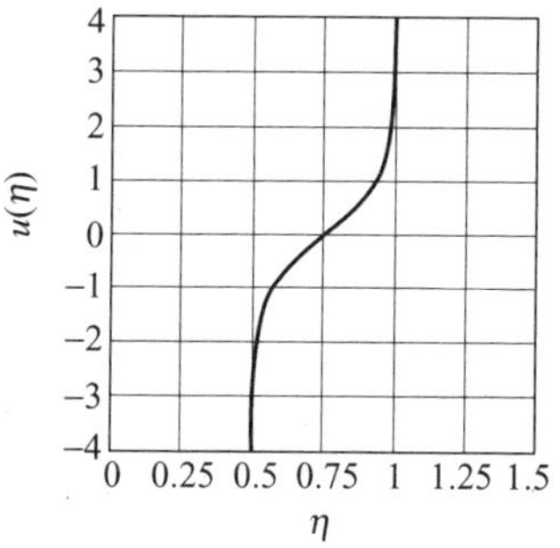

图 10.9 平面混合层的相似性速度分布

10.3 卡门动量积分关系式

虽然边界层方程是纳维-斯托克斯方程的近似方程，但它仍是非线性偏微分方程，对于不可压缩牛顿流体来说，也只有少数几种流动可以找到相似性解，如：绕平板或绕楔形物流动等. 一般情况需要用级数方法或直接数值方法求解，但工作量是相当大的. 在实际工程问题中，需要有简便的方法能够较快地估算物体表面摩擦. 边界层理论的卡门动量积分关系式就是一种积分近似法，它不要求边界层内每一点都满足边界层方程，只要在积分意义上满足边界层方程，这种近似方法在工程中得到了广泛的应用.

1. 卡门动量积分关系式

下面推导动量积分方程，不可压缩流体平面定常边界层方程为

$$\frac{\partial u}{\partial x} + \frac{\partial v}{\partial y} = 0$$

$$u\frac{\partial u}{\partial x} + v\frac{\partial u}{\partial y} = U_e\frac{\mathrm{d}U_e}{\mathrm{d}x} + \nu\frac{\partial^2 u}{\partial y^2}$$

将第一式乘 u 和第二式相加得

$$\frac{\partial u^2}{\partial x}+\frac{\partial uv}{\partial y}=U_e\frac{\mathrm{d}U_e}{\mathrm{d}x}+\nu\frac{\partial^2 u}{\partial y^2}$$

再用 $U_e(x)$ 乘连续方程可得

$$\frac{\partial uU_e}{\partial x}+\frac{\partial U_e v}{\partial y}=u\frac{\mathrm{d}U_e}{\mathrm{d}x}$$

以上两式相减后对 y 积分得

$$\int_0^\infty\frac{\partial}{\partial x}[u(U_e-u)]\mathrm{d}y+[v(U_e-u)]\big|_0^\infty$$
$$+\frac{\mathrm{d}U_e}{\mathrm{d}x}\int_0^\infty(U_e-u)\mathrm{d}y=-\nu\frac{\partial u}{\partial y}\bigg|_0^\infty$$

边界层流动的边界条件有

$$y=0:u=0,v=0;\quad y=\delta:\ u=U_e,\ \partial u/\partial y=0$$

因而以上积分式中

$$[v(u_e-u)]\big|_0^\infty=0,\quad -\nu\frac{\partial u}{\partial y}\bigg|_0^\infty=\nu\frac{\partial u}{\partial y}\bigg|_{y=0}$$

将以上各式代入积分式可得

$$\frac{\mathrm{d}}{\mathrm{d}x}\int_0^\infty[u(U_e-u)]\mathrm{d}y+\frac{\mathrm{d}U_e}{\mathrm{d}x}\int_0^\infty(U_e-u)\mathrm{d}y=\nu\frac{\partial u}{\partial y}\bigg|_{y=0}$$

而 $\mu\partial u/\partial y|_{y=0}=\tau_w$，故上式可写为

$$\frac{\mathrm{d}}{\mathrm{d}x}\int_0^\infty[u(U_e-u)]\mathrm{d}y+\frac{\mathrm{d}U_e}{\mathrm{d}x}\int_0^\infty(U_e-u)\mathrm{d}y=\frac{\tau_w}{\rho}\tag{10.46a}$$

根据位移厚度和动量损失厚度的定义式(式(10.13)、式(10.14))，式(10.46a)又可简化为

$$\frac{\mathrm{d}}{\mathrm{d}x}(U_e^2\delta_2)+U_e\frac{\mathrm{d}U_e}{\mathrm{d}x}\delta_1=\frac{\tau_w}{\rho}$$

引进形状因子 $H=\delta_1/\delta_2$，上式可写为

$$\frac{\mathrm{d}\delta_2}{\mathrm{d}x}+\frac{\delta_2}{U_e}(2+H)\frac{\mathrm{d}U_e}{\mathrm{d}x}=\frac{\tau_w}{\rho U_e^2}\tag{10.46b}$$

式(10.46b)积分关系式首先由卡门导出的，所以称为卡门动量积分关系式或动量积分方程.

动量积分关系式含有 H，δ 和 τ_w 共 3 个未知量(或者 δ_1，δ_2 和 τ_w)，显然是不封闭的. 但是，所有这些未知量都和边界层的速度分布有关，例如：τ_w 由 $\frac{\mathrm{d}u}{\mathrm{d}y}(0)$ 确定，δ_1，δ_2 由式(10.13)和式(10.14)算出. 如果给定边界层的速度分布 $u/U_\infty=f(y/\delta)$，方程(10.46b)只是一个变量 δ 的常微分方程，就很容易求解. 所以动量积分法的近似精度，依赖于假定速度分布 $u/U_\infty=f(y/\delta)$ 和实际速度分布之间的符合程度. 通常可以采用多项式近似的速度分布：

$$f(\eta)=\sum_{n=0}^{N}\alpha_n\eta^n,\quad \eta=\frac{y}{\delta}$$

式中的系数由边界层方程的边界条件确定. 例如：在壁面上，流体满足粘附条件，代入动量方程后，在壁面速度分布必须满足以下两个条件：

$$y=0:u=0,\quad \left.\frac{\partial^2 u}{\partial y^2}\right|_{y=0}=\frac{1}{\mu}\frac{\mathrm{d}p}{\mathrm{d}x}=-\frac{U_e}{\nu}\frac{\mathrm{d}U_e}{\mathrm{d}x} \tag{10.47a}$$

在边界层外缘，速度分布必须满足渐近条件，它们可表示为

$$y=\delta:u=U_e(x),\quad \frac{\partial u}{\partial y}=\frac{\partial^2 u}{\partial y^2}=\cdots=\frac{\partial^n u}{\partial y^n}=\cdots=0 \tag{10.47b}$$

一般来说，多项式的项数取得越多，速度分布的近似程度越好，实际上最重要的是壁面条件，和外缘渐近条件中的低阶导数项. 以上条件中$\left.\frac{\partial^2 u}{\partial y^2}\right|_{y=0}=\frac{1}{\mu}\frac{\mathrm{d}p}{\mathrm{d}x}$是壁面上的边界层动量方程，它使所设的速度分布和压力梯度联系起来，尤其是它可以根据顺压梯度（$\mathrm{d}p/\mathrm{d}x<0$）或者逆压梯度（$\mathrm{d}p/\mathrm{d}x>0$）确定边界层速度分布在壁面处的特征. 至于边界层外缘的渐近条件(10.46b)，可根据近似的精度要求，选定近似的阶数. 下面用边界层积分关系式来求解不可压缩流体的平板边界层流动.

2. 零压力梯度平板层流边界层问题的近似解

前面通过求解边界层偏微分方程得到了平板边界层流动相似性解的数值结果——布拉休斯解. 下面用动量积分关系式求该问题近似解. 由于平板外无粘势流是均匀流，所以有 $\mathrm{d}U_e/\mathrm{d}x=0$，也就是 $\mathrm{d}p/\mathrm{d}x=0$. 于是积分方程(10.46b)可简化为

$$\frac{\mathrm{d}\delta_2}{\mathrm{d}x}=\frac{\tau_w}{\rho U_e^2} \tag{10.48}$$

通常按以下步骤求解边界层动量积分方程.

(1) 确定速度分布

设速度分布为

$$\frac{u}{U_\infty}=f(\eta),\quad \eta=\frac{y}{\delta}$$

选取函数 f，使它们尽可能和真实速度剖面相吻合，令

$$f(\eta)=\sum_{n=0}^{N}a_n\eta^n$$

其中 $N+1$ 个系数 a_n 确定如下：令多项式满足式(10.47a)和式(10.47b)中最主要的$(N+1)$个边界条件，得到 $N+1$ 个代数方程，由此确定 a_n，以三次多项式为例：

$$f(\eta)=a\eta^3+b\eta^2+c\eta+d$$

该速度分布必须满足边界条件：

$$u\,|_{y=\delta}=U_\infty,\quad \left.\frac{\partial u}{\partial y}\right|_{y=\delta}=0,\quad u\,|_{y=0}=0,\quad \left.\frac{\partial^2 u}{\partial y^2}\right|_{y=0}=0$$

其中前两个方程是边界层外缘的渐近条件;第三个方程是壁面无滑移条件;最后一个是零压强梯度条件.它们可写作：$f(0)=0, f''(0)=0, f(1)=1, f'(1)=0$,由此可得

$$a=-\frac{1}{2},\quad b=0,\quad c=\frac{3}{2},\quad d=0$$

于是有

$$\frac{u}{U_\infty}=f(\eta)=\frac{3}{2}\eta-\frac{1}{2}\eta^3 \tag{10.49}$$

选定了 $f(\eta)$的逼近函数,并不意味着速度剖面完全确定了.因为在 η 中还包含边界层名义厚度 δ,它是 x 的未知函数.也就是说式(10.49)表示一个带有参数 $\delta(x)$的速度剖面族,为了完全确定速度剖面,需要由动量积分方程确定 $\delta(x)$.

(2) $\delta(x)$和 τ_w的确定

首先将速度剖面函数代入 δ_2公式,

$$\begin{aligned}\delta_2&=\int_0^\delta \frac{u}{U_\infty}\left(1-\frac{u}{U_\infty}\right)\mathrm{d}y=\delta\int_0^1 f(1-f)\,\mathrm{d}\eta\\&=\delta\int_0^1\left(\frac{3}{2}\eta-\frac{1}{2}\eta^3\right)\left(1-\frac{3}{2}\eta+\frac{1}{2}\eta^3\right)\mathrm{d}\eta=\frac{39}{280}\delta(x)\end{aligned}$$

然后根据壁面摩擦应力表达式可求得

$$\frac{\tau_w}{\rho}=\nu\left(\frac{\partial u}{\partial y}\right)_{y=0}=\nu\frac{U_\infty}{\delta}f'(0)=\frac{\nu U_\infty\beta}{\delta}$$

其中

$$\beta=f'(0)=\left[\frac{3}{2}-\frac{3}{2}\eta^2\right]\bigg|_{\eta=0}=\frac{3}{2}.$$

(3) 最后将 δ_2代入式(10.48)可得

$$\frac{39}{280}\frac{\mathrm{d}\delta}{\mathrm{d}x}=\frac{3\nu}{2\delta U_\infty}$$

积分上式,并注意到 $x=0,\delta=0$,可得

$$\delta=4.64\sqrt{\frac{\nu x}{U_\infty}}$$

$$\tau_w=0.323\rho U_\infty^2\sqrt{\frac{\nu}{U_\infty x}}=0.323\frac{\rho U_\infty^2}{\sqrt{Re_x}}$$

所得结果与布拉休斯精确解形式一样,只是系数略有不同,布拉休斯解的壁面剪应力公式中系数为 0.332,动量积分法的系数等于 0.323,两者相差甚微.

10.4 边界层内的流动与分离

1. 边界层内的流动及分离现象

以上介绍了普朗特边界层理论的思想,导出了边界层方程并介绍了一些解法.现

在我们进一步考察边界层内的流动,绕流物体的表面上速度等于零,因此物面附近边界层动量方程为

$$\left(\frac{\partial^2 u}{\partial y^2}\right)_0=\frac{1}{\mu}\frac{\mathrm{d}p}{\mathrm{d}x}$$

式中$(\partial^2 u/\partial y^2)_0$是边界层速度分布在物面的二阶导数,几何上说,它是速度型线在壁面处的曲率.它和$\mathrm{d}p/\mathrm{d}x$成正比.根据边界层流向压强梯度$\mathrm{d}p/\mathrm{d}x$,也就是边界层外位势流动的压强梯度,将边界层内的流动分成三种情况,如图 10.10 所示.

(1) 流动方向压强减小,即$\mathrm{d}p/\mathrm{d}x<0$的情况,这种情况称为顺压梯度区,此时$(\partial^2 u/\partial y^2)_0<0$,这种速度剖面的形状是外凸的(图 10.10 中 1,2);

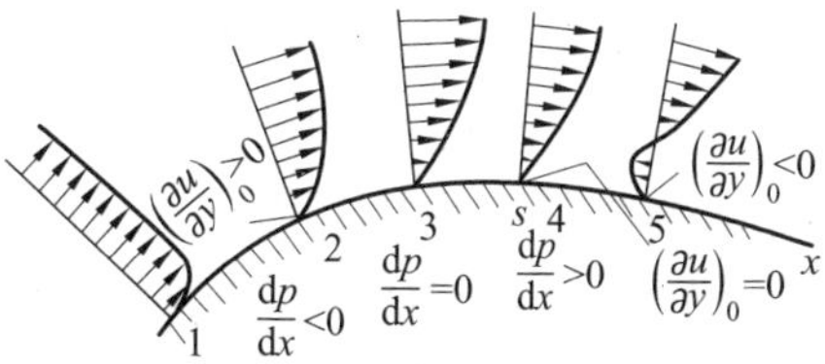

图 10.10 边界层内的流动示意图

(2) 当压强达到极限值时,即$\mathrm{d}p/\mathrm{d}x=0$,称为零压梯度,此时$(\partial^2 u/\partial y^2)_0=0$,边界层速度剖面$u(y)$在壁面上形成一个拐点(图 10.10 中 3);

(3) 流动方向上压强升高,即$\mathrm{d}p/\mathrm{d}x>0$的情况,这种情况称为逆压梯度区,此时$(\partial^2 u/\partial y^2)_0>0$,壁面附近边界层的速度剖面$u(y)$是内凹的(图 10.10 中 4).

下面进一步分析这三种流动情况下贴近壁面的流动. 流体质点在运动过程中受到两个力的作用,一是受到粘性力作用,它使流体质点减速,二是受到压强梯度的作用.在第一种情况下($\mathrm{d}p/\mathrm{d}x<0$):沿流动方向压强减少时,压强作为驱动力将抵消一部分粘性摩阻的作用,使流动不至于减速很大,壁面附近的质点仍可以向下游运动;在第三种情况下($\mathrm{d}p/\mathrm{d}x>0$),流体质点受逆压梯度作用,这时粘性力和压强梯度都使流体质点减速,甚至可使壁面附近流体质点倒流(图 10.10 中 5).

因此,边界层内的速度分布和流向的压强梯度有密切关系.当$\mathrm{d}p/\mathrm{d}x<0$的时候,整个边界层内的流体质点沿正$x$方向运动,边界层内的速度分布为$\mathrm{d}u/\mathrm{d}y>0$;壁面附近$(\partial^2 u/\partial y^2)_0<0$,边界层外缘附近始终有$(\partial^2 u/\partial y^2)_0<0$,因此边界层内的速度型线是外凸的.当$\mathrm{d}p/\mathrm{d}x=0$时,边界层速度型线在壁面上$(\partial^2 u/\partial y^2)_0=0$,就是说边界层速度型线在壁面上有拐点,但是在壁面以外仍有$(\partial^2 u/\partial y^2)_0<0$,因此速度型线仍保持凸的,并且边界层内的速度分布$\mathrm{d}u/\mathrm{d}y>0$.当边界层内开始有逆压梯度时($\mathrm{d}p/\mathrm{d}x>0$)壁面上$(\partial^2 u/\partial y^2)_0>0$,但在边界层外缘附近始终有$(\partial^2 u/\partial y^2)<0$,因此在边界层内部出现拐点,就是说边界层内必有某处$\frac{\partial^2 u}{\partial y^2}(y^*)=0$.在逆压梯度的起始阶段,壁面附近的流体质点还保持沿正x方向的运动,仍有$(\mathrm{d}u/\mathrm{d}y)_{y=0}>0$,然而$(\partial^2 u/\partial y^2)_0>0$使壁面附近速度剖面的形状出现内凹.如果沿流动方向继续保持逆压梯度,压强和壁面摩擦都使质点减速,那么就有可能在壁面上某一点处用s表示,达到$(\mathrm{d}u/\mathrm{d}y)_{y=0}=0$,在$s$点以后,近壁流体质点在逆压的作用下向后倒退形成逆流,即

$(du/dy)_{y=0}<0$，这种现象称为流动从壁面上分离，s 点称为分离点，s 点后称分离区.

以上就是边界层分离的流动过程，普朗特将 $(du/dy)_{y=0}=0$ 作为二维定常绕流边界层流动分离的判据，也称为普朗特分离判据. 分离区中倒流往往形成涡旋，分离区产生涡旋的同时，边界层迅速增厚. 从以上分析可以看出，流动分离是逆压梯度和粘性摩阻综合作用的结果，通常在顺压区是不会发生分离的，只有在逆压区内才有可能发生分离现象. 普朗特边界层方程原则上只能适用非分离区，在分离区内边界层厚度大大增加，边界层内速度分量之间的量级关系发生了变化，不再符合边界层理论的基本假设. 分离区常常伴随回流并产生不同于理想流动的压强分布，在封闭物型的定常绕流中，分离流动的压强合力产生流动阻力，这部分阻力往往大于壁面剪应力的合力，前者称为压差阻力，后者称作摩擦阻力.

边界层分离区的流动速度分布，明显地有别于非分离区的分布，因此边界层的特征量：δ_1/δ、δ_1/δ_2 也有明显变化. 可以利用 $U_e=cx^m$ 的边界层相似性解，来考察不同压强梯度的边界层流动，$m=0$ 是零压强梯度边界层流动；$m>0$ 是顺压梯度流动；$m<0$ 是逆压梯度流动. 在 $m<0$ 的逆压梯度边界层流动中就可以出现分离现象，通过整理已有的计算结果，得到在分离处，边界层的型参数 $H=\delta_1/\delta_2=3.5\sim4.0$. 在边界层动量积分公式中，常用这一参数来判断流动是否分离.

分离流动不符合边界层理论，研究分离流动应从完整的纳维-斯托克斯方程出发.

2. 绕流阻力及边界层控制

从前面粘性流体定常绕流现象的分析中，可以看到绕流物体上总的阻力由两部分组成：摩擦阻力和压差阻力. 摩擦阻力主要由粘性作用产生，对大雷诺数层流流动，摩擦阻力约与流动速度的 3/2 次方成正比. 而压差阻力是指物体前后的压强分布的合力，压差阻力与分离区大小直接相关. 当分离区很大时，压差阻力是流动阻力中的主要成分，因此控制边界层分离是减阻的途径之一.

在很多工程问题中，控制边界层分离十分重要. 如果机翼上表面分离区过大，将造成失速. 控制边界层分离的方法很多，但不外乎两大类. 一类是改变物形，控制物面上的压强梯度，从而尽量缩小分离区；例如采用细长的流线型物面. 另一类是考虑流动的内部因素，增加边界层内流体微团的动量以加强抗逆压梯度的能力，如：在壁面上吹吸流体，延缓分离，减小分离区，达到减少压差阻力的效果. 由于流动的分离点和来流的状态有关，例如，机翼上的分离点随来流的攻角而改变，因此，固定点吹气或吸气的控制方法往往不能适应变攻角的情况. 近年来，利用微型传感器测量绕流物面的流动特性（例如压强或压强梯度），根据测得的信息，在物面必要的位置实行流动控制，这种带有反馈信息的控制方法称作主动控制.

边界层控制是很有意义的实际问题，它是粘性流体力学中的专门课题.

10.5 可压缩流体定常层流边界层的主要特性

不可压缩流体边界层流动适用于液体和低速气体的绕流问题. 高速飞行器或流体机械内部的气体流动往往速度很高,尤其是高马赫数流动($Ma>1$),绕流物面的温度和热流量很大,边界层内气体的压缩性不可忽略,必须考虑气体的密度、温度和物性的变化. 关于高速气体流动的边界层问题是粘性流体力学的主要内容之一,本书概要地说明它的主要特性.

1. 可压缩边界层流动的基本方程

现在来考察常比热容完全气体的平面定常流动,即

$$\frac{\partial}{\partial t}=0,\quad \frac{\partial}{\partial z}=0,\quad w=0$$

气体状态方程为

$$p=\rho RT,\quad R=c_p-c_V,\quad e=c_VT,\quad h=c_pT$$

气体的分子粘性和分子扩散系数之比称为普朗特数 Pr:

$$Pr=\frac{\mu c_p}{\lambda}=\text{const.}$$

为了分析简化起见,假定分子粘性和分子扩散系数都是常数,不随温度变化. 在以上假定下牛顿型气体的二维定常流动服从以下方程组.

连续方程

$$\frac{\partial \rho u}{\partial x}+\frac{\partial \rho v}{\partial y}=0$$

动量方程

$$\rho u\frac{\partial u}{\partial x}+\rho v\frac{\partial u}{\partial y}=-\frac{\partial p}{\partial x}+\frac{\partial}{\partial x}\left(\mu\frac{\partial u}{\partial x}\right)+\frac{\partial}{\partial y}\left[\mu\left(\frac{\partial u}{\partial y}+\frac{\partial v}{\partial x}\right)\right]$$

$$\rho u\frac{\partial u}{\partial x}+\rho v\frac{\partial u}{\partial y}=-\frac{\partial p}{\partial y}+\frac{\partial}{\partial x}\left[\mu\left(\frac{\partial u}{\partial x}+\frac{\partial v}{\partial y}\right)\right]+\frac{\partial}{\partial y}\left(\mu\frac{\partial v}{\partial y}\right)$$

能量方程

$$\rho u\frac{\partial h}{\partial x}+\rho v\frac{\partial h}{\partial y}=u\frac{\partial p}{\partial x}+v\frac{\partial p}{\partial y}+\frac{\partial}{\partial x}\left(\lambda\frac{\partial T}{\partial x}\right)+\frac{\partial}{\partial y}\left(\lambda\frac{\partial T}{\partial y}\right)+\phi$$

ϕ 是耗散函数:

$$\phi=\mu\left[2\left(\frac{\partial u}{\partial x}\right)^2+2\left(\frac{\partial v}{\partial y}\right)^2+\left(\frac{\partial u}{\partial x}+\frac{\partial v}{\partial y}\right)^2\right]$$

与不可压缩流体边界层方程导出的方法相同,认为壁面法向的速度分量和长度尺度与流向相比小一个量级,基于这一估计,可压缩流体边界层流动的连续方程和动

量方程简化为

$$\frac{\partial \rho u}{\partial x}+\frac{\partial \rho v}{\partial y}=0 \tag{10.50}$$

$$\rho u\,\frac{\partial \rho u}{\partial x}+\rho v\,\frac{\partial u}{\partial y}=-\frac{\partial p}{\partial x}+\frac{\partial}{\partial y}\left(\mu\,\frac{\partial u}{\partial y}\right) \tag{10.51}$$

$$\frac{\partial p}{\partial y}=0+O(\varepsilon^2) \tag{10.52}$$

能量方程的简化过程中考虑到

$$v\,\frac{\partial p}{\partial y}\ll u\,\frac{\partial p}{\partial x},\quad \left|\frac{\partial v}{\partial y}\right|\gg\left|\frac{\partial v}{\partial x}\right|,\quad \left|\frac{\partial u}{\partial y}\right|\gg\left|\frac{\partial u}{\partial x}\right|,$$

$$\left|\frac{\partial}{\partial y}\left(\mu\,\frac{\partial T}{\partial y}\right)\right|\gg\left|\frac{\partial}{\partial x}\left(\mu\,\frac{\partial T}{\partial x}\right)\right|$$

由此得到可压缩边界层内能量方程的简化形式为

$$c_p\rho u\,\frac{\partial T}{\partial x}+c_p\rho v\,\frac{\partial T}{\partial y}=u\,\frac{\partial p}{\partial x}+\frac{\partial}{\partial y}\left(\lambda\,\frac{\partial T}{\partial y}\right)+\mu\left(\frac{\partial u}{\partial y}\right)^2 \tag{10.53a}$$

令 H 表示总焓，在边界层中有：$h=c_pT=H-u^2/2$，将它代入式(10.53a)，并与 u 乘动量方程所得动能方程相减，可得到边界层内总焓形式的能量方程：

$$\rho u\,\frac{\partial H}{\partial x}+\rho v\,\frac{\partial H}{\partial y}=\frac{\partial}{\partial y}\left[\mu\,\frac{\partial}{\partial y}\left(\frac{H}{Pr}+\left(1-\frac{1}{Pr}\right)\frac{u^2}{2}\right)\right] \tag{10.53b}$$

边界条件

① 速度边界条件

$$y=0:\ u=v=0;\quad y\rightarrow\infty:\ u=U_e(x) \tag{10.54}$$

② 温度边界条件

$$y=0:T=T_w=0 \tag{10.55a}$$

或

$$y=0:\frac{\partial T}{\partial y}=\dot{q}_w \tag{10.55b}$$

式(10.55a)和式(10.55b)分别对应给定壁面温度或给定壁面热流；边界层外缘的温度边界条件是

$$y\rightarrow\infty:\ T=T_e \tag{10.55c}$$

边界层内的压强 $p=p_e$，$\mathrm{d}p_e/\mathrm{d}x=-\rho_eU_e\mathrm{d}U_e/\mathrm{d}x$.

2. 可压缩流体定常层流边界层的主要特性

(1) $Pr=1$ 的可压缩边界层能量方程的积分

可压缩边界层方程的动量方程与能量方程是耦合的，需要联立求解. 在 $Pr=1$ 的条件下，能量方程有以下的特解：

$$T = T_e\left(1+\frac{\gamma-1}{2}Ma_e^2\right)-\frac{u^2}{c_p} \tag{10.56}$$

当 $Pr=1$ 时，方程(10.53b)中 $(1-1/Pr)u^2/2=0$，总焓形式的能量方程简化为

$$\rho u\frac{\partial H}{\partial x}+\rho v\frac{\partial H}{\partial y}=\frac{\partial}{\partial y}\left(\lambda\frac{\partial H}{\partial y}\right)$$

显然，此方程有一个特解：$H=$常数；而常数可由边界层外边界的衔接条件确定：

$$H=H_e=h_e+\frac{1}{2}\frac{U_e^2}{c_p}=h+\frac{1}{2}\frac{u^2}{c_p}$$

或写成温度形式：

$$h=c_pT=c_pT_e+\frac{U_e^2}{2}-\frac{u^2}{2}$$

将 c_pT_e 用声速表示(见第 7 章)，就可得式(10.56).

在壁面上 $u=0$，代入式(10.56)得壁面温度：

$$T_w=T_e+\frac{U_e^2}{2c_p}=T_e\left(1+\frac{\gamma-1}{2}Ma_e^2\right)$$

即 $Pr=1$ 时壁面温度等于边界层外缘的绝热滞止温度. 当 $Pr\neq1$ 时，绝热壁面的温度和普朗特数有关，一般有

$$T_w=T_e+\frac{U_e^2}{2c_p}=T_e\left(1+r(Pr)\frac{\gamma-1}{2}Ma_e^2\right)$$

$r(Pr)\leqslant1$ 称为恢复系数，就是说绝热壁面的温度小于边界层外缘的绝热滞止温度.

(2) 可压缩速度边界层厚度的估计

根据不可压缩边界层厚度公式，可近似估计可压缩速度边界层厚度为：$\delta\sim x/(\bar{\rho}u_ex/\bar{\mu})^{1/2}$，$\bar{\rho}$，$\bar{\mu}$ 为边界层内平均密度和平均粘度. 因边界层内压强在法向为常数，由状态方程可得：$\bar{\rho}\propto1/\bar{T}\propto1/\bar{h}$. 而且平均粘度可由幂次律计算：$\bar{\mu}=\mu_e(\bar{T}/T_e)^n\propto\mu_e(\bar{h}/h_e)^n$，因此 $\bar{\rho}/\bar{\mu}\sim(\rho_e/\mu_e)(h_e/\bar{h})^{n+1}$，代入厚度估计式，得

$$\delta\propto\frac{x}{(\bar{\rho}U_ex/\bar{\mu})^{1/2}}\left(\frac{\bar{h}}{h_e}\right)^{\frac{n+1}{2}}=\frac{x}{\sqrt{Re_x}}\left(\frac{\bar{h}}{h_e}\right)^{\frac{n+1}{2}}$$

式中 Re_x 为边界层特征雷诺数. 当 Pr 等于 1 时，可由能量方程近似积分得到 $\bar{h}=h_e+U_e^2/2-\overline{u^2}/2>h_e$，因 $U_e^2/2-\overline{u^2}/2>0$，所以 $\bar{h}/h_e>1$，于是有

$$\delta_{\text{com}}\propto\frac{x}{\sqrt{Re_x}}\left(\frac{\bar{h}}{h_e}\right)^{\frac{n+1}{2}}>\left(\frac{x}{\sqrt{Re_x}}\right)_{\text{in}}$$

式中下标 com 表示可压缩，in 表示不可压缩. 容易理解马赫数越大，$U_e^2/2-u^2/2$ 值越大，$\bar{h}/h_e$ 也越大，就是说当雷诺数不变时，高马赫数可压缩边界层厚度远大于不可压缩边界层的厚度，即 $\delta_{\text{com}}\gg\delta_{\text{in}}$.

(3) 温度边界层厚度估计

在气体边界层中温度和速度一样从壁面渐近变化到来流温度，称为温度边界层.

可以通过能量方程的量级分析估计温度边界层.

若温度边界层厚度用 δ_T 表示,它的量级也是: $\delta_T/L=\varepsilon\ll 1$. 将温度边界层方程无量纲化,温度特征量为: U_∞^2/c_p,其他特征量和速度边界层相同. 代入能量方程并整理可得

$$\bar{\rho}\,\bar{u}\,\frac{\partial \bar{T}}{\partial \bar{x}}+\bar{\rho}\,\bar{v}\,\frac{\partial \bar{T}}{\partial \bar{y}}=\bar{u}\,\frac{\partial \bar{p}}{\partial \bar{x}}+\frac{1}{\varepsilon^2}\,\frac{\lambda_\infty}{c_p\rho_\infty L u_\infty}\,\frac{\partial}{\partial \bar{y}}\left(\bar{\lambda}\,\frac{\partial \bar{T}}{\partial \bar{y}}\right)+\frac{\mu_\infty\bar{\mu}}{\varepsilon^2\rho_\infty L u_\infty}\left(\frac{\partial \bar{u}}{\partial \bar{y}}\right)^2$$

各项量级应当相当,最后两项的系数必须同一量级:

$$\frac{1}{\varepsilon^2}\,\frac{\lambda_\infty}{c_p\rho_\infty L u_\infty}=\frac{1}{\varepsilon^2}\,\frac{\mu_\infty}{\rho_\infty L u_\infty}\,\frac{\lambda_\infty}{c_p\mu_\infty}=\frac{1}{\varepsilon^2}\,\frac{1}{Re}\,\frac{1}{Pr}$$

所以温度边界层的厚度应为

$$\varepsilon^2\propto\left(\frac{\delta_T}{L}\right)^2\propto\frac{1}{Re}\,\frac{1}{Pr}$$

即温度边界层的厚度有以下估计:

$$\delta_T\propto L\sqrt{\frac{1}{RePr}}$$

而速度边界层厚度是: $\delta_T\propto L/\sqrt{Re}$,所以两种边界层厚度之比为

$$\delta_T/\delta\propto 1/\sqrt{Pr}$$

由此可得出结论: 温度边界层的厚度和速度边界层厚度之比与普朗特数的平方根成反比. 常见气体: $Pr<1$,因此 $\delta_T>\delta$.

通过以上分析,高速气体的可压缩边界层具有以下特点.

(1) 在壁面上气体速度等于零,对边界层流动产生强烈的滞止作用,由于流体的粘性耗散,物面附近的气体温度升高;

(2) 可压缩气体速度边界层厚度大于相等雷诺数下的不可压缩边界层;

(3) 气体绕流的温度边界层厚度大于速度边界层厚度;

(4) 气体边界层内,流体的密度、粘度和导热系数都是变量,这种情况下,连续方程、动量方程和能量方程是耦合的,必须联立求解.

10.6 绕平板定常湍流边界层

采用布西内斯克涡粘模型封闭雷诺应力,二维定常雷诺方程可写作(省略平均符号):

$$u\,\frac{\partial u}{\partial x}+v\,\frac{\partial u}{\partial y}=-\frac{1}{\rho}\,\frac{\partial p}{\partial x}+\frac{\partial}{\partial x}\left[2(\nu+\nu_t)\,\frac{\partial u}{\partial x}\right]+\frac{\partial}{\partial y}\left[(\nu+\nu_t)\left(\frac{\partial u}{\partial y}+\frac{\partial v}{\partial x}\right)\right] \tag{10.57a}$$

$$u\frac{\partial v}{\partial x}+v\frac{\partial v}{\partial y}=-\frac{1}{\rho}\frac{\partial p}{\partial y}+\frac{\partial}{\partial x}\left[(\nu+\nu_t)\left(\frac{\partial u}{\partial y}+\frac{\partial v}{\partial x}\right)\right]$$
$$+\frac{\partial}{\partial y}\left[2(\nu+\nu_t)\frac{\partial \nu}{\partial y}\right] \tag{10.57b}$$

$$\frac{\partial u}{\partial x}+\frac{\partial v}{\partial y}=0 \tag{10.57c}$$

式中 ν_t 是涡粘系数. 除贴近壁面外, $\nu_t \gg \nu$, 一般情况, $\nu_t/\nu \sim 10^2$, 即湍流的涡粘系数总是远大于分子粘性系数. 在 $Re_x=U_\infty x/\nu \gg 1$ 的情况下,以涡粘系数为特征量的雷诺数仍然很大,即仍有 $(Re)_T=U_\infty L/\nu_t \gg 1$. 例如当 $Re_L=U_\infty x/\nu=10^8$, $Re_T \sim 10^6$. 对于湍流平均运动来说,仍然存在以湍流粘性主宰的很薄边界层. 层流边界层运动的概念,如边界层厚度等,在平均意义上可推广到湍流边界层中. 利用边界层近似的方法,忽略流向的层流和湍流粘性输运,可导出湍流薄层方程:

$$u\frac{\partial u}{\partial x}+\nu\frac{\partial u}{\partial y}=-\frac{1}{\rho}\frac{\partial p}{\partial x}+\frac{\partial}{\partial y}\left[(\nu+\nu_t)\frac{\partial u}{\partial y}\right] \tag{10.58a}$$

$$\frac{\partial}{\partial y}(p+\langle v'v'\rangle)=0 \tag{10.58b}$$

$$\frac{\partial u}{\partial x}+\frac{\partial v}{\partial y}=0 \tag{10.58c}$$

可以用混合长度模式或 k-ε 模式计算涡粘系数,但是需要用数值计算方法得到以上方程的解,它属于计算流体力学的内容. 作为一种简易的近似方法,动量积分方程是常用的计算湍流摩阻的工程方法. 从雷诺平均的湍流边界层方程出发,可导出湍流边界层的平均动量积分方程为(读者可仿效层流边界层的卡门-霍华斯方程的推导,导出以下方程):

$$\frac{d\delta_2}{dx}+\frac{\delta_2}{U_e}(2+H)\frac{dU_e}{dx}=\frac{\tau_w}{\rho U_e^2} \tag{10.59a}$$

式中 δ_2 为湍流边界层平均流动的动量厚度, τ_w 是壁面剪应力, $H=\delta_1/\delta_2$ 称为湍流边界层的型参数.

湍流平板边界层流动中 $U_e=U_\infty=$ 常数,因此方程(10.59a)可简化为

$$\frac{d\delta_2}{dx}=\frac{\tau_w}{\rho U_\infty^2} \tag{10.59b}$$

δ_2 和 τ_w 分别为

$$\delta_2=\int_0^\delta \frac{u}{U_\infty}\left(1-\frac{u}{U_\infty}\right)dy \tag{10.60}$$

$$\tau_w=\mu\left(\frac{\partial u}{\partial y}\right)_{y=0} \tag{10.61}$$

式中 $u(y)$ 是湍流边界层中平均流向速度分布, μ 是分子粘性系数. 如果已知湍流边界层中的平均速度分布,则由以上三式就可以求出边界层厚度和壁面剪应力的分布.

在第9章湍流圆管流动中已经介绍过，除了十分贴近固壁的流域中，固壁附近湍流平均运动的速度分布为对数型：

$$\frac{u}{u_\tau} = A\ln\frac{yu_\tau}{\nu} + B \tag{10.62}$$

式中 $u_\tau = \sqrt{\tau_w/\rho}$ 是壁面摩擦速度，在平板边界层中对数速度剖面表达式中常数 A，B 和圆管湍流中略有不同，常用值为：$A=0.4$，$B=5.0$. 将对数速度分布公式(10.62)代入式(10.60)，得

$$\begin{aligned}\frac{\delta_2}{\delta} &= \int_0^1 \frac{u}{U_\infty}\left(1-\frac{u}{U_\infty}\right)\mathrm{d}\,\frac{y}{\delta}\\ &= \frac{u_\tau^2}{U_\infty^2}\int_0^1 \frac{u}{u_\tau}\left(\frac{U_\infty}{u_\tau}-\frac{u}{u_\tau}\right)\mathrm{d}\,\frac{y}{\delta}\\ &= A\,\frac{u_\tau}{U_\infty} - 2A^2\left(\frac{u_\tau}{U_\infty}\right)^2 \end{aligned}\tag{10.63}$$

另外，由对数速度分布可以得到 u_τ/U_∞ 的隐式关系，将 δ 代入式(10.62)，得

$$\frac{U_\infty}{u_\tau} = A\ln\frac{\delta u_\tau}{\nu} + B \tag{10.64}$$

最后，式(10.59b)可改写为

$$\frac{\mathrm{d}\delta_2}{\mathrm{d}x} = \frac{u_\tau^2}{U_\infty^2} \tag{10.65}$$

方程(10.65)的初始条件是：$x=0$，$\delta_2=0$. 联立式(10.63)～式(10.65)就可解出三个未知量 $\delta(x)$，$\delta_2(x)$和 $u_\tau(x)$. 由于式(10.64)是隐式代数方程，以上联立方程只能用数值方法解出. 在大量数值和实验结果的基础上，人们将式(10.64)用近似显式公式表示：

$$\left(\frac{u_\tau}{U_\infty}\right)^2 = 0.00655\left(\frac{U_\infty\delta_2}{\nu}\right)^{-1/6}$$

将它代入方程(10.65)就可得到 $\delta_2(x)$和 $u_\tau(x)$的显式公式：

$$\left(\frac{U_\infty\delta_2}{\nu}\right) = 0.0153\left(\frac{U_\infty x}{\nu}\right)^{6/7} \tag{10.66}$$

以及

$$\left(\frac{u_\tau}{U_\infty}\right)^2 = 0.0131\left(\frac{U_\infty x}{\nu}\right)^{-1/7} \tag{10.67}$$

表面局部摩阻系数 $C_f = \dfrac{\tau_w}{\rho U_\infty^2/2} = 2\,\dfrac{u_\tau^2}{U_\infty^2}$，由式(10.67)很容易导出局部摩阻系数公式如下：

$$C_f = 0.0263\left(\frac{U_\infty x}{\nu}\right)^{-1/7} \tag{10.68}$$

长为 L 的平板平均摩阻系数 C_D 由式(10.66)积分求出：

$$C_D = \frac{1}{L}\int_0^L C_f \mathrm{d}x = 0.0307\left(\frac{U_\infty L}{\nu}\right)^{-1/7} \tag{10.69}$$

湍流边界层中也可应用平均速度的幂函数分布公式.借用圆管湍流中速度分布的幂函数近似和壁面剪应力的布拉休斯公式：

$$\frac{u}{U_0} = \left(\frac{y}{R}\right)^n$$

和

$$\frac{\tau_w}{\rho U_0^2} = 0.0225\left(\frac{\nu}{U_0\delta}\right)^{1/4}$$

当 $Re = U_0R/\nu < 10^6$ 时，$n = 1/7$. 因为壁面附近的湍流平均运动有相似的性质，将以上公式中 U_0 和 R 分别换成边界层中的 U_∞ 和 δ，就得到平板湍流边界层速度分布的幂函数近似式如下：

$$\frac{u}{U_\infty} = \left(\frac{y}{\delta}\right)^n$$

以及

$$\frac{\tau_w}{\rho U_\infty^2} = 0.0225\left(\frac{\nu}{U_\infty\delta}\right)^{1/4}$$

将速度分布公式代入动量厚度公式(10.63)得

$$\delta_2 = 7\delta/72$$

将它和剪应力公式代入动量积分式(10.65)，得

$$(7/72)\left(\frac{\mathrm{d}\delta}{\mathrm{d}x}\right) = 0.0225\left(\frac{\nu}{U_\infty\delta}\right)^{1/4}$$

积分的初始条件为：$x=0$，$\delta=0$，积分结果得

$$\delta = 0.37\left(\frac{\nu}{U_\infty}\right)\left(\frac{U_\infty x}{\nu}\right)^{4/5}$$

代入剪应力公式，得局部摩阻系数

$$C_f = \frac{\tau_w}{\rho U_\infty^2/2} = 0.0578\left(\frac{U_\infty x}{\nu}\right)^{-1/5}$$

长 L 平板的平均阻力系数

$$C_D = \frac{\int_0^L C_f \mathrm{d}x}{L} = 0.072\left(\frac{U_\infty L}{\nu}\right)^{-1/5}$$

实验证实，在 $Re_x < 10^7$ 时，速度分布的幂函数近似公式是足够好的；当 $Re_x > 10^7$ 后，对数速度分布公式和实际符合较好.

和层流边界层对比，湍流边界层厚度沿流向的增长为 δ，$\delta \propto (\nu/U_\infty)(Re_x)^{4/5}$，它远远大于层流边界层 δ，$\delta \propto (\nu/U_\infty)(Re_x)^{1/2}$；湍流边界层的壁面摩擦系数 C_D ($C_D \propto (U_\infty L/\nu)^{-1/5}$) 也远远大于层流边界层的摩擦系数 C_D ($C_D \propto (U_\infty L/\nu)^{-1/2}$).

读者可以发现应用动量积分公式计算湍流边界层时和求解层流边界层的动量方

程有所不同，我们除了给出近似速度分布外，还需要有壁面摩擦系数和湍流特征量之间的关系. 这是因为湍流边界层中的 τ_w 等于等雷诺应力层中的雷诺应力，它需要模型来封闭. 在应用动量积分方程求解时，就需要补充壁面摩擦应力的经验关系式.

最后，在实际边界层流动中，从边界层前缘开始，流动是由层流发展到湍流. 因此计算时，需要判断何处开始边界层是湍流. 前面已经陈述过，流动从层流到湍流是一个过程，而这一过程十分复杂，至今尚无法用理论方法来预测. 常用的方法是线性稳定性理论和实验相结合来提供层流到湍流转捩点的经验性的预估公式，并假定转捩点以前边界层完全是层流，转捩点以后边界层完全是湍流. 从流动的线性稳定性理论的讨论中，我们已经知道，平行流动的失稳主要和流动的速度剖面以及特征雷诺数有关，在平板边界层中上述两个因素都和边界层的厚度有关. 一个工程常用的转捩点的预估公式为塞贝西-史密斯(Cebeci-Smith)公式：

$$(Re_\theta)_{\text{tr}} = \frac{U_e\theta_{\text{tr}}}{\nu} = 1.174\left(1+\frac{22400}{(Re_x)_{\text{tr}}}\right)(Re_x)_{\text{tr}}^{0.46} \tag{10.70}$$

式中 $Re_x=U_ex/\nu$ 是边界层的流向雷诺数，θ 是边界层的动量损失厚度，下标"tr"表示转捩点. 式(10.70)的具体应用如下：从层流边界层计算开始，计算每个流向位置 x 的动量损失厚度 $\theta(x)$ 和相应的雷诺数 Re_θ，当 Re_θ 和 Re_x 满足式(10.70)时，就认为层流边界层转捩为湍流. 在转捩点后 $x>x_{\text{tr}}$，应用湍流边界层方程进行计算.

习　题

10.1 证明：边界层内任意一个 $x=\text{const.}$ 的截面上有

(1) $\delta>\delta_1>\delta_2$；

(2) $\delta>\delta_1+\delta_2$；

上述结论是否适用于不定常流动？是否适用于可压缩流动？

10.2 $\mu=0.731\text{Pa}\cdot\text{s}$，$\rho=925\text{kg/m}^3$ 的油，以 0.6m/s 的速度平行地流过一块长为 0.5m、宽为 0.15m 的光滑平板. 求边界层最大厚度及平板所受的阻力.

10.3 假定层流边界层的速度分布如下，请计算边界层的排挤厚度 δ_1 和动量损失厚度 δ_2.

(1) $u=U\dfrac{y}{\delta}$，$y<\delta$；$u=U$，$y>\delta$；

(2) $u=U\left[\dfrac{3}{2}\dfrac{y}{\delta}-\dfrac{1}{2}\left(\dfrac{y}{\delta}\right)^3\right]$，$y<\delta$；$u=U$，$y>\delta$.

10.4 用动量积分关系式计算 10.3 题假定的边界层速度分布的壁面摩阻系数.

10.5 假设平板层流边界层内速度分布为 $u/U_e=a+b\sin(cy/\delta)$，式中 a,b,c 为待定常数，试用动量积分关系式方法求 δ_1/δ_2 和 C_D.

10.6 已知层流边界层的外边界速度分布 $U_e=U_\infty(1-x/L)$，求分离点位置 x_s/L. 又若流体的运动粘性系数为 μ，求 $x/L=0.0888$ 处的 δ_1，δ_2 和 C_f.

10.7 假设平板湍流边界层内统计平均速度分布为 1/10 次方规律，并设全平板为湍流，用动量积分关系式证明其结果为：$\delta/x=0.239Re_x^{-0.154}$，$C_D=0.0362Re_L^{-0.154}$.

10.8 一块长为 6m、宽为 2m 的光滑平板，平行地放置在来流速度为 60m/s，温度为 293K 的空气流中，已知边界层流动的临界 Re 为 10^6（即 $Re<10^6$ 用层流公式计算，$Re>10^6$ 用湍流公式计算）. 求平板所受阻力.

10.9 温度为 293K 的空气以 30m/s 速度平行地流过 2m 长的光滑平板，已知临界 Re 为 5×10^5. 试估算离平板前缘 1m 处的边界层厚度以及尾缘处的边界层厚度.

10.10 流线型火车长 110m、宽 2.75m、高 2.75m，假定顶部及所有侧面的表面摩擦力相当于长 110m、宽 8.25m 的光滑平板的一个表面. 火车以 160km/h 的速度在空气中等速行驶，空气密度 $\rho=1.22\text{kg/m}^3$，粘度 $\mu=1.79\times10^{-5}\text{Pa}\cdot\text{s}$，如临界 Re 为 5×10^5. 问层流边界层能维持多长？火车为克服风的摩擦阻力，消耗的功率为多少？

10.11 10.10 题中如选用 1/10 次方速度分布规律，试计算火车为克服风的摩擦阻力所消耗的功率.

思 考 题

S10.1 在风洞工作段（没有模型）中要达到流向压强梯度等于零，可以采用外扩工作段壁面的方法，为什么？如何计算扩张量？也可采用壁面吸气的方法，为什么？吸气量怎么计算？

S10.2 温度边界层的厚度和速度边界层厚度之比，哪个大？

S10.3 在高雷诺数圆球绕流中，为什么提高来流的湍流度可以使圆球阻力减小？为什么在前半圆球处施加壁面扰动，也可使圆球阻力减小？

S10.4 在机翼绕流或其他钝体绕流中，分离点附近吸气或吹气都能减小阻力，为什么？

附　录

Ⅰ　张量(包括向量)运算基础

1. 正交直线坐标基矢量的运算公式

(1) 克罗内克尔(Kronecker)符号 δ

任意两个正交坐标基矢量点积用 δ_{ij} 表示,称为 kronecker δ:

$$\delta_{ij} = \boldsymbol{e}_i \cdot \boldsymbol{e}_j = \begin{cases} 0, & i \neq j \\ 1, & i = j \end{cases}, \quad i,j = 1,2,3$$

式中 i,j 是自由指标,δ_{ij} 可写作:

$$\delta_{11} = \delta_{22} = \delta_{33} = 1$$

$$\delta_{23} = \delta_{32} = \delta_{12} = \delta_{21} = \delta_{13} = \delta_{31} = 0$$

(2) 置换符号

任意两个正交单位向量叉积可表示为

$$\boldsymbol{e}_i \times \boldsymbol{e}_j = \varepsilon_{ijk} \boldsymbol{e}_k$$

式中 ε_{ijk} 称为置换符号,也称为里奇(Ricci)符号,其数值如下:

$$\varepsilon_{ijk} = \begin{cases} 0 & (\text{Ⅰ}.1) \\ 1 & (\text{Ⅰ}.2) \\ -1 & (\text{Ⅰ}.3) \end{cases}$$

式(Ⅰ.1)对应 i,j,k 中有 2 个或 3 个相同指标;式(Ⅰ.2)对应 i,j,k 按 123123…顺序排列;式(Ⅰ.3)对应 i,j,k 按 132132…逆序排列. 由此可知 ε_{ijk} 中任意两个自由

指标对换，相应的量相差一个负号，如 $\varepsilon_{123}=-\varepsilon_{213}$.

2. 坐标基的转换公式

两直角坐标基 $\boldsymbol{e}_i$ 和 $\boldsymbol{e}_i'$间有以下关系：

$$\boldsymbol{e}_i=\alpha_{ji}\boldsymbol{e}_j',\quad \boldsymbol{e}_i'=\alpha_{ij}\boldsymbol{e}_j$$

直角坐标基变换系数 α_{ij} 是对应坐标轴间的方向余弦（见表 1），并有以下性质：

$$\alpha_{ij}^{-1}=\alpha_{ij}^{\mathrm{T}},\quad \alpha_{im}\alpha_{jm}=\delta_{ij}$$

表 1　坐标轴间方向余弦

	$\boldsymbol{e}_1$	$\boldsymbol{e}_2$	$\boldsymbol{e}_3$
$\boldsymbol{e}_1'$	α_{11}	α_{12}	α_{13}
$\boldsymbol{e}_2'$	α_{21}	α_{22}	α_{23}
$\boldsymbol{e}_3'$	α_{31}	α_{32}	α_{33}

3. 坐标变换公式

任意两个坐标基 $\boldsymbol{e}_i$ 和 $\boldsymbol{e}_i'$中的位置向量 $\boldsymbol{x}$ 和 $\boldsymbol{x}'$有以下的转换公式：

$$x_i=\alpha_{ji}x_j',\quad x_i'=\alpha_{ij}x_j$$

4. 向量和张量的定义

根据标量、向量和张量在坐标变换中的性质来定义向量和张量.

(1) 标量

和空间点有关的物理量 $\varphi(x_1,x_2,x_3)$，若它在直角坐标变换 $x_i=\alpha_{ji}x_j'$时满足 $\varphi(x_1,x_2,x_3)=\varphi(x_1',x_2',x_3')$，即其值不因坐标的刚性转动而变，则 φ 为一个标量.

(2) 向量

a_1,a_2,a_3 是直角坐标系 $Ox_1x_2x_3$ 中的 3 个量，如果它们根据 $a_i'=\alpha_{ij}a_j$ 变换到另一坐标系 $Ox_1'x_2'x_3'$中的 3 个量 a_1',a_2',a_3'，则此 3 个量定义一个向量 $\boldsymbol{a}$.

(3) 张量

p_{lm} 是直角坐标系 $Ox_1x_2x_3$ 中的 9 个量，如果它按照下列公式

$$p_{ij}'=\alpha_{il}\alpha_{jm}p_{lm}$$

转换为另一个直角坐标系 $Ox_1'x_2'x_3'$中的 9 个量 p_{ij}'，则此 9 个量称为笛卡儿二阶张量，简称二阶张量. 推广到 n 阶张量定义如下.

设在每一个坐标系内给出 3^n 个量 $p_{j_1j_2\cdots j_n}$，当坐标变换时，这些量按公式

$$p_{i_1i_2\cdots i_n}'=\alpha_{i_1j_1}\alpha_{i_2j_2}\cdots\alpha_{i_nj_n}p_{j_1j_2\cdots j_n}$$

转换，则此 3^n 个量定义了一个 n 阶张量. 由此可看出：$n=0$ 时，张量的分量只有一个，且满足：$p'=p$ 的关系，因此是一个标量，故可视标量为零阶张量. 当 $n=1$ 时，张

量有 3 个分量，且满足：$p'_{l_1}=\alpha_{l_1m_1}p_{m_1}$ 的关系，因此它是一个向量，可视向量为一阶张量.

5. 张量识别定理

定理Ⅰ.1　若 $p_{i_1i_2\cdots i_n;j_1j_2\cdots j_m}$ 和任意 m 阶张量 $q_{j_1j_2\cdots j_m}$ 的内积

$$p_{i_1i_2\cdots i_n;j_1j_2\cdots j_m}q_{j_1j_2\cdots j_m}=t_{i_1i_2\cdots i_n}$$

恒为 n 阶张量，则 $p_{i_1i_2\cdots i_n;j_1j_2\cdots j_m}$ 必为 $m+n$ 阶张量，上式中重复下标求和.

定理Ⅰ.2　若 $p_{i_1i_2\cdots i_n}$ 和任意 m 阶张量 $q_{j_1j_2\cdots j_m}$ 的乘积

$$p_{i_1i_2\cdots i_n}q_{j_1j_2\cdots j_m}=t_{i_1i_2\cdots i_n;j_1j_2\cdots j_m}$$

恒为 $n+m$ 阶张量，则 $p_{i_1i_2\cdots i_n}$ 必为 n 阶张量.

例Ⅰ.1　任何向量 a_i 和克罗内克尔符号 δ_{ij} 乘积为 $a_i=\delta_{ij}a_j$，因此根据张量识别定理知克罗内克尔符号 δ_{ij} 是二阶张量. 坐标基变换系数也是二阶张量，又称转动张量，常用 $\boldsymbol{Q}$ 表示. 转动张量是正交的，因为它和它的转置张量 $\boldsymbol{Q}^{\mathrm{T}}$ 之积是克罗内克尔符号 δ_{ij}. 同理，用张量识别定理可以证明 ε_{ijk} 是三阶张量.

定义Ⅰ.1　并矢：两向量 $\boldsymbol{a}=a_i\boldsymbol{e}_i$ 和 $\boldsymbol{b}=b_i\boldsymbol{e}_i$ 的下列乘积运算定义为并矢，并用 $\boldsymbol{ab}$ 表示：

$$\boldsymbol{ab}=a_ib_j\boldsymbol{e}_i\boldsymbol{e}_j$$

用张量识别定理也可证明并矢是二阶张量.

6. 向量代数运算公式

$$\boldsymbol{a}\pm\boldsymbol{b}=a_i\boldsymbol{e}_i\pm b_i\boldsymbol{e}_i=(a_i\pm b_i)\boldsymbol{e}_i$$

$$\boldsymbol{a}\cdot\boldsymbol{b}=a_i\boldsymbol{e}_i\cdot b_j\boldsymbol{e}_j=a_ib_j\boldsymbol{e}_i\cdot\boldsymbol{e}_j=a_ib_j\delta_{ij}=a_ib_i$$

$$\boldsymbol{a}\times\boldsymbol{b}=a_i\boldsymbol{e}_i\times b_j\boldsymbol{e}_j=a_ib_j\boldsymbol{e}_i\times\boldsymbol{e}_j=a_ib_j\varepsilon_{ijk}\boldsymbol{e}_k=\begin{vmatrix}\boldsymbol{e}_1&\boldsymbol{e}_2&\boldsymbol{e}_3\\a_1&a_2&a_3\\b_1&b_2&b_3\end{vmatrix}$$

$$\boldsymbol{a}\cdot(\boldsymbol{b}\times\boldsymbol{c})=(\boldsymbol{a}\times\boldsymbol{b})\cdot\boldsymbol{c}=\boldsymbol{c}\cdot(\boldsymbol{a}\times\boldsymbol{b})=(\boldsymbol{c}\times\boldsymbol{a})\cdot\boldsymbol{b}$$

$$\boldsymbol{a}\times(\boldsymbol{b}\times\boldsymbol{c})=(\boldsymbol{a}\cdot\boldsymbol{c})\boldsymbol{b}-(\boldsymbol{a}\cdot\boldsymbol{b})\boldsymbol{c}$$

$$(\boldsymbol{a}\times\boldsymbol{b})\cdot(\boldsymbol{c}\times\boldsymbol{d})=(\boldsymbol{a}\cdot\boldsymbol{c})(\boldsymbol{b}\cdot\boldsymbol{d})-(\boldsymbol{b}\cdot\boldsymbol{c})(\boldsymbol{a}\cdot\boldsymbol{d})$$

7. 二阶张量代数运算

(1) 二阶张量代数运算公式(用并矢表示)

$$\boldsymbol{ab}\pm\boldsymbol{cd}=(a_ib_j\pm c_id_j)\boldsymbol{e}_i\boldsymbol{e}_j$$

$$\boldsymbol{a}\cdot\boldsymbol{bc}=(\boldsymbol{a}\cdot\boldsymbol{b})\boldsymbol{c}=\boldsymbol{c}(\boldsymbol{b}\cdot\boldsymbol{a})$$

$$\boldsymbol{ab}\cdot\boldsymbol{cd}=\boldsymbol{a}(\boldsymbol{b}\cdot\boldsymbol{c})\boldsymbol{d}=(\boldsymbol{b}\cdot\boldsymbol{c})\boldsymbol{ad}=\boldsymbol{ad}(\boldsymbol{c}\cdot\boldsymbol{b})$$

$$\boldsymbol{c}\cdot\boldsymbol{ab}\cdot\boldsymbol{d}=(\boldsymbol{c}\cdot\boldsymbol{a})(\boldsymbol{b}\cdot\boldsymbol{d})=(\boldsymbol{b}\cdot\boldsymbol{d})(\boldsymbol{c}\cdot\boldsymbol{a})=(\boldsymbol{d}\cdot\boldsymbol{b})(\boldsymbol{a}\cdot\boldsymbol{c})$$

$$\boldsymbol{ab}\times\boldsymbol{c}=\boldsymbol{a}(\boldsymbol{b}\times\boldsymbol{c})$$

（2）二阶张量分量的变换式

按张量定义：

$$\boldsymbol{B}=b_{ij}\boldsymbol{e}_i\boldsymbol{e}_j=b_{i'j'}\boldsymbol{e}_{i'}\boldsymbol{e}_{j'}$$

式中 b_{ij} 和 $b_{i'j'}$ 分别是对应于两个坐标系中的张量分量，其对应的坐标变换为

$$b_{i'j'}=\boldsymbol{e}'_i\cdot(b_{lm}\boldsymbol{e}_l\boldsymbol{e}_m)\cdot\boldsymbol{e}'_j=b_{lm}(\boldsymbol{e}'_i\cdot\boldsymbol{e}_l)(\boldsymbol{e}'_j\cdot\boldsymbol{e}_m),\quad i',j'=1,2,3$$

$$b_{ij}=\boldsymbol{e}_i\cdot(b_{l'm'}\boldsymbol{e}'_l\boldsymbol{e}'_m)\cdot\boldsymbol{e}_j=b_{l'm'}(\boldsymbol{e}_i\cdot\boldsymbol{e}'_l)(\boldsymbol{e}_j\cdot\boldsymbol{e}'_m),\quad i,j=1,2,3$$

基向量点乘结果参见表 1.

8. 向量场的微分运算公式

（1）哈密顿（Hamilton）算子 ∇

哈密顿算子是一个具有微分和向量双重运算的算子，哈密顿算子在直角坐标系中的表达式为

$$\nabla=\boldsymbol{i}\frac{\partial}{\partial x}+\boldsymbol{j}\frac{\partial}{\partial y}+\boldsymbol{k}\frac{\partial}{\partial z}=\boldsymbol{e}_i\frac{\partial}{\partial x_i}$$

（2）定义

① 标量和向量的梯度

标量 φ 的梯度在直角坐标系中表示为

$$\mathrm{grad}\varphi=\boldsymbol{i}\frac{\partial\varphi}{\partial x}+\boldsymbol{j}\frac{\partial\varphi}{\partial y}+\boldsymbol{k}\frac{\partial\varphi}{\partial z}=\nabla\varphi$$

向量 $\boldsymbol{b}$ 的梯度在直角坐标系中表示为

$$\mathrm{grad}\boldsymbol{b}=\boldsymbol{i}\frac{\partial\boldsymbol{b}}{\partial x}+\boldsymbol{j}\frac{\partial\boldsymbol{b}}{\partial y}+\boldsymbol{k}\frac{\partial\boldsymbol{b}}{\partial z}=\nabla\boldsymbol{b}$$

② 向量和二阶张量的散度

在直角坐标系中向量 $\boldsymbol{a}$ 在 M 点的散度用 $\mathrm{div}\boldsymbol{a}$ 表示：

$$\mathrm{div}\boldsymbol{a}=\frac{\partial a_x}{\partial x}+\frac{\partial a_y}{\partial y}+\frac{\partial a_z}{\partial z}=\nabla\cdot\boldsymbol{a}=\frac{\partial a_i}{\partial x_i}$$

在直角坐标系中二阶张量 $\boldsymbol{B}$ 的散度用 $\mathrm{div}\boldsymbol{B}$ 表示：

$$\mathrm{div}\boldsymbol{B}=\frac{\partial\boldsymbol{B}_x}{\partial x}+\frac{\partial\boldsymbol{B}_y}{\partial y}+\frac{\partial\boldsymbol{B}_y}{\partial z}=\nabla\cdot\boldsymbol{B}$$

向量的散度是标量，二阶张量的散度是向量.

③ 向量的旋度

向量的旋度用 $\mathrm{rot}\boldsymbol{a}$ 或 $\mathrm{curl}\boldsymbol{a}$ 表示，在直角坐标系中可表示为

$$\mathrm{rot}\boldsymbol{a}=\boldsymbol{i}\left(\frac{\partial a_z}{\partial y}-\frac{\partial a_y}{\partial z}\right)+\boldsymbol{j}\left(\frac{\partial a_x}{\partial z}-\frac{\partial a_z}{\partial x}\right)+\boldsymbol{k}\left(\frac{\partial a_y}{\partial x}-\frac{\partial a_x}{\partial y}\right)$$

$$= \nabla \times \boldsymbol{a} = \varepsilon_{ijk} \boldsymbol{e}_k \frac{\partial a_j}{\partial x_i}$$

(3) 常用哈密顿算子运算微分公式

$$\nabla(\varphi + \psi) = \nabla\varphi + \nabla\psi$$

$$\nabla(\varphi\psi) = \varphi\nabla\psi + \psi\nabla\varphi$$

$$\nabla F(\varphi) = F'(\varphi)\nabla\varphi, \text{例如} \nabla\varphi(r) = \varphi'(r)\frac{\boldsymbol{r}}{r}$$

$$\nabla \cdot (\boldsymbol{a} + \boldsymbol{b}) = \nabla \cdot \boldsymbol{a} + \nabla \cdot \boldsymbol{b}$$

$$\nabla \cdot (\varphi \boldsymbol{a}) = \varphi\nabla \cdot \boldsymbol{a} + \nabla\varphi \cdot \boldsymbol{a}$$

$$\nabla \cdot (\boldsymbol{a} \times \boldsymbol{b}) = \boldsymbol{b} \cdot (\nabla \times \boldsymbol{a}) - \boldsymbol{a} \cdot (\nabla \times \boldsymbol{b})$$

$$\nabla \times (\boldsymbol{a} + \boldsymbol{b}) = \nabla \times \boldsymbol{a} + \nabla \times \boldsymbol{b}$$

$$\nabla \times (\varphi \boldsymbol{a}) = \varphi\nabla \times \boldsymbol{a} + \nabla\varphi \times \boldsymbol{a}$$

$$\nabla \times (\boldsymbol{a} \times \boldsymbol{b}) = (\boldsymbol{b} \cdot \nabla)\boldsymbol{a} - (\boldsymbol{a} \cdot \nabla)\boldsymbol{b} + \boldsymbol{a}\nabla \cdot \boldsymbol{b} - \boldsymbol{b}\nabla \cdot \boldsymbol{a}$$

$$\nabla(\boldsymbol{a} \cdot \boldsymbol{b}) = (\boldsymbol{b} \cdot \nabla)\boldsymbol{a} + (\boldsymbol{a} \cdot \nabla)\boldsymbol{b} + \boldsymbol{b} \times (\nabla \times \boldsymbol{a}) + \boldsymbol{a} \times (\nabla \times \boldsymbol{b})$$

$$(\boldsymbol{a} \cdot \nabla)\boldsymbol{a} = \nabla \frac{|\boldsymbol{a}|^2}{2} - \boldsymbol{a} \times (\nabla \times \boldsymbol{a})$$

$$\nabla \cdot (\nabla\varphi) = \Delta\varphi$$

$$\nabla \times (\nabla\varphi) = 0$$

$$\nabla \cdot (\nabla \times \boldsymbol{a}) = 0$$

$$\nabla \times \nabla \times \boldsymbol{a} = \nabla(\nabla \cdot \boldsymbol{a}) - \Delta\boldsymbol{a}$$

$$\nabla \cdot (\varphi\nabla\psi) = \varphi\Delta\psi + \nabla\varphi \cdot \nabla\psi$$

$$\Delta(\varphi\psi) = \psi\Delta\varphi + \varphi\Delta\psi + 2\nabla\varphi \cdot \nabla\psi$$

Ⅱ 高斯公式和斯托克斯公式

1. 广义高斯(Gauss)公式

如果 A 是空间体积 τ 的封闭曲面,物理量 $\boldsymbol{a}$ 或 φ 在 $\tau + A$ 上一阶偏导数连续,则有以下体积分和面积分间的等式:

$$\int_\tau \nabla \cdot \boldsymbol{a} \mathrm{d}\tau = \int_A \boldsymbol{n} \cdot \boldsymbol{a} \mathrm{d}A$$

$$\int_\tau \nabla\varphi \, \mathrm{d}\tau = \int_A \boldsymbol{n}\phi \, \mathrm{d}A$$

$$\int_\tau \nabla \times \boldsymbol{a} \mathrm{d}\tau = \int_A \boldsymbol{n} \times \boldsymbol{a} \mathrm{d}A$$

以上三式称为广义高斯公式.式中 $\boldsymbol{n}$ 为微元曲面 $\mathrm{d}A$ 外法线方向单位向量(参见附图 1).上式还可用于 $\boldsymbol{a}$ 为二阶张量的情况.

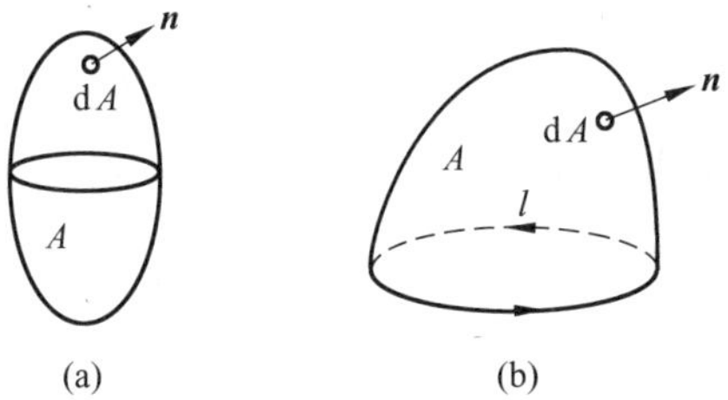

附图 1

(a) 说明高斯公式用图；(b) 说明斯托克斯公式用图

2. 哈密顿算子的积分公式

$$\iiint_\tau \nabla\varphi\,\mathrm{d}\tau = \iint_A \varphi\,\boldsymbol{n}\,\mathrm{d}A$$

$$\iiint_\tau \nabla\cdot\boldsymbol{a}\,\mathrm{d}\tau = \iint_A \boldsymbol{a}\cdot\boldsymbol{n}\,\mathrm{d}A$$

$$\iiint_\tau \nabla\times\boldsymbol{a}\,\mathrm{d}\tau = \iint_A \boldsymbol{n}\times\boldsymbol{a}\,\mathrm{d}A$$

$$\iiint_\tau (\boldsymbol{v}\cdot\nabla)\boldsymbol{a}\,\mathrm{d}\tau = \iint_A (\boldsymbol{v}\cdot\boldsymbol{n})\boldsymbol{a}\,\mathrm{d}A - \iiint_\tau \boldsymbol{a}\nabla\cdot\boldsymbol{v}\,\mathrm{d}\tau$$

$$\iiint_\tau \Delta\varphi\,\mathrm{d}\tau = \iint_A \frac{\partial\varphi}{\partial n}\mathrm{d}A = \iint_A \boldsymbol{n}\cdot\nabla\varphi\,\mathrm{d}A$$

$$\iiint_\tau \Delta\boldsymbol{a}\,\mathrm{d}\tau = \iint_A \frac{\partial\boldsymbol{a}}{\partial n}\mathrm{d}A = \iint_A \boldsymbol{n}\cdot\nabla\boldsymbol{a}\,\mathrm{d}A$$

$$\iiint_\tau (\varphi\Delta\psi + \nabla\varphi\cdot\nabla\psi)\,\mathrm{d}\tau = \iint_A \varphi\frac{\partial\psi}{\partial n}\mathrm{d}A$$

$$\iiint_\tau (\varphi\Delta\psi - \psi\Delta\varphi)\,\mathrm{d}\tau = \iint_A \left(\varphi\frac{\partial\psi}{\partial n} - \psi\frac{\partial\varphi}{\partial n}\right)\mathrm{d}A$$

$$\iiint_\tau |\nabla\varphi|^2\,\mathrm{d}\tau = \iint_A \varphi\frac{\partial\varphi}{\partial n}\mathrm{d}A \quad (\text{其中 }\varphi\text{ 满足 }\Delta\varphi = 0)$$

3. 斯托克斯(Stokes)公式

如 L 为曲面 A 的边界，且为可缩曲线，向量 $\boldsymbol{a}$ 在 $A+L$ 上一阶偏导数连续，则有以下回路线积分和面积分间的等式(参见附图 1)：

$$\int_A \boldsymbol{n}\cdot(\nabla\times\boldsymbol{a})\,\mathrm{d}A = \oint_L \boldsymbol{a}\cdot\mathrm{d}\boldsymbol{L}$$

式中 $\boldsymbol{n}$ 为微元曲面 $\mathrm{d}A$ 的法线方向，其指向与积分周线 L 方向符合右手螺旋法则，如附图 1 所示.

Ⅲ 正交曲线坐标系

1. 坐标基矢量

空间曲线坐标系由三组空间曲面的交线组成，如果空间三组曲面的交线相互垂直，则构成正交曲线坐标系(参见附图 2)，空间曲面在直角坐标系(x,y,z)中的方程写作：

$$q_1 = q_1(x,y,z), \quad q_2 = q_2(x,y,z), \quad q_3 = q_3(x,y,z) \tag{Ⅲ.1}$$

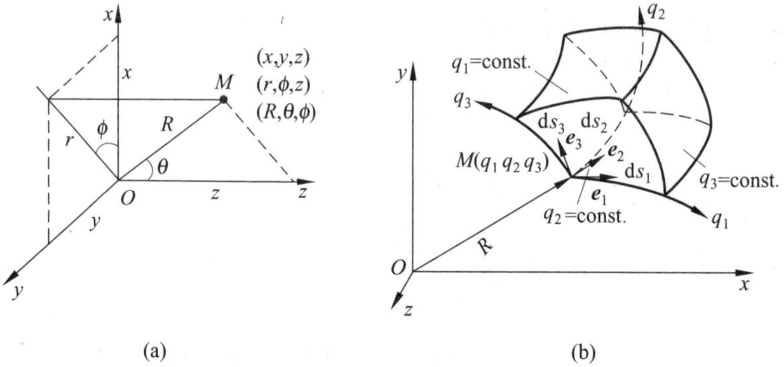

附图 2 正交曲线坐标系

(a) 直角坐标、柱坐标和球坐标；(b) 一般正交曲线坐标

正交曲线坐标系的基矢量 $\boldsymbol{e}_i$ 由坐标面 $q_i = q_i(x,y,z) = \text{const.}$ 的单位法向量组成，应用曲面的法向量公式，基矢量

$$\boldsymbol{e}_i = \frac{\nabla q_i}{|\nabla q_i|} \tag{Ⅲ.2}$$

基矢量还可以用另一种方法表示，由坐标面方程组(Ⅲ.1)可导出直角坐标系和空间曲线坐标系之间的转换公式：

$$x = x(q_1,q_1,q_3), \quad y = y(q_1,q_1,q_3), \quad z = z(q_1,q_1,q_3) \tag{Ⅲ.3}$$

在这组方程中，令 q_2，q_3 等于常数，就可以得到 q_1 坐标线的参数方程，而基矢量沿坐标线的切线方向. 由式(Ⅲ.3)，(x,y,z)空间的点向量可表示为

$$\boldsymbol{R} = x(q_1,q_1,q_3)\boldsymbol{i} + y(q_1,q_1,q_3)\boldsymbol{j} + z(q_1,q_1,q_3)\boldsymbol{k} \tag{Ⅲ.4}$$

曲线坐标 q_1 的单位切向量，即坐标基

$$\boldsymbol{e}_1 = \frac{\dfrac{\partial \boldsymbol{R}}{\partial q_1}\mathrm{d}q_1}{\left|\dfrac{\partial \boldsymbol{R}}{\partial q_1}\mathrm{d}q_1\right|} = \frac{\dfrac{\partial x}{\partial q_1}\boldsymbol{i} + \dfrac{\partial y}{\partial q_1}\boldsymbol{j} + \dfrac{\partial z}{\partial q_1}\boldsymbol{k}}{\sqrt{\left(\dfrac{\partial x}{\partial q_1}\right)^2 + \left(\dfrac{\partial y}{\partial q_1}\right)^2 + \left(\dfrac{\partial z}{\partial q_1}\right)^2}}$$

可见只要给定曲线坐标系与直角坐标系的变化关系，就可计算出任意空间点上的曲线坐标系的基矢量 $\boldsymbol{e}_i$：

$$\boldsymbol{e}_i=\frac{\dfrac{\partial x}{\partial q_i}\boldsymbol{i}+\dfrac{\partial y}{\partial q_i}\boldsymbol{j}+\dfrac{\partial z}{\partial q_i}\boldsymbol{k}}{\sqrt{\left(\dfrac{\partial x}{\partial q_i}\right)^2+\left(\dfrac{\partial y}{\partial q_i}\right)^2+\left(\dfrac{\partial z}{\partial q_i}\right)^2}} \tag{Ⅲ.5}$$

2. 拉梅(Lame)系数

正交曲线坐标线上的微元弧长 $\mathrm{d}s_i$ 与坐标量 $\mathrm{d}q_i$ 的比值称为拉梅系数，用 h_i 表示，坐标线的微元弧长 $\mathrm{d}s_i=\left|\dfrac{\partial \boldsymbol{R}}{\partial q_i}\mathrm{d}q_i\right|$（对下标 i 不求和），则拉梅系数为

$$h_i=\frac{\mathrm{d}s_i}{\mathrm{d}q_i}=\left|\frac{\partial \boldsymbol{R}}{\partial q_i}\right|=\sqrt{\left(\frac{\partial x}{\partial q_i}\right)^2+\left(\frac{\partial y}{\partial q_i}\right)^2+\left(\frac{\partial z}{\partial q_i}\right)^2},\quad i=1,2,3 \tag{Ⅲ.6}$$

若已知 $q_i=q_i(x,y,z)$，可用下列方法求 h_i：

$$h_i=\frac{\mathrm{d}s_i}{\mathrm{d}q_i}=\frac{1}{\dfrac{\mathrm{d}q_i}{\mathrm{d}s_i}}=\frac{1}{\boldsymbol{e}_i\cdot\nabla q_i}=\frac{1}{|\nabla q_i|}$$

$$\nabla q_i=\frac{\partial q_i}{\partial x}\boldsymbol{i}+\frac{\partial q_i}{\partial y}\boldsymbol{j}+\frac{\partial q_i}{\partial z}\boldsymbol{k}$$

3. 基矢量的导数

由于 $\boldsymbol{e}_i$ 是 q_i 的函数，所以正交曲线坐标系中基矢量的导数不全等于零，这是它和直角坐标系的主要差别，其计算公式如下：

$$\frac{\partial \boldsymbol{e}_i}{\partial q_j}=\frac{1}{h_i}\frac{\partial h_j}{\partial q_i}\boldsymbol{e}_j\quad (i\neq j,\text{式中 } i,j \text{ 不做求和运算}) \tag{Ⅲ.7a}$$

$$\frac{\partial \boldsymbol{e}_1}{\partial q_1}=-\left(\frac{1}{h_2}\frac{\partial h_1}{\partial q_2}\boldsymbol{e}_2+\frac{1}{h_3}\frac{\partial h_1}{\partial q_3}\boldsymbol{e}_3\right) \tag{Ⅲ.7b}$$

$$\frac{\partial \boldsymbol{e}_2}{\partial q_2}=-\left(\frac{1}{h_1}\frac{\partial h_2}{\partial q_1}\boldsymbol{e}_1+\frac{1}{h_3}\frac{\partial h_2}{\partial q_3}\boldsymbol{e}_3\right) \tag{Ⅲ.7c}$$

$$\frac{\partial \boldsymbol{e}_3}{\partial q_3}=-\left(\frac{1}{h_2}\frac{\partial h_3}{\partial q_2}\boldsymbol{e}_2+\frac{1}{h_1}\frac{\partial h_3}{\partial q_1}\boldsymbol{e}_1\right) \tag{Ⅲ.7d}$$

柱坐标、球坐标系中坐标基的导数公式可由以上公式计算得到.

例Ⅲ.1　柱坐标系

柱坐标系的坐标量 (r,θ,z) 和直角坐标 (x_1,x_2,x_3) 间的关系为

$$r=(x_1^2+x_2^2)^{\frac{1}{2}},\quad \theta=\arctan\frac{x_3}{x_1},\quad z=x_3$$

基矢量表示为

$$\boldsymbol{e}_r = \frac{x_1}{r}\boldsymbol{e}_1 + \frac{x_2}{r}\boldsymbol{e}_2, \quad \boldsymbol{e}_\theta = -\frac{x_2}{r}\boldsymbol{e}_1 + \frac{x_1}{r}\boldsymbol{e}_2, \quad \boldsymbol{e}_z = \boldsymbol{e}_3$$

拉梅系数表示为

$$h_r = 1, \quad h_\theta = r, \quad h_z = 1$$

基矢量的导数表示为

$$\frac{\partial \boldsymbol{e}_r}{\partial \theta} = \boldsymbol{e}_\theta, \quad \frac{\partial \boldsymbol{e}_\theta}{\partial \theta} = -\boldsymbol{e}_r$$

$$\frac{\partial \boldsymbol{e}_r}{\partial r} = \frac{\partial \boldsymbol{e}_\theta}{\partial r} = \frac{\partial \boldsymbol{e}_z}{\partial r} = \frac{\partial \boldsymbol{e}_z}{\partial \theta} = \frac{\partial \boldsymbol{e}_r}{\partial z} = \frac{\partial \boldsymbol{e}_\theta}{\partial z} = \frac{\partial \boldsymbol{e}_z}{\partial z} = 0$$

例Ⅲ.2 球坐标系

球坐标系的坐标量(R,θ,φ)和直角坐标(x_1,x_2,x_3)间的关系为

$$R = (x_1^2 + x_2^2 + x_3^2)^{\frac{1}{2}}, \quad \theta = \arccos \frac{x_3}{(x_1^2 + x_2^2 + x_3^2)^{\frac{1}{2}}}, \quad \varphi = \arctan \frac{x_2}{x_1}$$

基矢量表示为

$$\boldsymbol{e}_R = \frac{x_1}{(x_1^2 + x_2^2 + x_3^2)^{1/2}}\boldsymbol{e}_1 + \frac{x_2}{(x_1^2 + x_2^2 + x_3^2)^{1/2}}\boldsymbol{e}_2 + \frac{x_3}{(x_1^2 + x_2^2 + x_3^2)^{1/2}}\boldsymbol{e}_3$$

$$\boldsymbol{e}_\theta = \frac{x_1 x_3}{(x_1^2 + x_2^2)^{1/2}(x_1^2 + x_2^2 + x_3^2)^{1/2}}\boldsymbol{e}_1 + \frac{x_2 x_3}{(x_1^2 + x_2^2)^{1/2}(x_1^2 + x_2^2 + x_3^2)^{1/2}}\boldsymbol{e}_2 - \frac{(x_1^2 + x_2^2)^{1/2}}{(x_1^2 + x_2^2 + x_3^2)^{1/2}}\boldsymbol{e}_3$$

$$\boldsymbol{e}_\varphi = -\frac{x_2}{(x_1^2 + x_2^2)^{1/2}}\boldsymbol{e}_1 + \frac{x_1}{(x_1^2 + x_2^2)^{1/2}}\boldsymbol{e}_2$$

拉梅系数表示为

$$h_R = 1, \quad h_\theta = R, \quad h_\varphi = R\sin\theta$$

基矢量的导数表示为

$$\frac{\partial \boldsymbol{e}_R}{\partial \theta} = \boldsymbol{e}_\theta, \quad \frac{\partial \boldsymbol{e}_\theta}{\partial \theta} = -\boldsymbol{e}_R$$

$$\frac{\partial \boldsymbol{e}_R}{\partial \varphi} = \sin\theta \boldsymbol{e}_\varphi, \quad \frac{\partial \boldsymbol{e}_\theta}{\partial \varphi} = \cos\theta \boldsymbol{e}_\varphi$$

$$\frac{\partial \boldsymbol{e}_\varphi}{\partial \varphi} = -(\cos\theta \boldsymbol{e}_\theta + \sin\theta \boldsymbol{e}_R)$$

$$\frac{\partial \boldsymbol{e}_R}{\partial R} = \frac{\partial \boldsymbol{e}_\theta}{\partial R} = \frac{\partial \boldsymbol{e}_\varphi}{\partial R} = \frac{\partial \boldsymbol{e}_\varphi}{\partial \theta} = 0$$

4. 常用向量导数公式在正交曲线坐标系中的表达式

$$\boldsymbol{\nabla} = \boldsymbol{e}_i \frac{1}{h_i} \frac{\partial}{\partial q_i}$$

$$\nabla\varphi = \boldsymbol{e}_i \frac{1}{h_i}\frac{\partial\varphi}{\partial q_i} = \boldsymbol{e}_1 \frac{1}{h_1}\frac{\partial\varphi}{\partial q_1} + \boldsymbol{e}_2 \frac{1}{h_2}\frac{\partial\varphi}{\partial q_2} + \boldsymbol{e}_3 \frac{1}{h_3}\frac{\partial\varphi}{\partial q_3}$$

$$\nabla\boldsymbol{a} = \boldsymbol{e}_i \frac{1}{h_i}\frac{\partial\boldsymbol{a}}{\partial q_i} = \boldsymbol{e}_1 \frac{1}{h_1}\frac{\partial\boldsymbol{a}}{\partial q_1} + \boldsymbol{e}_2 \frac{1}{h_2}\frac{\partial\boldsymbol{a}}{\partial q_2} + \boldsymbol{e}_3 \frac{1}{h_3}\frac{\partial\boldsymbol{a}}{\partial q_3}$$

$$\nabla\cdot\boldsymbol{a} = \boldsymbol{e}_i \cdot \frac{1}{h_i}\frac{\partial\boldsymbol{a}}{\partial q_i} = \frac{1}{h_1h_2h_3}\left[\frac{\partial}{\partial q_1}(h_2h_3a_1) + \frac{\partial}{\partial q_2}(h_1h_3a_2) + \frac{\partial}{\partial q_3}(h_1h_2a_3)\right]$$

$$\nabla\times\boldsymbol{a} = \boldsymbol{e}_i \times \frac{1}{h_i}\frac{\partial\boldsymbol{a}}{\partial q_i} = \frac{1}{h_1h_2h_3}\begin{vmatrix} h_1\boldsymbol{e}_1 & h_2\boldsymbol{e}_2 & h_3\boldsymbol{e}_3 \\ \dfrac{\partial}{\partial q_1} & \dfrac{\partial}{\partial q_2} & \dfrac{\partial}{\partial q_3} \\ h_1a_1 & h_2a_2 & h_3a_3 \end{vmatrix}$$

$$\Delta\varphi = \frac{1}{h_1h_2h_3}\left[\frac{\partial}{\partial q_1}\left(\frac{h_2h_3}{h_1}\frac{\partial\varphi}{\partial q_1}\right) + \frac{\partial}{\partial q_2}\left(\frac{h_1h_3}{h_2}\frac{\partial\varphi}{\partial q_2}\right) + \frac{\partial}{\partial q_3}\left(\frac{h_1h_2}{h_3}\frac{\partial\varphi}{\partial q_3}\right)\right]$$

$$\begin{aligned}\boldsymbol{b}\cdot\nabla\boldsymbol{a} =& \left[\boldsymbol{b}\cdot\nabla a_1 + \frac{a_2}{h_1h_2}\left(b_1\frac{\partial h_1}{\partial q_2} - b_2\frac{\partial h_2}{\partial q_1}\right) + \frac{a_3}{h_1h_3}\left(b_1\frac{\partial h_1}{\partial q_3} - b_3\frac{\partial h_3}{\partial q_1}\right)\right]\boldsymbol{e}_1 \\ &+ \left[\boldsymbol{b}\cdot\nabla a_2 + \frac{a_1}{h_1h_2}\left(b_2\frac{\partial h_2}{\partial q_1} - b_1\frac{\partial h_1}{\partial q_3}\right) + \frac{a_3}{h_2h_3}\left(b_2\frac{\partial h_2}{\partial q_3} - b_3\frac{\partial h_3}{\partial q_2}\right)\right]\boldsymbol{e}_2 \\ &+ \left[\boldsymbol{b}\cdot\nabla a_3 + \frac{a_1}{h_1h_3}\left(b_3\frac{\partial h_3}{\partial q_1} - b_1\frac{\partial h_1}{\partial q_3}\right) + \frac{a_3}{h_2h_3}\left(b_3\frac{\partial h_3}{\partial q_2} - b_2\frac{\partial h_2}{\partial q_3}\right)\right]\boldsymbol{e}_3\end{aligned}$$

5. 流体力学中常用公式

(1) 直角坐标系(x,y,z)

$$\boldsymbol{U} = u\boldsymbol{i} + v\boldsymbol{j} + w\boldsymbol{k}$$

$$\nabla\varphi = \boldsymbol{i}\frac{\partial\varphi}{\partial x} + \boldsymbol{j}\frac{\partial\varphi}{\partial y} + \boldsymbol{k}\frac{\partial\varphi}{\partial z}$$

$$\nabla\cdot\boldsymbol{U} = \frac{\partial u}{\partial x} + \frac{\partial v}{\partial y} + \frac{\partial w}{\partial z}$$

$$\Delta\varphi = \frac{\partial^2\varphi}{\partial x^2} + \frac{\partial^2\varphi}{\partial y^2} + \frac{\partial^2\varphi}{\partial z^2}$$

$$\nabla\times\boldsymbol{U} = \left(\frac{\partial w}{\partial y} - \frac{\partial v}{\partial z}\right)\boldsymbol{i} + \left(\frac{\partial u}{\partial z} - \frac{\partial w}{\partial x}\right)\boldsymbol{j} + \left(\frac{\partial v}{\partial x} - \frac{\partial u}{\partial y}\right)\boldsymbol{k}$$

$$\begin{aligned}\boldsymbol{U}\cdot\nabla\boldsymbol{U} =& \left(u\frac{\partial u}{\partial x} + v\frac{\partial u}{\partial y} + w\frac{\partial u}{\partial z}\right)\boldsymbol{i} + \left(u\frac{\partial v}{\partial x} + v\frac{\partial v}{\partial y} + w\frac{\partial v}{\partial z}\right)\boldsymbol{j} \\ &+ \left(u\frac{\partial w}{\partial x} + v\frac{\partial w}{\partial y} + w\frac{\partial w}{\partial z}\right)\boldsymbol{k}\end{aligned}$$

$$\Delta\boldsymbol{U} = \Delta u\boldsymbol{i} + \Delta v\boldsymbol{j} + \Delta w\boldsymbol{k}$$

(2) 柱坐标系(r,θ,z)

$$\boldsymbol{U} = U_r\boldsymbol{e}_r + U_\theta\boldsymbol{e}_\theta + U_z\boldsymbol{e}_z$$

$$\nabla\varphi=\frac{\partial\varphi}{\partial r}\boldsymbol{e}_r+\frac{1}{r}\frac{\partial\varphi}{\partial\theta}\boldsymbol{e}_\theta+\frac{\partial\varphi}{\partial z}\boldsymbol{e}_z$$

$$\nabla\cdot\boldsymbol{U}=\frac{\partial U_r}{\partial r}+\frac{U_r}{r}+\frac{1}{r}\frac{\partial U_\theta}{\partial\theta}+\frac{\partial U_z}{\partial z}$$

$$\nabla\times\boldsymbol{U}=\left(\frac{1}{r}\frac{\partial U_z}{\partial\theta}-\frac{\partial U_\theta}{\partial z}\right)\boldsymbol{e}_r+\left(\frac{\partial U_r}{\partial z}-\frac{\partial U_z}{\partial r}\right)\boldsymbol{e}_\theta$$
$$+\left(\frac{\partial U_\theta}{\partial r}+\frac{U_\theta}{r}-\frac{1}{r}\frac{\partial U_r}{\partial\theta}\right)\boldsymbol{e}_z$$

$$\Delta=\frac{\partial^2}{\partial r^2}+\frac{1}{r}\frac{\partial}{\partial r}+\frac{1}{r^2}\frac{\partial^2}{\partial\theta^2}+\frac{\partial^2}{\partial z^2}$$

$$\Delta\varphi=\frac{\partial^2\varphi}{\partial r^2}+\frac{1}{r}\frac{\partial\varphi}{\partial r}+\frac{1}{r^2}\frac{\partial^2\varphi}{\partial\theta^2}+\frac{\partial^2\varphi}{\partial z^2}$$

$$\Delta\boldsymbol{U}=\left(\Delta U_r-\frac{U_r}{r^2}-\frac{2}{r^2}\frac{\partial U_\theta}{\partial\theta}\right)\boldsymbol{e}_r$$
$$+\left(\Delta U_\theta+\frac{2}{r^2}\frac{\partial U_r}{\partial\theta}-\frac{U_\theta}{r^2}\right)\boldsymbol{e}_\theta+\Delta U_z\boldsymbol{e}_z$$

$$\boldsymbol{U}\cdot\nabla\boldsymbol{U}=\left(U_r\frac{\partial U_r}{\partial r}+\frac{U_\theta}{r}\frac{\partial U_r}{\partial\theta}+U_z\frac{\partial U_r}{\partial z}-\frac{U_\theta^2}{r}\right)\boldsymbol{e}_r$$
$$+\left(U_r\frac{\partial U_\theta}{\partial r}+\frac{U_\theta}{r}\frac{\partial U_\theta}{\partial\theta}+U_z\frac{\partial U_\theta}{\partial z}+\frac{U_rU_\theta}{r}\right)\boldsymbol{e}_\theta$$
$$+\left(U_r\frac{\partial U_z}{\partial r}+\frac{U_\theta}{r}\frac{\partial U_z}{\partial\theta}+U_z\frac{\partial U_z}{\partial z}\right)\boldsymbol{e}_z$$

(3) 球坐标系(R,θ,φ)

$$\boldsymbol{U}=U_R\boldsymbol{e}_R+U_\theta\boldsymbol{e}_\theta+U_\varphi\boldsymbol{e}_\varphi$$

$$\nabla\psi=\frac{\partial\psi}{\partial R}\boldsymbol{e}_R+\frac{1}{R}\frac{\partial\psi}{\partial\theta}\boldsymbol{e}_\theta+\frac{1}{R\sin\theta}\frac{\partial\psi}{\partial\varphi}\boldsymbol{e}_\varphi$$

$$\nabla\cdot\boldsymbol{U}=\frac{\partial U_R}{\partial R}+\frac{1}{R}\frac{\partial U_\theta}{\partial\theta}+\frac{1}{R\sin\theta}\frac{\partial U_\varphi}{\partial\varphi}+\frac{2U_R}{R}+\frac{U_\theta\cot\theta}{R}$$

$$\nabla\times\boldsymbol{U}=\left(\frac{1}{R}\frac{\partial U_\varphi}{\partial\theta}+\frac{U_\varphi\cot\theta}{R}-\frac{1}{R\sin\theta}\frac{\partial U_\theta}{\partial\varphi}\right)\boldsymbol{e}_R$$
$$+\left(\frac{1}{R\sin\theta}\frac{\partial U_R}{\partial\phi}-\frac{\partial U_\varphi}{\partial R}-\frac{U_\varphi}{R}\right)\boldsymbol{e}_\theta+\left(\frac{\partial U_\theta}{\partial R}+\frac{U_\theta}{R}-\frac{1}{R}\frac{\partial U_R}{\partial\theta}\right)\boldsymbol{e}_\varphi$$

$$\Delta=\frac{\partial^2}{\partial R^2}+\frac{2}{R}\frac{\partial}{\partial R}+\frac{\cot\theta}{R^2}\frac{\partial}{\partial\theta}+\frac{1}{R^2}\frac{\partial^2}{\partial\theta^2}+\frac{1}{R^2\sin^2\theta}\frac{\partial^2}{\partial\varphi^2}$$

$$\Delta\psi=\frac{\partial^2\psi}{\partial R^2}+\frac{2}{R}\frac{\partial\psi}{\partial R}+\frac{\cot\theta}{R^2}\frac{\partial\psi}{\partial\theta}+\frac{1}{R^2}\frac{\partial^2\psi}{\partial\theta^2}+\frac{1}{R^2\sin^2\theta}\frac{\partial^2\psi}{\partial\varphi^2}$$

$$\Delta \boldsymbol{U}=\left(\Delta U_R-\frac{2U_R}{R}-\frac{2}{R^2\sin\theta}\frac{\partial(U_\theta\sin\theta)}{\partial\theta}-\frac{2}{R^2\sin\theta}\frac{\partial U_\varphi}{\partial\varphi}\right)\boldsymbol{e}_R$$

$$+\left(\Delta U_\theta+\frac{2}{R^2}\frac{\partial U_R}{\partial\theta}-\frac{U_\theta}{R^2\sin^2\theta}-\frac{2\cos\theta}{R^2\sin^2\theta}\frac{\partial U_\varphi}{\partial\varphi}\right)\boldsymbol{e}_\theta$$

$$+\left(\Delta U_\varphi+\frac{2}{R^2\sin\theta}\frac{\partial U_R}{\partial\varphi}+\frac{2\cos\theta}{R^2\sin^2\theta}\frac{\partial U_\theta}{\partial\varphi}-\frac{U_\varphi}{R^2\sin^2\theta}\right)\boldsymbol{e}_\varphi$$

$$\boldsymbol{U}\cdot\nabla\boldsymbol{U}=\left(U_R\frac{\partial U_R}{\partial R}+\frac{U_\theta}{R}\frac{\partial U_R}{\partial\theta}+\frac{U_\varphi}{R\sin\theta}\frac{\partial U_R}{\partial\varphi}-\frac{U_\theta^2+U_\varphi^2}{R}\right)\boldsymbol{e}_R$$

$$+\left(U_R\frac{\partial U_\theta}{\partial R}+\frac{U_\theta}{R}\frac{\partial U_\theta}{\partial\theta}+\frac{U_\varphi}{R\sin\theta}\frac{\partial U_\theta}{\partial\varphi}+\frac{U_RU_\theta}{R}-\frac{U_\varphi^2\cot\theta}{R}\right)\boldsymbol{e}_\theta$$

$$+\left(U_R\frac{\partial U_\varphi}{\partial R}+\frac{U_\theta}{R}\frac{\partial U_\varphi}{\partial\theta}+\frac{U_\varphi}{R\sin\theta}\frac{\partial U_\varphi}{\partial\varphi}+\frac{U_\varphi U_R}{R}+\frac{U_\theta U_\varphi}{R}\cot\theta\right)\boldsymbol{e}_\varphi$$

Ⅳ　流体的变形速率张量和牛顿流体本构方程

流体的变形速率张量和应力分别用 $\boldsymbol{S}=\{s_{ij}\}$，$\boldsymbol{P}=\{p_{ij}\}(i,j=1,2,3)$ 表示，它们之间的关系称为流体的本构方程. 牛顿流体的本构关系式为

$$p_{ij}=\left[-p+\left(\mu'-\frac{2}{3}\mu\right)s_{kk}\right]\delta_{ij}+2\mu s_{ij}$$

式中 p 为压强，μ 是剪切粘性系数，μ' 为体积粘性系数，又称第二粘性系数.

下面给出一般曲线坐标系和常用坐标系中以上关系的表达形式.

1. 正交曲线坐标系 (q_1,q_2,q_3) 中变形速率张量和本构关系的表达式

令速度场为：$\boldsymbol{U}=U_1\boldsymbol{e}_1+U_2\boldsymbol{e}_2+U_3\boldsymbol{e}_3$，变形速率张量各分量如下：

$$s_{11}=\frac{1}{h_1}\frac{\partial U_1}{\partial q_1}+\frac{U_2}{h_1h_2}\frac{\partial h_1}{\partial q_2}+\frac{U_3}{h_1h_3}\frac{\partial h_1}{\partial q_3}$$

$$s_{22}=\frac{1}{h_2}\frac{\partial U_2}{\partial q_2}+\frac{U_3}{h_2h_3}\frac{\partial h_2}{\partial q_3}+\frac{U_1}{h_1h_2}\frac{\partial h_2}{\partial q_1}$$

$$s_{33}=\frac{1}{h_3}\frac{\partial U_3}{\partial q_3}+\frac{U_1}{h_1h_3}\frac{\partial h_3}{\partial q_1}+\frac{U_2}{h_2h_3}\frac{\partial h_3}{\partial q_2}$$

$$s_{12}=s_{21}=\frac{1}{2}\left[\frac{h_2}{h_1}\frac{\partial}{\partial q_1}\left(\frac{U_2}{h_2}\right)+\frac{h_1}{h_2}\frac{\partial}{\partial q_2}\left(\frac{U_1}{h_1}\right)\right]$$

$$s_{23}=s_{32}=\frac{1}{2}\left[\frac{h_3}{h_2}\frac{\partial}{\partial q_2}\left(\frac{U_3}{h_3}\right)+\frac{h_2}{h_3}\frac{\partial}{\partial q_3}\left(\frac{U_2}{h_2}\right)\right]$$

$$s_{13}=s_{31}=\frac{1}{2}\left[\frac{h_1}{h_3}\frac{\partial}{\partial q_3}\left(\frac{U_1}{h_1}\right)+\frac{h_3}{h_1}\frac{\partial}{\partial q_1}\left(\frac{U_3}{h_3}\right)\right]$$

牛顿流体的本构关系如下：

$$p_{11}=-p+2\mu s_{11}+\left(\mu'-\frac{2}{3}\mu\right)(s_{11}+s_{22}+s_{33})$$

$$p_{22}=-p+2\mu s_{22}+\left(\mu'-\frac{2}{3}\mu\right)(s_{11}+s_{22}+s_{33})$$

$$p_{33}=-p+2\mu s_{33}+\left(\mu'-\frac{2}{3}\mu\right)(s_{11}+s_{22}+s_{33})$$

$$p_{12}=p_{21}=2\mu s_{12},\quad p_{23}=p_{32}=2\mu s_{23},\quad p_{31}=p_{13}=2\mu s_{31}$$

2. 直角坐标系中的变形速率张量和本构关系

令速度场为：$\boldsymbol{U}=U_x\boldsymbol{e}_x+U_y\boldsymbol{e}_y+V_z\boldsymbol{e}_z$，变形速率张量各分量如下：

$$s_{xx}=\frac{\partial U_x}{\partial x},\quad s_{yy}=\frac{\partial U_y}{\partial y},\quad s_{zz}=\frac{\partial U_z}{\partial z}$$

$$s_{xy}=s_{yx}=\frac{1}{2}\left(\frac{\partial U_x}{\partial y}+\frac{\partial U_y}{\partial x}\right)$$

$$s_{yz}=s_{zy}=\frac{1}{2}\left(\frac{\partial U_y}{\partial z}+\frac{\partial U_z}{\partial y}\right)$$

$$s_{zx}=s_{xz}=\frac{1}{2}\left(\frac{\partial U_z}{\partial x}+\frac{\partial U_x}{\partial z}\right)$$

直角坐标系中牛顿流体的本构关系如下：

$$p_{xx}=-p+2\mu s_{xx}+\left(\mu'-\frac{2}{3}\mu\right)(s_{xx}+s_{yy}+s_{zz})$$

$$p_{yy}=-p+2\mu s_{yy}+\left(\mu'-\frac{2}{3}\mu\right)(s_{xx}+s_{yy}+s_{zz})$$

$$p_{zz}=-p+2\mu s_{zz}+\left(\mu'-\frac{2}{3}\mu\right)(s_{xx}+s_{yy}+s_{zz})$$

$$p_{xy}=p_{yx}=2\mu s_{xy},\quad p_{yz}=p_{zy}=2\mu s_{yz},\quad p_{zx}=p_{xz}=2\mu s_{zx}$$

3. 柱坐标系中的变形速率张量和本构关系

令速度场为：$\boldsymbol{U}=U_r\boldsymbol{e}_r+U_\theta\boldsymbol{e}_\theta+U_z\boldsymbol{e}_z$，变形速率张量各分量如下：

$$s_{rr}=\frac{\partial U_r}{\partial r},\quad s_{\theta\theta}=\frac{1}{r}\frac{\partial U_\theta}{\partial\theta}+\frac{U_r}{r},\quad s_{zz}=\frac{\partial U_z}{\partial z}$$

$$s_{r\theta}=\frac{1}{2}\left[\frac{1}{r}\frac{\partial U_r}{\partial\theta}+r\frac{\partial}{\partial r}\left(\frac{U_\theta}{r}\right)\right]$$

$$s_{\theta z}=\frac{1}{2}\left[r\frac{\partial}{\partial z}\left(\frac{U_\theta}{r}\right)+\frac{1}{r}\frac{\partial U_z}{\partial\theta}\right]$$

$$s_{zr}=\frac{1}{2}\left(\frac{\partial U_z}{\partial r}+\frac{\partial U_r}{\partial z}\right)$$

柱坐标系中牛顿流体的本构关系

$$p_{rr}=-p+2\mu s_{rr}+\left(\mu'-\frac{2}{3}\mu\right)(s_{rr}+s_{\theta\theta}+s_{zz})$$

$$p_{\theta\theta}=-p+2\mu s_{\theta\theta}+\left(\mu'-\frac{2}{3}\mu\right)(s_{rr}+s_{\theta\theta}+s_{zz})$$

$$p_{zz}=-p+2\mu s_{zz}+\left(\mu'-\frac{2}{3}\mu\right)(s_{rr}+s_{\theta\theta}+s_{zz})$$

$$p_{r\theta}=p_{\theta r}=2\mu s_{r\theta},\quad p_{\theta z}=p_{z\theta}=2\mu s_{\theta z},\quad p_{zr}=p_{rz}=2\mu s_{zr}$$

4. 球坐标系中的变形速率张量和本构关系

令速度场为：$\boldsymbol{U}=U_R\boldsymbol{e}_R+U_\theta\boldsymbol{e}_\theta+U_\varphi\boldsymbol{e}_\varphi$，变形速率张量各分量如下：

$$s_{RR}=\frac{\partial U_R}{\partial R},\quad s_{\theta\theta}=\frac{1}{R}\frac{\partial U_\theta}{\partial\theta}+\frac{U_R}{R}$$

$$s_{\varphi\varphi}=\frac{1}{R\sin\theta}\frac{\partial U_\varphi}{\partial\varphi}+\frac{U_R}{R}+\frac{U_\theta\cot\theta}{R}$$

$$s_{R\theta}=\frac{1}{2}\left[R\frac{\partial}{\partial R}\left(\frac{U_\theta}{R}\right)+\frac{1}{R}\frac{\partial U_R}{\partial\theta}\right]$$

$$s_{\theta\varphi}=\frac{1}{2}\left[\frac{\sin\theta}{R}\frac{\partial}{\partial\theta}\left(\frac{U_\varphi}{\sin\theta}\right)+\frac{1}{R\sin\theta}\frac{\partial U_\theta}{\partial\varphi}\right]$$

$$s_{\varphi R}=\frac{1}{2}\left[\frac{1}{R\sin\theta}\frac{\partial U_R}{\partial\varphi}+R\frac{\partial}{\partial R}\left(\frac{U_\varphi}{R}\right)\right]$$

球坐标系中牛顿流体的本构关系

$$p_{RR}=-p+2\mu s_{RR}+\left(\mu'-\frac{2}{3}\mu\right)(s_{RR}+s_{\varphi\varphi}+s_{\theta\theta})$$

$$p_{\varphi\varphi}=-p+2\mu s_{\varphi\varphi}+\left(\mu'-\frac{2}{3}\mu\right)(s_{RR}+s_{\varphi\varphi}+s_{\theta\theta})$$

$$p_{\theta\theta}=-p+2\mu s_{\theta\theta}+\left(\mu'-\frac{2}{3}\mu\right)(s_{RR}+s_{\varphi\varphi}+s_{\theta\theta})$$

$$p_{R\varphi}=p_{\varphi R}=2\mu s_{R\varphi},\quad p_{\varphi\theta}=p_{\theta\varphi}=2\mu s_{\varphi\theta},\quad p_{\theta R}=p_{R\theta}=2\mu s_{\theta R}$$

V　牛顿型流体运动的基本方程(纳维-斯托克斯方程)

1. 向量形式的基本方程

连续方程

$$\frac{\partial\rho}{\partial t}+\boldsymbol{\nabla}\cdot(\rho\boldsymbol{U})=0$$

运动方程

$$\frac{\partial \boldsymbol{U}}{\partial t}+\boldsymbol{U}\cdot\nabla\boldsymbol{U}=\boldsymbol{f}+\frac{1}{\rho}\nabla\cdot\boldsymbol{P}$$

能量方程

$$\frac{\partial}{\partial t}\left(e+\frac{U^2}{2}\right)+\boldsymbol{U}\cdot\nabla\left(e+\frac{U^2}{2}\right)=\boldsymbol{f}\cdot\boldsymbol{U}+\frac{1}{\rho}\nabla\cdot(\boldsymbol{P}\cdot\boldsymbol{U})+\frac{1}{\rho}\dot{q}+\frac{\lambda}{\rho}\Delta T$$

状态方程

$$p=f(\rho,T)$$

式中 $\boldsymbol{f}$ 为单位质量的质量力，ρ 为密度，$\boldsymbol{U}\cdot\nabla\boldsymbol{U}$ 为迁移加速度，$\nabla\cdot\boldsymbol{P}$ 为应力张量的散度，$\dot{q}$ 为单位体积的热源.

2. 应力张量散度的表达式

(1) 一般曲线坐标系中应力张量的散度表达式

$$\begin{aligned}
\nabla\cdot\boldsymbol{P}=&\left\{\frac{1}{h_1h_2h_3}\left[\frac{\partial}{\partial q_1}(h_2h_3p_{11})+\frac{\partial}{\partial q_2}(h_3h_1p_{12})+\frac{\partial}{\partial q_3}(h_1h_2p_{13})\right]\right.\\
&\left.+p_{12}\frac{1}{h_1h_2}\frac{\partial h_1}{\partial q_2}+p_{31}\frac{1}{h_1h_3}\frac{\partial h_1}{\partial q_3}-p_{22}\frac{1}{h_1h_2}\frac{\partial h_2}{\partial q_1}-p_{33}\frac{1}{h_1h_3}\frac{\partial h_3}{\partial q_1}\right\}\boldsymbol{e}_1\\
&+\left\{\frac{1}{h_1h_2h_3}\left[\frac{\partial}{\partial q_1}(h_2h_3p_{12})+\frac{\partial}{\partial q_2}(h_3h_1p_{22})+\frac{\partial}{\partial q_3}(h_1h_2p_{23})\right]\right.\\
&\left.+p_{23}\frac{1}{h_2h_3}\frac{\partial h_2}{\partial q_3}+p_{12}\frac{1}{h_2h_1}\frac{\partial h_2}{\partial q_1}-p_{33}\frac{1}{h_2h_3}\frac{\partial h_3}{\partial q_2}-p_{11}\frac{1}{h_2h_1}\frac{\partial h_1}{\partial q_2}\right\}\boldsymbol{e}_2\\
&+\left\{\frac{1}{h_1h_2h_3}\left[\frac{\partial}{\partial q_1}(h_2h_3p_{31})+\frac{\partial}{\partial q_2}(h_3h_1p_{23})+\frac{\partial}{\partial q_3}(h_1h_2p_{33})\right]\right.\\
&\left.+p_{31}\frac{1}{h_3h_1}\frac{\partial h_3}{\partial q_1}+p_{23}\frac{1}{h_2h_3}\frac{\partial h_3}{\partial q_2}-p_{11}\frac{1}{h_1h_3}\frac{\partial h_1}{\partial q_3}-p_{22}\frac{1}{h_2h_3}\frac{\partial h_2}{\partial q_3}\right\}\boldsymbol{e}_3
\end{aligned}$$

(2) 直角坐标系中应力张量散度表达式

$$\begin{aligned}
\nabla\cdot\boldsymbol{P}=&\left[\frac{\partial p_{xx}}{\partial x}+\frac{\partial p_{xy}}{\partial y}+\frac{\partial p_{xz}}{\partial z}\right]\boldsymbol{e}_x\\
&+\left[\frac{\partial p_{xy}}{\partial x}+\frac{\partial p_{yy}}{\partial y}+\frac{\partial p_{yz}}{\partial z}\right]\boldsymbol{e}_y+\left[\frac{\partial p_{zx}}{\partial x}+\frac{\partial p_{yz}}{\partial y}+\frac{\partial p_{zz}}{\partial z}\right]\boldsymbol{e}_z
\end{aligned}$$

(3) 柱坐标系中应力张量散度的表达式

$$\begin{aligned}
\nabla\cdot\boldsymbol{P}=&\left(\frac{\partial p_{rr}}{\partial r}+\frac{1}{r}\frac{\partial p_{r\theta}}{\partial\theta}+\frac{\partial p_{zr}}{\partial z}+\frac{p_{rr}-p_{\theta\theta}}{r}\right)\boldsymbol{e}_r\\
&+\left(\frac{\partial p_{r\theta}}{\partial r}+\frac{1}{r}\frac{\partial p_{\theta\theta}}{\partial\theta}+\frac{\partial p_{\theta z}}{\partial z}+\frac{2p_{r\theta}}{r}\right)\boldsymbol{e}_\theta\\
&+\left(\frac{\partial p_{zr}}{\partial r}+\frac{1}{r}\frac{\partial p_{\theta z}}{\partial\theta}+\frac{\partial p_{zz}}{\partial z}+\frac{p_{zr}}{r}\right)\boldsymbol{e}_z
\end{aligned}$$

(4) 球坐标系中应力张量散度表达式

$$\nabla \cdot \boldsymbol{P}=\left[\frac{\partial p_{RR}}{\partial R}+\frac{1}{R}\frac{\partial p_{R\theta}}{\partial \theta}+\frac{1}{R\sin\theta}\frac{\partial p_{\varphi R}}{\partial \varphi}+\frac{1}{R}(2p_{RR}-p_{\theta\theta}-p_{\varphi\varphi}+p_{R\theta}\cot\theta)\right]\boldsymbol{e}_R$$
$$+\left[\frac{\partial p_{R\theta}}{\partial R}+\frac{1}{R}\frac{\partial p_{\theta\theta}}{\partial \theta}+\frac{1}{R\sin\theta}\frac{\partial p_{\theta\varphi}}{\partial \varphi}+\frac{1}{R}(p_{\theta\theta}-p_{\varphi\varphi})\cot\theta+\frac{3}{R}p_{R\theta}\right]\boldsymbol{e}_\theta$$
$$+\left[\frac{\partial p_{\varphi R}}{\partial R}+\frac{1}{R}\frac{\partial p_{\theta\varphi}}{\partial \theta}+\frac{1}{R\sin\theta}\frac{\partial p_{\varphi\varphi}}{\partial \varphi}+\frac{1}{R}(3p_{\varphi R}+2p_{\theta\varphi}\cot\theta)\right]\boldsymbol{e}_\varphi$$

3. 不可压缩牛顿型流体运动的基本方程

(1) 向量形式的基本方程

连续方程

$$\nabla \cdot \boldsymbol{U}=0$$

运动方程

$$\frac{\partial \boldsymbol{U}}{\partial t}+\boldsymbol{U}\cdot\nabla\boldsymbol{U}=-\frac{\nabla p}{\rho}+\boldsymbol{f}+\nu\Delta\boldsymbol{U}$$

能量方程

$$\frac{\partial e}{\partial t}+\boldsymbol{U}\cdot\nabla e=\frac{1}{\rho}\nabla\cdot(\lambda\nabla T)+\Phi+\dot{q}$$

式中 Φ 是耗散函数.

(2) 直角坐标系中的基本方程

连续方程

$$\frac{\partial U_x}{\partial x}+\frac{\partial U_y}{\partial y}+\frac{\partial U_z}{\partial z}=0$$

运动方程

$$\frac{\partial U_x}{\partial t}+U_x\frac{\partial U_x}{\partial x}+U_y\frac{\partial U_x}{\partial y}+U_z\frac{\partial U_x}{\partial z}=-\frac{1}{\rho}\frac{\partial p}{\partial x}+f_x+\nu\Delta U_x$$
$$\frac{\partial U_y}{\partial t}+U_x\frac{\partial U_y}{\partial x}+U_y\frac{\partial U_y}{\partial y}+U_z\frac{\partial U_y}{\partial z}=-\frac{1}{\rho}\frac{\partial p}{\partial y}+f_y+\nu\Delta U_y$$
$$\frac{\partial U_z}{\partial t}+U_x\frac{\partial U_z}{\partial x}+U_y\frac{\partial U_z}{\partial y}+U_z\frac{\partial U_z}{\partial z}=-\frac{1}{\rho}\frac{\partial p}{\partial z}+f_z+\nu\Delta U_z$$

能量方程

$$\frac{\partial e}{\partial t}+U_x\frac{\partial e}{\partial x}+U_y\frac{\partial e}{\partial y}+U_z\frac{\partial e}{\partial z}=\frac{\lambda}{\rho}\Delta T+\Phi+\dot{q}$$

式中

$$\Phi=\nu\left\{2\left[\left(\frac{\partial U_x}{\partial x}\right)^2+\left(\frac{\partial U_y}{\partial y}\right)^2+\left(\frac{\partial U_z}{\partial z}\right)^2\right]\right.$$
$$\left.+\left(\frac{\partial U_z}{\partial y}+\frac{\partial U_y}{\partial z}\right)^2+\left(\frac{\partial U_x}{\partial z}+\frac{\partial U_z}{\partial x}\right)^2+\left(\frac{\partial U_x}{\partial y}+\frac{\partial U_y}{\partial x}\right)^2\right\}$$

(3) 柱坐标系中不可压缩牛顿型流体运动的基本方程

连续方程

$$\frac{\partial rU_r}{\partial r}+\frac{\partial U_\theta}{\partial \theta}+r\frac{\partial U_z}{\partial z}=0$$

运动方程

$$\frac{\partial U_r}{\partial t}+U_r\frac{\partial U_r}{\partial r}+\frac{U_\theta}{r}\frac{\partial U_r}{\partial \theta}+U_z\frac{\partial U_r}{\partial z}-\frac{U_\theta^2}{r}$$

$$=-\frac{1}{\rho}\frac{\partial p}{\partial r}+f_r+\nu\left(\Delta U_r-\frac{U_r}{r^2}-\frac{2}{r^2}\frac{\partial U_\theta}{\partial \theta}\right)$$

$$\frac{\partial U_\theta}{\partial t}+U_r\frac{\partial U_\theta}{\partial r}+\frac{U_\theta}{r}\frac{\partial U_\theta}{\partial \theta}+U_z\frac{\partial U_\theta}{\partial z}+\frac{U_rU_\theta}{r}$$

$$=-\frac{1}{\rho}\frac{\partial p}{r\partial \theta}+f_\theta+\nu\left(\Delta U_\theta-\frac{U_\theta}{r^2}+\frac{2}{r^2}\frac{\partial U_r}{\partial \theta}\right)$$

$$\frac{\partial U_z}{\partial t}+U_r\frac{\partial U_z}{\partial r}+\frac{U_\theta}{r}\frac{\partial U_z}{\partial \theta}+U_z\frac{\partial U_z}{\partial z}$$

$$=-\frac{1}{\rho}\frac{\partial p}{\partial z}+f_z+\nu\Delta U_z$$

能量方程

$$\frac{\partial e}{\partial t}+U_r\frac{\partial e}{\partial r}+\frac{U_\theta}{r}\frac{\partial e}{\partial \theta}+U_z\frac{\partial e}{\partial z}=\frac{\lambda}{\rho}\Delta T+\Phi+\dot{q}$$

式中

$$\Phi=2\nu\left[\left(\frac{\partial U_r}{\partial r}\right)^2+\left(\frac{1}{r}\frac{\partial U_\theta}{\partial \theta}+\frac{U_r}{r}\right)^2+\left(\frac{\partial U_z}{\partial z}\right)^2\right]$$

$$+\nu\left[\left(\frac{1}{r}\frac{\partial U_z}{\partial \theta}+\frac{\partial U_\theta}{\partial z}\right)^2+\left(\frac{\partial U_r}{\partial z}+\frac{\partial U_z}{\partial r}\right)^2+\left(\frac{1}{r}\frac{\partial U_r}{\partial \theta}+\frac{\partial U_\theta}{\partial r}-\frac{U_\theta}{r}\right)^2\right]$$

(4) 球坐标系中不可压缩牛顿型流体运动的基本方程

连续方程

$$\frac{1}{R^2}\frac{\partial}{\partial R}(R^2U_R)+\frac{1}{R\sin\theta}\frac{\partial}{\partial \theta}(U_\theta\sin\theta)+\frac{1}{R\sin\theta}\left(\frac{\partial U_\varphi}{\partial \varphi}\right)=0$$

运动方程

$$\frac{\partial U_R}{\partial t}+U_R\frac{\partial U_R}{\partial R}+\frac{U_\theta}{R}\frac{\partial U_R}{\partial \theta}+\frac{U_\varphi}{R\sin\theta}\frac{\partial U_R}{\partial \varphi}-\frac{U_\theta^2+U_\varphi^2}{R}$$

$$=-\frac{1}{\rho}\frac{\partial p}{\partial R}+f_R+\nu\left[\Delta U_R-\frac{2U_R}{R^2}-\frac{2}{R^2\sin\theta}\frac{\partial(U_\theta\sin\theta)}{\partial \theta}-\frac{2}{R^2\sin\theta}\frac{\partial U_\varphi}{\partial \varphi}\right]$$

$$\frac{\partial U_\varphi}{\partial t}+U_R\frac{\partial U_\varphi}{\partial R}+\frac{U_\theta}{R}\frac{\partial U_\varphi}{\partial \theta}+\frac{U_\varphi}{R\sin\theta}\frac{\partial U_\varphi}{\partial \varphi}+\frac{U_RU_\varphi}{R}+\frac{U_\theta U_\varphi}{R}\cot\theta$$

$$=-\frac{1}{\rho}\frac{1}{R\sin\theta}\frac{\partial p}{\partial \varphi}+f_\varphi+\nu\left[\Delta U_\varphi+\frac{2}{R^2\sin\theta}\frac{\partial U_R}{\partial \varphi}-\frac{U_\varphi}{R^2\sin^2\theta}+\frac{2\cos\theta}{R^2\sin^2\theta}\frac{\partial U_\theta}{\partial \varphi}\right]$$

$$\frac{\partial U_\theta}{\partial t}+U_R\frac{\partial U_\theta}{\partial R}+\frac{U_\theta}{R}\frac{\partial U_\theta}{\partial \theta}+\frac{U_\varphi}{R\sin\theta}\frac{\partial U_\theta}{\partial \varphi}+\frac{U_R U_\theta}{R}-\frac{U_\varphi^2}{R}\cot\theta$$
$$=-\frac{1}{\rho}\frac{1}{R}\frac{\partial p}{\partial \theta}+f_\theta+\nu\left[\Delta U_\theta+\frac{2}{R^2}\frac{\partial U_R}{\partial \theta}-\frac{U_\theta}{R^2\sin^2\theta}-\frac{2\cos\theta}{R^2\sin^2\theta}\frac{\partial U_\varphi}{\partial \varphi}\right]$$

能量方程

$$\frac{\partial e}{\partial t}+U_R\frac{\partial e}{\partial R}+\frac{U_\theta}{R}\frac{\partial e}{\partial \theta}+\frac{U_\varphi}{R\sin\theta}\frac{\partial e}{\partial \varphi}=\frac{\lambda}{\rho}\nabla^2 T+\Phi+\dot{q}$$

式中

$$\Phi=\nu\left\{2\left[\left(\frac{\partial U_R}{\partial R}\right)^2+\left(\frac{1}{R}\frac{\partial U_\theta}{\partial \theta}+\frac{U_R}{R}\right)^2+\left(\frac{1}{R\sin\theta}\frac{\partial U_\varphi}{\partial \varphi}+\frac{U_R}{R}+\frac{U_\theta\cot\theta}{R}\right)^2\right]\right.$$
$$+\left[\frac{1}{R\sin\theta}\frac{\partial U_\theta}{\partial \varphi}+\frac{\sin\theta}{R}\frac{\partial}{\partial \theta}\left(\frac{U_\varphi}{\sin\theta}\right)\right]^2+\left[\frac{1}{R\sin\theta}\frac{\partial U_R}{\partial \varphi}+R\frac{\partial}{\partial R}\left(\frac{U_\varphi}{R}\right)\right]^2$$
$$\left.+\left[R\frac{\partial}{\partial R}\left(\frac{U_\theta}{R}\right)+\frac{1}{R}\frac{\partial U_R}{\partial \theta}\right]^2\right\}$$

附　表

1. 常见液体物性参数表

$p=1.0132\times10^5\,\text{Pa}, t=20℃$

液体	ρ /(kg·m^{-3})	μ /(10^4kg·m^{-1}·s^{-1})	γ /(N·m^{-1})	p_v /10^{-3}Pa	E /(10^{-4}N·m^{-2})
水	998	10.1	0.073	2.34	2070
苯	895	6.5	0.029	10.0	1030
四氯化碳	1588	9.7	0.026	12.1	1100
汽油	678	2.9		55	
甘油	1258	14900	0.063	14×10^{-6}	4350
液氢	72	0.21	0.003	21.4	
煤油	808	19.2	0.025	3.20	
水银	13550	15.6	0.51	17×10^{-5}	26200
液氧	1206	2.8	0.015	21.4	
SAE10	918	820			
SAE30	918	4400			

2. 常压下空气和水的 ρ,μ,ν 值

$p=1.0132\times10^5$ Pa

t/℃	空气			水		
	ρ /(kg·m^{-3})	μ /(10^6kg·m^{-1}·s^{-1})	ν /(10^6m^2·s^{-1})	ρ /(kg·m^{-3})	μ /(10^6kg·m^{-1}·s^{-1})	ν /(10^6m^2·s^{-1})
−20	1.39	15.6	11.2			
−10	1.35	16.2	12.0			
0	1.29	16.8	13.0	1000	1787	1.80
10	1.25	17.3	13.9	1000	1307	1.31
15	1.23	17.8	14.4	999	1054	1.16
20	1.21	18.0	14.9	997	1002	1.01
40	1.12	19.1	17.1	992	653	0.66
60	1.06	20.3	19.2	983	467	0.48
80	0.99	21.5	21.7	972	355	0.37
100	0.94	22.8	24.3	959	282	0.30

3. 标准大气

在海平面处 $T_s=288.15$K，$p_s=101.325$kPa(760mmHg)，$\rho_s=1.225$kg·m^{-3}，$\nu_s=1.4638\times10^{-5}$m^2·s^{-1}，$c_s=340.429$m·s^{-1}

高度/m	温度比 (T/T_s)	压力比 (p/p_s)	密度比 (ρ/ρ_s)	运动粘性系数比 (ν/ν_s)
0	1.0000	1.0000	1.0000	1.0000
1000	0.977	0.887	0.907	1.082
2000	0.955	0.784	0.822	1.173
3000	0.932	0.692	0.742	1.274
4000	0.910	0.608	0.669	1.386
5000	0.887	0.533	0.601	1.511
6000	0.865	0.466	0.538	1.651
7000	0.842	0.405	0.481	1.807
8000	0.819	0.351	0.429	1.983
9000	0.797	0.303	0.381	2.182
10000	0.774	0.261	0.337	2.406
11000	0.752	0.223	0.297	2.661
12000	0.752	0.191	0.254	3.115
13000	0.752	0.163	0.217	3.647
14000	0.752	0.139	0.185	4.270
15000	0.752	0.119	0.158	5.000
16000	0.752	0.101	0.135	0.584

续表

高度/m	温度比 (T/T_s)	压力比 (p/p_s)	密度比 (ρ/ρ_s)	运动粘性系数比 (ν/ν_s)
17000	0.752	0.087	0.115	6.853
18000	0.752	0.074	0.098	8.024
19000	0.752	0.063	0.084	9.395
20000	0.752	0.054	0.072	10.999
21000	0.752	0.047	0.062	12.844
22000	0.752	0.040	0.053	15.029
23000	0.752	0.034	0.045	17.584
24000	0.752	0.029	0.038	20.566
25000	0.752	0.025	0.033	24.405
26000	0.752	0.021	0.028	28.104
27000	0.752	0.018	0.024	32.843
28000	0.752	0.015	0.021	38.376
29000	0.752	0.013	0.018	44.840
30000	0.752	0.011	0.015	52.393

注：高空处声速比由 $a/a_s=(T/T_s)^{1/2}$ 给出.

4. 完全气体等熵流动函数表

($\gamma=1.4$)

M	λ	p/p_0	ρ/ρ_0	T/T_0	A/A^*
0	0	1.00000	1.00000	1.00000	∞
0.01	0.01096	0.99993	0.99995	0.99998	57.874
0.02	0.02191	0.99972	0.99980	0.99992	28.942
0.03	0.03286	0.99937	0.99955	0.99982	19.300
0.04	0.04381	0.99888	0.99920	0.99968	14.482
0.05	0.05476	0.99825	0.99875	0.99950	11.5915
0.06	0.06570	0.99748	0.99820	0.99928	9.6659
0.07	0.07664	0.99658	0.99755	0.99902	8.2915
0.08	0.08758	0.99553	0.99680	0.99872	7.2616
0.09	0.09851	0.99435	0.99596	0.99838	6.4613
0.10	0.10943	0.99303	0.99502	0.99800	5.8218
0.11	0.12035	0.99157	0.99398	0.99758	5.2992
0.12	0.13126	0.98998	0.99284	0.99714	4.8643
0.13	0.14216	0.98826	0.99160	0.99664	4.4968
0.14	0.15306	0.98640	0.99027	0.99610	4.1824
0.15	0.16395	0.98441	0.98884	0.99552	3.9103
0.16	0.17483	0.98228	0.98731	0.99490	3.6727

续表

M	λ	p/p_0	ρ/ρ_0	T/T_0	A/A^*
0.17	0.18569	0.98003	0.98569	0.99425	3.4635
0.18	0.19654	0.97765	0.98398	0.99356	3.2779
0.19	0.20738	0.97514	0.98217	0.99283	3.1122
0.20	0.21822	0.97250	0.98027	0.99206	2.9635
0.21	0.22904	0.96973	0.97828	0.99125	2.8293
0.22	0.23984	0.96685	0.97621	0.99041	2.7076
0.23	0.25063	0.96383	0.97403	0.98953	2.5968
0.24	0.26141	0.96070	0.97177	0.98861	2.4956
0.25	0.27216	0.95745	0.96942	0.98765	2.4027
0.26	0.28291	0.95408	0.96699	0.98666	2.3173
0.27	0.29364	0.95060	0.96446	0.98563	2.2385
0.28	0.30435	0.94700	0.96185	0.98456	2.1656
0.29	0.31504	0.94329	0.95916	0.98346	2.0979
0.30	0.32572	0.93947	0.95638	0.98232	2.0351
0.31	0.33638	0.93554	0.95352	0.98114	1.9765
0.32	0.34701	0.93150	0.95058	0.97993	1.9218
0.33	0.35762	0.92736	0.94756	0.97868	1.8707
0.34	0.36821	0.92312	0.94446	0.97740	1.8229
0.35	0.37879	0.91877	0.94128	0.97608	1.7780
0.36	0.38935	0.91433	0.93803	0.97473	1.7358
0.37	0.39988	0.90979	0.93740	0.97335	1.6961
0.38	0.41039	0.90516	0.93129	0.97193	1.6587
0.39	0.42087	0.90044	0.92782	0.97048	1.6234
0.40	0.43133	0.89562	0.92428	0.96899	1.5901
0.41	0.44177	0.89071	0.92066	0.96747	1.5587
0.42	0.45218	0.88572	0.91697	0.96592	1.5289
0.43	0.46256	0.88065	0.91322	0.96434	1.5007
0.44	0.47292	0.87550	0.90940	0.96272	1.4740
0.45	0.48326	0.87027	0.90552	0.96108	1.4487
0.46	0.49357	0.86496	0.90157	0.95940	1.4246
0.47	0.50385	0.85958	0.89756	0.95769	1.4018
0.48	0.51410	0.85413	0.89349	0.95595	1.3801
0.49	0.52432	0.84861	0.88936	0.95418	1.3594
0.50	0.53452	0.84302	0.88517	0.95238	1.3398
0.51	0.54469	0.83737	0.88092	0.95055	1.3212
0.52	0.55482	0.83166	0.87662	0.94869	1.3034
0.53	0.56493	0.82589	0.87227	0.94681	1.2864
0.54	0.57501	0.82005	0.86788	0.94489	1.2703

续表

M	λ	p/p_0	ρ/ρ_0	T/T_0	A/A^*
0.55	0.58506	0.81416	0.86342	0.94295	1.2550
0.56	0.59508	0.80822	0.85892	0.94098	1.2403
0.57	0.60506	0.80224	0.85437	0.93898	1.2263
0.58	0.61500	0.79621	0.84977	0.93696	1.2130
0.59	0.62491	0.79012	0.84513	0.93491	1.2003
0.60	0.63480	0.78400	0.84045	0.93284	1.1882
0.61	0.64466	0.77784	0.83573	0.93074	1.1766
0.62	0.65448	0.77164	0.83096	0.92861	1.1656
0.63	0.66427	0.76540	0.82616	0.92646	1.1551
0.64	0.67402	0.75913	0.82132	0.92428	1.1451
0.65	0.68374	0.75283	0.81644	0.92208	1.1356
0.66	0.69342	0.74650	0.81153	0.91986	1.1265
0.67	0.70307	0.74014	0.80659	0.91762	1.1178
0.68	0.71268	0.73376	0.80162	0.91535	1.1096
0.69	0.72225	0.72735	0.79662	0.91306	1.1018
0.70	0.73179	0.72092	0.79158	0.91075	1.09437
0.71	0.74129	0.71448	0.78652	0.90842	1.08729
0.72	0.75076	0.70802	0.78143	0.90606	1.08057
0.73	0.76019	0.70155	0.77632	0.90368	1.07419
0.74	0.76958	0.69507	0.77119	0.90129	1.06814
0.75	0.77893	0.68857	0.76603	0.89888	1.06242
0.76	0.78825	0.68207	0.76086	0.89644	1.05700
0.77	0.79753	0.67556	0.75567	0.89399	1.05188
0.78	0.80677	0.66905	0.75046	0.89152	1.04705
0.79	0.81597	0.66254	0.74524	0.88903	1.04250
0.80	0.82514	0.65602	0.74000	0.88652	1.03823
0.81	0.83426	0.64951	0.73474	0.88400	1.03422
0.82	0.84334	0.64300	0.72947	0.88146	1.03046
0.83	0.85239	0.63650	0.72419	0.87890	1.02696
0.84	0.86140	0.63000	0.71890	0.87633	1.02370
0.85	0.87037	0.62351	0.71361	0.87374	1.02067
0.86	0.87929	0.61703	0.70831	0.87114	1.01787
0.87	0.88817	0.61057	0.70300	0.86852	1.01530
0.88	0.89702	0.60412	0.69769	0.86589	1.01294
0.89	0.90583	0.59768	0.69237	0.86324	1.01080
0.90	0.91460	0.59126	0.68704	0.86058	1.00886
0.91	0.92333	0.58486	0.68171	0.85791	1.00713
0.92	0.93201	0.57848	0.67639	0.85523	1.00560
0.93	0.94065	0.57212	0.67107	0.85253	1.00426

续表

M	λ	p/p_0	ρ/ρ_0	T/T_0	A/A^*
0.94	0.94925	0.56578	0.66575	0.84982	1.00311
0.95	0.95781	0.55946	0.66044	0.84710	1.00214
0.96	0.96633	0.55317	0.65513	0.84437	1.00136
0.97	0.97481	0.54691	0.64982	0.84162	1.00076
0.98	0.98325	0.54067	0.64452	0.83887	1.00033
0.99	0.99165	0.53446	0.63923	0.83611	1.00008
1.00	1.00000	0.52828	0.63394	0.83333	1.00000
1.01	1.00831	0.52213	0.62866	0.83055	1.00008
1.02	1.01658	0.51602	0.62339	0.82776	1.00033
1.03	1.02481	0.50994	0.61813	0.82496	1.00074
1.04	1.03300	0.50389	0.61288	0.82215	1.00130
1.05	1.04114	0.49787	0.60765	0.81933	1.00202
1.06	1.04924	0.49189	0.60243	0.81651	1.00290
1.07	1.05730	0.48595	0.59722	0.81368	1.00394
1.08	1.06532	0.48005	0.59203	0.81084	1.00512
1.09	1.07330	0.47418	0.58685	0.80800	1.00645
1.10	1.08124	0.46835	0.58169	0.80515	1.00793
1.11	1.08914	0.46256	0.57655	0.80230	1.00955
1.12	1.09699	0.45682	0.57143	0.79944	1.01131
1.13	1.10480	0.45112	0.56632	0.79657	1.01322
1.14	1.11256	0.44545	0.56123	0.79370	1.01527
1.15	1.1203	0.43983	0.55616	0.79083	1.01746
1.16	1.1280	0.43425	0.55112	0.78795	1.01978
1.17	1.1356	0.42872	0.54609	0.78507	1.02224
1.18	1.1432	0.42323	0.54108	0.78218	1.02484
1.19	1.1508	0.41778	0.53610	0.77929	1.02757
1.20	1.1583	0.41238	0.53114	0.77640	1.03044
1.21	1.1658	0.40702	0.52620	0.77350	1.03344
1.22	1.1732	0.40171	0.52129	0.77061	1.03657
1.23	1.1806	0.39645	0.51640	0.76771	1.03983
1.24	1.1879	0.39123	0.51154	0.76481	1.04323
1.25	1.1952	0.38606	0.50670	0.76190	1.04676
1.26	1.2025	0.38094	0.50189	0.75900	1.05041
1.27	1.2097	0.37586	0.49710	0.75610	1.05419
1.28	1.2169	0.37083	0.49234	0.75319	1.05810
1.29	1.2240	0.36585	0.48761	0.75029	1.06214
1.30	1.2311	0.36092	0.48291	0.74738	1.06631
1.31	1.2382	0.35603	0.47823	0.74448	1.07060

续表

M	λ	p/p_0	ρ/ρ_0	T/T_0	A/A^*
1.32	1.2452	0.35119	0.47358	0.74158	1.07502
1.33	1.2522	0.34640	0.46895	0.73867	1.07957
1.34	1.2591	0.34166	0.46436	0.73577	1.08424
1.35	1.2660	0.33697	0.45980	0.73287	1.08904
1.36	1.2729	0.33233	0.45527	0.72997	1.09397
1.37	1.2797	0.32774	0.45076	0.72707	1.09902
1.38	1.2865	0.32319	0.44628	0.72418	1.10420
1.39	1.2932	0.31869	0.44183	0.72128	1.10950
1.40	1.2999	0.31424	0.43742	0.71839	1.1149
1.41	1.3065	0.30984	0.43304	0.71550	1.1205
1.42	1.3131	0.30549	0.42869	0.71261	1.1262
1.43	1.3197	0.30119	0.42436	0.70973	1.1320
1.44	1.3262	0.29693	0.42007	0.70685	1.1379
1.45	1.3327	0.29272	0.41581	0.70397	1.1440
1.46	1.3392	0.28856	0.41158	0.70110	1.1502
1.47	1.3456	0.28445	0.40738	0.69823	1.1565
1.48	1.3520	0.28039	0.40322	0.69537	1.1629
1.49	1.3583	0.27637	0.39909	0.69251	1.1695
1.50	1.3646	0.27240	0.39498	0.68965	1.1762
1.51	1.3708	0.26848	0.39091	0.68680	1.1830
1.52	1.3770	0.26461	0.38687	0.68396	1.1899
1.53	1.3832	0.26078	0.38287	0.68112	1.1970
1.54	1.3894	0.25700	0.37890	0.67828	1.2042
1.55	1.3955	0.25326	0.37496	0.67545	1.2115
1.56	1.4016	0.24957	0.37105	0.67262	1.2190
1.57	1.4076	0.24593	0.36717	0.66980	1.2266
1.58	1.4135	0.24233	0.36332	0.66699	1.2343
1.59	1.4195	0.23878	0.35951	0.66418	1.2422
1.60	1.4254	0.23527	0.35573	0.66138	1.2502
1.61	1.4313	0.23181	0.35198	0.65858	1.2583
1.62	1.4371	0.22839	0.34326	0.65579	1.2666
1.63	1.4429	0.22301	0.34458	0.65301	1.2750
1.64	1.4487	0.22168	0.34093	0.65023	1.2835
1.65	1.4544	0.21839	0.33731	0.64746	1.2922
1.66	1.4601	0.21515	0.33372	0.64470	1.3010
1.67	1.4657	0.21195	0.33016	0.64194	1.3099
1.68	1.4713	0.20879	0.32664	0.63919	1.3190
1.69	1.4769	0.20567	0.32315	0.63645	1.3282

续表

M	λ	p/p_0	ρ/ρ_0	T/T_0	A/A^*
1.70	1.4825	0.20259	0.31969	0.63372	1.3376
1.71	1.4880	0.19955	0.31626	0.63099	1.3471
1.72	1.4935	0.19656	0.31286	0.62827	1.3567
1.73	1.4989	0.19361	0.30950	0.62556	1.3665
1.74	1.5043	0.19070	0.30617	0.62286	1.3764
1.75	1.5097	0.18782	0.30287	0.62016	1.3865
1.76	1.5150	0.18499	0.29959	0.61747	1.3967
1.77	1.5203	0.18220	0.29635	0.61479	1.4071
1.78	1.5256	0.17944	0.29314	0.61211	1.4176
1.79	1.5308	0.17672	0.28997	0.60945	1.4282
1.80	1.5360	0.17404	0.28682	0.60680	1.4390
1.81	1.5412	0.17140	0.28370	0.60415	1.4499
1.82	1.5463	0.16879	0.28061	0.60151	1.4610
1.83	1.5514	0.16622	0.27756	0.59388	1.4723
1.84	1.5564	0.16369	0.27453	0.59626	1.4837
1.85	1.5614	0.16120	0.27153	0.59365	1.4952
1.86	1.5664	0.15874	0.26857	0.59105	1.5069
1.87	1.5714	0.15631	0.26563	0.58845	1.5188
1.88	1.5763	0.15392	0.26272	0.58586	1.5308
1.89	1.5812	0.15156	0.25984	0.58329	1.5429
1.90	1.5861	0.14924	0.25699	0.58072	1.5552
1.91	1.5909	0.14695	0.25417	0.57816	1.5677
1.92	1.5957	0.14469	0.25138	0.57561	1.5804
1.93	1.6005	0.14247	0.24862	0.57307	1.5932
1.94	1.6052	0.14028	0.24588	0.57054	1.6062
1.95	1.6099	0.13813	0.24317	0.56802	1.6193
1.96	1.6146	0.13600	0.24049	0.56551	1.6326
1.97	1.6193	0.13390	0.23784	0.56301	1.6461
1.98	1.6239	0.13184	0.23522	0.56051	1.6597
1.99	1.6285	0.12981	0.23262	0.55803	1.6735
2.00	1.6330	0.12780	0.23005	0.55556	1.6875
2.01	1.6375	0.12583	0.22751	0.55310	1.7017
2.02	1.6420	0.12389	0.22499	0.55064	1.7160
2.03	1.6465	0.12198	0.22250	0.54819	1.7305
2.04	1.6509	0.12009	0.22004	0.54576	1.7452
2.05	1.6553	0.11823	0.21760	0.54333	1.7600
2.06	1.6597	0.11640	0.21519	0.54091	1.7730
2.07	1.6640	0.11460	0.21281	0.53850	1.7902

续表

M	λ	p/p_0	ρ/ρ_0	T/T_0	A/A^*
2.08	1.6683	0.11282	0.21045	0.53611	1.8056
2.09	1.6726	0.11107	0.20811	0.53373	1.8212
2.10	1.6769	0.10935	0.20580	0.53135	1.8369
2.11	1.6811	0.10766	0.20352	0.52898	1.8529
2.12	1.6853	0.10599	0.20126	0.52663	1.8690
2.13	1.6895	0.10434	0.19902	0.52428	1.8853
2.14	1.6936	0.10272	0.19681	0.52194	1.9018
2.15	1.6977	0.10113	0.19463	0.51962	1.9185
2.16	1.7018	0.09956	0.19247	0.51730	1.9354
2.17	1.7059	0.09802	0.19033	0.51499	1.9525
2.18	1.7099	0.09650	0.18821	0.51269	1.9698
2.19	1.7139	0.09500	0.18612	0.51041	1.9873
2.20	1.7179	0.09352	0.18405	0.50813	2.0050
2.21	1.7219	0.09207	0.18200	0.50586	2.0229
2.22	1.7258	0.09064	0.17998	0.50361	2.0409
2.23	1.7297	0.08923	0.17798	0.50136	2.0592
2.24	1.7336	0.08784	0.17600	0.49912	2.0777
2.25	1.7374	0.08648	0.17404	0.49689	2.0964
2.26	1.7412	0.08514	0.17211	0.49468	2.1154
2.27	1.7450	0.08382	0.17020	0.49247	2.1345
2.28	1.7488	0.08252	0.16830	0.49027	2.1538
2.29	1.7526	0.08123	0.16643	0.48809	2.1734
2.30	1.7563	0.07997	0.16458	0.48591	2.1931
2.31	1.7600	0.07873	0.16275	0.48374	2.2131
2.32	1.7637	0.07751	0.16095	0.48158	2.2333
2.33	1.7673	0.07631	0.15916	0.47944	2.2537
2.34	1.7709	0.07513	0.15739	0.47730	2.2744
2.35	1.7745	0.07396	0.15564	0.47517	2.2953
2.36	1.7781	0.07281	0.15391	0.47305	2.3164
2.37	1.7817	0.07168	0.15220	0.47095	2.3377
2.38	1.7852	0.07057	0.15052	0.46885	2.3593
2.39	1.7887	0.06948	0.14885	0.46676	2.3811
2.40	1.7922	0.06840	0.14720	0.46468	2.4031
2.41	1.7957	0.06734	0.14557	0.46262	2.4254
2.42	1.7991	0.06630	0.14395	0.46056	2.4479
2.43	1.8025	0.06527	0.14235	0.45851	2.4706
2.44	1.8059	0.06426	0.14078	0.45647	2.4936
2.45	1.8093	0.06327	0.13922	0.45444	2.5168

续表

M	λ	p/p_0	ρ/ρ_0	T/T_0	A/A^*
2.46	1.8126	0.06229	0.13768	0.45242	2.5403
2.47	1.8159	0.06133	0.13616	0.45041	2.5640
2.48	1.8192	0.06038	0.13465	0.44841	2.5880
2.49	1.8225	0.05945	0.13316	0.44642	2.6122
2.50	1.8258	0.05853	0.13169	0.44444	2.6367
2.51	1.8290	0.05763	0.13023	0.44247	2.6615
2.52	1.8322	0.05674	0.12879	0.44051	2.6865
2.53	1.8354	0.05586	0.12737	0.43856	2.7117
2.54	1.8386	0.05500	0.12597	0.43662	2.7372
2.55	1.8417	0.05415	0.12458	0.43469	2.7630
2.56	1.8448	0.05332	0.12321	0.43277	2.7891
2.57	1.8479	0.05250	0.12185	0.43085	2.8154
2.58	1.8510	0.05169	0.12051	0.42894	2.8420
2.59	1.8541	0.05090	0.11418	0.42705	2.8689
2.60	1.8572	0.05012	0.11787	0.42517	2.8960
2.61	1.8602	0.04935	0.11658	0.42330	2.9234
2.62	1.8632	0.04859	0.11530	0.42143	2.9511
2.63	1.8662	0.04784	0.11403	0.41957	2.9791
2.64	1.8692	0.04711	0.11278	0.41772	3.0074
2.65	1.8721	0.04639	0.11154	0.41589	3.0359
2.66	1.8750	0.04568	0.11032	0.41406	3.0647
2.67	1.8779	0.04498	0.10911	0.41224	3.0938
2.68	1.8808	0.04429	0.10792	0.41043	3.1233
2.69	1.8837	0.04361	0.10674	0.40863	3.1530
2.70	1.8865	0.04295	0.10557	0.40684	3.1830
2.71	1.8894	0.04230	0.10442	0.40505	3.2133
2.72	1.8922	0.04166	0.10328	0.40327	3.2440
2.73	1.8950	0.04102	0.10215	0.40151	3.2749
2.74	1.8978	0.04039	0.10104	0.39976	3.3061
2.75	1.9005	0.03977	0.09994	0.39801	3.3376
2.76	1.9032	0.03917	0.09885	0.39627	3.3695
2.77	1.9060	0.03858	0.09777	0.39454	3.4017
2.78	1.9087	0.03800	0.09671	0.39282	3.4342
2.79	1.9114	0.03742	0.09566	0.39111	3.4670
2.80	1.9140	0.03685	0.09462	0.38941	3.5001
2.81	1.9167	0.03629	0.09360	0.38771	3.5336
2.82	1.9193	0.03574	0.09259	0.38603	3.5674
2.83	1.9220	0.03520	0.09158	0.38435	3.6015
2.84	1.9246	0.03467	0.09059	0.38268	3.6359
2.85	1.9271	0.03415	0.08962	0.38102	3.6707
2.86	1.9297	0.03363	0.08865	0.37937	3.7058

续表

M	λ	p/p_0	ρ/ρ_0	T/T_0	A/A^*
2.87	1.9322	0.03312	0.08769	0.37773	3.7413
2.88	1.9348	0.03262	0.08674	0.37610	3.7771
2.89	1.9373	0.03213	0.08581	0.37448	3.8133
2.90	1.9398	0.03165	0.08489	0.37286	3.8498
2.91	1.9423	0.03118	0.08398	0.37125	3.8866
2.92	1.9448	0.03071	0.08308	0.36965	3.9238
2.93	1.9472	0.03025	0.08218	0.36806	3.9614
2.94	1.9497	0.02980	0.08130	0.36648	3.9993
2.95	1.9521	0.02935	0.08043	0.36490	4.0376
2.96	1.9545	0.02891	0.07957	0.36333	4.0763
2.97	1.9569	0.02848	0.07872	0.36177	4.1153
2.98	1.9593	0.02805	0.07788	0.36022	4.1547
2.99	1.9616	0.02764	0.07705	0.35868	4.1944
3.00	1.9640	0.02722	0.07623	0.35714	4.2346
3.10	1.9866	0.02345	0.06852	0.34223	4.6573
3.20	2.0079	0.02023	0.06165	0.32808	5.1210
3.30	2.0279	0.01748	0.05554	0.31466	5.6287
3.40	2.0466	0.01512	0.05009	0.30193	6.1837
3.50	2.0642	0.01311	0.04523	0.28986	6.7896
3.60	2.0808	0.01138	0.04089	0.27840	7.4501
3.70	2.0964	0.00990	0.03702	0.26752	8.1691
3.80	2.1111	0.00863	0.03355	0.25720	8.9506
3.90	2.1250	0.00753	0.03044	0.24740	9.7990
4.00	2.1381	0.00658	0.02766	0.23810	10.719
4.10	2.1505	0.00577	0.02516	0.22925	11.715
4.20	2.1622	0.00506	0.02292	0.22085	12.792
4.30	2.1732	0.00445	0.02090	0.21286	13.955
4.40	2.1837	0.00392	0.01909	0.20525	15.210
4.50	2.1936	0.00346	0.01745	0.19802	16.562
4.60	2.2030	0.00305	0.01597	0.19113	18.018
4.70	2.2119	0.00270	0.01463	0.18457	19.583
4.80	2.2204	0.00240	0.01343	0.17832	21.264
4.90	2.2284	0.00213	0.01233	0.17235	23.067
5.00	2.2361	0.00189	0.01134	0.16667	25.000
6.00	2.2953	0.03633	0.00519	0.12195	53.180
7.00	2.3333	0.03242	0.00261	0.09259	104.143
8.00	2.3591	0.03102	0.00141	0.07246	190.109
9.00	2.3772	0.04474	0.03815	0.05814	327.189
10.00	2.3904	0.04236	0.03495	0.04762	535.938
∞	2.4495	0	0	0	∞

5. 完全气体正激波前后参数表

（γ=1.4）

M_1	M_2	p_2/p_1	V_1/V_2 和 ρ_2/ρ_1	T_2/T_1	A_{1*}/A_{2*} 和 p_{02}/p_{01}	p_{02}/p_1
1.00	1.00000	1.00000	1.00000	1.00000	1.00000	1.8929
1.01	0.99013	1.02345	1.01669	1.00665	0.99999	1.9152
1.02	0.98052	1.04713	1.03344	1.01325	0.99998	1.9379
1.03	0.97115	1.07105	1.05024	1.01981	0.99997	1.9610
1.04	0.96202	1.09520	1.06709	1.02634	0.99994	1.9845
1.05	0.95312	1.1196	1.08398	1.03284	0.99987	2.0083
1.06	0.94444	1.1442	1.10092	1.03931	0.99976	2.0325
1.07	0.93598	1.1690	1.11790	1.04575	0.99962	2.0570
1.08	0.92772	1.1941	1.13492	1.05217	0.99944	2.0819
1.09	0.91965	1.2194	1.15199	1.05856	0.99921	2.1072
1.10	0.91177	1.2450	1.1691	1.06494	0.99892	2.1328
1.11	0.90408	1.2708	1.1862	1.07130	0.99858	2.1588
1.12	0.89656	1.2968	1.2034	1.07764	0.99820	2.1851
1.13	0.88922	1.3230	1.2206	1.08396	0.99776	2.2118
1.14	0.88204	1.3495	1.2378	1.09027	0.99726	2.2388
1.15	0.87502	1.3762	1.2550	1.09657	0.99669	2.2661
1.16	0.86816	1.4032	1.2723	1.10287	0.99605	2.2937
1.17	0.86145	1.4304	1.2896	1.10916	0.99534	2.3217
1.18	0.85488	1.4578	1.3069	1.11544	0.99455	2.3499
1.19	0.84846	1.4854	1.3243	1.12172	0.99371	2.3786
1.20	0.84217	1.5133	1.3416	1.1280	0.99280	2.4075
1.21	0.83601	1.5414	1.3590	1.1343	0.99180	2.4367
1.22	0.82998	1.5698	1.3764	1.1405	0.99073	2.4662
1.23	0.82408	1.5984	1.3938	1.1468	0.98957	2.4961
1.24	0.81830	1.6272	1.4112	1.1531	0.98835	2.5263
1.25	0.81264	1.6562	1.4286	1.1594	0.98706	2.5568
1.26	0.80709	1.6855	1.4460	1.1657	0.98568	2.5876
1.27	0.80165	1.7150	1.4634	1.1720	0.98422	2.6187
1.28	0.79631	1.7448	1.4808	1.1782	0.98268	2.6500
1.29	0.79108	1.7748	1.4983	1.1846	0.98106	2.6816
1.30	0.78596	1.8050	1.5157	1.1909	0.97935	2.7135
1.31	0.78093	1.8354	1.5331	1.1972	0.97758	2.7457
1.32	0.77600	1.8661	1.5505	1.2035	0.97574	2.7783
1.33	0.77116	1.8970	1.5680	1.2099	0.97382	2.8112
1.34	0.76641	1.9282	1.5854	1.2162	0.97181	2.8444
1.35	0.76175	1.9596	1.6028	1.2226	0.96972	2.8778

续表

M_1	M_2	p_2/p_1	V_1/V_2 和 ρ_2/ρ_1	T_2/T_1	A_{1*}/A_{2*} 和 p_{02}/p_{01}	p_{02}/p_1
1.36	0.75718	1.9912	1.6202	1.2200	0.96756	2.9115
1.37	0.75269	2.0230	1.6376	1.2354	0.96534	2.9455
1.38	0.74828	2.0551	1.6550	1.2418	0.96304	2.9798
1.39	0.74396	2.0874	1.6723	1.2482	0.96065	3.0144
1.40	0.73971	2.1200	1.6896	1.2547	0.95819	3.0493
1.41	0.73554	2.1528	1.7070	1.2612	0.95566	3.0844
1.42	0.73144	2.1858	1.7243	1.2676	0.95306	3.1198
1.43	0.72741	2.2190	1.7416	1.2742	0.95039	3.1555
1.44	0.72345	2.2525	1.7589	1.2307	0.94765	3.1915
1.45	0.71956	2.2862	1.7761	1.2872	0.94483	3.2278
1.46	0.71574	2.3202	1.7934	1.2938	0.94196	3.2643
1.47	0.71198	2.3544	1.8106	1.3004	0.93901	3.3011
1.48	0.70829	2.3888	1.8278	1.3070	0.93600	3.3382
1.49	0.70466	2.4234	1.8449	1.3136	0.92392	3.3756
1.50	0.70109	2.4583	1.8621	1.3202	0.92978	3.4133
1.51	0.69758	2.4934	1.8792	1.3269	0.92658	3.4512
1.52	0.69413	2.5288	1.8962	1.3336	0.92331	3.4894
1.53	0.69073	2.5644	1.9133	1.3403	0.91999	3.5279
1.54	0.68739	2.6003	1.9303	1.3470	0.91662	3.5667
1.55	0.68410	2.6363	1.9473	1.3538	0.91319	3.6058
1.56	0.68086	2.6725	1.9643	1.3606	0.90970	3.6451
1.57	0.67768	2.7090	1.9812	1.3674	0.90615	3.6847
1.58	0.67455	2.7458	1.9981	1.3742	0.90255	3.7245
1.59	0.67147	2.7828	2.0149	1.3811	0.89889	3.7645
1.60	0.66844	2.8201	2.0317	1.3880	0.89520	3.8049
1.61	0.66545	2.8575	2.0485	1.3949	0.89144	3.8456
1.62	0.66251	2.8951	2.0652	1.4018	0.88764	3.8866
1.63	0.65962	2.9330	2.0820	1.4088	0.88380	3.9278
1.64	0.65677	2.9712	2.0986	1.4158	0.87992	3.9693
1.65	0.65396	3.0096	2.1152	1.4228	0.87598	4.0111
1.66	0.65119	3.0482	2.1318	1.4298	0.87201	4.0531
1.67	0.64847	3.0870	2.1484	1.4369	0.86800	4.0954
1.68	0.64579	3.1261	2.1649	1.4440	0.86396	4.1379
1.69	0.64315	3.1654	2.1813	1.4512	0.85987	4.1807
1.70	0.64055	3.2050	2.1977	1.4583	0.85573	4.2238
1.71	0.63798	3.2448	2.2141	1.4655	0.85155	4.2672
1.72	0.63545	3.2848	2.2304	1.4727	0.84735	4.3108
1.73	0.63296	3.3250	2.2467	1.4800	0.84312	4.3547

续表

M_1	M_2	p_2/p_1	V_1/V_2 和 ρ_2/ρ_1	T_2/T_1	A_{1*}/A_{2*} 和 p_{02}/p_{01}	p_{02}/p_1
1.74	0.63051	3.3655	2.2629	1.4873	0.83886	4.3989
1.75	0.62809	3.4062	2.2791	1.4946	0.83456	4.4433
1.76	0.62570	3.4472	2.2952	1.5016	0.83024	4.4880
1.77	0.62335	3.4884	2.3113	1.5093	0.82589	4.5330
1.78	0.62104	3.5298	2.3273	1.5167	0.82152	4.5783
1.79	0.61875	3.5714	2.3433	1.5241	0.81711	4.6238
1.80	0.61650	3.6133	2.3592	1.5316	0.81268	4.6695
1.81	0.61428	3.6554	2.3751	1.5391	0.80823	4.7155
1.82	0.61209	3.6978	2.3909	1.5466	0.80376	4.7618
1.83	0.60993	3.7404	2.4067	1.5542	0.79926	4.8083
1.84	0.60780	3.7832	2.4224	1.5617	0.79474	4.8551
1.85	0.60570	3.8262	2.4381	1.5694	0.79021	4.9022
1.86	0.60363	3.8695	2.4537	1.5770	0.78567	4.9498
1.87	0.60159	3.9130	2.4693	1.5847	0.78112	4.9974
1.88	0.59957	3.9568	2.4848	1.5924	0.77656	5.0453
1.89	0.59758	4.0008	2.5003	1.6001	0.77197	5.0934
1.90	0.59562	4.0450	2.5157	1.6079	0.76735	5.1417
1.91	0.59368	4.0894	2.5310	1.6157	0.76273	5.1904
1.92	0.59177	4.1341	2.5463	1.6236	0.75812	5.2394
1.93	0.58988	4.1790	2.5615	1.6314	0.75347	5.2886
1.94	0.58802	4.2242	2.5767	1.6394	0.74883	5.3381
1.95	0.58618	4.2696	2.5919	1.6473	0.74418	5.3878
1.96	0.58437	4.3152	2.6070	1.6553	0.73954	5.4378
1.97	0.58258	4.3610	2.6220	1.6633	0.73487	5.4880
1.98	0.58081	4.4071	2.6369	1.6713	0.73021	5.5385
1.99	0.57907	4.4534	2.6518	1.6794	0.72554	5.5894
2.00	0.57735	4.5000	2.6666	1.6875	0.72088	5.6405
2.01	0.57565	4.5468	2.6814	1.6956	0.71619	5.6918
2.02	0.57397	4.5938	2.6962	1.7038	0.71152	5.7434
2.03	0.57231	4.6411	2.7109	1.7120	0.70686	5.7952
2.04	0.57068	4.6886	2.7255	1.7203	0.70218	5.3473
2.05	0.56907	4.7363	2.7400	1.7286	0.69752	5.8997
2.06	0.56747	4.7842	2.7545	1.7369	0.69234	5.9523
2.07	0.56589	4.8324	2.7690	1.7452	0.68817	6.0052
2.08	0.56433	4.8808	2.7834	1.7536	0.68351	6.0584
2.09	0.56280	4.9295	2.7977	1.7620	0.67886	6.1118
2.10	0.56128	4.9784	2.8116	1.7704	0.67422	6.1655
2.11	0.55978	5.0275	2.8261	1.7789	0.66957	6.2194

续表

M_1	M_2	p_2/p_1	V_1/V_2 和 ρ_2/ρ_1	T_2/T_1	A_{1*}/A_{2*} 和 p_{02}/p_{01}	p_{02}/p_1
2.12	0.55830	5.0768	2.8402	1.7874	0.66492	6.2736
2.13	0.55683	5.1264	2.8543	1.7960	0.66029	6.3280
2.14	0.55538	5.1762	2.8683	1.8046	0.65567	6.3827
2.15	0.55395	5.2262	2.8823	1.8132	0.65105	6.4377
2.16	0.55254	5.2765	2.8962	1.8219	0.64644	6.4929
2.17	0.55114	5.3270	2.9100	1.8306	0.64185	6.5484
2.18	0.54976	5.3778	2.9238	1.8393	0.63728	6.6042
2.19	0.54841	5.4288	2.9376	1.8481	0.63270	6.6602
2.20	0.54706	5.4800	2.9512	1.8569	0.62812	6.7163
2.21	0.54572	5.5314	2.9648	1.8657	0.62358	6.7730
2.22	0.54440	5.5831	2.9783	1.8746	0.61905	6.8299
2.23	0.54310	5.6350	2.9918	1.8835	0.61453	6.8869
2.24	0.54182	5.6872	3.0052	1.8924	0.61002	6.9442
2.25	0.54055	5.7396	3.0186	1.9014	0.60554	7.0018
2.26	0.53929	5.7922	3.0319	1.9104	0.60106	7.0597
2.27	0.53805	5.8451	3.0452	1.9194	0.59659	7.1178
2.28	0.53683	5.8982	3.0584	1.9285	0.59214	7.1762
2.29	0.53561	5.9515	3.0715	1.9376	0.58772	7.2348
2.30	0.53441	6.0050	3.0846	1.9468	0.58331	7.2937
2.31	0.53322	6.0588	3.0976	1.9560	0.57891	7.3529
2.32	0.53205	6.1128	3.1105	1.9652	0.57452	7.4123
2.33	0.53089	6.1670	3.1234	1.9745	0.57015	7.4720
2.34	0.52974	6.2215	3.1362	1.9838	0.56580	7.5319
2.35	0.52861	6.2762	3.1490	1.9931	0.56148	7.5920
2.36	0.52749	6.3312	3.1617	2.0025	0.55717	7.6524
2.37	0.52638	6.3864	3.1743	2.0119	0.55288	7.7131
2.38	0.52528	6.4418	3.1869	2.0213	0.54862	7.7741
2.39	0.52419	6.4974	3.1994	2.0308	0.54438	7.8354
2.40	0.52312	6.5533	3.2119	2.0403	0.54015	7.8969
2.41	0.52206	6.6094	3.2243	2.0499	0.53594	7.9587
2.42	0.52100	6.6658	3.2366	2.0595	0.53175	8.0207
2.43	0.51996	6.7224	3.2489	2.0691	0.52758	8.0830
2.44	0.51894	6.7792	3.2611	2.0788	0.52344	8.1455
2.45	0.51792	6.8362	3.2733	2.0885	0.51932	8.2083
2.46	0.51691	6.8935	3.2854	2.0982	0.51521	8.2714
2.47	0.51592	6.9510	3.2975	2.1080	0.51112	8.3347
2.48	0.51493	7.0088	3.3095	2.1178	0.50706	8.3983
2.49	0.51395	7.0668	3.3214	2.1276	0.50303	8.4622

续表

M_1	M_2	p_2/p_1	V_1/V_2 和 ρ_2/ρ_1	T_2/T_1	A_{1*}/A_{2*} 和 p_{02}/p_{01}	p_{02}/p_1
2.50	0.51299	7.1250	3.3333	2.1375	0.49902	8.5262
2.51	0.51204	7.1834	3.3451	2.1474	0.49502	8.5904
2.52	0.51109	7.2421	3.3569	2.1574	0.49104	8.6549
2.53	0.51015	7.3010	3.3686	2.1674	0.48709	8.7198
2.54	0.50923	7.3602	3.3802	2.1774	0.48317	8.7850
2.55	0.50831	7.4196	3.3918	2.1875	0.47927	8.8505
2.56	0.50740	7.4792	3.4034	2.1976	0.47540	8.9162
2.57	0.50651	7.5391	3.4149	2.2077	0.47155	8.9821
2.58	0.50562	7.5992	3.4263	2.2179	0.46772	9.0482
2.59	0.50474	7.6595	3.4376	2.2281	0.46391	9.1146
2.60	0.50387	7.7200	3.4489	2.2383	0.46012	9.1813
2.61	0.50301	7.7808	3.4602	2.2486	0.45636	9.2481
2.62	0.50216	7.8418	3.4714	2.2589	0.45262	9.3154
2.63	0.50132	7.9030	3.4825	2.2693	0.44891	9.3829
2.64	0.50048	7.9645	3.4936	2.2797	0.44522	9.4507
2.65	0.49965	8.0262	3.5047	2.2901	0.44155	9.5187
2.66	0.49883	8.0882	3.5157	2.3006	0.43791	9.5869
2.67	0.49802	8.1504	3.5266	2.3111	0.43429	9.6553
2.68	0.49722	8.2128	3.5374	2.3217	0.43070	9.7241
2.69	0.49642	8.2754	3.5482	2.3323	0.42713	9.7932
2.70	0.49563	8.3383	3.5590	2.3429	0.42359	9.8625
2.71	0.49485	8.4014	3.5697	2.3536	0.42007	9.9320
2.72	0.49408	8.4648	3.5803	2.3643	0.41657	10.0017
2.73	0.49332	8.5284	3.5909	2.3750	0.41310	10.0718
2.74	0.49256	8.5922	3.6014	2.3858	0.40965	10.1421
2.75	0.49181	8.6562	3.6119	2.3966	0.40622	10.212
2.76	0.49107	8.7205	3.6224	2.4074	0.40282	10.283
2.77	0.49033	8.7850	3.6328	2.4183	0.39915	10.354
2.78	0.48960	8.8497	3.6431	2.4292	0.39610	10.426
2.79	0.48888	8.9147	3.6533	2.4402	0.39276	10.498
2.80	0.48817	8.9800	3.6635	2.4512	0.38946	10.569
2.81	0.48746	9.0454	3.6737	2.4622	0.38618	10.641
2.82	0.48676	9.1111	3.6838	2.4733	0.38293	10.714
2.83	0.48607	9.1770	3.6939	2.4844	0.37970	10.787
2.84	0.48538	9.2432	3.7039	2.4955	0.37649	10.860
2.85	0.48470	9.3096	3.7139	2.5067	0.37330	10.933
2.86	0.48402	9.3762	3.7238	2.5179	0.37013	11.006
2.87	0.48334	9.4431	3.7336	2.5292	0.36700	11.080

续表

M_1	M_2	p_2/p_1	V_1/V_2 和 ρ_2/ρ_1	T_2/T_1	A_{1*}/A_{2*} 和 p_{02}/p_{01}	p_{02}/p_1
2.88	0.48268	9.5102	3.7434	2.5405	0.36389	11.154
2.89	0.48203	9.5775	3.7532	2.5518	0.36080	11.228
2.90	0.48138	9.6450	3.7629	2.5632	0.35773	11.302
2.91	0.48074	9.7127	3.7725	2.5746	0.35469	11.377
2.92	0.48010	9.7808	3.7821	2.5860	0.35167	11.452
2.93	0.47946	9.8491	3.7917	2.5975	0.34867	11.527
2.94	0.47883	9.9176	3.8012	2.6090	0.34570	11.603
2.95	0.47821	9.9863	3.8106	2.6206	0.34275	11.679
2.96	0.47760	10.055	3.8200	2.6322	0.33982	11.755
2.97	0.47699	10.124	3.8294	2.6438	0.33692	11.831
2.98	0.47638	10.194	3.8387	2.6555	0.33404	11.907
2.99	0.47578	10.263	3.8479	2.6672	0.33118	11.984
3.00	0.47519	10.333	3.8571	2.6790	0.32834	12.061
3.50	0.45115	14.125	4.2608	3.3150	0.21295	16.242
4.00	0.43496	18.500	4.5714	4.0469	0.13876	21.068
4.50	0.42355	23.458	4.8119	4.8751	0.09170	26.539
5.00	0.41523	29.000	5.0000	5.8000	0.06172	32.654
6.00	0.40416	41.833	5.2683	7.9406	0.02965	46.815
7.00	0.39736	57.000	5.4444	10.469	0.01535	63.552
8.00	0.39289	74.500	5.5652	13.387	0.00849	82.865
9.00	0.38980	94.333	5.6512	16.693	0.00496	104.753
10.00	0.38757	116.500	5.7143	20.388	0.00304	129.217
∞	0.37796	∞	6.0000	∞	0	∞

6. 完全气体的普朗特-迈耶函数表

$\nu/(°)$	M	$\nu/(°)$	M	$\nu/(°)$	M
0.0	1.000	5.0	1.256	10.0	1.435
0.5	1.051	5.5	1.275	10.5	1.452
1.0	1.082	6.0	1.294	11.0	1.469
1.5	1.108	6.5	1.312	11.5	1.436
2.0	1.133	7.0	1.330	12.0	1.503
2.5	1.155	7.5	1.348	12.5	1.520
3.0	1.177	8.0	1.366	13.0	1.537
3.5	1.198	8.5	1.383	13.5	1.554
4.0	1.218	9.0	1.400	14.0	1.571
4.5	1.237	9.5	1.418	14.5	1.588

续表

ν/(°)	M	ν/(°)	M	ν/(°)	M
15.0	1.605	35.0	2.329	55.0	3.287
15.5	1.622	35.5	2.349	55.5	3.316
16.0	1.639	36.0	2.369	56.0	3.346
16.5	1.655	36.5	2.390	56.5	3.375
17.0	1.672	37.0	2.410	57.0	3.406
17.5	1.689	37.5	2.431	57.5	3.436
18.0	1.706	38.0	2.452	58.0	3.467
18.5	1.724	38.5	3.473	58.5	3.498
19.0	1.741	39.0	2.495	59.0	3.530
19.5	1.758	39.5	2.516	59.5	3.562
20.0	1.775	40.0	2.538	60.0	3.594
20.5	1.792	40.5	2.560	60.5	3.627
21.0	1.810	41.0	2.582	61.0	3.660
21.5	1.827	41.5	2.604	61.5	3.694
22.0	1.844	42.0	2.626	62.0	3.728
22.5	1.862	42.5	2.619	62.5	3.762
23.0	1.879	43.0	2.671	63.0	3.797
23.5	1.897	43.5	2.694	63.5	3.832
24.0	1.915	44.0	2.718	64.0	3.868
24.5	1.932	44.5	2.741	64.5	3.904
25.0	1.950	45.0	2.764	65.0	3.941
25.5	1.968	45.5	2.788	65.5	3.979
26.0	1.986	46.0	2.812	66.0	4.016
26.5	2.004	46.5	2.836	66.5	4.055
27.0	2.023	47.0	2.861	67.0	4.094
27.5	2.041	47.5	2.836	67.5	4.113
28.0	2.059	48.0	2.910	68.0	4.173
28.5	2.078	48.5	2.936	68.5	4.214
29.0	2.096	49.0	2.961	69.0	4.255
29.5	2.115	49.5	2.987	69.5	4.297
30.0	2.134	50.0	3.013	70.0	4.339
30.5	2.153	50.5	3.039	70.5	4.382
31.0	2.172	51.0	3.065	71.0	4.426
31.5	2.191	51.5	3.092	71.5	4.470
32.0	2.210	52.0	3.119	72.0	4.515
32.5	2.230	52.5	3.146	72.5	4.561
33.0	2.249	53.0	3.174	73.0	4.608
33.5	2.269	53.5	3.202	73.5	4.655
34.0	2.289	54.0	3.230	74.0	4.703
34.5	2.309	54.5	3.258	74.5	4.752

续表

$\nu/(^\circ)$	M	$\nu/(^\circ)$	M	$\nu/(^\circ)$	M
75.0	4.801	85.0	6.006	95.0	7.851
75.5	4.852	85.5	6.080	95.5	7.970
76.0	4.903	86.0	6.155	96.0	8.092
76.5	4.955	86.5	6.232	96.5	8.218
77.0	4.009	87.0	6.310	97.0	8.347
77.5	5.063	87.5	6.390	97.5	8.480
78.0	5.118	88.0	6.472	98.0	8.618
78.5	5.174	88.5	6.556	98.5	8.759
79.0	5.231	89.0	6.642	99.0	8.905
79.5	5.289	89.5	6.729	99.5	9.055
80.0	5.348	90.0	6.819	100.0	9.210
80.5	5.408	90.5	6.911	100.5	9.371
81.0	5.470	91.0	7.005	101.0	9.536
81.5	5.532	91.5	7.102	101.5	9.708
82.0	5.596	92.0	7.201	102.0	9.885
82.5	5.661	92.5	7.302		
83.0	5.727	93.0	7.406		
83.5	5.795	93.5	7.513		
84.0	5.864	94.0	7.623		
84.5	5.935	94.5	7.735		

部分习题参考答案

第 1 章

1.2 气球在地面的体积为 56.22m^3；氢气质量为 4.8kg.

1.3 表达式 $h=\dfrac{2\gamma\cos\alpha}{\rho g r}$. 液柱升高，$0\leqslant\alpha<\dfrac{\pi}{2}$；液柱下降，$\dfrac{\pi}{2}<\alpha\leqslant\pi$.

1.4 表面张力等于 0.378N/m.

1.5 水束中的压强比大气压强大 36.5N/m^2.

1.6 提示：肥皂泡内外有两个气液界面(证明略).

1.7 水在管中上升高度为 2.92mm.

第 2 章

2.1 (1) 速度分布：$\boldsymbol{U}=-\beta y\boldsymbol{i}+\beta x\boldsymbol{j}+\alpha\boldsymbol{k}$；

(2) 加速度分布 $\boldsymbol{a}=-\beta^2(x\boldsymbol{i}+y\boldsymbol{j})$.

2.2 质点空间分布

$$x=\frac{(\sqrt{2}+1)a+b}{2\sqrt{2}}\mathrm{e}^{\sqrt{2}t}+\frac{(\sqrt{2}-1)a-b}{2\sqrt{2}}\mathrm{e}^{-\sqrt{2}t}$$

$$y=\frac{a+(\sqrt{2}-1)b}{2\sqrt{2}}\mathrm{e}^{\sqrt{2}t}-\frac{a-(\sqrt{2}+1)b}{2\sqrt{2}}\mathrm{e}^{-\sqrt{2}t}$$

$z=c$.

2.3 (1) 质点空间分布：$r=\sqrt{t^2+a^2}$，　$\theta=\dfrac{1}{a}\arctan\dfrac{t}{a}+b$，　$z=c$；

(2) 加速度的欧拉表达式 $\boldsymbol{a}=\dfrac{1}{r}\left(1-\dfrac{t^2+1}{r^2}\right)\boldsymbol{e}_r$.

2.4 (1) $xy=1$；(2) $x+y=-2$；(3) $u=(a+1)\mathrm{e}^t-1, v=-(b+1)\mathrm{e}^{-t}+1$.

2.5 (1) $(1+2t)y-(3+4t)x=\mathrm{const.}$；

(2) $3x-y=0$；$3x-y+1=0$；$3x-y-1=0$；

(3) $x=t+t^2$，　$y=3t+2t^2$.

2.6 $x^2+y^2=a^2+b^2$；

$$x=a\cos\left[\frac{\kappa}{w_0}(z-c)\right]-b\sin\left[\frac{\kappa}{w_0}(z-c)\right].$$

2.7 流线方程为：$y=\frac{v_0}{u_0 k}\sin kx$；

迹线方程为：$y=\frac{v_0}{u_0 k-\alpha}\sin\left(k-\frac{\alpha}{u_0}\right)x$；

当 $k,\alpha\to 0$ 时，流线方程与迹线方程都可以写成 $y=\frac{v_0}{u_0}x$，两者趋于重合.

2.8 流线与迹线：$\theta=b, R=A\left[\frac{1+\sin\varphi}{1-\sin\varphi}\frac{1-\sin c}{1+\sin c}\right]^{-\frac{2B}{A\sin b}}$.

2.10 (1) 欧拉速度场为：$u=y;v=z,w=0$；为定常流场；

(2) $\frac{r^2-a^2}{r}\sin\theta=\text{const.};z=\text{const.}$；是.

2.11 (1) 流线和迹线方程：$x^2+y^2=4$； (2) 是； (3) 无旋流动($\nabla\times\boldsymbol{U}=\boldsymbol{0}$).

2.12 $T=\frac{At^2\exp(-t^2)}{a^2+b^2+c^2}$.

2.13 柱坐标：$$\frac{\mathrm{D}s}{\mathrm{D}t}=\left(\frac{\partial p}{\partial t}-a^2\frac{\partial\rho}{\partial t}\right)+v_r\left(\frac{\partial p}{\partial r}-a^2\frac{\partial\rho}{\partial r}\right)+\frac{v_\theta}{r}\left(\frac{\partial p}{\partial\theta}-a^2\frac{\partial\rho}{\partial\theta}\right)+v_z\left(\frac{\partial p}{\partial z}-a^2\frac{\partial\rho}{\partial z}\right)=0;$$

球坐标：$$\frac{\mathrm{D}s}{\mathrm{D}t}=\left(\frac{\partial p}{\partial t}-a^2\frac{\partial\rho}{\partial t}\right)+v_R\left(\frac{\partial p}{\partial R}-a^2\frac{\partial\rho}{\partial R}\right)+\frac{v_\theta}{R}\left(\frac{\partial p}{\partial\theta}-a^2\frac{\partial\rho}{\partial\theta}\right)+\frac{v_\varphi}{R\sin\theta}\left(\frac{\partial p}{\partial\varphi}-a^2\frac{\partial\rho}{\partial\varphi}\right)=0;$$

式中 $a^2=\gamma p/\rho$.

2.14 (1) 欧拉速度场为 $u=-\frac{2}{k}x, v=\frac{2y}{k+t}, w=\frac{2zt}{k(k+t)}$，显含时间 t，故为非定常流动；

(2) $\nabla\cdot\boldsymbol{U}=0$，故为不可压缩流场；

(3) $\nabla\times\boldsymbol{U}=0$，故为无旋流场.

2.15 (1) 是；(2) 是；(3) 是.

2.16 (1) 略；(2) ∞；(3) ∞.

2.17 (1) $s_{xx}=s_{yy}=s_{zz}=s_{yz}=s_{xz}=0, s_{xy}=-Uy$；$\boldsymbol{\Omega}=\nabla\times\boldsymbol{U}=2Uy\boldsymbol{k}$，故有旋；$\nabla\cdot\boldsymbol{U}=0$，故为不可压缩流体；

(2) $s_{rr}=s_{\theta\theta}=s_{zz}=s_{yz}=s_{r\theta}=s_{z\theta}=0, s_{rz}=\frac{U}{2}\left(\frac{a^2-b^2}{r\ln\frac{a}{b}}-2r\right)$，

$\boldsymbol{\Omega}=\nabla\times\boldsymbol{U}=-U\left(\frac{a^2-b^2}{r\ln\left(\frac{a}{b}\right)}-2r\right)\boldsymbol{e}_\theta$；故有旋；$\nabla\cdot\boldsymbol{U}=0$，故为不可压缩流体；

(3) $s_{RR}=\frac{3a^3U_\infty\cos\theta}{R^4}, s_{\theta\theta}=-\frac{3}{2}\frac{a^3U_\infty\cos\theta}{R^4}, s_{R\varphi}=0,$

$s_{\varphi\varphi}=-\frac{3}{2}\frac{a^3U_\infty\sin\theta}{R^4}, s_{R\theta}=\frac{3}{2}\frac{a^3U_\infty\sin\theta}{R^4}, s_{\theta\varphi}=0,$

$\Omega=0$,故无旋;$\nabla\cdot\boldsymbol{U}=0$,故为不可压缩流体.

2.18 $\boldsymbol{\Omega}=\frac{U_0}{t\sqrt{\pi\nu}}\exp\left(-\frac{y^2}{4\nu t^2}\right)\boldsymbol{e}_3.$

2.19 (1) 线变形速率分量:$s_{xx}=s_{yy}=a, s_{zz}=-2a$;

角变形速率分量:$s_{xy}=s_{yz}=s_{zx}=0$;

体积膨胀率:0;

(2) 无旋,速度势为:$\phi=\frac{a}{2}(x^2+y^2-2z^2)+\text{const.}$.

2.21 (1) 涡量 $\Omega=\boldsymbol{i}+\boldsymbol{j}+\boldsymbol{k}$;涡线方程:$x-y=\text{const.}$;$z-y=\text{const.}$;

(2) 涡管强度为:$\sqrt{3}\times10^{-4}\,\text{m}^2/\text{s}$;

(3) 涡通量为:$1\times10^{-4}\,\text{m}^2/\text{s}$.

2.22 (1) 能;

(2) 速度场为:$\boldsymbol{U}=U_\infty\left(\cos\theta+\frac{1}{2r}\right)\boldsymbol{e}_r-\boldsymbol{U}_\infty\sin\theta\boldsymbol{e}_\theta$;

(3) 该点上流线方向的加速度分量为:$a_l=\frac{-5V_\infty^2}{8\sqrt{26}}$.

2.24 $\left(r-\frac{a^2}{r}\right)\sin\theta=\text{const.}$

当 $r=a,\theta=\frac{\pi}{2}$时,$r-a=0$.

2.26 $r<a$:$\boldsymbol{U}=\boldsymbol{0}$;$a\leqslant r\leqslant b$:$\boldsymbol{U}=\frac{c(r^2-a^2)}{2r}\boldsymbol{e}_r$;$r>b$:$\boldsymbol{U}=\frac{c(b^2-a^2)}{2r}\boldsymbol{e}_r$.

提示:由柱坐标系中不可压缩流体的连续方程和 $r=a,r=b$ 上速度连续及无穷远条件.

2.27 $\boldsymbol{U}=\left(\frac{\Gamma}{2a}+\frac{\Gamma}{2}\frac{a^2}{(a^2+h^2)^{\frac{3}{2}}}\right)\boldsymbol{k}.$

第 3 章

3.1 $h\geqslant\frac{s_1^2}{s_2^2-s_1^2}L.$

3.2 最大吸入高度:$h_{\max}=\frac{\rho U^2}{2\rho' g}\left[\left(\frac{d_2}{d_1}\right)^4-1\right].$

3.3 体积流量：$Q=fF\sqrt{\dfrac{2gh(\rho'-\rho)}{\rho(F^2-f^2)}}$.

3.4 $h=\dfrac{\rho Q^2}{2\rho' g}\left(\dfrac{1}{A_1^2}-\dfrac{1}{A_2^2}\right)$.

3.5 $h_1=5.3\text{m}$；$h_2\leqslant 4.8\text{m}$.

3.6 (1) $U=\sqrt{2gh}\cdot \text{th}\left(\dfrac{\sqrt{2gh}}{2L}t\right)$；

(2) $p=p_a+\dfrac{L-x}{L}\rho gh\,\text{sech}^2\left(\dfrac{\sqrt{2gh}}{2L}t\right)$；

(3) $U_{\max}=\sqrt{2gh}$；

(4) $\lim\limits_{L\to 0}U=\sqrt{2gh}$.

3.7 震荡周期：$T=2\pi\sqrt{\dfrac{L}{g(\sin\alpha+\sin\beta)}}$.

3.8 $\boldsymbol{F}_1=-3.26\text{N}\boldsymbol{j}, \boldsymbol{F}_2=5.21\text{N}\boldsymbol{i}$.

3.9 附加冲击力：1767N(水平向右).

3.10 推力：$F=\dot{m}v_i+(P_i-P_a)A$.

3.11 阻力系数 $C_D=\dfrac{4}{3}$.

3.13 $\omega=3.96\text{rad/s}$.

3.14 $c_1=10.53\text{m/s}$，$u_1=11.29\text{m/s}$，$w_1=15.44\text{m/s}$，$\beta_1=43°$；$c_2=20.0\text{m/s}$，$u_2=27.1\text{m/s}$，$w_2=8.77\text{m/s}$，$\alpha_1=12.67°$；扭矩为 0.35N·m.

3.18 所需功率：$\rho(V_0+U_0)^2AU_0\sin^2\alpha$.

3.19 (1) $\boldsymbol{Q}_2=16\times 10^{-3}\text{m}^3/\text{s}, U_1=U_2=20\text{m/s}, \alpha=30°$；

(2) $\boldsymbol{F}=203\text{N}\boldsymbol{i}$，方向水平向右.

3.24 (1) $\dfrac{\partial\rho}{\partial t}+\omega\dfrac{\partial\rho}{\partial\theta}=0$；

(2) $\dfrac{\partial\rho}{\partial t}+\dfrac{\partial(\rho U_\theta)}{r\partial\theta}+\dfrac{\partial(\rho U_z)}{\partial z}=0$；

(3) $\dfrac{\partial\rho}{\partial t}+\dfrac{\partial(r\rho U_r)}{r\partial r}+\dfrac{\partial(\rho U_z)}{\partial z}=0$；

(4) $\dfrac{\partial\rho}{\partial t}+\dfrac{1}{R^2}\dfrac{\partial(R^2\rho U_R)}{\partial R}+\dfrac{1}{R\sin\theta}\dfrac{\partial(\rho U_\varphi)}{\partial\varphi}=0$.

3.26 提示：$\boldsymbol{\omega}\times(\boldsymbol{\omega}\times\boldsymbol{r}')=-\boldsymbol{\nabla}\left(\dfrac{U_e^2}{2}\right)$.

3.27 提示：由动量方程积分得到.

3.29 (1) (a)正压或不可压缩流场不可能静止；(b)对于斜压流场可能静止；

(2) (a)正压或不可压缩流场可能静止；(b)斜压流场不能静止.

3.30 证明略. $p_a - p_0 = 260\text{N/m}^2$.

3.31 $p_1 - p_2 = \rho g(a-b) + \rho' gc$.

3.32 高度为 14km.

3.33 $F = 1.86 \times 10^5\text{N}$.

3.34 $F = 72.1\text{kN}$.

3.35 $\boldsymbol{F} = -\dfrac{1}{3}\rho g a^3 \boldsymbol{k}; X_c = \dfrac{3}{8}a, Y_c = \dfrac{3}{16}\pi a$.

3.36 $F = 0.7\rho g a^3; x_c = y_c = 0.473a, z_c = 0.743a$.

3.38 合力略,合力作用点：

$$x_c = \frac{\pi a^2}{\sqrt{\pi^2 a^2 + 16\left(h + \dfrac{p_a}{\rho g}\right)^2}}, \quad x_c = \frac{4a\left(h + \dfrac{p_a}{\rho g}\right)}{\sqrt{\pi^2 a^2 + 16\left(h + \dfrac{p_a}{\rho g}\right)^2}}$$

3.39 加速度 $a = 1.63\text{m/s}^2$.

3.40 (1) $h = \dfrac{P_B}{\rho(a+g)}$; (2) $h = \dfrac{P_B}{\rho g} - \dfrac{\omega^2}{2g}(r_2^2 - r_1^2), P_B = P_a - P_b$.

3.41 $p_A = p_a + \rho(a_0 L + gL\sin\alpha + gH\cos\alpha)$;

$p_B = p_a + \rho(a_0 L + gL\sin\alpha)$.

3.42 自由面形状：$\left(r - \dfrac{g\cos\theta}{\omega^2}\right)^2 + \left(\dfrac{g\sin\theta}{\omega^2}\right)^2 = \text{const.}$.

第 4 章

4.1 内圆柱上：$[u - U_0(t)][x - x_0] + vy = 0$;

外圆筒上：$ux + vy = 0$.

4.2 图(a) (1) $(u - U_0)(x - U_0 t) + vy = 0$;

(2) $u'x' + v'y' = 0$.

图(b)

(1) $$(u + \omega y)\left[\frac{\cos\omega t}{a^2}(y\sin\omega t + x\cos\omega t) - \frac{\sin\omega t}{b^2}(y\cos\omega t - x\sin\omega t)\right]$$
$$+ (v - \omega x)\left[\frac{\sin\omega t}{a^2}(y\sin\omega t + x\cos\omega t) + \frac{\cos\omega t}{b^2}(y\cos\omega t - x\sin\omega t)\right] = 0;$$

(2) $\dfrac{u'x'}{a^2} + \dfrac{v'y'}{b^2} = 0$.

4.4 $\Omega_z = k$ (开尔文-拉格朗日定理).

4.5 理论水头为：$H = 0.65\text{m}$.

4.9 (1) $t_1 \approx 4794\text{s}$;

（2）$t_2=2397\text{s}$.

4.10 周期：$T=2\pi\sqrt{\dfrac{L}{g(\sin\alpha+\sin\beta)}}$.

4.12 $p=p_\infty+\dfrac{18\rho(1+3t)}{R}-\dfrac{9\rho(1+3t)^4}{2R^4}$.

第 5 章

5.1 （1）方程：$\nabla^2\varphi=0$；

（2）边界条件：

无穷远：$\left.\dfrac{\partial\varphi}{\partial x}\right|_\infty=\left.\dfrac{\partial\varphi}{\partial y}\right|_\infty=0$；

物面：$\left(\dfrac{\partial\varphi}{\partial x}-U_0+\omega y\right)\dfrac{x}{a^2}+\left(\dfrac{\partial\varphi}{\partial y}-\omega x\right)\dfrac{y}{b^2}=0$，在 L 上，即：$\dfrac{x^2}{a^2}+\dfrac{y^2}{b^2}=1$ 上；

环量：$\Gamma_L=\oint_L\nabla\varphi\cdot\mathrm{d}l=0$.

5.2 （1）方程：$\nabla^2\Psi=0$；

（2）边界条件：

进口：$\left.\dfrac{\partial\Psi}{\partial x}\right|_{-l_1}=0$，出口：$\left.\dfrac{\partial\Psi}{\partial x}\right|_{l_2}=0$；

上、下壁面：$\Psi|_{y=-b}=0$；$\Psi|_{y=b}=Q$.

5.3 （1）方程：$\nabla^2\Psi=0$；

（2）边界条件

来流条件：$\left.\dfrac{\partial\Psi}{\partial y}\right|_\infty=u_\infty=0$，$\left.\dfrac{\partial\Psi}{\partial x}\right|_\infty=-v_\infty=0$；

物面：$\Psi\Big|_L=U_0(t)y-\dfrac{1}{2}\omega(x^2+y^2)$，其中 L 为$\dfrac{x^2}{a^2}+\dfrac{y^2}{b^2}=1$ 的边界；

环量条件：$\Gamma_L=\oint_L(\nabla\times\Psi\boldsymbol{k})\cdot\mathrm{d}\boldsymbol{l}$.

5.4 （1）存在流函数，不存在势函数；（2）$\psi=\dfrac{1}{2}x^2y^2+\dfrac{1}{3}(y^3-x^3)$；

（3）$s_{xx}=2xy$，$s_{yy}=-2xy$，$s_{zz}=s_{xz}=0$，$s_{xy}=\dfrac{1}{2}(x^2+2y+2x-y^2)$；

$\boldsymbol{\omega}=\dfrac{1}{2}(2x-y^2-x^2-2y)\boldsymbol{k}$.

5.6 $\psi=\dfrac{y}{h}+\ln\dfrac{x^2+(y-h)^2}{x^2+(y+h)^2}=\text{const.}$.

5.7 $\psi=\dfrac{1}{2}U_\infty R^2\sin^2\theta-\dfrac{Q\cos\theta}{4\pi}+\dfrac{Q}{4\pi a}(R-\sqrt{R^2+a^2-2Ra\cos\theta})=0$.

5.8 $c=-\dfrac{Q}{16\pi a}$.

5.9 (1) $\dfrac{1}{2}U_\infty r^2+\dfrac{Q}{4\pi}\left[\dfrac{z-a}{\sqrt{r^2+(z-a)^2}}-\dfrac{z+a}{\sqrt{r^2+(z-a)^2}}\right]=0$;

(2) 略;

(3) $U_{\max}=U_\infty\left(1+\dfrac{1}{2}\dfrac{h^2}{a^2+h^2}\right)$，在 $z=0, r=\pm h$;

(4) $h\to0$ 或 $a\to0$ 且有限，$\psi=\dfrac{1}{2}U_\infty r^2$ 为均匀流.

5.10 (1) $w(z)=\ln z$; (2) $w(z)=2\mathrm{i}\ln z$.

5.11 (1) $w(z)=\dfrac{1}{z^2}$; (2) $w(z)=U_0\left(\dfrac{a^2\mathrm{e}^{-\mathrm{i}\alpha}}{z}-z\mathrm{e}^{\mathrm{i}\alpha}\right)$.

5.12 (1) $w(z)=\dfrac{Q}{2\pi}\ln\left(\dfrac{z^2+a^2}{z^2-a^2}\right)$;

(2) $\mathrm{Im}\left[\dfrac{Q}{2\pi}\ln\left(\dfrac{z^2+a^2}{z^2-a^2}\right)\right]\Bigg|_{|z|=a}=\pm\dfrac{Q}{4}=$常数，所以 $|z|=a$ 是流线(一、三象限为顺时针方向;二、四象限为逆时针方向).

5.13 $\dfrac{1}{x^2}+\dfrac{1}{y^2}=1$.

5.14 $Q=12\pi, \Gamma=8\pi$.

5.16 $\Gamma=-20.5\mathrm{m^2/s}$,

驻点位置为 $x=-0.74\mathrm{m}$， $|F|=125\mathrm{N}(F_x=-10.9\mathrm{N}, F_y=124.5\mathrm{N})$.

5.17 $F_x-\mathrm{i}F_y=0$; $M_0=-\dfrac{\rho}{2}U_\infty^2\pi(a^2-b^2)\sin2\alpha$.

第 6 章

6.1 波速 $c=15\mathrm{m/s}$，周期 $T=9.63\mathrm{s}$.

6.2 波长 $\lambda=64\mathrm{m}$，周期 $T=6.4\mathrm{s}$.

6.3 波长 $\lambda=25.0\mathrm{m}$，波速 $c=6.25\mathrm{m/s}$.

6.4 自由面频率 ω，水面振幅 $a=H\mathrm{ch}(\alpha d)$，α 由色散关系确定 $\omega^2=\alpha g\,\mathrm{th}(\alpha d)$.

第 7 章

7.1 出口温度：256.6K，出口速度：251.6m/s.

7.3 两种温度的速度：754.4m/s，785.6m/s.

7.4 $p_0=101.0\text{kPa}, T_0=287.3\text{K}, p^*=53.4\text{kPa}, T^*=239.4\text{K}, c^*=310\text{m/s}$, $A^*=5.05\text{cm}^2, U_{max}=760\text{m/s}$.

7.5 $q=3.63\text{kg/s}, q^*=3.71\text{kg/s}$.

7.6 (1) 1.54；(2) 12.04cm^2；(3) 0.628kg/s.

7.7 $d_T \geqslant 0.108\text{m}$.

7.8 (1) $\boldsymbol{F}=66.1\text{kN}\boldsymbol{i}$；(2) $\boldsymbol{F}'=-20.4\text{kN}\boldsymbol{i}$.

7.9 $p=41.4\text{kN/m}^2$.

7.10 $p_{02}=153\text{kN/m}^2, T_{02}=324\text{K}$.

7.11 波后空气速度：$U=12693.7\text{m/s}$；
波后总温和总压为 $T_0=1.93\times10^5\text{K}, p_0=1.524\times10^6\text{kN/m}^2$.

7.15 提示：斜激波恰好附在尖楔上时 $\delta=\delta_{max}$；
(1) $U_1=737.4\text{m/s}$；(2) $\beta=64.5°$；(3) $p_2=69.6\text{kN/m}^2$；
(4) $\Delta p_0=82.9\text{kN/m}^2$.

7.16 12.8°.

7.17 $p_4=p_5=1010\text{kN/m}^2; Ma_4=2.20; Ma_5=2.1; \delta=9.5°$.

7.18 (1) 上表面 $p_2=25.83\text{kPa}$；$U_2=693\text{m/s}$；下表面 $p_3=80.6\text{kN/m}^2$，$U_3=562.4\text{m/s}$；
(2) $c_D=0.072, c_L=0.408$；
(3) $\Gamma=-130.6\text{m}^2/\text{s}$.

7.19 (1) 略；(2) $p_e=128.7\text{kN/m}^2, \alpha=3.9°$.

7.20 (1) 略；(2) $\dfrac{A_s}{A_T}=4.235; Ma_{sf}=3.0$；(3) $Ma_e=0.15; T_e=498\text{K}$.

第 8 章

8.3 提示：验证是否满足该问题的方程(简化后)和边界条件；
(1) 是无粘流动的解，也是粘性流动的解，流场无旋；
(2) 是无粘流动的解，也是粘性流动的解，流场有旋；
(3) 是无粘流动的解，不是粘性流动的解，流场有旋.

8.4 $\mu=0.28\text{kg/(m}\cdot\text{s)}$(该问题雷诺数 335<2000，在层流范围).

8.5 $\mu=0.934\text{kg/(m}\cdot\text{s)}$(验证：$Re=0.014<1$，小雷诺数假设成立).

8.6 $u=\dfrac{U\mu_2 y}{\mu_2 h_1+\mu_1 h_2}, \ 0\leqslant y\leqslant h_1$；$u=\dfrac{U(\mu_1 y+\mu_2 h_1-\mu_1 h_1)}{\mu_2 h_1+\mu_1 h_2}, \ h_1\leqslant y\leqslant h_2$；

$\tau=\dfrac{\mu_1\mu_2 U}{\mu_2 h_1+\mu_1 h_2}, \ 0\leqslant y\leqslant h_1+h_2$.

8.8 $u=\dfrac{A}{2\mu}\dfrac{a^2b^2}{a^2+b^2}\left(1-\dfrac{x^2}{a^2}-\dfrac{y^2}{b^2}\right)$；$u_{平均}=\dfrac{A}{4\mu}\dfrac{a^2b^2}{a^2+b^2}$；$A=-\dfrac{\mathrm{d}p}{\mathrm{d}x}$.

8.9 速度分布：$U_z=\dfrac{A}{4\mu}\left[(a^2-r^2)+(a^2-b^2)\dfrac{\ln(r/a)}{\ln(a/b)}\right]$；$A=-\dfrac{\mathrm{d}p}{\mathrm{d}x}$；

管壁剪应力：$\tau|_{r=a}=-\dfrac{A}{2}a+\dfrac{A(a^2-b^2)}{4a\ln(a/b)}$；$\tau|_{r=b}=-\dfrac{A}{2}b+\dfrac{A(a^2-b^2)}{4b\ln(a/b)}$.

8.11 速度分布 $U_r=\dfrac{\cos2\theta-\cos2\alpha}{\sin2\alpha-2\alpha\cos2\alpha}\dfrac{Q}{r}$；压强分布 $p=p_\infty+\dfrac{2\mu\cos2\theta}{\sin2\alpha-2\alpha\cos2\alpha}\dfrac{Q}{r^2}$.

8.12 总摩擦力矩 $M=-8\pi\mu a^3\omega$.

第 9 章

9.4 粘性次层：$y_1\leqslant 0.0615\text{mm}$；过渡层：$0.0615\leqslant y_2\leqslant 0.368\text{mm}$；完全发展湍流层：$0.368\leqslant y_3\leqslant 25\text{mm}$.

第 10 章

10.1 (1) 略；(2) 适用于非定常或可压缩流动.

10.2 $\delta_{\max}=0.128\text{m}$，阻力 $D=1.7\text{N}$.

10.3 (1) $\delta_1=\dfrac{\delta}{2}$；$\delta_2=\dfrac{\delta}{6}$；(2) $\delta_1=\dfrac{3}{8}\delta(x)$；$\delta_2=\dfrac{39}{280}\delta(x)$.

10.4 (1) $\tau_w=0.289\dfrac{\rho U}{\sqrt{Re_x}}$；(2) $\tau_w=0.323\dfrac{\rho U^2}{\sqrt{Re_x}}$.

10.5 $\delta_1/\delta_2=2.66$，$C_D=1.31Re^{-\frac{1}{2}}$.

10.6 $\dfrac{x_s}{l}=0.1231$；$\delta_2=0.237\sqrt{\dfrac{vl}{U_\infty}}$；$\delta_1=0.696\sqrt{\dfrac{vl}{U_\infty}}$；$c_f=0.938\sqrt{\dfrac{v}{lU_\infty}}$.

10.8 $F_D=122\text{N}$.

10.9 离前缘 1m 处边界层厚度 17mm；尾缘处边界层厚度 32.5mm.

10.10 层流边界层长度 $x_{cr}=0.165\text{m}$，消耗功率 $W=70.8\text{kW}$.

10.11 消耗功率 $W=85.5\text{kW}$.

参 考 书 目

[1] 张兆顺,等.湍流理论和模拟[M].北京：清华大学出版社,2005.

[2] 吴望一.流体力学(上,下册)[M].北京：北京大学出版社,1982.

[3] Batchelor G K. Introduction to Fluid Dynamics[M]. 2nd Ed. London: Cambridge University Press,2000.